AF897623

DELIUS KLASING

MIX
Papier aus verantwortungsvollen Quellen
Paper from responsible sources
FSC® C105338
FSC
www.fsc.org

Dr. Etzold
Diplom-Ingenieur für Fahrzeugtechnik

So wird's gemacht

pflegen – warten – reparieren

Band 147

AUDI A4 (B8) Limousine/Avant

Benziner
1,8 l/ 88 kW (120 PS) 1/08 – 2/15
1,8 l/118 kW (160 PS) 12/07 – 8/11
1,8 l/125 kW (170 PS) 11/11 – 8/15
2,0 l/132 kW (180 PS) 10/08 – 2/15
2,0 l/155 kW (211 PS) 10/08 – 4/13
2,0 l/165 kW (225 PS) 4/13 – 8/15
3,0 l/200 kW (272 PS) 2/12 – 5/15
3,0 l/245 kW (333 PS) 11/08 – 8/15
3,2 l/195 kW (265 PS) 12/07 – 8/11
4,2 l/331 kW (450 PS) 5/12 – 6/15

Diesel
2,0 l/ 88 kW (120 PS) 4/08 – 2/15
2,0 l/100 kW (136 PS) 4/09 – 8/15
2,0 l/105 kW (143 PS) 12/07 – 4/13
2,0 l/110 kW (150 PS) 4/13 – 8/15
2,0 l/120 kW (163 PS) 11/11 – 8/15
2,0 l/125 kW (170 PS) 2/08 – 11/11
2,0 l/130 kW (177 PS) 7/11 – 2/15
2,0 l/140 kW (190 PS) 3/14 – 8/15
2,7 l/140 kW (190 PS) 12/07 – 11/11
3,0 l/150 kW (204 PS) 11/11 – 2/15
3,0 l/176 kW (240 PS) 9/07 – 11/11
3,0 l/180 kW (245 PS) 7/11 – 5/15

Delius Klasing Verlag

Redaktion: Günter Skrobanek,
Christine Etzold (Bild)

Bibliografische Information der Deutschen Nationalbibliothek
Die Deutsche Nationalbibliothek verzeichnet diese Publikation
in der Deutschen Nationalbibliografie; detaillierte bibliografische
Daten sind im Internet über http://dnb.dnb.de abrufbar.

5. Auflage
ISBN 978-3-667-13126-3

Alle Angaben ohne Gewähr
Druck: Books on Demand, Norderstedt
Printed in Germany

Alle in diesem Buch enthaltenen Angaben und Daten wurden von dem Autor nach bestem Wissen erstellt und von ihm sowie vom Verlag mit der gebotenen Sorgfalt überprüft. Gleichwohl können wir keinerlei Gewähr oder Haftung für die Richtigkeit, Vollständigkeit und Aktualität der bereitgestellten Informationen übernehmen.

Delius Klasing Verlag, Siekerwall 21, D-33602 Bielefeld
Tel.: 0521/559-0
E-Mail: info@delius-klasing.de
www.delius-klasing.de
http://sowirdsgemacht.com

Lieber Leser,

die Automobile werden von Modellgeneration zu Modellgeneration technisch immer aufwändiger und komplizierter. Ohne eine Anleitung kann man mitunter nicht einmal mehr die Glühlampe eines Scheinwerfers auswechseln. Und so wird verständlich, dass von Jahr zu Jahr immer mehr Heimwerker zum »So wird's gemacht«-Handbuch greifen.

Doch auch der kundige Hobbymonteur sollte bedenken, dass der Fachmann viel Erfahrung hat und durch die Weiterschulung und den ständigen Erfahrungsaustausch über den neuesten Technikstand verfügt. Mithin kann es für die Überwachung und Erhaltung der Betriebs- und Verkehrssicherheit des eigenen Fahrzeugs sinnvoll sein, in regelmäßigen Abständen eine Fachwerkstatt aufzusuchen.

Grundsätzlich muss sich der Heimwerker natürlich darüber im Klaren sein, dass man mithilfe eines Handbuches nicht automatisch zum Kfz-Mechaniker wird. Auch deshalb sollten Sie nur solche Arbeiten durchführen, die Sie sich zutrauen. Das gilt insbesondere für jene Arbeiten, die die Verkehrssicherheit des Fahrzeugs beeinträchtigen können. Gerade in diesem Punkt sorgt das »So wird's gemacht«-Handbuch jedoch für praktizierte Verkehrssicherheit. Durch die Beschreibung der Arbeitsschritte und den Hinweis, die Sicherheitsaspekte nicht außer Acht zu lassen, wird der Heimwerker vor der Arbeit entsprechend sensibilisiert und informiert. Auch wird darauf hingewiesen, im Zweifelsfall die Arbeit lieber von einem Fachmann ausführen zu lassen.

Sicherheitshinweis
Auf verschiedenen Seiten dieses Buches stehen »Sicherheitshinweise«. Bevor Sie mit der Arbeit anfangen, lesen Sie bitte diese Sicherheitshinweise aufmerksam durch und halten Sie sich strikt an die dort gegebenen Anweisungen.

Vor jedem Arbeitsgang empfiehlt sich ein Blick in das vorliegende Buch. Dadurch werden Umfang und Schwierigkeitsgrad der Reparatur offenbar. Außerdem wird deutlich, welche Ersatz- oder Verschleißteile eingekauft werden müssen und ob unter Umständen die Arbeit nur mithilfe von Spezialwerkzeug durchgeführt werden kann. **Besonders empfehlenswert: Wenn Sie eine elektronische Kamera zur Hand haben, dann sollten Sie komplizierte Arbeitsschritte für den Wiedereinbau fotografisch dokumentieren.**

Für die meisten Schraubverbindungen ist das Anzugsdrehmoment angegeben. Bei Schraubverbindungen, die in jedem Fall mit einem Drehmomentschlüssel angezogen werden müssen (Zylinderkopf, Achsverbindungen usw.), ist der Wert **fett** gedruckt. Nach Möglichkeit sollte man generell jede Schraubverbindung mit einem Drehmomentschlüssel anziehen. Übrigens: Für viele Schraubverbindungen sind Innen- oder Außen-Torxschlüssel erforderlich.

Als ich Anfang der siebziger Jahre den ersten Band der »So wird's gemacht«-Buchreihe auf den Markt brachte, wurden im Automobilbau nur ganz wenige elektronische Bauteile eingesetzt. Inzwischen ist das elektronische Management allgegenwärtig; ob bei der Steuerung der Zündung, des Fahrwerks oder der Gemischaufbereitung. Die Elektronik sorgt auch dafür, dass es in verschiedenen Bereichen keine Verschleißteile mehr gibt. Das Überprüfen elektronischer Bauteile ist wiederum nur noch mit teuren und speziell auf das Fahrzeugmodell abgestimmten Prüfgeräten möglich, die dem Heimwerker in der Regel nicht zur Verfügung stehen. Wenn also verschiedene Reparaturschritte nicht mehr beschrieben werden, so liegt das ganz einfach am vermehrten Einsatz von elektronischen Bauteilen.

Das vorliegende Buch kann nicht auf jedes technische Fahrzeug-Problem eingehen. Dennoch hoffe ich, dass Sie mithilfe der Beschreibungen viele Arbeiten am Fahrzeug durchführen können. Eines sollten Sie jedoch bei Ihren Arbeiten am eigenen Auto beachten: Ständig werden am aktuellen Modell Änderungen in der Produktion durchgeführt, so dass sich die im Buch veröffentlichten Arbeitsanweisungen und Einstelldaten für Ihr spezielles Modell geändert haben könnten. Sollten Zweifel auftreten, erfragen Sie bitte den aktuellen Stand beim Kundendienst des Automobilherstellers.

Rüdiger Etzold

Inhaltsverzeichnis

Audi A4 (B8)

Aus dem Inhalt:

- **Modellvarianten**
- **Fahrzeugidentifizierung**
- **Motordaten**

Im Dezember 2007 wurde die neue Audi A4-Modell-Generation in den Markt eingeführt. Der B8, wie die achte Neuauflage des Bestsellers aus Ingolstad intern genannt wird, startete traditionell mit der Limousine. Im März 2008 folgte der A4 AVANT.

Gegenüber dem Vorgängermodell ist der 4,70 Meter lange B8 um 117 Millimeter gewachsen. Auch beim Radstand (2,65/2,81 Meter) sowie in der Breite hat er zugelegt, und zwar um 54 Millimeter.

Der A4 AVANT verfügt mit Frontantrieb und längs eingebautem Frontmotor sowie der Fünflenker-Vorderachse und der Trapezlenker-Hinterachse über die gleichen Technikfeatures wie die Limousine.

Insgesamt stehen 3 Grundausstattungspakete zur Auswahl:

- Attraction – die Basisvariante mit 16-Zoll-Felgen und Dekoreinlagen in Platinoptik.
- Ambition – die sportliche Ausstattungslinie mit Sportsitzen, Sportfahrwerk sowie Dekoreinlagen in Aluminiumoptik.
- Ambiente – die komfortorientierte Linie mit Geschwindigkeitsregelanlage und Multifunktionslenkrad.

Für den AUDI A4 stehen Benzin- und Dieselmotoren mit unterschiedlicher Leistung zur Verfügung, so dass je nach persönlicher Anforderung zwischen eher wirtschaftlicher oder sportlicher Motorisierung ausgewählt werden kann. Ihre Leistung bringen die Aggregate über den Frontantrieb oder mit dem permanenten Allradantrieb »quattro« auf die Straße.

Im November 2011 erfolgte ein Facelift, welches sowohl eine technische als auch optische Überarbeitung umfasste. Dabei wurde die Front im Bereich des Kühlergrills und der Scheinwerfer ebenso neu gestaltet, wie bei der Limousine des A4 die Rückleuchten. Neben einem überarbeiteten Fahrwerk verfügt der Audi A4 jetzt über eine elektromechanisch Servolenkung und die Motoren sind serienmäßig einer Start-Stopp-Automatik ausgestattet.

Limousine von 12/07 bis 10/11

Limousine ab 11/11

AVANT ab 11/11

Motor- und Fahrzeugidentifizierung

Motornummer

Die Motornummer besteht aus 4 Motor-Kennbuchstaben und einer fortlaufenden, sechsstelligen Nummer.

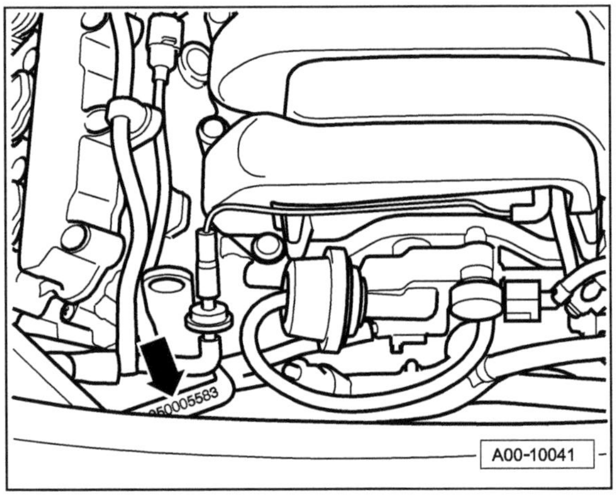

- **6-Zylinder-Motor:** Die Motornummer befindet sich beim Benzinmotor vorn oben am Motorblock –Pfeil– und beim Dieselmotor links vorn unterhalb des Zahnriemens für die Hochdruckpumpe.
- **4-Zylinder-Motor:** Die Motornummer ist links am Motorblock an der Trennstelle zwischen Motor und Getriebe eingeschlagen.

Hinweis: Motorkennbuchstaben und Motornummer stehen ebenfalls auf einem Aufkleber auf der Zahnriemen-Abdeckung, falls vorhanden. Zudem befinden sich die Motorkennbuchstaben auf dem Fahrzeugdatenträger in der Reserveradmulde oder auf dem Gepäckraumboden und zusätzlich im Serviceplan.

Fahrgestellnummer (Fahrzeug-Identifizierungsnummer)

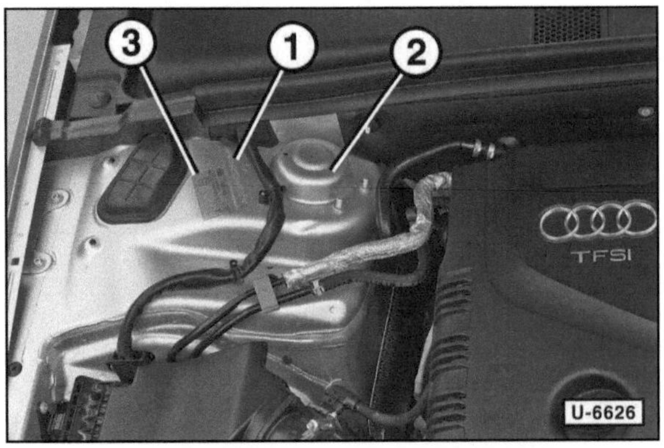

Die **Fahrgestellnummer** oder **Fahrzeug-Identifizierungs-Nummer** (VIN = Vehicle Identification Number) –1– ist am rechten Federbeindom –2– eingeschlagen. Sie befindet sich ebenfalls auf dem Typschild –3–.

Aufschlüsselung der Fahrgestellnummer:

WAU	ZZZ	8K	Z	7	A/N	121 321
①	②	③	④	⑤	⑥	⑦

① Herstellerzeichen: WAU = AUDI AG
② Füllzeichen
③ 2stellige Typenkurzbezeichnung aus den ersten beiden Stellen der offiziellen Typenbezeichnung. 8K = AUDI A4 Limousine/AVANT
④ Weiteres Füllzeichen
⑤ Angabe des Modelljahres: 7 = 2007, 8 = 2008, 9 = 2009, A = 2010, B = 2011 . . . E = 2014, F = 2015 usw.
⑥ Produktionsstätte
⑦ Laufende Nummerierung

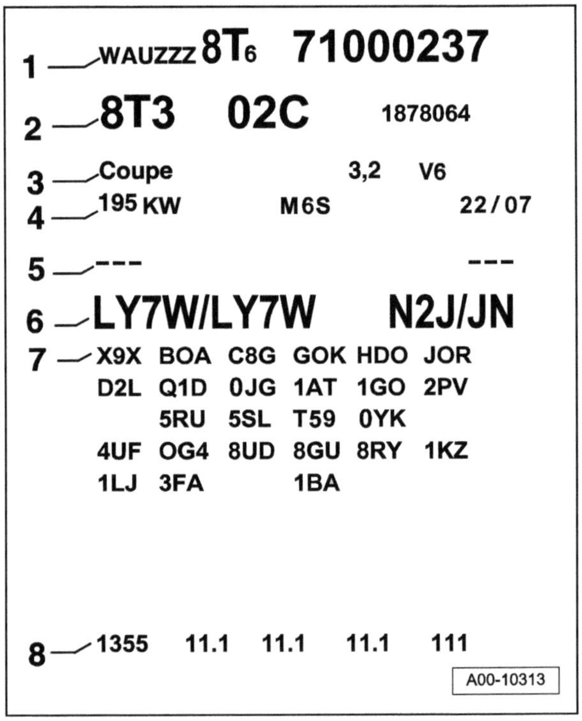

Der Fahrzeugdatenträger ist entweder in der Reserveradmulde oder auf dem Gepäckraumboden aufgeklebt. Er enthält folgende Fahrzeugdaten:

1 – Fahrzeug-Identifizierungsnummer
2 – Typ-Kennnummer/Produktions-Steuerungsnummer
3 – Typerklärung
4 – Motorleistung/Abgasnorm/Getriebe
5 – Motor- und Getriebekennbuchstaben
6 – Lacknummer/Innenausstattungs-Kennnummer
7 – Mehrausstattungs-Kennnummern
8 – Leergewicht/Verbrauch/CO_2-Emission

Hinweis: Diese Daten befinden sich auch im Serviceplan des Fahrzeugs.

Motordaten

Motor/Modell		1.8 TFSI	1.8 TFSI	1.8 TFSI	2.0 flexi fuel	2.0 TFSI	2.0 TFSI
Motorbezeichnung		CABA/CDHA	CABB/CDHB	CJEB	CFKA	CDNB/CAEA	CAEB/CDNC
Fertigung	von – bis	1/08 – 2/15	12/07 – 8/11	11/11 – 8/15	10/09 – 2/15	10/08 – 10/11	10/08 – 4/13
Hubraum	cm^3	1798	1798	1798	1984	1984	1984
Leistung	kW bei 1/min PS bei 1/min	88/3650 120/3650	118/4500 160/4500	125/3800 170/3800	132/4000 180/4000	132/4000 180/4000 [1)]	155/4300 211/4300
Drehmoment	Nm bei 1/min	230/1500	250/1500	320/1400	320/1500	320/1400 [2)]	350/1500
Bohrung	∅ mm	82,5	82,5	82,5	82,5	82,5	82,5
Hub	mm	84,2	84,2	84,2	92,8	92,8	92,8
Verdichtung		9,6	9,6	9,6	9,8	9,8	9,6 [3)]
Zylinder/Ventile pro Zylinder		4/4	4/4	4/4	4/4	4/4	4/4
Motormanagement		MED	MED	MED	MED	MED	MED
Kraftstoff (ROZ)		Super 95	Super 95	Super 95	E85	Super 95	Super 95
Wechselmengen Motoröl Kühlflüssigkeit	 Liter Liter	 4,6 7,0	 4,6 7,0	 4,6 7,0	 4,6 7,0	 4,6 7,0	 4,6 7,0

Motor/Modell		2.0 TFSI	3.0 FSI	3.0 FSI	3.2 FSI	4.2 FSI
Motorbezeichnung		CNCD	CMUA/CHMB	CAKA/CCBA/CGWC/CGXC	CALA	CFSA
Fertigung	von – bis	4/13 – 8/15	2/12 – 5/15	11/08 – 8/15	12/07 – 8/11	5/12 – 6/15
Hubraum	cm^3	1984	2995	2995	3197	4163
Leistung	kW bei 1/min PS bei 1/min	165/4500 225/4500	200/4750 272/4750	245/5500 333/5500 [4)]	195/6500 265/6500	331/7000 450/7000
Drehmoment	Nm bei 1/min	350/1500	400/2150	440/2900 [5)]	330/3000	440/4000
Bohrung	∅ mm	82,5	84,5	84,5	84,5	84,5
Hub	mm	92,8	89	89	92,8	92,8
Verdichtung		9,6	10,5	10,5	12,5	12,5
Zylinder/Ventile pro Zylinder		4/4	6/4	6/4	6/4	8/4
Motormanagement		MED	Simos	Simos	Simos	Motronic
Kraftstoff (ROZ)		Super 95	Super 95	Super 95 [6)]	Super 95	Super Plus 98
Wechselmengen Motoröl Kühlflüssigkeit	 Liter Liter	 4,6 7,0	 – 10,0	 – 10,0	 6,2 12,0	 8,8 13,0

[1)] Motor CAEA: 132kW/180 PS bei 4700/min
[2)] Motor CAEA: 320 Nm bei 1500/min
[3)] Motor CDNC: Verdichtung 9,8
[4)] Motor CAKA: 245 kW/333 PS bei 4850/min
[5)] Motor CAKA: 440 Nm bei 2500/min
[6)] Motor CCBA: Super Plus 98

Achtung: Die Wechselmengen sind ungefähre Angaben. Flüssigkeitsstände auf jeden Fall mit dem Ölmessstab, Ölstandanzeige beziehungsweise anhand der Markierungen auf dem Kühlmittel-Ausgleichbehälter überprüfen.

Abkürzungen:

TFSI = **T**urbo **F**uel **S**tratified **I**njection = geschichtete Kraftstoffeinspritzung mit Turbolader = Turbo-Benzin-Direkteinspritzer.

Motormanagement **MED** = BOSCH-**M**otronic mit **E**lektrischer Gasbetätigung und Benzin-**D**irekteinspritzung.

Simos = **Si**emens **Mo**tor-**S**teuerung.

Motor/Modell	2.0 CR-TDI	2.0 CR-TDI	2.0 CR-TDI	2.0 CR-TDI	2.0 CR-TDI	2.0 CR-TDI
Motorbezeichnung	CAGC/CJCC	CAGB/CJCB	CAGA/CJCA	CJCD/CMFB/ CSUA	CGLD/CNHC	CAHA
Fertigung von – bis	4/08 – 2/15	4/09 – 8/15	12/07 – 4/13	4/13 – 8/15	11/11 – 8/15	2/08 – 11/11
Hubraum cm^3	1968	1968	1968	1968	1968	1968
Leistung kW bei 1/min PS bei 1/min	88/4000 120/4000 [1)]	100/4200 136/4200	105/4200 143/4200	110/4200 150/4200	120/4200 163/4200	125/4200 170/4200
Drehmoment Nm bei 1/min	290/1750 [2)]	320/1750	320/1750	320/1750	380/1750 [4)]	350/1750
Bohrung ∅ mm	81,0	81,0	81,0	81,0	81,0	81,0
Hub mm	95,5	95,5	95,5	95,5	95,5	95,5
Verdichtung	16,5	16,5	16,5 [3)]	16,0	16,0 [5)]	16,5
Zylinder/Ventile pro Zylinder	4/4	4/4	4/4	4/4	4/4	4/4
Motormanagement	CR	CR	CR	CR	CR	CR
Kraftstoff (ROZ)	Diesel	Diesel	Diesel	Diesel	Diesel	Diesel
Wechselmengen Motoröl Liter Kühlflüssigkeit Liter	 5,0 7,5	 5,0 7,5	 5,0 7,5	 5,0 7,5	 5,0 7,5	 5,0 7,5

Motor/Modell	2.0 CR-TDI	2.0 CR-TDI	2.7 CR-TDI	3.0 CR-TDI	3.0 CR-TDI	3.0 CR-TDI
Motorbezeichnung	CGLC/CMGB	CNHA	CAMA/CGKA	CLAB	CAPA/CCWA	CDUC/CKVB/ CKVC
Fertigung von – bis	7/11 – 2/15	3/14 – 8/15	12/07 – 11/11	11/11 – 2/15	9/07 – 11/11	7/11 – 5/15
Hubraum cm^3	1968	1968	2698	2967	2967	2967
Leistung kW bei 1/min PS bei 1/min	130/4200 177/4200	140/4000 190/4000	140/3500 190/3500	150/3750 204/3750	176/4000 240/4000	180/4000 245/4000
Drehmoment Nm bei 1/min	380/1750	400/1900	380/1400 [6)]	500/1400	500/1500	500/1400 [7)]
Bohrung ∅ mm	81,0	81,0	83,0	83,0	83,0	83,0
Hub mm	95,5	95,5	83,1	91,4	91,4	91,4
Verdichtung	16,0	15,5	16,8	16,8	16,8	16,8
Zylinder/Ventile pro Zylinder	4/4	4/4	6/4	6/4	6/4	6/4
Motormanagement	CR	CR	CR	CR	CR	CR
Kraftstoff (ROZ)	Diesel	Diesel	Diesel	Diesel	Diesel	Diesel
Wechselmengen Motoröl Liter Kühlflüssigkeit Liter	 5,0 7,5	 5,0 7,5	 6,9 9,0	 7,4 9,0	 7,4 9,0	 7,4 9,0

1) Motor CAGC: 88 kW/120 PS bei 4200/min
2) Motor CAGC: 320 Nm bei 1750/min
3) Motor CJCA: Verdichtung 16,0
4) Motor CNHC: 400 Nm bei 1900/min
5) Motor CAHB: Verdichtung 15,5
6) Motor CGKA: 400 Nm bei 1400/min
7) Motor CKVC: 580 Nm bei 1750/min

Achtung: Die Wechselmengen sind ungefähre Angaben. Flüssigkeitsstände auf jeden Fall mit dem Ölmessstab, Ölstandanzeige beziehungsweise anhand der Markierungen auf dem Kühlmittel-Ausgleichbehälter überprüfen.

Abkürzungen:

CR-TDI = **C**ommon **R**ail - **T**urbo **D**irect **I**njektion = Diesel-Direkteinspritzer mit Abgasturbolader und Common-Rail-System.

Die 110-/120-/140-/150-kW-TDI-Motoren sind mit dem SCR-System ausgerüstet. **SCR** = **S**elective **C**atalytic **R**eduction = selektive katalytische Reduktion zur Entfernung von Stickoxiden aus dem Abgas.

Wartung

Aus dem Inhalt:

- Wartungsplan
- Werkzeugausrüstung
- Fahrzeug aufbocken
- Wartungsarbeiten
- Motorstarthilfe

Longlife-Service

Der **AUDI A4** wird nach dem »Longlife-Service«-System gewartet. Die Motoren sind ab Werk mit einem alterungsbeständigen Longlifeöl befüllt. Dadurch sind je nach Motorbelastung lange Wartungsintervalle möglich.

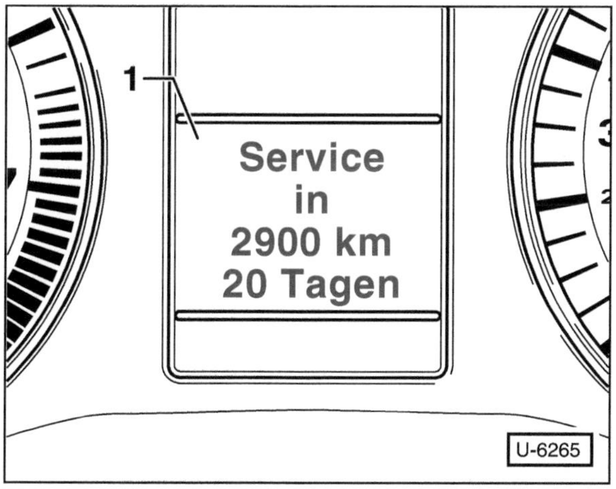

Der Zeitpunkt für die Wartung wird dem Fahrer über die »**Flexible Service-Intervallanzeige**« im Multifunktions-Display –1– oder im MMI-Display angezeigt. **MMI** = **M**ulti-**M**edia-**I**nterface.

Steht eine Wartung an, erscheint nach dem Einschalten der Zündung beispielsweise der in Abbildung U-6265 dargestellte Wartungs-Ankündigungstext.

Bei Erreichen der vom Steuergerät berechneten Intervalldauer erscheint im Display die Meldung »**Service fällig!**«. Die Wartung sollte dann umgehend durchgeführt werden.

Hinweis: Eine überfällige Wartung wird durch ein Minuszeichen vor der Kilometer- oder Tagesangabe angezeigt.

Nach einer durchgeführten Wartung wird die Service-Intervallanzeige mit dem VW/AUDI-Diagnosegerät zurückgesetzt (Werkstattarbeit).

Wird im Rahmen einer Wartung oder Reparatur **kein** Longlife-Motoröl nach VW/AUDI-Norm eingefüllt, dann muss das System von »flexiblen« auf »feste« Service-Intervalle umgestellt werden. Es ist dann alle 15.000 km oder 12 Monate ein Ölwechsel-Service erforderlich.

Hinweis: Die Fachwerkstätten fragen bei jeder Inspektion mit Hilfe des Fehlerauslesegerätes die Fehlerspeicher der elektronischen Steuergeräte von Motor, ABS, Airbag und Wegfahrsicherung ab. Es kann daher sinnvoll sein, in regelmäßigen Abständen eine Fachwerkstatt aufzusuchen, auch wenn die Wartung in Eigenregie durchgeführt wird. Die Abfrage der Fehlerspeicher wird am Diagnoseanschluss vorgenommen. Bei dieser Gelegenheit kann auf Wunsch auch die Intervallanzeige zurückgestellt werden.

Feste Wartungsintervalle

Die Service-Intervallanzeige kann, falls kein Longlife-Öl verwendet wird, von den »flexiblen« Service-Intervallen (Longlife-Service) auf »feste« Service-Intervalle umgestellt werden. Dazu muss die Service-Intervallanzeige nach einer durchgeführten Wartung mit dem Fahrzeug-Diagnosegerät umgestellt werden. Als Maßstab für die Anzeige der Wartungszyklen in der Service-Intervallanzeige werden dann die Zeit, beziehungsweise die gefahrenen Kilometer, seit dem letzten Zurücksetzen der Anzeige berechnet. Bei abgeklemmter Fahrzeugbatterie bleiben die Werte der Service-Anzeige erhalten.

Bei »festen« Wartungsintervallen ist alle 15.000 km oder 12 Monate ein Ölwechsel-Service erforderlich. Nach durchgeführtem Ölwechsel-Service kann die Service-Intervallanzeige über das MMI-Display zurückgesetzt werden.

Service-Intervall-Anzeige zurücksetzen

Die Service-Intervallanzeige wird in der Werkstatt mit dem VW/AUDI-Diagnosegerät –A–, zum Beispiel VAS 5051/5052, am Diagnoseanschluss unter dem Armaturenbrett zurückgesetzt.

Bei »festen« Wartungsintervallen ist alle 15.000 km oder 12 Monate ein Ölwechsel-Service erforderlich. Nachdem der Ölwechsel-Service durchgeführt wurde, kann die Service-Intervallanzeige über das MMI-Display folgendermaßen zurückgesetzt werden:

- Funktionstaste »CAR« in der Mittelkonsole drücken.
- Im MMI-Display zunächst »Service-Intervall«, dann »Ölwechsel zurücksetzen« auswählen und bestätigen. Der nächste Ölwechsel ist dann nach 15.000 km oder einem Jahr fällig.

Ölwechsel-Service

Der Ölwechsel-Service ist entsprechend der Service-Intervall-Anzeige in folgenden Intervallen durchzuführen:

Bei **festen Service-Intervallen** oder wenn **kein Longlife-Öl** eingefüllt ist, ist der Ölwechsel **alle 15.000 km** oder **jeweils nach 1 Jahr** durchzuführen, je nachdem was zuerst eintritt.

Achtung: Bei erschwerten Betriebsbedingungen, wie überwiegend Stadt- und Kurzstreckenverkehr, häufigen Gebirgsfahrten, Anhängerbetrieb und staubigen Straßenverhältnissen, Ölwechsel-Service öfters durchführen.

- Motor: Öl wechseln, Ölfilter ersetzen.
- Scheibenbremsbeläge vorn und hinten: Dicke prüfen.
- Service-Intervallanzeige zurücksetzen (Werkstattarbeit).

Wartungsplan

Die Wartung ist in folgenden Abständen durchzuführen:

Bei Fahrzeugen mit **Longlife-Service** beziehungsweise mit **flexiblen Service-Intervallen:** Entsprechend der Service-Intervallanzeige sind die mit ● und ■ gekennzeichneten Wartungsarbeiten durchzuführen. Einige Wartungsintervalle werden in Abhängigkeit von der Fahrgestellnummer durchgeführt.

Bei festen Service-Intervallen: Entsprechend der Service-Intervallanzeige. Auf jeden Fall aber **alle 2 Jahre** oder 30.000 km nach der letzten Wartung sind die mit ● gekennzeichneten Wartungsarbeiten durchzuführen.

Alle 2 Jahre und 60.000 km sind die mit ■ gekennzeichneten Wartungsarbeiten durchzuführen (AUDI-Vorschrift). Es empfiehlt sich allerdings im Rahmen der 2-jährigen Wartung sowohl die mit ● wie auch die mit ■ gekennzeichneten Wartungsarbeiten durchzuführen.

Flexible und feste Service-Intervalle: Im Rahmen der Wartung sind ebenfalls die zusätzlichen, mit ◆ gekennzeichneten Wartungsarbeiten entsprechend den angegebenen Intervallen durchzuführen.

Achtung: Bei häufigen Fahrten in staubiger Umgebung Wechselintervall für Motor-Luftfilter und Pollenfilter halbieren.

Motor

- ● Motor/Motorraum: Sichtprüfung auf Undichtigkeiten.
- ● Motor: Öl wechseln, Ölfilter erneuern.
- ● Clean-Diesel-Motor: Reduktionsmittel »AdBlue« nachfüllen.
- ■ Kühl- und Heizsystem: Flüssigkeitsstand prüfen, Konzentration des Frostschutzmittels prüfen. Sichtprüfung auf Undichtigkeiten und äußere Verschmutzung des Kühlers.
- ■ Abgasanlage: Auf Beschädigungen sichtprüfen.

Getriebe/Achsantrieb

- ● Getriebe, Achsantrieb: Auf Undichtigkeiten und Beschädigungen sichtprüfen.

Vorderachse/Lenkung

- ● Achsgelenke: Staubkappen prüfen.
- ● Lenkung: Faltenbälge auf Undichtigkeiten und Beschädigungen prüfen.
- ● Manschetten der Achswellen: Auf Undichtigkeiten und Beschädigungen sichtprüfen.
- ● Spurstangenköpfe: Spiel und Befestigung prüfen, Staubkappen prüfen.
- ● Koppelstangen: Spiel und Befestigung prüfen, Staubkappen prüfen.
- ■ Hydraulische Servoenkung: Flüssigkeitsstand prüfen.

Hinterachse quattro

- ● Gummilager an der Hinterachse prüfen.
- ● **quattro:** Manschetten der Achswellen: Auf Undichtigkeiten und Beschädigungen sichtprüfen.
- ● **quattro:** Hinterachsgetriebe: Auf Undichtigkeiten sichtprüfen.

Karosserie/Innenausstattung

- ● Wasserkasten: Auf Verschmutzung und altes Laub prüfen. Ablauföffnungen auf freien Durchgang prüfen. Gegebenenfalls Wasserkasten und Wasserablauföffnungen reinigen.
- ● Staub-/Pollenfilter-Einsatz erneuern.
- ● Lackierung: Sichtprüfung innen und außen bei geöffneten Klappen und Türen.
- ■ Türfeststeller, Schließzylinder und Motorhaubenfanghaken: Schmieren.
- ■ Schiebe-/Ausstelldach sowie Panoramaschiebedach: Reinigen und Schmieren.
- ■ Unterboden: Auf Beschädigungen, lose Befestigungsteile und Leitungen sichtprüfen.

Bremsen/Reifen/Räder

- ● Bremsflüssigkeitsstand: Prüfen, gegebenenfalls auffüllen.
- ● Bremsen: Belagstärke der vorderen und hinteren Bremsbeläge prüfen.
- ● Bereifung: Profiltiefe und Reifenfülldruck prüfen; Reifen auf Verschleiß und Beschädigungen (einschließlich Reserverad, falls vorhanden) prüfen.
- ● Reifenreparaturset: Haltbarkeitsdatum prüfen. Abgelaufene oder benutzte Flasche ersetzen.
- ■ Bremsanlage: Leitungen, Schläuche, Bremszylinder und Anschlüsse auf Undichtigkeiten und Beschädigungen prüfen.

Elektrische Anlage

- ● Außenbeleuchtung und Signalhorn: Funktion prüfen.
- ● Scheibenwischer: Wischergummis auf Verschleiß prüfen.
- ● Scheibenwaschanlage: Funktion prüfen, Düsenstellung kontrollieren, Flüssigkeit nachfüllen, Scheinwerfer-Waschanlage prüfen.
- ● Batterie: Anzeige des magischen Auges beziehungsweise Säurestand prüfen. Batterieklemmen und Batteriehalter auf festen Sitz prüfen.
- ● Service-Intervallanzeige: Zurücksetzen (bei Longlife-Service Werkstattarbeit).
- ● Eigendiagnose: Fehlerspeicher auslesen (Werkstattarbeit).
- ■ Innenraum- und Handschuhkastenbeleuchtung, Kontrollleuchten, Kofferraumbeleuchtung: Funktion prüfen.
- ■ Scheinwerfer: Einstellung prüfen (Werkstattarbeit).

Folgende Arbeiten zusätzlich durchführen:

Alle 2 Jahre

- ◆ Bremsflüssigkeit: Erneuern, erstmalig nach 3 Jahren, dann alle 2 Jahre.
- ◆ Abgasuntersuchung (AU) erstmalig nach 3 Jahren, dann alle 2 Jahre: Leerlaufdrehzahl, CO-Gehalt, Zündzeitpunkt prüfen; Fehlerspeicher abfragen (Werkstattarbeit).

Alle 60.000 km

- ◆ **2,7-/3,0-l-TDI:** Motor-Luftfiltereinsatz erneuern, Filtergehäuse reinigen.
- ◆ **Dieselmotor**: Kraftstofffilter erneuern.
- ◆ **multitronic-Getriebe:** Öl wechseln (Werkstattarbeit).
- ◆ **S-tronic-Getriebe:** Öl und Filter wechseln (Werkstattarbeit).

Alle 90.000 km

- ◆ **Benzinmotor und 2,0-l-TDI:** Motor-Luftfiltereinsatz erneuern, Filtergehäuse reinigen.

Alle 90.000 km oder 6 Jahre

- ◆ **Benzinmotor:** Zündkerzen erneuern.

Alle 120.000 km

- ◆ **2,0-l-Dieselmotor:** Zahnriemen und Zahnriemenspannrolle erneuern.

Bei folgenden Motoren erfolgt der Antrieb der Nockenwellen durch eine **wartungsfreie Steuerkette**:

- ■ 1,8-l-TFSI-Benzinmotor
- ■ 2,0-l-TFSI-Benzinmotor
- ■ 3,0-/3,2-l-FSI-Benzinmotor
- ■ 2,7-/3,0-l-CR-TDI-Motor

Alle 180.000 km

- ◆ **Dieselmotor:** Dieselpartikelfilter prüfen.

Wartungsarbeiten

Hier werden, nach den verschiedenen Baugruppen des Fahrzeugs aufgeteilt, alle Wartungsarbeiten beschrieben, die gemäß dem Wartungsplan durchgeführt werden müssen. Auf die erforderlichen Verschleißteile sowie das möglicherweise benötigte Sonderwerkzeug wird jeweils hingewiesen.

Es empfiehlt sich Reifendruck, Motorölstand und Flüssigkeitsstände für Kühlung, Wisch-/Waschanlage etc. mindestens alle 4 bis 6 Wochen zu prüfen und gegebenenfalls zu ergänzen.

Achtung: Beim **Einkauf von Ersatzteilen** ist zur Identifizierung des Fahrzeuges unbedingt die **Fahrzeug-Ident-Nummer** (Fahrgestellnummer) beziehungsweise der **KFZ-Schein** mitzunehmen. Sonst ist eine genaue Zuordnung der Ersatzteile oftmals nicht möglich.

Um ganz sicher zu sein, dass man die richtigen Ersatzteile erhalten hat, empfiehlt es sich nach Möglichkeit, das Altteil auszubauen und zum Ersatzteilhändler mitzunehmen. Dort kann man es mit dem Neuteil vergleichen.

Motor und Abgasanlage

Folgende Wartungsarbeiten müssen nach dem Wartungsplan in unterschiedlichen Intervallen durchgeführt werden:

- Motor/Motorraum: Sichtprüfung auf Undichtigkeiten.
- Motor: Öl wechseln, Ölfilter erneuern.
- Kühl- und Heizsystem: Flüssigkeitsstand prüfen, Konzentration des Frostschutzmittels prüfen. Sichtprüfung auf Undichtigkeiten und äußere Verschmutzung des Kühlers.
- Dieselmotor: Kraftstofffilter ersetzen.
- Motor-Luftfilter: Filtereinsatz erneuern, Filtergehäuse reinigen.
- Zündkerzen: Erneuern.
- Abgasanlage: Auf Beschädigungen, Undichtigkeiten und lockere Befestigung sichtprüfen.
- 4-Zylinder-Dieselmotor: Zahnriemen und Zahnriemenspannrolle, erneuern (Werkstattarbeit), siehe auch »Motorkapitel« ab Seite 197.
- Dieselmotor: Diesel-Partikelfilter prüfen. (Werkstattarbeit).
- Abgasuntersuchung (AU) durchführen; Fehlerspeicher abfragen (Werkstattarbeit).

Motor/Motorraum: Sichtprüfung auf Undichtigkeiten

Spezialwerkzeug ist nicht erforderlich.

- Obere Motorabdeckung ausclipsen und abnehmen.
- Untere Motorraumabdeckung ausbauen, siehe Seite 282.
- Leitungen, Schläuche und Anschlüsse
  - der Kraftstoffanlage,
  - des Kühl- und Heizungssystems,
  - der Bremsanlage

  auf Undichtigkeiten, Scheuerstellen, Porosität und Brüchigkeit sichtprüfen.

Ölundichtigkeit suchen

Bei ölverschmiertem Motor und hohem Ölverbrauch überprüfen, wo das Öl austritt. Dazu folgende Stellen überprüfen:

- Öleinfülldeckel öffnen und Dichtung auf Porosität oder Beschädigung prüfen.
- Zylinderkopfdeckel-Dichtung.
- Zylinderkopf-Dichtung.
- Ölablassschraube (Dichtring).
- Ölfilterdichtung: Ölfilter am Ölfilterflansch.
- Ölwannendichtung.
- Wellendichtringe links und rechts für Nockenwellen und Kurbelwelle.

Da sich bei Undichtigkeiten das Öl meistens über eine größere Motorfläche verteilt, ist der Austritt des Öls nicht auf den ersten Blick zu erkennen. Bei der Suche geht man zweckmäßigerweise wie folgt vor:

- Motorwäsche durchführen: Generator mit Plastiktüte abdecken. Motor mit handelsüblichem Kaltreiniger einsprühen und nach einer kurzen Einwirkungszeit an einer Autowaschanlage mit Wasser abspritzen.
- Trennstellen und Dichtungen am Motor von außen mit Kalk oder Talkumpuder bestäuben.
- Ölstand kontrollieren, gegebenenfalls auffüllen.
- Probefahrt durchführen. Da das Öl bei heißem Motor dünnflüssig wird und dadurch schneller an den Leckstellen austreten kann, sollte die Probefahrt über eine Strecke von ca. 30 km auf einer Schnellstraße durchgeführt werden.
- Anschließend Motor mit Lampe anstrahlen, undichte Stelle lokalisieren und Fehler beheben.

Kühlsystem prüfen

- Kühlmittelschläuche durch Zusammendrücken und Verbiegen auf poröse Stellen untersuchen, hart gewordene und aufgequollene Schläuche erneuern.
- Die Schläuche dürfen nicht zu kurz auf den Anschlussstutzen sitzen.
- Festen Sitz der Schlauchschellen kontrollieren, gegebenenfalls Schellen erneuern.
- Dichtung des Verschlussdeckels für den Ausgleichbehälter auf Beschädigungen überprüfen.

Achtung: Ein zu niedriger Kühlmittelstand kann auch von einem nicht richtig aufgeschraubten Verschlussdeckel herrühren.

- Deutlicher Kühlmittelverlust und/oder Öl in der Kühlflüssigkeit sowie weiße Abgaswolken bei warmem Motor deuten auf eine defekte Zylinderkopfdichtung hin.

Achtung: Mitunter ist es schwierig, die Leckstelle ausfindig zu machen. Dann empfiehlt sich eine Druckprüfung durch die Werkstatt (Spezialgerät erforderlich). Hierbei kann ebenfalls das Überdruckventil des Verschlussdeckels geprüft werden.

- Obere Motorabdeckung einbauen.
- Motorraumabdeckung unten einbauen, siehe Seite 282.

Motorölstand prüfen/Motoröl auffüllen

Der Motor soll auf einer Fahrstrecke von ca. 1.000 km nicht mehr als 1,0 Liter Öl verbrauchen. Mehrverbrauch ist ein Anzeichen für verschlissene Ventilschaftabdichtungen und/oder Kolbenringe beziehungsweise Öldichtungen.

Spezialwerkzeug ist nichtl erforderlich.

Erforderliche Betriebsmittel/Verschleißteile:

- Nur ein von VW/AUDI freigegebenes Motoröl verwenden, siehe Seite 210.

Benzinmotor

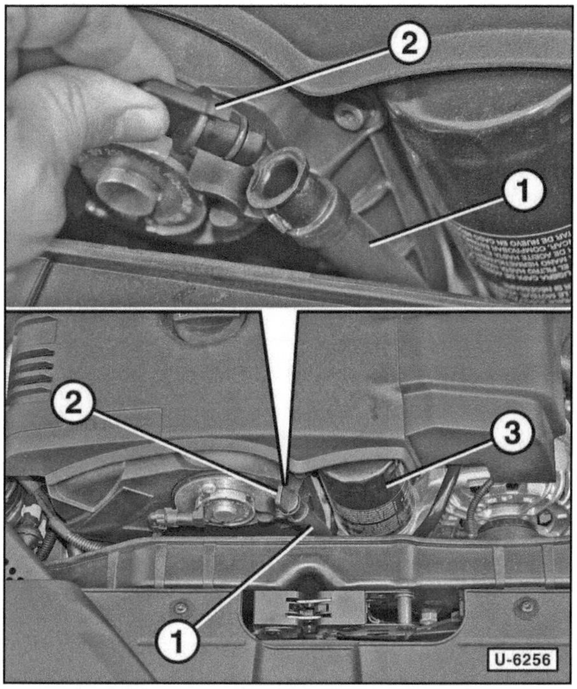

Beim AUDI A4 wird der Motorölstand auf dem Bildschirm von Radio oder MMI (Multi-Media-Interface) angezeigt. Die Öffnung des Messstab-Führungsrohres –1– ist mit einem Stopfen –2– verschlossen. Zur Prüfung der Ölstandanzeige kann der Ölstand mit einem speziellen Ölmessstab durch das Messstab-Führungsrohr gemessen werden. Dieser Ölmessstab (AUDI-T40178) ist in der Fachwerkstatt als Ersatzteil erhältlich. **Hinweis:** Falls dieser Messstab gekauft wird, müssen die richtigen Maße für die Einstecktiefe und den maximalen sowie den minimalen Ölstand erfragt werden. Die Maße sind abhängig von der jeweiligen Motorbezeichnung. 3 – Ölfilter.

Prüfen

- Motor warm fahren und auf einer ebenen, waagerechten Fläche abstellen. Die Öltemperatur sollte für die Prüfung mindestens +60° C betragen.
- Nach Abstellen des Motors mindestens 2 Minuten lang warten, damit das Öl in die Ölwanne zurückfließen kann.

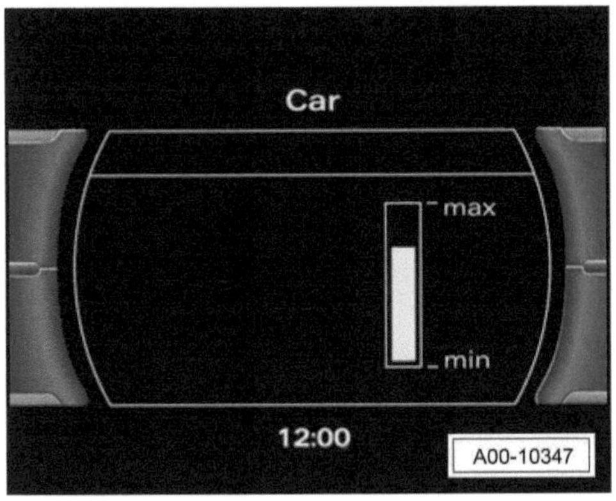

- Mit der Funktionstaste »CAR« an der Mittelkonsole den Menüeintrag »Ölstand« auf dem MMI-Bildschirm auswählen. Daraufhin wird der Ölstand im Display grafisch dargestellt.
- Wenn der Ölstand kurz vor »min« steht, neues Motoröl nachfüllen.

Hinweis: Die Ölstandanzeige im Display ist nur eine Informationsanzeige. Wenn der Ölstand zu niedrig ist, erscheint eine Öl-Min-Warnung im Kombiinstrument. Falls die Motorhaube geöffnet wurde, wird beim nächsten Einschalten der Zündung der aktuelle Ölstand im Kombiinstrument angezeigt.

Dieselmotor

Prüfen

- Motor warm fahren und auf einer ebenen, waagerechten Fläche abstellen. Die Öltemperatur sollte für die Prüfung mindestens +60° C betragen.
- Nach Abstellen des Motors mindestens 3 Minuten lang warten, damit das Öl in die Ölwanne zurückfließen kann.

- Ölmessstab –1– herausziehen und mit einem sauberen Lappen abwischen. 2 – Öleinfülldeckel.
- Anschließend Messstab bis zum Anschlag einführen und wieder herausziehen.

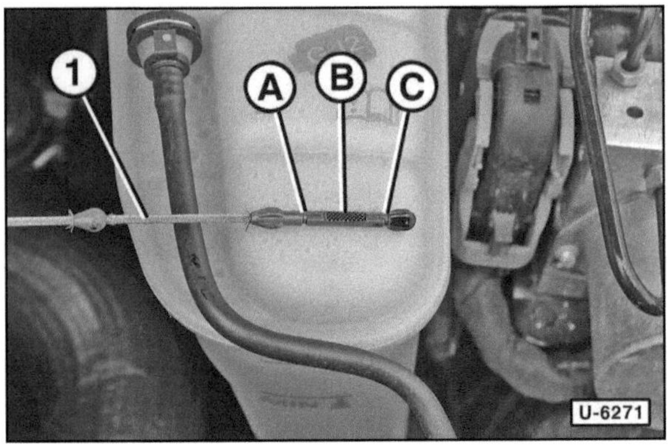

- Der Ölstand ist in Ordnung, wenn er im schraffierten Bereich –B– liegt. Liegt er im Bereich –C– oder darunter, muss Öl bis zum Bereich –B– nachgefüllt werden. Bei einem Ölstand im Bereich –A– darf kein Motoröl nachgefüllt werden. Bei einem Ölstand oberhalb von –A–, aufgrund von zu viel eingefülltem Motoröl, muss das überschüssige Öl abgesaugt werden. 1 – Ölmessstab.

Alle Motoren

Achtung: Beim Nachfüllen unbedingt darauf achten, dass nicht zu viel Motoröl eingefüllt wird. Zu viel eingefülltes Motoröl (oberhalb von »max« beziehungsweise »A«) muss abgesaugt werden, da sonst die Motordichtungen beziehungsweise der Katalysator beschädigt werden können.

- Bei hoher Motorbeanspruchung wie zum Beispiel längeren Autobahnfahrten im Sommer, bei Anhängerbetrieb oder Gebirgsfahrten, sollte der Ölstand im oberen Teil des schrauffierten Messbereiches liegen.
- Nachgefüllt wird am Verschluss –2– des Zylinderkopfdeckels, siehe Abbildung U-6257. Beim Nachfüllen richtige Ölsorte verwenden, keine Ölzusätze verwenden, siehe auch Kapitel »Motor-Schmierung«.
- Ölmessstab, falls vorhanden, einsetzen. Einfülldeckel anschrauben.

Motoröl wechseln/Ölfilter ersetzen

Erforderliches Spezialwerkzeug:

- Spezialwerkzeug zum Lösen des Ölfilters bei Motoren mit Ölfilterpatrone, zum Beispiel Spannbandschlüssel HAZET 2171-1 oder Ölfilterschlüssel 2169.
- **3,2-l-V6-Benzinmotor:** Stecknuss SW-36 oder HAZET 2169-36.
- **2,0-l-TDI-Motor:** Stecknuss SW-32 oder HAZET 2169-32.

Wenn das Motoröl abgesaugt wird:

- Ölabsauggerät. Außendurchmesser der Sonde beziehungsweise des Absaugschlauchs maximal 8 mm.
- Ölauffangbehälter.

Wenn das Motoröl abgelassen wird:

- Grube oder hydraulischer Wagenheber mit Unterstellböcken.
- Ölauffangwanne, die je nach Motor bis zu 10 Liter Öl fasst.

Erforderliche Betriebsmittel/Verschleißteile:

- Je nach Motor 4,6 bis 8,8 Liter Motoröl. Dabei nur ein von VW/AUDI freigegebenes Motoröl verwenden, siehe Seite 210.
- Je nach Motor Ölfiltereinsatz oder Ölfilterpatrone.
- **Neue(n)** Dichtring(e) für Ölfilterdeckel.
- Nur wenn Öl abgelassen wird: **Neue** Ölablassschraube mit **neuem** Dichtring.

Hinweis: Die Öl-Verkaufsstellen nehmen die entsprechende Menge Altöl kostenlos entgegen, daher beim Ölkauf Quittung und Ölkanister für spätere Altölrückgabe aufbewahren! **Um Umweltschäden zu vermeiden, keinesfalls Altöl einfach wegschütten oder dem Hausmüll mitgeben.**

Die Werte für die **Ölwechselmenge** mit Filterwechsel stehen in der Tabelle »Motordaten« auf Seite 13/14.

Hinweis: Die angegebenen Ölwechselmengen sind ungefähre Mengenangaben. Auf jeden Fall nach dem Ölwechsel den Ölstand mit dem Ölmessstab oder über die Ölstandanzeige prüfen und gegebenenfalls korrigieren.

Das Motoröl kann entweder durch das Ölmessstab-Führungsrohr abgesaugt werden oder aus der Ölwanne abgelassen werden. Zum Absaugen ist eine geeignete Absaugpumpe erforderlich, dabei darauf achten, dass der Absaugschlauch in das Ölmessstab-Führungsrohr passt. Absaugsonde nur bis zum ersten Widerstand einführen, da sonst die Spitze am Ölwannenboden abgelenkt werden kann und dadurch eine große Menge Altöl im Motor zurückbleibt.

Motoröl ablassen

- Obere Motorabdeckung ausbauen, siehe Seite 197.
- Motoröl aus dem Ölfilter in das Kurbelgehäuse zurückfließen lassen. Dazu je nach Motor Ölfilterpatrone oder Ölfiltergehäuse etwas lösen beziehungsweise den Deckel am Filtergehäuse abschrauben, siehe dazu auch den Abschnitt »Ölfilter wechseln«. Dadurch wird ein Ventil im Ölfilter oder Ölfilterflansch geöffnet. Einige Minuten warten, bis das Öl zurückgelaufen ist. **Hinweis:** Beim 8-Zylinder-Benzinmotor und 6-Zylinder-Dieselmotor muss zusätzlich das Filterelement hochgezogen werden.
- Motoröl mit einem Ölabsauggerät über das Ölmessstab-Führungsrohr absaugen.
- Steht das Ölabsauggerät nicht zur Verfügung, Motoröl ablassen. Dazu Fahrzeug waagerecht aufbocken oder über Montagegrube fahren.

Sicherheitshinweis
Beim Aufbocken des Fahrzeugs besteht Unfallgefahr! Deshalb vorher das Kapitel »Fahrzeug aufbocken« durchlesen.

- Untere Motorraumabdeckung ausbauen, siehe Seite 282.
- Altöl-Auffangwanne unter die Ölablassschraube stellen.

Sicherheitshinweis
Darauf achten, dass beim Herausdrehen der Ölablassschraube das heiße Motoröl nicht über die Hand läuft. Deshalb beim Abschrauben mit den Fingern den Arm waagerecht halten.

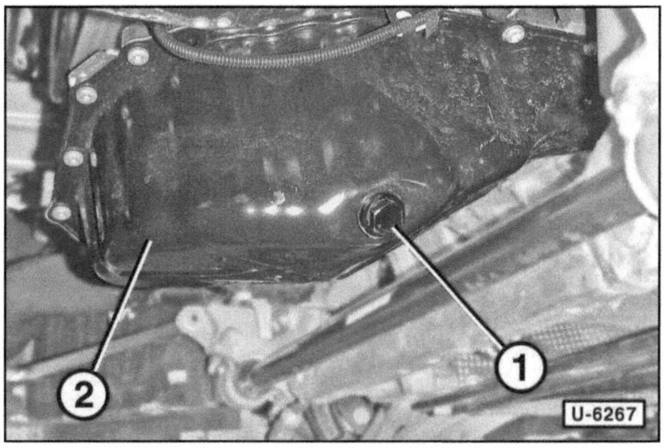

- Ölablassschraube –1– aus der Ölwanne –2– herausdrehen und Altöl ganz ablassen.

Achtung: Werden im Motoröl Metallspäne und Abrieb in größeren Mengen festgestellt, deutet dies auf Fressschäden hin, zum Beispiel Kurbelwellen- oder Pleuellagerschäden. Um Folgeschäden nach erfolgter Reparatur zu vermeiden, ist die sorgfältige Reinigung von Ölkanälen und Ölschläuchen unerlässlich. Zusätzlich muss der Ölkühler, falls vorhanden, erneuert werden.

- Anschließend Ölablassschraube mit **neuem** Dichtring einschrauben und mit **30 Nm** festziehen. **Hinweis:** Falls kein Dichtring vorhanden ist, **Ölablassschraube ersetzen**. Das zulässige Anzugsdrehmoment darf nicht überschritten werden, sonst kann es zu Undichtigkeiten oder Schäden kommen.
- Fahrzeug ablassen.

Ölfilter wechseln

Achtung: Benutzte Ölfilter oder Filtereinsätze sind Sondermüll und müssen entsorgt werden.

4-Zylinder-Benzinmotor, Ausführung 1

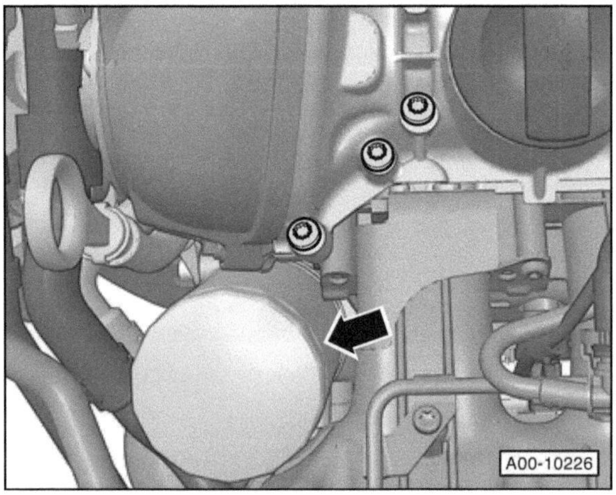

- Ölfilterpatrone –Pfeil– mit handelsüblichem Spannbandschlüssel oder HAZET-2169 lösen und ein paar Minuten warten, damit das Motoröl aus dem Filter in den Motor zurückfließen kann.
- Filterpatrone abschrauben und herausnehmen. Dabei dicken Lappen darunter halten, damit kein Motoröl auf Motor, Generator,Keilrippenriemen oder Kühlmittelschläuche tropft. Gegebenenfalls Motoröl sofort abwischen.
- Dichtfläche am Steuergehäuse reinigen.
- Gummidichtung am neuen Filter dünn mit sauberem Motoröl einölen, dadurch wird eine bessere Abdichtung beim Anziehen des Filters erzielt.
- **Neuen** Ölfilter nur mit der Hand festschrauben, bis die Filterdichtung am Motorblock anliegt. Anschließend Filter noch um ½ Umdrehung weiterdrehen. Falls vorhanden, Hinweise auf dem Ölfilter beachten. Falls der HAZET-Schlüssel 2169 verwendet wird, Ölfilter mit **22 Nm** festziehen.

4-Zylinder-Benzinmotor, Ausführung 2

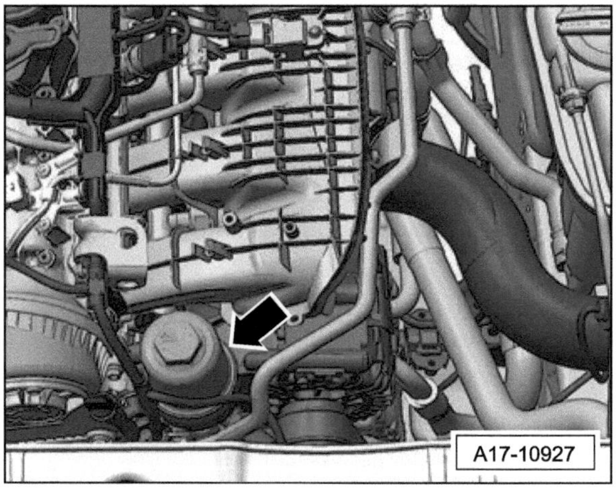

- Ölfiltergehäuse –Pfeil– mit einer Stecknuss SW 32 oder HAZET 2169-32 lösen.
- Ein paar Minuten warten, bis das Öl aus dem Filter in die Ölwanne zurückgelaufen ist.
- Filtergehäuse abschrauben und komplett abnehmen. Dabei dicken Lappen darunter halten, damit kein Motoröl auf Motor, Generator,Keilrippenriemen oder Kühlmittelschläuche tropft. Gegebenenfalls Motoröl sofort abwischen.

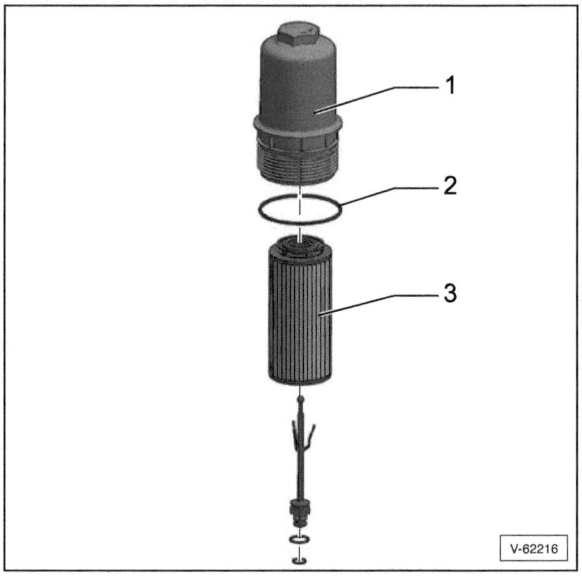

- Filtereinsatz –3– aus dem Filtergehäuse –1– herausziehen.
- Ölfilterflansch am Motorblock mit Kaltreiniger reinigen. Eventuell dort verbliebene Filterdichtung abnehmen.
- Neuen O-Ring –2– dünn mit sauberem Motoröl bestreichen und in die Nut am Filtergehäuse –1– einsetzen.
- Neuen Filtereinsatz in das Filtergehäuse einsetzen.
- Filtergehäuse ansetzen, anschrauben und mit **25 Nm** festziehen.

6-Zylinder-Benzinmotor

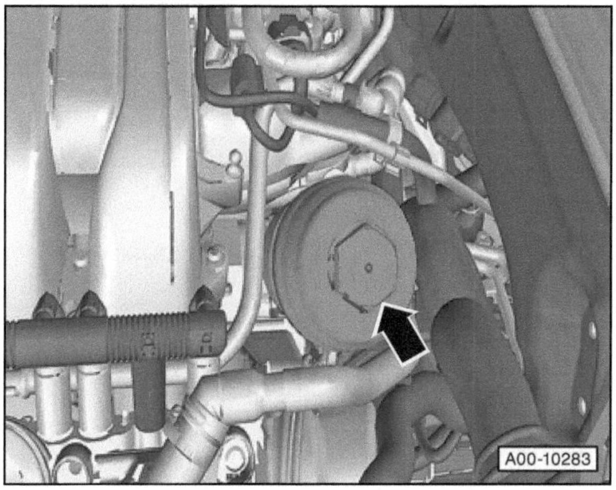

- Ölfilterdeckel –Pfeil– mit einer Stecknuss SW-36 oder HAZET 2169-36 abschrauben.
- Ölfiltereinsatz aus dem Deckel herausnehmen. Abtropfendes Motoröl mit einem Lappen auffangen.
- Dichtflächen am Filterdeckel und am Ölfiltergehäuse mit Kaltreiniger oder Kraftstoff und einem Lappen reinigen.

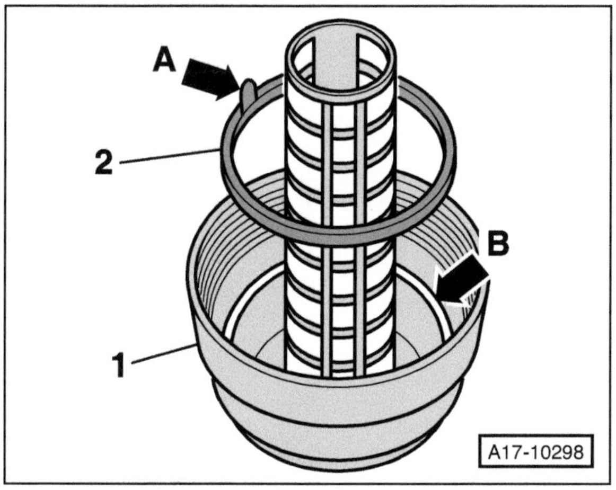

- Dichtring –2– an der Ausziehlasche –A– aus dem Filterdeckel –1– herausziehen.
- **Neuen** Dichtring mit dem Halbrundprofil in die Nut –B– am Filterdeckel einsetzen. **Hinweis:** Die Ausziehlasche –A– muss nach oben zeigen. Die glatte Seite des Dichtrings –2– muss nach außen zeigen.

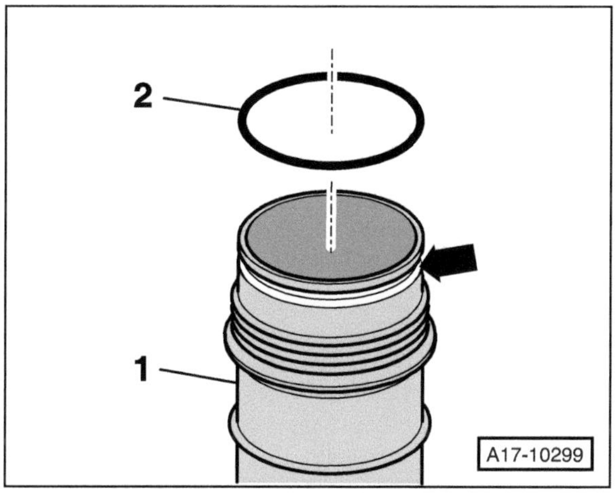

- O-Ring –2– am Ölfiltergehäuse –1– abziehen.
- **Neuen** O-Ring in die Nut –Pfeil– am Ölfiltergehäuse einsetzen.
- **Neuen** Ölfiltereinsatz in den Filterdeckel einsetzen und einrasten.
- Deckel mit Filtereinsatz in das Ölfiltergehäuse einsetzen, anschrauben und mit **25 Nm** festziehen.

4-Zylinder-Dieselmotor, Ausführung 1

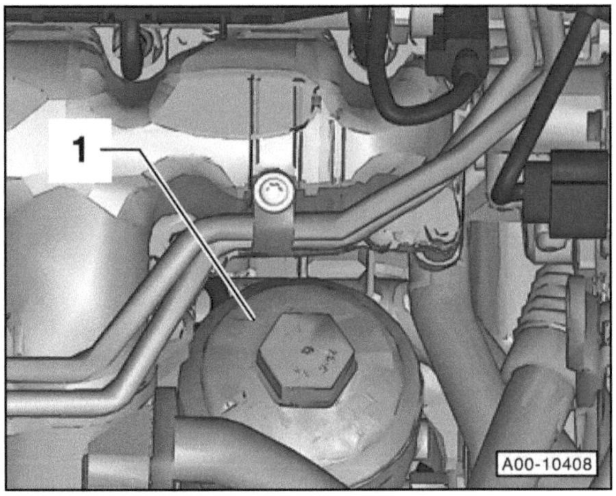

- Ölfilterdeckel –1– mit einer Stecknuss SW-32 oder HA-ZET 2169-32 abschrauben.
- Dichtflächen am Filterdeckel und am Ölfiltergehäuse mit Kaltreiniger oder Kraftstoff und einem Lappen reinigen.

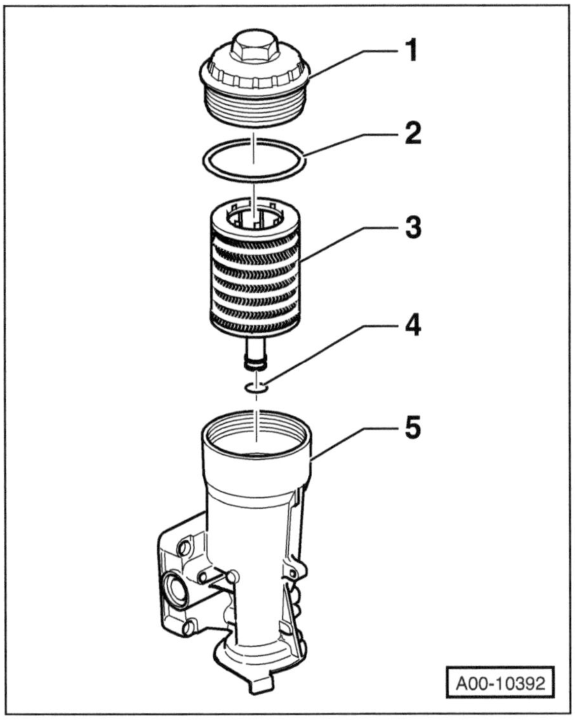

- O-Ringe –2– und –4– sowie Filtereinsatz –3– ersetzen. 1 – Filterdeckel, 5 – Filtergehäuse
- Filterdeckel mit **25 Nm** anschrauben.

4-Zylinder-Dieselmotor, Ausführung 2

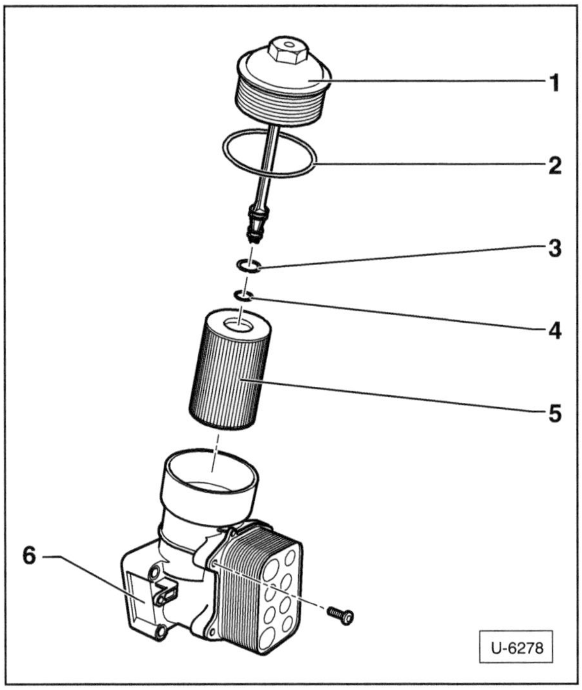

- Filtereinsatz –5– aus dem Ölfiltergehäuse –6– herausziehen und erneuern.
- O-Ringe –2–, –3– und –4– ausbauen und ersetzen.
- Neue O-Ringe –2–, –3– und –4– mit sauberem Motoröl benetzen und einsetzen.
- Schraubedeckel –1– mit **25 Nm** festziehen.

8-Zylinder-Benzinmotor/6-Zylinder-Dieselmotor

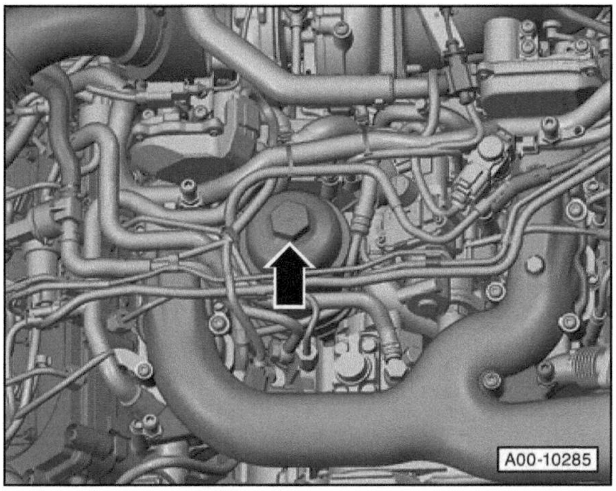

- Ölfilterdeckel mit einer Stecknuss SW-32 –Pfeil– oder HAZET 2169-32 abschrauben. **Hinweis:** Die Abbildung zeigt den Dieselmotor mit senkrecht eingebautem Ölfilter. In einer anderen Ausführung ist der Ölfilter schräg eingebaut, wird aber auf die gleiche Weise aus- und eingebaut.
- Filterelement etwas herausziehen, dadurch wird ein Ventil geöffnet und das Öl im Filtergehäuse fließt automatisch ins Kurbelgehäuse ab.

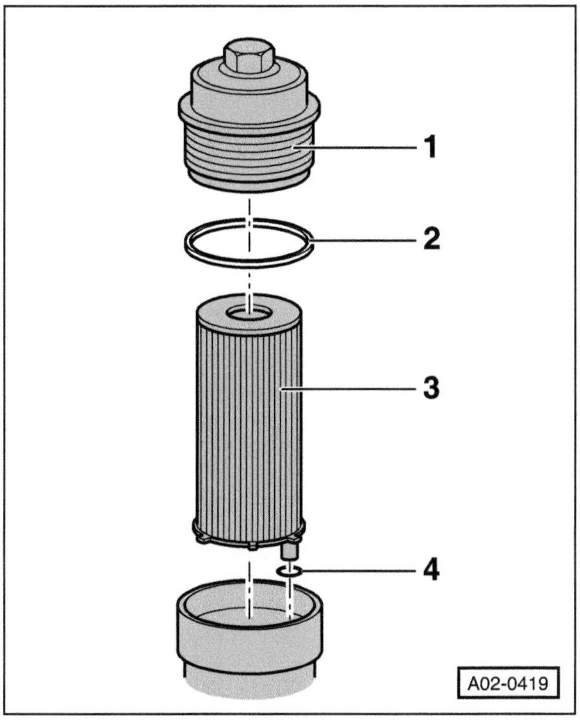

- Ölfilterdeckel –1– abnehmen.
- Ölfiltereinsatz –3– aus dem Filtergehäuse herausnehmen. Abtropfendes Motoröl mit einem Lappen auffangen.
- Dichtflächen am Filterdeckel und am Ölfiltergehäuse mit Kaltreiniger oder Kraftstoff und einem Lappen reinigen.
- Dichtringe –2– und –4– sowie Filtereinsatz –3– erneuern. Dichtringe nach dem Einbau leicht mit sauberem Motoröl bestreichen. **Hinweis:** Je nach Ausführung des Filtereinsatzes ist der O-Ring –4– nicht vorhanden.
- Verschlussdeckel –1– festziehen.
  Anzugsdrehmoment:
  Benzinmotor . . . . **25 Nm**
  Dieselmotor . . . . **35 Nm**

Motoröl auffüllen

Achtung: Beim **1. Motorstart** nach dem Ölwechsel darauf achten, dass der Motor zunächst nur bei **Leerlaufdrehzahl** läuft, bis die Öldruckkontrolle erlischt. Erst dann ist der volle Öldruck erreicht, und es darf Gas gegeben werden. Durch Gasstöße bei leuchtender Ölkontrolle kann aufgrund mangelnder Schmierung der Turbolader beschädigt werden.

- Ölmessstab –1– herausziehen und mit einem sauberen Lappen abwischen.
- Verschlussdeckel –2– öffnen und neues Öl am Einfüllstutzen des Zylinderkopfdeckels einfüllen. **Hinweis:** Die Abbildung zeigt den 2,0-l-TDI-Motor.

Achtung: Grundsätzlich empfiehlt es sich, zunächst ½ Liter Motoröl weniger einzufüllen, den Motor warm laufen zu lassen und nach einigen Minuten den Ölstand mit dem Messstab zu kontrollieren und gegebenenfalls zu ergänzen. Zu viel eingefülltes Motoröl muss abgesaugt werden, da sonst die Motordichtungen beziehungsweise der Katalysator beschädigt werden können.

- Ölstand prüfen, siehe entsprechendes Kapitel.
- Nach Probefahrt Dichtigkeit der Ablassschraube und des Ölfilters überprüfen, gegebenenfalls vorsichtig nachziehen.
- Ölstand ca. 3 Minuten nach Abstellen des Motors nochmals prüfen, gegebenenfalls korrigieren.
- Obere Motorabdeckung einbauen, siehe Seite 197.
- Untere Motorraumabdeckung einbauen, siehe Seite 282.

Kühlmittelstand prüfen/auffüllen

Ein zu niedriger Kühlmittelstand wird im Display des Kombiinstruments angezeigt. Vor jeder größeren Fahrt sollte dennoch grundsätzlich der Kühlmittelstand geprüft werden.

Spezialwerkzeug ist nicht erforderlich.

Erforderliche Betriebsmittel zum Nachfüllen:

- VW/AUDI-Kühlerfrost- und Korrosionsschutzmittel »**G13**«, Farbe lila, oder ein anderes Kühlkonzentrat mit dem Vermerk »gemäß VW/AUDI-TL-774-**J**«, zum Beispiel »Glysantin GG 40« oder »MAINTAIN FRICOFIN V«.
  Hinweis: G13 ist mischbar mit dem älteren, ebenfalls lilafarbenen G12++ oder G12+.
- Destilliertes Wasser.

Prüfen/Nachfüllen

Sicherheitshinweis
Verschlussdeckel bei heißem Motor vorsichtig öffnen. **Verbrühungsgefahr!** Beim Öffnen Lappen über den Verschlussdeckel legen. Verschlussdeckel nur bei einer Kühlmitteltemperatur unter +90° C öffnen.

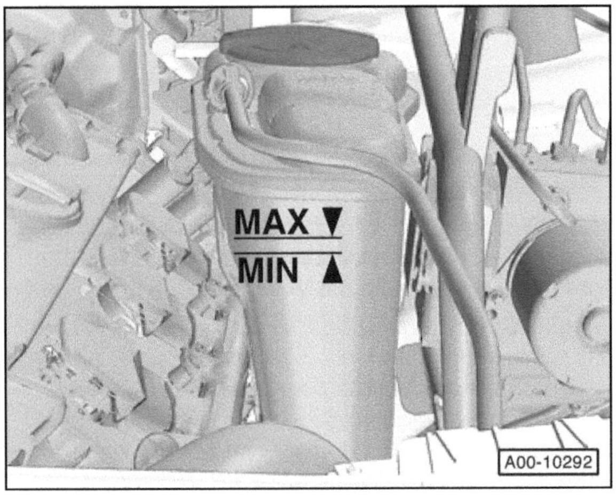

- Der Kühlmittelstand soll bei kaltem Motor (Kühlmitteltemperatur ca. +20° C) zwischen der MAX- und der MIN-Markierung am Ausgleichbehälter liegen. Bei warmem Motor darf der Kühlmittelstand etwas über der MAX-Markierung stehen.
- Größere Mengen **kaltes** Kühlmittel nur bei **kaltem Motor** nachfüllen, um Motorschäden zu vermeiden.
- Verschlussdeckel beim Öffnen zuerst etwas aufdrehen und Überdruck entweichen lassen. Danach Deckel weiterdrehen und abnehmen.
- Sichtprüfung auf Dichtheit durchführen, wenn der Kühlmittelstand in kurzer Zeit absinkt.

Frostschutz prüfen/korrigieren

Regelmäßig vor Winterbeginn sollte sicherheitshalber die Konzentration des Frostschutzmittels geprüft werden, insbesondere wenn zwischendurch reines Wasser nachgefüllt wurde.

Erforderliches Spezialwerkzeug:

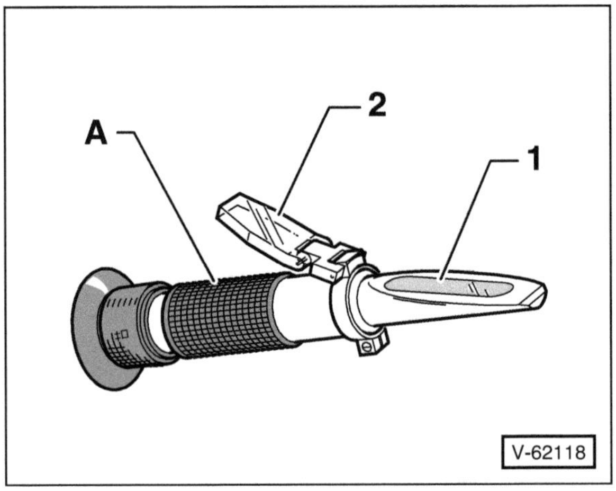

- Prüfspindel zum Messen des Frostschutzanteils beziehungsweise ein Refraktometer –A–, zum Beispiel HAZET 4810-C oder VW-T10007A. Mit dem Refraktometer können Kühlmittel- oder Scheibenwasch-Frostschutzanteil gemessen werden. **Hinweis:** Für die Messung mit einem Refraktometer wird der Umstand ausgenutzt, dass sich der Lichtbrechungsindex der Flüssigkeit abhängig von der Konzentration des gelösten Stoffes ändert.
  1 – Messprisma, 2 – Deckel, 3 – Einblick-Okular.

Erforderliche Betriebsmittel zum Nachfüllen:

- VW/AUDI-Kühlerfrost- und Korrosionsschutzmittel »**G13**«, Farbe lila, oder ein anderes Kühlkonzentrat mit dem Vermerk »gemäß VW/AUDI-TL-774-**J**«, zum Beispiel »Glysantin GG 40« oder »MAINTAIN FRICOFIN V«.
  Hinweis: G13 ist mischbar mit dem älteren, ebenfalls lilafarbenen G12++ oder G12+.
- Destilliertes Wasser.

Prüfen

- Motor kurz warm fahren bis der obere Kühlmittelschlauch zum Kühler etwa handwarm ist. Bei der Frostschutzmessung soll die Kühlflüssigkeitstemperatur ca. +20° C betragen.

Sicherheitshinweis
Verschlussdeckel bei heißem Motor vorsichtig öffnen. **Verbrühungsgefahr!** Beim Öffnen Lappen über den Verschlussdeckel legen. Verschlussdeckel nur bei einer Kühlmitteltemperatur unter +90° C öffnen.

- Verschlussdeckel am Ausgleichbehälter vorsichtig öffnen.

Prüfung mit einer Prüfspindel:

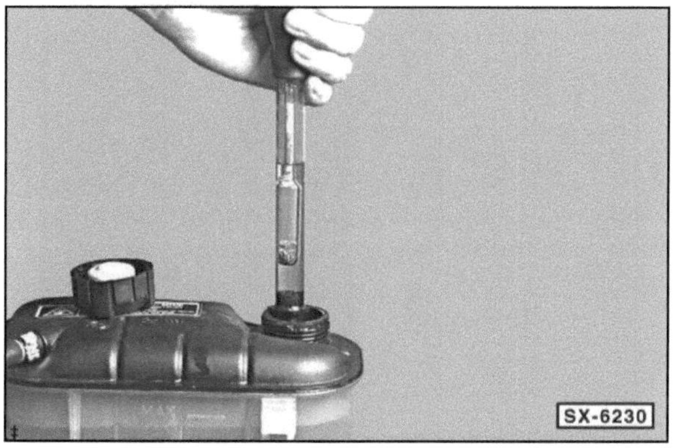

- Mit der Prüfspindel Kühlflüssigkeit ansaugen und am Schwimmer die Kühlmitteldichte ablesen. **Hinweis:** Die Abbildung zeigt nicht den AUDI A4.

Hinweis: Eventuell ist es erforderlich, die **Prüfspindel zu eichen.** Dabei ist folgendermaßen vorzugehen: 50 ml Kühlkonzentrat mit 50 ml destilliertem Wasser mischen. Diese Mischung hat einen Frostschutz von –35° C. Frostschutz mit der Prüfspindel messen und eventuelle Abweichung zum Sollwert von –35° C notieren. **Beispiel:** Die Prüfspindel zeigt –31° C an. Die Abweichung beträgt also –4° C. Wird dann am Fahrzeug ein Wert von –16° C gemessen, dann beträgt der korrekte Frostschutz (–16°) + (–4°) = –20° C.

- Der Frostschutz soll in unseren Breiten bis –25° C reichen, bei extrem kaltem Klima bis –35° C.

Prüfung mit einem Refraktometer

- Mit einer Pipette ein wenig Kühlflüssigkeit auf das Messprisma –1– des Refraktometers –A– auftragen und Deckel –2– zuklappen, siehe Abbildung V-62118.

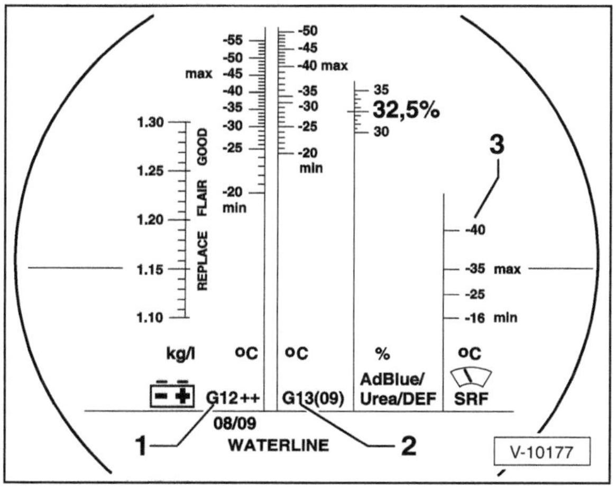

- Durch das Einblick-Okular schauen und an der Skala –2– den Frostschutzanteil ablesen. **Hinweis:** Die Skala –1– bezieht sich auf die Kühlmittelzusätze G12, G12Plus, G12PlusPlus.

  2 – Skala für das Frostschutzmittel G13.

  3 – Skala zur Kontrolle des VW/AUDI-Scheibenreinigungskonzentrats G 052 164.

Kühlkonzentrat ergänzen

Bei einem Frostschutz bis –25° C muss der Anteil an Frostschutzmittel in der Kühlflüssigkeit 40 % betragen. Soll der Frostschutz bis –35° C reichen, müssen destilliertes Wasser und Kühlkonzentrat im Verhältnis 1:1 gemischt werden.

Achtung: Ist ein stärkerer Frostschutz erforderlich, kann der Frostschutzmittelanteil bis auf maximal 60 % erhöht werden, dann reicht der Frostschutz bis –40° C. Wird mehr Frostschutzmittel (Kühlkonzentrat) zugegeben, verringert sich der Frostschutz wieder, außerdem verschlechtert sich die Kühlwirkung.

Die folgende Tabelle zeigt, wie viel Frostschutzmittel zugegeben werden muss, damit die gewünschte Konzentration erreicht wird. Es handelt sich nur um Richtwerte, da die Füllmengen der Kühlflüssigkeit je nach Motor unterschiedlich sind.

Frostschutz bis		Differenzmenge		
Istwert	**Sollwert**	**4-Zyl.-Mot.**	**6-Zyl.-Mot.**	**8-Zyl.-Mot.**
0°	–25°	3,0 l	4,0 l	5,2 l
	–35°	3,8 l	5,0 l	6,5 l
– 5°	–25°	2,6 l	3,4 l	4,5 l
	–35°	3,2 l	4,3 l	5,6 l
–10°	–25°	2,2 l	2,9 l	3,8 l
	–35°	2,7 l	3,7 l	4,7 l
– 15°	–25°	1,8 l	2,4 l	3,1 l
	–35°	2,2 l	3,0 l	3,8 l
– 20°	–25°	1,4 l	1,8 l	2,4 l
	–35°	1,7 l	2,3 l	3,0 l
–25°	–35°	1,2 l	1,6 l	2,1 l
–30°	–35°	0,7 l	1,0 l	1,2 l
–35°	–40°	0,6 l	0,8 l	1,0 l

Beispiel: Die Frostschutz-Messung mit der Spindel ergibt beim 4-Zylinder-Motor einen Frostschutz bis –10° C. In diesem Fall aus dem Kühlsystem 2,2 l Kühlflüssigkeit ablassen und dafür 2,2 l reines VW/ AUDI-Frostschutzkonzentrat auffüllen. Der Frostschutz reicht dann bis –25° C.

- Verschlussdeckel am Kühler verschließen und nach Probefahrt Frostschutz erneut überprüfen.

Kraftstofffilter ersetzen

Dieselmotor

Erforderliches Spezialwerkzeug:

- Auffangwanne für ablaufenden Dieselkraftstoff.
- Fahrzeuge bis Modelljahr 2012, außer 3,0-l-TDI (CAPA): Fahrzeug-Diagnosetester zum Ansteuern der Vorförderpumpe.

Erforderliche Verschleißteile:

- Kraftstofffilter.

Achtung: Nach dem Wechsel des Kraftstofffilters muss die Kraftstoffanlage entlüftet werden. Andernfalls kann die Hochdruckpumpe trockenlaufen und dadurch beschädigt werden.

Hinweis: Dieselkraftstoff ist ein Problemstoff und darf auf keinen Fall einfach weggeschüttet oder dem Hausmüll mitgegeben werden. Gemeinde- und Stadtverwaltungen informieren darüber, wo sich die nächste Problemstoff-Sammelstelle befindet.

Ausbau, Ausführung 1

Achtung: Sicherheits- und Sauberkeitsregeln im Umgang mit Kraftstoff beachten, siehe Seite 232.

- Unterbodenverkleidungen rechts ausbauen, siehe Seite 281.

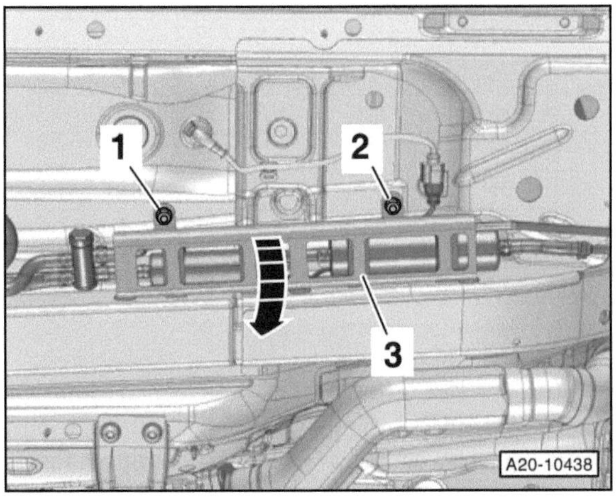

- Muttern –1– und –2– herausdrehen.
- Halter –3– nach unten schwenken –Pfeil–, an der Karosserie aushängen und abnehmen.
- Auffangbehälter unter den Kraftstofffilter stellen.

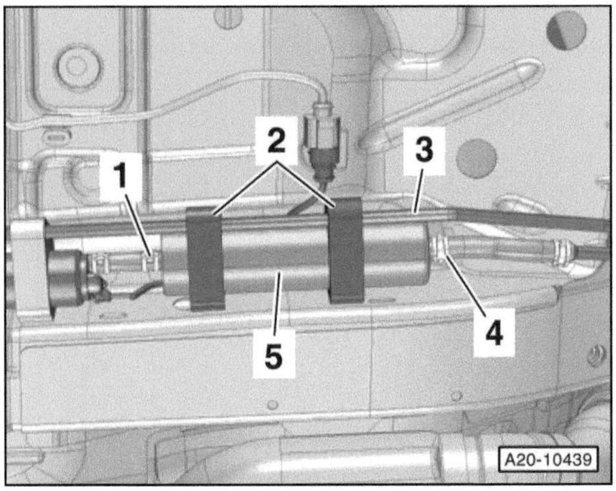

- Krafttstoffschläuche zum und vom Kraftstofffilter mit Schlauchklemmen abklemmen.
- Schellen –1– und –4– öffnen und zurückschieben.
- Kraftstoffschläuche abziehen. Eventuell ablaufenden Kraftstoff auffangen.
- Rücklaufleitung –3– am Puffer –2– aushängen.
- Kraftstofffilter –5– mit Puffer –2– abnehmen und in den Auffangbehälter entleeren.

Ausbau Ausführung 2

- Unterbodenverkleidungen rechts ausbauen, siehe Seite 281.

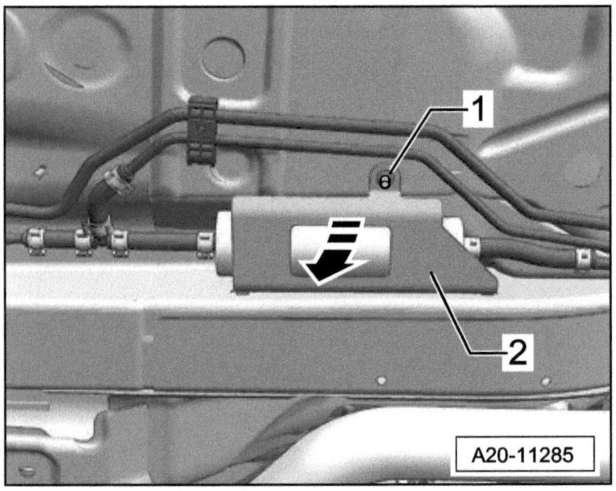

- Mutter –1– herausdrehen.
- Halter –2– nach unten schwenken –Pfeilrichtung–, an der Karosserie aushängen und abnehmen.
- Auffangbehälter unter den Kraftstofffilter stellen.

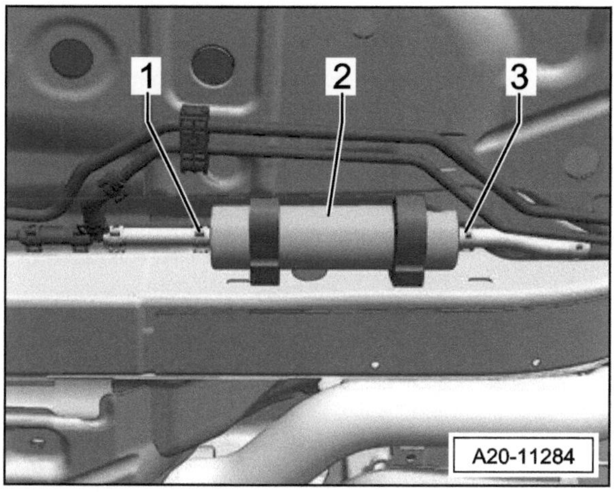

- Federbandschellen öffnen und Kraftstoffvorlaufschläuche –1– und –3– abziehen.

Achtung: Eventuelle heraustropfenden Kraftstoff auffangen.

- Kraftstofffilter –2– mit Puffer abnehmen.

Einbau, Ausführung 1 und 2

- Kraftstofffilter mit Puffer ansetzen, Kraftstoffleitungen aufschieben und mit Schellen sichern.
- Schlauchklemmen abnehmen.
- Halter für Kraftstofffilter nach oben schwenken, Muttern ansetzen und mit **8 Nm** festziehen.
- **Kraftstoffsystem entlüften.** Dazu Zündung für mindestens 30 Sekunden einschalten, Motor **nicht starten**. In dieser Zeit läuft die Kraftstoffpumpe an, füllt den Kraftstofffilter und entlüftet gleichzeitig die Anlage. Anschließend Anlasser betätigen und Motor starten. Der Startvorgang kann dabei bis zu einer Minute dauern.
- Nach dem Start Motor kurze Zeit im Leerlauf laufen lassen und dann abstellen.
- Unterbodenverkleidungen rechts einbauen, siehe Seite 281.

Sichtprüfung der Abgasanlage

Sicherheitshinweis
Beim Aufbocken des Fahrzeugs besteht Unfallgefahr! Deshalb vorher das Kapitel »Fahrzeug aufbocken« durchlesen.

- Fahrzeug aufbocken.
- Befestigungsschellen auf festen Sitz prüfen.
- Abgasanlage mit Lampe anstrahlen und auf Löcher, durchgerostete Teile sowie Scheuerstellen absuchen.
- Stark gequetschte Abgasrohre ersetzen.
- Gummihalterungen durch Drehen und Dehnen auf Porosität überprüfen und gegebenenfalls austauschen.
- Fahrzeug ablassen.

Motor-Luftfilter: Filtereinsatz erneuern

Spezialwerkzeug ist nichtl erforderlich.

Erforderliche Betriebsmittel/Verschleißteile:

- Luftfiltereinsatz.

Wichtige Hinweise für alle Motoren

- Die selbstschneidenden Schrauben des Luftfilters dürfen nicht mit einem Akku-Schrauber gelöst oder angezogen werden, sonst kann das Gewinde im Luftfiltergehäuse beschädigt werden. Schrauben nur von Hand lösen und anziehen. Anzugsdrehmoment: Maximal **3 Nm**.
- Falls das Filtergehäuse mit Pressluft ausgeblasen wird, vorher luftführende Teile wie beispielsweise Luftmassenmesser und Lufteinlassrohre mit sauberem Putzlappen oder Vliespapier abdecken. Es kann sonst im späteren Betrieb zu Funktionsstörungen dieser Bauteile kommen.
- Wasserablaufschlauch im Luftfiltergehäuse auf Schmutz und Verklebungen prüfen, gegebenenfalls reinigen.
- Falls der Filtereinsatz stark verschmutzt oder durchnässt war, können Schmutzpartikel oder Feuchtigkeit zum Luftmassenmesser gelangen und dessen Funktion beeinträchtigen. Dies führt zu Leistungsmangel, da eine geringere Einspritzmenge berechnet wird. Daher Luftmassenmesser auf Salzrückstände und Verschmutzung prüfen, gegebenenfalls reinigen.
- Luftführung von der Ansaughutze am Schlossträger bis zum Filtergehäuse auf einwandfreien Durchgang prüfen. Gegebenenfalls Verschmutzung und/oder Blätter entfernen.

4-Zylinder-Motor

Ausbau

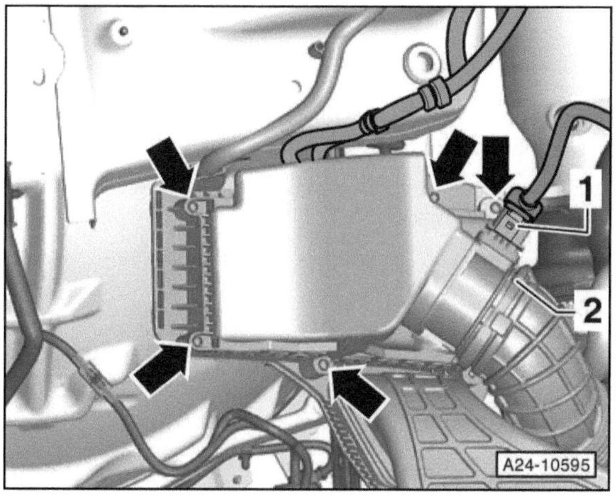

- Stecker –1– am Luftmassenmesser entriegeln und abziehen.
- Schlauchschelle –2– öffnen. Luftführungsschlauch zum Abgasturbolader am Luftmassenmesser abziehen.

- Schrauben –Pfeile– herausdrehen.
- Filterdeckel nach oben abnehmen.

- Filtereinsatz –1– aus dem Luftfiltergehäuse –2– herausnehmen.

Einbau

- Luftfiltergehäuse und -deckel aussaugen, gegebenenfalls von Blättern, Schmutz und Salzrückständen reinigen.

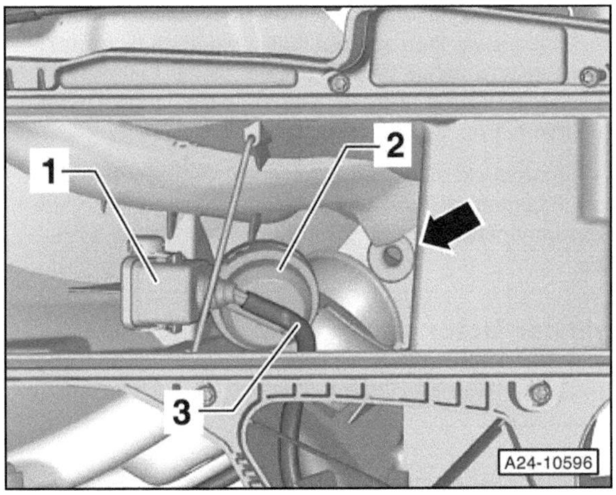

- Wasserablauf –Pfeil– im Luftfiltergehäuse mit Druckluft, falls vorhanden, durchblasen.
- Falls abgezogen, Unterdruckschlauch –3– für Ansaugluftumschaltung aufstecken.
- Neuen Filtereinsatz zentriert in die Aufnahme am Luftfiltergehäuse einsetzen.
- Filterdeckel sorgfältig und ohne großen Kraftaufwand auf das Filtergehäuse aufsetzen. Dabei Dichtlippe des Filtereinsatzes beachten, Deckel nicht schräg aufsetzen.
- Filterdeckel anschrauben.
- Stecker am Luftmassenmesser aufstecken und einrasten.
- Luftführungsschlauch am Luftmassenmesser aufschieben und mit Schelle sichern. Dabei auf festen und dichten Sitz des Schlauches achten. Zur Erleicherung beim Aufschieben kann silikonfreies Gleitmittel verwendet werden.

6-Zylinder-Motor

Ausbau, Ausführung 1

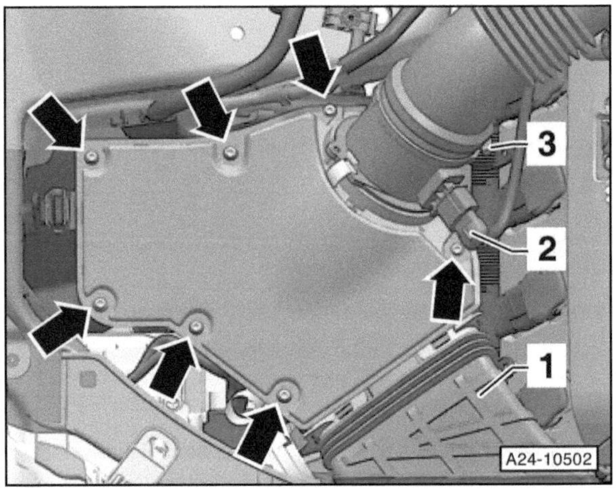

- Schlauchschelle –3– mit einer Zange für Federbandschellen öffnen, zum Beispiel mit HAZET 798-10. Schlauch abziehen.
- **2,7-/3,0-l-Dieselmotor:** Stecker –2– am Luftmassenmesser entriegeln und abziehen.

Achtung: Beim 3,2-l-FSI-Benzinmotor ist kein Luftmassenmesser vorhanden. Die beiden Klammern –Pfeile– am Filterstutzen nicht öffnen, siehe Abbildung A00-10289 am Ende des Kapitels.

- Schrauben –Pfeile– herausdrehen.
- Filtergehäuse mit Filtereinsatz aus der Ansaughutze –1– herausziehen und nach oben abnehmen.

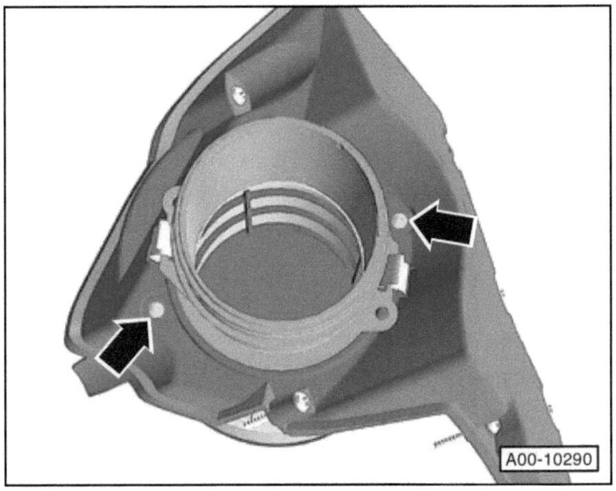

- 2 Schrauben –Pfeile– herausdrehen und alten Filtereinsatz herausnehmen.

Einbau

- Luftfilterober- und -unterteil aussaugen und gegebenenfalls von Blättern, Schmutz und Salzrückständen reinigen.

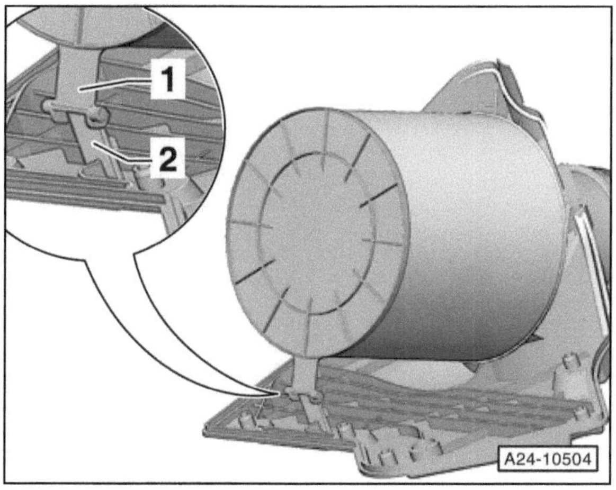

- Neuen Filtereinsatz so einsetzen, dass die Führung –1– in der Lasche –2– sitzt.
- Filtereinsatz mit 2 Schrauben anschrauben.
- Filtergehäuse mit Filtereinsatz ansetzen und anschrauben.
- Stecker am Luftmassenmesser aufstecken und einrasten.
- Ansaugschlauch am Luftmassenmesser aufschieben und mit Schelle sichern. Dabei auf festen und dichten Sitz des Schlauches achten.

Speziell 3,2-l-FSI-Benzinmotor

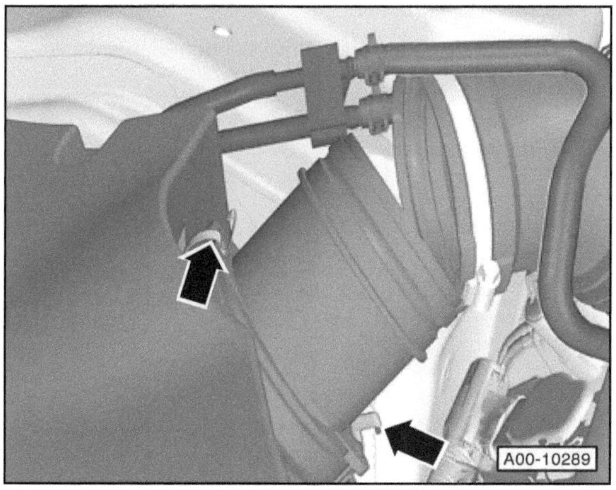

- Die beiden Klammern –Pfeile– nicht öffnen.

Ausbau, Ausführung 2

Hinweis: Entweder ist das Luftführungsrohr A oder das Luftführungsrohr B eingebaut.

Luftführungrohr A:

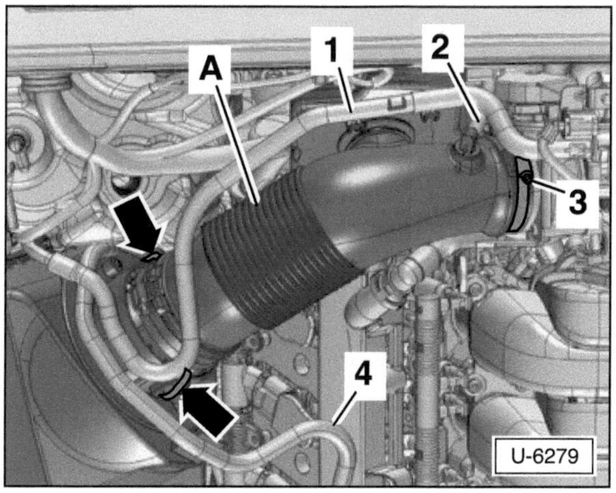

- Kraftstoffleitung –4– und Leitung –1– zum Aktivkohlebehälter am Luftfiltergehäuse und am Luftführungsrohr –A– freilegen.
- Unterdruckschlauch –2– vom Anschluss am Luftführungsrohr –A– abbauen.
- Luftführungsrohr –A– ausbauen, dazu Schlauchschelle –3– lösen und Spannklammern –Pfeile– öffnen.

Luftführungrohr B:

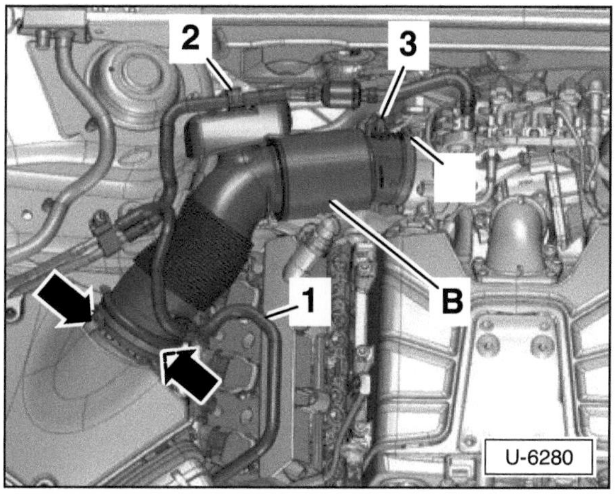

- Kraftstoffleitung –1– und Leitung –2– zum Aktivkohlebehälter am Luftfiltergehäuse und am Luftführungsrohr –B– freilegen.
- Unterdruckschlauch –3– abziehen.
- Luftführungsrohr –B– ausbauen, dazu Schlauchschelle –4– lösen und Spannklammern –Pfeile– öffnen.

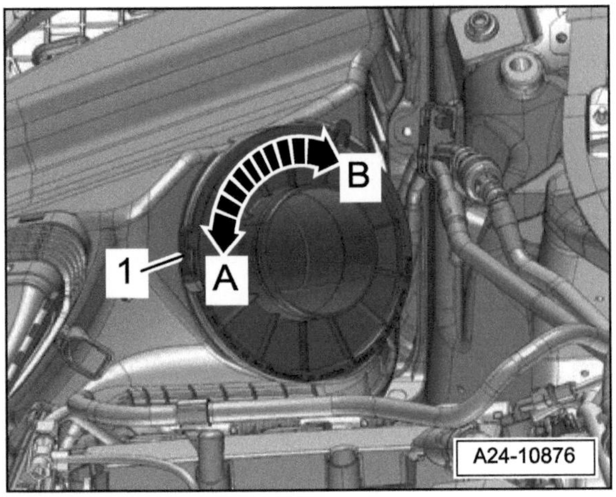

- Verrastung –1– entriegeln.
- Deckel für Luftfiltergehäuse gegen Uhrzeigersinn drehen –Pfeil A– und abnehmen.
- Luftfiltereinsatz herausnehmen.

Einbau, Ausführung 2

- Gehäuse und Wasserabläufe auf Verschmutzung prüfen, gegebenenfalls reinigen, siehe Seite 29.
- Luftfiltereinsatz zentriert in die Aufnahme einsetzen.
- Deckel sorgfältig ohne größeren Kraftaufwand auf das Luftfiltergehäuse aufsetzen.
- Deckel für Luftfiltergehäuse bis zum Einrasten der Verrastung –1– im Uhrzeigersinn drehen –Pfeil B–.
- Der weitere Einbau erfolgt in umgekehrter Ausbaureihenfolge.

8-Zylinder-Benzinmotor

Ausbau

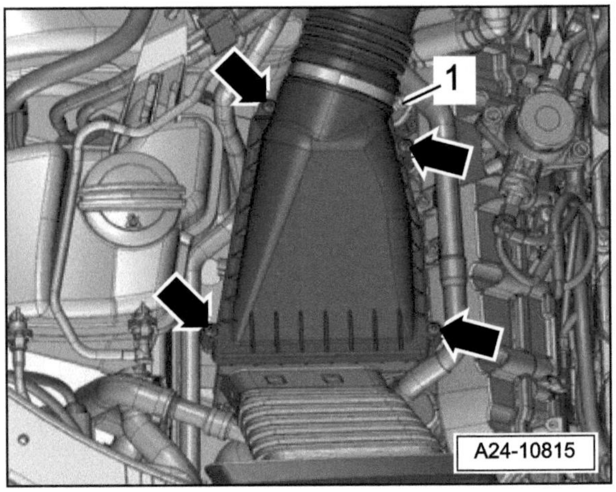

- Schlauchschelle –1– lösen und Luftführungsschlauch abziehen.
- Befestigungsschrauben –Pfeile– vom Luftfilteroberteil herausschrauben.
- Luftfilteroberteil abnehmen und Luftfiltereinsatz herausnehmen.

Einbau

- Gehäuse und Wasserabläufe auf Verschmutzung prüfen, gegebenenfalls reinigen, siehe Seite 29.
- Luftfiltereinsatz zentriert in die Aufnahme im Luftfilterunterteil einsetzen.
- Luftfilteroberteil auf das Luftfilterunterteil aufsetzen und mit **3,5 Nm** festschrauben.
- Der weitere Einbau erfolgt in umgekehrter Ausbaureihenfolge.
- Filtereinsatz auf der gegenüberliegenden Fahrzeugseite in gleicher Weise wechseln.

Reductionsmittel AdBlue nachfüllen

Nur CleanDiesel-TDI

Spezialwerkzeug:

- Für die Verwendung eines 10-l-Kanisters wird ein Befüllsystem, zum Beispiel VAS 6542, benötigt.

Erforderliche Betriebsmittel/Verschleißteile:

- Von VW/AUDI freigegebenes Reduktionsmittel AdBlue.

Das AdBlue-Reduktionsmittel befindet sich in einem separaten Tank links unter dem Unterboden in Höhe des Rücksitzes. Die AdBlue-Tankfüllmenge beträgt etwa 22 Liter.

Bei dem Reduktionsmittel AdBlue handelt es sich um eine 32,5 %ige Harnstofflösung zur Abgasnachbehandlung.

Achtung: AdBlue darf **nicht** in den Kraftstofftank gelangen und dem Dieselkraftstoff beigemischt werden.

Ab einer Restreichweite von etwa 2400 km erfolgt eine Aufforderung im Kombiinstrument, dass AdBlue nachgefüllt werden muss. Ab einer Restreichweite von etwa 1000 km erfolgt eine Aufforderung im Kombiinstrument, dass AdBlue nachgefüllt werden muss, sonst ist nach 1000 km kein Motorstart mehr möglich.

Hinweis: Um einen erneuten Motorstart nach Zwangsabstellung wegen zu geringer AdBlue-Menge zu ermöglichen, müssen mindestens 3 Flaschen zu je 1,9 l (5,7 l) Reduktionsmittel AdBlue aufgefüllt werden.

Sicherheitsmaßnahmen bei Arbeiten mit dem Reduktionsmittel AdBlue

- Nur das von VW/AUDI ausdrücklich freigegebene AdBlue verwenden. Die Verwendung eines anderen AdBlue kann einen Motorschaden verursachen!
- Niemals Wasser oder Zusatzstoffe dem AdBlue® beimischen.
- Niemals AdBlue in den Diesel-Kraftstoffbehälter füllen! Andernfalls kann ein Motorschaden die Folge sein!
- Nachfüllflasche nicht permanent im Fahrzeug mitführen. Durch Temperaturschwankungen und Beschädigungen kann die Flasche undicht werden und das AdBlue den Fahrzeuginnenraum beschädigen.
- Das Reduktionsmittel AdBlue kann Haut, Augen und Atmungsorgane reizen. Bei Hautkontakt die Flüssigkeit sofort mit viel Wasser abwaschen.
- Hände durch Handschuhe schützen.
- Falls AdBlue auf Karosserie- oder Verkleidungsteile gelangt, sofort mit klarem Wasser und einem Baumwolltuch abwaschen. Falls AdBlue bereits kristalliert hat, warmes Wasser und einen Schwamm verwenden.

AdBlue nachfüllen

Hinweis: AdBlue gibt es in 1,9-l-Flaschen und in 10-l-Kanistern. Für die Verwendung der 10-l-Kanister wird ein Befüllsystem benötigt, zum Beispiel VAS 6542 .

- Fahrzeug auf einer ebenen Fläche stellen. Ein nicht eben stehendes Fahrzeug kann dazu führen, dass die Füllstandsanzeige die Nachfüllmenge nicht erkennt.
- Tankklappe öffnen.

- Verschlussdeckel –1– entgegen dem Uhrzeigersinn vom AdBlue-Einfüllstutzen abschrauben.
- Einfüllstutzen mit einem wassergetränkten, fusselfreien Baumwolllappen reinigen.

Mit Nachfüllflasche auffüllen:

- Verschluss der Nachfüllflasche abdrehen. Das Reduktionsmittel muss von AUDI freigegebenen sein und der Norm ISO 22241-1 entsprechen.
- Nachfüllflasche in den Einfüllstutzen einschrauben.
- Nachfüllflasche in Richtung Tankeinfüllstutzen drücken und gedrückt halten. Dadurch öffnet sich das integrierte Absperrventil.
- Inhalt der Nachfüllflasche vollständig in den AdBlue-Tank füllen.
- Anschließend Nachfüllflasche vom Tankeinfüllstutzen abschrauben.

Hinweis: Ein vollständig gefüllter AdBlue-Tank ist daran zu erkennen, dass kein AdBlue mehr aus der Nachfüllflasche fließt.

- Tankeinfüllstutzen und Verschlussdeckel mit einem wassergetränkten fusselfreien Baumwolltuch reinigen.
- Tankverschluss schließen.
- Tankklappe schließen.

Falls der Motor aufgrund von AdBlue-Mangel nicht mehr angesprungen ist:

- Nach dem Auffüllen nur die Zündung einschalten.
- Zündung mindestens 30 Sekunden eingeschaltet lassen, damit die Nachbetankung vom System erkannt wird.
- Erst nach Ablauf der 30 Sekunden den Motor starten.

Mit 10-l-Kanister auffüllen:

- Absperrhähne der Befüllvorrichtung schließen.
- Befüllvorrichtung auf den AdBlue-Kanister aufschrauben.

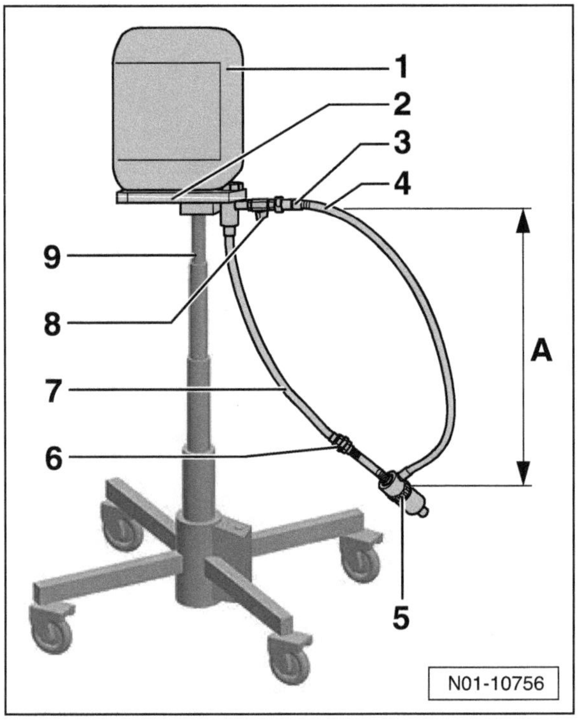

- Zum Einfüllen den Kanister 60 bis 80 cm (Maß A) über dem Einfüllstutzen am Fahrzeug positionieren. In der Abbildung wird der Kanister –1– beispielsweise auf einem Getriebeheber –9– befestigt.

  Weitere Bezeichnungen:

  2 – Adapter zur Befestigung des Kanisters.
  3 – Schnellkupplung
  4 – Entlüftungsleitung
  5 – Überwurfmutter für Tankeinfüllstutzen
  6 – Absperrhahn für Befüllleitung
  7 – Befüllleitung

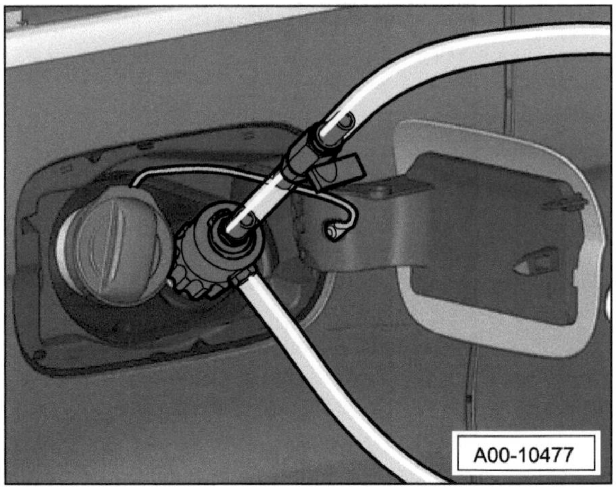

- Befüllvorrichtung auf den Einfüllstutzen aufsetzen und Überwurfmutter bis zum Anschlag anschrauben.
- Absperrhahn der Entlüftungsleitung öffnen.
- Absperrhahn der Befüllleitung öffnen und AdBlue-Flüssigkeit in den Vorratsbehälter ablaufen lassen. Wenn die maximale Befüllung des Reduktionsmitteltanks erreicht ist, dann zieht sich der Kanister merklich zusammen. Außerdem füllt sich die Entlüftungsleitung mit Flüssigkeit.
- Absperrhahn der Befüllleitung am Tank schließen.
- Absperrhahn der Entlüftungsleitung am Kanister schließen.
- Schnellkupplung an der Entlüftungsleitung öffnen und überschüssige Flüssigkeit in einen dafür geeigneten Behälter abfließen lassen.
- Sobald keine Flüssigkeit mehr aus der Entlüftungsleitung herausfließt, Befüllvorrichtung vom Tankeinfüllstutzen abschrauben.
- Tankeinfüllstutzen und den Verschlussdeckel mit einem wassergetränkten fusselfreien Baumwolltuch reinigen.
- Tankverschluss schließen.
- Tankklappe schließen.
- Kanister auf den Boden stellen.
- Absperrhahn der Befüllleitung öffnen und restliche Flüssigkeit in den Kanister zurückfließen lassen.
- Befüllvorrichtung vom Kanister abschrauben und mit Verschlussdeckel verschließen.
- Befüllvorrichtung reinigen. Dazu die beiden Absperrhähne öffnen und reinigen beziehungsweise mit Wasser durchspülen.

Zündkerzen aus- und einbauen

Erforderliches Spezialwerkzeug:

- Zündkerzenschlüssel, zum Beispiel HAZET 4766-1.
- Je nach Motor Abzieher VW/AUDI-T40039 oder HAZET 1849-10.

Achtung: Ohne den erforderlichen Abzieher besteht die Gefahr, dass beim Ausbau die Zündspule beschädigt wird.

Erforderliche Verschleißteile:

- Je nach Motor 4, 6 oder 8 Zündkerzen, siehe Tabelle am Ende des Kapitels.

Achtung: Zündkerzen nur bei kaltem oder handwarmem Motor wechseln. Werden die Zündkerzen bei heißem Motor herausgedreht, kann das Zündkerzengewinde des Leichtmetall-Zylinderkopfes ausreißen.

1,8-/2,0-l-TFSI-Motor

Ausbau, Ausführung 1

- Obere Motorabdeckung ausbauen und mit der Oberseite auf eine weiche Unterlage legen, um Kratzer zu vermeiden, siehe Seite 197.

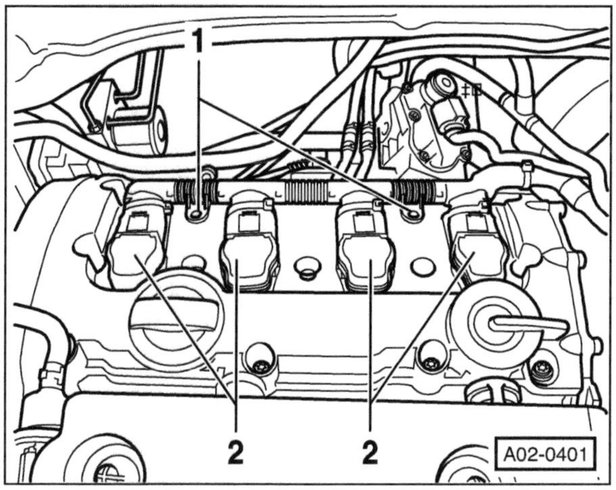

- 2 Schrauben –1– herausdrehen und Leitungsführung abnehmen. **Achtung:** Für den Wiedereinbau die Einbaulage der Zündspulen –2– merken.

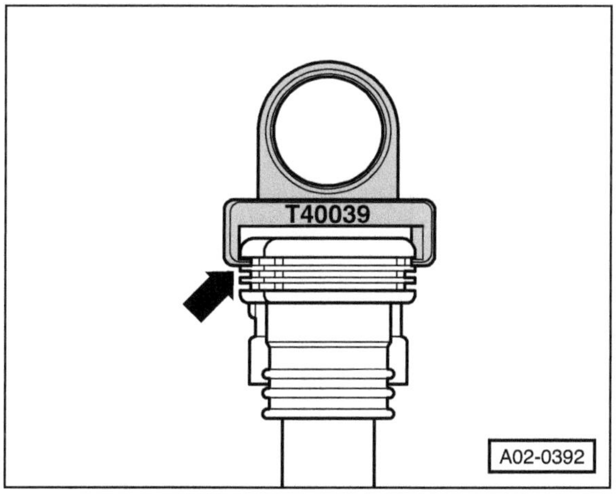

- VW/AUDI-Abzieher T40039 oder HAZET 1849-10 so an die Zündspule ansetzen, dass immer die oberste dicke Rippe –Pfeil– der Zündspule umfasst wird. **Achtung:** Beim Ansetzen an den unteren Rippen können diese beschädigt werden. Werden andere Hilfswerkzeuge verwendet, besteht ebenfalls die Gefahr der Beschädigung.

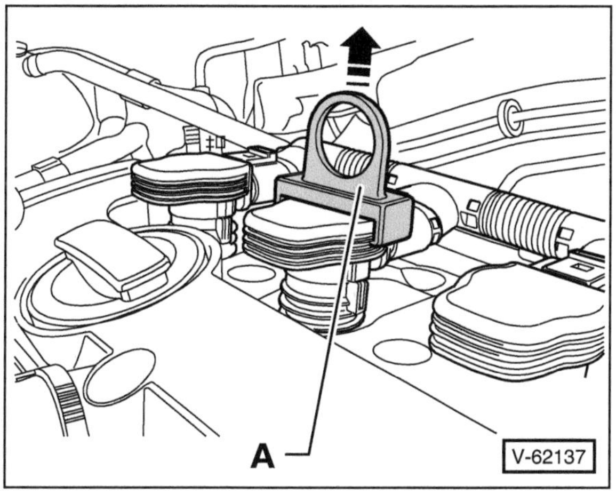

- Zündspulen mit Abzieher –A–, zum Beispiel VW-T40039 oder HAZET 1849-10, ca. 30 mm aus dem Zylinderkopf herausziehen –Pfeil–.

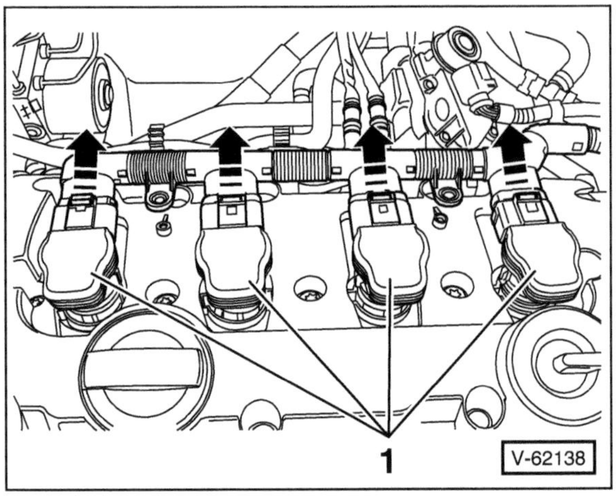

- Stecker der Zündspulen nacheinander in Richtung Zündspulen –1– drücken, von Hand auf die Verriegelung drücken und Stecker in Pfeilrichtung etwas abziehen. Anschließend alle 4 Stecker gleichzeitig abziehen.
- Zündspulen nach oben herausziehen.

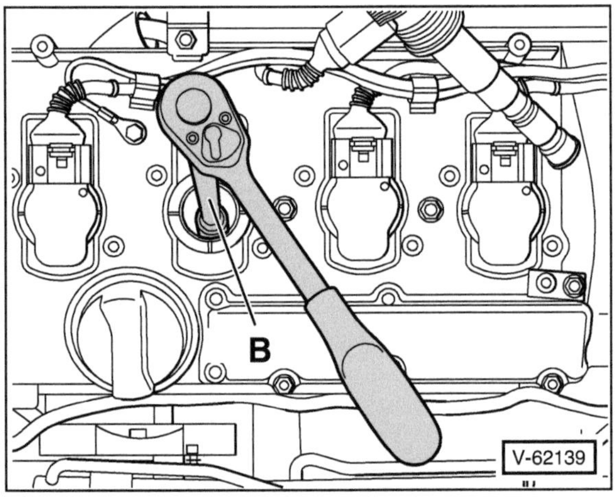

- Zündkerzen mit Zündkerzenschlüssel –B–, zum Beispiel VW/AUDI-3122B oder HAZET 4766-1, herausdrehen.

Einbau, Ausführung 1

- Neue Zündkerzen vorsichtig einschrauben und mit **30 Nm** festziehen.
- Zündspulen locker in den Zündkerzenschacht stecken.
- Alle Zündspulen zu den abgezogenen Zündspulensteckern ausrichten.
- Zündkerzenstecker der Zündspulen mit einer leichten Drehung von Hand auf die Zündkerzen aufdrücken. **Achtung:** Die Zündkerzenstecker müssen spürbar einrasten.
- Leitungsführung mit **5 Nm** am Zylinderkopfdeckel anschrauben.
- Obere Motorabdeckung einbauen, siehe Seite 197.

Ausbau, Ausführung 2

- Obere Motorabdeckung ausbauen, siehe Seite 197.

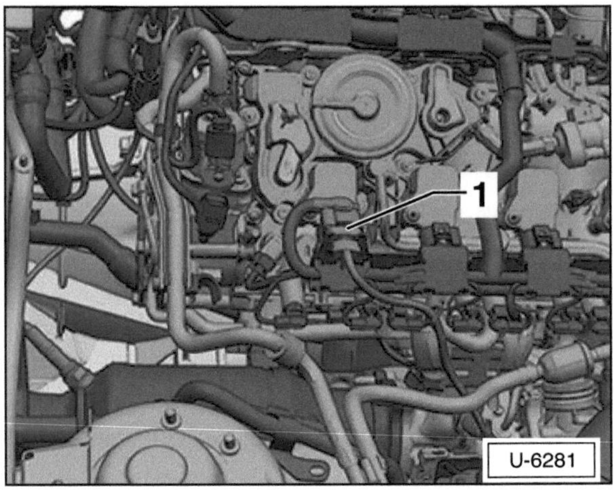

- Elektrische Steckverbindung –1– der Lambdasonde aus der Halterung ziehen. Darauf achten, dass die Leitungen nicht geknickt oder beschädigt werden.

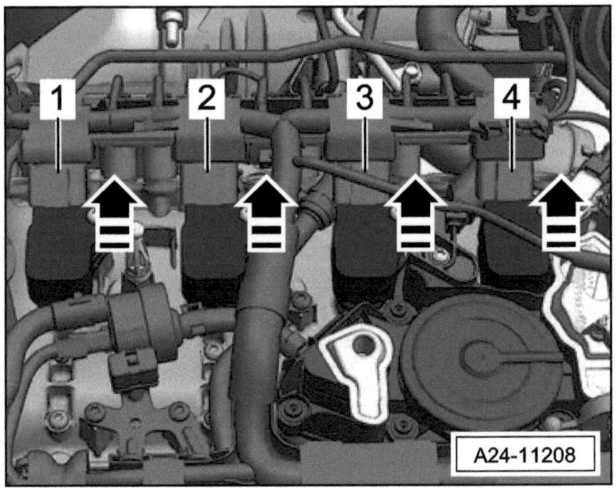

- Elektrische Steckverbindungen –1– bis –4– entriegeln und alle Stecker gleichzeitig von den Zündspulen in Pfeilrichtung abziehen.

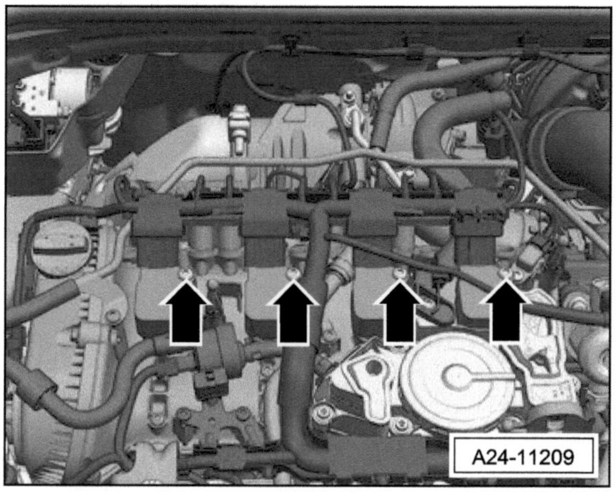

- Schrauben –Pfeile– der Zündspulen herausschrauben.

Achtung: Einbaulage der Zündspulen mit Filzstift markieren oder notieren.

- Zündspulen vorsichtig nach oben herausziehen.
- Zündkerzen mit Zündkerzenschlüssel, zum Beispiel HAZET 4766-1, herausschrauben.

Einbau, Ausführung 2

- Neue Zündkerzen vorsichtig einschrauben und mit **30 Nm** festziehen.
- Alle Zündspulen nacheinander ausrichten und locker in den Zündkerzenschacht stecken.
- Zündspulen gleichmäßig mit der Hand auf die Zündkerzen drücken. **Achtung:** Kein Schlagwerkzeug benutzen.
- Schrauben der Zündspulen mit **10 Nm** anziehen.
- Elektrische Steckverbindungen gleichzeitig aufstecken.
- Obere Motorabdeckung einbauen, siehe Seite 197.

3,0-l-FSI-Motor

Ausbau, Zylinderbank 1 (rechts)

- Obere Motorabdeckung ausbauen, siehe Seite 197.

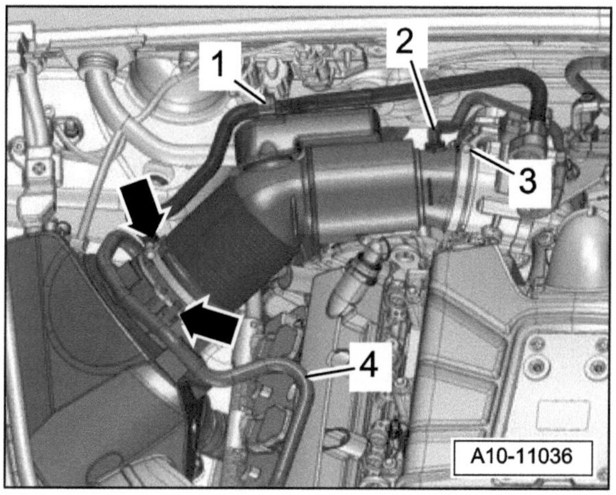

- Kraftstoffleitung –4– und Leitung –1– vom Aktivkohlebehälter am Luftfiltergehäuse und am Luftführungsrohr frei legen.
- Unterdruckschlauch –2– abziehen.
- Luftführungsrohr ausbauen, dazu Schlauchschelle –3– lösen und Spannklammern –Pfeile– öffnen.
- Luftfilterunterteil ausbauen, siehe Seite 238.

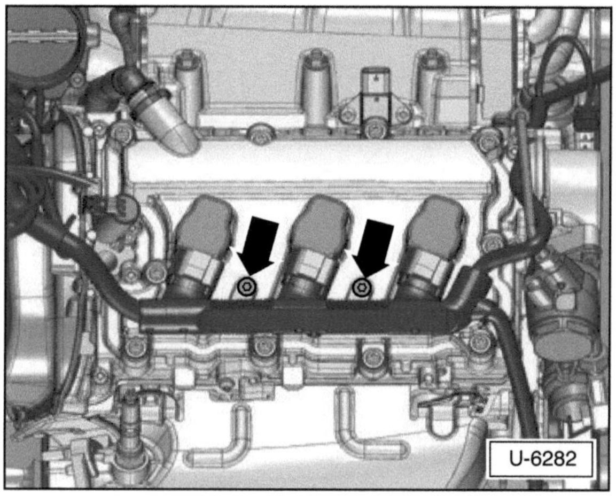

- Schrauben –Pfeile– der Steckerleiste herausdrehen.
- Stecker in Richtung Zündspule drücken, von Hand jeweils die Verriegelung betätigen und elektrische Steckverbindungen von den Zündspulen abziehen.
- Elektrischen Leitungsstrang etwas nach unten legen.

Ausbau, Zylinderbank 2 (links)

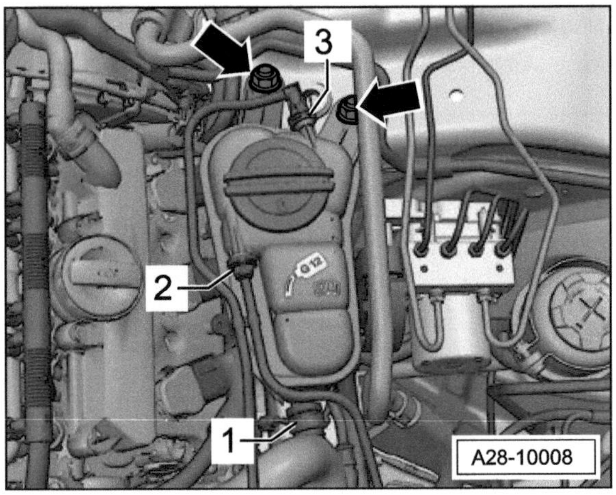

- Am Kühlmittelausgleichbehälter, Ausführung 1, Schrauben –Pfeile– herausdrehen.
- Elektrische Steckverbindung zum Schalter für Kühlmittelmangelanzeige unten am Kühlmittelausgleichbehälter trennen und Kühlmittelausgleichbehälter mit angeschlossenen Kühlmittelschläuchen –1–, –2– und –3– zur Seite legen.

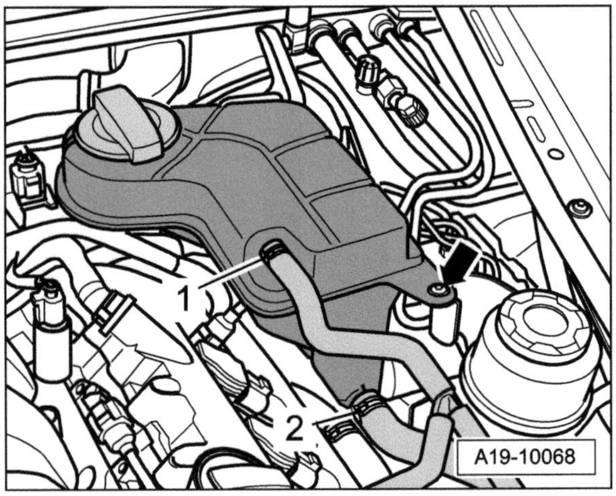

- Am Kühlmittelausgleichbehälter, Ausführung 2, Schraube –Pfeil– herausdrehen.
- Elektrische Steckverbindung zum Schalter für Kühlmittelmangelanzeige unten am Kühlmittelausgleichbehälter trennen und Kühlmittelausgleichbehälter mit angeschlossenen Kühlmittelschläuchen –1– und –2– zur Seite legen.

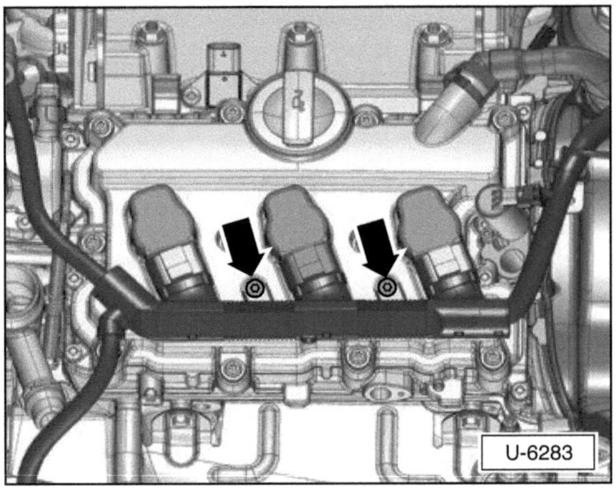

- Schrauben –Pfeile– der Steckerleiste herausdrehen.
- Stecker in Richtung Zündspule drücken, von Hand jeweils die Verriegelung betätigen und Stecker von den Zündspulen abziehen.
- Elektrischen Leitungsstrang etwas nach unten legen.

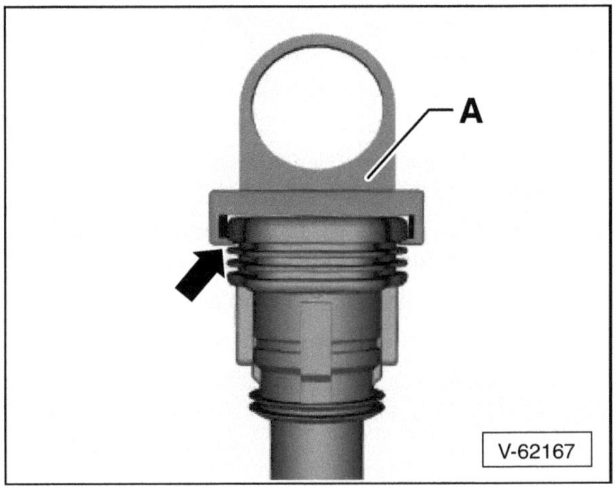

- Abzieher –A–, zum Beispiel VW/AUDI-T40039 oder HAZET 1849-10, so an die Zündspule ansetzen, dass immer die oberste dicke Rippe –Pfeil– umfasst wird. **Achtung:** Beim Ansetzen an den unteren Rippen können diese beschädigt werden. Werden andere Hilfswerkzeuge verwendet, besteht ebenfalls die Gefahr der Beschädigung.
- Auf diese Weise sämtliche Zündspulen herausziehen.
- Zündkerzen mit Zündkerzenschlüssel, zum Beispiel HAZET 4766-1, herausschrauben.

Einbau

- Neue Zündkerzen vorsichtig einschrauben und mit **30 Nm** festziehen.
- Alle Zündspulen nacheinander ausrichten und locker in den Zündkerzenschacht stecken.
- Zündspulen gleichmäßig mit der Hand auf die Zündkerzen drücken. **Achtung:** Kein Schlagwerkzeug benutzen.

- Elektrische Steckverbindung der Steckerleiste in Richtung Zündspule drücken, bis die Verriegelung einrastet.
- Schrauben der Steckerleiste mit **5 Nm** eindrehen.
- Der weitere Einbau erfolgt in umgekehrter Ausbaureihenfolge.

3,2-l-FSI-Motor

Ausbau, Zylinderbank 1 (rechts)

- Motorabdeckung ausbauen, siehe Seite 197.

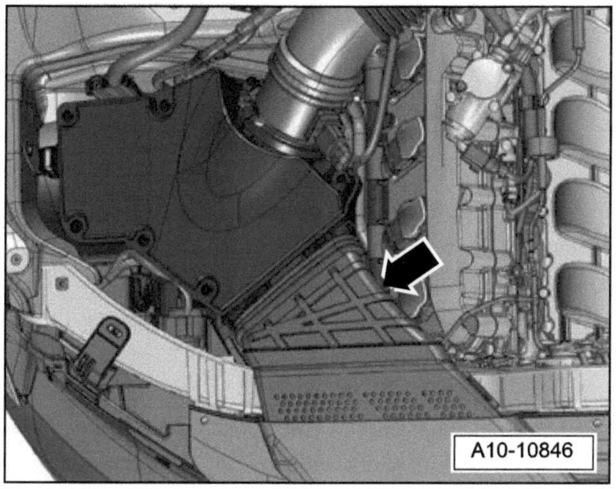

- Luftführung –Pfeil– ausbauen.

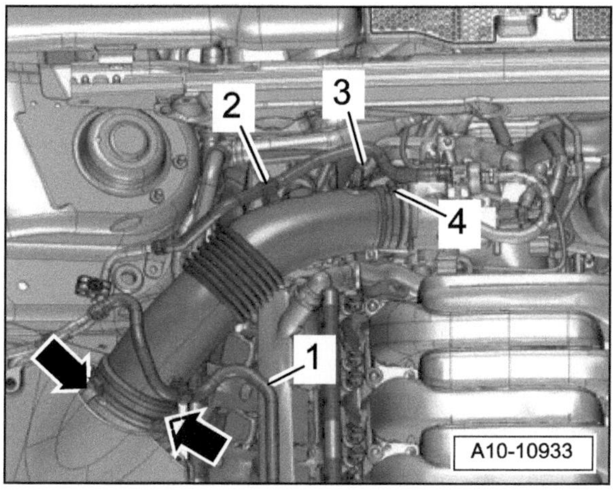

- Kraftstoffleitung –1– und Leitung –2– zum Aktivkohlebehälter am Luftführungsrohr freilegen.
- Unterdruckschlauch –3– abziehen.
- Luftführungsrohr ausbauen, dazu Schlauchschelle –4– lösen und Spannklammern –Pfeile– öffnen.

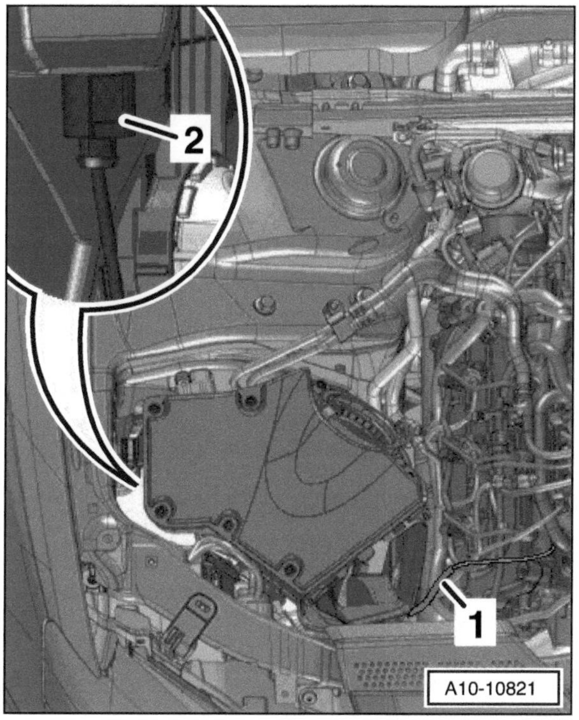

- Unterdruckleitung –1– abziehen und Luftfiltergehäuse abnehmen.
- Elektrische Steckverbindung –2– am Ventil für Ansaugluftumschaltung, wo vorhanden, abziehen.

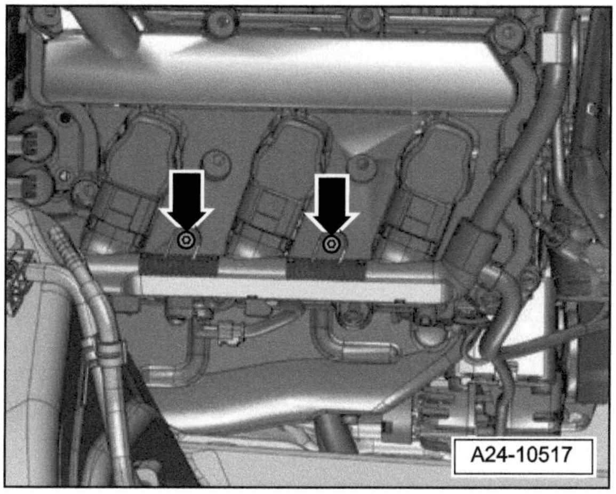

- Schrauben –Pfeile– der Steckerleiste herausdrehen.

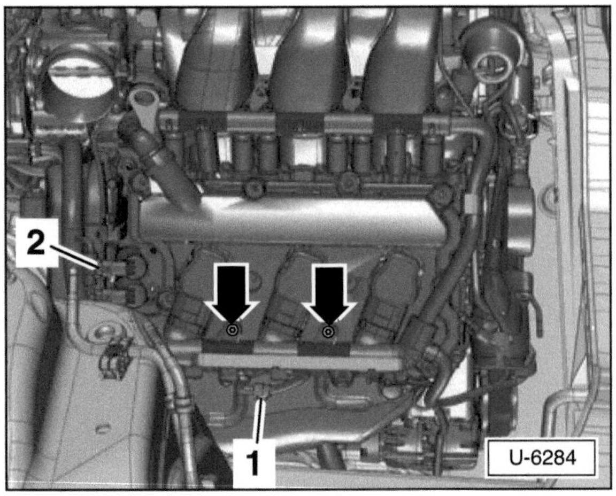

- Elektrische Steckverbindung –1– am Hallgeber abziehen.
- Elektrische Steckverbindungen –2– an den Ventilen für Nockenwellenverstellung abziehen, dazu Steckerverriegelungen drücken und beide Steckverbindungen gemeinsam abziehen.
- Stecker in Richtung Zündspule drücken, von Hand Verriegelung betätigen und elektrische Steckverbindungen von den Zündspulen trennen.
- Elektrischen Leitungsstrang etwas nach unten legen.

Ausbau, Zylinderbank 2 (links)

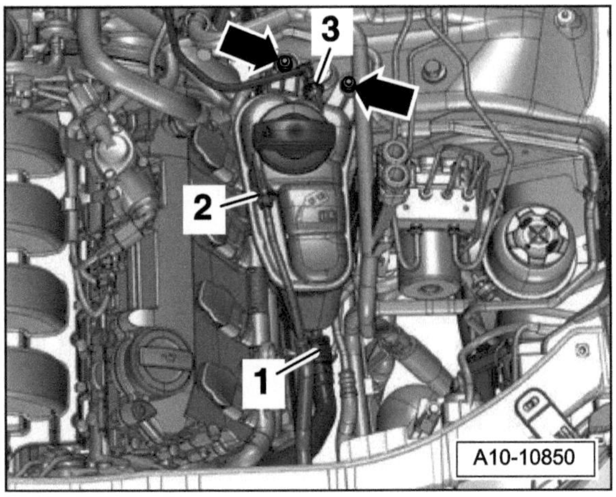

- Kühlmittel-Ausgleichbehälter abschrauben –Pfeile–.
- Elektrische Steckverbindung am Schalter für Kühlmittelmangelanzeige unten am Ausgleichbehälter abziehen.
- Ausgleichbehälter mit angeschlossenen Schläuchen –1–, –2– und –3– zur Seite legen.

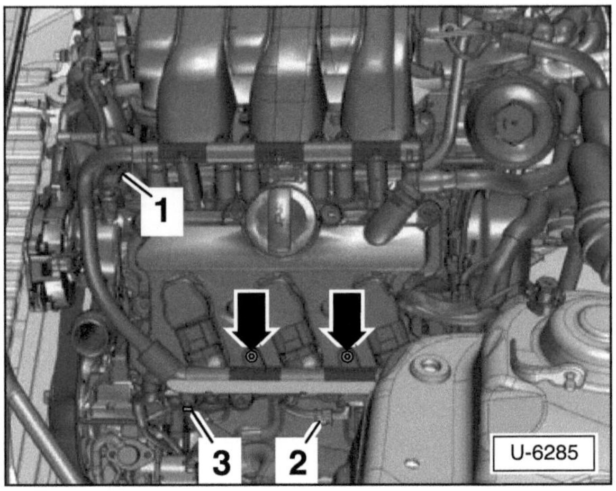

- Schrauben –Pfeile– der Steckerleiste herausdrehen.
- Elektrische Steckverbindungen –1– und –2– von den Hallgebern abziehen.
- Schraube –3– der Masseleitung herausdrehen.
- Stecker in Richtung Zündspule drücken, von Hand Verriegelung betätigen und elektrische Steckverbindungen von den Zündspulen trennen.
- Elektrischen Leitungsstrang etwas nach unten legen.
- Der weitere Ausbau erfolgt wie beim 3,0-l-FSI-Motor.

Einbau

- Neue Zündkerzen einbauen wie beim 3,0-l-FSI-Motor.
- Schrauben der Steckerleiste mit **5 Nm** anziehen.
- Der weitere Einbau erfolgt in umgekehrter Ausbaureihenfolge.

8-Zylinder-Benzinmotor 4.2 FSI

Ausbau, Zylinderbank 1 (rechts)

- Obere Motorabdeckung ausbauen, siehe Seite 197.
- Rechtes Luftfiltergehäuse ausbauen, siehe Seite 239.

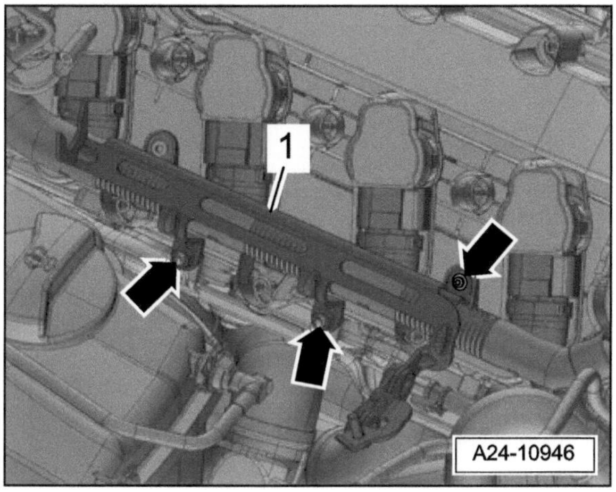

- Halter –1– für Luftfiltergehäuse abschrauben –Pfeile–.

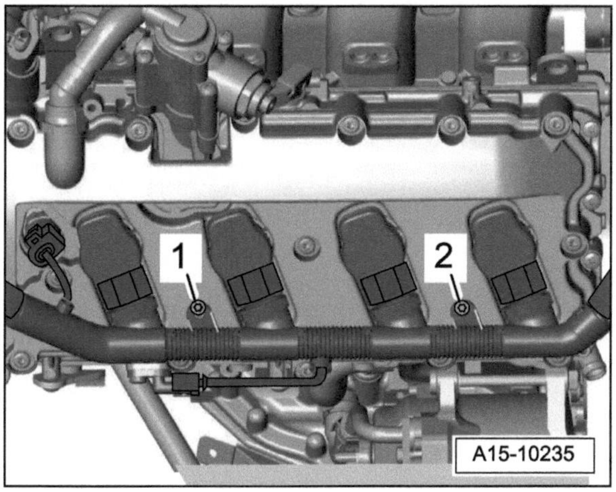

- Schrauben –1– und –2– der Steckerleiste herausdrehen.
- Stecker in Richtung Zündspule drücken, von Hand Verriegelung betätigen und elektrische Steckverbindungen von den Zündspulen trennen.
- Elektrischen Leitungsstrang etwas nach unten legen.

Ausbau, Zylinderbank 2 (links)

- Linkes Luftfiltergehäuse ausbauen, siehe Seite 239.

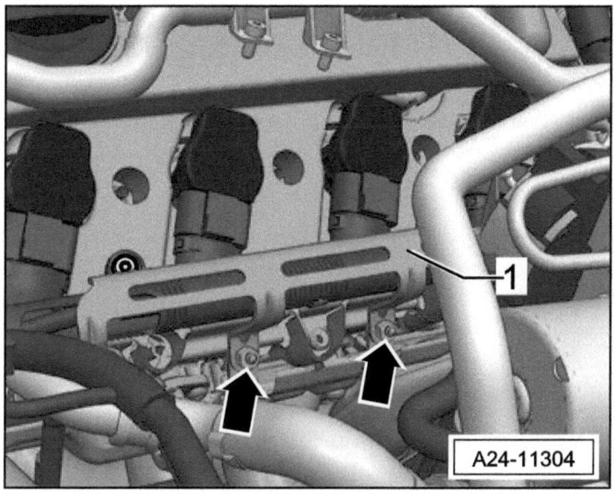

- Halter –1– für Luftfiltergehäuse ausbauen, dazu Muttern –Pfeile– abschrauben.

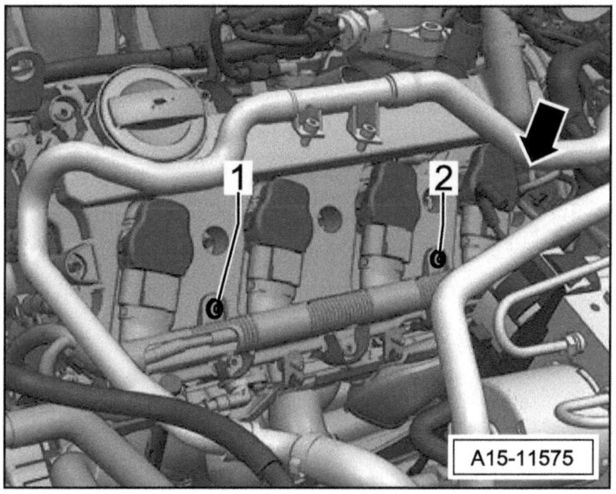

- Schrauben –1– und –2– der Steckerleiste herausdrehen.
- Elektrische Steckverbindung –Pfeil– trennen.
- Stecker in Richtung Zündspule drücken, von Hand Verriegelung betätigen und elektrische Steckverbindungen von den Zündspulen trennen.
- Elektrischen Leitungsstrang etwas nach unten legen.
- Der weitere Ausbau erfolgt wie beim 3,0-l-FSI-Motor.

Einbau

- Neue Zündkerzen einbauen wie beim 3,0-l-FSI-Motor.
- Schrauben der Steckerleiste mit **5 Nm** anziehen.
- Der weitere Einbau erfolgt in umgekehrter Ausbaureihenfolge. Halter für Luftfiltergehäuse mit **9 Nm** festziehen.

Zündkerzenwerte für AUDI-A4-Motoren

Achtung: Die technische Entwicklung geht ständig weiter. Es kann sein, dass inzwischen für einzelne Motoren andere Zündkerzenwerte gelten und daher die Tabelle möglicherweise nicht auf dem neuesten Stand ist. Um die aktuelle Zündkerze für Ihren Fahrzeugmotor zu ermitteln, benötigt der Fachhandel die **Fahrzeug-Ident-Nummer** (FIN) sowie die **3 Schlüsselnummern** aus dem Kfz-Schein. Diese Nummern sollten beim Kauf von Zündkerzen angegeben werden.

Hinweis: Wenn in der Tabelle für einen bestimmten Motor keine Zündkerze angegeben ist, dann ist zur Zeit nur die über den AUDI-Kundendienst erhältliche Zündkerze freigegeben.

Motor	Motor-Kenn-buchstaben	Motor-Leistung	Zündkerzen						Anzugs-drehmo-ment
			BOSCH	EA*	BERU	EA*	NGK	EA*	
1.8	CABA/CDHA	88 kW/120 PS	FR5KPP332S	0,7	14 F-5 DPURS2 Z347	0,7	PFR7S8EG/ PFR8S8EG	–	30 Nm
1.8	CABB/CDHB	118 kW/160 PS	FR5KPP332S	0,7	14 F-5 DPURS2 Z347	0,7	PFR7S8EG/ PFR8S8EG	–	30 Nm
1.8	CJEB	125 kW/170 PS	FQ5NPP332S	0,7	14 F-5 MPUR2L Z348	0,8	–	–	30 Nm
2.0	CFKA/CDNB/ CAEA	132 kW/179 PS	FR5KPP332S	0,7	14 F-5 DPURS2 Z347	0,7	PFR7S8EG/ PFR8S8EG	–	30 Nm
2.0	CAEB/CDNC	155 kW/211 PS	FR5KPP332S	0,7	14 F-5 DPURS2 Z347	0,7	PFR7S8EG/ PFR8S8EG	–	30 Nm
2.0	CNCD	165 kW/225 PS	FQ5NPP332S	0,7	14 F-5 MPUR2L Z348	0,8	–	–	30 Nm
3.0	CMUA	200 kW/272 PS	–	–	–	–	–	–	30 Nm
3.0	CAKA/CCBA	245 kW/333 PS	FR5KPP332S	0,7	–	–	PFR8S8EG	–	30 Nm
3.2	CALA	195 kW/265 PS	FR7KPP332U	1,0	14 F-7 KPPRU2 Z321	1,0	PFR6X-11	–	30 Nm
4.2	CFSA	331 kW/450 PS	–	–	–	–	–	–	30 Nm

*) EA = Elektrodenabstand in mm.

Getriebe/Achsantrieb

Folgende Wartungsarbeiten müssen nach dem Wartungsplan in unterschiedlichen Intervallen durchgeführt werden:

- Getriebe/Achsantrieb: Auf Undichtigkeiten und Beschädigungen sichtprüfen.
- Automatikgetriebe »multitronic 0AW«: Getriebeöl wechseln (Werkstattarbeit).
- S-tronic-Getriebe: Öl und Filter wechseln (Werkstattarbeit).

Getriebe-Sichtprüfung auf Dichtheit

Spezialwerkzeug ist nichtl erforderlich.

Folgende Leckstellen sind möglich:

- Trennstelle zwischen Motorblock und Getriebe (Schwungraddichtung/Wellendichtung-Getriebe).
- Antriebswelle an Getriebe.
- Öleinfüllschraube.
- Ölablassschraube.

Erforderliche Betriebsmittel/Verschleißteile

- Falls Getriebeöl nachgefüllt werden muss, ein Getriebeöl der Spezifikation: **VW/AUDI-G052911A**, Synthetiköl SAE 75 W 90.

Bei ölverschmiertem Getriebe und Ölverlust überprüfen, wo das Öl austritt. Bei der Suche nach der Leckstelle folgendermaßen vorgehen:

- Getriebegehäuse mit Kaltreiniger reinigen.
- Mögliche Leckstellen mit Kalk oder Talkumpuder bestäuben.
- Probefahrt durchführen. Damit das Öl besonders dünnflüssig wird, sollte die Probefahrt auf einer Schnellstraße über eine Entfernung von ca. 30 km durchgeführt werden.

Sicherheitshinweis
Beim Aufbocken des Fahrzeugs besteht Unfallgefahr! Deshalb vorher das Kapitel »Fahrzeug aufbocken« durchlesen.

- Fahrzeug aufbocken und Getriebe mit einer Lampe anstrahlen und nach der Leckstelle absuchen.
- Leckstelle umgehend beseitigen. Anschließend Getriebeöl auffüllen.
- Falls erforderlich, Getriebeöl durch die Kontrollbohrung für Getriebeölstand auffüllen. Dazu Fahrzeug waagerecht aufbocken oder über eine Montagegrube fahren.
- Ölkontrollschraube herausdrehen. Der Ölstand muss bis zur Unterkante der Kontrollbohrung reichen.

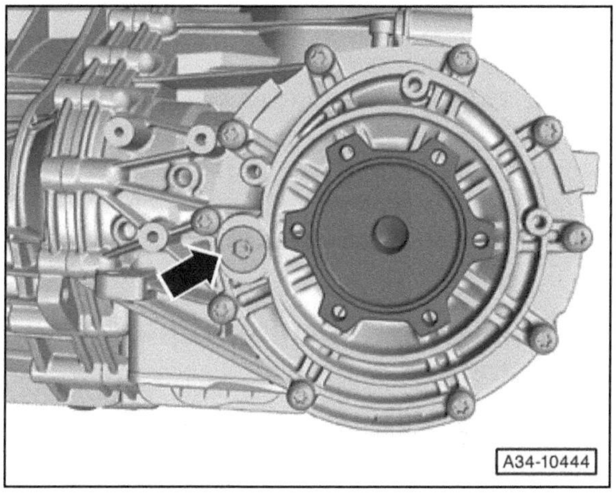

- **6-Gang-Schaltgetriebe 0B1 Frontantrieb:** Ölkontrollschraube –Pfeil– mit **45 Nm** festziehen.

- **6-Gang-Schaltgetriebe 0B2/0B4 Allradantrieb:** Ölkontrollschraube –Pfeil– festziehen.

  Anzugsdrehmoment Getriebe 0B2: **45 Nm,**
  Getriebe 0B4: **40 Nm.**

Vorderachse/Hinterachse/Lenkung

Folgende Wartungsarbeiten müssen nach dem Wartungsplan in unterschiedlichen Intervallen durchgeführt werden:

- Spurstangenköpfe/Koppelstangen: Spiel und Befestigung prüfen, Staubkappen prüfen.
- Achsgelenke: Staubkappen prüfen.
- Lenkung: Faltenbälge auf Undichtigkeiten und Beschädigungen prüfen.
- Manschetten der Antriebswellen: Auf Undichtigkeiten und Beschädigungen sichtprüfen.
- Gummilager an der Hinterachse prüfen.

Achsgelenke/Spurstangenköpfe/ Koppelstangen prüfen

Erforderliches Spezialwerkzeug:

- Werkstattwagenheber.
- Lampe.

Achsgelenke:

Staubkappen prüfen

> **Sicherheitshinweis**
> Beim Aufbocken des Fahrzeugs besteht Unfallgefahr! Deshalb vorher das Kapitel »Fahrzeug aufbocken« durchlesen.

- Fahrzeug vorn aufbocken, die Räder müssen frei hängen.

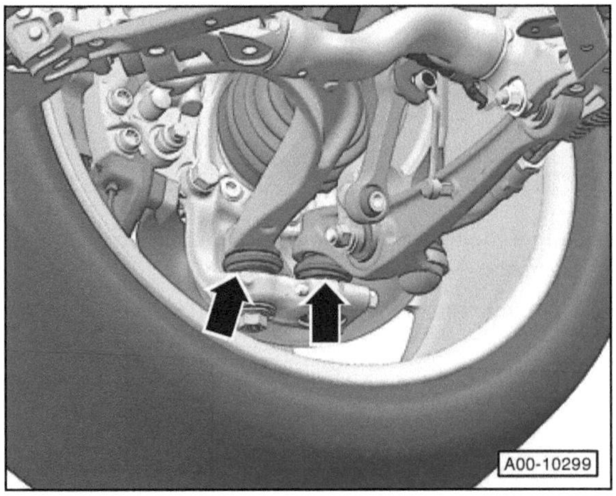

- Staubkappen für untere Achsgelenke –Pfeile– links und rechts mit Lampe anstrahlen und auf Beschädigungen überprüfen.

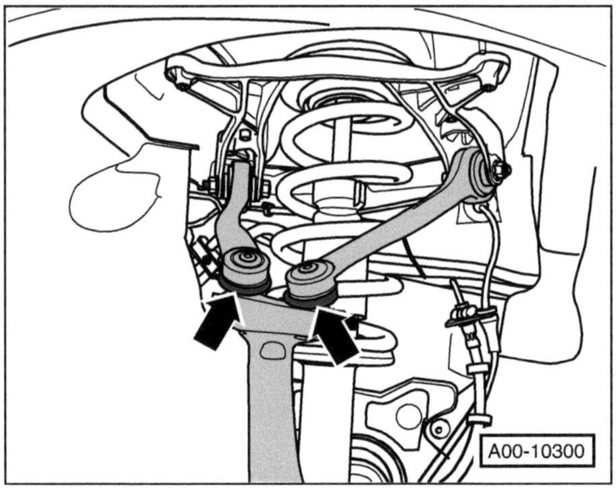

- Staubkappen für obere Achsgelenke –Pfeile– links und rechts mit Lampe anstrahlen und auf Beschädigungen überprüfen.

Hinweis: Beschädigungen der Dichtungsbälge sind in der Regel am Fettaustritt erkennbar.

Spiel prüfen

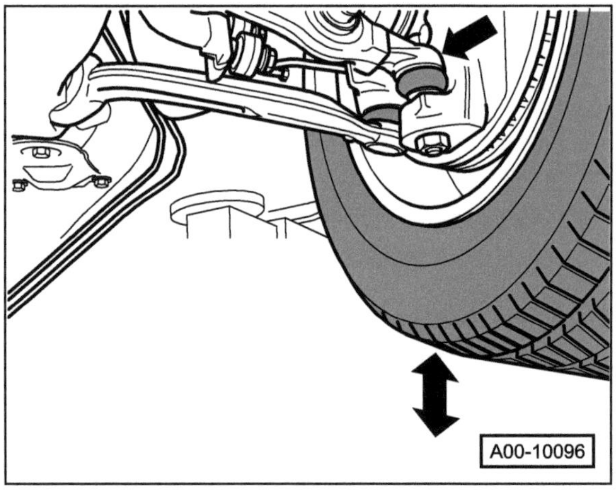

- Rad mit den Händen mehrfach anheben und absenken –unterer Pfeil– und dabei das Achsgelenk beobachten. Durch die Bewegungen des Rades ist die Relativbewegung zwischen Radlagergehäuse und Achslenker erkennbar –oberer Pfeil–.
- Zeigt die Relativbewegung beim Anheben und Absenken spür- oder sichtbares Spiel, muss das Achsgelenk ersetzt werden.

Spurstangenköpfe/Koppelstangen:

Staubkappen und Manschetten prüfen

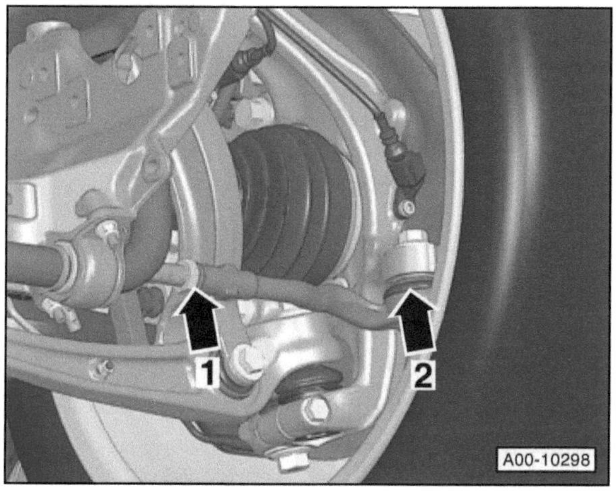

- Staubkappe für Kugelgelenk –2– der Spurstange links und rechts mit Lampe anstrahlen und rundum auf Beschädigungen überprüfen.
- Bei beschädigter Staubkappe sicherheitshalber entsprechendes Gelenk mit Schutzkappe auswechseln. Eingedrungener Schmutz zerstört das Gelenk. Spurstangenkopf ersetzen, siehe Seite 164.

Hinweis: Beschädigungen sind in der Regel am Fettaustritt zu erkennen.

- Spurstange links und rechts kräftig von Hand hin- und herbewegen. Das jeweilige Kugelgelenk darf kein Spiel aufweisen, andernfalls Spurstangengelenk ersetzen, siehe Seite 164.
- Festsitz der Kontermutter –1– am Spurstangenkopf und Befestigungsmutter des Kugelgelenks prüfen, ohne sie dabei zu verdrehen.

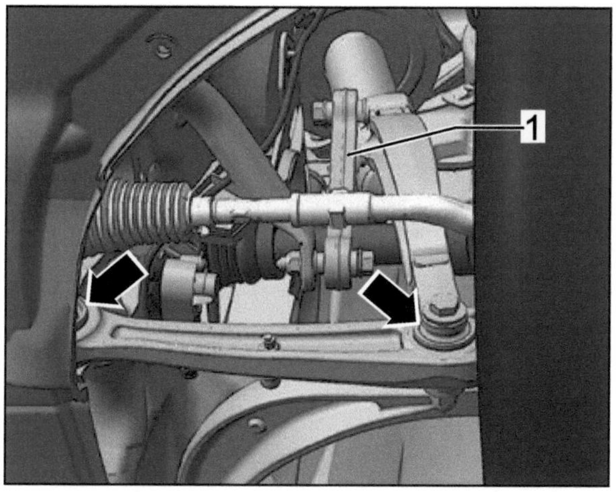

- Koppelstange –1– auf Spiel und Beschädigung prüfen.
- Traglenker Führungslenker und Gummilager –Pfeile– rundum auf Spiel und Beschädigung prüfen.

Manschetten von Achswellen und Lenkgetriebe prüfen

Spezialwerkzeug ist nicht erforderlich.

Prüfen

Sicherheitshinweis
Beim Aufbocken des Fahrzeugs besteht Unfallgefahr! Deshalb vorher das Kapitel »Fahrzeug aufbocken« durchlesen.

- Fahrzeug aufbocken.
- Untere Motorraumabdeckung ausbauen, siehe Seite 282.

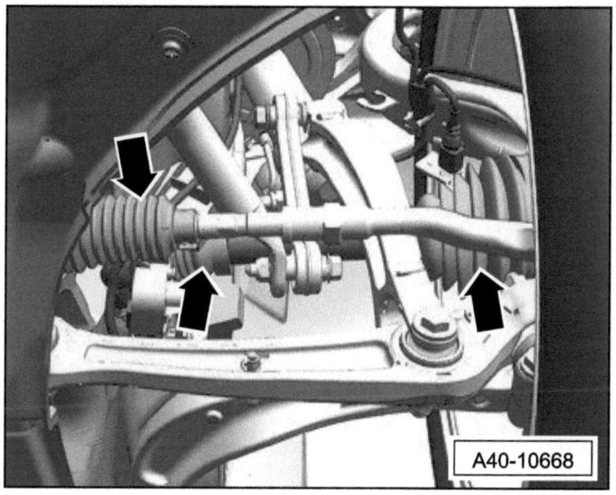

- Dichtungsbälge –Pfeile– des Lenkgetriebes und der Gelenkwellen mit Lampe anstrahlen und auf Porosität und Risse untersuchen. Auf sichtbare Fettspuren an den Manschetten und in deren Umgebung achten. Eingerissene Manschetten umgehend erneuern.
- Sollte eine Manschette nach innen gezogen oder defekt sein, so ist sie umgehend auszutauschen.
- Festen Sitz der Befestigungsschellen prüfen.
- Untere Motorraumabdeckung einbauen.
- Fahrzeug ablassen.

Gummilager an der Hinterachse prüfen

Spezialwerkzeug ist nicht erforderlich.

Prüfen

> **Sicherheitshinweis**
> Beim Aufbocken des Fahrzeugs besteht Unfallgefahr! Deshalb vorher das Kapitel »Fahrzeug aufbocken« durchlesen.

- Fahrzeug aufbocken.

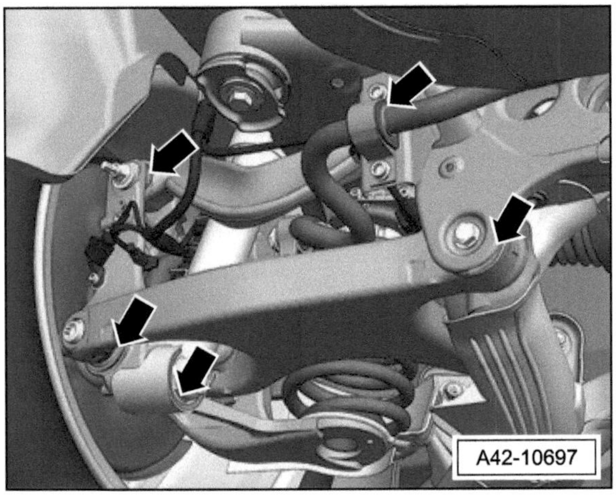

- Stabilisatorlager, Querlenker und Gummilager –Pfeile– rundum auf Spiel und Beschädigung prüfen.

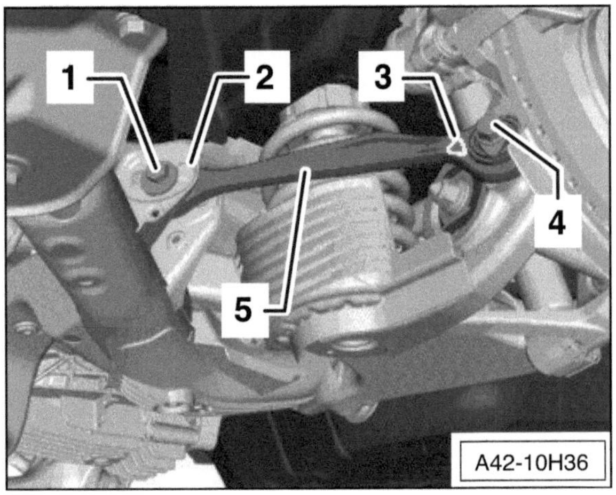

- Spurstange –5– rundum auf Spiel prüfen. **Hinweis:** Ziffern –1– bis –4– für diesen Arbeitsschritt nicht beachten.

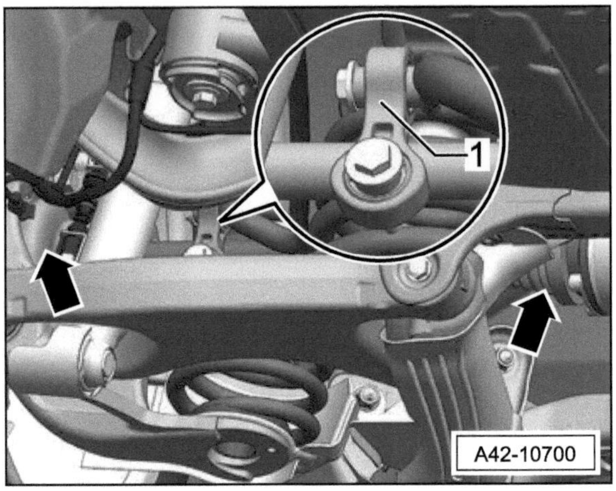

- Koppelstange –1– auf Spiel und Beschädigung prüfen.
- **quattro:** Dichtungsbälge –Pfeile– der Gelenkwellen prüfen.

Ölstand für Servolenkung prüfen/ auffüllen

Nur Fahrzeuge mit hydraulischer Servolenkung
Bis ca. 10/2011

Spezialwerkzeug ist nicht erforderlich.

Erforderliche Betriebsmittel/Verschleißteile:

- Hydrauliköl AUDI-G 002 000.

Achtung: Normalerweise darf der Ölstand nicht absinken. Wenn der Ölstand abgesunken ist, Undichtigkeit von einer AUDI-Werkstatt beseitigen lassen. Befindet sich der Ölstand über dem angegebenen Bereich, muss Öl abgesaugt werden.

Prüfen

Hinweis: Der Ölstand kann in kaltem oder betriebswarmem Zustand (ab ca. +50° C) geprüft werden. Beschrieben wird die Prüfung in kaltem Zustand. Hinweise am Kapitelende beachten, wenn der Ölstand bei warmem Motor geprüft werden soll.

- Prüfvoraussetzung: Das Fahrzeug darf nicht warm gefahren sein, der Motor darf nicht laufen. Die Vorderräder müssen geradeaus stehen.

- Verschlusskappe –1– am Ausgleichbehälter –2– abschrauben. Messstab am Deckel mit sauberem, fusselfreiem Lappen abwischen.
- Deckel handfest wieder einschrauben und danach wieder abschrauben.

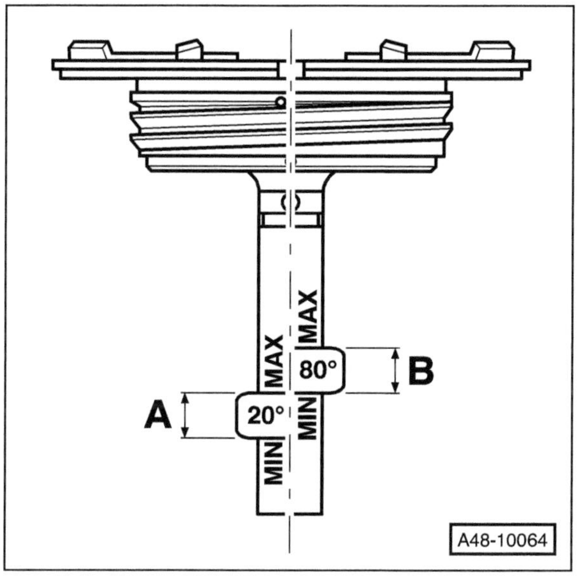

- Ölstand prüfen: Der Ölstand muss sich im Bereich –A– befinden.
- Bei betriebswarmem Hydraulköl (ca. +80° C) muss der Ölstand im Bereich –B– liegen.
- Wenn der Ölstand unter den angegebenen Bereich abgesunken ist, Undichtigkeit von einer AUDI-Werkstatt beseitigen lassen. Befindet sich der Ölstand über dem angegebenen Bereich, muss Öl abgesaugt werden.
- Wenn das Hydrauliksystem dicht ist, Öl der Spezifikation AUDI-G 002 000 nachfüllen.
- Grundsätzlich nur **neues Öl** nachfüllen, da bereits kleinste Verunreinigungen zu Störungen an der hydraulischen Anlage führen können.
- Deckel handfest einschrauben.

Bremsen/Reifen/Räder

Folgende Wartungspunkte müssen nach dem Wartungsplan in unterschiedlichen Intervallen durchgeführt werden:

- Bremsflüssigkeitsstand: Prüfen.
- Belagstärke der vorderen und hinteren Bremsbeläge prüfen.
- Sichtprüfung von Bremsleitungen, -schläuchen und Anschlüssen auf Undichtigkeiten und Beschädigungen.
- Bremsflüssigkeit: Erneuern.
- Bereifung (einschließlich Reserverad): Profiltiefe und Reifenfülldruck prüfen; Reifen auf Verschleiß und Beschädigungen prüfen.
- Reifenreparaturset, falls vorhanden: Haltbarkeitsdatum prüfen, gegebenenfalls Reifenreparaturset ersetzen.

Bremsflüssigkeitsstand prüfen

Spezialwerkzeug: Nicht erforderlich.

Erforderliche Betriebsmittel/Verschleißteile zum Nachfüllen:

- Bremsflüssigkeit der Spezifikation DOT 4 gemäß US-Norm FMVSS 116.

Der Vorratsbehälter für die Bremsflüssigkeit befindet sich im Motorraum.

Der Vorratsbehälter ist durchscheinend, so dass der Bremsflüssigkeitsstand von außen überprüft werden kann. Außerdem wird ein zu niedriger Bremsflüssigkeitsstand durch eine Warnleuchte im Kombiinstrument signalisiert. Dennoch ist es ratsam, bei der regelmäßigen Motor-Ölstandkontrolle auch den Bremsflüssigkeitsstand zu überprüfen.

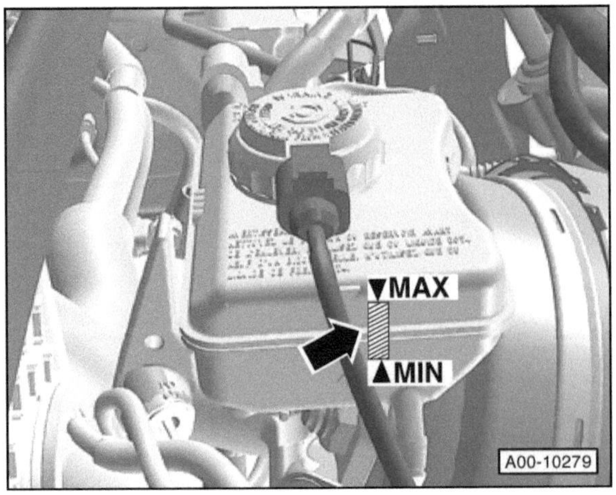

- Der Bremsflüssigkeitsstand soll zwischen der MAX- und der MIN-Marke liegen.
- Bei Bedarf nur **neue** Bremsflüssigkeit einfüllen.

Achtung: Durch Abnutzung der Scheibenbremsbeläge entsteht ein geringfügiges Absinken der Bremsflüssigkeit. Das ist normal. Es muss keine Bremsflüssigkeit nachgefüllt werden. Beispielsweise kann die Bremsflüssigkeit bis zur MIN-Marke absinken, wenn die Bremsbeläge annähernd die Verschleißgrenze erreicht haben. In diesem Fall **keine** Bremsflüssigkeit nachfüllen.

- Sinkt die Bremsflüssigkeit jedoch innerhalb kurzer Zeit stark ab oder liegt der Flüssigkeitsspiegel unter der MIN-Marke, ist das ein Zeichen für Bremsflüssigkeitsverlust.
- Bei Bremsflüssigkeitsverlust muss die Leckstelle sofort ausfindig gemacht werden. Sicherheitshalber sollte die Überprüfung und Reparatur der Anlage von einer Fachwerkstatt durchgeführt werden.

Bremsbelagdicke prüfen

Erforderliches Spezialwerkzeug:

- Taschenlampe.
- Je nach Vorgehensweise: Prüfstift VW/AUDI-T40139 oder eine Schieblehre.

Prüfvoraussetzung

Hinweis: Durch Schmutzpartikel am Fahrbahnrand ist der Belagverschleiß auf der Beifahrerseite erfahrungsgemäß minimal größer als auf der Fahrerseite. Es reicht daher in der Regel die Dicke des äußeren Brembelages auf der Beifahrerseite zu prüfen.

Normalerweise wird die Bremsbelagdicke mit dem Prüfstift oder einer Schieblehre bei angebauten Rädern geprüft. Ist dies nicht möglich oder wenn ebenfalls die inneren Bremsbeläge geprüft werden sollen, dann müssen die Räder abgebaut werden, siehe Seite 170.

Achtung: Bei der Belagkontrolle gleichzeitig auf durch Bremsflüssigkeit oder Öl verschmierte Beläge achten. In diesem Fall Bremsbeläge umgehend erneuern.

Prüfung mit Prüfstift durch eine Öffnung in der Felge

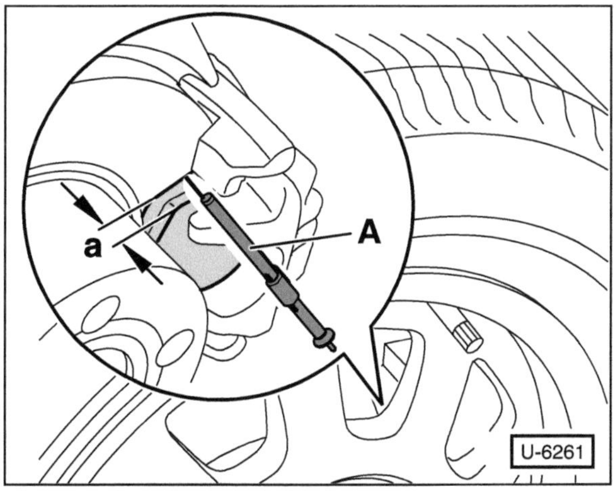

- Messspitze ganz aus dem Prüfstift herausschieben. **Hinweis:** Die Abbildung zeigt den hinteren Bremsbelag.
- Prüfstift –A– mit der Messspitze durch eine Öffnung in der Felge neben dem Bremsbelag an die Bremsscheibe anlegen.
- Prüfstift so weit gegen den Bremsbelag schieben, bis die Fläche des Prüfstiftes an der Bremsbelag-Rückenplatte anliegt. Der Stift mit der Messspitze wird dadurch bis zum Prüfwert in den Prüfstift eingeschoben.
- Prüfstift vorsichtig herausnehmen und an der Skala mit dem Bremsensymbol die Dicke des Bremsbelages ablesen. **Hinweis:** Die zweite Skala auf dem Prüfstift kann zum Messen der Reifenprofiltiefe verwendet werden.

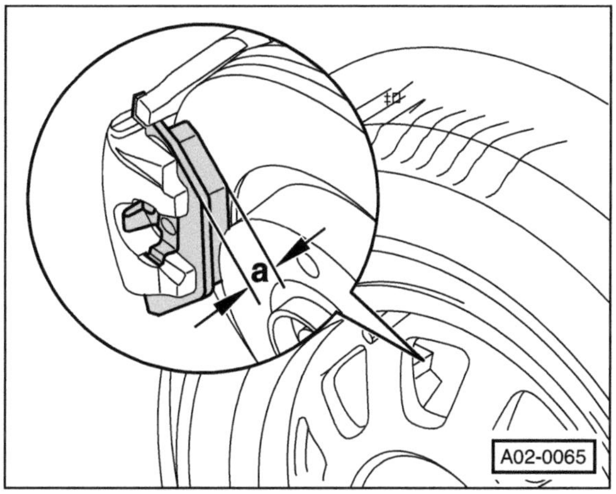

- Die Verschleißgrenze der vorderen Scheibenbremsbeläge ist erreicht, wenn ein Belag nur noch eine Dicke –a– mit Rückenplatte (Metall-Trägerplatte) und Dämpfungsblech aufweist. In diesem Fall Bremsbeläge an der Vorderachse wechseln, siehe Kapitel »Bremsanlage«.
  Vorderradbremse außer Brembo . . . . . . a = 10,0 mm
  Brembo-Vorderradbremse . . . . a = 7,5 mm
  Hinterradbremse. . . . . a = 7,0 mm

Nach einer Faustregel entspricht 1 mm Bremsbelag einer Fahrleistung von mindestens 1000 km. Diese Faustregel gilt unter ungünstigen Bedingungen.

Sichtprüfung der Bremsleitungen

Spezialwerkzeug: Nicht erforderlich.

Sicherheitshinweis
Beim Aufbocken des Fahrzeugs besteht Unfallgefahr! Deshalb vorher das Kapitel »Fahrzeug aufbocken« durchlesen.

- Fahrzeug aufbocken.
- Verschmutzte Bremsleitungen reinigen.

Achtung: Die Bremsleitungen sind zum Schutz gegen Korrosion mit einer Kunststoffschicht überzogen. Wird diese Schutzschicht beschädigt, kann es zur Korrosion der Leitungen kommen. Daher dürfen Bremsleitungen nicht mit Drahtbürste oder Schmirgelleinen gereinigt werden.

- Bremsleitungen vom Hauptbremszylinder zur ABS-Hydraulikeinheit und den einzelnen Radbremsen mit Lampe anstrahlen und überprüfen. Der Hauptbremszylinder sitzt im Motorraum unter dem Vorratsbehälter für Bremsflüssigkeit.
- Bremsleitungen dürfen weder geknickt noch gequetscht sein. Auch dürfen sie keine Rostnarben oder Scheuerstellen aufweisen. Andernfalls Leitung bis zur nächsten Trennstelle ersetzen.

- Bremsschläuche verbinden die Bremsleitungen mit den Radbremszylindern an den beweglichen Teilen des Fahrzeugs. Sie bestehen aus hochdruckfestem Material, können aber mit der Zeit porös werden, aufquellen oder durch scharfe Gegenstände angeschnitten werden. In einem solchen Fall sind die Bremsschläuche sofort zu ersetzen.

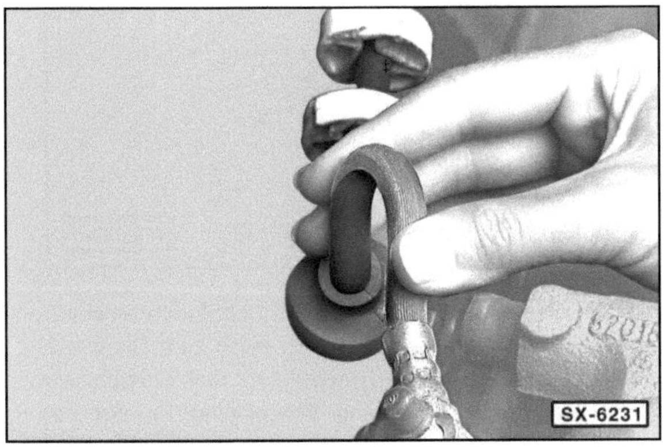
SX-6231

- Bremsschläuche mit der Hand hin- und herbiegen, um brüchige Stellen und Beschädigungen festzustellen. Die Schläuche dürfen nicht verdreht sein. Farbige Kennlinie beachten, falls vorhanden!
- Anschlussstellen von Bremsleitungen und -schläuchen dürfen nicht durch ausgetretene Flüssigkeit feucht sein.
- Lenkrad nach links und rechts bis zum Anschlag drehen. Die Bremsschläuche dürfen dabei in keiner Stellung Fahrzeugteile berühren.
- Fahrzeug ablassen.
- Lenkrad nochmals nach links und rechts bis zum Anschlag drehen und sicherstellen, dass die Bremsschläuche in keiner Stellung Fahrzeugteile berühren.

Bremsflüssigkeit wechseln

Erforderliches Spezialwerkzeug:

- Ringschlüssel für Entlüftungsschrauben.
- Durchsichtiger Kunststoffschlauch und Auffangflasche.

Erforderliches Betriebsmittel:

- Bremsflüssigkeit der Spezifikation DOT 4 gemäß US-Norm FMVSS 116.
  Wechselmenge bei **Schaltgetriebe:** . . . . **1,15 l**;
  Automatikgetriebe: . . . . . **1,00 l.**

Bremsflüssigkeit nimmt durch die Poren der Bremsschläuche sowie durch die Entlüftungsöffnung des Vorratsbehälters Luftfeuchtigkeit auf. Dadurch sinkt im Laufe der Betriebszeit der Siedepunkt der Bremsflüssigkeit. Bei starker Beanspruchung der Bremse kann es deshalb zu Dampfblasenbildung in den Bremsleitungen kommen, wodurch die Funktion der Bremsanlage stark beeinträchtigt wird.

Bremsflüssigkeit erstmalig nach 3 Jahren, dann alle 2 Jahre, möglichst im Frühjahr, erneuern. Bei vielen Gebirgsfahrten, Bremsflüssigkeit in kürzeren Abständen wechseln.

Achtung: Die Arbeitsschritte zum Wechseln der Bremsflüssigkeit sind weitgehend gleich wie beim Entlüften der Bremsanlage. In der folgenden Beschreibung wird nur auf die Unterschiede eingegangen, daher muss auf jeden Fall auch das Kapitel »Bremsanlage entlüften« durchgelesen werden, siehe Seite 191.

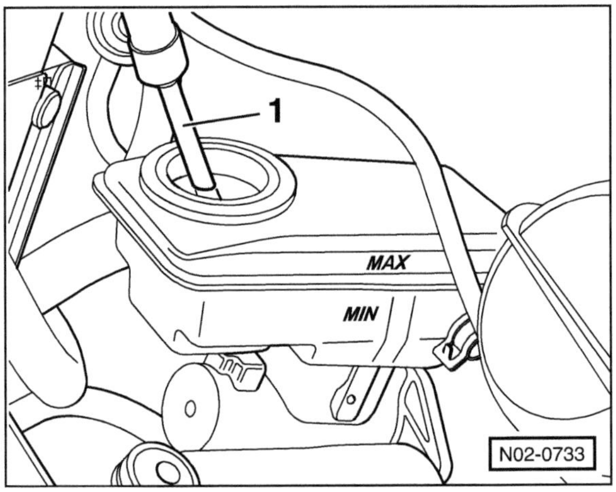

N02-0733

- Bremsflüssigkeitsstand auf dem Vorratsbehälter mit Filzstift markieren. Nach Erneuern der Bremsflüssigkeit ursprünglichen Flüssigkeitsstand wieder herstellen. Dadurch wird ein Überlaufen des Bremsflüssigkeitsbehälters beim Wechsel der Bremsbeläge vermieden.
- Mit einer Absaugflasche –1– aus dem Bremsflüssigkeitsbehälter so viel wie möglich Bremsflüssigkeit absaugen, maximal aber bis zu einem Stand von ca. 10 mm.

Achtung: Das Sieb im Bremsflüssigkeitsbehälter darf nicht entfernt werden. Abgesaugte Bremsflüssigkeit auf keinen Fall wieder verwenden.

- Vorratsbehälter bis zur MAX-Marke mit **neuer** Bremsflüssigkeit füllen.
- Alte Bremsflüssigkeit nacheinander aus den Bremssätteln herauspumpen. Die abfließende Bremsflüssigkeit muss in jedem Fall klar und blasenfrei sein. An den **vorderen** Bremssätteln jeweils ca. **200 cm³** (0,2 l) Bremsflüssigkeit, an den **hinteren** Bremssätteln jeweils ca. **300 cm³** (0,3 l) herausgepumpen.

Achtung: Vorratsbehälter zwischendurch immer mit **neuer** Bremsflüssigkeit auffüllen. Er darf nie ganz leer sein, sonst gelangt Luft in das Bremssystem. **Falls der Bremsflüssigkeitsbehälter dennoch leer läuft, Bremsanlage in der Fachwerkstatt entlüften lassen, da für die Entlüftung der ABS-Hydraulik das Werkstatt-Diagnosegerät erforderlich ist.**

- Nach dem Bremsflüssigkeitswechsel das Bremspedal betätigen und Leerweg prüfen. Der Leerweg darf maximal ⅓ des gesamten Pedalwegs betragen.

Bei Fahrzeugen mit Schaltgetriebe Bremsflüssigkeit aus der Kupplungsbetätigung herausdrücken

Da die Kupplungsbetätigung ebenfalls mit Bremsflüssigkeit arbeitet, muss auch der Inhalt des Kupplungssystems ersetzt werden.

- Hinteren Teil der unteren Motorabdeckung ausbauen, dazu 6 Schnellverschlüsse öffnen, siehe Seite 282.

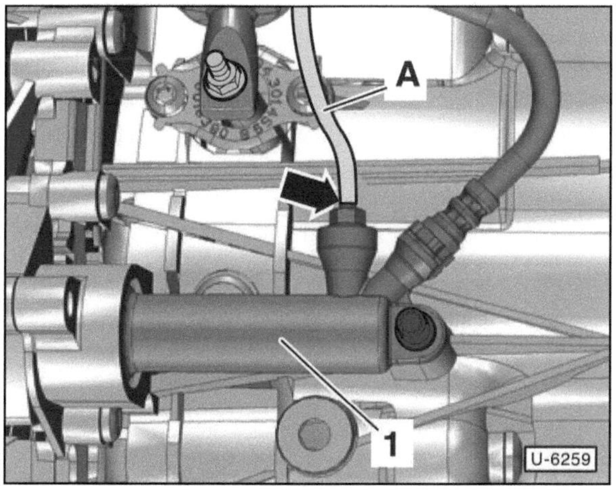

- Staubkappe vom Entlüftungsventil am Kupplungs-Nehmerzylinder –1– abziehen. Entlüftungsventil reinigen.
- Durchsichtigen, sauberen Schlauch –A– auf das Entlüftungsventil –Pfeil– aufschieben.
- Freies Schlauchende in eine mit Bremsflüssigkeit halbvoll gefüllte Flasche stecken. Einen geeigneten Schlauch und ein passendes Gefäß gibt es im Autozubehör-Handel.
- Entlüftungsschraube lösen und durch Helfer Kupplungspedal betätigen lassen. Dabei ca. 0,1 l (100 cm³ beziehungsweise 100 ml) Bremsflüssigkeit herausfließen lassen.
- Kupplungspedal in gedrückter Stellung halten lassen und Entlüftungsschraube festziehen.
- Kupplungspedal zurücknehmen lassen.
- Kupplungspedal 10- bis 15-mal zügig bis Anschlag durchtreten und loslassen.
- Entlüftungsschraube lösen und durch Helfer Kupplungspedal betätigen lassen. Dabei ca. 0,05 l (50 cm³ beziehungsweise 50 ml) Bremsflüssigkeit herausfließen lassen.
- Kupplungspedal in gedrückter Stellung halten lassen und Entlüftungsschraube mit **5,5 Nm** festziehen.
- Kupplungspedal zurücknehmen lassen.
- Kupplungspedal mehrmals bis Anschlag durchtreten und loslassen.
- Entlüftungsschlauch abziehen und mit Auffanggefäß zur Seite stellen.
- Hinteren Teil der unteren Motorabdeckung einbauen, siehe Seite 282.

- Bremsflüssigkeit im Vorratsbehälter bis zum markierten Stand vor dem Bremsflüssigkeitswechsel auffüllen.
- Verschlussdeckel am Behälter aufschrauben.

Achtung, Sicherheitskontrolle durchführen:

- ◆ Sind die Entlüftungsschrauben angezogen?
- ◆ Ist genügend Bremsflüssigkeit eingefüllt?
- ◆ Bei laufendem Motor Dichtheitskontrolle durchführen. Hierzu Bremspedal mit 200 bis 300 N (entspricht 20 bis 30 kg) etwa 10 Sekunden betätigen. Das Bremspedal darf nicht nachgeben. Sämtliche Anschlüsse auf Dichtheit kontrollieren.

- Nach dem Bremsflüssigkeitswechsel darf sich beim Treten auf das Bremspedal der Druck nicht schwammig anfühlen. Falls doch, Anlage erneut entlüften.
- Anschließend einige Bremsungen auf einer Straße ohne Verkehr durchführen. Dabei sollte mindestens einmal die Bremsregelung des ABS-Systems geprüft werden, beispielsweise auf losem Untergrund. Dazu Bremse stark betätigen, bis am spürbaren Pulsieren des Bremspedals der Beginn der Bremsregelung erkennbar ist.

Achtung: Falls der Bremspedalweg nach der Probefahrt zu groß ist, obwohl er direkt nach dem Bremsflüssigkeitswechsel in Ordnung war, dann ist möglicherweise Luft in der ABS-Hydraulikeinheit. In diesem Fall Bremsanlage umgehend in der Fachwerkstatt entlüften lassen.

Reifenprofil prüfen

Spezialwerkzeug: Nicht erforderlich.

Die Reifen ausgewuchteter Räder nutzen sich bei gewissenhaftem Einhalten des vorgeschriebenen Fülldrucks und bei fehlerfreier Radeinstellung und Stoßdämpferfunktion auf der gesamten Lauffläche annähernd gleichmäßig ab. Bei ungleichmäßiger Abnutzung können verschiedene Fehler vorliegen, siehe Kapitel »Räder und Reifen«. Im Übrigen lässt sich keine generelle Aussage über die Lebensdauer bestimmter Reifenfabrikate machen, denn die Lebensdauer hängt von unterschiedlichen Faktoren ab:

- Fahrbahnoberfläche
- Reifenfülldruck
- Fahrweise
- Witterung

Vor allem sportliche Fahrweise, scharfes Anfahren und starkes Bremsen fördern den schnellen Reifenverschleiß.

Achtung: Die Rechtsprechung verlangt, dass Reifen lediglich bis zu einer Profiltiefe von 1,6 mm abgefahren werden dürfen, und zwar müssen die Profilrillen auf der gesamten Lauffläche noch mindestens 1,6 mm Tiefe aufweisen. Es empfiehlt sich jedoch, sicherheitshalber die Reifen bereits bei einer Mindestprofiltiefe von 2 mm auszutauschen.

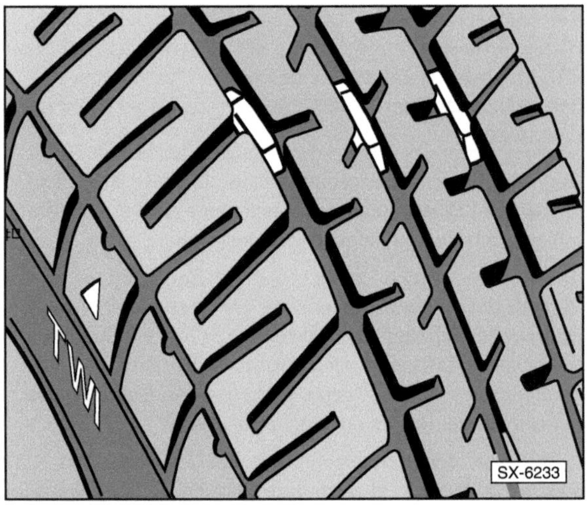

Nähert sich die Profiltiefe der gesetzlich zulässigen Mindestprofiltiefe, das heißt, weist der mehrmals am Reifenumfang angeordnete 1,6 mm hohe Verschleißanzeiger kein Profil mehr auf, müssen die Reifen gewechselt werden.

Achtung: »M+S«-Reifen haben auf Matsch und Schnee nur den gewünschten Grip, wenn ihr Profil noch mindestens 4 mm tief ist.

Achtung: Reifen auf Schnittstellen untersuchen und mit kleinem Schraubendreher Tiefe der Schnitte feststellen. Wenn die Schnitte bis zur Karkasse reichen, korrodiert durch eindringendes Wasser der Stahlgürtel. Dadurch löst sich unter Umständen die Lauffläche von der Karkasse, der Reifen platzt. Deshalb: Bei tiefen Einschnitten im Profil aus Sicherheitsgründen Reifen austauschen.

Reifenfülldruck prüfen

Erforderliches Spezialwerkzeug:

- Reifenfüllgerät an der Tankstelle.

Prüfen

- Reifenfülldruck nur am kalten Reifen prüfen.
- Ventilkappe abschrauben.

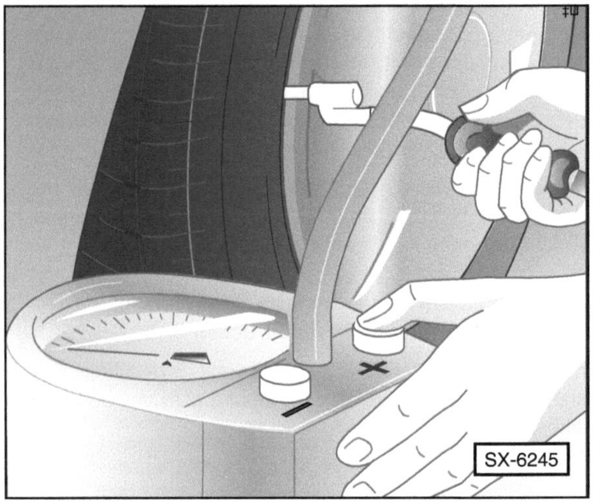

- Reifenfülldruck einmal im Monat sowie im Rahmen der Wartung (einschließlich Reserverad, falls vorhanden) prüfen.
- Zusätzlich sollte der Fülldruck vor längeren Autobahnfahrten kontrolliert werden, da hierbei die Temperaturbelastung für den Reifen am größten ist.

- Der richtige Fülldruck steht auf einem Aufkleber –1– an der hinteren Stirnseite der Fahrertür und gilt für Sommer- und Winterreifen.
- Falls ein **Reserverad** vorhanden ist, entspricht der richtige Fülldruck dem der hinteren Reifen bei höchster Beladung. Bei einem **Notrad** steht der richtige Fülldruck auf der Reifenflanke. Im Normalfall liegt er bei ca. 4,2 bar.

Reifendruck-Kontroll-System

Wenn das Fahrzeug mit einem Reifendruck-Kontroll-System ausgestattet ist, beispielsweise serienmäßig bei Fahrzeugen ab 125 kW/170 PS, dann muss nach jeder Änderung der Reifendrücke das System angepasst werden.

- Zündung einschalten.
- Funktonstaste »CAR« wählen.
- Mit der Drehtaste für das Multimediasystem »Reifenkontrollsystem« wählen und durch Drücken der Drehtaste den aktuellen Fülldruck speichern.
- Zündung ausschalten.

Reifenventil prüfen

Erforderliches Spezialwerkzeug:

- Ventil-Metallschutzkappe oder HAZET 666-1.

Prüfen

- Staubschutzkappe vom Ventil abschrauben.

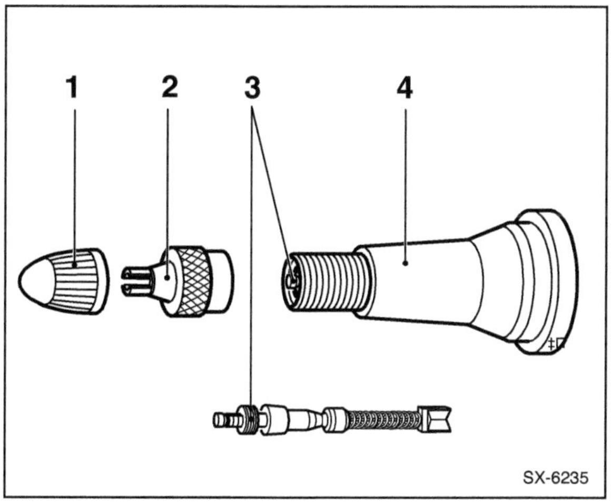

- Etwas Seifenwasser oder Speichel auf das Ventil geben. Wenn sich eine Blase bildet, Ventileinsatz –3– mit umgedrehter Metallschutzkappe –2– festdrehen.

Achtung: Zum Anziehen des Ventileinsatzes kann nur eine Metallschutzkappe –2– verwendet werden. Metallschutzkappen sind an der Tankstelle erhältlich. 1 – Gummischutzkappe, 4 – Ventil.

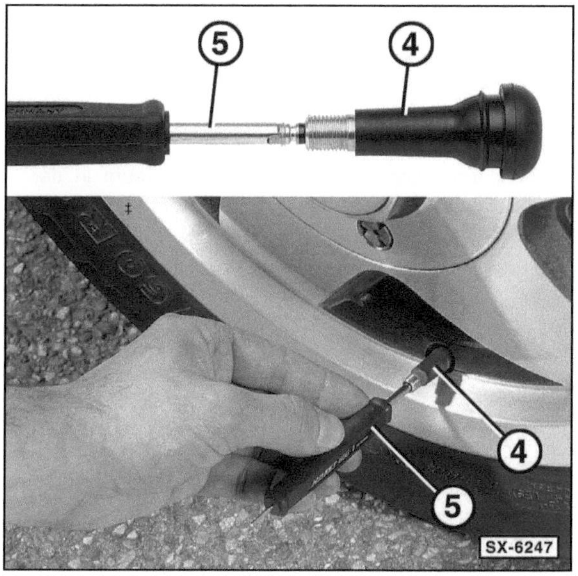

Hinweis: Anstelle der Metallschutzkappe kann auch das Werkzeug HAZET 666-1 –5– verwendet werden. 4 – Ventil.

- Ventil erneut prüfen. Falls sich wieder Blasen bilden oder das Ventil sich nicht weiter anziehen lässt, Ventileinsatz erneuern.
- Grundsätzlich Staubschutzkappe wieder aufschrauben.

Achtung: Die Reifenventile müssen mit Ventilkappen verschlossen sein. Andernfalls kann Schmutz an der Ventilnadel eindringen, wodurch diese klemmt und nicht mehr dicht schließt.

Reifenreparatur-Set prüfen/ersetzen

Spezialwerkzeug: Nicht erforderlich.

Prüfen/Ersetzen

Das Reifenpannen-Set befindet sich im Kofferraum in der Reserveradmulde unter der Abdeckung für die Batterie.

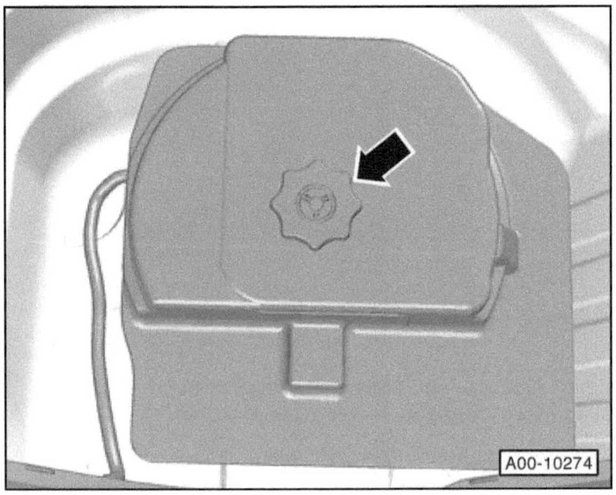

- Mutter –Pfeil– abschrauben und Abdeckung abnehmen.
- Einsatz über der Batterie herausnehmen.

- Haltbarkeitsdatum –Pfeil– überprüfen. Bei Ablauf des Verfalldatums Flasche erneuern. In der Regel ist das Reifendichtungsmittel alle 4 Jahre zu erneuern.
- Nach Benutzung muss das Reifendichtungsmittel grundsätzlich ersetzt werden.

Karosserie/Innenausstattung

Folgende Wartungspunkte müssen nach dem Wartungsplan in unterschiedlichen Intervallen durchgeführt werden:

- Sicherheitsgurte: Auf Beschädigungen sichtprüfen.
- Wasserkasten: Auf Verschmutzung und altes Laub prüfen. Ablauföffnungen auf freien Durchgang prüfen. Gegebenenfalls Wasserkasten und Wasserablauföffnungen reinigen.
- Lüftung/Heizung: Staub-/Pollenfilter-Einsatz erneuern, Gehäuse reinigen.
- Verbandkasten: Haltbarkeitsdatum überprüfen, gegebenenfalls ersetzen.
- Türfeststeller, Schließzylinder und Motorhaubenfanghaken: Schmieren.
- Schiebe-/Ausstelldach sowie Panoramaschiebedach: Reinigen und Schmieren.
- Lackierung: Sichtprüfung innen und außen bei geöffneten Klappen und Türen.
- Unterboden: Auf Beschädigungen, lose Befestigungsteile und Leitungen sichtprüfen.

Sicherheitsgurte sichtprüfen

Spezialwerkzeug und Verschleißteile/Betriebsmittel sind nicht erforderlich.

Achtung: Geräusche, die beim Aufrollen des Gurtbandes entstehen, sind funktionsbedingt. Auf keinen Fall darf zur Behebung von Geräuschen Öl oder Fett verwendet werden. Der Aufroll- und Gurtstrafferautomat darf aus Sicherheitsgründen nicht zerlegt werden.

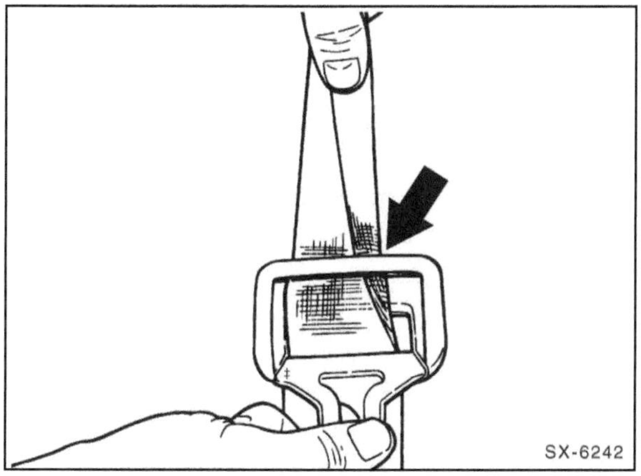

- Sicherheitsgurt ganz herausziehen und Gurtband auf durchtrennte Fasern prüfen.
- Beschädigungen können zum Beispiel durch Einklemmen des Gurtes oder durch brennende Zigaretten entstehen. In diesem Fall Gurt austauschen.
- Sind Scheuerstellen vorhanden, ohne dass Fasern durchtrennt sind, braucht der Gurt nicht ausgewechselt zu werden.
- Schwer gängigen Gurt auf Verdrehungen prüfen, gegebenenfalls Verkleidung an der Mittelsäule ausbauen.
- Wenn die Aufrollautomatik nicht mehr funktioniert, Gurt auswechseln (Werkstattarbeit).
- Gurtbänder nur mit Seife und Wasser reinigen, keinesfalls Lösungsmittel oder chemische Reinigungsmittel verwenden.

Wasserkasten und Wasserablauföffnungen reinigen

Durch Ablagerungen im Wasserkasten (Laub, diverse Baumnadeln usw.) kann der Wasserablauf beeinträchtigt werden. Dadurch kann der Wasserpegel ansteigen, zum Beispiel in Waschstraßen und bei starken Niederschlägen. Das Wasser kann dann über vorhandene Tüllen beziehungsweise durch das Frischluftansauggehäuse in den Innenraum eindringen.

Spezialwerkzeug zum Reinigen

- Handelsübliches flexibles Greifwerkzeug.
- Dünner Wasserschlauch.
- Flexible Nylonsonde.

Verschleißteile/Betriebsmittel sind nicht erforderlich.

Wasserablauf prüfen

- Wasserkastenabdeckung ausbauen, siehe Seite 286.

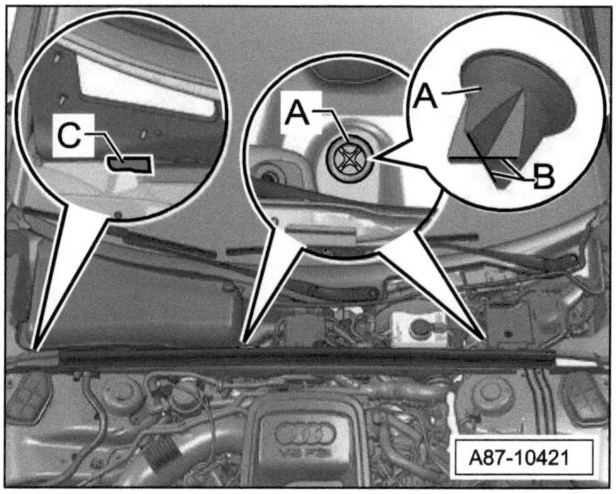

- Mit einer hellen Taschenlampe in die beiden Tüllen der Wasserabläufe –A– leuchten und die Durchgängigkeit –B– sichtprüfen, gegebenenfalls reinigen.
- Öffnung –C– in der Karosserie rechts sichtprüfen, gegebenenfalls reinigen.

- Wasserablauf reinigen beziehungsweise Wasserkastenabdeckung einbauen, siehe Seite 286.

Wasserablauf reinigen

- Wasserkastenabdeckung ausbauen, siehe Seite 286.
- Grobe Verschmutzungen im Wasserkasten und an den Tüllen der Wasserabläufe mit einem handelsüblichen flexiblen Greifwerkzeug entfernen.
- Bereich unter dem Bremskraftverstärker mit einem handelsüblichen flexiblen Greifwerkzeug von grober Verschmutzung reinigen.
- Feine Verschmutzungen mit einem dünnen Wasserstrahl und gegebenenfalls mit einer flexiblen Nylonsonde reinigen.
- Wasserkastenabdeckung einbauen, siehe Seite 286.

Staub-/Pollenfilter-Einsatz erneuern

Spezialwerkzeug: Nicht erforderlich.

Erforderliche Betriebsmittel/Verschleißteile:

- Staub-/Pollenfilter. **Hinweis:** Den Staub-/Pollenfilter gibt es in 2 verschiedenen Ausführungen: mit und ohne Aktivkohlefilter-Einlage. Die Komfort-Klimaanlage ist mit einer Aktivkohlefilter-Einlage ausgestattet, die Basis-Klimaanlage nicht.

Der Filter befindet sich auf der rechten Seite unter dem Armaturenbrett.

Ausbau

- Beifahrersitz in die hinterste Position stellen.

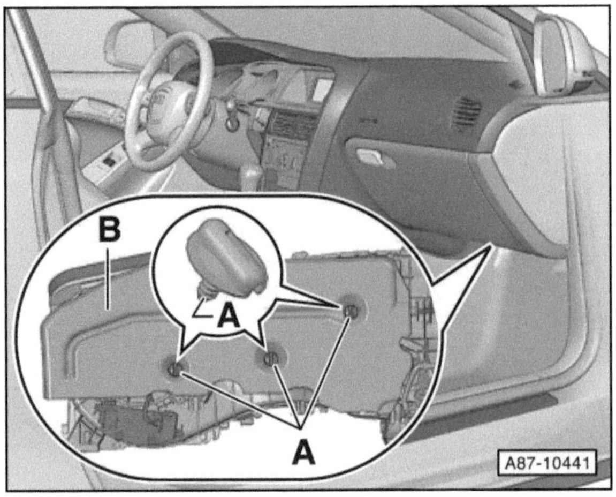

- Schraubclips –A– herausdrehen und Dämmmatte –B– abnehmen.
- Bodenmatte im Bereich unter dem Staub- und Pollenfilter mit Papier abdecken.

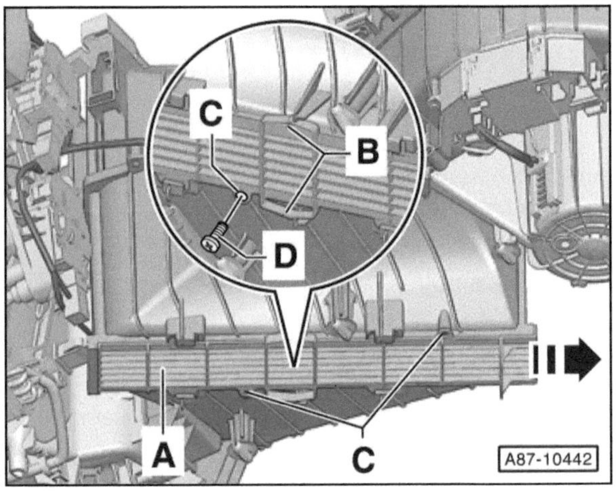

- Falls vorhanden, die Schrauben –D– herausdrehen. **Achtung:** Die Schrauben –D– sind nicht bei allen Fahrzeugen vorhanden. Die Schrauben sichern den Deckel –A– an den Befestigungspunkten –C–, falls die Verrastungen –B– nicht mehr halten.

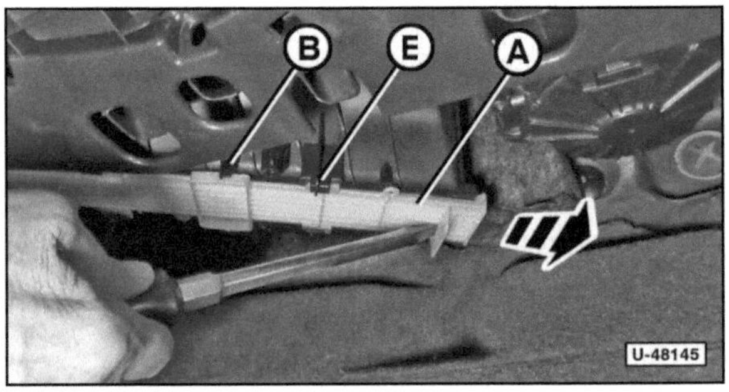

- Falls keine Schrauben vorhanden sind, Deckel –A– mit einem Schraubendreher in Pfeilrichtung aus den Führungen –E– herausschieben und dabei aus den Verrastungen –B– ausclipsen. Deckel abnehmen beziehungsweise herunterfallen lassen.

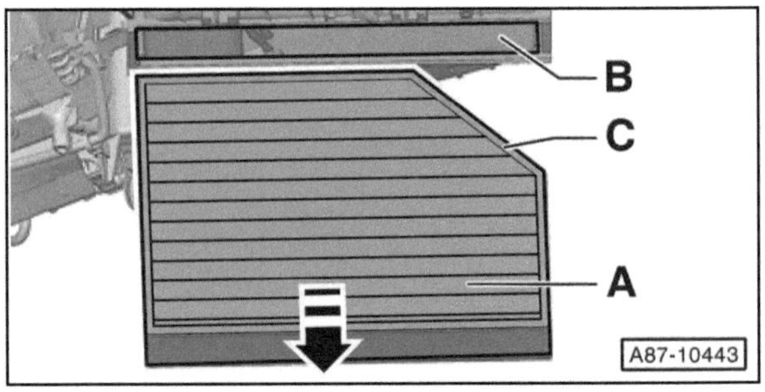

- Filtereinsatz –A– aus dem Schacht –B– des Klimagerätes herausziehen, dabei Einbaulage anhand der Abschrägung –C– merken.
- Schacht –B– mit einem Staubsauger aussaugen.

Einbau

- Filtereinsatz –A– seitenrichtig in den Schacht –B– einsetzen.
- Der weitere Einbau erfolgt in umgekehrter Ausbaureihenfolge.

Motorhaubenfanghaken/Türfeststeller/ Schließzylinder: Schmieren

Spezialwerkzeug ist nichtl erforderlich.

Erforderliches Betriebsmittel:

- Spezialfett VW/AUDI-G 052 778 A2
  VW/AUDI-G 000 400 00
  VW/AUDI-G 000 400 01
  VW/AUDI-G 000 450 02

Motorhaubenfanghaken schmieren

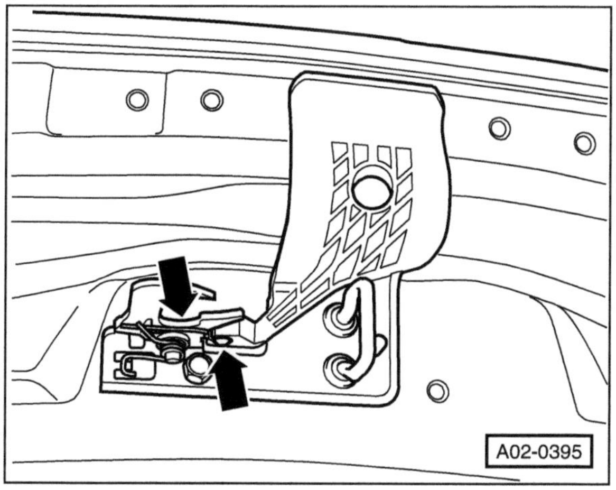

- Motorhaubenfanghaken nur an den abgebildeten Schmierstellen –Pfeile– mit AUDI-G 052 778 A2 fetten.

Türfeststeller

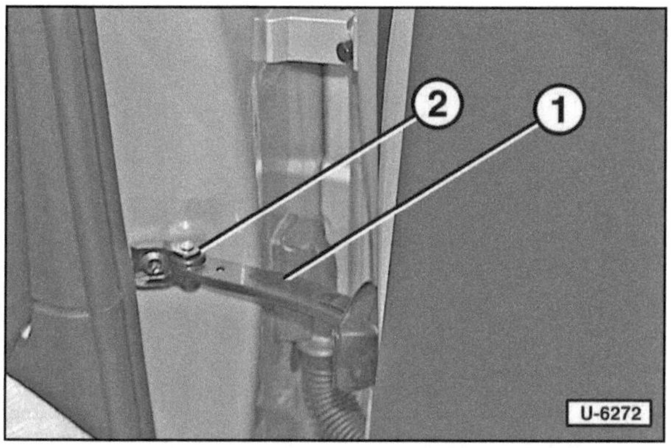

- Türfeststeller –1– im Seitenbereich mit Schmierfett dünn einfetten, zum Beispiel mit VW/AUDI-G 000 400 00-Schmierfett.
- Befestigungsbolzen –2– mit Fettspray, zum Beispiel VW/AUDI- 000 400 01 schmieren.

Schließzylinder

- Schließzylinder mit Fettspray, zum Beispiel VW/AUDI-000 400 01, dünn einfetten.

Schiebe-/Ausstelldach: Reinigen und Schmieren

Achtung: Zum Schutz vor Verschmutzungen im Fahrzeuginnenraum einen Lappen unter die zu reinigende oder zu fettende Stelle halten.

Erforderliche Spezialwerkzeuge:

- Pinsel
  Dazu handelsüblichen Pinsel, ca. 15 mm breit um ca. 40° abwinkeln.
- Feinporiger Schwamm.
  Zum Beispiel zugeschnittener Haushaltsschwamm ohne Scheuerbelag.
- Nass- und Trockensauger.

Erforderliche Betriebsmittel:

- Festschmierstoffpaste,
  zum Beispiel VW/AUDI-G 060 751 A2.
- Spezial-Schmierpaste Krytox-G 052 141 A2.
  Zur Verarbeitung der Krytoxpaste einen kleinen, feinporigen Schwamm verwenden.
- Reinigungslösung, zum Beispiel VW/AUDI-D 009 401 04.

Glasdeckeldichtung reinigen und schmieren:

- Glasschiebedach aufstellen.
- Fett- und Schmutzreste der Glasdeckeldichtung mit Reinigungslösung VW/AUDI-D 009 401 04 und einem fusselfreien Lappen entfernen.

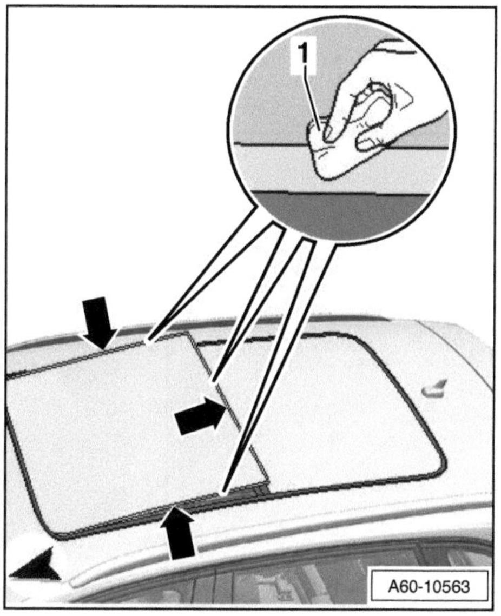

- An der Glasdeckeldichtung seitlich und hinten –Pfeile– Spezial-Schmierpaste Krytox-G 052 141 A2 »dünn« mit einem feinporigen Schwamm auftragen. Dabei darauf achten, dass nach dem Auftragen keine groben Rückstände sichtbar bleiben.

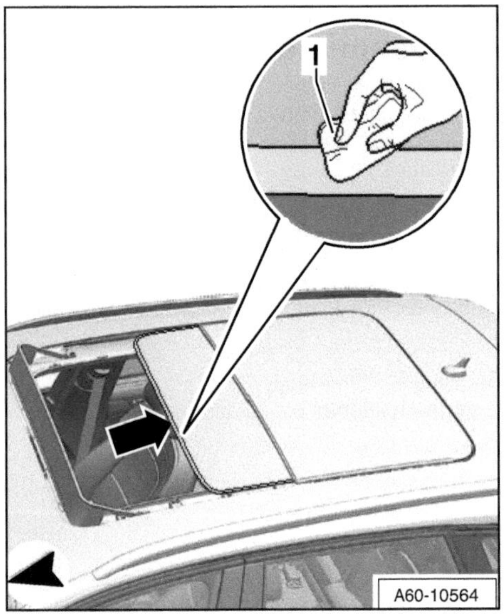

- Glasdeckel komplett öffnen.
- Glasdeckeldichtung vorn mit einer Reinigungslösung, zum Beispiel VW/AUDI-D 009 401 04, und einem fusselfreien Lappen reinigen.
- Glasdeckeldichtung vorn –Pfeil– mit Spezial-Schmierpaste Krytox VW/AUDI-G 052 141 A2 und einem Schwamm –1– fetten. Dabei darauf achten, dass nach dem Auftragen keine groben Rückstände sichtbar bleiben.

Windabweiserdichtung reinigen und schmieren:

- Glasdeckel komplett öffnen.
- Windabweiser für folgende Arbeitsschritte nicht ausbauen, sondern vorsichtig mit der Hand anheben. **Achtung:** Bruchgefahr!

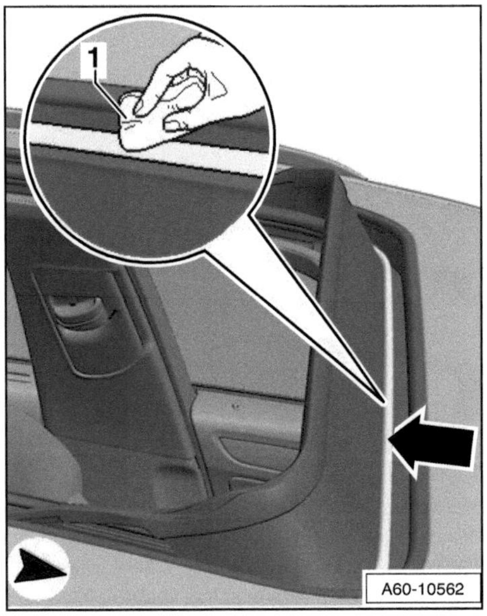

- Fett- und Schmutzreste an der Windabweiserdichtung –Pfeil– mit einer Reinigungslösung, z. Bsp. VW/AUDI-D 009 401 04, und einem fusselfreien Lappen entfernen.
- An der Gummilippe des Windabweisers –Pfeil– auf gesamter Länge mit einem feinporigen Schwamm Spezial-Schmierpaste Krytox-G 052 141 A2 »dünn« auftragen. Dabei darauf achten, dass keine groben Rückstände der Spezial-Schmierpaste sichtbar bleiben.

Führungsschienen reinigen und schmieren

- Glasdeckel komplett öffnen.
- Gegebenenfalls Sand und feinen Staub mit einem Nass- und Trockensauger aus der Führungsschiene entfernen.
- Fett- und Schmutzreste der Führungsschiene mit einem fusselfreien Lappen entfernen.

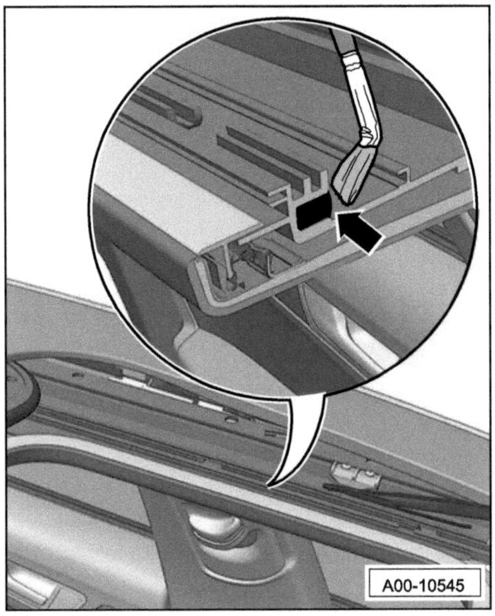

- An der Innenseite der Führungsschiene –Pfeil– Festschmierstoffpaste mit einem Pinsel auftragen.

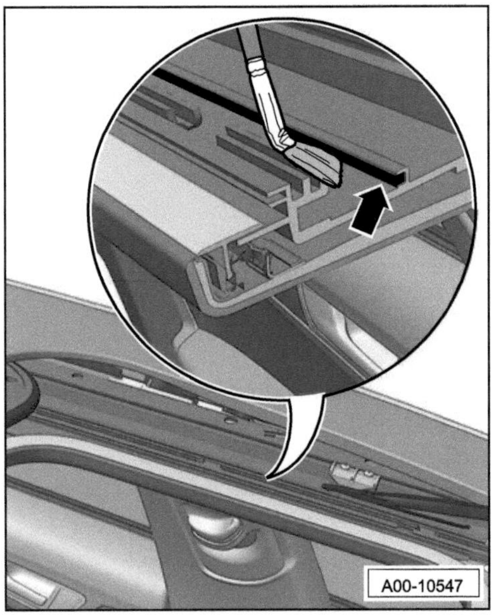

- An der Außenseite der Führungsschiene –Pfeil– Festschmierstoffpaste mit einem Pinsel auftragen.

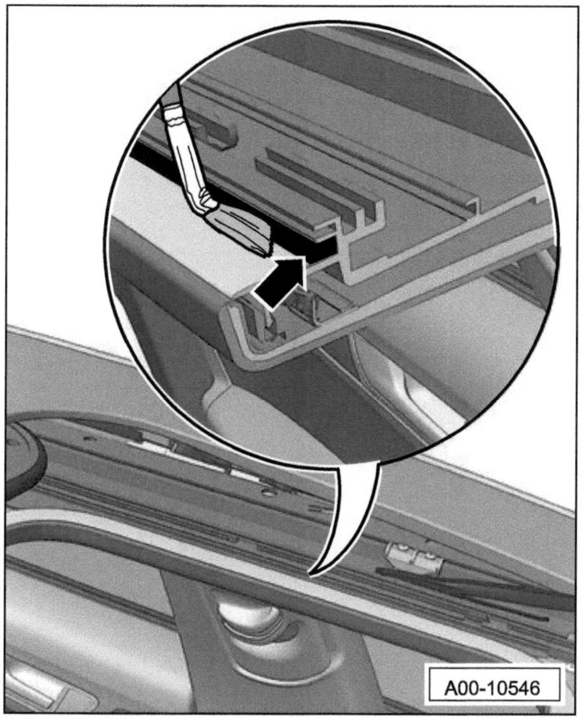

- An der seitlichen Führungsschiene des Schiebehimmels –Pfeil– Festschmierstoffpaste mit einem Pinsel auftragen.
- Überschüssiges Schmiermittel mit einem fusselfreien Lappen beseitigen.
- Reinigungs- und Schmiervorgänge auf der gegenüberliegenden Fahrzeugseite wiederholen.
- Kompletten Bewegungsablauf des Dachsystems durchführen und nochmals auf Schmiermittelrückstände kontrollieren.

Panoramaschiebedach: Reinigen und Schmieren

Achtung: Zum Schutz vor Verschmutzungen im Fahrzeuginnenraum einen Lappen unter die zu reinigende oder zu fettende Stelle halten.

Erforderliche Spezialwerkzeuge:

- Reinigungs- und Fettwerkzeug VAS-6764.
- Handkartuschenpistole.
- Nass- und Trockensauger.
- Pinsel.
  Dazu handelsüblichen Pinsel, ca. 15 mm breit um ca. 40° abwinkeln.
- Feinporiger Schwamm.
  Zum Beispiel zugeschnittener Haushaltsschwamm ohne Scheuerbelag.
- Messbecher.

Erforderliche Betriebsmittel:

- Festschmierstoffpaste,
  zum Beispiel VW/AUDI-G 060 751 A2.
- Spezial-Schmierpaste Krytox-G 052 141 A2.
  Zur Verarbeitung der Krytoxpaste einen kleinen, feinporigen Schwamm verwenden.
- Reinigungslösung, zum Beispiel VW/AUDI-D 009 401 04.

Ränder des Glasdeckels reinigen

- Glasdeckel komplett öffnen.

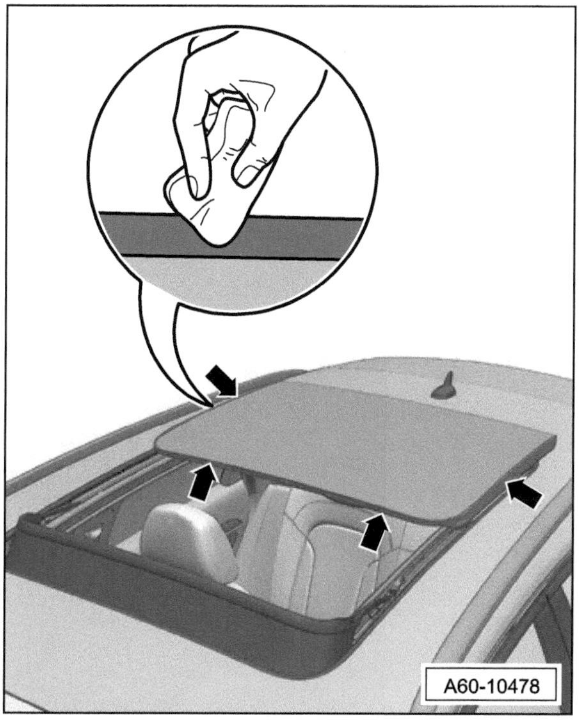

- Fett- und Schmutzreste am vorderen und den seitlichen Rändern des Glasdeckels –Pfeile– mit Reinigungslösung, zum Beispiel VW/AUDI-D 009 401 04, und einem fusselfreien Lappen entfernen.

Dachrahmendichtung reinigen und schmieren

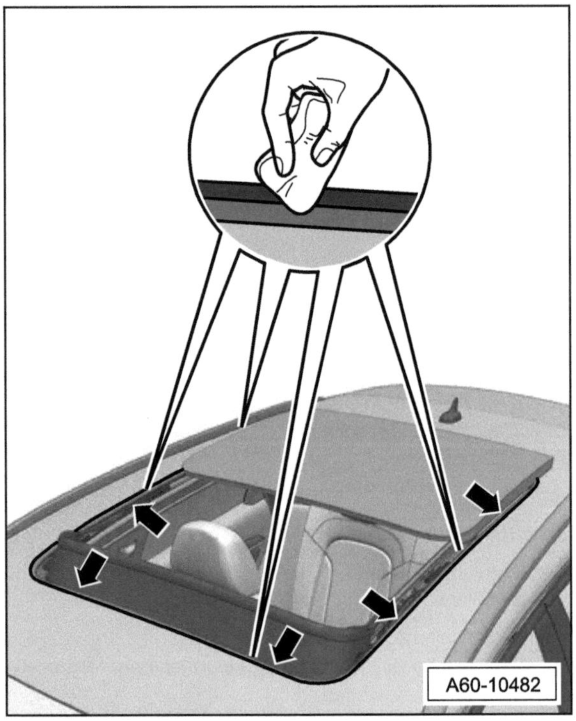

- Fett- und Schmutzreste an der Dachrahmendichtung –Pfeile– mit Reinigungslösung, zum Beispiel VW/AUDI-D 009 401 04, und einem fusselfreien Lappen entfernen.
- Spezial-Schmierpaste Krytox-G 052 141 A2 mit einem feinporigen Schwamm dünn auf die Dachrahmendichtung –Pfeile– auftragen.

Hinweis: Nach dem Auftragen der Spezial-Schmierpaste darauf achten, dass keine groben Rückstände sichtbar bleiben.

Führungsschienen reinigen und schmieren

Hinweis: Beschrieben werden die Arbeitsschritte auf einer Seite. Anschließen dieselben Arbeitsschritte auf der gegenüberliegenden Fahrzeugseite wiederholen.

- Glasdeckel komplett öffnen.
- Gegebenenfalls Sand und feinen Staub mit einem Nass- und Trockensauger aus der Führungsschiene entfernen.

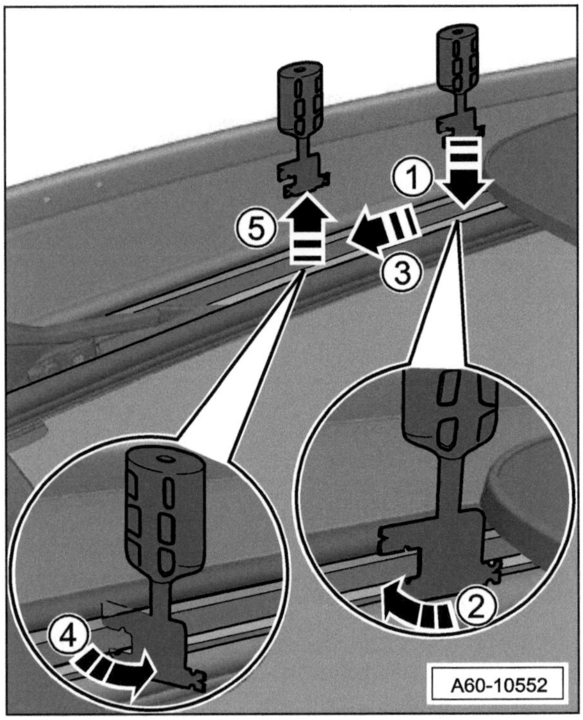

- Reinigungs- und Fettwerkzeug im hinteren Bereich der Führungsschiene einsetzen –1– und um 90° in das Profil der Schiene hineindrehen –2–.
- Reinigungs- und Fettwerkzeug bis in die Mitte der Führungsschienenöffnung ziehen –3–, wieder um 90° verdrehen –4– und Werkzeug herausnehmen –5–.
- Auf die gleiche Weise den vorderen Bereich der Führungsschiene reinigen. Dazu Reinigungs- und Fettwerkzeug im vorderen Bereich der Führungsschiene (nähe Windabweiser) einsetzen und bis in die Mitte der Führungsschiene ziehen.
- Je nach Verschmutzung Reinigungsvorgänge mehrmals durchführen.
- Gesammelte Fett- und Schmutzreste in der Führungsschiene mit einem fusselfreien Lappen entfernen.

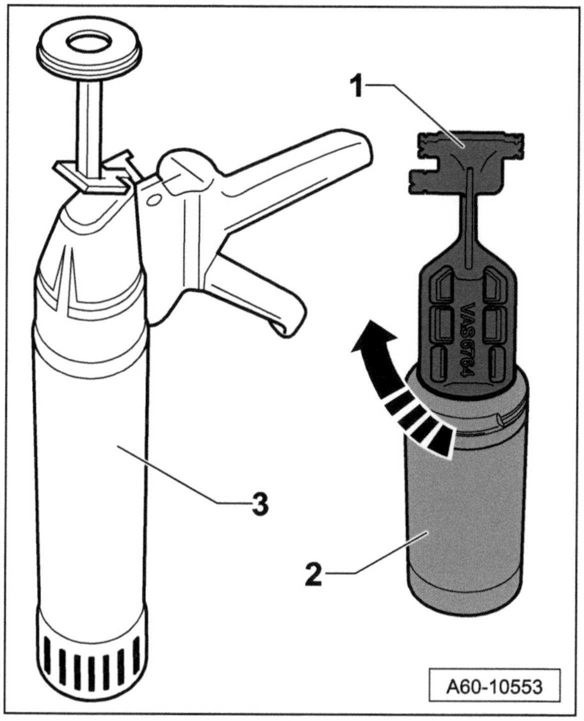

- Reinigungs- und Fettwerkzeug –1– auf das Gewinde der Schmierstoff-Kartusche –2–, zum Beispiel VW/AUDI-G 060 751 A2, drehen und in die Handkartuschenpistole –3– einsetzen.

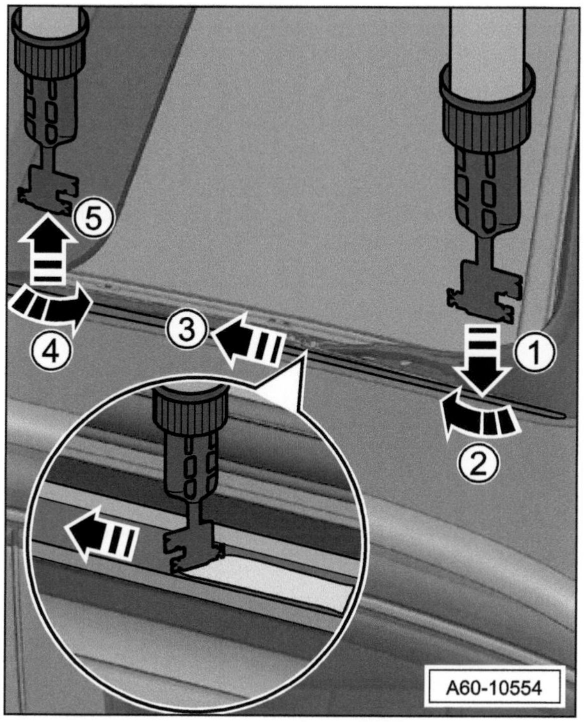

- Handkartuschenpistole mit dem Reinigungs- und Fettwerkzeug am vorderen Ende der Führungsschiene –1– einsetzen und um 90° in das Profil der Schiene drehen –2–.
- Handkartuschenpistole gleichmäßig nach hinten ziehen –3– und dabei gleichmäßig die Festschmierstoffpaste G 060 751 A2 in der Führungsschiene auftragen.
- Handkartuschenpistole um 90° verdrehen –4– und in der Nähe des offenen Glasdeckels herausnehmen –5–.

Kulissenführung reinigen und schmieren

- Glasdeckel komplett öffnen.
- Fett- und Schmutzreste der Kulissenführung mit einem fusselfreien Lappen entfernen.
- Schiebedach schließen und Glasdeckel wieder komplett öffnen. Dadurch wird das Fett in den Führungsschienen verteilt. Das angesammelte, überschüssige Schmiermittel kann zum Fetten der Kulissenführung verwendet werden.

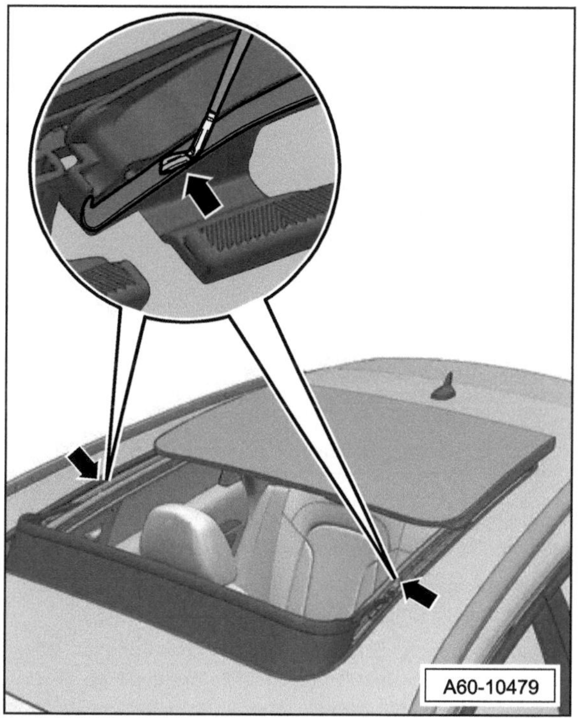

- Festschmierstoffpaste mit einem Pinsel in der Kulissenführung –Pfeil– auftragen.
- Überschüssiges Fett an der Kulissenführung und in der Führungsschiene mit einem Lappen entfernen.

Verriegelungshaken der Schiebedachmechanik reinigen und schmieren

- Glasdeckel aufstellen.
- Vom Fahrzeuginnenraum aus: Fett- und Schmutzreste am Verriegelungshaken der Schiebedachmechanik mit einem fusselfreien Lappen entfernen.

- Am Verriegelungsstift der Schiebedachmechanik –Pfeil– Festschmierstoffpaste mit einem Pinsel auftragen.
- Überschüssiges Schmiermittel mit einem fusselfreien Lappen beseitigen.
- Schiebedach schließen. Glasdeckel wieder komplett öffnen und nochmals auf Schmiermittelrückstände an allen Schmierstellen kontrollieren.

Wasserabläufe auf Verschmutzung prüfen

- Glasdeckel komplett öffnen.

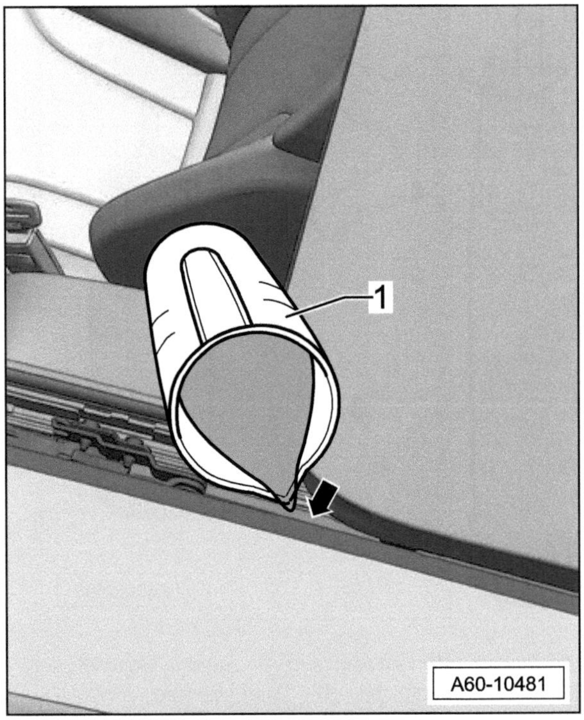

- Mit einem Messbecher –1– in der Nähe des offenen Glasdeckels –Pfeil– Wasser in die Führungsschiene gießen. Dabei vorsichtig vorgehen, damit das Wasser nicht in den Innenraum überläuft!

Hinweis: Darauf achten, dass sich das Wasser in beide Richtungen verteilt und damit beide Wasserabläufe geprüft werden können.

- An der Fahrzeugunterseite kontrollieren, ob das Wasser sowohl im Bereich des vorderen als auch im Bereich des hinteren Radhauses austritt.
- Falls kein Wasser an den entsprechenden Stellen austritt: Wasserabläufe reinigen, siehe entsprechendes Kapitel.

Elektrische Anlage

Folgende Wartungsarbeiten müssen nach dem Wartungsplan in unterschiedlichen Intervallen durchgeführt werden:

- Alle Stromverbraucher: Funktion prüfen.
- Scheibenwischerblätter: Wischergummis auf Verschleiß sichtprüfen. Ruhestellung prüfen.
- Scheibenwaschanlage, Scheinwerfer-Waschanlage: Flüssigkeitsstand, Frostschutz und Funktion prüfen, Düsenstellung kontrollieren, siehe Kapitel »Scheibenwischeranlage«.
- Batterie: Prüfen.
- Scheinwerfereinstellung prüfen, gegebenenfalls einstellen lassen (Werkstattarbeit).

Stromverbraucher prüfen

Spezialwerkzeug ist nichtl erforderlich.

Folgende Funktionen prüfen, gegebenenfalls Fehler beheben. **Hinweis:** Je nach Ausstattung sind im Fahrzeug nicht alle hier aufgeführten elektrischen Verbraucher vorhanden.

- Beleuchtung, Scheinwerfer, Nebellampen, Blinkleuchten, Warnblinkanlage, Schlussleuchten, Nebelschlussleuchten, Rückfahrleuchten, Bremsleuchten, Parklichtschaltung.
- Innen- und Leseleuchten (Abschaltautomatik für Innenleuchten vorn), beleuchtetes Handschuhfach, beleuchteter Ascher, Kofferraumbeleuchtung.
- Warnsummer für nicht ausgeschaltetes Licht und/oder Radio.
- Alle Schalter in der Armaturentafel beziehungsweise Mittelkonsole.
- Kombiinstrument (Schalttafeleinsatz) mit allen Anzeigen, Zählern, Leuchten und Beleuchtung.
- Hupe.
- Scheibenwisch-/Scheibenwaschanlage, Scheinwerferreinigungsanlage.
- Zigarettenanzünder.
- Elektrische Außenspiegel (beheizbar, einstellbar, anklappbar).
- Elektrische Fensterheber.
- Elektrisches Schiebe-/Ausstelldach.
- Zentralverriegelung, Funkfernbedienung, Komfortschließung.
- Elektrische Sitzverstellung, Gurthöhenverstellung.
- Beheizbare Sitze.
- Radio/Navigation.

Batterie prüfen

Batterie sichtprüfen

Die Batterie befindet sich im Kofferraum.

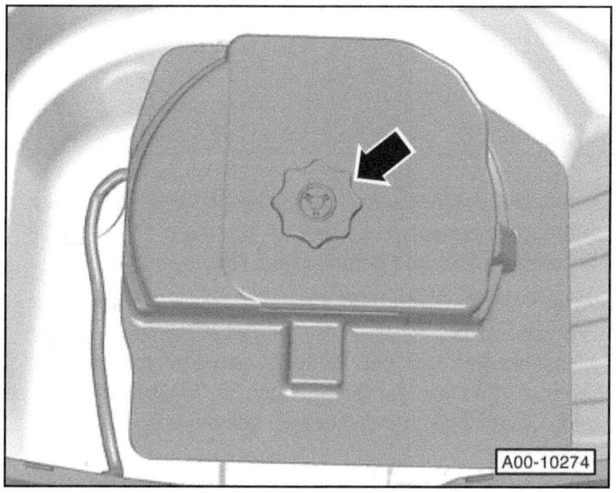

- Mutter –Pfeil– abschrauben und Abdeckung abnehmen.
- Einsatz über der Batterie herausnehmen.
- Gehäuse der Batterie auf Beschädigungen sichtprüfen. Bei beschädigtem Gehäuse kann Batteriesäure auslaufen und die umliegenden Bauteile beschädigen. Bei beschädigtem Gehäuse Batterie schnellstmöglich ersetzen.

Batterie/Batterieklemmen auf festen Sitz prüfen

Eine lockere Batterie hat eine verkürzte Lebensdauer durch Rüttelschäden. Lockere Batterieanschlüsse können einen Kabelbrand oder Funktionsstörungen in der elektrischen Anlage nach sich ziehen und die Crash-Sicherheit des Fahrzeuges vermindern.

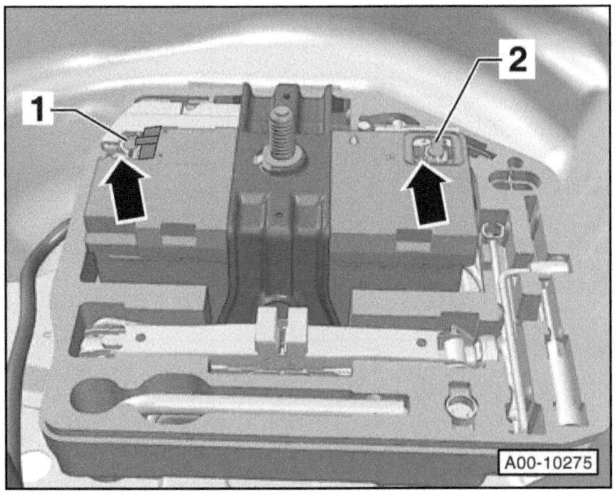

- Batterieklemmen hin- und herbewegen und festen Sitz prüfen, gegebenenfalls Befestigungsmuttern –1– und –2– nachziehen. Anzugsdrehmoment: **5 Nm**.

Achtung: Falls die Batterie-Plusklemme locker ist, muss vor dem Festziehen der Plusklemme wegen Kurzschlussgefahr die Masseklemme an der Batterie abgeklemmt werden. Nachdem die Plusklemme festgezogen ist, Massekabel wieder anklemmen. Batterie-Massekabel abklemmen, siehe Seite 77.

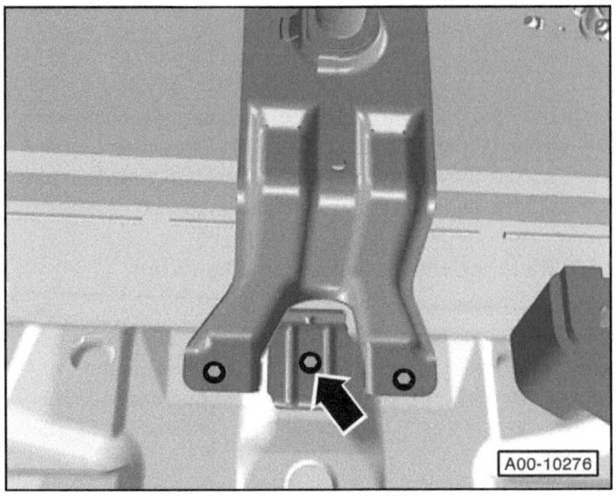

- Batterie kräftig hin- und herbewegen.
- Sitzt die Batterie lose, Schraube –Pfeil– an der Batterie-Halteplatte mit **18 Nm** festziehen.

- **Magisches Auge** der Batterie, **Säurestand**, **Ruhespannung** und Batterie unter Belastung prüfen, siehe Kapitel »Elektrische Anlage«.

Ruhestellung der Wischerblätter prüfen

Achtung: Der Wischermotor läuft bei jedem 2. Ausschalten in eine Überhub-Endstellung, die dafür sorgt, dass die Lippe des Wischerblattes in die andere Richtung umgelegt wird.

Dazu läuft der Wischermotor in Endstellung nach unten und anschließend wieder ein kleines Stück nach oben. Diese Unterhub-Endstellung darf nicht zum Einrichten beziehungsweise Überprüfen der Wischerkurbel benutzt werden.

Zur Überprüfung nur diejenige Endstellung verwenden, bei der der Wischermotor direkt und ohne Unterhub in die Endposition läuft. Gegebenenfalls Tippwisch-Funktion nochmals betätigen.

Frontscheibe

Prüfen

- Scheibenwischer ein- und ausschalten und in die Endstellung laufen lassen. Dabei sicherstellen, dass der Wischer nicht in Unterhub-Endstellung steht, siehe auch Seite 96.
- Zündung ausschalten.

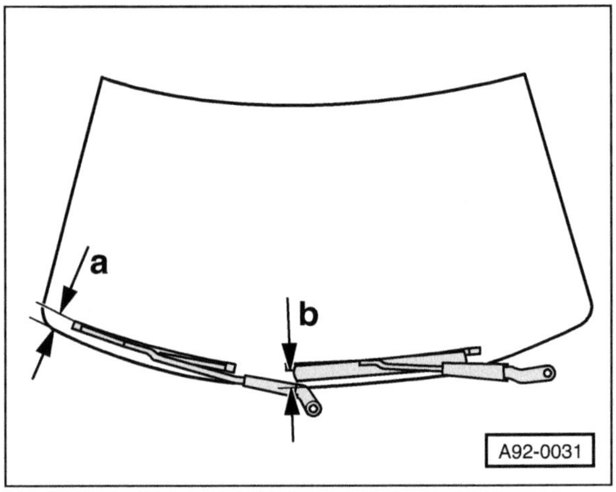

- **Windschutzscheibe:** Bei ausgeschaltetem Wischer den Abstand zwischen Wischerblatt und Windlaufblende an der Scheibenunterkante prüfen.
  Einstellmaße:
  Limousine/AVANT: $a = 0^{+10}$ mm; $b = 7^{+10}$ mm.

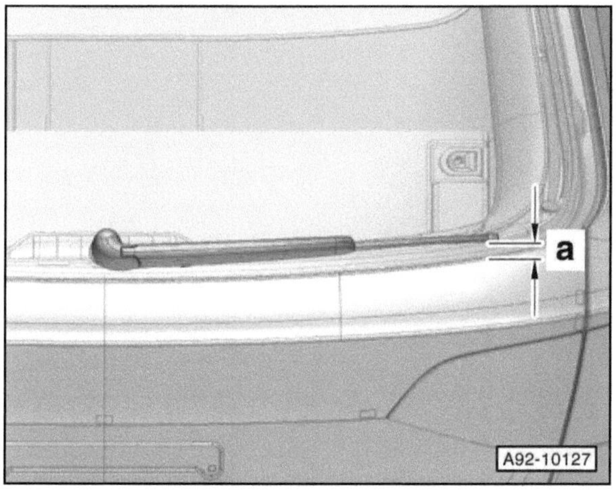

- **AVANT-Heckscheibe:** Bei ausgeschaltetem Wischer den Abstand zwischen der Spitze des Wischerblattes und zur Scheibenunterkante prüfen.
  Einstellmaß: a = 19^{+5} mm.
- Gegebenenfalls Wischerarm ausbauen und entsprechend versetzen, siehe Seite 106.
- Scheibenwischer laufen lassen, ausschalten und Einstellung nochmals überprüfen, gegebenenfalls korrigieren.

Wagenpflege

Aus dem Inhalt:

- Fahrzeug waschen
- Lack pflegen
- Unterbodenschutz
- Hohlraumkonservierung
- Polster reinigen
- Lackschäden ausbessern

Fahrzeug waschen

Aus Umweltschutzgründen ist es in den meisten Gemeinden verboten, Fahrzeuge auf öffentlichen Plätzen zu waschen. Wird das Auto sehr oft in einer automatischen Waschanlage gewaschen, hinterlassen die rotierenden Waschbürsten Schleifspuren auf dem Lack. Diese lassen sich verhindern, wenn man den Wagen von Hand in einer entsprechenden Waschanlage wäscht.

- Vogelkot, Insekten, Baumharze, Teer- und Fettflecken, Streusalz und andere aggressive Ablagerungen sofort abwaschen, da sie ätzende Bestandteile enthalten, die Lackschäden verursachen.
- Bedienungshinweise für den Hochdruckreiniger bezüglich Druck und Düsenabstand des Sprühkopfes befolgen.
- Beim Waschen reichlich Wasser verwenden. Mit einem Schwamm oder Waschhandschuh beziehungsweise einer weichen Bürste mit dem Reinigen des Fahrzeugdachs beginnen; Schwamm oft ausspülen.
- Waschmittel nur bei hartnäckiger Verschmutzung verwenden. Mit klarem Wasser gründlich nachspülen, um die Reste des Waschmittels zu entfernen. Bei regelmäßiger Benutzung von Waschmitteln muss öfter konserviert werden. Dem Waschwasser kann ein Konservierungsmittel beigegeben werden.
- Darauf achten, dass kein Wasser in die Eintrittsöffnungen für die Innenraumbelüftung eindringt. Hochdruckdüse nicht gegen den Kühler oder schadhafte Lackflächen des Fahrzeugs richten.
- Zum Abtrocknen sauberes Leder verwenden. Verschiedene Reinigungsleder für Lack- und Fensterflächen verwenden, da Konservierungsmittelrückstände auf den Scheiben zu Sichtbehinderungen führen.
- Durch Streusalz besonders gefährdet sind alle innen liegenden Falze, Flansche und Fugen an Türen und Hauben. Diese Stellen müssen deshalb bei jeder Wagenwäsche – auch nach der Wäsche in automatischen Waschstraßen – mit einem Schwamm gründlich gereinigt und anschließend abgespült und abgeledert werden.
- Wagen niemals in der Sonne waschen oder trocknen. Wasserflecken sind sonst unvermeidlich.

Achtung: Nach der Wagenwäsche Bremspedal während der Fahrt leicht antippen, um den Wasserfilm abzubremsen.

Lackierung pflegen

Konservieren: Die gewaschene und getrocknete Lackierung möglichst oft mit einem Konservierungsmittel behandeln, um die Oberfläche durch eine Poren schließende und Wasser abweisende Wachsschicht gegen Witterungseinflüsse zu schützen. Auch wenn beim Waschen regelmäßig Waschkonservierer verwendet werden, empfiehlt es sich, den Lack mindestens zweimal im Jahr mit Hartwachs zu schützen.

Sofern Kraftstoff, Öl, Fett oder Bremsflüssigkeit auf den Lack gelangt, diese Flüssigkeiten **sofort entfernen,** sonst kommt es zu Lackverfärbungen.

Spätestens dann, wenn Wasser nicht mehr deutlich vom Lack abperlt, muss konserviert werden. Der Lack trocknet sonst aus.

Polieren: Das Polieren des Lackes ist nur dann erforderlich, wenn dieser infolge mangelhafter Pflege beziehungsweise unter der Einwirkung von Umwelteinflüssen unansehnlich geworden ist und sich durch eine Behandlung mit Konservierungsmitteln kein Glanz mehr erzielen lässt. Zu warnen ist vor stark schleifenden oder chemisch stark angreifenden Poliermitteln, auch wenn der erste Versuch damit noch so sehr zu überzeugen scheint.

Vor jedem Polieren muss der Wagen sauber gewaschen und sorgfältig abgetrocknet werden. Im Übrigen ist nach der Gebrauchsanweisung für das Poliermittel zu verfahren.

Die Bearbeitung soll in nicht zu großen Flächen erfolgen, um ein vorzeitiges Eintrocknen der Politur zu vermeiden. Bei manchen Poliermitteln muss anschließend noch konserviert werden. Nicht in der prallen Sonne polieren!

Kunststoffteile und matt lackierte Teile dürfen nicht mit Konservierungs- oder Poliermitteln behandelt werden, da sich sonst Flecken bilden.

Teerflecke entfernen: Frische Teerflecke können mit einem in Waschbenzin getränkten weichen Lappen entfernt werden oder mit speziellen Teerfleck-Entfernern. Notfalls kann auch Petroleum oder Terpentinöl verwendet werden. Sehr gut gegen Teerflecke eignet sich auch ein Lackkonservierer. Bei

Verwendung dieses Mittels kann auf ein Nachwaschen verzichtet werden.

Insekten entfernen: Insekten enthalten aggressive Stoffe, die den Lackfilm beschädigen können. Sie müssen deshalb umgehend mit lauwarmer Seifen- oder Waschmittellösung abgewaschen werden. Es gibt auch spezielle Insekten-Entferner.

Außenbeleuchtung: Leuchten- und Scheinwerferabdeckungen sind aus Kunststoff. Verunreinigungen nur mit einem feuchten, weichen Tuch entfernen. Scheinwerferabdeckungen auf keinen Fall mit einem trockenen oder scheuernden Tuch reinigen. Keine Eiskratzer verwenden und nicht mit Reinigungs- oder Lösungsmitteln säubern.

Kunststoffteile pflegen: Kunststoffteile, Kunstledersitze, Himmel, Leuchtengläser sowie mattschwarz gespritzte Teile mit Wasser und Flüssigseife säubern. Fahrzeughimmel nicht durchfeuchten. Kunststoffteile gegebenenfalls mit Kunststoffreiniger behandeln.

Scheiben reinigen: Schnee und Eis von Scheiben und Spiegeln nur mit einem Kunststoffschaber entfernen. Um Kratzer durch Schmutz zu vermeiden, sollte der Schaber nicht nach vorn und dann zurückbewegt, sondern nur geschoben werden. Fensterscheiben innen und außen mit sauberem, weichem Lappen abreiben. Bei starker Verschmutzung helfen Spiritus oder Salmiakgeist und lauwarmes Wasser oder auch ein spezieller Scheibenreiniger. Beim Reinigen der Windschutzscheibe Scheibenwischerarme nach vorn klappen. Bei der Reinigung der Windschutzscheibe auch die Wischerblätter säubern.

Achtung: Bei Verwendung silikonhaltiger Mittel dürfen die zur Reinigung der Lackierung verwendeten Waschbürsten, Schwämme, Lederlappen und Tücher nicht für die Scheiben verwendet werden. Beim Einsprühen der Lackierung mit silikonhaltigen Pflegemitteln sollten die Scheiben mit Pappe oder anderem Material abgedeckt werden.

Gummidichtungen pflegen: Gummidichtungen durch Einpudern der Dicht- und Gleitflächen mit Talkum oder Besprühen mit Silikonspray geschmeidig halten. So werden auch quietschende oder knarrende Geräusche beim Schließen der Türen vermieden. Auch das Einreiben der betreffenden Flächen mit Schmierseife beseitigt die Geräusche.

Reifen reinigen: Reifen nicht mit einem Dampfstrahlgerät reinigen. Wird die Düse des Dampfstrahlers zu nahe an den Reifen gehalten, wird dessen Gummischicht innerhalb weniger Sekunden irreparabel zerstört, selbst bei Verwendung von kaltem Wasser. Ein auf diese Weise gereinigter Reifen sollte sicherheitshalber ersetzt werden.

Leichtmetall-Scheibenräder mit Felgenreiniger und Bürste reinigen, jedoch keine aggressiven, säurehaltigen, stark alkalischen und rauen Reinigungsmittel oder Dampfstrahler über +60° C verwenden.

Sicherheitsgurte nur mit milder Seifenlauge im eingebauten Zustand säubern, nicht chemisch reinigen, da dadurch das Gewebe zerstört werden kann. Automatikgurte nur in trockenem Zustand aufrollen.

Unterbodenschutz/ Hohlraumkonservierung

Die Unterbodenverkleidung ist aus Kunststoff und schützt den hinteren Bereich des Fahrzeugunterbodens. Die besonders stark gefährdeten Bereiche in den Radläufen sind zusätzlich mit Kunststoffschalen gegen Steinschlag geschützt. Vor der kalten Jahreszeit und nach einer Unterbodenwäsche sollte der Unterbodenschutz kontrolliert und gegebenenfalls ausgebessert werden.

Im Schleuderbereich des Unterbaues können sich Staub, Lehm und Sand ablagern. Den angesammelten Schmutz entfernen, zumal er während der Winterzeit auch noch mit Streusalz angereichert sein kann.

Polsterbezüge pflegen/reinigen

Textilbezüge: Polsterbezüge mit Staubsauger und Bürste reinigen. Flecken mit Flüssigseife, 25-prozentiger Ammoniaklösung oder Branntweinessig entfernen.

Fett- und Ölflecke mit Reinigungsbenzin oder Fleckenwasser behandeln. Das Reinigungsmittel darf aber nicht unmittelbar auf den Stoff gegossen werden, da sich sonst unweigerlich Ränder bilden. Fleck durch kreisförmiges Reiben von außen nach innen bearbeiten. Andere Verschmutzungen lassen sich meistens mit lauwarmem Seifenwasser entfernen.

Lederbezüge: Bei starker Sonneneinstrahlung und längerer Standzeit Sitze abdecken, damit sie nicht ausbleichen.

Trikot- oder Wolllappen mit Wasser leicht anfeuchten und Lederflächen säubern, ohne das Leder oder die Nahtstellen zu durchfeuchten. Anschließend das getrocknete Leder mit einem sauberen und weichen Tuch nachreiben.

Stärker verschmutzte Lederflächen mit einem milden Feinwaschmittel ohne Aufheller (2 Esslöffel auf 1 Liter Wasser) oder Flüssigseife reinigen. Fett- und Ölflecke ohne zu reiben vorsichtig mit Reinigungsbenzin abtupfen.

Lackierte Lederpolster sollten nach dem Reinigen mit einem handelsüblichen Pflegemittel für Lederflächen behandelt werden. Das Mittel vor Gebrauch gut schütteln und mit einem weichen Lappen dünn auftragen. Nach dem Eintrocknen mit einem sauberen und weichen Tuch nachreiben. Diese Behandlung empfiehlt sich bei normaler Beanspruchung alle 6 Monate.

Steinschlagschäden ausbessern

Ausbeul- und Lackierarbeiten an der Autokarosserie setzen Erfahrung über den Werkstoff und dessen Bearbeitung voraus. Derartige Fertigkeiten werden in der Regel erst durch eine langjährige Praxis erreicht. Aus diesem Grund wird hier nur das Ausbessern von kleineren Lackschäden erläutert.

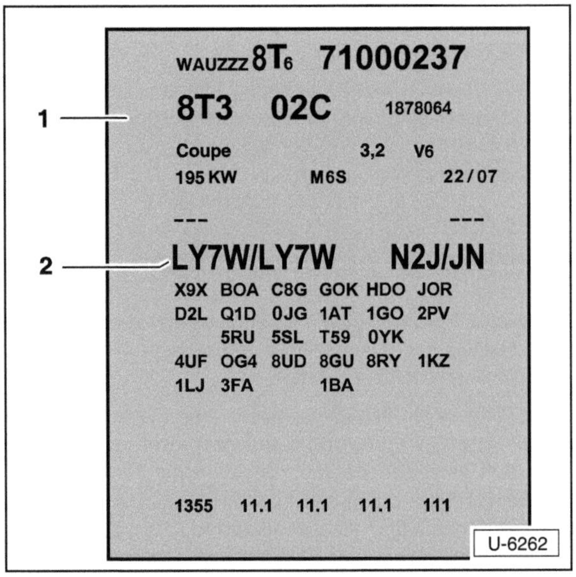

Zum Nachlackieren wird unbedingt dieselbe Lackfarbe benötigt, denn selbst kleinste Farbunterschiede fallen nach Abschluss der Arbeiten sofort ins Auge. Der jeweilige Fahrzeug-Farbton wird vom Hersteller durch die Lacknummer gekennzeichnet. Die Lacknummer –2– steht auf dem Fahrzeugdatenträger –1–. Der Fahrzeugdatenträger ist sowohl in der Reserveradmulde links oder im Serviceheft eingeklebt.

Treten dennoch Differenzen zwischen dem Originallack und dem Reparaturlack auf, dann liegt das daran, dass sich Fahrzeug-Lackierungen durch Alterung, ultraviolette Sonnenbestrahlung, extreme Temperaturdifferenzen, Witterungsbedingungen und chemische Einflüsse wie beispielsweise Industrieabgase mit der Zeit verändern. Außerdem können Oberflächenschäden, Farbveränderungen und Ausbleichen des Lackes eintreten, wenn Reinigung und Lackpflege mit ungeeigneten Mitteln durchgeführt wurden.

Die Metallic-Lackierung besteht aus 2 Schichten, dem Metallic-Grundlack und der farblosen Decklackierung. Beim Lackieren wird der Klarlack über den feuchten Grundlack gespritzt. Die Gefahr von Farbdifferenzen bei der nachträglichen Metallic-Lackierung ist besonders groß, da hier schon die unterschiedliche Viskosität des Reparaturlackes gegenüber dem Originallack zu Farbverschiebungen führt.

Es lohnt sich, auch kleinste Lackschäden regelmäßig zu beseitigen, da auf diese Weise Rostschäden und größere Reparaturen vermieden werden.

Für kleine Kratzer und Steinschläge, die lediglich den Decklack abgesplittert haben, also nicht bis aufs blanke Blech vorgedrungen sind, genügt im allgemeinen der Lackstift oder Tupflack. Dabei handelt es sich um eine kleine Lackdose, in deren Deckel ein Pinsel integriert ist. Der Lackstift wird im Auto-Zubehörhandel angeboten.

- Tiefere Steinschlagschäden, die schon kleine Rostnarben gebildet haben, mit einem »Rostradierer« beziehungsweise einem Messer oder einem kleinen Schraubendreher auskratzen, bis das blanke Blech erscheint. Wichtig ist, dass keine auch noch so kleine Roststelle mehr sichtbar ist. Bei »Rostradierern« handelt es sich um kleine Kunststoffhülsen, die zum Auskratzen des Rostes kurze Drahtborsten besitzen.
- Die blanken Stellen müssen einwandfrei trocken und fettfrei sein. Dazu Reparaturstelle sowie den umgebenden Lack mit Silikonentferner reinigen.
- Auf die blanke Metallfläche mit einem dünnen Pinsel etwas Lackgrundierung (»Primer«) auftragen. Da das Grundiermittel meist in Sprühdosen erhältlich ist, etwas Grundiermittel in den Deckel der Dose sprühen.
- Nachdem die Grundierung trocken ist, Stelle mit Tupflack ausbessern. Bei den Tupflackdosen ist ein Pinsel bereits im Deckel integriert. Falls nur eine Spraydose mit der entsprechenden Farbe zur Verfügung steht, etwas Farbe in den Deckel der Dose sprühen und Lack mit einem dünnen Wasserfarbenpinsel auftragen. Dabei in einem Arbeitsgang immer nur eine dünne Lackschicht anbringen, damit der Lack nicht herunterlaufen kann. Anschließend Farbe gut trocknen lassen. Vorgang so oft wiederholen, bis der Krater ausgefüllt ist und die ausgebesserte Stelle gegenüber der umgebenden Lackfläche keine Vertiefung mehr bildet.

Werkzeugausrüstung

Langfristig zahlt es sich immer aus, wenn man qualitativ hochwertiges Werkzeug kauft. Neben einer Grundausstattung mit Maul- und Ringschlüsseln in den gängigen Größen und verschiedenen Torxschraubendrehern sowie einem Satz Steckschlüssel empfiehlt sich auch der Kauf eines Drehmomentschlüssels. Darüber hinaus ist bei manchen Arbeitsgängen der Einsatz von Spezialwerkzeug zwingend erforderlich.

Gutes und stabiles Werkzeug wird von der Firma HAZET (42804 Remscheid, Postfach 100461) angeboten. In den Tabellen sind die Werkzeuge mit der HAZET-Bestellnummer aufgeführt. Vertrieben wird das Werkzeug über den Fachhandel.

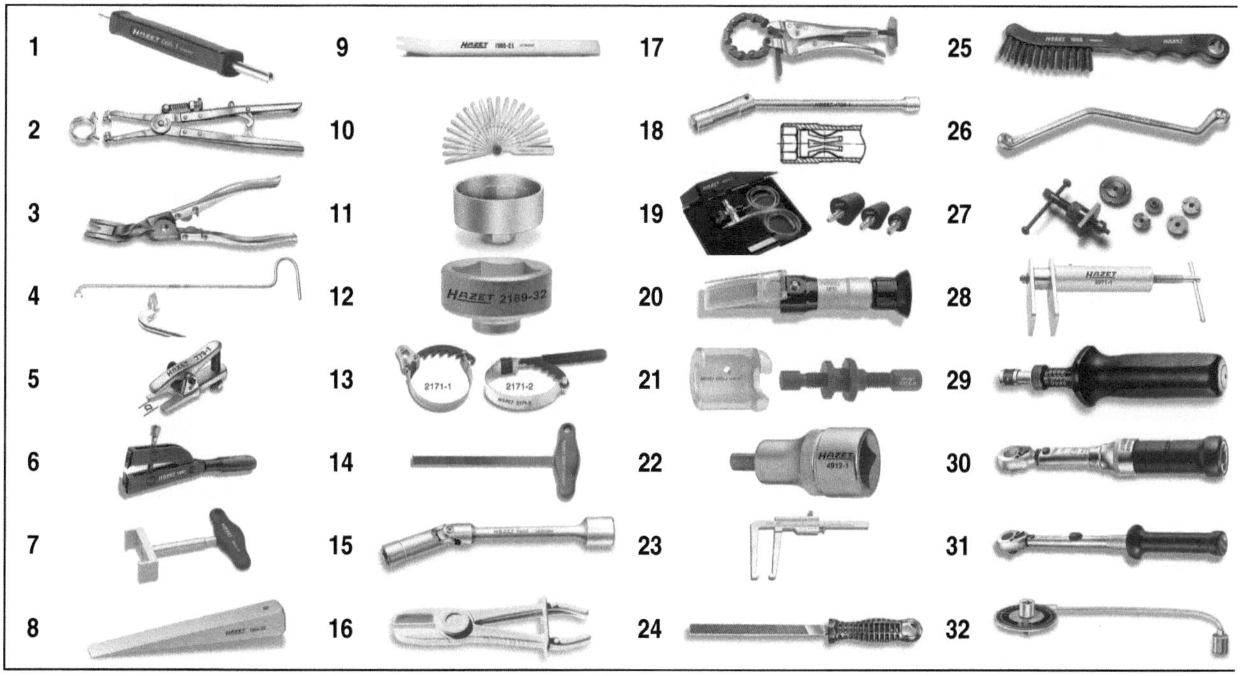

Abb.	Werkzeug	Hazet-Nr.
1	Ventildreher für Reifenventile	666-1
2	Schlauchklemmenzange	798-10
3	Türverkleidungs-Lösezange	799-4
4	Lösewerkzeug für Heckverkleidung	799-7
5	Kugelgelenk-Abzieher	1790-7
6	Spannzange für Edelstahlklammern der Gelenkwellenmanschetten	1847
7	Zündkerzenstecker-Abzieher	1849-10
8	Montagekeil	1965-20
9	Montagekeil	1965-21
10	Fühlerblattlehre 0,05 - 1,0 mm	2147
11	Ölfilterschlüssel für Ölfilterpatrone	2169
12	Schlüssel für Ölfilterdeckel (2,0-l-TDI: SW-32; 3,2-l: SW-36)	2169-32/ 2169-36
13	Ölfilterschlüssel für Ölfilterpatrone	2171-1
14	Abziehhaken	2520-1
15	Gelenkschlüssel für Glühkerzen	2530
16	Abklemmzangen-Satz	4590/3
17	Ketten-Abgasrohrschneider	4682
18	Zündkerzenschlüssel	4766-1

Abb.	Werkzeug	Hazet-Nr.
19	Vakuum-Befüllgerät für Kühlsystem	4801-1
20	Messgerät für Säuredichte und Frostschutzanteil	4810 C
21	Abziehkopf mit Spindel für Scheibenwischerarme vorn	4855-3/-8
22	Spreizer für Ausbau der Stoßdämpfergabel	4912-1
23	Bremsscheiben-Messschieber	4956-1
24	Bremssattelfeile	4968-1
25	Bremssatteldrahtbürste	4968-3
26	Brems-Entlüftungsschlüssel (Satz)	4968/5
27	Bremskolbendrehwerkzeug für hintere Scheibenbremsen	4970/6
28	Kolbenrücksetzvorrichtung für vordere Scheibenbremse	4971-1
29	Drehmomentschlüssel 1 – 6 Nm	6003 CT
30	Drehmomentschlüssel 4 – 40 Nm	6109-2 CT
31	Drehmomentschlüssel 40 – 200 Nm	6122–1CT
32	Winkelscheibe für drehwinkelgesteuerten Schraubenanzug	6690

Motorstarthilfe

Sicherheitshinweise
Werden die vorgeschriebenen Anschlusshinweise nicht genau eingehalten, besteht die Gefahr der Verätzung durch austretende Batteriesäure. Außerdem können Verletzungen oder Schäden durch eine Batterieexplosion entstehen oder Defekte an der Fahrzeugelektrik auftreten.

- Batterieflüssigkeit von Augen, Haut, Gewebe und lackierten Flächen fern halten. Die Flüssigkeit ist ätzend. Säurespritzer sofort mit klarem Wasser gründlich abspülen. Gegebenenfalls einen Arzt aufsuchen.
- Keine Funken oder offenen Flammen in Batterienähe, da aus der Batterie brennbare Gase austreten können.
- Augenschutz tragen.
- Darauf achten, dass die Starthilfekabel nicht durch drehende Teile wie zum Beispiel den Kühlerventilator beschädigt werden.

- Die Starthilfekabel sollten einen Leitungsquerschnitt von 25 mm^2 aufweisen und mit isolierten Kabelzangen ausgestattet sein. In der Regel ist der Leitungsquerschnitt auf der Packung der Starthilfekabel angegeben.
- Bei beiden Batterien muss die Spannung 12 Volt betragen. Die Kapazität der stromgebenden Batterie darf nicht wesentlich unter der Kapazität der entladenen Batterie liegen.
- Eine entladene Batterie kann bereits bei –10° C gefrieren. Vor Anschluss der Starthilfekabel muss eine gefrorene Batterie unbedingt aufgetaut werden.
- Die entladene Batterie muss ordnungsgemäß am Bordnetz angeklemmt sein.
- Wenn möglich, Säurestand der entladenen Batterie prüfen, gegebenenfalls destilliertes Wasser auffüllen und Batterie verschließen.
- Fahrzeuge so weit auseinander stellen, dass kein metallischer Kontakt besteht. Andernfalls könnte bereits beim Verbinden der Pluspole ein Strom fließen.
- Bei beiden Fahrzeugen die Feststellbremse anziehen. Schaltgetriebe in Leerlaufstellung, automatisches Getriebe in Parkstellung »P« schalten.
- Alle Stromverbraucher ausschalten.

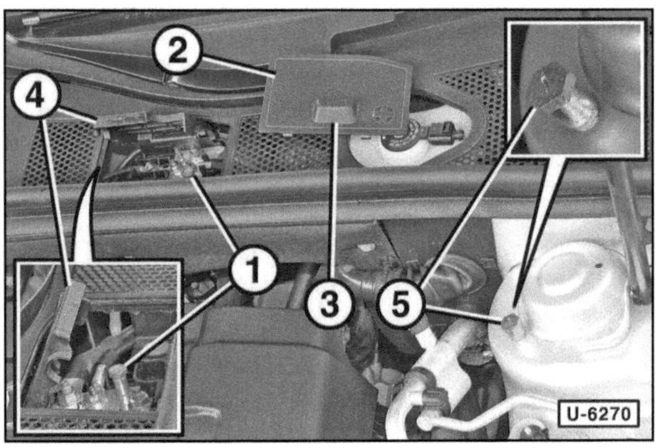

- Starthilfekabel in folgender Reihenfolge anschließen:
  1. Rotes Kabel an den Plusabgriff (+) –1– im Motorraum des Spenderfahrzeuges anklemmen. Vorher Abdeckung –2– im Wasserkasten am Griff –3– nach oben ziehen, aushängen und seitlich ablegen. Abdeckung –4– über dem Plusabgriff hochklappen, dazu Rastnase nach vorn drücken. **Hinweis:** Falls eines der Fahrzeuge kein AUDI A4 mit Plusabgriff ist, rotes Kabel in Punkt »1.« und »2.« jeweils an den Pluspol (+) der Batterie anklemmen.
  2. Das andere Ende des roten Kabels an den Plusabgriff –1– des zu startenden Fahrzeuges anklemmen.
  3. Schwarzes Kabel an den Massepunkt (–) –5– am linken Federbeindom des AUDI A4 anklemmen. Falls das stromgebende Fahrzeug kein AUDI A4 ist, Kabel an den Minuspol (–) der Batterie anklemmen.
  4. Das andere Ende des schwarzen Kabels an den Massepunkt –5– des Empfängerfahrzeuges anschließen. Falls das Empfängerfahrzeug kein AUDI A4 ist, Kabel an eine gute Massestelle anschließen. **Achtung: Nicht an den Minuspol (–) der leeren Batterie anschließen.** Am besten eignet sich ein mit dem Motorblock verschraubtes Metallteil. Unter ungünstigen Umständen könnte beim Anschließen des Kabels an den Minuspol der leeren Batterie, durch Funkenbildung und Knallgasentwicklung, die Batterie explodieren.

Achtung: Die Klemmen der Starthilfekabel dürfen bei angeschlossenen Kabeln nicht in Kontakt miteinander kommen, beziehungsweise die Plusklemmen dürfen keine Massestellen (Karosserie oder Rahmen) berühren – Kurzschlussgefahr!

- Grundsätzlich Motor des Spenderfahrzeuges ca. 1 Minute vor dem Startvorgang und während des Startvorganges mit Leerlaufdrehzahl drehen lassen. Dadurch wird eine Beschädigung des Generators durch Spannungsspitzen beim Startvorgang vermieden.
- Motor des Empfängerfahrzeuges (leere Batterie) starten und laufen lassen. Beim Starten Anlasser nicht länger als 10 Sekunden ununterbrochen betätigen, da sich durch die hohe Stromaufnahme Polzangen und Kabel erwärmen. Deshalb zwischendurch eine »Abkühlpause« von mindestens ½ Minute einlegen.
- Bei Startschwierigkeiten nicht unnötig lange den Anlasser betätigen. Während des Anlassens wird permanent Kraftstoff eingespritzt. Fehlerursache ermitteln und beseitigen.
- Nach erfolgreichem Start beide Fahrzeuge mit der »Strombrücke« noch 3 Minuten laufen lassen.
- Um Spannungsspitzen beim Trennen abzubauen, im Fahrzeug mit der leeren Batterie Heizgebläse und Heckscheibenheizung einschalten. Nicht das Fahrlicht einschalten. Glühlampen brennen bei Überspannung durch.
- **Nach der Starthilfe** Kabel in **umgekehrter** Reihenfolge abklemmen: Zuerst schwarzes Kabel am Empfängerfahrzeug, dann am stromgebenden Fahrzeug abklemmen. Rotes Kabel zuerst am stromgebenden und dann am Empfängerfahrzeug abklemmen.

Fahrzeug aufbocken

Bei Arbeiten unter dem Fahrzeug muss dieses, falls es nicht auf einer Hebebühne steht, mit stabilen Unterstellböcken gesichert sein.

Sicherheitshinweis
Wenn unter dem Fahrzeug gearbeitet werden soll, muss es mit geeigneten Unterstellböcken sicher abgestützt werden. Abstützen nur mit dem Wagenheber ist unzureichend. **Lebensgefahr!**

- Das Fahrzeug nur in unbeladenem Zustand auf ebener, fester Fläche aufbocken.
- Fahrzeug mit Unterstellböcken so abstützen, dass jeweils ein Bein seitlich nach außen zeigt.

Anheb- und Aufbockpunkte für Bordwagenheber

Die Aufnahmepunkte für Wagenheber oder Hebebühne sind am Unterholm des Fahrzeuges durch Einprägungen –Pfeile– gekennzeichnet.

- Wagenheber am Unterholm so ansetzen, dass der Steg von der Klaue –A– des Wagenhebers umfasst wird. Die bewegliche Grundplatte –B– muss ganz auf dem Boden aufliegen. **Hinweis:** Nur Fahrzeuge mit Reserverad sind auch mit einem Bordwagenheber ausgestattet. Die Art des Bordwagenhebers kann von der Abbildung abweichen.
- Wagenheber hochkurbeln, bis das Rad vom Boden abgehoben hat. Fahrzeug mit Unterstellböcken abstützen.
- Die Räder, die beim Anheben auf dem Boden stehen bleiben, mit Keilen gegen Vor- oder Zurückrollen sichern. Nicht nur auf die Feststellbremse verlassen, diese muss bei einigen Reparaturen gelöst werden.

Aufnahmepunkte für Hebebühne und Werkstattwagenheber

Achtung: Um Beschädigungen am Unterbau zu vermeiden, geeignete Gummi- oder Holzzwischenlage verwenden. Der Wagen darf keinesfalls am Antriebsaggregat, der Motorölwanne, an Vorder- oder Hinterachse angehoben werden, da dadurch große Schäden entstehen können.

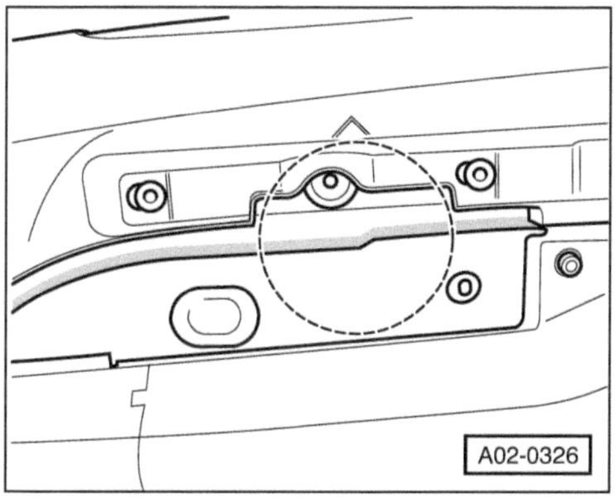

- **Vorn** an der senkrechten Versteifung des Unterholms in Höhe der eingeprägten Markierung –Pfeil– in Abbildung U-6263. Die Versteifung des Unterholms muss mittig auf dem Aufnahmeteller der Hebebühne aufliegen.

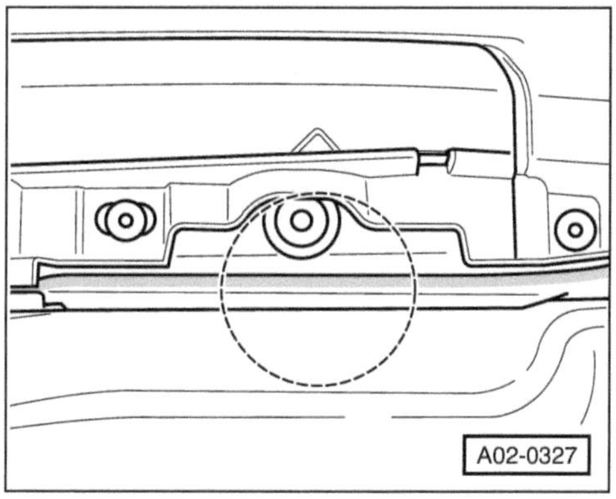

- **Hinten** an der senkrechten Versteifung des Unterholms im Bereich der eingeprägten Markierung –Pfeil– in Abbildung U-6263. Die Versteifung des Unterholms muss mittig auf dem Aufnahmeteller der Hebebühne aufliegen.

Elektrische Anlage

Aus dem Inhalt:

- Hupe ausbauen
- Sicherungen auswechseln
- Batterie ausbauen
- Generator prüfen
- Anlasser prüfen
- Scheibenwischer
- Beleuchtungsanlage
- Armaturen/Schalter

Steckverbinder trennen

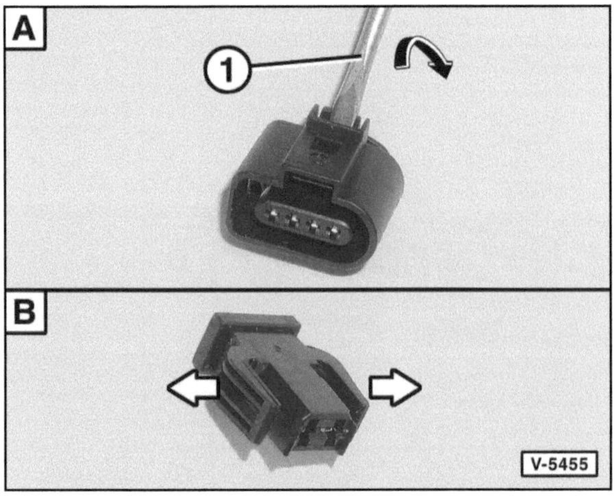

- –A–: Lasche mit einem Schraubendreher –1– herunterdrücken –Pfeil–, Stecker dabei ziehen und Verbindung trennen. Stecker beim Aufschieben hörbar einrasten lassen. **Hinweis:** An schwer zugänglichen Stellen kann es hilfreich sein, zum Entriegeln der Lasche einen abgewinkelten Schraubendreher, zum Beispiel HAZET 818-1, oder ein ähnliches selbst angefertigtes Werkzeug zu verwenden.
- –B–: 2 Laschen nach außen spreizen –Pfeile– und Steckverbindung trennen.

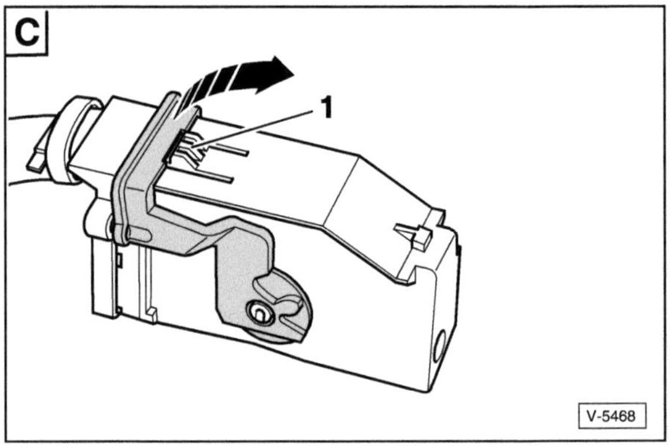

- –C–: Sicherungsraste –1– drücken, Haltebügel in Pfeilrichtung drehen und Stecker abziehen.

Lichtwellenleiter

Es kommen vermehrt Lichtwellenleiter als Steuerleitungen zum Einsatz, die sich durch verlustarme Datenübertragung sowie eine hohe Bandbreite auszeichnen.

Sicherheitshinweise im Umgang mit Lichtwellenleitern beachten:

- Steckverbindungen für Lichtwellenleiter vorsichtig trennen.
- Die Übergangsstellen des Lichtwellenleiters dürfen nicht verschmutzt oder verkratzt werden.
- Lichtwellenleiter nicht knicken, strecken oder quetschen.
- **Kontaktstellen mit Abdeckkappen und Stopfen schützen.**

Einbauorte von Relais- und Sicherungsträgern

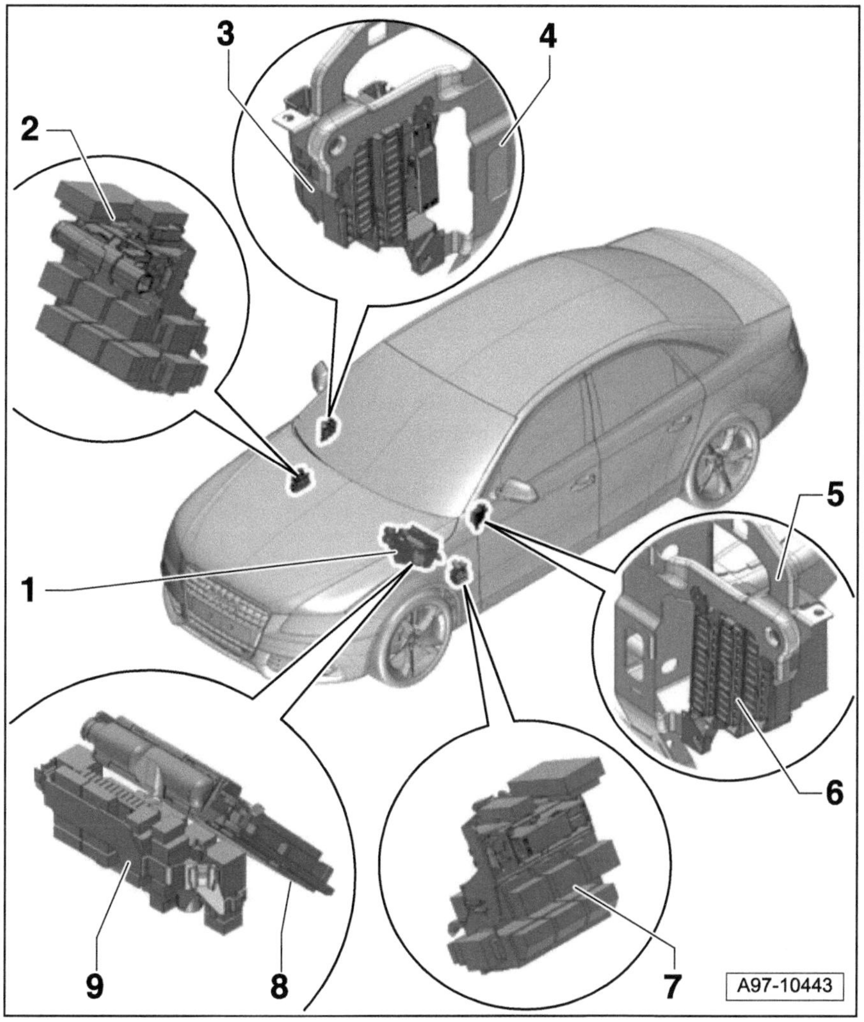

1 – E-Box
Motorraum.

2 – 6-fach Kupplungsstation
A-Säule Beifahrerseite.

3 – Sicherungshalter D –SD–
Armaturentafel rechts.

4 – Zentralrohr rechts

5 – Zentralrohr links

6 – Sicherungshalter C –SC–
Armaturentafel links.

7 – 6-fach Kupplungsstation
A-Säule Fahrerseite.

8 – Motorsteuergeräät

9 – Sicherungshalter B –SB–
Relais-/Sicherungsträger in der E-Box Motorraum.
Mit Entstörkondensator.

Deckel für E-Box abnehmen

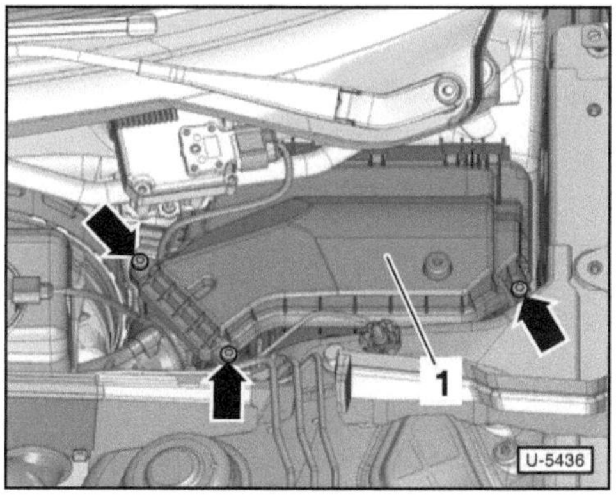

- Einfüllstutzen für Waschwasserbehälter ausbauen, siehe Seite 99.
- Schrauben –Pfeile– herausdrehen und Deckel –1– abnehmen.
- Der Einbau erfolgt in umgekehrter Ausbaureihenfolge.

Sicherungen auswechseln

Um Kurzschluss- und Überlastungsschäden an den Leitungen und Verbrauchern der elektrischen Anlage zu verhindern, sind die einzelnen Stromkreise durch Schmelzsicherungen geschützt.

- Vor dem Auswechseln einer Sicherung immer alle Stromverbraucher und die Zündung ausschalten.

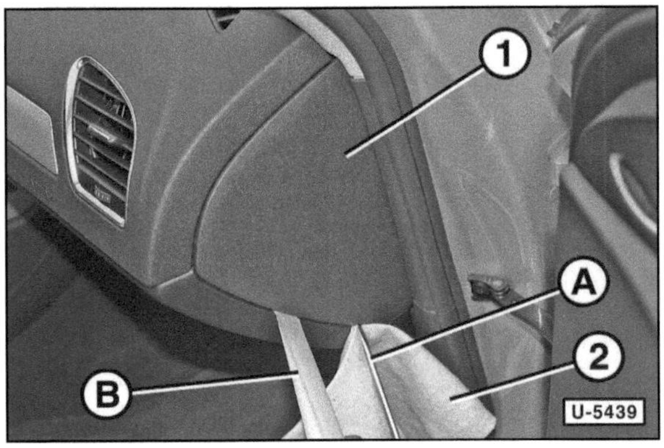

- Die Sicherungen befinden sich in 2 Sicherungskästen links und rechts an der jeweiligen Stirnseite der Armaturentafel hinter einer Abdeckung. **Hinweis:** Die Abbildung zeigt die Abdeckung –1– des rechten Sicherungskastens.
- Abdeckung –1– abnehmen, dazu einen Schraubendreher –A– in die Aussparung der Abdeckung einsetzen und Abdeckung etwas anheben. Damit das Armaturenbrett nicht verkratzt wird, Lappen –2– unterlegen. Mit einem Montagekeil –B–, zum Beispiel HAZET 1965-20, die Abdeckung ringsum abdrücken.
- Eine Übersicht der aktuellen Sicherungsbelegung befindet sich auf der Rückseite der Sicherungskasten-Abdeckung. **Hinweis:** Die Sicherungsbelegung ist abhängig von der Ausstattung und vom Baujahr des Fahrzeugs.

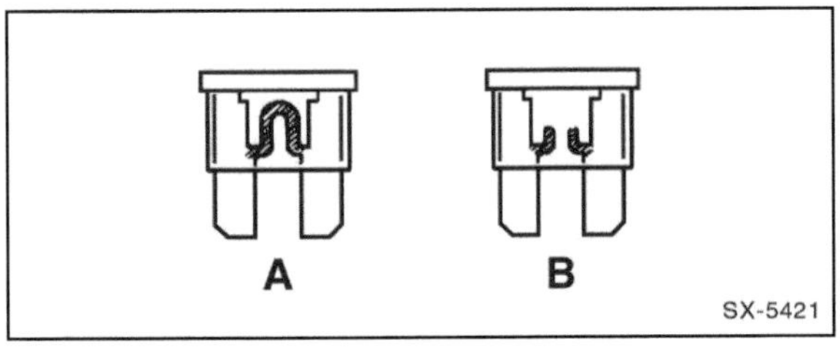

- Eine durchgebrannte Sicherung erkennt man am durchgeschmolzenen Metallstreifen. A – Sicherung in Ordnung, B – Sicherung durchgebrannt.

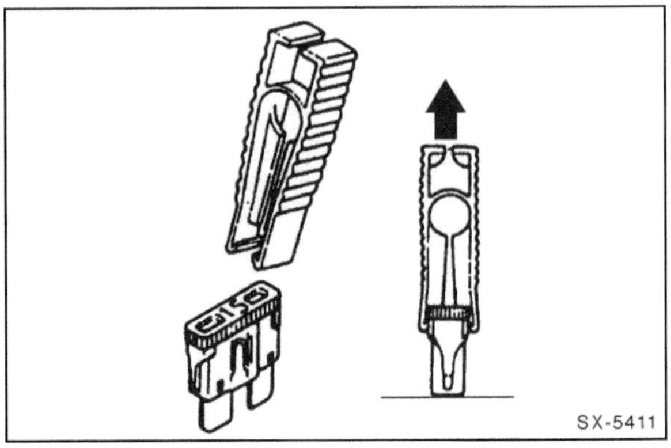

- Defekte Sicherung herausziehen. Eine Kunststoffklammer befindet sich an der Rückseite der Abdeckung seitlich am Armaturenbrett.

Nennstromstärke in Ampere	Kennfarbe
5	beige
7,5	braun
10	rot
15	blau
20	gelb
25	weiß
30	grün
35	grün-blau

- Neue Sicherung **gleicher Sicherungsstärke** einsetzen. Die Nennstromstärke der Sicherung ist auf der Rückseite des Sicherungsgriffes aufgedruckt. Außerdem hat der Griff der Sicherungen eine Kennfarbe, an der ebenfalls die Nennstromstärke zu erkennen ist.
- Es empfiehlt sich, stets einige Ersatzsicherungen im Wagen mitzuführen.
- Brennt eine neu eingesetzte Sicherung nach kurzer Zeit wieder durch, muss der entsprechende Stromkreis überprüft werden.
- Auf keinen Fall Sicherung durch Draht oder ähnliche Hilfsmittel ersetzen, weil dadurch ernste Schäden an der elektrischen Anlage auftreten können.

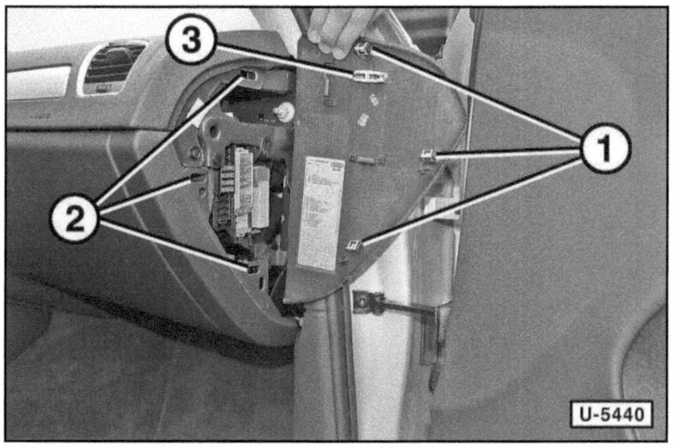

- Abdeckung mit den Clips –1– über den Aussparungen –2– im Armaturenbrett ansetzen, andrücken und einrasten. 3 – Kunststoffklammer zum Herausziehen der Sicherungen.

Funkschlüsselbatterie aus- und einbauen

Ausbau

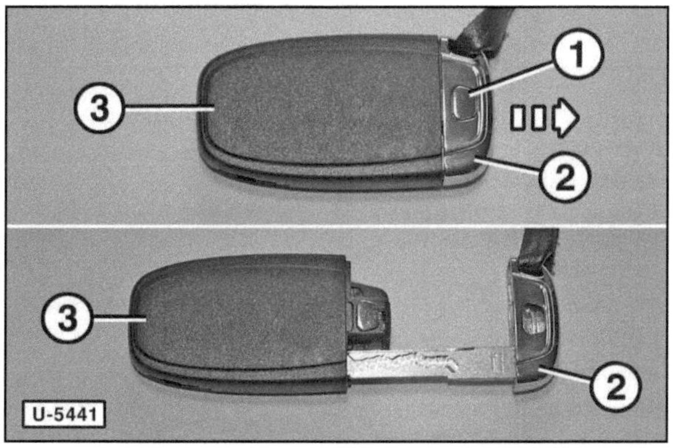

- Taste –1– drücken und Notschlüssel –2– aus dem Funkschlüssel –3– herausziehen –Pfeil–.

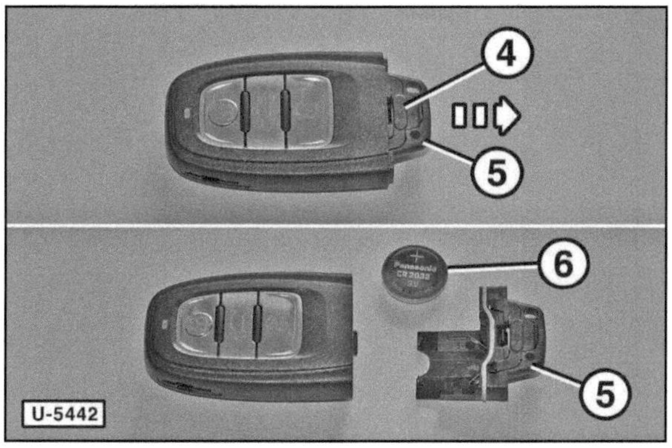

- Funkschlüssel umdrehen. Taste –4– drücken und Batterieträger –5– vorsichtig aus dem Funkschlüssel herausziehen –Pfeil–. Darauf achten, dass dabei die Batterie –6– nicht aus der Führung herausspringt.
- Batterie abnehmen.

Einbau

- Neue Batterie mit dem »+«-Zeichen nach unten in den Batterieträger einsetzen. Dabei Kontaktflächen der Batterie möglichst nicht mit den bloßen Fingern anfassen. In eingebautem Zustand ist das »+«-Zeichen der Batterie nicht sichtbar.
- Batterieträger mit Batterie vorsichtig in den Funkschlüssel hineinschieben und einrasten.
- Notschlüssel in den Funkschlüssel hineinschieben und einrasten.

Hupe aus- und einbauen

Ausbau

Hinweis: Jeweils ein Signalhorn der Hupe befindet sich links und rechts am Aufprallträger. Beide Signalhörner werden auf die gleiche Weise ausgebaut. Beschrieben wird der Ausbau des Hochtonhorns auf der linken Seite.

Ausbau

- Zündung ausschalten und Zündschlüssel abziehen.
- Linken Innenkotflügel ausbauen, siehe Seite 291.

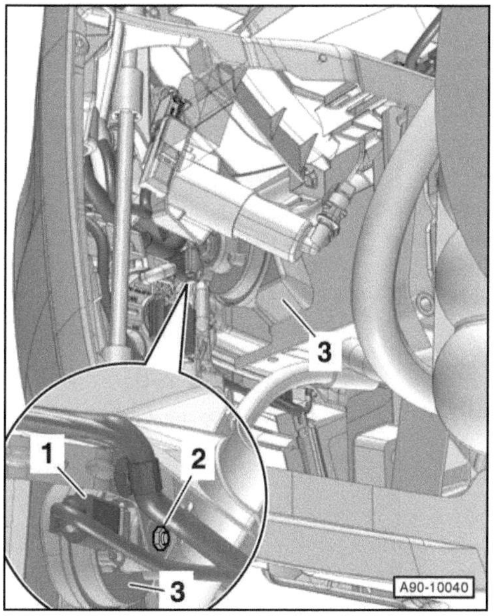

- Mutter –2– herausdrehen.
- Signalhorn –3– vom Halter abnehmen.
- Stecker –1– abziehen und Signalhorn herausnehmen.

Einbau

- Stecker am Signalhorn aufstecken und einrasten.
- Signalhorn am Halter ansetzen und mit **9 Nm** anschrauben.
- Linken Innenkotflügel einbauen, siehe Seite 291.

Montageübersicht der Fahrzeugbatterie

Limousine

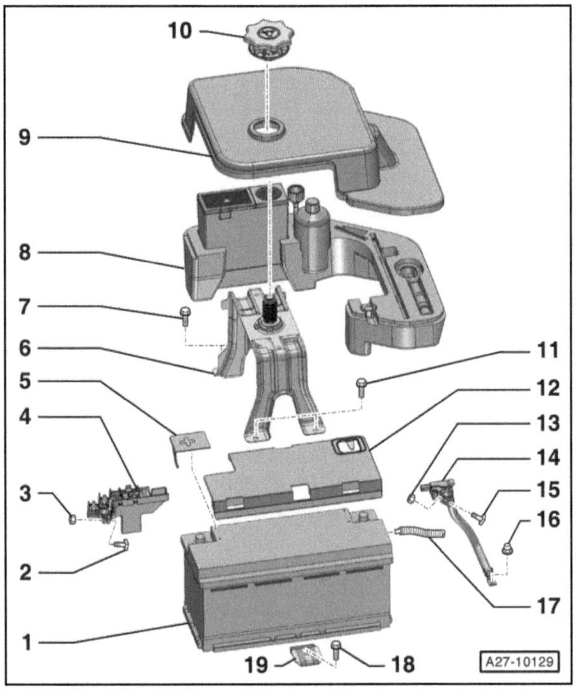

AVANT

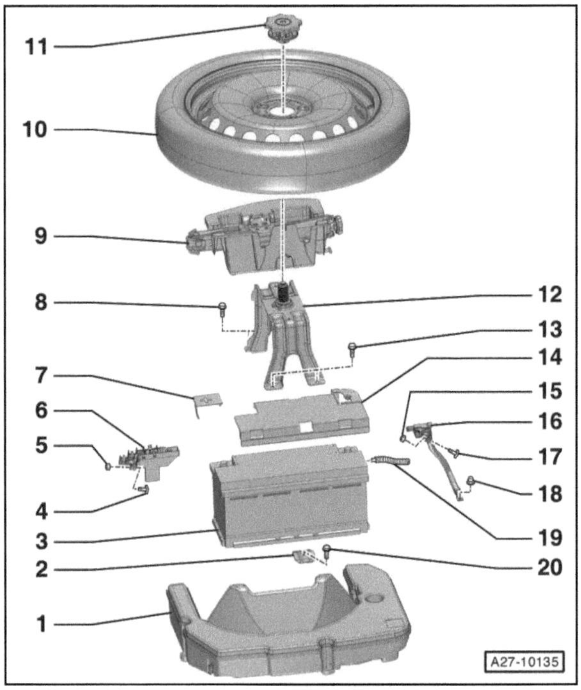

1 – **Batterie**
Im Kofferraum, in der Reserveradmulde

2 – **Schraube**

3 – **Mutter, 6 Nm**

4 – **Sicherungshalter A (SA)**

5 – **Abdeckung für Pluspol**

6 – **Haltebügel**
Für Abdeckung des Bordwerkzeuges.

7 – **Schraube, 18 Nm**

8 – **Aufnahme**
Für Bordwerkzeug.

9 – **Abdeckung**
Für Bordwerkzeug.

10 – **Mutter, 4 Nm**

11 – **Schraube, 18 Nm**

12 – **Abdeckung für Minuspol**

13 – **Mutter, 6 Nm**

14 – **Masseleitung**
Mit Steuergerät für Batterieüberwachung.

15 – **Schraube**

16 – **Mutter, 20 Nm**

17 – **Schlauch für Zentralentgasung**

18 – **Schraube, 18 Nm**

19 – **Befestigungsbügel**

1 – **Subwoofer**

2 – **Befestigungsbügel**

3 – **Batterie**
Im Kofferraum in der Reserveradmulde.

4 – **Schraube**

5 – **Mutter, 6 Nm**

6 – **Sicherungshalter A (SA)**

7 – **Abdeckung für Pluspol**

8 – **Schraube, 18 Nm**

9 – **Aufnahme**
Für Bordwagenheber.

10 – **Notrad**
Nicht bei allen Ausstattungsvarianten vorhanden.

11 – **Mutter, 4 Nm**
Für Notrad.

12 – **Haltebügel**
Für Notrad.

13 – **Schraube, 18 Nm**

14 – **Abdeckung für Minuspol**

15 – **Mutter, 6 Nm**

16 – **Masseleitung**
Mit Steuergerät für Batterieüberwachung.

17 – **Schraube**

18 – **Mutter, 20 Nm**

19 – **Schlauch für Zentralentgasung**

20 – **Schraube, 18 Nm**

Batterie aus- und einbauen

Achtung: Durch das Abklemmen der Batterie werden elektronische Speicher gelöscht. Falls ein Radio mit Anti-Diebstahl-Code eingebaut ist, das nicht von AUDI angeboten wird, dann wird dieser Code gelöscht. Das Radio kann anschließend nur in Betrieb genommen werden, wenn der richtige Anti-Diebstahl-Code eingegeben wird. Es empfiehlt sich daher, vor dem Abklemmen der Batterie den Code festzustellen und zu notieren. Andernfalls kann das Radio später nur durch den Hersteller wieder in Betrieb genommen werden.

Hinweis: Damit die gespeicherten Daten in den elektronischen Speichern nicht verloren gehen, kann ein so genanntes Ruhestrom-Erhaltungsgerät verwendet werden. Das Gerät wird vor Abklemmen der Batterie nach Herstelleranweisung angeschlossen.

Hinweis: Wird die Autobatterie ersetzt, unbedingt die Altbatterie zum Händler mitnehmen und zurückgeben. Sonst muss Pfand für die neue Batterie bezahlt werden.

Hinweis: Die Fahrzeug-Batterie befindet sich im Kofferraum unter einer Abdeckung, beim AVANT unter dem Notrad, falls vorhanden.

Achtung: Eine defekte Batterie grundsätzlich durch den gleichen Batterietyp ersetzen, siehe Seite 84.

Anschließend immer Ladespannung des Generators bei unterschiedlichen Drehzahlen prüfen. Ein defekter Spannungsregler kann die Ursache für einen Batterieausfall sein.

Ausbau

Hinweis: Zum Aus- und Einbau der Batterie siehe auch die Abbildungen der Montageübersicht auf Seite 76.

- Alle elektrischen Verbraucher ausschalten.

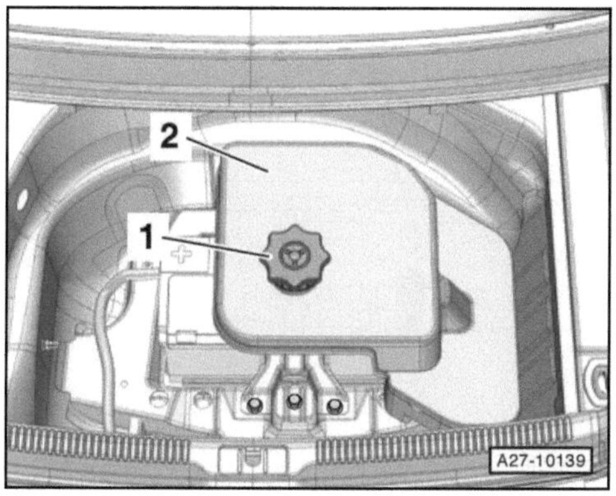

- **Limousine:** Bodenabdeckung im Kofferraum anheben und an der Karosserie einhängen. Mutter –1– herausdrehen und Abdeckung –2– für Bordwerkzeug abnehmen.

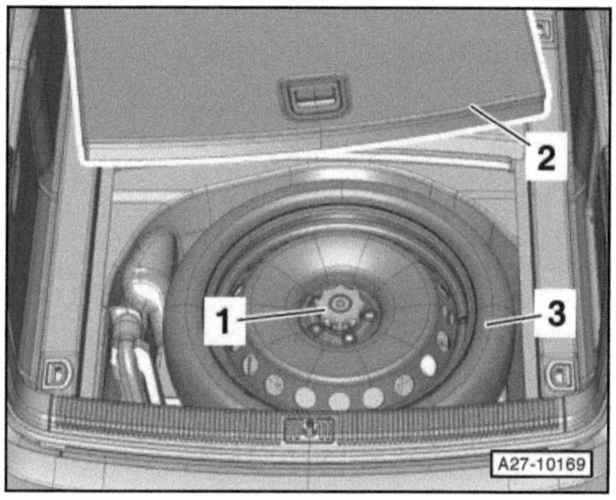

- **AVANT**: Kofferraum-Ladeboden –2– herausnehmen.
- Mutter –1– herausdrehen und wo vorhanden, das Notrad –3– herausnehmen.

Abdeckung für Minuspol abnehmen –Version 1–

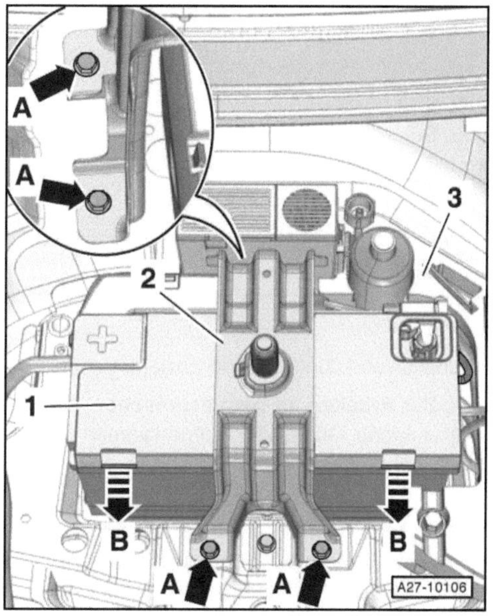

- Aufnahme –3– für Bordwerkzeug herausnehmen.
- Schrauben –Pfeile A– am Haltebügel herausdrehen und Haltebügel –2– herausnehmen.

Abdeckung für Minuspol abnehmen –Version 2–

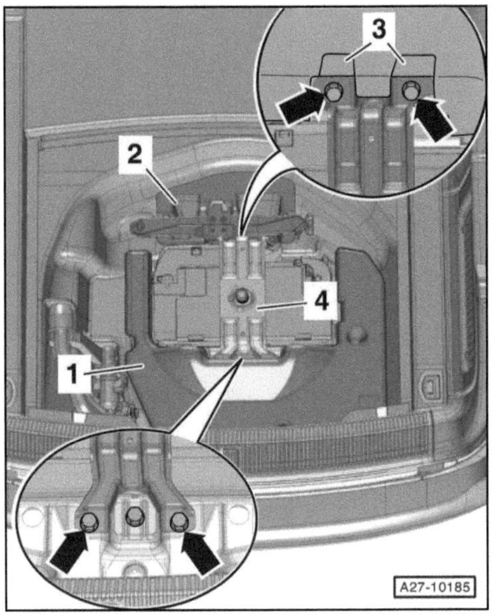

- Wo vorhanden, Subwoofer –1– ausbauen. Dazu Befestigungsmuttern mit Steckschlüssel abschrauben.
- Aufnahme –2– für Bordwerkzeug herausnehmen.
- Schrauben –Pfeile– am Haltebügel herausdrehen und Haltebügel –4– für Notrad herausnehmen.

Alle Fahrzeuge

- Zündung ausschalten und Zündschlüssel abziehen.

Achtung: Wenn später **Arbeiten an pyrotechnischen Bauteilen** (beispielsweise Airbag, Gurtstraffer) vorgenommen werden sollen, **Batterie bei eingeschalteter Zündung abklemmen.**

Achtung: Wenn bei Fahrzeugen mit **TDI-Motor und SCR-System (clean diesel)** später Arbeiten am SCR-System durchgeführt werden sollen, nach dem **Ausschalten der Zündung 10 Minuten warten** und danach die Batterie abklemmen. Grund: Nach dem Ausschalten der Zündung wird das Reduktionsmittel aus der Dosierleitung zum Einspritzventil wieder in den Tank für Reduktionsmittel zurückgesaugt. Vor Arbeiten in diesem Bereich muss das vollständige Rücksaugen abgewartet werden, was bis zu 10 Minuten nach Ausschalten der Zündung in Anspruch nehmen kann.

- Ruhestrom-Erhaltungsgerät nach Herstelleranweisung anschließen. **Bei Arbeiten am Airbag-System kein Ruhestrom-Erhaltungsgerät anschließen.**

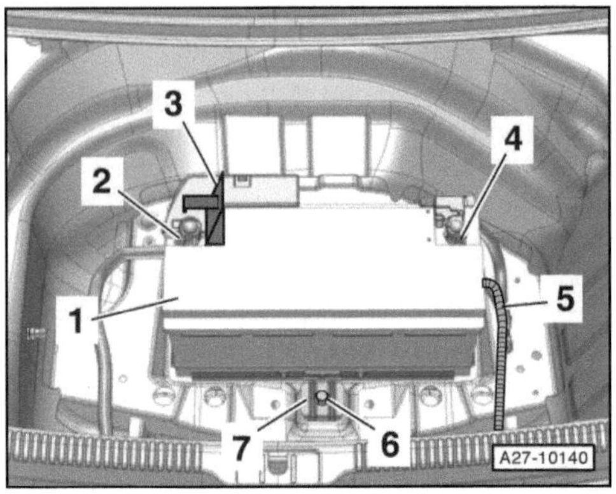

- Mutter –4– einige Umdrehungen lösen und Masseklemme vom Batterie-Minuspol abziehen. **Achtung:** Wird **nur das Massekabel abgeklemmt, Minuspol isolieren,** damit kein unerwünschter elektrischer Kontakt erfolgen kann.

Achtung: Niemals die Batterie-Plusklemme ab- oder anschrauben, wenn die Minusklemme angeschlossen ist. Kurzschlussgefahr.

- Abdeckung –3– über dem Batterie-Pluspol öffnen.
- Mutter –2– einige Umdrehungen lösen und Plusklemme mit Sicherungshalter vom Batterie-Pluspol abziehen.
- Schlauch –5– für Zentral-Entgasung abziehen.
- Schraube –6– am Haltebügel –7– herausdrehen.
- Batterie –1– aus der Batterieaufnahme herausziehen und aus dem Kofferraum herausheben.

Einbau

Achtung: Es dürfen nur wartungsfreie Batterien gemäß VW-TL82506 oder VW-75073 eingebaut werden.

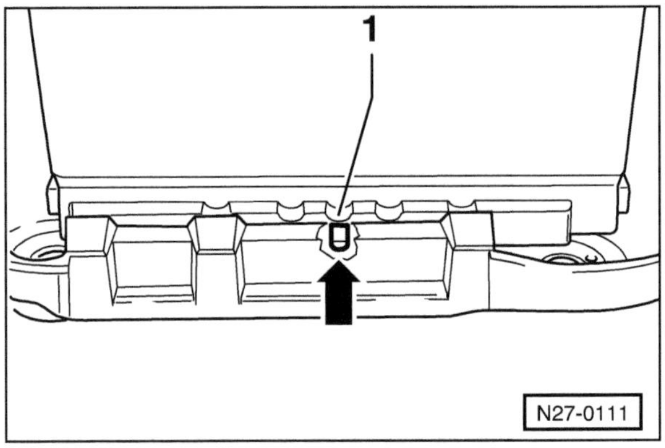

- Batterie so einsetzen, dass die Nase des Batterieträgers –Pfeil– in die Aussparung –1– in der Batteriefußleiste eingreift. Die Batterie darf sich nicht nach links oder rechts verschieben lassen.
- Die Batterie ist richtig eingesetzt, wenn die mittlere Aussparung der Batteriefußleiste mit dem Gewindeloch im Batterieträger fluchtet.

- Befestigungsbügel –7– am Batteriefuß so ansetzen, dass seine Nase in die Aussparung an der Batteriefußleiste eingreift. Schraube –6– mit **18 Nm** anziehen, siehe Abbildung A27-10140.
- Schlauch für Zentralentgasung an der Batterie aufstecken. Dabei darauf achten, dass der Schlauch nicht abgeknickt wird.
- Festen Sitz der Batterie durch Hin- und Herrütteln prüfen. Wenn die Batterie nicht fest sitzt, verkürzt sich ihre Lebensdauer. Außerdem verringert sich die Crash-Sicherheit.

Achtung: Durch eine falsch angeschlossene Batterie können erhebliche Schäden am Generator und an der elektrischen Anlage entstehen.

- Pluskabel am Pluspol (+) aufschieben, dabei ist Folgendes zu beachten:
  - ◆ Wenn die Batterie bei eingeschalteter Zündung abgeklemmt wurde, sicherstellen, dass die Zündung eingeschaltet ist.
  - ◆ Der Batteriepol darf **nicht** gefettet werden.
  - ◆ Polklemme ohne Gewalt aufdrücken, damit das Batteriegehäuse nicht beschädigt wird.
  - ◆ Die Polklemme muss oben mit dem Batteriepol bündig abschließen, allenfalls darf der Batteriepol etwas herausragen.
  - ◆ Klemmschraube mit **6 Nm** festziehen.
  - ◆ Nach dem Festziehen der Polklemme darf die Verschraubung **nicht** nochmals nachgezogen werden.
- Abdeckung über dem Pluspol schließen.

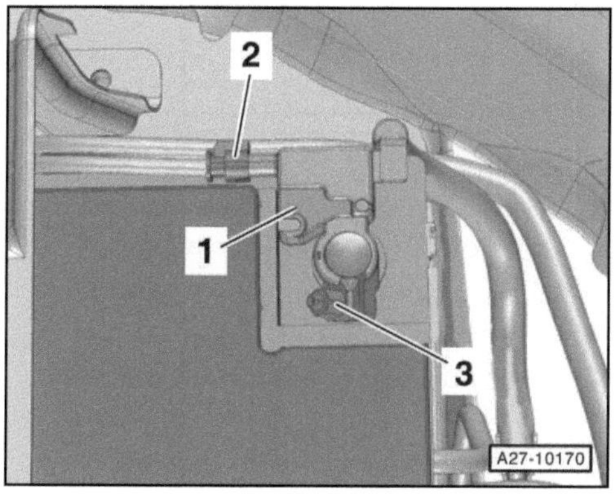

- Elektrische Steckverbindung –2– am Steuergerät für Batterieüberwachung –1– trennen.
- Wenn die Batterie bei eingeschalteter Zündung abgeklemmt wurde, sicherstellen, dass die Zündung eingeschaltet ist.

Achtung: Beim Anklemmen der Batterie darf sich keine Person im Innenraum aufhalten.

- Anschlussklemme des Massekabels auf den Minuspol der Batterie schieben. Klemmschraube mit **6 Nm** festziehen. **Achtung:** Dabei gelten die gleichen Einbauhinweise wie für die Plusklemme.
- Elektrische Steckverbindung –2– am Steuergerät für Batterieüberwachung –1– anschließen.
- Falls angeschlossen, Ruhestrom-Erhaltungsgerät nach Herstelleranweisung abklemmen.
- Falls vorhanden, Abdeckung –1– für den Minuspol an der Batterie aufdrücken, siehe Abbildung A27-10106.
- Haltebügel einsetzen und mit **18 Nm** anschrauben.
- Der weitere Einbau erfolgt in umgekehrter Ausbaureihenfolge.
- Batterie mit dem VW/AUDI-Diagnosegerät nach dem Tausch anpassen (Werkstattarbeit). Fehlerspeicher sämtlicher Steuergeräte abfragen und angezeigten Fehler »Unterspannung« löschen.
- Radio, falls erforderlich, neu programmieren.
- Zeituhr falls erforderlich, einstellen.
- Automatiklauf der elektrischen Fensterheber wie folgt aktivieren:
  - ◆ Zündung einschalten und Türscheibe durch Betätigen des Fensterheberschalters ganz nach oben fahren. Schalter für Fensterheber weiterhin etwa 2 Sekunden gedrückt halten. Damit ist die Hoch- und Tieflauffunktion aktiviert.
- Ladespannung des Generators bei unterschiedlichen Drehzahlen prüfen, siehe Seite 86.

Hinweis: Nach dem Wiederanschließen der Batterie kann es im Fahrzeugbetrieb vorkommen, dass die ESP-Warnleuchte erst nach einigen Metern Fahrt verlischt.

Batterie prüfen

Vor Beginn des Winters sollte die Batterie überprüft werden. Bei großer Kälte sinkt die Batteriespannung einer nur mäßig geladenen Batterie während des Anlassvorgangs stark ab.

Hinweis: Batterien neuester Generation sind mit einem Rückzündungsschutz, einer so genannten »Fritte«, ausgestattet. Das bei der Ladung entstehende Gas tritt durch eine Öffnung an der oberen Deckelseite aus, in die die Fritte eingesetzt ist. Die Fritte besteht aus einer kleinen, runden Glasfasermatte und arbeitet ähnlich wie ein Ventil.

Bei einer wartungsfreien Batterie fehlen die Zellverschluss-Stopfen auf der Batterieoberseite. Kontrollmessungen des Säurestands oder der Säuredichte entfallen, da normalerweise keine Flüssigkeit entweicht oder entgast.

Oftmals ist oben an der Batterie ein »magisches Auge« vorhanden. Durch diese optische Anzeige werden der Säurestand und der Ladezustand der Batterie angezeigt, und zwar durch unterschiedliche Farbkennung. Dazu das magische Auge mit einer Taschenlampe von oben anleuchten.

Achtung: Bei einer Batterie mit magischem Auge und Verschlussstopfen unter einer Schutzfolie **auf keinen Fall** Schutzfolie abziehen, Batteriestopfen herausschrauben oder destilliertes Wasser nachfüllen.

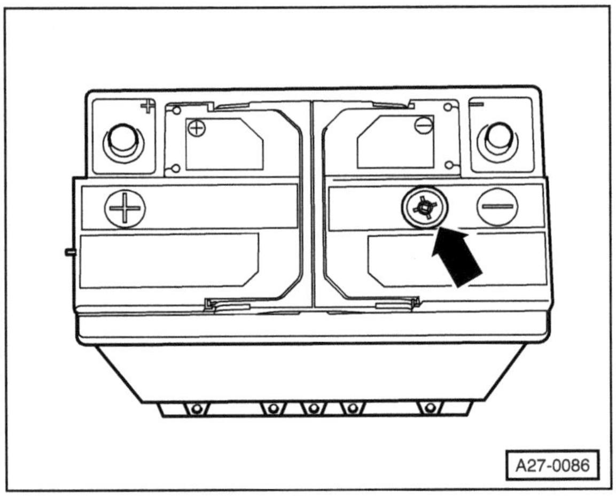

A27-0086

- Bevor eine Sichtprüfung am magischen Auge –Pfeil– vorgenommen wird, vorsichtig mit dem Griff eines Schraubendrehers auf das magische Auge klopfen. Luftblasen, die die Anzeige beeinträchtigen könnten, steigen hierdurch auf. Die Farbanzeige des magischen Auges wird dadurch genauer. **Achtung:** Da sich das magische Auge nur in einer Batteriezelle befindet, ist die Anzeige auch nur für diese Zelle gültig.

- Anzeige **grün**: Batterie ist in gutem Zustand.
- Anzeige **schwarz**: Batterie muss geladen werden.
- Andere Farbanzeige (**farblos** oder **hellgelb**): Kritischer Säurezustand. Die wartungsfreie Batterie muss ausgetauscht werden. **Achtung: Die Batterie darf nicht unter Belastung geprüft oder geladen werden. Explosionsgefahr! Es darf auch keine Starthilfe gegeben werden.**

Batterie unter Belastung prüfen

Achtung: Eine wartungsfreie Batterie, bei der das magische Auge eine **farblose** oder **hellgelbe** Farbe aufweist, darf **nicht unter Belastung geprüft** werden. **Explosionsgefahr!**

- Voltmeter an die Batteriepole anschließen. Anschlusskabel **nicht** abklemmen.
- Motor starten und Spannung ablesen.
- Während des Startvorganges darf bei einer **vollen** Batterie die Spannung nicht unter 10 Volt (bei einer Säuretemperatur von ca. +20° C) abfallen.
- Bricht die Spannung sogar zusammen, ist die Batterie defekt.

Ruhespannung prüfen

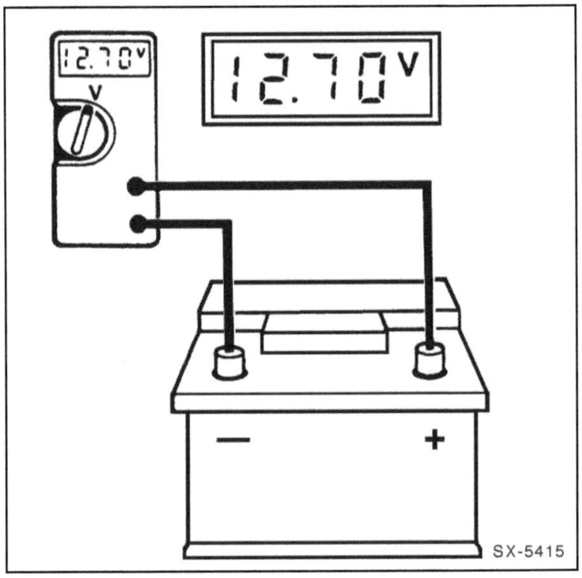

SX-5415

Der Batteriezustand wird durch Messen der Spannung mit einem Voltmeter zwischen den Batteriepolen überprüft.

- Batterie vom Stromnetz abklemmen, siehe Kapitel »Batterie aus- und einbauen«.
- Vor der Prüfung muss die Batterie mindestens zwei Stunden abgeklemmt sein.
- Voltmeter an die Batteriepole anschließen und Spannung messen.
- **Beurteilung des Spannungsmesswertes:**
  12,7 Volt oder darüber: Batterie in gutem Zustand.
  unter 12,7 Volt: Batterie in schlechtem Zustand, Batterie laden oder ersetzen.
  11,5 Volt oder darunter: Batterie tiefentladen, Batterie laden oder ersetzen.
- Batterie anklemmen. Zuerst Batterie-Pluskabel (+) und dann Batterie-Massekabel (–) bei ausgeschalteter Zündung anklemmen.

Batterie entlädt sich selbstständig

Je nach Fahrzeugausstattung addiert sich zur natürlichen Selbstentladung der Batterie auch die Stromaufnahme der verschiedenen Stromverbraucher im Ruhezustand. Daher sollte die Batterie in einem abgestellten Fahrzeug alle 6 Wochen nachgeladen werden. Wenn der Verdacht auf Kriechströme besteht, Bordnetz nach folgender Anleitung prüfen:

- Zur Prüfung eine geladene Batterie verwenden.

Achtung: Da für diese Prüfung ein Ruhestrom-Erhaltungsgerät nicht angeschlossen werden kann, vorher mit der Fachwerkstatt klären, welche Speicher eventuell vor der Prüfung auszulesen und später wieder einzulesen sind.

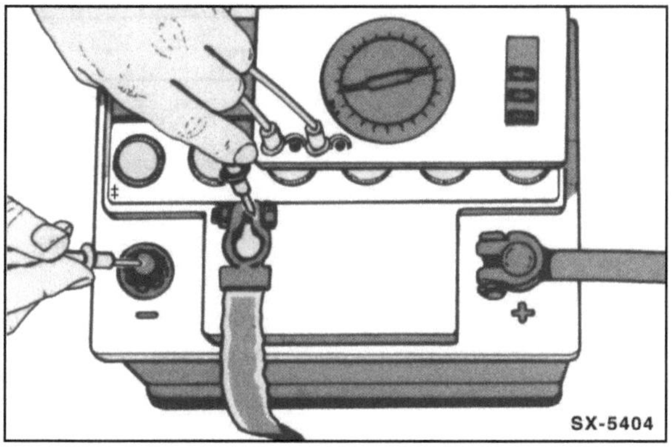

- Am Amperemeter den höchsten Messbereich einstellen.
- Batterie-Massekabel (–) abklemmen. **Achtung:** Hinweise im Kapitel »Batterie aus- und einbauen« beachten.
- Amperemeter zwischen Batterie-Minuspol (–) und Massekabel schalten: Amperemeter-Plus-Anschluss (+) an Massekabel und Minus-Anschluss (–) an Batterie-Minuspol (–).

Achtung: Die Prüfung kann auch mit einer Prüflampe durchgeführt werden. Leuchtet die Lampe zwischen Massekabel und Minuspol der Batterie jedoch nicht auf, ist auf jeden Fall ein Amperemeter zu verwenden.

- Alle Verbraucher ausschalten, vorhandene Zeituhr (und andere Dauerverbraucher) abklemmen, Türen schließen.
- Vom Amperebereich solange auf den Milliamperebereich zurückschalten bis eine ablesbare Anzeige erfolgt (1–3 mA sind zulässig).
- Durch Herausnehmen der Sicherungen nacheinander die verschiedenen Stromkreise unterbrechen. Geht bei einem unterbrochenen Stromkreis die Anzeige auf Null zurück, ist hier die Fehlerquelle zu suchen.
- Fehler können sein: korrodierte und verschmutzte Kontakte, durchgescheuerte Leitungen, interner Kurzschluss in Aggregaten.
- Wird in den abgesicherten Stromkreisen kein Fehler gefunden, so sind die Leitungen an den nicht abgesicherten Aggregaten, wie Generator und Anlasser, abzuziehen.
- Geht beim Abklemmen von einem der ungesicherten Aggregate die Anzeige auf Null zurück, betreffendes Bauteil überholen oder austauschen. Bei Stromverlust in der Anlasser- oder Zündanlage immer auch den Zünd-Anlassschalter nach Schaltplan prüfen.
- Batterie-Massekabel (–) anklemmen. **Achtung:** Hinweise im Kapitel »Batterie aus- und einbauen« beachten.

Batterie laden

Sicherheitshinweise

- Batterie **nicht** bei laufendem Motor abklemmen.
- Batterie **niemals kurzschließen,** das heißt Plus- (+) und Minuspol (–) dürfen nicht verbunden werden. Bei Kurzschluss erhitzt sich die Batterie und kann platzen.
- Sicherstellen, dass der Entgasungsschlauch nicht abgeklemmt ist.
- Gefrorene Batterie vor dem Laden auftauen. Eine geladene Batterie gefriert bei ca. –65° C, eine halbentladene bei ca. –30° C und eine entladene bei ca. –12° C. Aufgetaute Batterie vor dem Laden auf Gehäuserisse prüfen, gegebenenfalls ersetzen. Die von der ausgelaufenen Säure betroffenen Fahrzeugteile müssen umgehend mit Seifenlauge behandelt oder ausgetauscht werden.
- Eine wartungsfreie Batterie, bei der das magische Auge eine **farblose** oder **hellgelbe** Farbe aufweist, darf **nicht geladen** werden. **Explosionsgefahr!**

Die Batterie sollte in eingebautem Zustand geladen werden. Zum Laden der Batterie **elektronisch geregeltes Ladegerät** verwenden, bei dem keine Strom- und Spannungsspitzen auftreten. **Vlies-** oder **AGM-**Batterien dürfen nur spannungsbegrenzt geladen werden.

Beim Laden muss die Batterie eine Temperatur von mindestens +10° C aufweisen.

Laden

- **Bis 5/2008:** Wasserkastenabdeckung ausbauen, siehe Seite 286.

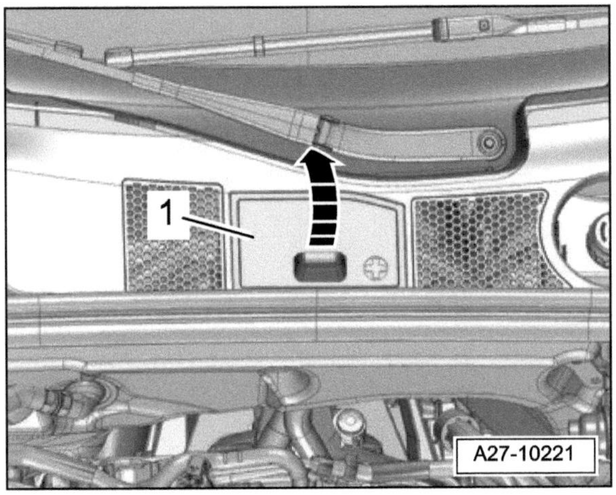

- **Ab 6/2008:** Abdeckung –1– am Griff nach oben ziehen –Pfeil–.

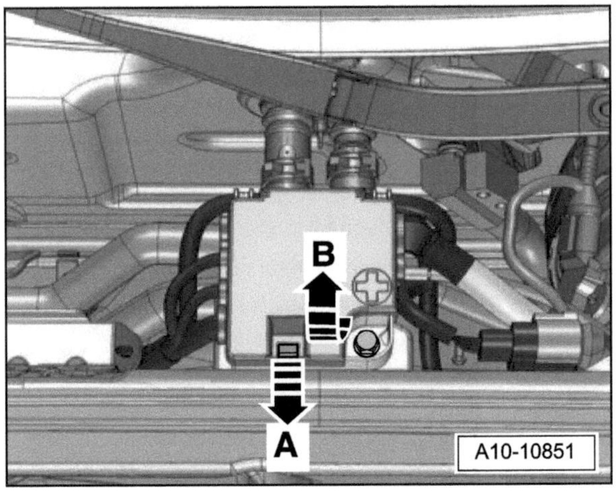

- Verrastung in Pfeilrichtung –A– entriegeln und Abdeckung in Pfeilrichtung –B– öffnen.

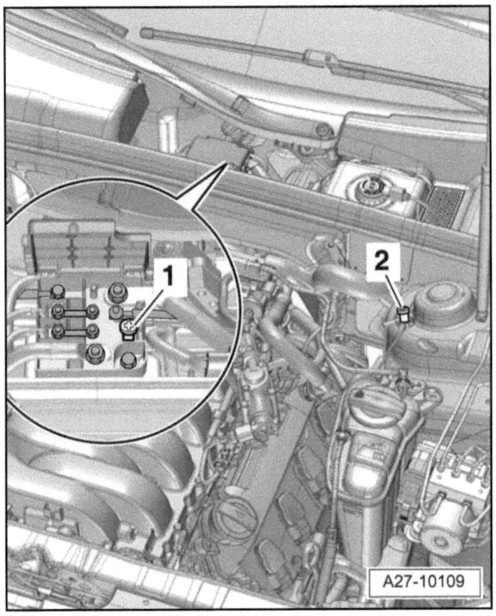

- **Bei ausgeschaltetem Ladegerät** die Ladekabel an die Plus- –1– und Massepol-Abgriffe –2– im Motorraum anschließen. **Achtung:** Bei Fahrzeugen **mit Steuergerät** für Batterieüberwachung oder Energiemanagement darf das schwarze Ladekabel **auf keinen Fall** an den Minuspol der Batterie angeschlossen werden.
- Netzstecker des Ladegerätes in die Steckdose stecken. Falls erforderlich, Ladegerät einschalten. **Achtung:** Während des Ladevorganges Kofferraumdeckel beziehungsweise Heckklappe geöffnet lassen.
- Wird die Batterie mit einem konstanten Ladestrom geladen, Temperatur der Batterie durch Auflegen der Hand prüfen. Die Säuretemperatur darf während des Ladens ca. +55° C nicht überschreiten, gegebenenfalls Ladung unterbrechen oder Ladestrom herabsetzen.
- Nach dem Laden der Batterie Ladegerät ausschalten (wenn möglich) und Netzstecker des Ladegerätes ziehen.

- Anschlusskabel des Ladegerätes von der Batterie abklemmen.
- Geladene Batterie prüfen, siehe entsprechendes Kapitel.

Tiefentladene und sulfatierte Batterie laden

Eine Batterie, die längere Zeit unbenutzt war (zum Beispiel Fahrzeug stillgelegt), entlädt sich allmählich selbst und sulfatiert.

Wenn die Ruhespannung der Batterie unter 11,6 Volt liegt, bezeichnet man sie als tiefentladen. Ruhespannung prüfen, siehe unter »Batterie prüfen«.

Bei einer tiefentladenen Batterie besteht die Batteriesäure (Schwefelsäure-Wassergemisch) fast nur noch aus Wasser. **Achtung:** Bei Minustemperaturen kann diese Batterie einfrieren und das Gehäuse kann dann platzen.

Eine tiefentladene Batterie sulfatiert, das heißt die gesamte Plattenoberfläche der Batterie verhärtet. Die Batteriesäure ist dann nicht klar, sie hat eine schwach weißliche Einfärbung.

Wenn die tiefentladene Batterie unmittelbar nach der Entladung wieder geladen wird, bildet sich die Sulfatierung wieder zurück. Andernfalls verhärten die Batterieplatten weiter und die Ladungsaufnahme bleibt dauerhaft eingeschränkt.

- Eine tiefentladene und sulfatierte Batterie muss mit einem geringen Ladestrom von ca. 5 % der Batteriekapazität geladen werden. Der Ladestrom beträgt dann beispielsweise bei einer 60 Ah-Batterie ca. 3 A.
- Die Ladespannung darf maximal 14,4 Volt betragen.

Achtung: Eine tiefentladene Batterie darf keinesfalls mit einem Schnellladegerät geladen werden.

Batterie lagern

Wird das Fahrzeug länger als 2 Monate stillgelegt, Batterie ausbauen und im aufgeladenen Zustand lagern. Die günstigste Lagertemperatur liegt zwischen 0° C und +27° C. Bei diesen Temperaturen hat die Batterie die günstigste Selbstentladungsrate. Spätestens nach 2 Monaten Batterie erneut aufladen, da sie sonst unbrauchbar wird.

Wenn eine über längere Zeit gelagerte Batterie mit einem Schnellladegerät geladen wird, nimmt sie unter Umständen keinen Ladestrom auf oder wird durch so genannte Oberflächenladung zu früh als »voll« ausgewiesen. Sie ist anscheinend defekt.

Bevor solch eine Batterie als defekt angesehen wird, ist sie folgendermaßen zu prüfen:

Achtung: Eine wartungsfreie Batterie, bei der das magische Auge eine **farblose** oder **hellgelbe** Farbe aufweist, darf **nicht geladen** werden. **Explosionsgefahr!**

- Batterie nach der Ladung durch eine Belastungsprüfung testen, siehe entsprechendes Kapitel. Bei einem Spannungswert unter ca. 9,6 Volt ist die Batterie defekt.
- Tiefentladene und sulfatierte Batterie laden, siehe entsprechendes Kapitel.

Batteriepole reinigen

Batteriepole auf Korrosion überprüfen. Korrosion an den Batteriepolen zeigt sich in Form von weißen oder gelblichen pulverartigen Ablagerungen an den Polen.

- Batterie ausbauen, siehe entsprechendes Kapitel.
- Zur Entfernung von Korrosion Batteriepole mit einer Lösung aus Wasser und Soda bestreichen. Es kommt zu einer chemischen Reaktion mit Blasenbildung und einer braunen Verfärbung an den Polen.
- Gegebenenfalls Batteriepole mit einem Polreiniger oder einer Drahtbürste, zum Beispiel HAZET 4650-4, von Korrosionsrückständen reinigen.
- Nach Abklingen dieser Reaktion Batteriepole und Batterie mit klarem Wasser abwaschen und Batterie abtrocknen.
- Batterie einbauen, siehe entsprechendes Kapitel.

Zentralentgasung

Um zu verhindern, dass das bei der Batterieladung entstehende Gas Schäden oder Gesundheitsbeschwerden verursacht, wird das Gas zentral durch eine Öffnung an der oberen Deckelseite der Batterie und über einen Entgasungsschlauch abgeleitet.

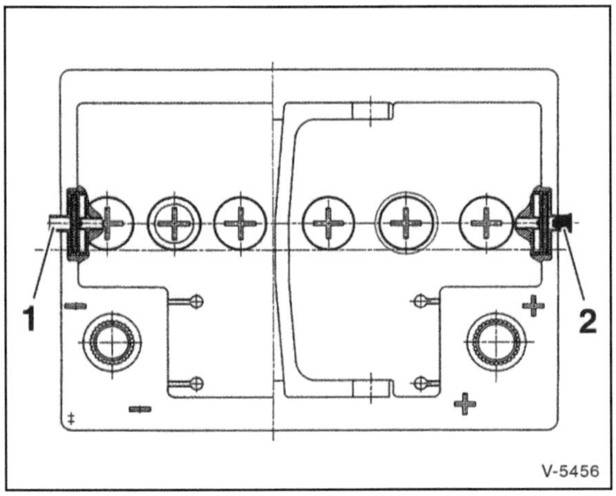

Oft sind die Batterien mit Entgasungsöffnungen –1/2– an jeder Polseite versehen. Von diesen beiden Öffnungen muss eine immer verschlossen sein –2–. Damit ist sichergestellt, dass die Entgasung nur gezielt über den angeschlossenen Schlauch erfolgt. Sollten beide Öffnungen verschlossen sein, unbedingt einen Stopfen aus der Entgasungsöffnung gemäß der Einbauanleitung der Batterie entfernen.

Darauf achten, dass der Entgasungsschlauch immer an der Batterie befestigt ist und nicht geknickt oder abgeklemmt wird.

Batterietypen

Je nach Modell und Ausstattung können technisch recht unterschiedliche Batterietypen im Fahrzeug eingebaut sein.

Nass-Batterie

Eine Batterie mit flüssigem Elektrolyt wird als Nass-Batterie bezeichnet. Diese Batterie besitzt ein magisches Auge zur Kontrolle von Ladezustand und Säurestand. Es darf kein destilliertes Wasser nachgefüllt werden, wie bei früheren Ausführungen der Nass-Batterie. Wenn der Säurestand zu niedrig ist, muss die Batterie ersetzt werden. Die Nassbatterie ist nicht für Fahrzeuge mit Start-Stopp-System geeignet.

EFB-Batterie

EFB = Enhanced **F**looded **B**attery. Die EFB-Batterie ist eine Weiterentwicklung der Standard-Nass-Batterie und kann auch für Fahrzeuge mit Start-Stopp-System verwendet werden. Allerdings nur, wenn der Fahrzeughersteller nicht ausdrücklich eine AGM-Stromquelle vorschreibt.

AGM-Batterie (Vlies-Batterie)

AGM = Absorbent-**G**lass-**M**att. Bei der AGM-Batterie ist der Elektrolyt in einem Mikroglasvlies festgelegt; sie gilt dadurch als auslaufsicher. Die Batterie ist mit einem Batteriedeckel verschlossen, Zellverschluss-Stopfen und Entgasungskanal sind im Deckel integriert. Die AGM-Batterien hat kein magisches Auge und bietet folgende Vorteile: hohe Zyklenfähigkeit (Zyklus = abwechselnder Lade- und Entladevorgang), Auslaufsicherheit, wartungsarm, geringe Gasung und gute Kaltstarteigenschaften. Wird häufig bei Fahrzeugen mit Start-Stopp-System verwendet. **Hinweis:** Bei Ersatz einer AGM- oder Vlies-Batterie unbedingt wieder eine Vlies-Batterie einbauen.

VRLA-Batterie

Bei der **V**alve-**R**egulated-**L**ead-**A**cid-Batterie (VRLA) handelt es sich um einen wartungsfreien Stromspeicher mit festgelegtem Elektrolyt. Die Zellverschluss-Stopfen lassen sich nicht herausschrauben. Wird die Batterie überladen, werden die entstehenden Wasserstoff- und Sauerstoffgase innerhalb der jeweiligen Zelle wieder zu Wasser zurückgewandelt. Bei zu starker Ladung tritt das überschüssige Gas über ein Entspannungsventil aus. Da diese Flüssigkeitsmengen nicht wieder ersetzt werden können, ist eine nachhaltige Beschädigung der Batterie möglich. Deshalb muss beim Laden unbedingt ein Batterieladegerät mit einer Ladebegrenzung von 14,4 Volt eingesetzt werden.

Gel-Batterie

Bei der Gel-Batterie ist der Elektrolyt durch die Zugabe von Kieselsäure zur Schwefelsäure in einer gelartigen Masse eingebunden. Entsprechend ihrem Entgasungsprinzip zählt die Gel-Batterie zu den VRLA-Batterien. Dieser Batterietyp zeichnet sich durch eine hohe Zyklenfestigkeit aus, die Batterie kann also öfters ent- und geladen werden. Eine Gel-Batterie hat kein magisches Auge. Sie ist wartungsfrei und auslaufsicher. Da die Batterie nicht hochtemperaturfähig ist, eignet sie sich nicht für den Einbau im Motorraum.

Störungsdiagnose Batterie

Störung	Ursache	Abhilfe
Abgegebene Leistung ist zu gering, Spannung fällt stark ab.	Batterie entladen.	■ Batterie nachladen.
	Ladespannung zu niedrig.	■ Spannungsregler prüfen, gegebenenfalls austauschen.
	Anschlussklemmen lose oder oxydiert.	■ Anschlussklemmen reinigen, Klemmenmuttern anziehen.
	Masseverbindungen Batterie/Motor/ Karosserie sind schlecht.	■ Masseverbindung überprüfen, gegebenenfalls metallische Verbindungen herstellen oder Schraubverbindungen festziehen. Korrodierte Schrauben durch verzinnte ersetzen.
	Zu große Selbstentladung der Batterie.	■ Batterie austauschen.
	Batterie sulfatiert.	■ Batterie mit geringer Stromstärke laden. Falls die abgegebene Leistung immer noch zu gering ist, Batterie austauschen.
	Batterie verbraucht, aktive Masse der Platten ausgefallen.	■ Batterie austauschen.
Nicht ausreichende Ladung der Batterie.	Fehler an Generator, Spannungsregler oder Leitungsanschlüssen.	■ Generator und Spannungsregler überprüfen, gegebenenfalls Generator austauschen.
	Keilrippenriemen locker, Spannvorrichtung defekt.	■ Spannvorrichtung prüfen, gegebenenfalls Keilrippenriemen ersetzen.
	Zu viele Verbraucher angeschlossen.	■ Stärkere Batterie einbauen; eventuell auch leistungsstärkeren Generator verwenden.
Batterie gast nach Abstellen des Motors sehr stark Geruch nach faulen Eiern.	Spannungsregler am Generator defekt. Batterie wird zu stark geladen und beginnt zu gasen. Dabei bildet sich Schwefelwasserstoff (H_2S).	■ Ladespannung bzw. Spannungsregler des Generators prüfen, ggf. Spannungsregler ersetzen.

Generator aus- und einbauen/ Generator-Ladespannung prüfen

Je nach Modell und Ausstattung können Generatoren mit unterschiedlichen Leistungen eingebaut sein. **Achtung:** Wenn nachträglich elektrisches Zubehör mit hohem Stromverbrauch in das Fahrzeug eingebaut wird, sollte überprüft werden, ob die bisherige Generatorleistung noch ausreicht; gegebenenfalls stärkeren Generator einbauen.

Ladespannung prüfen

Wenn die Batterie nicht ausreichend geladen wird, Generatorspannung prüfen:

- Voltmeter zwischen Plus- und Minusabgriff im Motorraum anschließen, siehe auch Seite 70.
- Motor starten. Die Spannung darf beim Startvorgang bis etwa 8 Volt (bei + 20° C Außentemperatur) absinken.
- Motordrehzahl auf 3.000/min erhöhen. Die Spannung soll dann 13 bis 14,5 Volt betragen. Dies ist ein Beweis, dass Generator und Regler arbeiten. Die Generatorspannung (Bordspannung) muss höher als die Batteriespannung sein, damit die Batterie im Fahrbetrieb wieder aufgeladen wird.
- Regelstabilität prüfen. Dazu Fernlicht einschalten und Messung bei 3.000/min wiederholen. Die gemessene Spannung darf nicht mehr als 0,4 Volt über dem vorher gemessenen Wert liegen.
- Liegen die gemessenen Werte außerhalb der Sollwerte, Generator und Regler von Fachwerkstatt überprüfen lassen.

Sicherheitshinweise

Bei Arbeiten an der elektrischen Anlage im Motorraum grundsätzlich die Batterie abklemmen. **Achtung:** Dadurch werden elektronische Speicher gelöscht, wie zum Beispiel die Daten im Motor-Fehlerspeicher. Vor dem Abklemmen der Batterie bitte Hinweise im Kapitel »Batterie aus- und einbauen« beachten.

- Batterie oder Spannungsregler **nicht** bei laufendem Motor abklemmen.
- Generator **nicht** bei angeschlossener Batterie ausbauen.
- Beim Elektroschweißen Batterie grundsätzlich vom Bordnetz abklemmen.

1,8-l-TFSI-Benzinmotor

Ausbau

- Batterie-Massekabel bei ausgeschalter Zündung abklemmen. **Achtung:** Hinweise im Kapitel »Batterie aus- und einbauen« beachten.
- Keilrippenriemen ausbauen, siehe Seite 203.

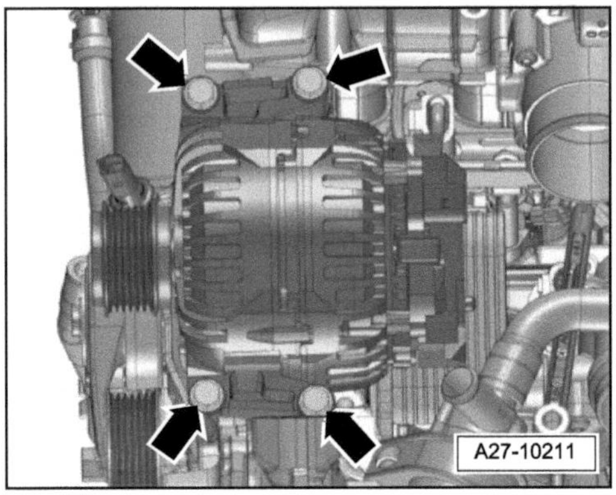

- Schrauben –Pfeile– herausdrehen und Generator zur Seite schwenken.

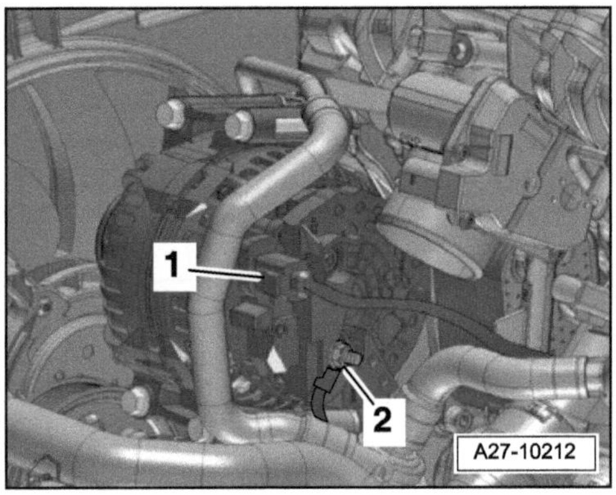

- Steckverbindung –1– abziehen.
- Mutter –2– abschrauben und Kabel für Klemme 30/B+ abnehmen.
- Generator herausnehmen.

Einbau

- Der Einbau erfolgt in umgekehrter Ausbaureihenfolge. Dabei Generator mit **23 Nm** und Kabel für Klemme 30 mit **16 Nm** anziehen.

2,0-l-TDI-Dieselmotor

Ausbau

- Batterie-Massekabel bei ausgeschalter Zündung abklemmen. **Achtung:** Hinweise im Kapitel »Batterie aus- und einbauen« beachten.
- Obere Motorabdeckung ausbauen, siehe Seite 197.

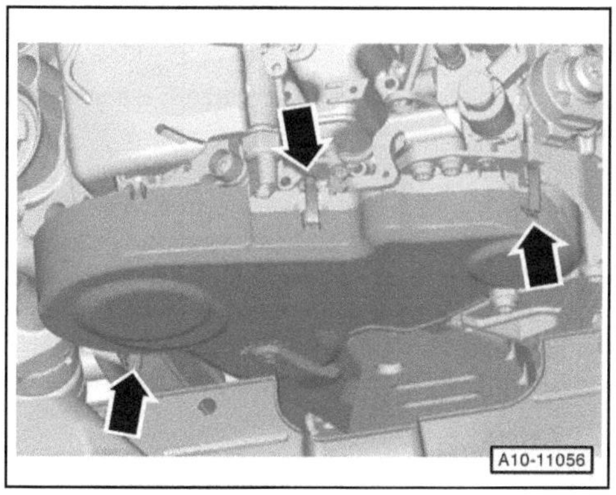

- Halteklammern –Pfeile– öffnen und obere Zahnriemen-Abdeckung abnehmen.
- Keilrippenriemen ausbauen, siehe Seite 203.

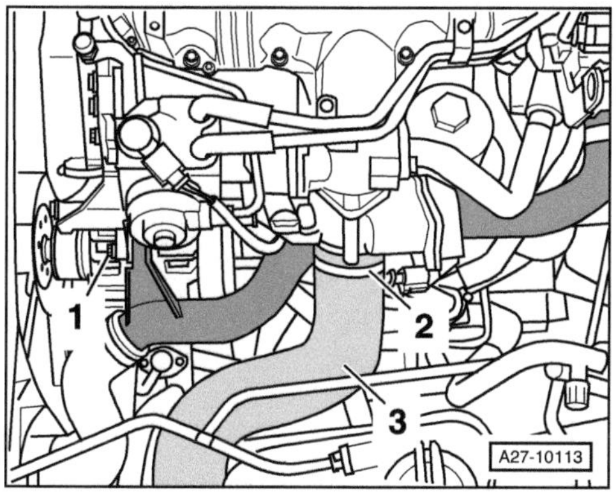

- Schlauchschelle –2– öffnen und zurückschieben.
- Luftführungsschlauch –3– von der Drosselklappeneinheit abziehen.
- Schraube –1– herausdrehen.

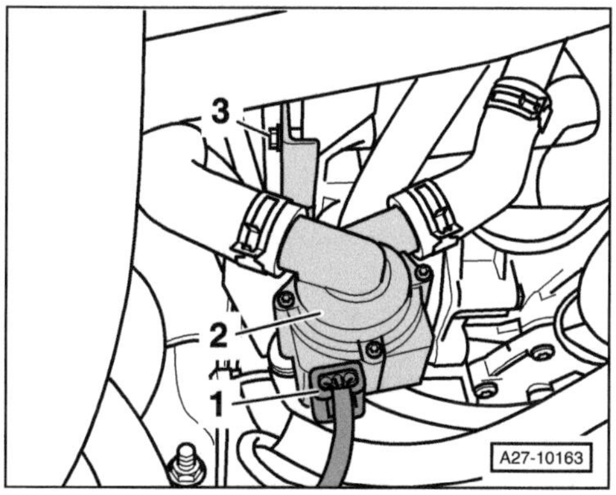

- Mutter –3– herausdrehen und elektrische Steckverbindung –1– trennen.
- Pumpe für Kühlmittelnachlauf –2– mit Halter abnehmen und mit angeschlonessen Kühlmittlschläuchen zur Seite legen.

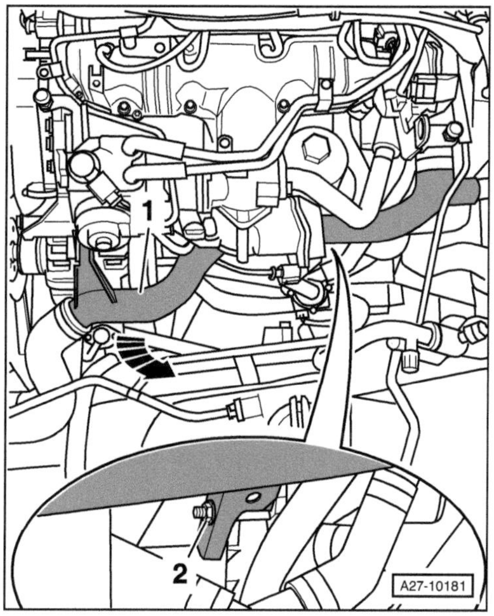

- Schraube –2– herausdrehen und Kühlmittelrohr –1– mit angeschlossenen Schläuchen in Pfeilrichtung ziehen.

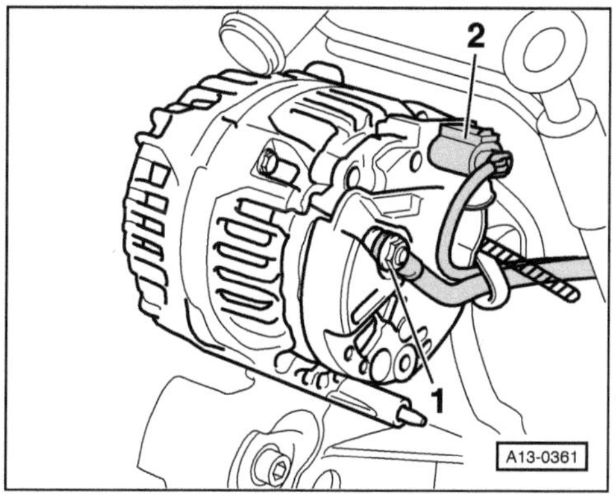

- Mutter –1– abschrauben und Kabelklemme 20/B+ abnehmen.
- Stecker –2– abziehen.

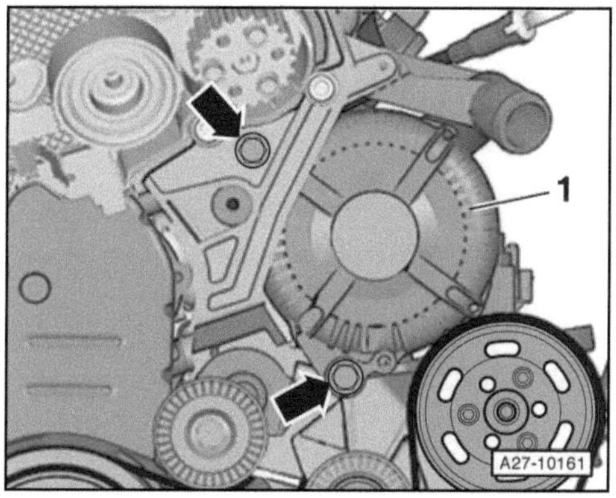

- Schrauben –Pfeile– herausdrehen.

- Generator –1– abnehmen, dazu Kühlmittelrohr etwas zur Seite ziehen.

Hinweis: Falls sich der Generator in seinem Halter nicht lösen lässt, Befestigungsschrauben bis auf 2 Umdrehungen wieder einschrauben. Mit der flachen Seite eines Hammers vorsichtig auf die Schraubenköpfe schlagen. Dadurch lösen sich die Buchsen der Generatorbefestigung.

Einbau

- Der Einbau erfolgt in umgekehrter Ausbaureihenfolge. Dabei ist Folgendes zu beachten:
- Zum leichteren Ansetzen des Generators die Buchsen für die Halteschrauben etwas zurück treiben.

Achtung: Schwergängige Buchsen müssen gangbar gemacht werden, da sonst die Klemmkraft der Buchse trotz richtigem Drehmoment zu gering ist.

- Schrauben mit **23 Nm** festziehen.
- Mutter für Klemme 30/B+ mit **16 Nm** anziehen.

Spannungsregler aus- und einbauen

Der Spannungsregler ist immer dann zu ersetzen, wenn die Fahrzeugbatterie zu schwach oder zu stark geladen wird. Ist die Ladespannung zu hoch führt das zu einer Überladung und kann, je nachdem wie oft es geschieht, zum Ausfall der Batterie führen. Eine stark gasende Batterie beziehungsweise der Geruch nach faulen Eiern in der Nähe der Batterie kurz nach dem Abstellen des Motors kann auf einen defekten Spannungsregler hindeuten.

BOSCH-Generator

Montageübersicht

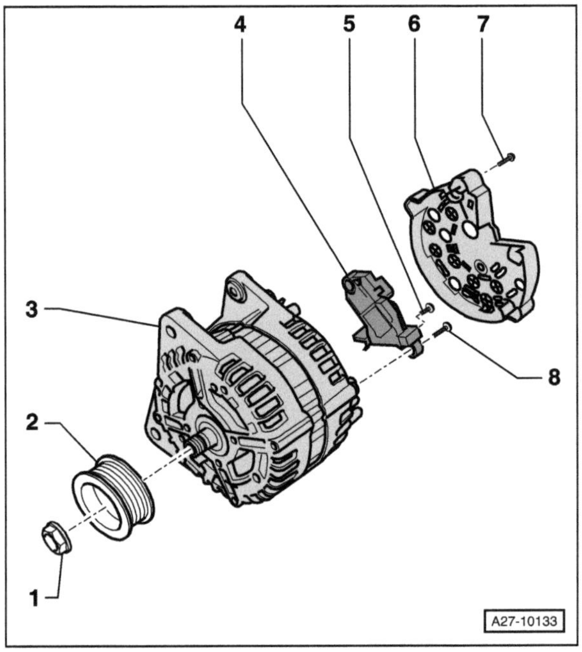

1 – Mutter, 65 Nm
2 – Keilrippen-Riemenscheibe
3 – Generator
4 – Spannungsregler
5 – Schraube, 1,5 Nm
6 – Abdeckung
7 – Schraube, 3 Nm
8 – Schraube, 2,5 Nm

Ausbau

- Generator ausbauen, siehe entsprechendes Kapitel.

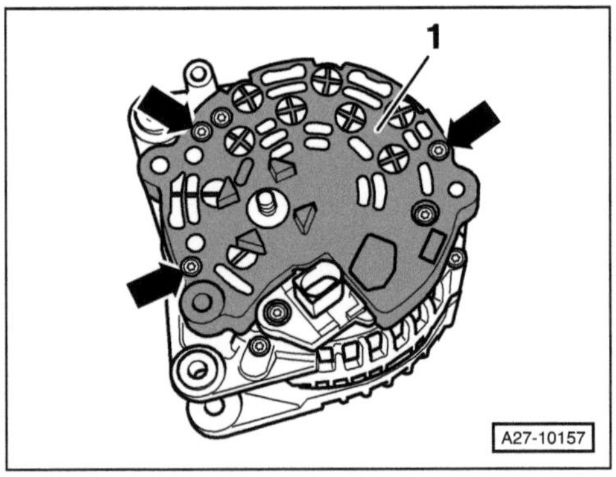

- Schrauben –Pfeile– herausdrehen.

- Abdeckung –1– an der Generator-Rückseite abnehmen.

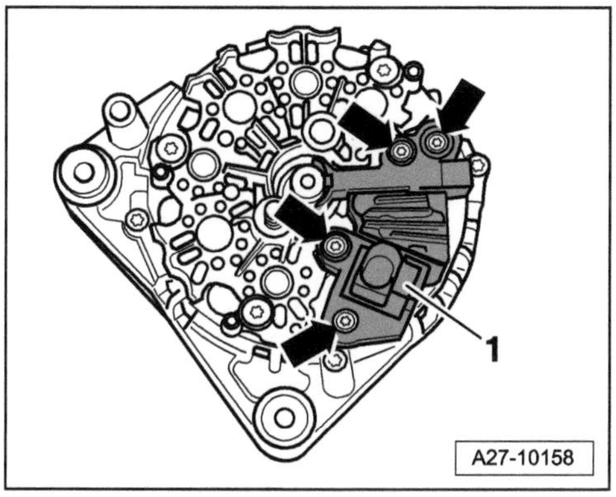

- Schrauben –Pfeile– herausdrehen.
- Spannungsregler –1– abnehmen.

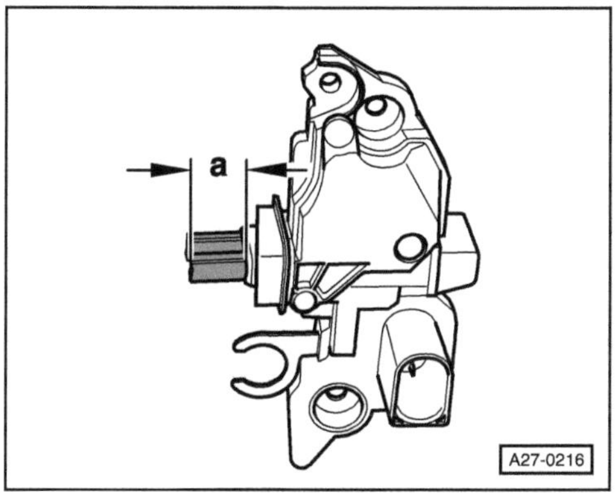

- Kohlebürsten prüfen. Wenn die Verschleißgrenze von a = 5 mm erreicht ist, Spannungsregler ersetzen.
- Schleifringe auf Verschleiß prüfen, gegebenenfalls feinstüberdrehen und polieren (Werkstattarbeit) oder Generator ersetzen.

Einbau

- Spannungsregler einsetzen. Dabei darauf achten, dass die Kohlebürsten korrekt auf den Schleifbahnen aufliegen.
- Spannungsregler festschrauben. Anzugsdrehmoment siehe Abbildung A27-10133.
- Nach dem Einbau neue Kohlebürsten auf leichten Lauf in den Bürstenhaltern prüfen.
- Schutzabdeckung am Generator anschrauben.
- Generator einbauen, siehe entsprechendes Kapitel.

VALEO-Generator

Montageübersicht

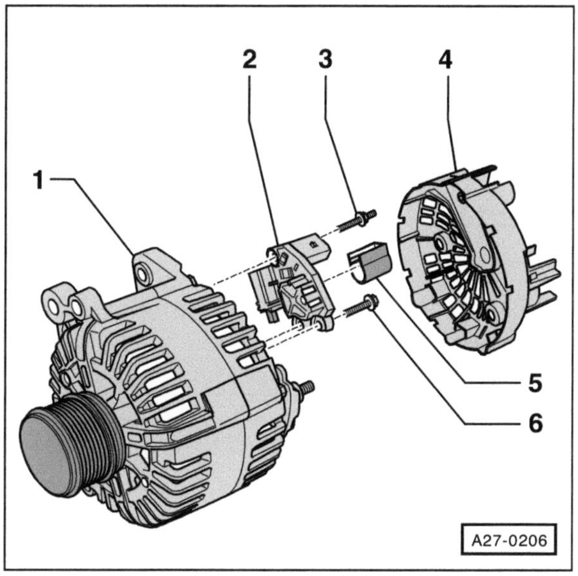

1 – Generator	**4 – Abdeckung**
2 – Spannungsregler	**5 – Schutzkappe**
3 – Schaube, 2 Nm	**6 – Schraube, 2 Nm**

Ausbau

- Generator ausbauen, siehe entsprechendes Kapitel.

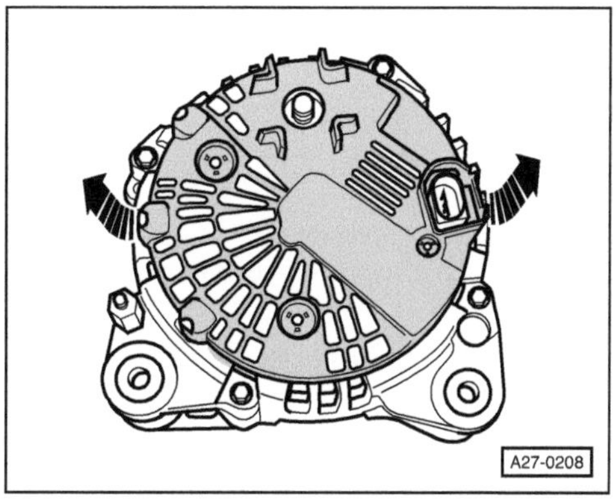

- Abdeckung an der Generator-Rückseite von den Gewindestiften abdrücken –Pfeile–.

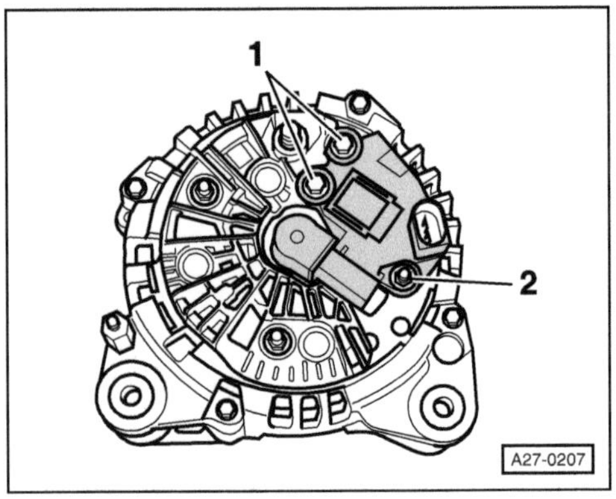

- Schrauben –1– und Doppelschraube –2– herausdrehen.
- Spannungsregler abnehmen.

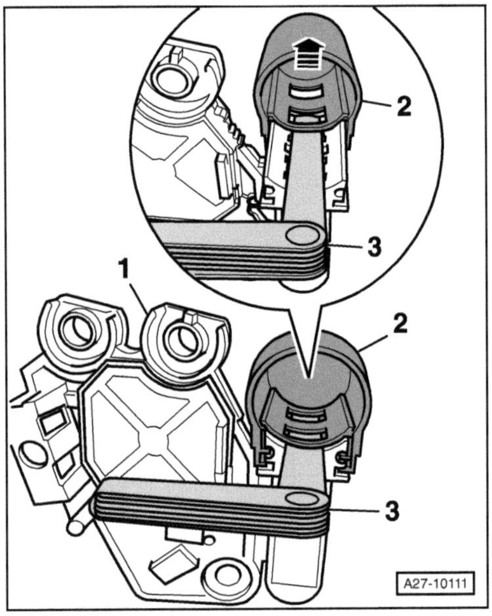

- Kohlebürsten prüfen. Dazu Fühlerblattlehre –3– mit 0,3 mm Stärke zwischen Schutzkappe –2– und Kohlebürsten einschieben.
- Schutzkappe –2– vom Spannungsregler –1– abziehen.

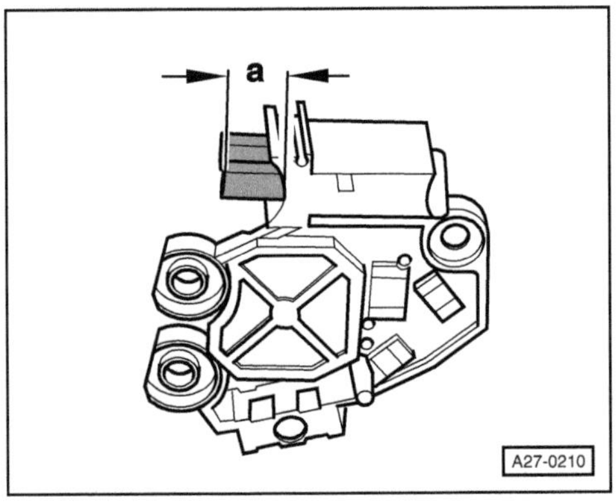

- Kohlebürsten prüfen. Wenn die Verschleißgrenze von a = 5 mm erreicht ist, Spannungsregler ersetzen.

- Schleifringe auf Verschleiß prüfen, gegebenenfalls feinstüberdrehen und polieren (Werkstattarbeit) oder Generator ersetzen.

Einbau

- Schleifringe auf Verschleiß prüfen, gegebenenfalls feinstüberdrehen und polieren (Werkstattarbeit) oder Generator ersetzen.

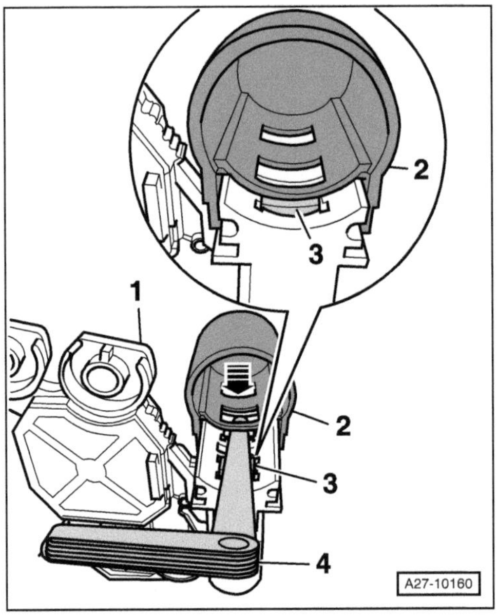

- Schutzkappe –2– ansetzen, Kohlebürsten –3– mit Fühlerblattlehre –4– nach unten drücken und Schutzkappe so weit aufschieben, bis der Steg der Schutzkappe die Kohlebürsten in gedrückter Stellung hält. 1 – Spannungsregler.
- Spannungsregler in den Generator einsetzen und anschrauben.
- Schutzkappe bis zum Anschlag aufdrücken.
- Abdeckung an der Generator-Rückseite auf die Gewindestifte aufdrücken.
- Generator einbauen, siehe entsprechendes Kapitel.

Störungsdiagnose Generator

Störung	Ursache	Abhilfe
Ladekontrolllampe brennt nicht bei eingeschalteter Zündung.	Batterie leer.	■ Laden.
	Anschlusskabel an der Batterie locker oder korrodiert.	■ Kabel auf festen Sitz prüfen, Anschlüsse reinigen.
	Kabel am Generator locker oder korrodiert.	■ Kabel auf einwandfreien Kontakt prüfen, Mutter festziehen.
	Kontrolllampe defekt.	■ Kombiinstrument ersetzen.
	Regler defekt.	■ Regler prüfen, gegebenenfalls austauschen.
	Kohlebürsten liegen nicht auf dem Schleifring auf.	■ Freigängigkeit der Kohlebürsten und Mindestlänge prüfen. Anpresskraft der Bürstenfedern prüfen lassen.
Ladekontrolllampe erlischt nicht bei Drehzahlsteigerung.	Keilrippenriemen locker, Riemen rutscht durch.	■ Keilrippenriemen prüfen, Spannvorrichtung prüfen, gegebenenfalls ersetzen.
	Kohlebürsten im Spannungsregler abgenutzt.	■ Kohlebürsten prüfen, gegebenenfalls austauschen.
	Verkabelung schadhaft oder locker.	■ Verkabelung überprüfen, gegebenenfalls instand setzen.

Anlasser aus- und einbauen

4-Zylinder-Motor

Zum Starten des Verbrennungsmotors ist ein elektrischer Motor erforderlich, der Anlasser. Damit der Motor überhaupt anspringen kann, muss der Anlasser den Verbrennungsmotor auf eine Drehzahl von mindestens 300 Umdrehungen in der Minute beschleunigen. Das funktioniert aber nur, wenn der Anlasser einwandfrei arbeitet und die Batterie hinreichend geladen ist.

Da zum Starten eine hohe Stromaufnahme erforderlich ist, ist im Rahmen der Wartung auf eine einwandfreie Kabelverbindung zu achten. Korrodierte Anschlüsse säubern und mit Polschutzfett einstreichen.

Montageübersicht

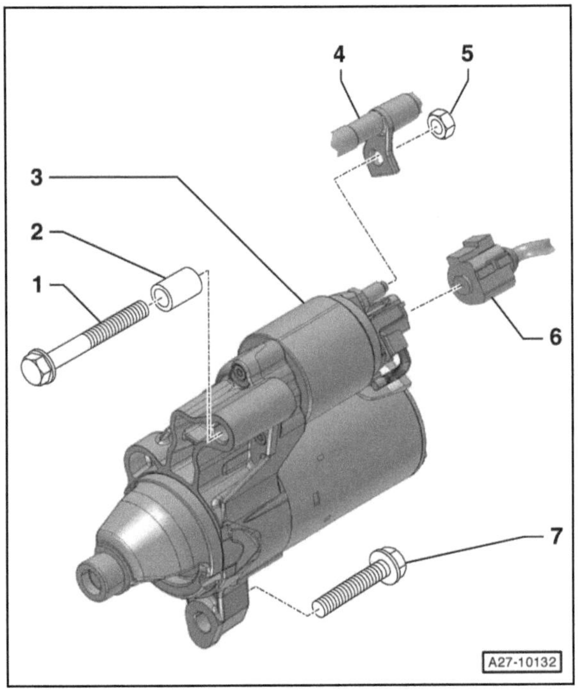

1 – Schraube, 30 Nm + 90°

2 – Distanzhülse
Nur 4-Zylinder-Motor.

3 – Anlasser

4 – Klemme B+

5 – Mutter, 15 Nm

6 – Elektrische Steckverbindung

7 – Schraube, 65 Nm

Ausbau

Hinweis: Der Aus- und Einbau des Anlassers erfolgt bei allen Motoren auf die gleiche Weise. Je nach Motor sind jedoch unterschiedliche Vorarbeiten nötig. Die Abbildungen zeigen hauptsächlich den 1,8-l-TFSI-Motor.

- Batterie-Massekabel bei ausgeschalteter zündung abklemmen. **Achtung:** Hinweise im Kapitel »Batterie aus- und einbauen« beachten.

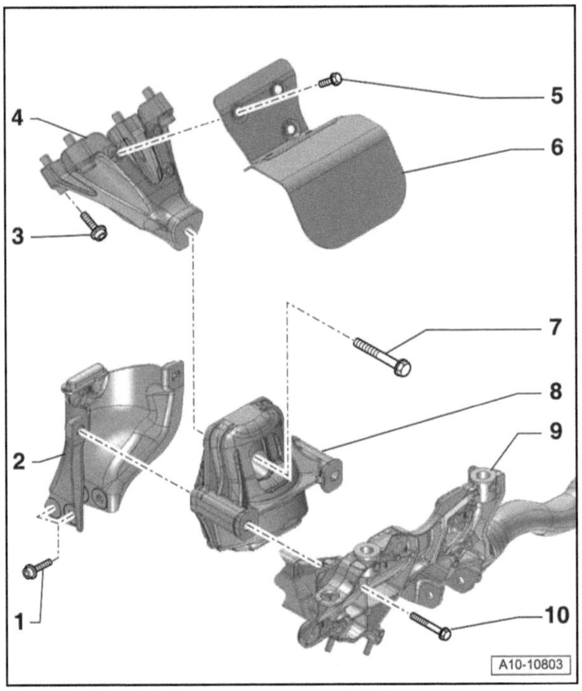

1 – Schraube, 20 Nm

2 – Halteplatte
Für Motorlager.

3 – Schraube, 40 Nm

4 – Motorstütze

5 – Schraube, 10 Nm

6 – Wärmeschutz

7 – Schraube, 90 Nm + 90°
Immer ersetzen.

8 – Motorlager
Magnetventil links für elektrohydraulische Motorlagerung.

9 – Aggregateträger

10 – Schraube, 55 Nm

- Rechtes Motorlager ausbauen.
  - ◆ Obere Motorabdeckung ausbauen, siehe Seite 197.
  - ◆ Rechtes Vorderrad ausbauen, siehe Seite 170.
  - ◆ Rechten Innenkotflügel ausbauern, siehe Seite 291.
  - ◆ Motor mit geeigneter Hebevorrichtung leicht anheben.
  - ◆ Motorlager abschrauben und herausnehmen.

- **2,0-l-TDI:** Schauben –1– und –2– herausdrehen und die Stütze für Abgasturbolader –3– herausnehmen.

- Mutter –1– herausdrehen und Masseleitung an der Motorstütze freilegen.
- Schrauben –Pfeile– herausdrehen und Motorstütze rechts abnehmen.

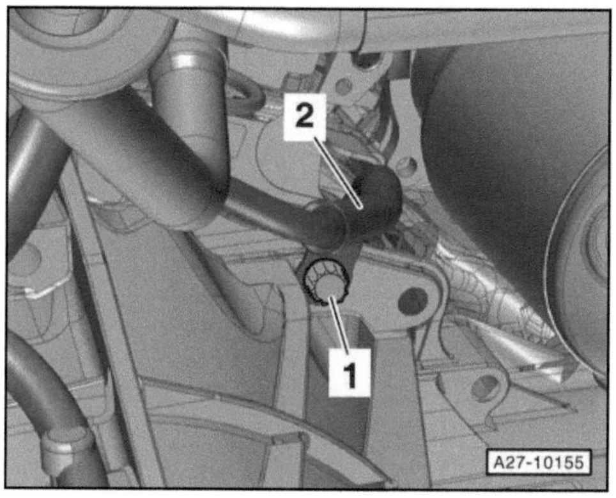

- Schraube –1– für Leitungshalter –2– herausdrehen.

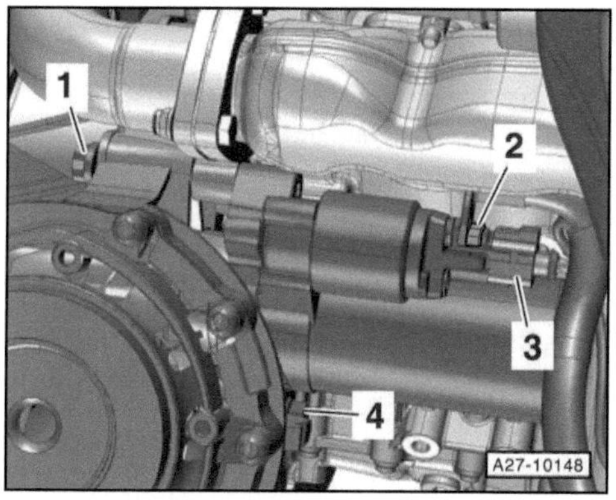

- Stecker –3– abziehen, dazu die Sicherung nach hinten schieben und die Entriegelung nach unten drücken.
- Elektrische Leitung –2– abschrauben und abnehmen.
- Schraube –1– von oben herausdrehen.
- Schraube –4– von unten herausdrehen und Anlasser abnehmen.

Einbau

- Der Einbau erfolgt in umgekehrter Ausbaureihenfolge. Anzugsdrehmomente siehe Übersichtsabbildungen.

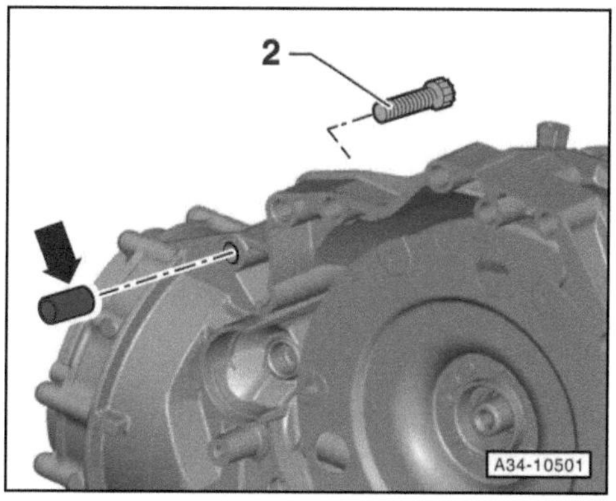

Achtung: Zum Festziehen der Schraube –2– muss zwischen Anlasser und Getriebe die Distanzhülse –Pfeil– eingesetzt sein.

Störungsdiagnose Anlasser

Störung	Ursache	Abhilfe
Anlasser dreht sich nicht beim Betätigen des Zündanlassschalters.	Batterie entladen.	■ Batterie laden.
	Anlasser läuft an nach Überbrücken der Klemmen 30 und 50; dann ist die Leitung vom Zündanlassschalter unterbrochen, oder der Anlassschalter ist defekt.	■ Unterbrechung beseitigen, defekte Teile ersetzen.
	Kabel oder Masseanschluss ist unterbrochen, oder die Batterie ist entladen.	■ Batteriekabel und Anschlüsse prüfen. Batteriespannung messen, ggf. laden.
	Ungenügender Stromdurchgang infolge lockerer oder oxydierter Anschlüsse.	■ Batteriepole und -klemmen reinigen. Stromsichere Verbindungen zwischen Batterie, Anlasser und Masse herstellen.
	Keine Spannung an Klemme 50.	■ Leitung unterbrochen, Zündanlassschalter defekt.
Anlasserwelle dreht sich zu langsam und zieht den Motor nicht durch.	Batterie teilentladen.	■ Batterie laden.
	Ungenügender Stromdurchgang infolge lockerer oder oxydierter Anschlüsse.	■ Batteriepole und -klemmen und Anschlüsse am Anlasser reinigen, Anschlüsse festziehen.
	Kohlebürsten liegen nicht auf dem Kollektor auf, klemmen in ihren Führungen, sind abgenutzt, gebrochen, verölt oder verschmutzt.	■ Kohlebürsten überprüfen, reinigen beziehungsweise auswechseln. Führungen prüfen.
	Ungenügender Abstand zwischen Kohlebürsten und Kollektor.	■ Kohlebürsten ersetzen und Führungen für Kohlebürsten reinigen.
	Kollektor riefig oder verbrannt und verschmutzt.	■ Anlasser ersetzen.
	Spannung an Klemme 50 zu niedrig (weniger als 10 Volt).	■ Zündanlassschalter oder Magnetschalter überprüfen.
	Lager ausgeschlagen.	■ Lager prüfen, gegebenenfalls auswechseln.
	Magnetschalter defekt.	■ Magnetschalter auswechseln.
Anlasserritzel spurt ein und zieht an, Motor dreht nicht oder nur ruckweise.	Ritzelgetriebe defekt.	■ Anlasser ersetzen.
	Ritzel verschmutzt.	■ Ritzel reinigen.
	Zahnkranz am Schwungrad defekt.	■ Schwungrad erneuern.
Ritzelgetriebe spurt nicht aus.	Ritzelgetriebe oder Steilgewinde verschmutzt beziehungsweise beschädigt.	■ Anlasser ersetzen.
	Magnetschalter defekt.	■ Magnetschalter ersetzen.
	Rückzugfeder schwach oder gebrochen.	■ Magnetschalter ersetzen.
Anlasserwelle läuft weiter, nachdem der Zündschlüssel losgelassen wurde.	Magnetschalter hängt, schaltet nicht ab.	■ Zündung sofort ausschalten, Magnetschalter ersetzen.
	Zündanlassschalter schaltet nicht ab.	■ Sofort Batterie abklemmen, Zündanlassschalter ersetzen.

Scheibenwischanlage

Scheibenwischergummi ersetzen

Sicherheitshinweis
Bei Wartungs- und Reparaturarbeiten an der Scheibenwischanlage besteht Verletzungsgefahr der Hände durch Klemmen oder Quetschen. Im Extremfall durch Abscheren von Gliedmaßen bei Eingriffen in die Scheibenwischermechanik. Vor jeglichen Reparaturarbeiten ist stets der Zündschlüssel abzuziehen.

Zum Ausbau des Wischerblattes an der Frontscheibe, müssen die Wischer in die »**Servicestellung**« gefahren werden, siehe entsprechendes Kapitel.

Wischer/Frontscheibe

Ausbau

- Wischerarme in die Servicestellung fahren. Zündung ausschalten.
- Wischerarm von der Scheibe wegklappen.

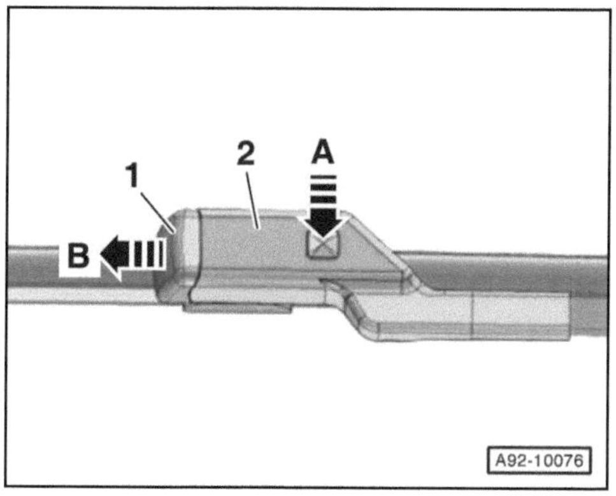

- Halteklammer –Pfeil A– herunterdrücken.
- Wischerblatt –1– in Pfeilrichtung –B– schieben und vom Wischerarm –2– abnehmen.

Einbau

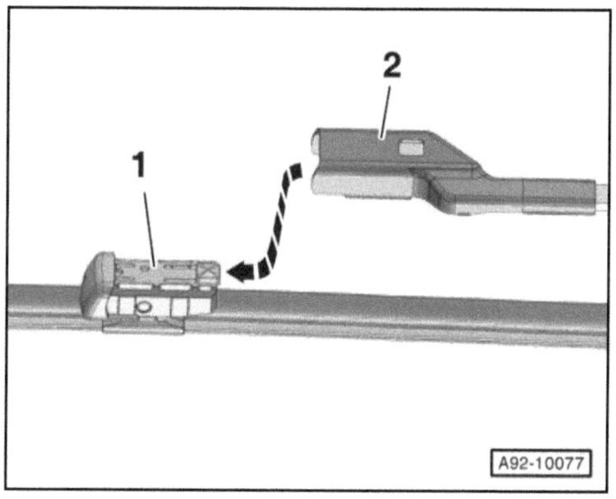

- Wischerblatt –1– parallel in den Wischerarm –2– einführen –Pfeil–. Dabei darauf achten, dass das Wischerblatt bis zum hörbaren Einrasten der Halteklammer in den Scheibenwischerarm geschoben wird.
- Wischerarm vorsichtig auf die Frontscheibe zurückklappen.
- Scheibenwischer in Grundstellung bringen. Dazu Zündung einschalten und Scheibenwischer über den Wischerschalter betätigen. Zündung ausschalten.

Wischer/Heckscheibe

Ausbau

- Wischerarm hochklappen.

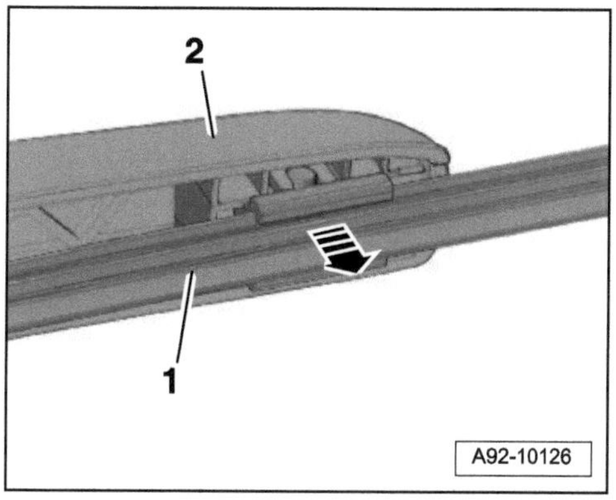

- Wischerblatt –1– nach unten, in Pfeilrichtung, aus dem Wischerarm –2– herausziehen.

Einbau

- Wischerblatt in den Wischerarm drücken und hörbar einrasten.
- Wischerarm vorsichtig zurückklappen.

Scheibenwischer in Servicestellung bringen

Sicherheitshinweis
Bei Wartungs- und Reparaturarbeiten an der Scheibenwischanlage besteht Verletzungsgefahr der Hände durch Klemmen oder Quetschen. Im Extremfall durch Abscheren von Gliedmaßen bei Eingriffen in die Scheibenwischermechanik. Vor jeglichen Reparaturarbeiten ist stets der Zündschlüssel abzuziehen.

Die Scheibenwischer müssen beispielweise in »**Servicestellung**« gefahren werden, damit die Scheibenwischerblätter gewechselt werden können.

Die Einstellung der Servicestellung erfolgt je nach Ausstattung über das Radio- oder das MMI-Display oberhalb der mittleren Lüftungsdüsen.

Voraussetzungen:

- Bei niedrigen Außentemperaturen sicherstellen, dass die Wischerblätter nicht angefroren sind.
- Wischerschalter steht in Positon »0« beziehungsweise »aus«.

Scheibenwischer in Servicestellung bringen

- Zündung einschalten.

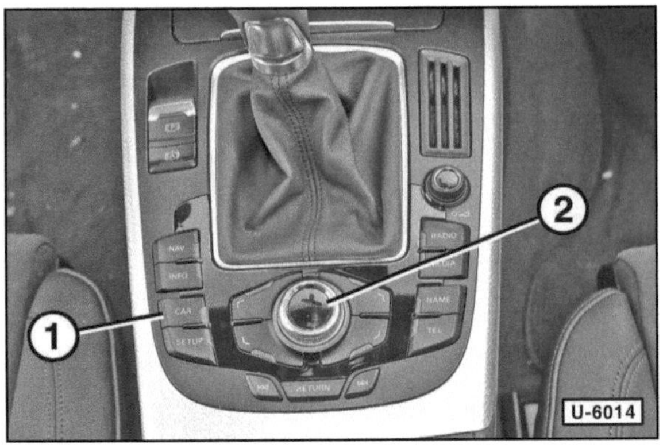

- Funktionstaste »CAR« –1– in der Mittelkonsole drücken. 2 – Auswahlknopf.

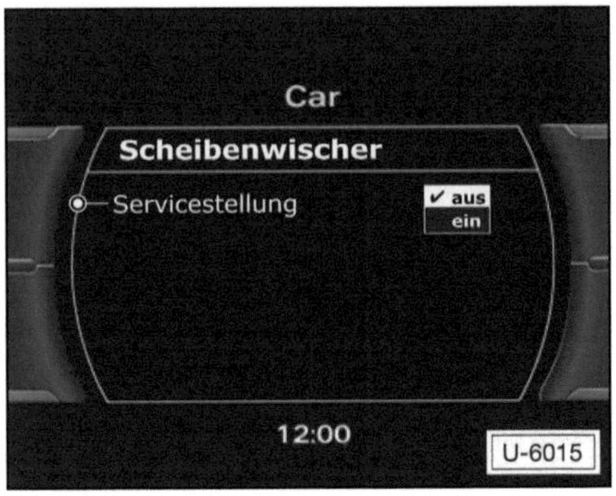

- Mit dem Auswahlknopf im Radio- beziehungsweise MMI-Display zunächst »Scheibenwischer«, dann »Servicestellung« und schließlich »ein« auswählen. Daraufhin fahren die vorderen Scheibenwischer in die Servicestellung.
- Zündung ausschalten.

Scheibenwischer in Grundstellung bringen

Achtung: Scheibenwischer nicht bei abgeklappten Wischerarmen und geöffneter Motorhaube in die Grundstellung fahren. Beschädigungsgefahr!

- Zündung einschalten.
- Scheibenwischerschalter ein- und ausschalten. **Hinweis:** Ab einer Fahrgeschwindigkeit von 6 km/ fahren die Wischer automatisch in Grundstellung zurück.
- Zündung ausschalten.

Wasserschlauchverbindungen lösen

Beim Anschluss der Schläuche an Pumpen und Spritzdüsen werden im AUDI A4 verschiedene Sicherungsarten verwendet.

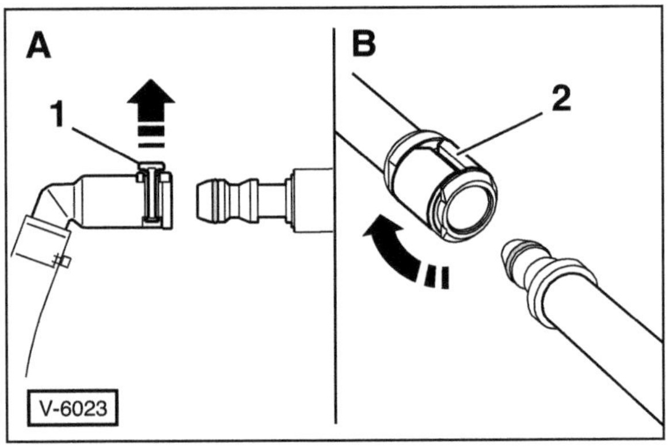

- Sicherungsclip –1– etwa 1 mm hochziehen –Pfeil A– und Schlauchanschluss abziehen. Zum Verbinden Schlauchanschluss aufstecken, Sicherungsclip eindrücken und einrasten.
- Sicherungsring –2– um 90° verdrehen –Pfeil B– und Schlauchanschluss abziehen. Zum Verbinden Schlauchanschluss aufstecken, dabei Sicherungsring verdrehen und einrasten.

Frontscheibenwaschanlage

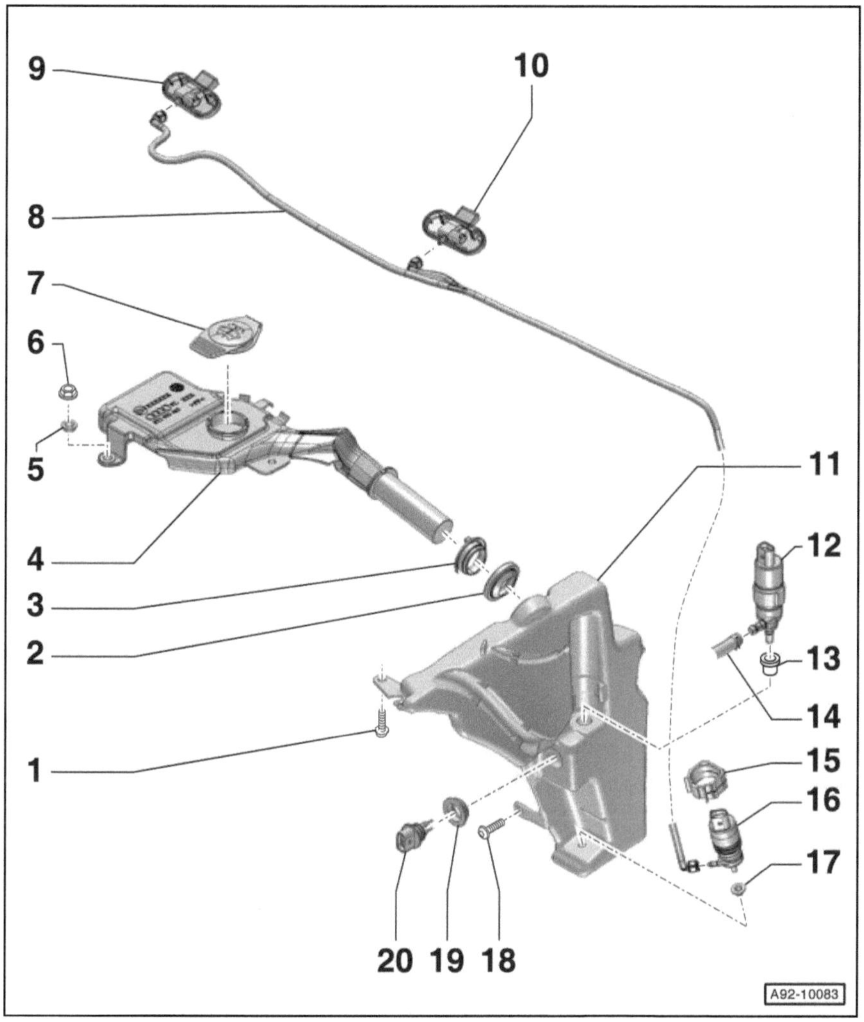

1 – Schraube für Waschwasserbehälter, 7 Nm
Anzugsreihenfolge beachten.

2 – O-Ring
Bei Beschädugung ersetzen.

3 – Dichttülle
Bei Beschädugung ersetzen.

4 – Einfüllstutzen

5 – Stützring

6 – Mutter
Gemeinsame Verschraubung mit Domstrebe.

7 – Verschlussdeckel

8 – Waschwasserleitung
Für Frontscheibenwaschanlage.

9 – Waschwasserdüse rechts
Je nach Ausstattung mit Heizwiderstand.

10 – Waschwasserdüse links
Je nach Ausstattung mit Heizwiderstand.

11 – Waschwasserbehälter

12 – Pumpe für Scheinwerfer-Reinigungsanlage

13 – Dichttülle

14 – Waschwasserleitung
Für Scheinwerfer-Reinigungsanlage.

15 – Haltering
Für Scheibenwaschpumpe.

16 – Scheibenwaschpumpe

17 – Dichttülle

18 – Schraube für Waschwasserbehälter, 7 Nm
Anzugsreihenfolge beachten.

19 – Dichttülle

20 – Scheiben-Waschwasserstandsgeber

Scheibenwaschdüse für Frontscheibe aus- und einbauen/einstellen/reinigen

Ausbau

- Motorhaube öffnen. **Hinweis:** Die Scheibenwaschdüsen sind an der Unterseite der Motorhaube eingebaut.

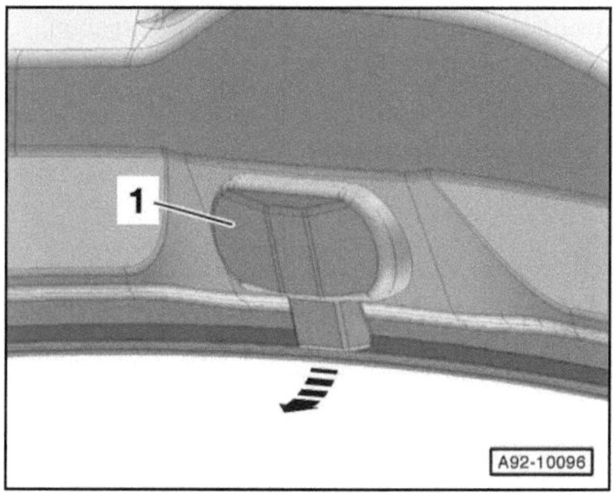

- Scheibenwaschdüse –1– unten aus der Motorhaube in Pfeilrichtung herausclipsen. Dazu Waschdüse mit einem Kunststoffkeil, zum Beispiel HAZET 1965-20, von der Motorhaube lösen.

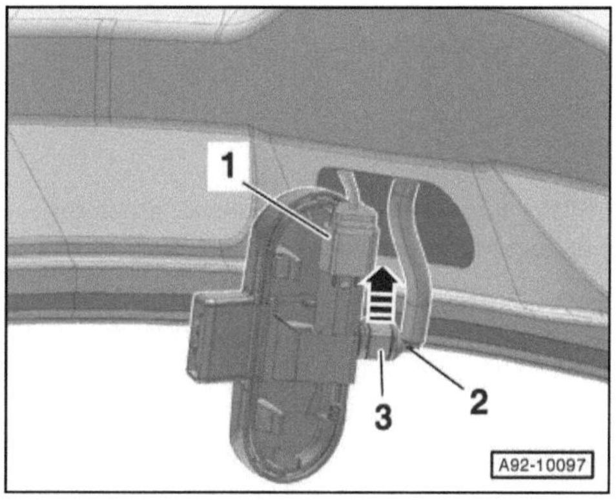

- Sicherungsklammer –3– in Pfeilrichtung entriegeln und Waschwasserleitug –2– von der Spritzdüse abziehen.

- Falls vorhanden, Stecker –1– abziehen.
- Gegebenenfalls Stecker für Waschdüsenheizung abziehen.

Einbau

- Der Einbau erfolgt in umgekehrter Ausbaureihenfolge. Dabei muss der Wasserschlauch hörbar an der Scheibenwaschdüse einrasten.
- Motorhaube schließen und Scheibenwaschdüsen auf Funktion prüfen, gegebenenfalls einstellen.

Einstellen

- Die Spritzrichtungen der Scheibenwaschdüsen können mit dem AUDI-Spezialwerkzeug T10127 mit Nadel 3125/5A, oder HAZET 4850-1, eingestellt werden. Dazu Dorn in die Düse einsetzen und markierten Zielpunkt auf der Scheibe anpeilen. **Achtung:** Keine Stecknadel als Dorn verwenden, da sonst die Wasserkanäle der Düse beschädigt werden können.

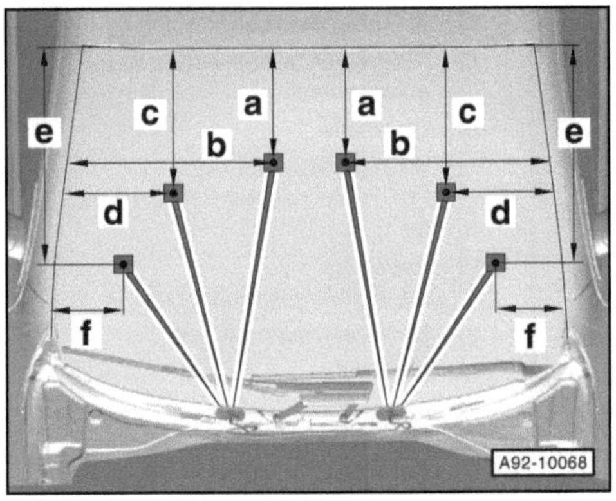

Hinweis: Die Einstellmaße geben die Vorhaltewerte für das fahrende Fahrzeug an. Durch den fehlenden Fahrtwind spritzen die Düsen im Stand leicht versetzt.

Einstellmaße: a = 310 mm; b = 580 mm; c = 360 mm; d = 360 mm; e = 550 mm; f= 180 mm.

- Mit einem wasserlöslichen Stift die 6 Punkte auf der Frontscheibe markieren, wo der Wasserstrahl auftreffen soll.
- Lässt sich der Spritzstrahl nicht einstellen oder tritt er ungleichmäßig aus, Waschdüse reinigen, gegebenenfalls erneuern.

Waschdüse reinigen

- Wenn nötig, Düse zum Reinigen ausbauen und mit klarem Wasser entgegen der Spritzrichtung durchspülen.
- Um restliche Verunreinigungen zu entfernen, Spritzdüse entgegen der Spritzrichtung mit Pressluft durchblasen. **Achtung:** Düsen nur entgegen der Spritzrichtung durchblasen.
- Lässt sich der Spritzstrahl nach der Reinigung nicht einstellen oder tritt er ungleichmäßig aus, Waschdüse ersetzen.

Scheibenwaschdüse für Heckscheibe aus- und einbauen

AVANT

Ausbau

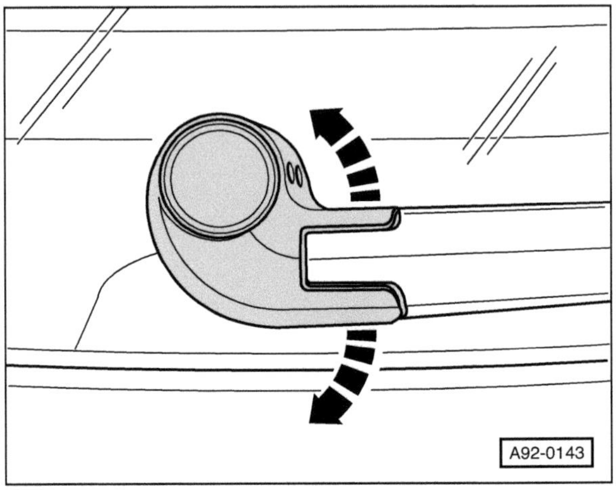

- Abdeckkappe vorsichtig spreizen –Pfeile– und von der Wischerwelle abhebeln. **Hinweis:** Die Scheibenwaschdüse ist in der Welle des Heckscheibenwischers eingebaut.

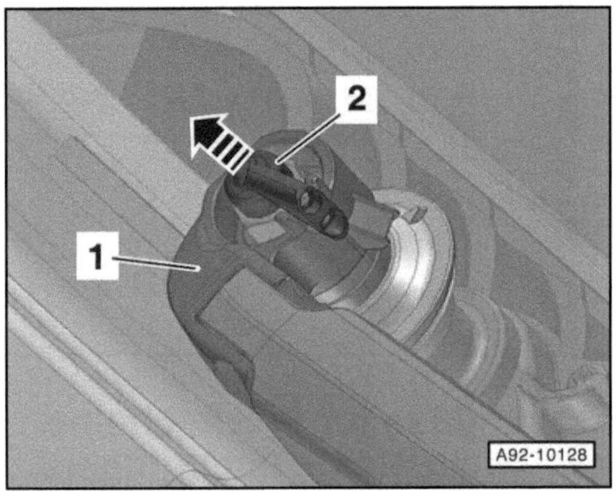

- Scheibenwaschdüse –2– vorsichtig in Pfeilrichtung vom Anschlussrohr abziehen.

Einbau

- Scheibenwaschdüse so auf die Wischerwelle schieben, dass die Spritzöffnung in die Aussparung am Wischerarm –1– zeigt.
- Abdeckkappe vorsichtig aufdrücken und einrasten.

Einstellen

- Die Spritzrichtungen der Scheibenwaschdüsen können mit dem Spezialwerkzeug HAZET 4850-1 eingestellt werden. Dazu Dorn in die Düse einsetzen und markierten Zielpunkt auf der Scheibe anpeilen. **Achtung:** Keine Stecknadel als Dorn verwenden, da sonst die Wasserkanäle der Düse beschädigt werden können.

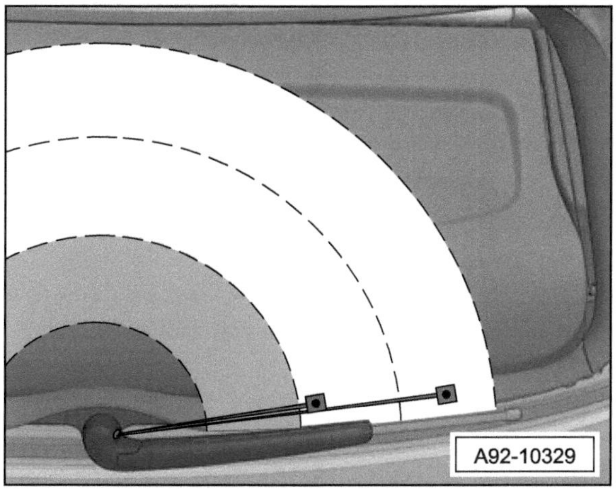

- Scheibenwaschdüsen so einstellen, dass der Wasserstrahl jeweils an den gekennzeichneten Punkten auf der Heckscheibe auftrifft.
  Auftreffpunkt des äußeren Wasserstrahls im äußeren Drittel der Wischerlänge.
  Auftreffpunkt des inneren Wasserstrahls nach ungefähr einem Drittel der Wischerlänge.
- Beide Auftreffpunkte sollen knapp oberhalb des Wischerblatts liegen.

Einfüllstutzen Waschwasserbehälter aus- und einbauen

Ausbau

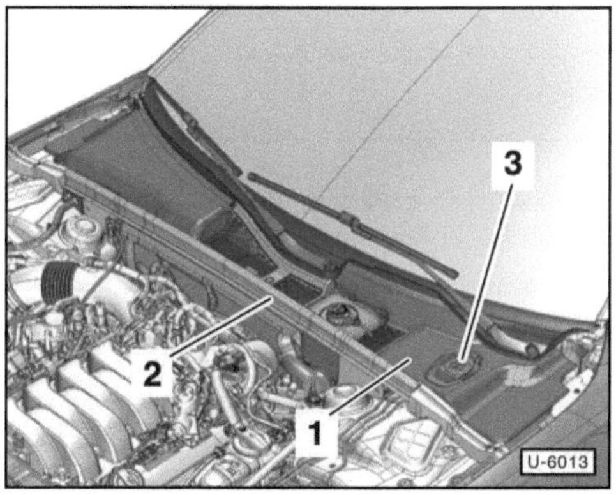

- Linke Wasserkastenabdeckung –1– ausclipsen und abnehmen.
- Dichtung –2– im Bereich des Einfüllstutzens –3– für Waschwasserbehälter abziehen.

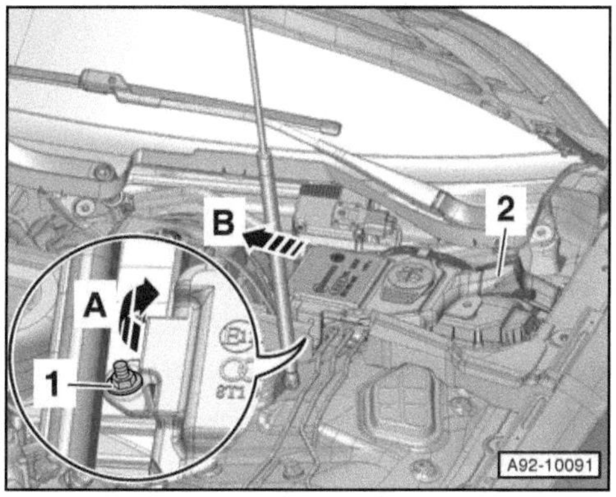

- Mutter –1– herausdrehen und Einfüllstutzen etwas nach hinten schwenken –Pfeil A–.
- Einfüllstutzen –2– mit Einfüllrohr aus dem Waschwasserbehälter und dem Karosseriedurchbruch herausziehen –Pfeil B–.

Einbau

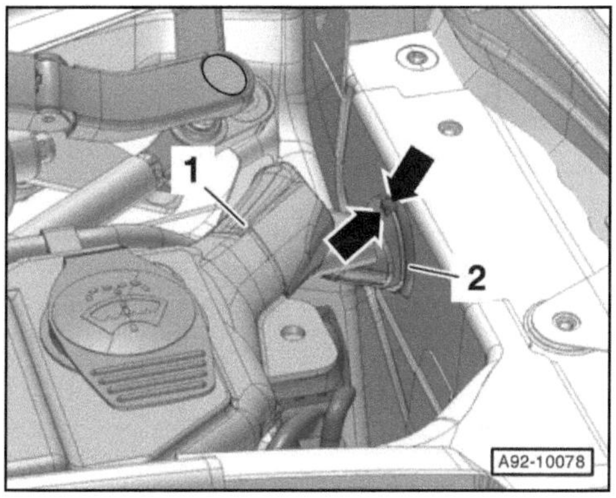

- Dichttülle –2– auf den Einfüllstutzen –1– bis zum Anschlag aufschieben. **Achtung:** Die Nase muss in der Aussparung am Einfüllrohr anliegen –Pfeile–.
- Einfüllstutzen in den Waschwasserbehälter hineinschieben. **Achtung:** Dabei darauf achten, dass der O-Ring im Waschwasserbehälter nicht verquescht wird.
- Der weitere Einbau erfolgt in umgekehrter Ausbaureihenfolge.

Waschwasserbehälter mit Pumpe aus- und einbauen

Der gemeinsame Waschwasserbehälter für Front- und Heckscheiben- sowie Scheinwerferwaschanlage befindet sich im Radhaus hinten links.

Ausbau

- Zündung ausschalten und Zündschlüssel abziehen.
- Einfüllstutzen für Waschwasserbehälter ausbauen, siehe entsprechendes Kapitel.

Sicherheitshinweis
Beim Aufbocken des Fahrzeugs besteht Unfallgefahr! Deshalb vorher das Kapitel »Fahrzeug aufbocken« durchlesen.

- Radschrauben lösen. Fahrzeug vorn aufbocken und linkes Vorderrad abnehmen. **Achtung:** Unbedingt Hinweise im Kapitel »Rad aus- und einbauen« beachten.
- Linken Innenkotflügel ausbauen, siehe Seite 291.
- Geeigneten, sauberen Auffangbehälter unter den Scheibenwaschbehälter stellen.

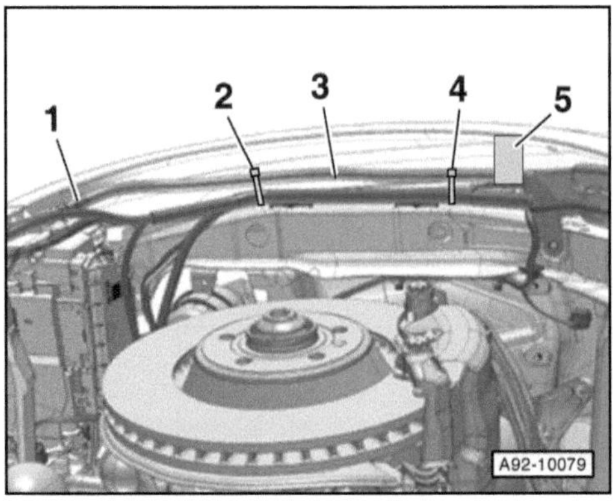

- Schlauchkupplung –1– von der Waschwasserleitung –3– für Scheinwerferreinigung abziehen. Dazu die Entriegelungstaste ziehen. Waschwasser in den Auffangbehälter ablaufen lassen.
- Kabelbinder –2– und –4– aufschneiden.
- Kunststoffkeil –5– herausnehmen.

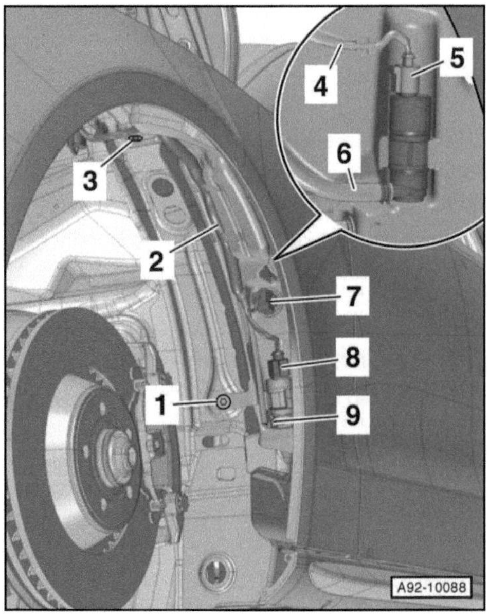

- Stecker –7– und –8– abziehen.
- Sicherungsklammer entriegeln und Waschwasserleitungen von der Pumpe –9– für Scheibenwaschanlage abziehen.
- Elektrische Leitung –2– aus den Aufnahmen am Waschwasserbehälter herausziehen.
- Schrauben –1– und –3– herausdrehen.
- Waschwasserbehälter ein Stück nach vorn ziehen.
- Stecker –5– abziehen.
- Waschwasserleitung –6– für Scheinwerferreinigung und Kabel –4– aus den Aufnahmen am Waschwasserbehälter herausziehen.
- Waschwasserbehälter herausnehmen.

Einbau

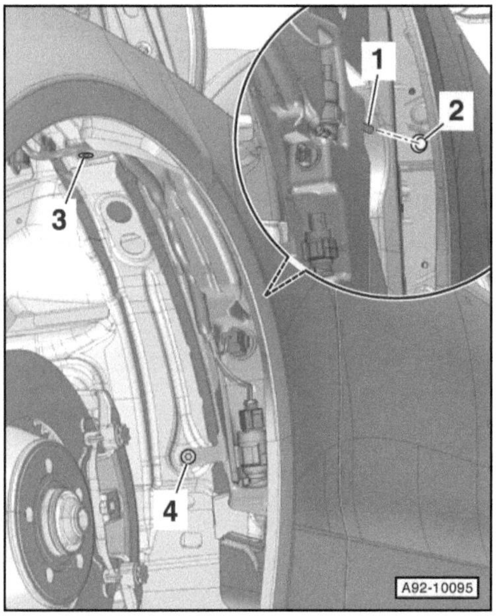

- Waschwasserbehälter so einsetzen, dass die Fixiernase –1– in die Aufnahme –2– am Kotflügel eingreift.
- Waschwasserbehälter anschrauben. Dabei zuerst die Schraube –3– mit **7 Nm**, dann die Schraube –4– mit **7 Nm** festziehen.
- Der weitere Einbau erfolgt in umgekehrter Ausbaureihenfolge.
- Waschwasserbehälter mit einer Mischung aus Trinkwasser und Scheibenreinigungsmittel, gegebenenfalls mit Frostschutz, auffüllen. **Hinweis:** Um Kalkablagerungen an den Düsen zu vermeiden, kann destilliertes Wasser verwendet werden. **Achtung:** Auf keinen Fall Kühlerfrostschutzmittel oder andere Zusätze beimischen. **Füllmenge:** ca. 4,5 Liter.

Scheibenwaschpumpe aus- und einbauen

Ausbau

- Zündung ausschalten und Zündschlüssel abziehen.
- Linken Innenkotflügel ausbauen, siehe Seite 291.

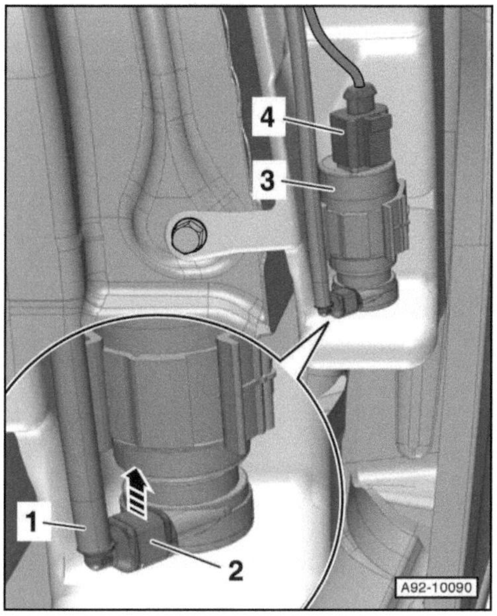

- Stecker –4– von der Pumpe –3– abziehen.
- Geeigneten Auffangbehälter unter den Waschwasserbehälter stellen.
- Sicherungsklammer –2– in Pfeilrichtung entriegeln.
- Waschwasserleitung –1– von der Pumpe für Frontscheibenwaschanlage abziehen.
- Scheibenwaschpumpe –3– nach oben aus dem Waschwasserbehälter herausziehen.

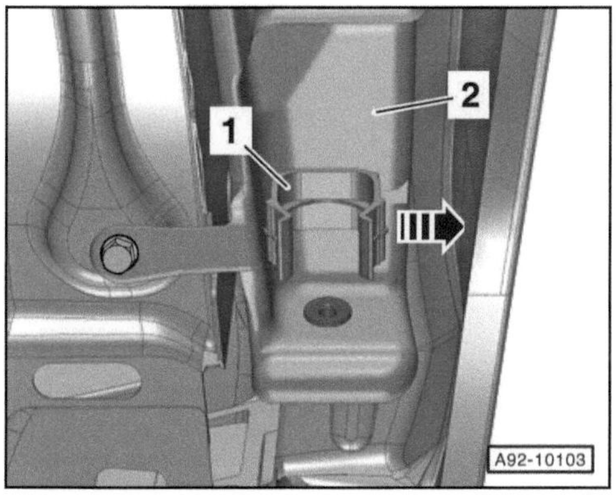

- Halter für Scheibenwaschpumpe prüfen, bei Beschädigung ersetzen. Dazu alten Halter mit einem Schraubendreher aus der Aufnahme im Waschwasserbehälter –2– zur Fahrzeugaußenseite hin –Pfeil– herausdrücken.

Einbau

- Dichttülle auf Beschädigung und Porosität prüfen, gegebenenfalls ersetzen.
- Der weitere Einbau erfolgt in umgekehrter Ausbaureihenfolge.
- Waschwasserbehälter auffüllen.

Scheibenwasch-Wasserstandsgeber aus- und einbauen

Ausbau

- Zündung ausschalten und Zündschlüssel abziehen.
- Linken Innenkotflügel ausbauen, siehe Seite 291.

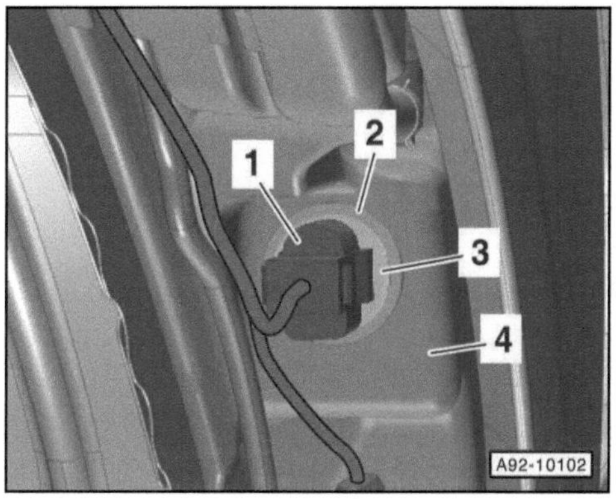

- Stecker –1– vom Geber am Waschwasserbehälter abziehen.
- Geeigneten Auffangbehälter unter den Waschwasserbehälter stellen.
- Wasserstandsgeber –3– aus dem Waschwasserbehälter herausziehen und abfließendes Waschwasser auffangen.

Einbau

- Dichttülle –2– auf Beschädigung und Porosität prüfen, gegebenenfalls ersetzen.
- Der weitere Einbau erfolgt in umgekehrter Ausbaureihenfolge.
- Waschwasserbehälter auffüllen.

Waschdüsen für Scheinwerfer-Reinigungsanlage aus- und einbauen

Hinweis: Die Scheinwerfer-Waschdüsen können nicht eingestellt werden.

Ausbau

- Innenkotflügel ausbauen, siehe Seite 291.

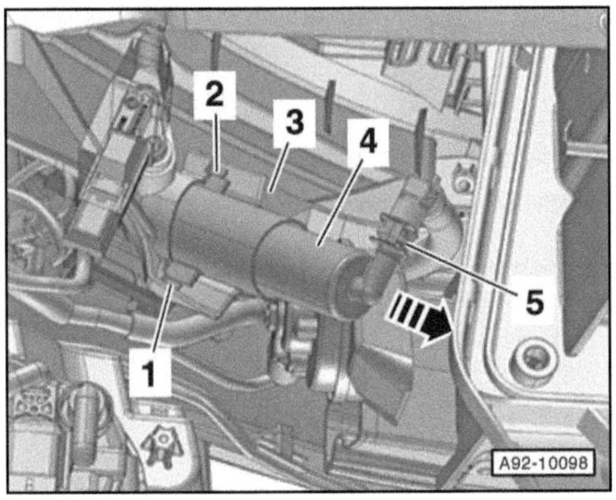

- Auffangbehälter für Scheibenwaschwasser unter die Waschdüse stellen.
- Wasserschlauch –5– abziehen, dazu die Entriegelungstaste ziehen.
- Haltefedern –1– und –2– an der Waschdüse nach oben entriegeln und gleichzeitig die Spritzdüse –4– nach hinten aus der Aufnahme –3– in Pfeilrichtung herausziehen.

Einbau

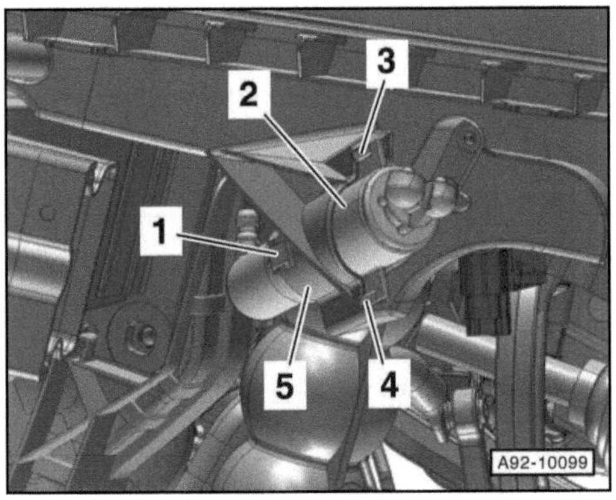

- Der Einbau erfolgt in umgekehrter Ausbaureihenfolge. Dabei darauf achten, dass die Haltefedern –3– und –4– der Waschdüse –2– nur hörbar einrasten können, wenn die seitliche Führung –1– korrekt in der Aufnahme –5– sitzt.

Frontscheibenwischanlage

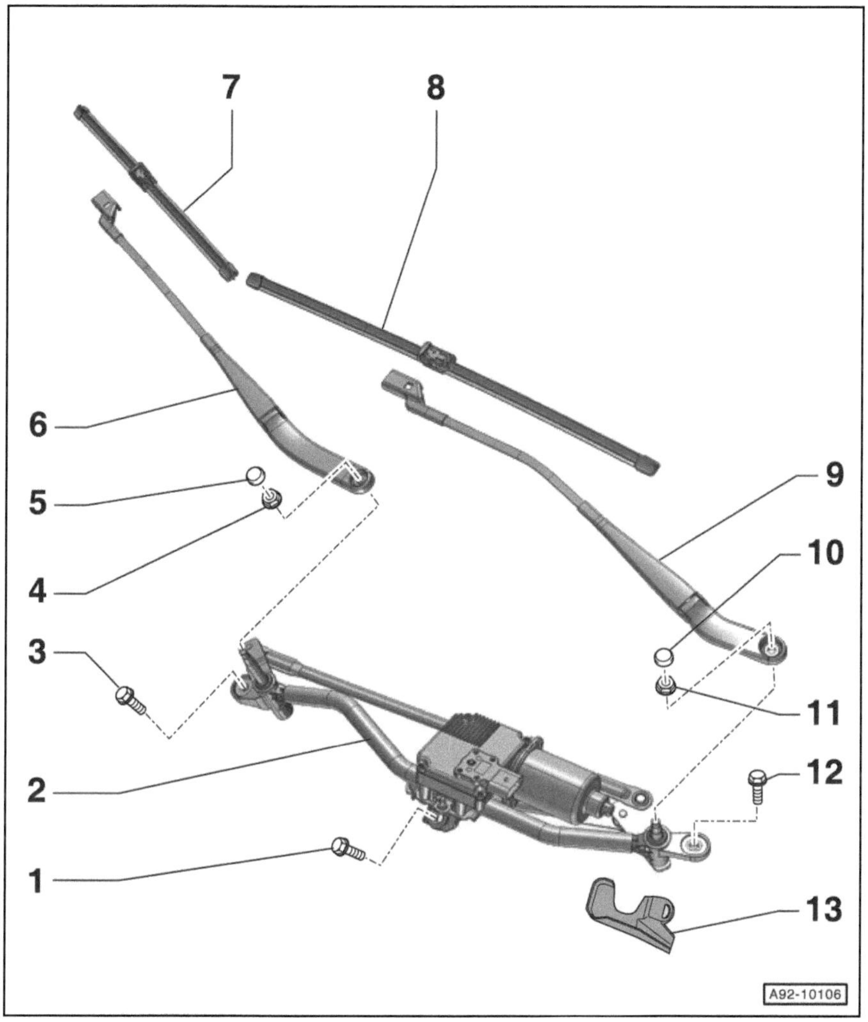

1 – **Schraube, 8 Nm**
Für Wischergestänge.
Anzugsreihenfolge beachten.

2 – **Scheibenwischergestänge**
Mit Motor und Steuergerät für Scheibenwischermotor.

3 – **Schraube, 8 Nm**
Für Wischergestänge.
Anzugsreihenfolge beachten.

4 – **Mutter, 17 Nm**

5 – **Abdeckkappe**

6 – **Scheibenwischerarm**
Beifahrerseite.

7 – **Scheibenwischerblatt**
Beifahrerseite.

8 – **Scheibenwischerblatt**
Fahrerseite

9 – **Scheibenwischerarm**
Fahrerseite

10 – **Abdeckkappe**

11 – **Mutter, 17 Nm**

12 – **Schraube, 8 Nm**
Für Wischergestänge.
Anzugsreihenfolge beachten.

13 – **Wasserablaufrinne**

Wischerarme an der Frontscheibe aus- und einbauen

Hinweis: Falls bei ausgebauten Wischerarmen der Wischermotor laufen soll, dann muss die Motorhaube geschlossen sein, da andernfalls die Spannungsversorgung des Scheibenwischermotors unterbrochen ist.

Ausbau

- Frontscheibe mit Wasser benetzen.
- Scheibenwischer in Servicestellung bringen, siehe entsprechendes Kapitel.
- Zündung ausschalten, Zündschlüssel abziehen.
- Stellung der Wischergummis bei korrekt eingestellten Wischerarmen auf der Scheibe markieren, zum Beispiel mit Klebeband.

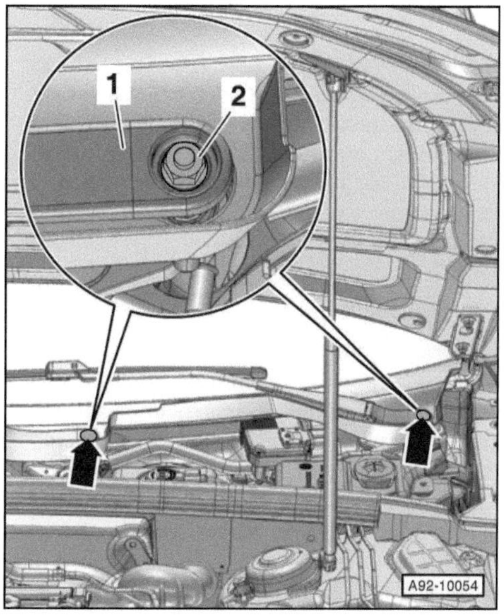

- Mit einem Schraubendreher die Abdeckkappen –Pfeile– von den Scheibenwischerarmen –1– abhebeln.

- Muttern –2– ca. 2 Umdrehungen lösen, noch nicht ganz abschrauben. Wischerarme –1–leicht hin und her bewegen, bis er sich von der Welle löst. Mutter ganz abschrauben und Wischerarm von der Welle abziehen.

Hinweis: Falls der Wischerarm schwer abzuziehen ist, mit einem Gabelschlüssel und einer Unterlage unter den Wischerarm greifen und diesen vorsichtig abhebeln oder Wischerarm mit einem geeigneten Abzieher wie folgt abziehen:

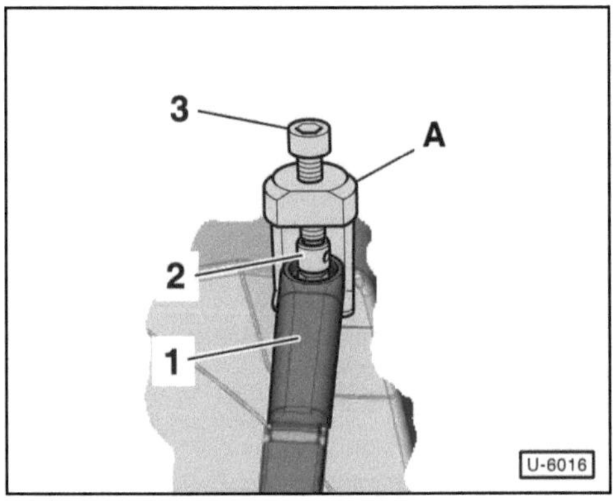

- Abzieher –A– am Scheibenwischerarm –1– ansetzen. A = VW/AUDI-T10369/1 oder HAZET 4855-3/-8.
- Druckstück –2– an der Scheibenwischerachse ansetzen.
- Schraube –3– im Uhrzeigersinn drehen, bis der Scheibenwischerarm von der Scheibenwischerachse abgezogen ist.
- Abzieher abnehmen.
- Mutter ganz abschrauben und Scheibenwischerarm abnehmen.

Einbau

Achtung: Darauf achten, dass beim Aufsetzen der Wischerarme die Karosserie nicht beschädigt wird. **Hinweis:** Die Wischerarme haben unterschiedliche Längen für Fahrer- und Beifahrerseite.

- Wischerarm auf die Wischerwelle aufsetzen und anhand der beim Ausbau angebrachten Klebeband-Markierung ausrichten. Oder Abstand zwischen Wischerblatt und Windlaufgrill einstellen, gemessen an der rechten Spitze des Wischers, siehe auch »Ruhestellung der Wischerblätter prüfen« auf Seite 64.
  Einstellmaße:
  Wischer rechts: 0^{+10} mm;
  Wischer links: 7^{+10} mm.
- Mutter anschrauben und handfest anziehen.
- Endstellung der Wischerarme überprüfen. Dazu Motorhaube schließen, Scheibe mit Wasser benetzen und Scheibenwischer kurz laufen lassen. Die Wischerarme müssen in die eingestellte Endstellung zurückkehren und dürfen sich beim Wischen nicht über den Scheibenrand hinausbewegen. Gegebenenfalls Mutter lösen und Einstellung erneut vornehmen.
- Muttern mit **17 Nm** festziehen. Abdeckkappen aufdrücken.

Wischermotor mit Gestänge an der Frontscheibe aus- und einbauen

Ausbau

- Motorhaube öffnen und Abdeckung über Wasserkasten ausbauen, siehe Seite 286.
- Wischerarme ausbauen, siehe entsprechendes Kapitel.

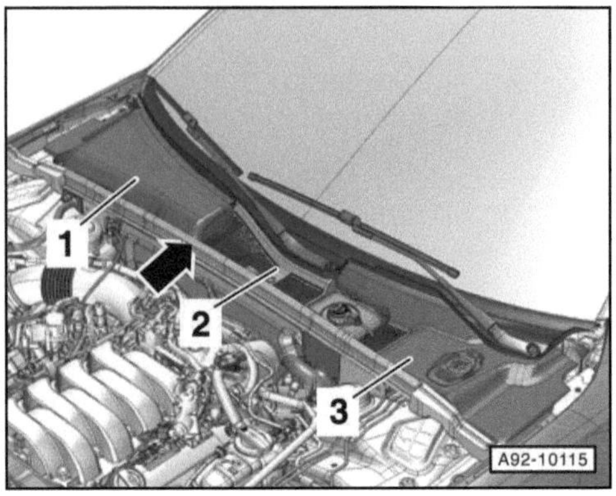

- Dichtung –Pfeil– an der Spritzwand abziehen.
- Wasserkastenabdeckungen –1–, –2– und –3– ausclipsen und abnehmen.

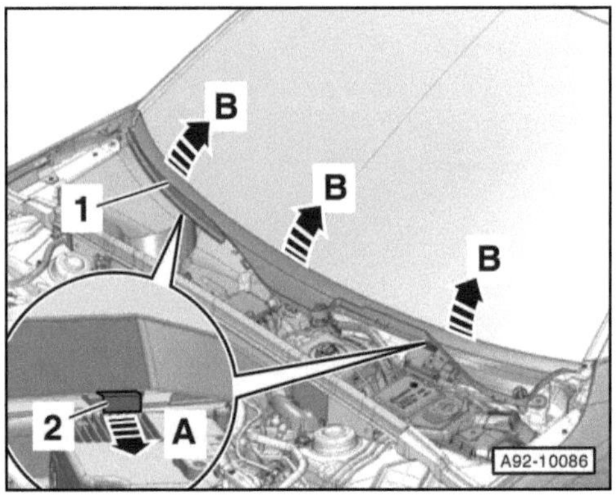

- Sicherungsclips –2– in Pfeilrichtung –A– abziehen.

Achtung: Die Windlaufblende –1– kann beim Ausbau leicht beschädigt werden. Dieshalb Übergang zwischen Frontscheibe und Windlaufblende mit etwas Seifenlauge bestreichen.

- Windlaufblende –1– vom Scheibenrand beginnend vorsichtig von der Verrastung an der Frontscheibe senkrecht nach oben in Pfeilrichtung –B– herausziehen.

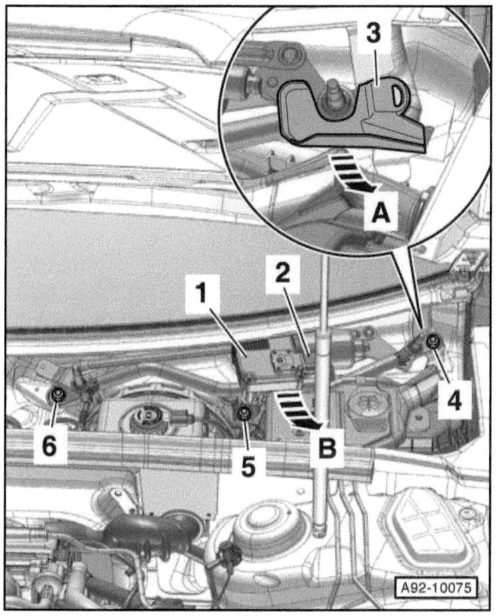

- Stecker –2– abziehen.
- Regenrinne –3– am Gestänge in Pfeilrichtung –A– abziehen.
- Schrauben –4–, –5– und –6– herausdrehen.
- Scheibenwischerrahmen –1– mit Gestänge und Scheibenwischermotor in Pfeilrichtung –B– nach oben drehen und in Fahrtrichtung nach vorn aus dem Wasserkasten herausnehmen.

Einbau

- Scheibenwischerrahmen mit Motor entgegen der Pfeilrichtung –B– in den Wasserkasten einsetzen.
- Schrauben in der Reihenfolge –6–, –4– und –5– zunächst von Hand bis zur Anlage eindrehen und anschließend in derselben Reihenfolge mit **8 Nm** festziehen.
- Regenablaufrinne am Scheibenwischermotor aufstecken.
- Der weitere Einbau erfolgt in umgekehrter Ausbaureihenfolge.

Heckscheibenwischanlage

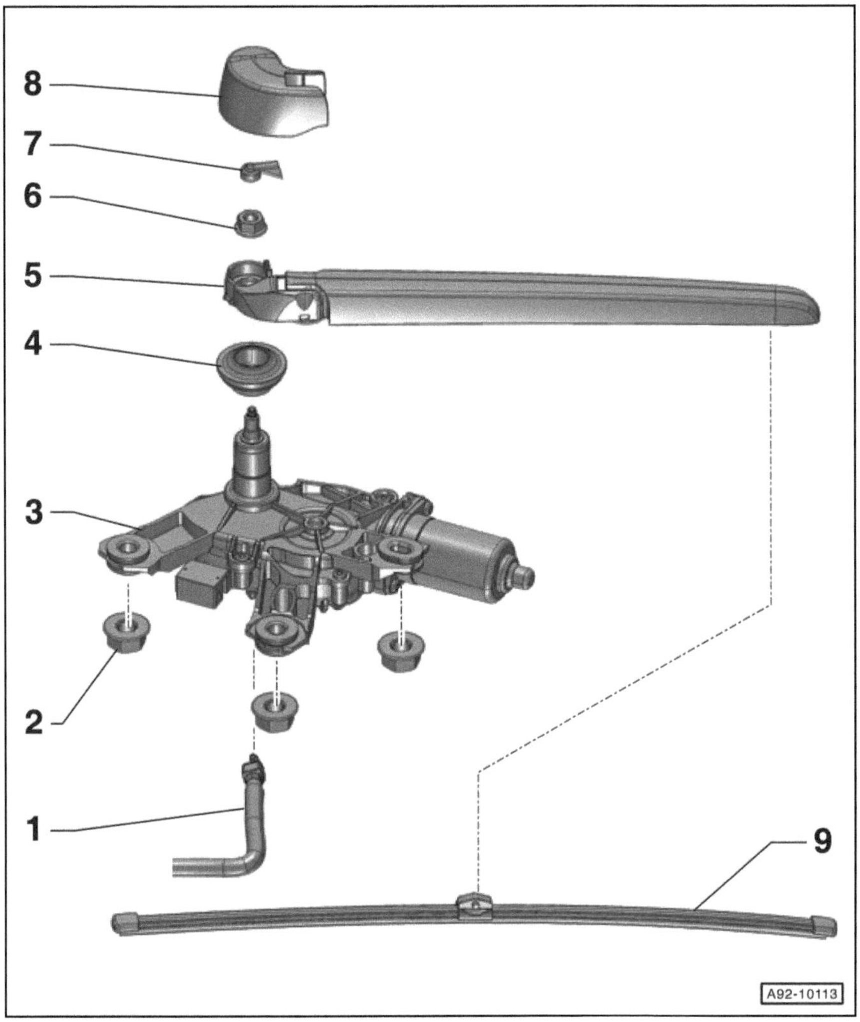

1 – **Waschwasserleitung**
2 – **Mutter, 8 Nm**
3 – **Heckwischermotor**
4 – **Dichtgummi**
5 – **Scheibenwischerarm**
6 – **Mutter, 12 Nm**
7 – **Waschdüse**
8 – **Abdeckkappe**
9 – **Scheibenwischerblatt**

Wischerarm an der Heckscheibe aus- und einbauen

AVANT

Ausbau

- Scheibenwischer in Endstellung bringen. Dazu Zündung einschalten, Heckwischer betätigen und mit dem Wischerschalter ausschalten, damit der Heckwischer in Endstellung läuft.
- Zündung ausschalten und Zündschlüssel abziehen.
- Stellung des Wischergummis auf der Scheibe markieren, zum Beispiel mit Klebeband.

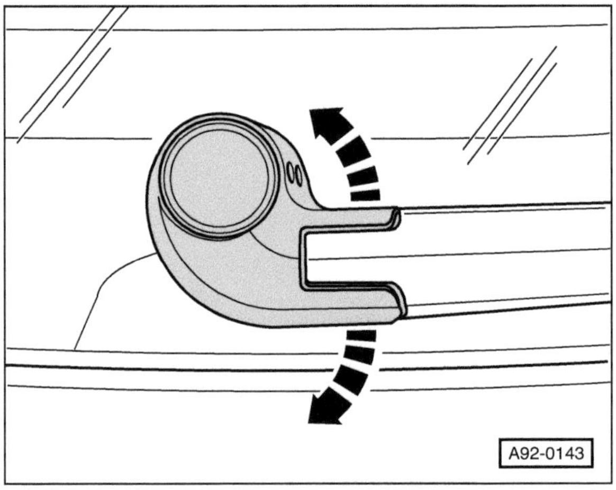

- Abdeckkappe vorsichtig spreizen –Pfeile– und von der Wischerwelle abhebeln.

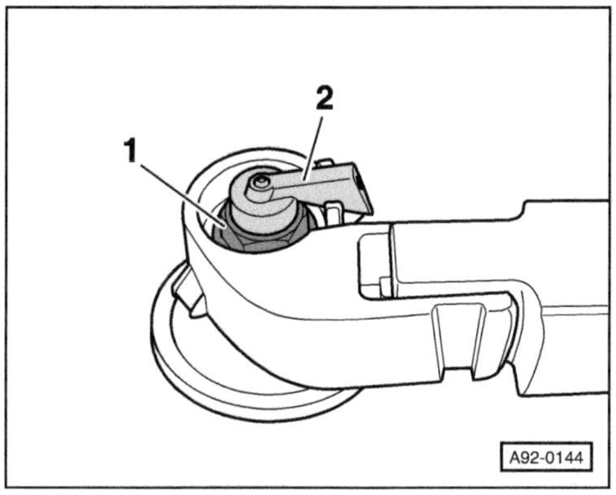

- Scheibenwaschdüse –2– vorsichtig vom Anschlussrohr abziehen.
- Mutter –1– eine Umdrehung lösen.
- Scheibenwischerarm durch Hin- und Herbewegen vorsichtig von der Achse lösen. Fest sitzenden Wischerarm mit einem Abzieher wie folgt abziehen:

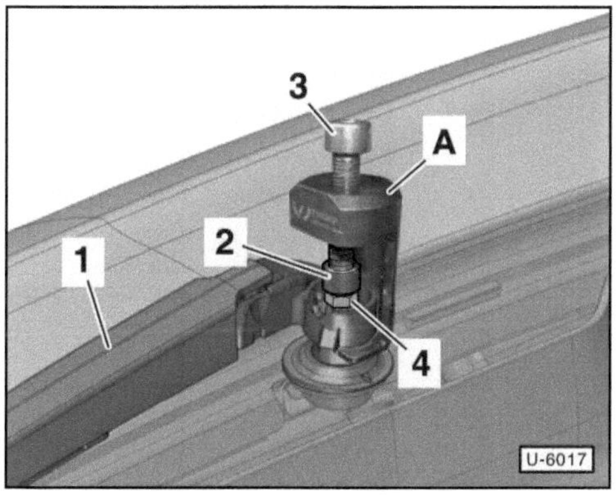

- Auf die Befestigungsmutter eine M6-Mutter –4– auflegen.
- Abzieher –A– am Scheibenwischerarm –1– ansetzen. A = VW/AUDI-T10369/1 oder HAZET 4855-7/-8.
- Druckstück –2– an der Scheibenwischerachse ansetzen.
- Schraube –3– im Uhrzeigersinn drehen, bis der Scheibenwischerarm von der Scheibenwischerachse abgezogen ist.
- Abzieher abnehmen, Mutter ganz abschrauben und Scheibenwischerarm abnehmen.

Einbau

- Sicherstellen, dass der Scheibenwischermotor in Endstellung steht. Gegebenenfalls Motor kurz laufen lassen und mit Wischerschalter abschalten.
- Wischerarm auf die Wischerwelle aufsetzen und anhand der beim Ausbau angebrachten Klebeband-Markierung ausrichten. Oder Abstand zwischen Wischerblatt und Scheibenunterkante einstellen, gemessen an der rechten Spitze des Wischers. **Einstellmaß**: 19 mm bis maximal 24 mm, siehe auch Seite 64.
- Mutter aufschrauben und handfest anziehen.
- Einstellung des Wischerarms überprüfen, gegebenenfalls erneut vornehmen.
- Mutter mit **12 Nm** festziehen und Abdeckkappe aufdrücken.

Wischermotor an der Heckscheibe aus- und einbauen

AVANT

Ausbau

- Wischerarm ausbauen, siehe entsprechendes Kapitel.
- Heckklappenverkleidung unten ausbauen, siehe Seite 272.

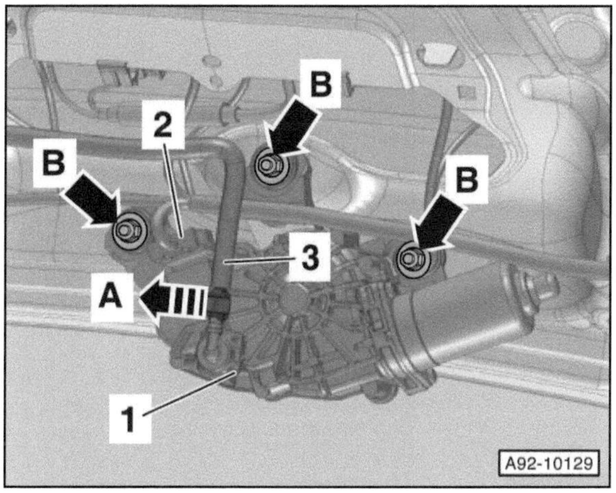

- Stecker –2– vom Wischermotor –1– abziehen.
- Sicherungsklammer in Pfeilrichtung –A– entriegeln und Waschwasserleitung –3– vom Anschlussrohr der Spritzdüse abziehen.
- Muttern –Pfeile B– herausdrehen und Wischermotor –1– aus der Heckklappe ziehen.

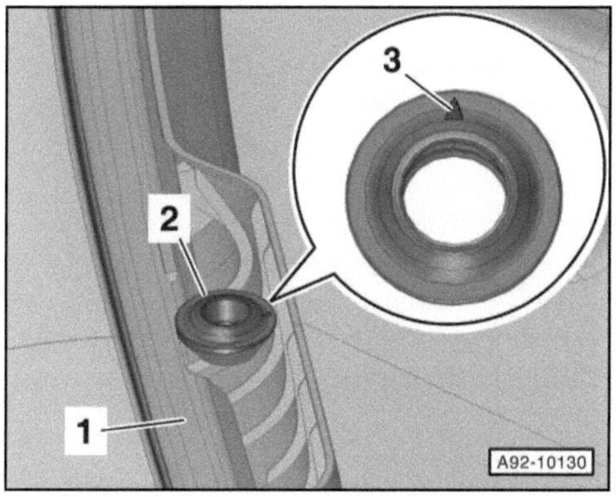

- Dichttülle –2– auf Beschädigung und Porosität prüfen, gegebenenfalls ersetzen. In diesem Fall Dichttülle vorsichtig aus der Heckscheibe heraushebeln.

Einbau

- Falls ausgebaut, Dichttülle –2– so in die Heckscheibe –1– einsetzen, dass die Markierung –3– nach oben zeigt.

- Wischermotor an der Heckklappe mit **8 Nm** festschrauben. Dabei auf richtigen Sitz des Dichtgummis an der Durchführung achten.
- Wasserschlauch so auf Anschlussstück aufdrücken, dass er hörbar einrastet.
- Stecker am Wischermotor aufschieben.
- Scheibenwischermotor in Endstellung bringen, dazu Zündung einschalten, Wischermotor kurz laufen lassen und mit dem Wischerschalter abschalten. Zündung ausschalten und Zündschlüssel abziehen.
- Der weitere Einbau erfolgt in umgekehrter Ausbaureihenfolge.

Beleuchtungsanlage

Lampentabelle

12-Volt-Glühlampe für	Typ	Leistung	Einsatz
Abblendlicht (Halogen	H7	55 W	ab 12/07
Fernlicht (Halogen)	H7	55 W	ab 12/07
Abblendlicht/Fernlicht (Bi-Xenon)	D3S	35 W	ab 12/07
Standlicht/Tagesfahrlicht (Halogen)	PSX	26 W	ab 11/11
Blinklicht vorn (Bi-Xenon)	–	24 W	ab 11/11
Kurvenlicht (Bi-Xenon)	H7	55 W	ab 11/11
Nebelschenwerfer	H8	35 W	ab 11/11
Standlicht/Tagesfahrlicht (Halogen)	–	13 W [1]	12/07 – 10/11
Blinklicht vorn (Halogen)	PY	24 W	12/07 – 10/11
Blinklicht vorn (Bi-Xenon)	H	21 W	12/07 – 10/11
Nebelschenwerfer	H11	55 W	12/07 – 10/11
Brems-/Schlusslicht außen	P	21 W	ab 12/07
Blinklicht hinten außen	P	21 W	ab 12/07
Schlusslicht innen	P	21 W	ab 12/07
Rückfahrscheinwerfer innen	W	16 W	ab 12/07
Nebelschlussleuchte (Limousine)	P	21 W	ab 12/07
Nebelschlussleuchte (AVANT)	H	21 W	ab 12/07
Schlusslicht außen /innen (LED-Leuchte links)	–	18 W	ab 12/07
Schlusslicht außen (LED-Leuchte rechts)	W	16 W	ab 12/07
Schlusslicht innen (LED-Leuchte)	–	21 W	12/07 – 10/11
Rückfahrlicht innen (Limousine, LED-Leuchte links)	–	18 W	12/07 – 10/11
Rückfahrlicht innen (Limousine, LED-Leuchte rechts)	W	16 W	12/07 – 10/11
Kennzeichenleuchte	C	5 W	ab 12/07
Einstiegsleuchte vorn/Türwarnleuchte	W	3 W	ab 12/07
Handschuhfachleuchte/Kofferraumleuchte/Umfeldleuchte	W	5 W	ab 12/07
Make-Up-Leuchte	–	5 W	ab 12/07
Innenleuchte vorn	–	10 W	ab 12/07
Leseleuchte/Innenleuchte hinten	–	5 W	ab 12/07

[1]) Standlicht 70% gedimmt.
H7: Halogenlampe; P: Bajonett-Sockel; C: Soffitte;
W: Glassockel, Y: Leuchentfarbe orange.

Die Klammerbezeichnungen (Halogen) oder (Bi-Xenon) bedeutet, dass die betreffende Lampe im Halogen- beziehungsweise Xenonscheinwerfer eingebaut ist.

Fahrzeuge seit 11/2011

Glühlampen für Außenbeleuchtung vorn auswechseln

Glühlampen grundsätzlich nur durch solche gleicher Ausführung ersetzen. Vor einem Lampenwechsel sicherstellen, dass der betreffende Schalter ausgeschaltet ist.

Die richtige Lampenbezeichnung steht in der Betriebsanleitung oder auf dem Sockel der ausgebauten Lampe.

Den Glaskolben einer leistungsstarken Glühlampe nicht mit bloßen Fingern berühren. Am besten ein sauberes Stofftuch dazwischen legen oder Baumwollhandschuhe anziehen, denn Fingerabdruck-Rückstände würden sich auf dem Reflektor absetzen und den Scheinwerfer matt werden lassen. Dies gilt insbesondere für Haupt- und Nebelscheinwerfer-Glühlampen. Versehentlich entstandene Berührungsflecken auf dem Glaskolben mit einem sauberen, nicht fasernden Tuch und etwas Spiritus abwischen.

Beim Hauptscheinwerfer kommen neben **Halogenlampen** auch **Bi-Xenonlampen mit Kurvenlicht** zum Einsatz.

Hinweis: Der Aufbau sowie die Anordnung der Glühlampen bei Xenon-Scheinwerfern entspricht denen bei Halogen-Scheinwerfern.

Achtung: Halogen- und Xenon-Lampen stehen unter Druck und können platzen. Deshalb beim Lampenwechsel Schutzbrille und Handschuhe tragen. Xenon-Lampen sind Sondermüll, da sie Quecksilber und Spuren von Thallium enthalten. Hautkontakt mit zerstörten Lampen vermeiden.

Achtung: Die mit einem Schutzlack beschichteten Kunststoffscheiben der Hauptscheinwerfer dürfen auf keinen Fall mit einem trockenen oder gar scheuernden Lappen gesäubert werden. Es dürfen auch keine Reinigungs- oder Lösungsmittel benutzt werden. Die Scheiben nur mit einem weichen, feuchten Tuch reinigen.

Sicherheitshinweise Xenon-Scheinwerfer
Vorsicht beim Lampenwechsel an Xenon-Scheinwerfern. Verletzungsgefahr durch Hochspannung! Personen mit Herzschrittmacher dürfen keine Arbeiten an Xenon-Scheinwerfern vornehmen. **Folgende Sicherheitsmaßnahmen müssen auf jeden Fall befolgt werden:**

- Vor Arbeiten an den mit gelben Hochspannungssymbolen gekennzeichneten Teilen des Xenon-Scheinwerfers unbedingt Batterie-Masseleitung abklemmen.
- Anschließend das Abblendlicht ein- und wieder ausschalten. Damit werden eventuelle Restspannungen abgebaut.
- Zündung und alle elektrischen Verbraucher ausschalten und Zündschlüssel abziehen.
- Das Steuergerät für Xenonlampe darf nie ohne Xenonlampe betrieben werden.
- Die Xenonlampe darf aufgrund der hohen Spannungen (über 28.000 Volt beim Zünden der Xenonlampe) nur im Scheinwerfergehäuse betrieben werden.
- Die Xenonlampe darf aufgrund der hohen Temperaturen, der Absorption der UV-Strahlung, der Vermeidung von Blendgefahr nur im Scheinwerfergehäuse betrieben werden.
- Nicht in den Lichtstrahl schauen, das Sehvermögen kann für längere Zeit beeinträchtigt werden.
- Der Glaskolben der Xenonlampe steht unter Druck; bei kalter Lampe mit ca. 7 bar, bei heißer Lampe mit bis zu 100 bar. Am heißen Glaskolben können bis zu +700° C erreicht werden.
- Zum Aus- und Einbau der Xenonlampe unbedingt Schutzbrille und Handschuhe benutzen.
- Xenonlampen sind Sondermüll. Sie enthalten metallisches Quecksilber (Hg) und Spuren von Thallium.
- Xenonlampen nicht zerstören, Kontakt mit geborstenen Glaskolben vermeiden.
- Xenonlampen nur in den vorgesehenen Behältnissen bei einer zuständigen Annahmestelle entsorgen.
- Glaskolben der Xenonlampen nicht mit bloßen Fingern anfassen. Der zurückbleibende Fingerabdruck würde durch die Wärme der eingeschalteten Glühlampe verdunsten und sich auf dem Reflektor niederschlagen, was die Leuchtkraft des Scheinwerfers beeinträchtigt. Zum Einsetzen der Xenonlampe saubere Stoffhandschuhe verwenden.
- Defekte Xenonlampen nur durch Xenonlampen gleicher Ausführung ersetzen. Die Bezeichnung steht auf dem Lampensockel oder auf dem Glaskolben.
- Steckverbindungen beim Einbau richtig einrasten und auf festen Sitz der Steckverbindung achten.

Allgemeine Hinweise zum Lampenwechsel

- Grundsätzlich Lichtschalter ausschalten, Zündung ausschalten, Zündschlüssel abziehen.
- Bei Arbeiten an Xenon-Scheinwerfern zusätzlich die Sicherheitshinweise im grauen Kasten beachten.
- Motorhaube öffnen.
- Beim Einbau auf richtigen Sitz des jeweiligen Gehäusedeckels achten, so dass kein Wasser in den Scheinwerfer eintreten kann.
- Nach dem Einbau neue Glühlampe auf Funktion überprüfen. Gegebenenfalls Scheinwerfer-Einstellung von einer Werkstatt kontrollieren und einstellen lassen.

Abblendlicht (Halogen-Scheinwerfer)

Seit 11/2011

Ausbau

- **Rechter Scheinwerfer:** Luftfiltergehäuse ausbauen, siehe Seite 237.

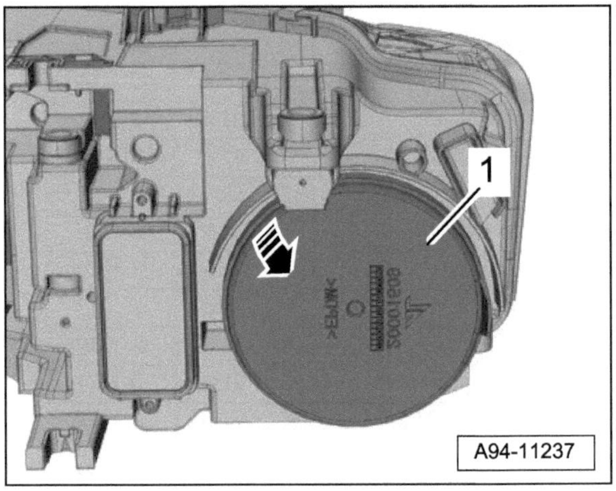

- Gehäusedeckel –1– vom Scheinwerfergehäuse abziehen –Pfeil–.

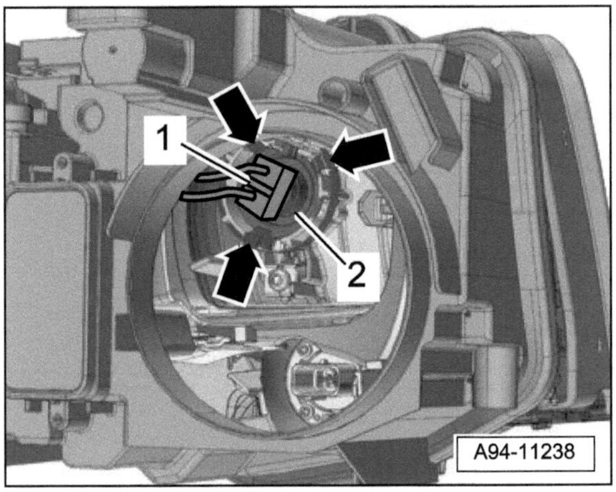

- Lampe –2– aus den Federklammern –Pfeile– herausziehen.
- Stecker –1– von der Lampe abziehen.

Einbau

- Elektrische Steckverbindung anschließen und die neue Lampe über den Widerstand der Federklammern in das Gehäuse hineindrücken, dabei den Glaskolben nicht mit der bloßen Hand berühren.

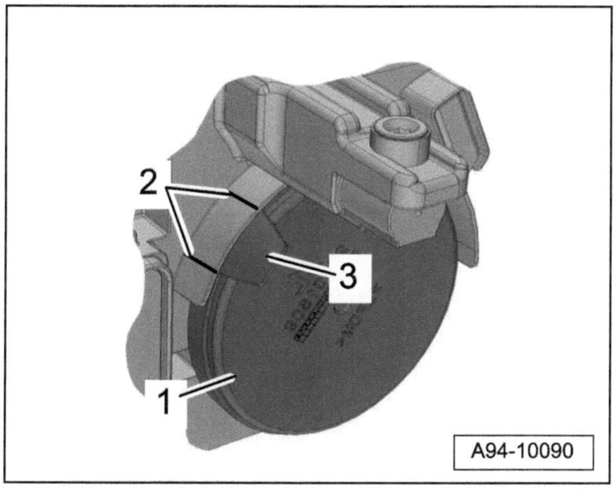

- Gehäusedeckel –1– schließen, dabei muss die Lasche –3– der Markierung –2– am Scheinwerfergehäuse gegenüberstehen.
- **Rechter Scheinwerfer:** Luftfiltergehäuse einbauen, siehe Seite 237.

Fernlicht (Halogen-Scheinwerfer)

Seit 11/2011

Ausbau

- **Rechter Scheinwerfer:** Luftfiltergehäuse ausbauen, siehe Seite 237.

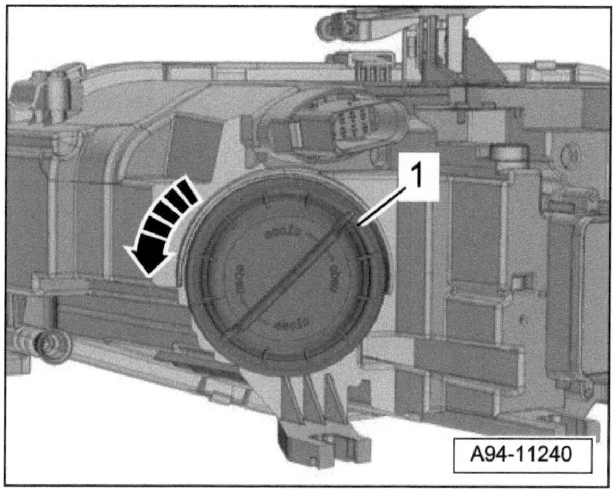

- Gehäusedeckel –1– im Gegenuhrzeigersinn –Pfeil– drehen und vom Scheinwerfergehäuse abnehmen.

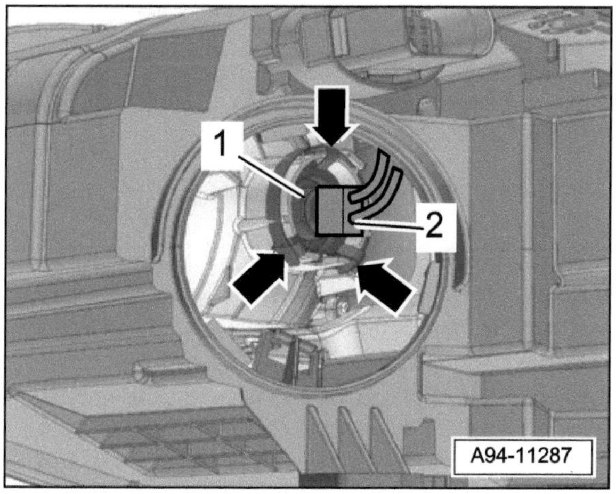

- Lampe –1– aus den Federklammern –Pfeile– herausziehen.
- Stecker –2– von der Lampe abziehen.

Einbau

- Elektrische Steckverbindung anschließen und die neue Lampe über den Widerstand der Federklammern in das Gehäuse hineindrücken, dabei den Glaskolben nicht mit der bloßen Hand berühren.
- Gehäusedeckel im Uhrzeigersinn schließen.
- **Rechter Scheinwerfer:** Luftfiltergehäuse einbauen, siehe Seite 237.

Standlicht/Tagesfahrlicht (Halogen-Scheinwerfer)

Seit 11/2011

Ausbau

- **Rechter Scheinwerfer:** Luftfiltergehäuse ausbauen, siehe Seite 237.
- Gehäusedeckel für Abblendlichtlampe abziehen, siehe Abbildung A94-11237.

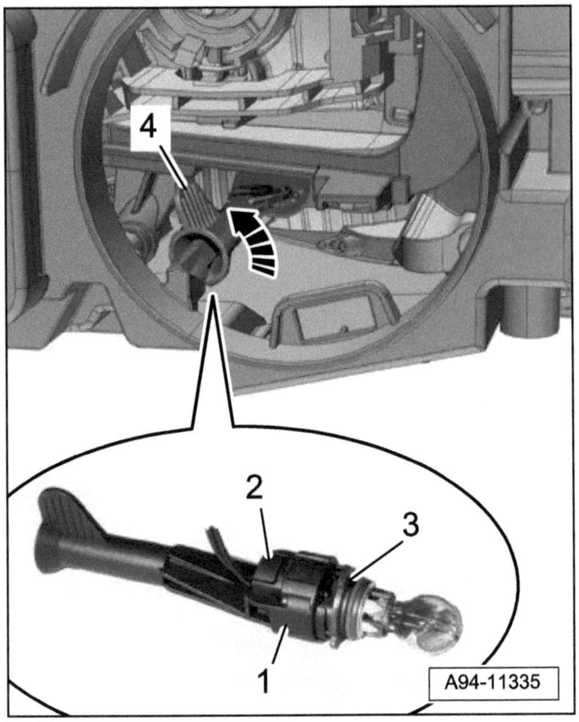

- Fassung –4– beim linken Scheinwerfer im Uhrzeigersinn und beim rechten Scheinwerfer im Gegenuhrzeigersinn –Pfeil– drehen.
- Fassung nach oben aus der Aufnahme aushängen und aus dem Scheinwerfergehäuse herausziehen.
- Halteklammer –2– entriegeln und elektrische Steckverbindung –1– von der Fassung –3– der Lampe abziehen.

Einbau

- Der Einbau erfolgt in umgekehrter Ausbaureihenfolge, dabei Folgendes beachten:
- Elektrische Steckverbindung anschließen und die neue Lampe in das Gehäuse einsetzen, dabei den Glaskolben nicht mit der bloßen Hand berühren.
- Fassung in die Aufnahme am Scheinwerfergehäuse einsetzen und verriegeln.

Achtung: Die Öffnung –Pfeil– in der Fassung –2– muss der Aufnahme –1– gegenüberstehen.

- Gehäusedeckel –1– schließen, dabei muss die Lasche –3– der Markierung –2– am Scheinwerfergehäuse gegenüberstehen, siehe Abbildung A94-10090.
- **Rechter Scheinwerfer:** Luftfiltergehäuse einbauen, siehe Seite 237.

Blinklicht vorn (Halogen-Scheinwerfer)

Seit 11/2011

Ausbau

- **Rechter Scheinwerfer:** Luftfiltergehäuse ausbauen, siehe Seite 237.
- Gehäusedeckel für Abblendlichtlampe abziehen, siehe Abbildung A94-11240.

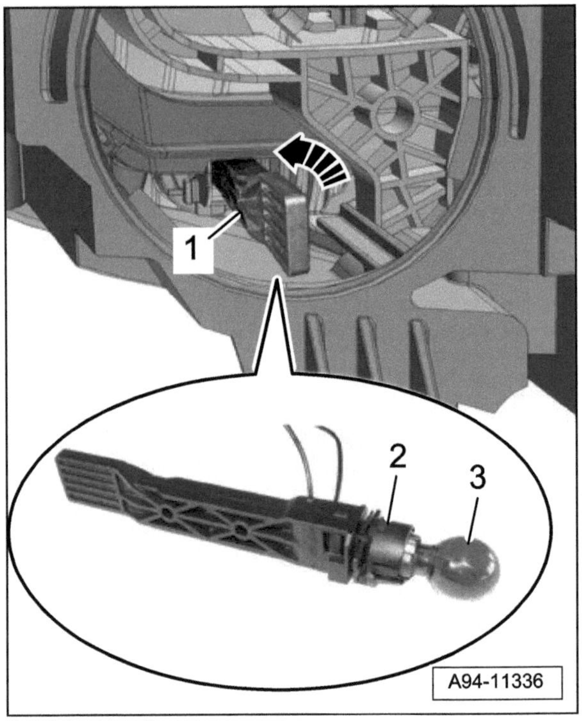

- **Linker Scheinwerfer:** Lampenhalter –1– im Uhrzeigersinn (entgegen der Pfeilrichtung) drehen und dadurch entriegeln.
- **Rechter Scheinwerfer:** Lampenhalter –1– gegen den Uhrzeigersinn –Pfeil– drehen und dadurch entriegeln.
- Halter mit Lampe aus dem Gehäuse herausziehen.
- Lampe –3– aus der Fassung –2– herausziehen.

Einbau

- Der Einbau erfolgt in umgekehrter Ausbaureihenfolge.

Scheinwerfer aus- und einbauen

Seit 11/2011

Ausbau

- Zündung ausschalten und Zündschlüssel abziehen.
- Lichtschalter in Stellung »0« drehen.
- Schlossträgerabdeckung ausbauen, siehe Seite 285.

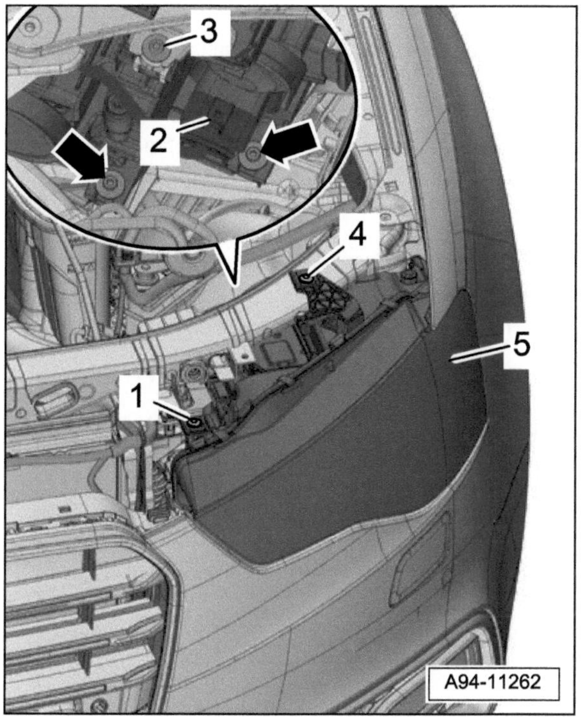

- Elektrische Steckverbindung –2– trennen.
- Schrauben –1– und –4– herausdrehen.
- Schraube –3– herausdrehen und Einstellelement vom Scheinwerfergehäuse abziehen.
- Schrauben –Pfeile– am Scheinwerfergehäuse einige Umdrehungen lösen.
- Scheinwerfer –5– nach vorn aus der Karosserie herausnehmen. **Hinweis:** Je nach Ausführung muss dazu der Entlüftungsschlauch vom Halter abgezogen werden.

Einbau

- Der Einbau erfolgt in umgekehrter Ausbaureihenfolge, dabei Folgendes beachten:

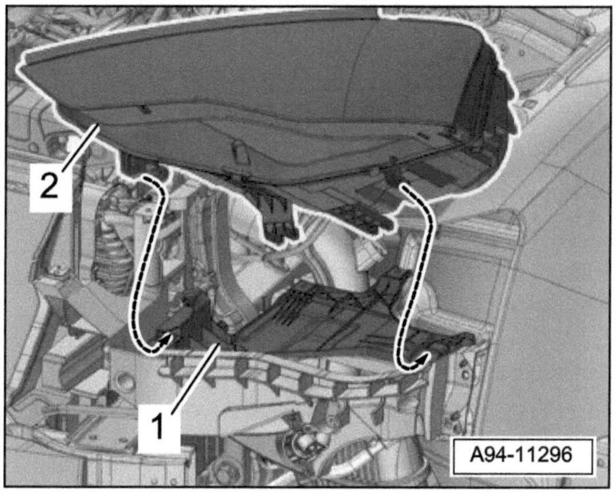

- Beim Einsetzen des Scheinwerfers –2– in die Aufnahme –1– darauf achten, dass die Führungsschienen am Scheinwerfer in die Führungen der Aufnahme eingreifen –Pfeile–.
- Der Scheinwerfer muss sich leicht und ohne Kraftaufwand in die Aufnahme einschieben lassen.

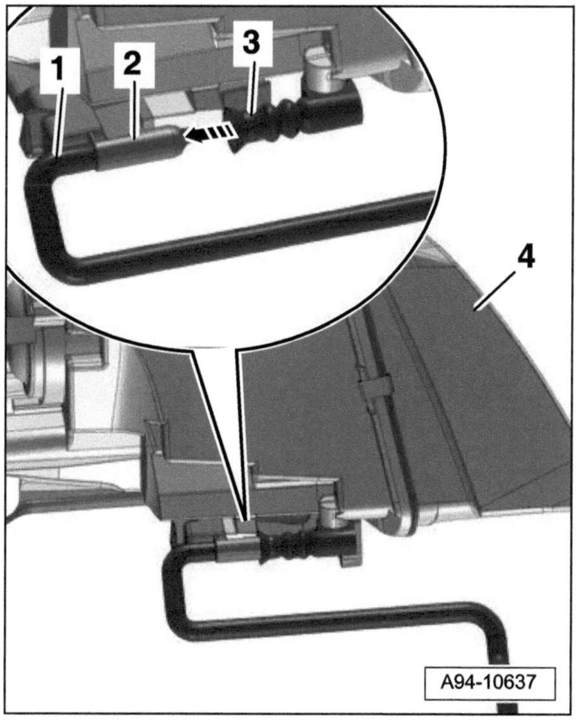

- Darauf achten, dass beim Einschieben des Scheinwerfers –4– die Entlüftung –3– gleichmäßig an der Aufnahme –2– für den Entlüftungsschlauch –1– aufgeschoben wird –Pfeil–.
- Schrauben –1, 3, 4– und –Pfeile– festziehen, siehe Abbildung A94-11262.
- Schlossträgerabdeckung einbauen, siehe Seite 285.
- Scheinwerfereinstellung prüfen lassen (Werkstattarbeit). Hinweise zum Einstellen der Scheinwerfer, siehe Seite 115.

Abblendlicht/Fernlicht (Xenon-Scheinwerfer)

Seit 11/2011

Ausbau

- Zündung ausschalten, Zündschlüssel abziehen.
- Lichtschalter ausschalten.

Achtung: Lebensgefahr durch Hochspannung. Sicherheitshinweise für Xenon-Scheinwerfer befolgen, siehe Seite 109.

- Batterie-Massekabel abklemmen, siehe Seite 77.
- Anschließend Schalter für Abblendlicht ein- und wieder ausschalten, damit eventuelle Restspannungen abgebaut werden
- **Rechter Scheinwerfer:** Luftfiltergehäuse ausbauen, siehe Seite 237.
- **AUDI RS4:** Scheinwerfer ausbauen, siehe Seite 113.

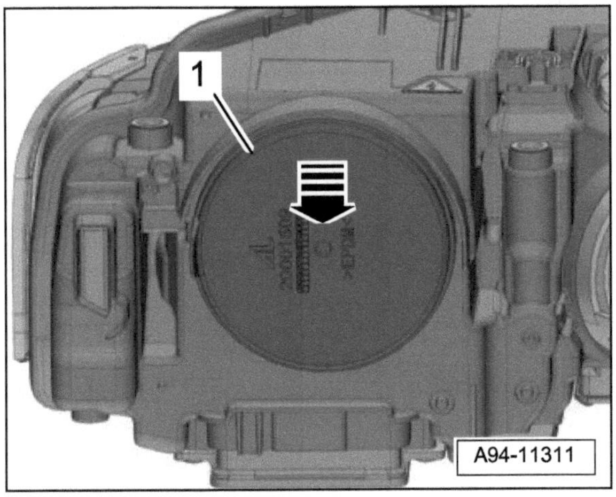

- Gehäusedeckel –1– vom Scheinwerfergehäuse abziehen –Pfeil–.

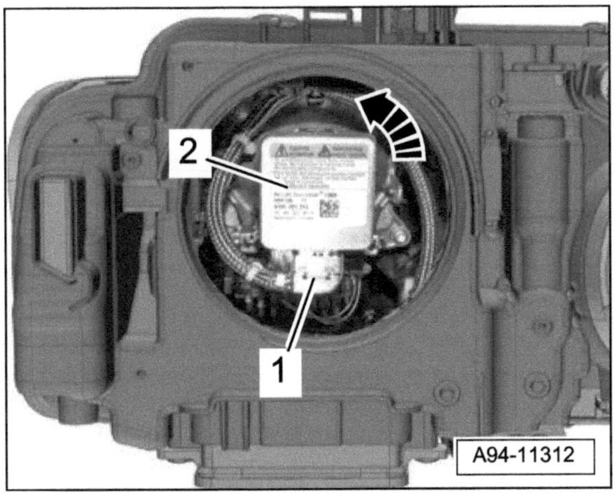

- Xenonlampe –2– in Pfeilrichtung drehen und aus dem Gehäuse herausnehmen.
- Elektrische Steckverbindung –1– trennen.

Einbau

- Der Einbau erfolgt in umgekehrter Ausbaureihenfolge, dabei Folgendes beachten:
- Neue Xenonlampe in das Gehäuse einsetzen und bis zum Anschlag im Uhrzeigersinn drehen, dabei den Glaskolben nicht mit der bloßen Hand berühren. Der elektrische Anschluss zeigt dann nach unten.
- Gehäusedeckel schließen.
- **AUDI RS4:** Scheinwerfer einbauen, siehe Seite 113.
- **Rechter Scheinwerfer:** Luftfiltergehäuse einbauen, siehe Seite 237.

Statisches Kurvenlicht (Xenon-Scheinwerfer)

Seit 11/2011

Ausbau

- **Rechter Scheinwerfer:** Luftfiltergehäuse ausbauen, siehe Seite 237.
- **AUDI RS4:** Scheinwerfer ausbauen, siehe Seite 113.

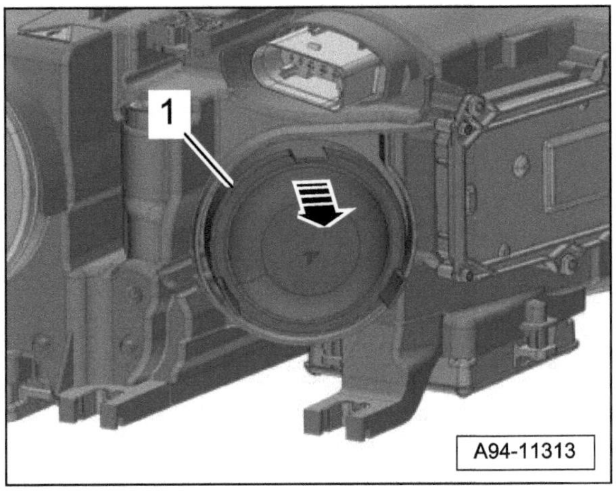

- Deckel –1– hinten vom Scheinwerfer abziehen –Pfeil–.

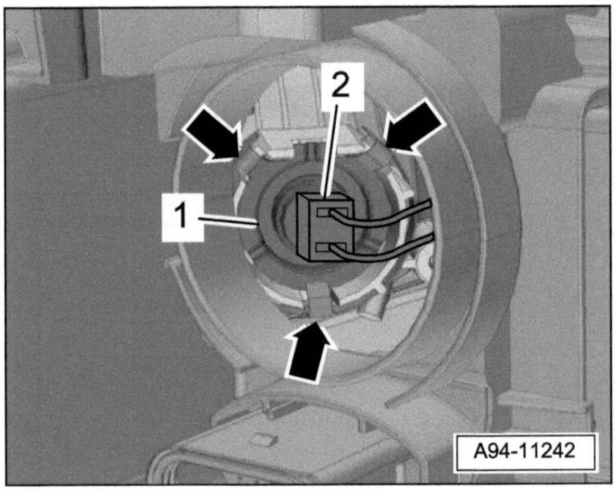

- Lampe –1– aus den Federklammern –Pfeile– herausziehen.
- Stecker –2– von der Lampe abziehen.

Einbau

- Der Einbau erfolgt in umgekehrter Ausbaureihenfolge, dabei Folgendes beachten:
- Stecker auf die Lampe aufstecken und die neue Lampe über den Widerstand der Federklammern in das Gehäuse hineindrücken, dabei den Glaskolben nicht mit der bloßen Hand berühren.
- Deckel schließen.
- **AUDI RS4:** Scheinwerfer einbauen, siehe Seite 113.
- **Rechter Scheinwerfer:** Luftfiltergehäuse einbauen, siehe Seite 237.

Blinklicht (Xenon-Scheinwerfer)

Seit 11/2011

Ausbau

- **Rechter Scheinwerfer:** Luftfiltergehäuse ausbauen, siehe Seite 237.
- **AUDI RS4:** Scheinwerfer ausbauen, siehe Seite 113
- Deckel –1– hinten vom Scheinwerfer abziehen –Pfeil–, siehe Abbildung A94-11313.

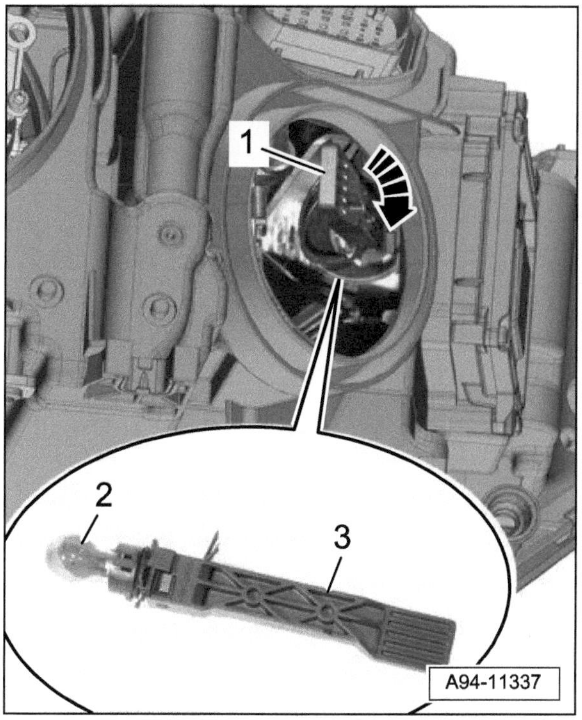

A94-11337

- **Linker Scheinwerfer:** Lampenhalter –1– im Uhrzeigersinn drehen –Pfeil– und dadurch entriegeln.
- **Rechter Scheinwerfer:** Lampenhalter –1– gegen den Uhrzeigersinn (entgegen der Pfeilrichtung) drehen und dadurch entriegeln.
- Halter mit Lampe aus dem Gehäuse herausziehen.
- Lampe –2– aus dem Halter –3– herausziehen.

Einbau

- Der Einbau erfolgt in umgekehrter Ausbaureihenfolge.

Scheinwerfer einstellen

Nach dem Einbau des Scheinwerfers die Scheinwerfer-Einstellung so bald wie möglich von einer Werkstatt kontrollieren und gegebenenfalls einstellen lassen. **Hinweis:** Nach dem Einbau von Xenon-Scheinwerfern muss in der Fachwerkstatt eine Grundeinstellung vorgenommen werden.

Achtung: Für die Verkehrssicherheit ist die exakte Einstellung der Scheinwerfer von großer Bedeutung.

Einstellvoraussetzungen:

- Eine Person oder 75 kg auf dem Fahrersitz.
- Tank mindestens zu 90% gefüllt.

Einstellschrauben:

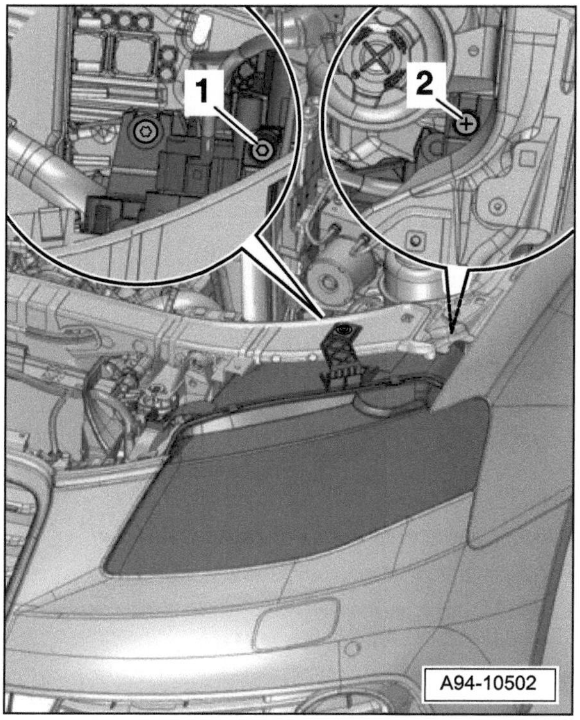

A94-10502

- Höheneinstellung mit Schraube –1–.
  Seiteneinstellung mit Schraube –2–.

Nebelscheinwerfer – Detailübersicht

Seit 11/2011

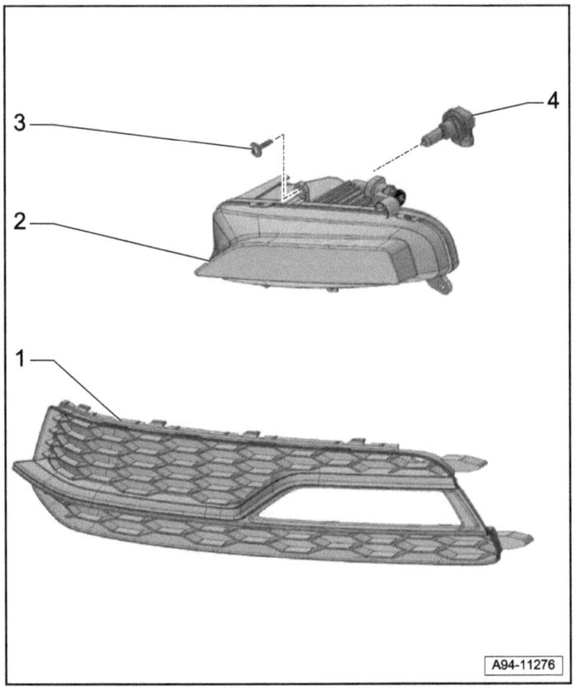

1 – Lufteinlassgitter

2 – Nebelscheinwerfer

3 – Schraube, 4,5 Nm
3 Stück.

4 – Lampe für Nebelscheinwerfer

Nebelscheinwerfer/Glühlampe aus- und einbauen

Seit 11/2011

Ausbau

- Zündung ausschalten und Zündschlüssel abziehen.
- Lichtschalter in Stellung »0« drehen.
- Lufteinlassgitter ausclipsen und nach außen herausschwenken, siehe Abbildung A94-11276.

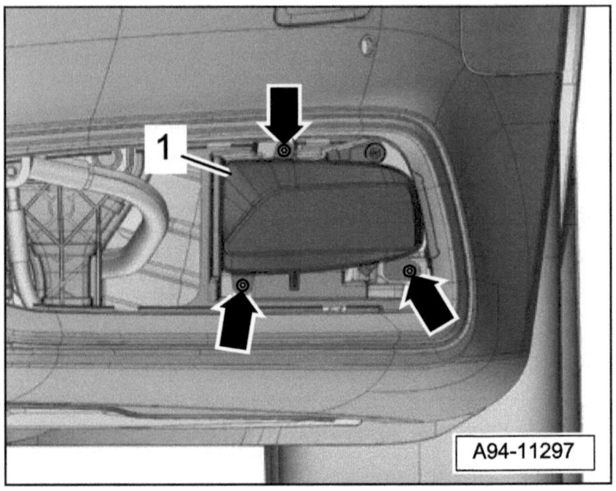

- 3 Schrauben –Pfeile– herausdrehen.
- Nebelscheinwerfer –1– aus der Stoßfängerabdeckung herausnehmen.
- Elektrische Steckverbindung trennen.

Lampe ausbauen

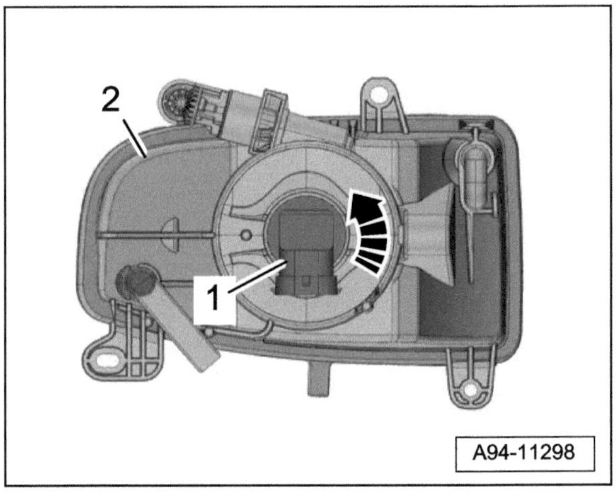

- Lampe –1– im Gegenuhrzeigersinn drehen –Pfeil– und aus dem Nebelscheinwerfergehäuse –2– herausziehen.

Lampe einbauen

- Neue Lampe in das Gehäuse einsetzen, dabei den Glaskolben nicht mit der bloßen Hand berühren.
- Lampe bis zum Anschlag im Uhrzeigersinn drehen.

Einbau Nebelscheinwerfer

- Der Einbau erfolgt in umgekehrter Ausbaureihenfolge, dabei Folgendes beachten:
- Schrauben mit **4,5 Nm** festziehen.
- Lufteinlassgitter außen einhängen, nach innen schwenken und einclipsen.
- Nebelscheinwerfer einstellen lassen (Werkstattarbeit).

Glühlampen für Außenbeleuchtung vorn auswechseln

Achtung: Allgemeine Hinweise und Sicherheitshinweise beachten, siehe Seite 109.

Abblendlicht/Fernlicht (Halogen-Scheinwerfer)

Bis 10/2011

Ausbau

Hinweis: Beschrieben wird das Erneuern der Abblendlichtlampe. Die Fernlichtlampe auf die gleiche Weise wechseln.

- Zündung ausschalten, Zündschlüssel abziehen.
- Lichtschalter ausschalten.
- Scheinwerfer ausbauen, siehe entsprechendes Kapitel.

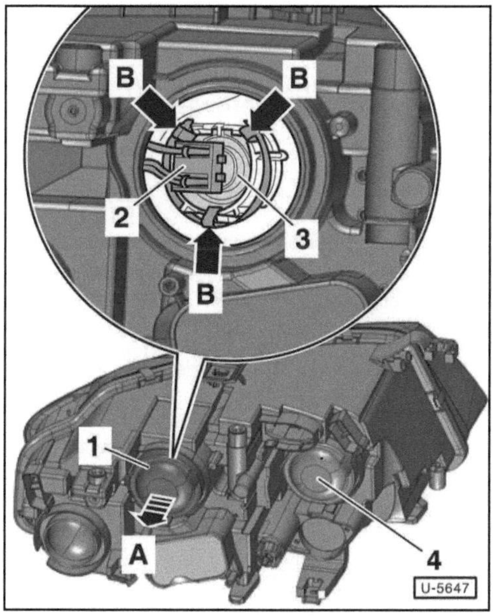

- Deckel –1– für Abblendlicht in Pfeilrichtung –A– abziehen. 4 – Deckel für Fernlicht.
- Lampe –3– aus den Federklammern –Pfeile B– herausziehen. Dazu gegebenenfalls seitlich gegen den Stecker –2– drücken.
- Stecker –2– von der Lampe abziehen.

Einbau

Achtung: Glaskolben der Glühlampe nicht mit bloßen Fingern berühren.

- Neue Lampe in das Scheinwerfergehäuse einsetzen. Dabei Lampenteller so ausrichten, dass sich die Führungsnase über der entsprechenden Aussparung im Gehäuse befindet. Lampenteller hinter eine Federklammer setzen und gegen den Widerstand der anderen Federklammern hineindrücken und einrasten.
- Stecker aufschieben.
- Festen Sitz der Lampe im Gehäuse nochmals kontrollieren.
- Abdeckkappe aufdrücken.
- Scheinwerfer einbauen.
- Funktion der Abblendlichtlampe prüfen.

Tagesfahrlicht (Halogen-Scheinwerfer)

Bis 10/2011

Hinweis: Zum Wechseln der Lampe für Tagesfahrlicht muss das Scheinwerfergehäuse aufgeschnitten werden. Anschließend wird das Gehäuse mit einem als Ersatzteil erhältlichen Deckel wieder verschlossen.

Ausbau

- Zündung ausschalten, Zündschlüssel abziehen.
- Lichtschalter ausschalten.
- Scheinwerfer ausbauen, siehe entsprechendes Kapitel.

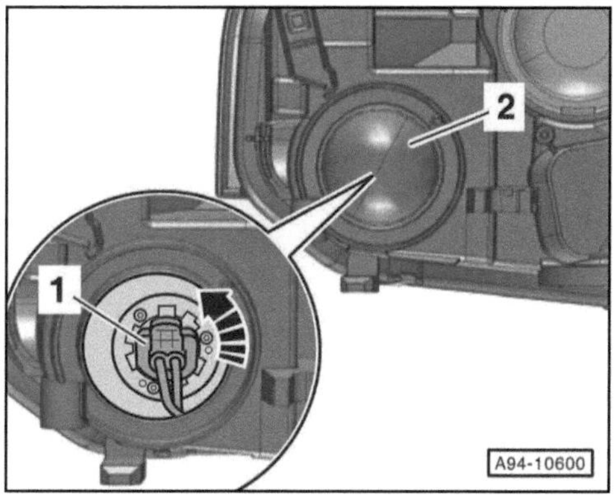

- Deckel –2– mit einem scharfen Teppichmesser aus dem Scheinwerfergehäuse herausschneiden. **Achtung:** Nicht zu tief schneiden, damit keine elektrischen Leitungen im Scheinwerfergehäuse beschädigt werden.
- Fassung –1– gegen den Uhrzeigersinn drehen –Pfeil– und aus dem Gehäuse herausziehen.

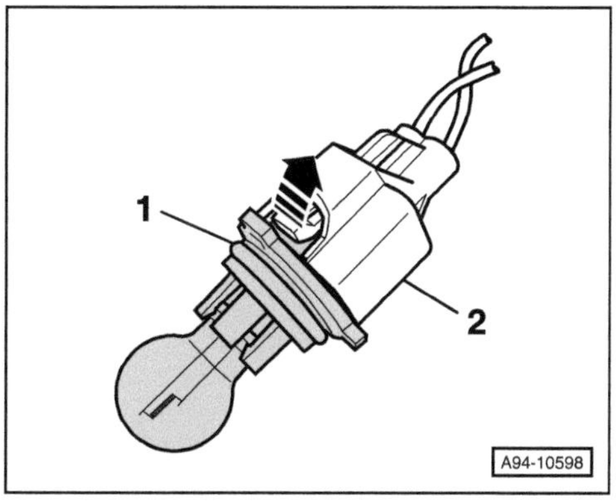

- Haltefeder in Pfeilrichtung entriegeln und Stecker –2– von der Lampenfassung –1– abziehen.

Einbau

Achtung: Glaskolben der Glühlampe nicht mit bloßen Fingern berühren.

- Der Einbau erfolgt in umgekehrter Ausbaureihenfolge. Scheinwerfer mit neuem Deckel verschließen.
- Funktion der Tagesfahrlichtlampe prüfen.

Standlicht (Halogen-Scheinwerfer)

Bis 10/2011

Ausbau

Hinweis: Zum Wechseln der Standlichtlampe muss das Scheinwerfergehäuse aufgeschnitten werden. Anschließend wird das Gehäuse mit einem als Ersatzteil erhältlichen Deckel wieder verschlossen.

- Zündung ausschalten, Zündschlüssel abziehen.
- Lichtschalter ausschalten.
- Scheinwerfer ausbauen, siehe entsprechendes Kapitel.

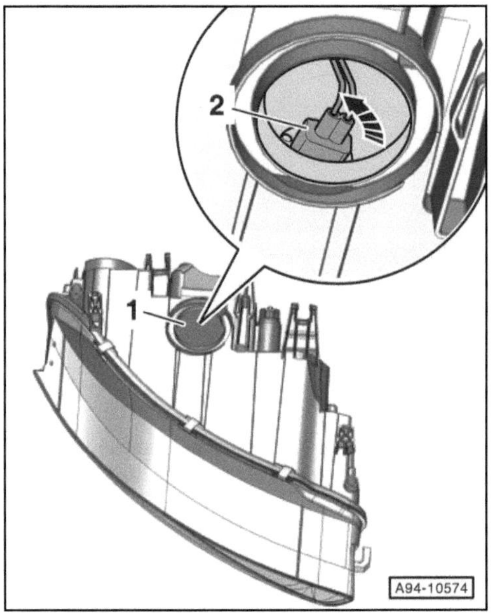

- Deckel –1– mit einem scharfen Teppichmesser aus dem Scheinwerfergehäuse herausschneiden. **Achtung:** Nicht zu tief schneiden, damit keine elektrischen Leitungen im Scheinwerfergehäuse beschädigt werden.
- Fassung –2– gegen den Uhrzeigersinn drehen –Pfeil– und aus dem Gehäuse herausziehen.

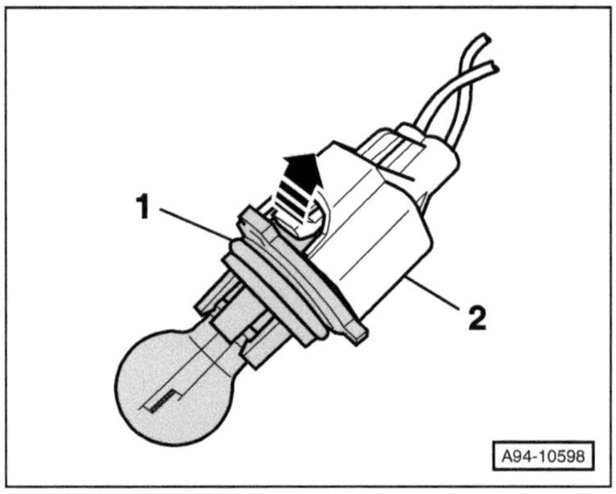

- Haltefeder in Pfeilrichtung entriegeln und Stecker –2– von der Lampenfassung –1– abziehen.

Einbau

Achtung: Glaskolben der Glühlampe nicht mit bloßen Fingern berühren.

- Der Einbau erfolgt in umgekehrter Ausbaureihenfolge. Scheinwerfer mit neuem Deckel verschließen.
- Funktion der Standlichtlampe prüfen.

Blinklicht vorn (Halogen-Scheinwerfer)

Bis 10/2011

Ausbau

Hinweis: Zum Wechseln der Blinklichtlampe muss das Scheinwerfergehäuse aufgeschnitten werden. Anschließend wird das Gehäuse mit einem als Ersatzteil erhältlichen Deckel wieder verschlossen.

- Zündung ausschalten, Zündschlüssel abziehen.
- Lichtschalter ausschalten.
- Scheinwerfer ausbauen, siehe entsprechendes Kapitel.

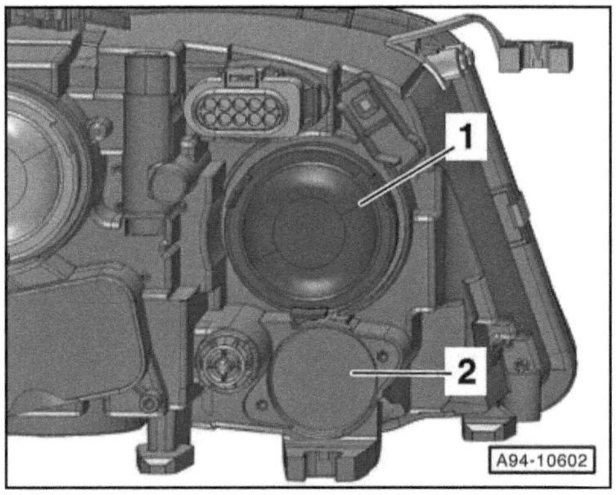

- Deckel –2– mit einem scharfen Teppichmesser aus dem Scheinwerfergehäuse herausschneiden. **Achtung:** Nicht zu tief schneiden, damit keine elektrischen Leitungen im Scheinwerfergehäuse beschädigt werden.
- Deckel –1– für Fernlicht abziehen.

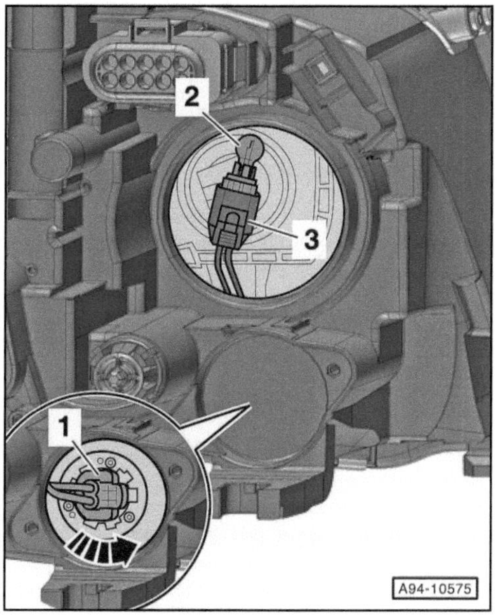

- Fassung –1– gegen den Uhrzeigersinn drehen –Pfeil– und aus dem Gehäuse herausziehen.
- Fassung für Blinklicht –2– nach oben zur Öffnung für Fernlicht hindurchschieben.
- Stecker –3– abziehen und Blinklichtlampe –2– aus dem Scheinwerfergehäuse herausnehmen.

Einbau

Achtung: Glaskolben der Glühlampe nicht mit bloßen Fingern berühren.

- Der Einbau erfolgt in umgekehrter Ausbaureihenfolge.

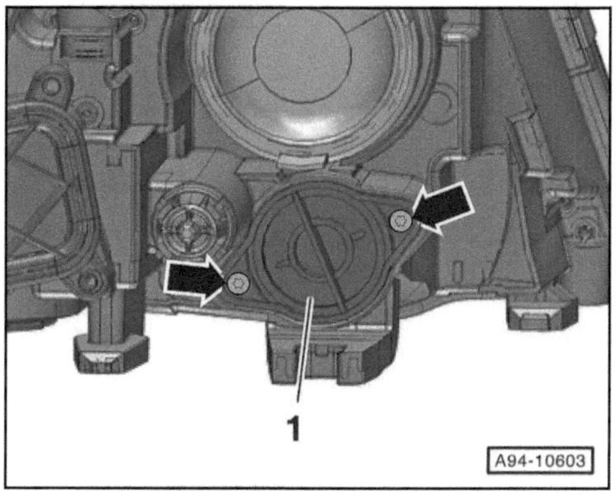

- Öffnung für Blinklicht mit Ersatzteildeckel –1– verschließen. Schrauben –Pfeile– mit **2 Nm** festschrauben.
- Funktion der Blinklichtlampe prüfen.

Abblendlicht/Fernlicht (Xenon-Scheinwerfer)

Bis 10/2011

Ausbau

- Zündung ausschalten, Zündschlüssel abziehen.
- Lichtschalter ausschalten.
- Scheinwerfer ausbauen, siehe entsprechendes Kapitel.

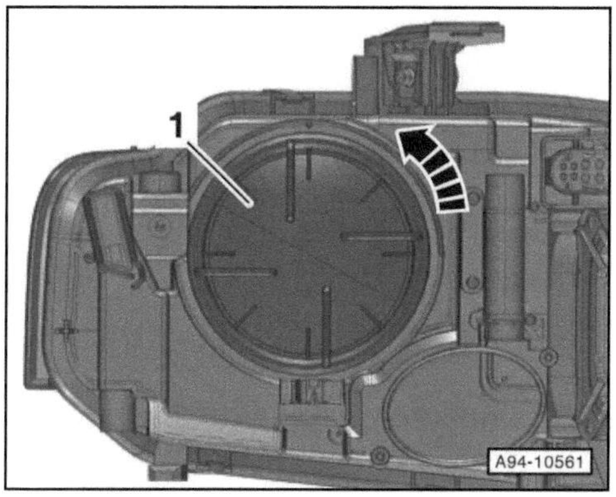

- Deckel –1– im Gegenuhrzeigersinn drehen –Pfeil– und abnehmen.

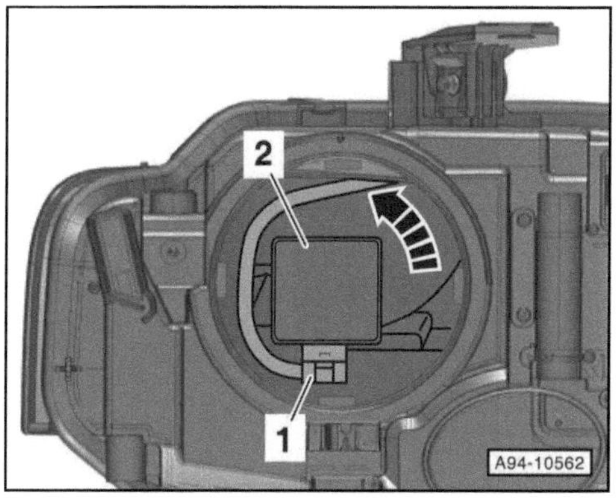

- Lampe –2– in Pfeilrichtung drehen und aus dem Gehäuse herausnehmen.
- Stecker –1– von der Lampe abziehen.

Einbau

Achtung: Glaskolben der Glühlampe nicht mit bloßen Fingern berühren.

- Stecker aufschieben und neue Lampe in das Scheinwerfergehäuse einsetzen. Lampe entgegen der Ausbaurichtung drehen. Der Stecker muss in Einbaulage nach unten zeigen.

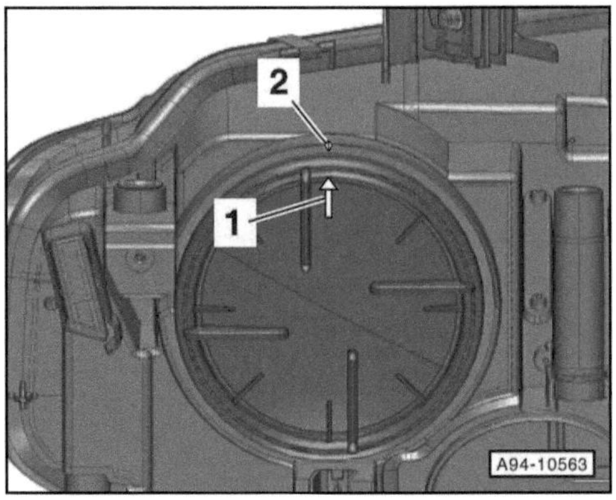

- Deckel ansetzen und im Uhrzeigersinn drehen, bis die Pfeilmarkierung –1– mit der Markierung –2– am Scheinwerfergehäuse übereinstimmt.
- Scheinwerfer einbauen.
- Funktion der Xenonlampe prüfen.

Tagesfahrlicht/Standlicht (Xenon-Scheinwerfer)

Bis 10/2011

Tagesfahrlicht und Standlicht bestehen aus einem LED-Modul, das in den Scheinwerfer integriert ist. Bei einem Defekt muss der komplette Scheinwerfer ersetzt werden.

Blinklicht vorn (Xenon-Scheinwerfer)

Bis 10/2011

Ausbau

- Steuergerät für Xenon-Lampe ausbauen, siehe entsprechendes Kapitel.
- LED-Modul für Tagesfahrlicht und Standlicht ausbauen.

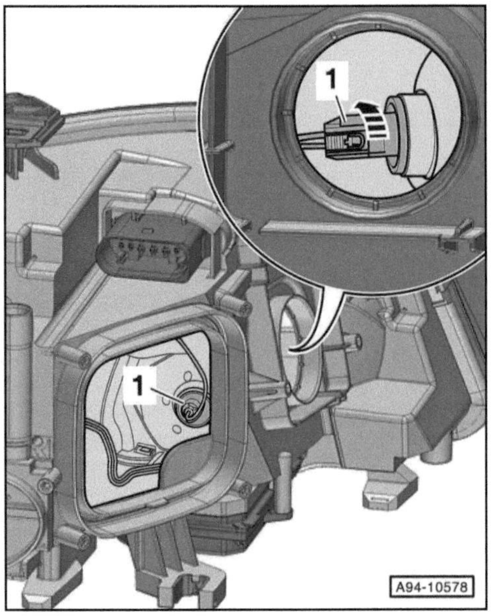

- Mit einer Spitzzange durch die Öffnung der Xenonlampe die Blinklichtfassung –1– im Gegenuhrzeigersinn drehen –Pfeil– und aus der Aufnahme herausziehen.
- Fassung durch die Öffnung des LED-Moduls für Tagesfahrlicht herausnehmen.
- Stecker abziehen und Lampe abnehmen.

Einbau

Achtung: Glaskolben der Glühlampe nicht mit bloßen Fingern berühren.

- Stecker aufschieben und neue Lampe in das Scheinwerfergehäuse einsetzen. Lampe entgegen der Ausbaurichtung drehen.
- Steuergerät für Xenon-Lampe einbauen, siehe entsprechendes Kapitel.
- LED-Modul für Tagesfahrlicht und Standlicht einbauen.
- Funktion der Blinklichtlampe prüfen.

Scheinwerfer aus- und einbauen

Bis 10/2011

Ausbau

- Zündung ausschalten, Zündschlüssel abziehen. **Achtung:** Hinweise im Kapitel »Batterie aus- und einbauen« beachten. Bei Fahrzeugen mit Xenonlicht das Batterie-Massekabel (–) abklemmen.
- Lichtschalter ausschalten.
- Schlossträgerabdeckung ausbauen, siehe Seite 285.

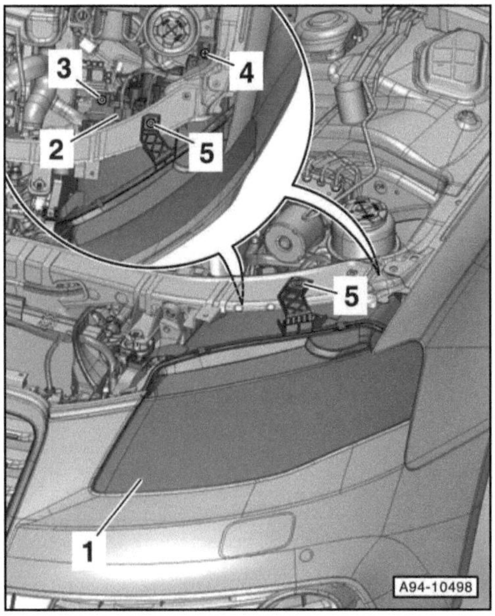

- Stecker –2– abziehen.
- Schrauben –3/4/5– am Scheinwerfer –1– herausdrehen.

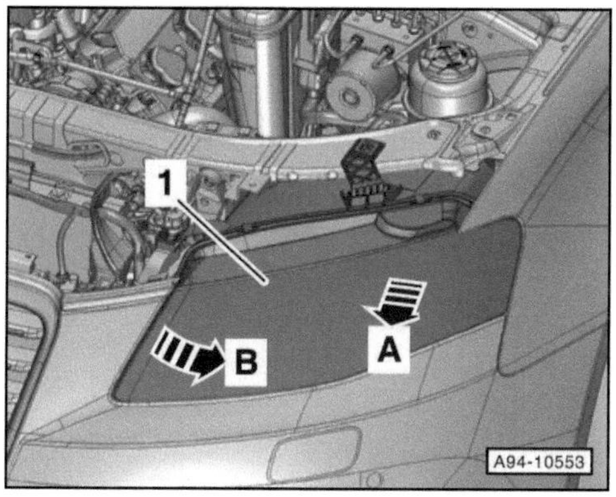

- Scheinwerfer –1– nach vorn ziehen –Pfeil A–, bis die Scheinwerferführungen aus den Aufnahmen am Aufnahmeschlitten herausgeführt sind.
- Scheinwerfer anschließend zur Kotflügelseite in Pfeilrichtung –B– schwenken und vom Aufnahmeschlitten abnehmen.

Einbau

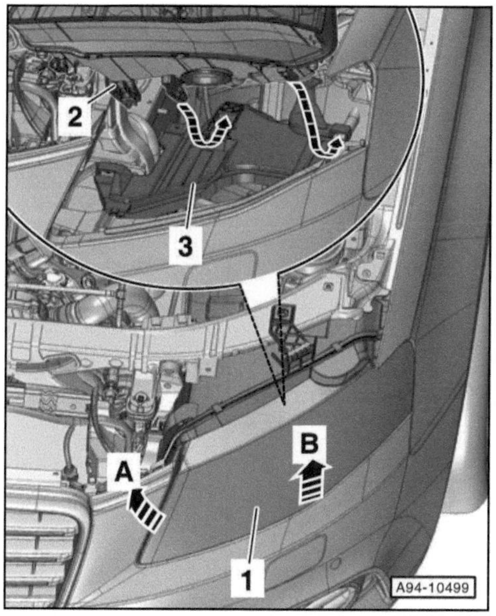

- Scheinwerfer –1– innen hinter dem Kotflügel ansetzen.
- Scheinwerfer in Pfeilrichtung –A– nach innen schwenken, dabei müssen die Führungsschienen –2– am Scheinwerfer in die Führungen der Aufnahme –3– eingreifen –obere Pfeile–.
- Scheinwerfer nach hinten bis zum Anschlag in die dafür vorgesehene Aufnahme einschieben –Pfeil B–. **Hinweis:** Der Scheinwerfer muss sich leicht und ohne Kraftaufwand in die Aufnahme einschieben lassen.

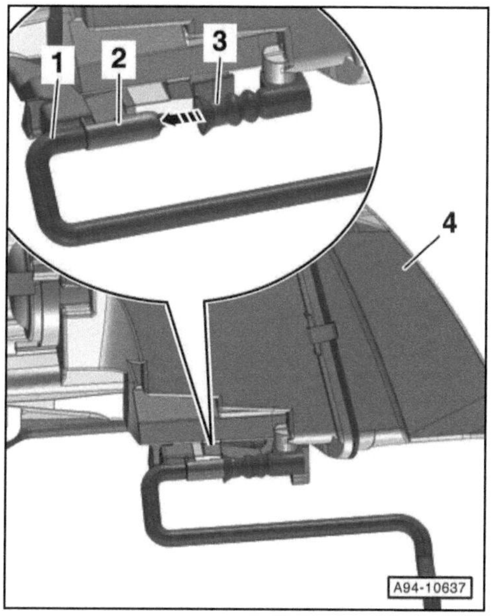

- Darauf achten, dass beim Einschieben des Scheinwerfers –4– die Entlüftung –3– gleichmäßig an der Aufnahme –2– für den Entlüftusschlauch –1– aufgeschoben wird –Pfeil–.
- Schrauben –3–, –4– und –5– festziehen, siehe Abbildung A94-10498.
- Abdeckung am Schlossträger einhängen und mit Spreizclips sichern.
- Bei Fahrzeugen mit Xenonlicht das Batterie-Massekabel (–) anklemmen. **Achtung:** Hinweise im Kapitel »Batterie aus- und einbauen« beachten.

Achtung: Für die Verkehrssicherheit ist die exakte Einstellung der Scheinwerfer von großer Bedeutung.

- Scheinwerfer-Einstellung so bald wie möglich von einer Werkstatt kontrollieren und gegebenenfalls einstellen lassen. Hinweise zum Einstellen der Scheinwerfer, siehe Seite 115.

Hinweis: Nach dem Einbau von Xenon-Scheinwerfern muss in der Fachwerkstatt eine Grundeinstellung vorgenommen werden.

Glühlampe für Nebelscheinwerfer aus- und einbauen

Bis 10/2011

Ausbau

Hinweis: Der Nebelscheinwerfer braucht dazu nicht ausgebaut zu werden.

- Innenkotflügel im vorderen Bereich lösen und zurückklappen, siehe Seite 291.

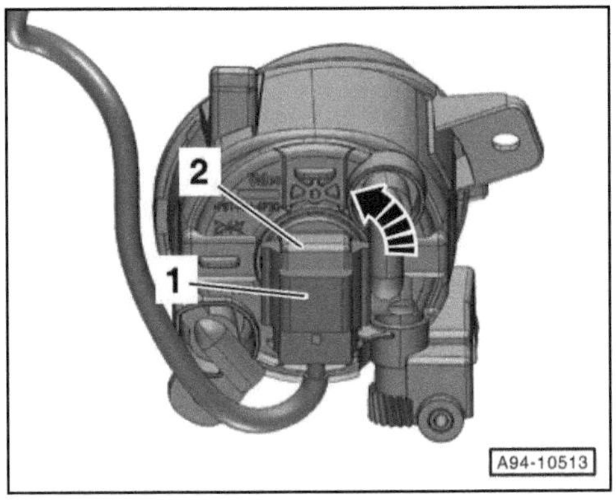

- Stecker –1– von der Lampe abziehen.
- Lampe –2– im Gegenuhrzeigersinn drehen –Pfeil– und aus dem Nebelscheinwerfergehäuse herausziehen.

Einbau

Achtung: Glaskolben der neuen Glühlampe nicht mit den bloßen Fingern berühren.

- Neue Lampe in das Gehäuse einsetzen, im Uhrzeigersinn drehen und dadurch arretieren.
- Innenkotflügel einbauen, siehe Seite 291.

Nebelscheinwerfer aus- und einbauen

Bis 10/2011

Ausbau

- Zündung ausschalten, Zündschlüssel abziehen.
- Lichtschalter ausschalten.

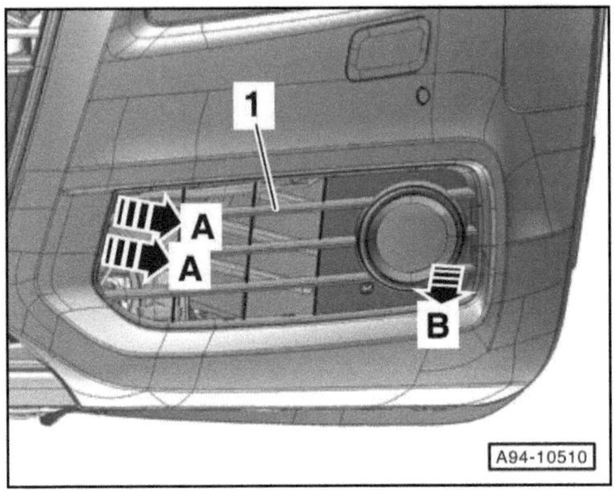

- Mit einem Schraubendreher die inneren Rasthaken in Pfeilrichtung –A– entriegeln.
- Lufteinlassgitter –1– in Pfeilrichtung –B– aus der Stoßfängerabdeckung herausziehen.

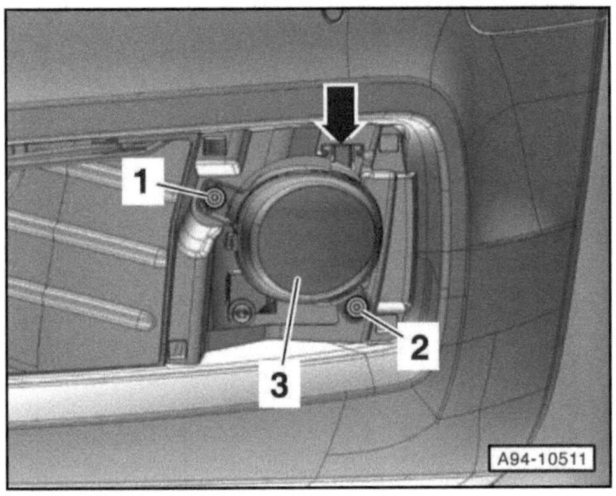

- Schrauben –1– und –2– herausdrehen.
- Nebelscheinwerfergehäuse –3– aus der Stoßfängerabdeckung herausnehmen, dabei die Haltelasche –Pfeil– aus der Aufnahme herausführen.
- Stecker von der Lampe abziehen und Nebelscheinwerfer herausnehmen.

Einbau

- Der Einbau erfolgt in umgekehrter Ausbaureihenfolge.

Steuergerät für Xenonlampe aus- und einbauen

Bis 10/2011

Ausbau

- Scheinwerfer ausbauen, siehe entsprechendes Kapitel.

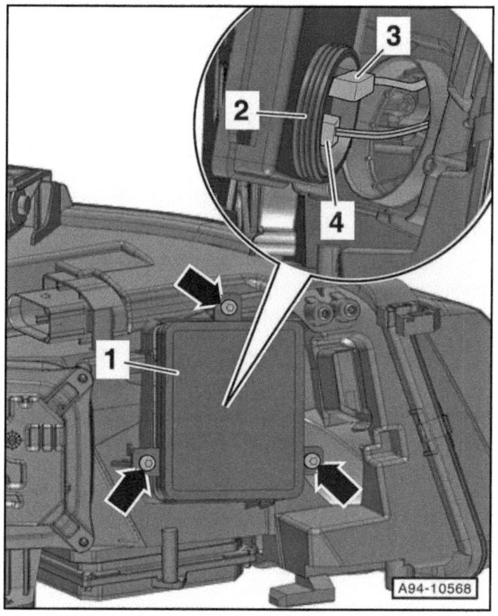

- Schrauben –Pfeile– herausdrehen.
- Steuergerät –1– vom Scheinwerfergehäuse abziehen.
- Stecker –3– und –4– vom Steuergerät abziehen.

Einbau

- Dichtung –2– auf Beschädigung oder Porosität prüfen, gegebenenfalls ersetzen.
- Der Einbau erfolgt in umgekehrter Ausbaureihenfolge. Steuergerät mit **1,4 Nm** anschrauben.

LED-Modul für Tagesfahrlicht/ Standlicht aus- und einbauen

Xenon-Scheinwerfer

Bis 10/2011

Ausbau

- Scheinwerfer ausbauen, siehe entsprechendes Kapitel.

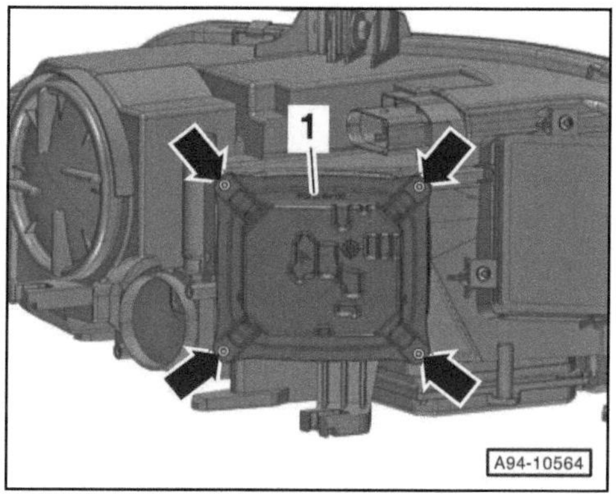

- Schrauben –Pfeile– herausdrehen.
- LED-Modul –1– vom Scheinwerfergehäuse abziehen.

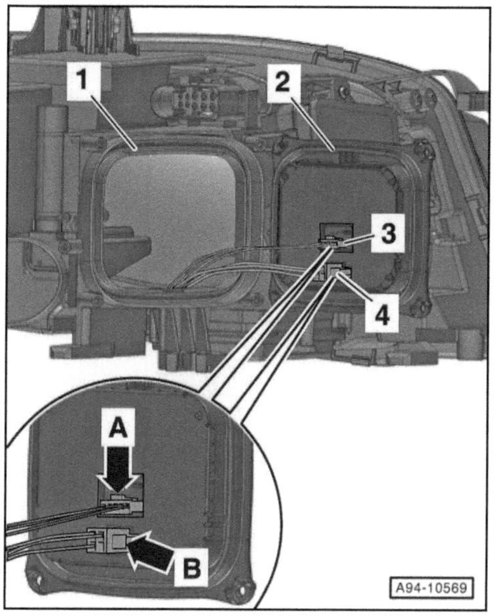

- Stecker –3/4– abziehen, dazu die Haltefedern –A/B– entriegeln.
- LED-Modul abnehmen.

Einbau

- Dichtung für LED-Modul auf Beschädigung oder Porosität prüfen, gegebenenfalls ersetzen.
- Der Einbau erfolgt in umgekehrter Ausbaureihenfolge. Schrauben mit **1,4 Nm** festziehen.

Glühlampen an der Heckleuchte aus- und einbauen

Heckleuchte außen/Kotflügel

Hinweis: Bei Fahrzeugen bis 10/2011 mit LED-Heckleuchte kann nur die Glühlampe für Blinklicht ersetzt werden. Bei Fahrzeugen seit 11/2011 mit LED-Heckleuchte kann nur die Glühlampe für Rückfahrlicht ersetzt werden.

Beschrieben wird der Arbeitsablauf bei der Limousine, für den AVANT gelten weitgehend die gleichen Arbeitsschritte. Beim AVANT mit LED-Heckleuchte bis 10/2011 können die Glühlampen für Blinklicht und für Rückfahrlicht ersetzt werden; seit 11/2011 nur die Glühlampe für Rückfahrlicht.

Ausbau

- Zündung ausschalten, Zündschlüssel abziehen.
- Lichtschalter ausschalten.
- Heckleuchte außen ausbauen, siehe entsprechendes Kapitel.

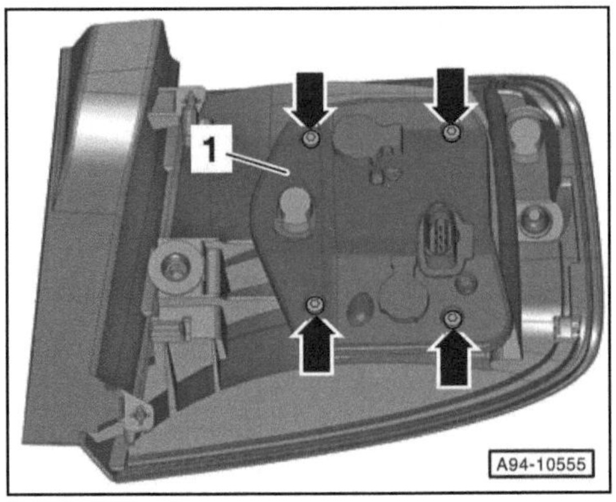

- Schrauben –Pfeile– herausdrehen. **AVANT:** 3 Schrauben.
- Lampenträger –1– aus der Heckleuchte herausnehmen.
- Defekte Glühlampe in die Fassung drücken, nach links drehen und aus der Bajonettfassung herausnehmen.

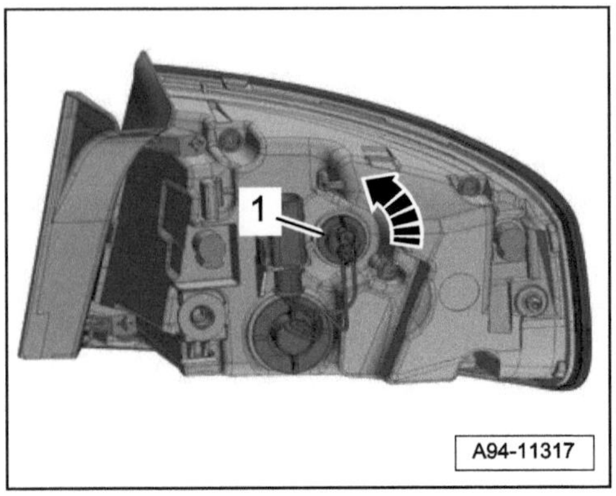

- **LED-Heckleuchte:** Lampenfassung –1– im Gegenuhrzeigersinn drehen –Pfeil– und aus dem Heckleuchtengehäuse ziehen. Lampe aus der Lampenfassung herausziehen. **Hinweis:** In der Abbildung ist das Rückfahrlicht bei Fahrzeugen seit 11/2011 dargestellt.

Einbau

- Neue Glühlampe mit den Nasen in die Aussparungen der Bajonettfassung einsetzen, eindrücken, nach rechts drehen und arretieren.
- Der weitere Einbau erfolgt in umgekehrter Ausbaureihenfolge.

Heckleuchte innen/Heckklappe

Hinweis: Bei Fahrzeugen bis 10/2011 mit LED-Heckleuchte können nur die Glühlampen für Nebelschlusslicht und Rückfahrlicht ersetzt werden. Bei Fahrzeugen seit 11/2011 mit LED-Heckleuchte sind keine Glühlampen vorhanden.

Beim AVANT mit LED-Heckleuchte bis 10/2011 kann die Glühlampe für Nebelschlusslicht ersetzt werden; seit 11/2011 sind keine Glühlampen vorhanden.

Ausbau

- Zündung ausschalten, Zündschlüssel abziehen.
- Lichtschalter ausschalten.

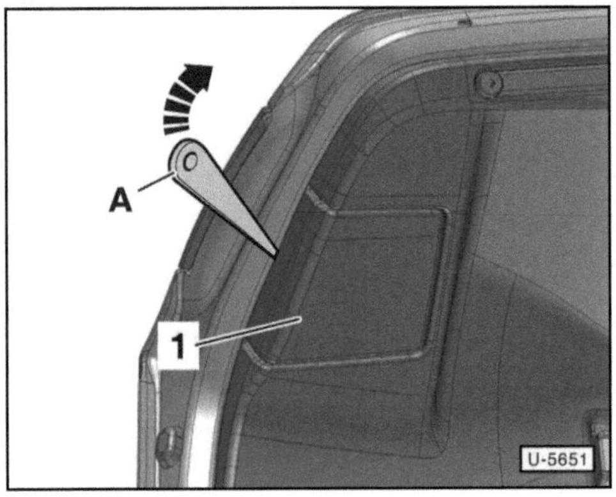

- Abdeckung –1– mit Montagekeil –A–, zum Beispiel VW/AUDI-3409 oder HAZET-1965-20, abhebeln –Pfeil–.
- Stecker vom Lampenträger abziehen.

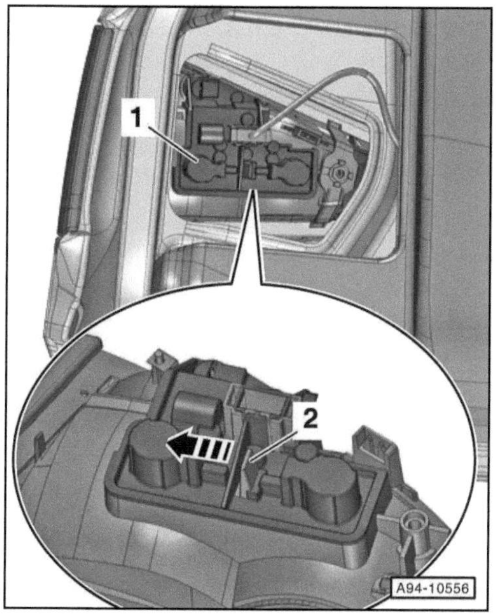

● **Limousine:** Lampenträger –1– aus der inneren Heckleuchte herausnehmen, dazu Verriegelungsbügel –2– in Pfeilrichtung drücken.

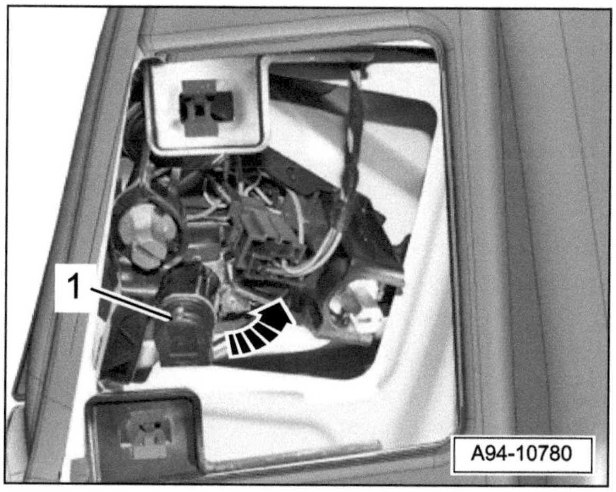

● **Limousine mit LED-Heckleuchte bis 10/2011:** Lampenfassung –1– für **Nebelschlusslicht** im Gegenuhrzeigersinn drehen –Pfeil– und aus dem Heckleuchtengehäuse ziehen.

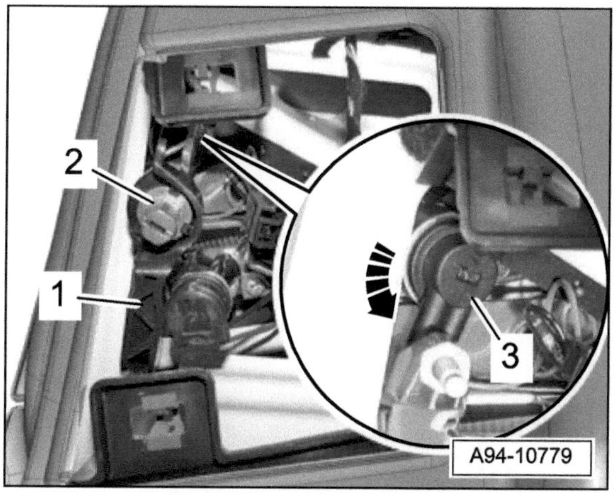

● **Limousine mit LED-Heckleuchte bis 10/2011:** Mutter –2– herausdrehen und Klemmbügel –1– abnehmen. Lampenfassung –3– für **Rückfahrlicht** bei der linken Heckleuchte im Gegenuhrzeigersinn drehen –Pfeil– und aus dem Heckleuchtengehäuse ziehen. Bei der rechten Heckleuchte Lampenfassung im Uhrzeigersinn drehen. Lampenfassung aus dem Gehäuse herausziehen

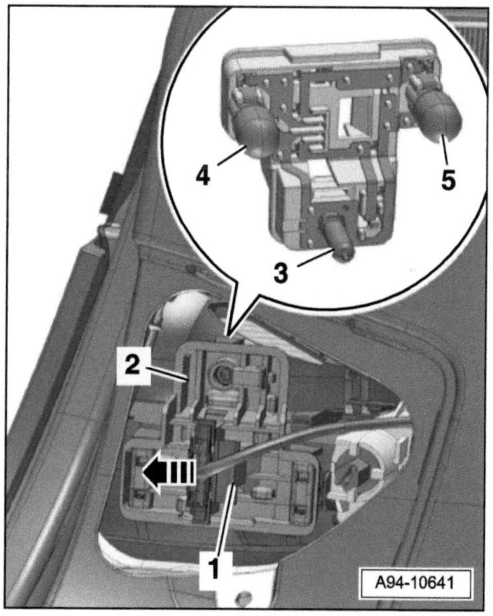

● **AVANT:** Verriegelungsbügel –1– in Pfeilrichtung drücken und Lampenfassung –2– aus dem Gehäuse herausnehmen.

● Defekte Lampen –4– und –5– für Schlusslicht herausziehen beziehungsweise defekte Lampe für Nebelschlusslicht –3– herausdrehen.

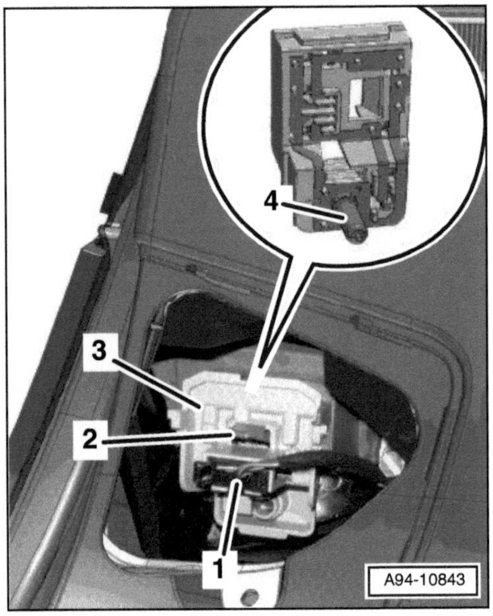

- **AVANT mit LED-Heckleuchte bis 10/2011:** Elektrische Steckverbindung –1– abziehen.
- Verriegelungsbügel –2– entriegeln und Lampenfassung –3– aus dem Gehäuse herausnehmen.
- Lampe –4– für Nebelschlussleuchte aus der Fassung herausdrehen.

Hinweis: Beim **AVANT** mit **LED-Heckleuchte seit 11/2011** ist keine Glühlampe vorhanden.

Einbau

- Neue Lampe Lampe einsetzen.
- Der weitere Einbau erfolgt in umgekehrter Ausbaureihenfolge.
- **AVANT:** Klemmbügel –2– (Abbildung A94-10640) am Gewindebolzen der Heckleuchte aufschieben. Dabei muss der Führungszapfen –4– der Heckleuchte in die Aufnahme –3– am Klemmbügel eingreifen. Mutter –1– festziehen. Dadurch verkeilt sich der Klemmbügel an der Klappe.

Heckleuchte aus- und einbauen

Heckleuchte außen/Kotflügel

Ausbau

- Zündung ausschalten, Zündschlüssel abziehen.
- Lichtschalter ausschalten.
- Heckleuchte außen ausbauen, siehe entsprechendes Kapitel.
- Deckel der Kofferraum-Seitenverkleidung öffnen.

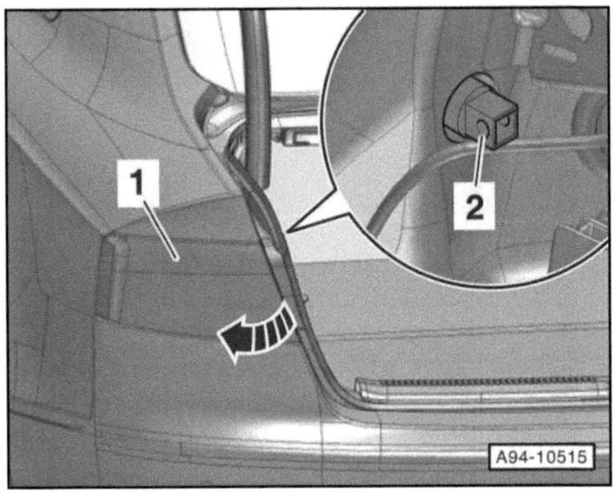

- Gewindebolzen –2– herausdrehen.
- Heckleuchte –1– in Pfeilrichtung nach außen schwenken und dabei den Haltebolzen aus der Karosserie aushängen.
- Mehrfachstecker abziehen.

Einbau

- Selbstklebende Dichtung auf Beschädigung oder Porosität prüfen, gegebenenfalls ersetzen.
- Stecker am Lampenträger aufschieben.
- Heckleuchte an der Karosserie ansetzen und mit dem Haltebolzen in die Bohrung hineindrücken.
- Gewindebolzen festziehen.
- Der weitere Einbau erfolgt in umgekehrter Ausbaureihenfolge.

Heckleuchte innen/Heckklappe

Limousine

Nähere Hinweise zum **AVANT** siehe unter »Glühlampen der inneren Heckleuchte ausbauen«.

Ausbau

- Zündung ausschalten, Zündschlüssel abziehen.
- Lichtschalter ausschalten.

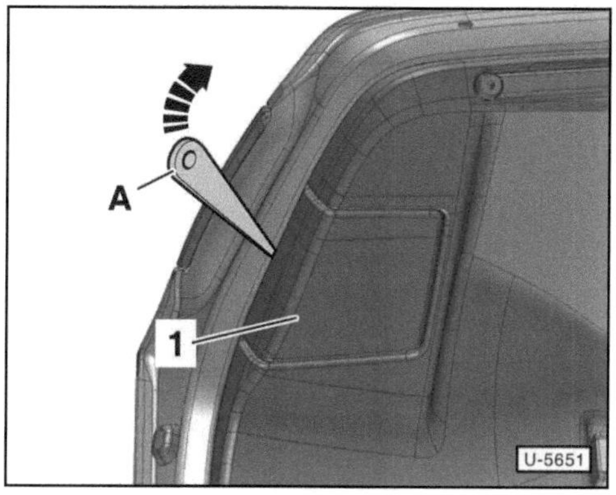

- Abdeckung –1– mit Montagekeil –A–, zum Beispiel VW/AUDI-3409 oder HAZET-1965-20, abhebeln –Pfeil–.

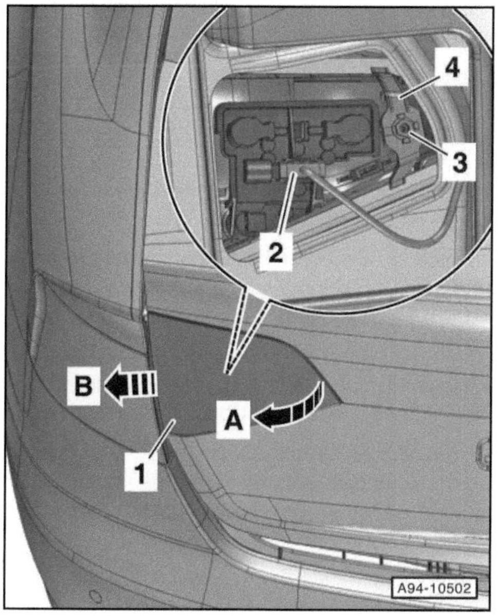

- Stecker –2– abziehen.
- Mutter –3– abschrauben und Klemmbügel –4– abnehmen.
- Innere Heckleuchte leicht zur Außenseite in Pfeilrichtung –A– schwenken und in Pfeilrichtung –B– von der Heckklappe abnehmen.

Einbau

- Dichtung für Heckleuchte auf Beschädigung oder Porosität prüfen, gegebenenfalls ersetzen.

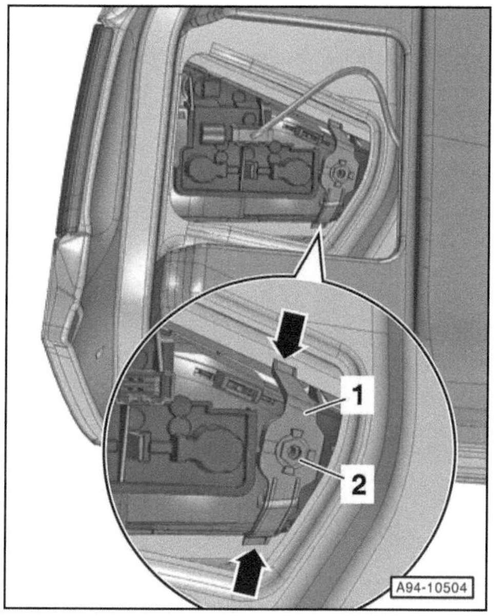

- Innere Heckleuchte an der Außenkante der Heckklappe ansetzen.
- Klemmbügel –1– am Gewindebolzen aufschieben und Mutter –2– festziehen. **Hinweis:** Durch das Festziehen der Mutter verkeilt sich der Klemmbügel an der Heckklappe –Pfeile–.
- Stecker am Lampenträger aufschieben.
- Abdeckung einclipsen.

Zusatz-Bremsleuchte aus- und einbauen

Hinweis: Bei einer defekten LED muss die Zusatz-Bremsleuchte komplett ersetzt werden.

Achtung: Während der Arbeiten Bremspedal nicht betätigen.

Limousine

Ausbau

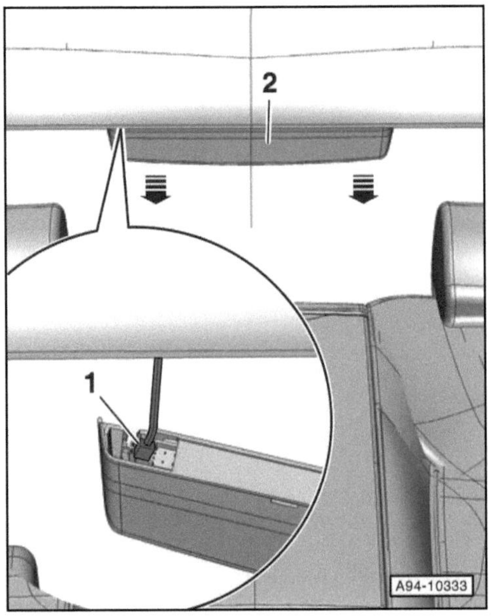

- Zusatz-Bremsleuchte –2– an der Abdeckung gleichmäßig in Fahrtrichtung nach hinten abziehen –Pfeile–.
- Stecker –1– abziehen.

Einbau

- Stecker aufschieben.

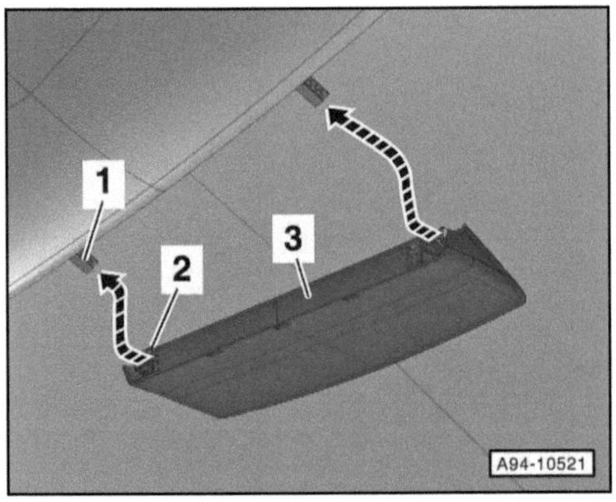

- Aufnahme –2– der Zusatz-Bremsleuchte –3– gleichmäßig links und rechts in die Führungsschiene einsetzen.
- Zusatz-Bremsleuchte gleichmäßig, ohne zu verkanten, bis zum hörbaren Einrasten in Fahrtrichtung nach vorn schieben –Pfeile–.

AVANT

Ausbau

Hinweis: Um den Ausbau zu erleichtern, genügt es die Heckklappenverkleidung nur an der Oberkante auszuclipsen und wegzubiegen. **Achtung:** Damit die Verkleidung dabei nicht bricht, darf sie nicht kälter als +20° C sein. Gegebenenfalls Heckklappenverkleidung oben mit einem Heißluftfön etwas erwärmen. Das gilt vor allem bei älteren Fahrzeugen.

- Heckklappenverkleidung nur an der Oberkante ausclipsen und etwas wegbiegen.

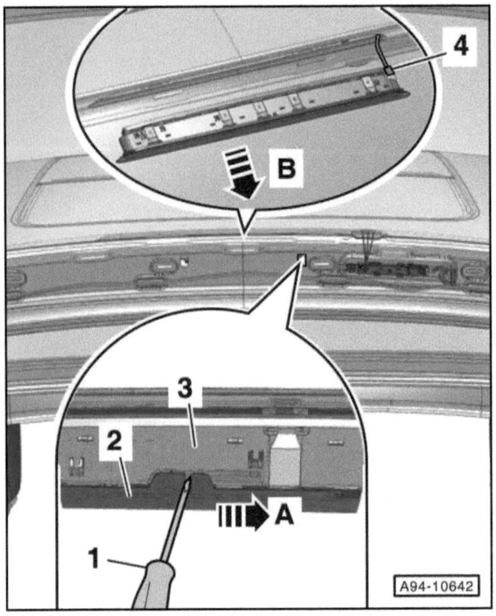

- Halteschiene –2– mit einem Schraubendreher –1– in Pfeilrichtung –A– nach rechts schieben.

Achtung: Halteschiene, Federn und Federzangen fallen beim Entriegeln in den Heckklappenrahmen und müssen gegebenenfalls mit einem Magneten herausgenommen werden.

- Zusatz-Bremsleuchte aus dem Heckklappenausschnitt herausdrücken –Pfeil B–, dabei links beginnen.

Hinweis: Kann die Zusatz-Bremsleuchte nicht aus dem Heckklappenausschnitt herausgenommen werden, müssen die Federzungen von außen an der Bremsleuchte entriegelt werden.

- Stecker –4– abziehen.

Einbau

- Stecker an der Zusatz-Bremsleuchte aufstecken.
- Zusatz-Bremsleuchte bis zum Einrasten in den Ausschnitt hineindrücken.

Hinweis: Neue Zusatz-Bremsleuchten werden in Einbauposition geliefert. Soll die bisherige Leuchte eingebaut werden, muss diese folgendermaßen vorbereitet werden:

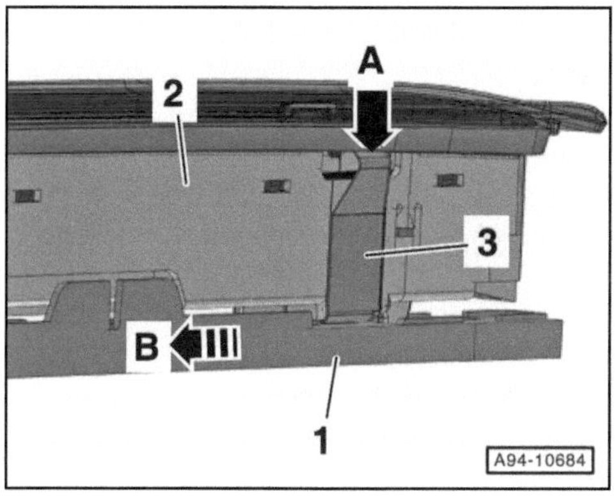

- 5 Federzungen –3– in das Leuchtengehäuse –2– einsetzen. Dabei muss die kürzere Seite der Federzunge –Pfeil A– zur Unterseite der Zusatz-Bremsleuchte zeigen.
- Halteschiene –1– einhängen und bis zum Anschlag in Pfeilrichtung –B– schieben.
- Heckklappenverkleidung einclipsen, siehe auch Seite 272.

Seitliche Blinkleuchte im Außenspiegel aus- und einbauen

Hinweis: Bei einer defekten LED muss die Blinkleuchte komplett ersetzt werden.

Ausbau

- Außenspiegelgehäuse ausbauen, siehe Seite 309.

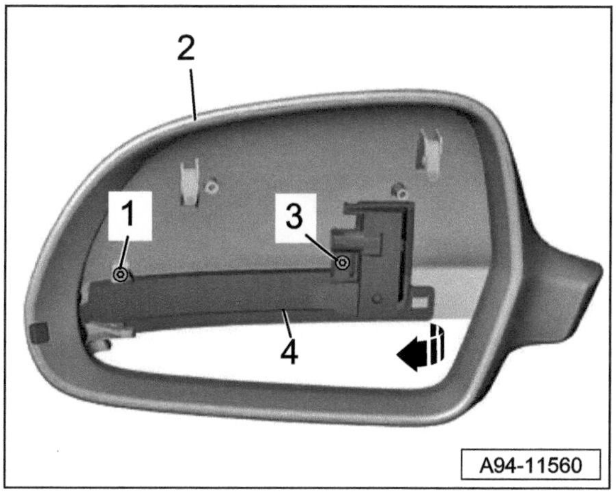

- Schrauben –1– und –3– herausdrehen.
- Blinkleuchte –4– in Pfeilrichtung aus dem Außenspiegelehäuse –2– herausschwenken.

Einbau

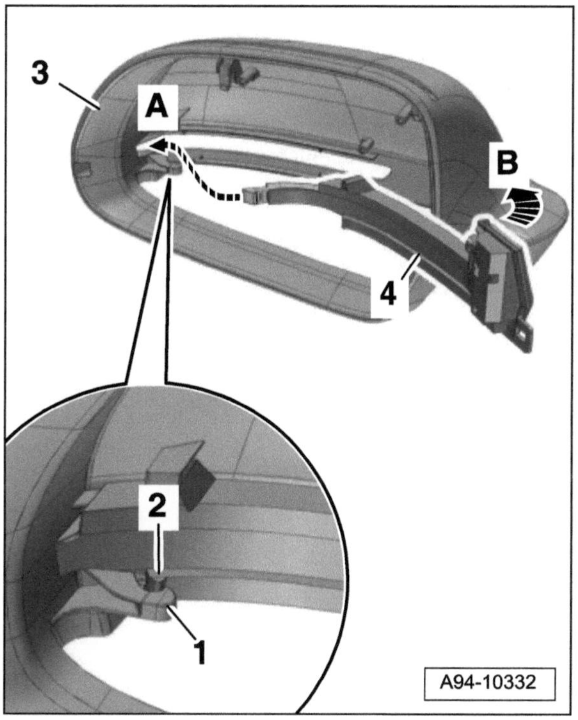

- Äußeres Ende der Blinkleuchte –4– in den Schlitz im Außenspiegelgehäuse –3– einsetzen –Pfeil A–.

- Blinkleuchte –4– in das Außenspiegelgehäuse hineinschwenken –Pfeil B–, dabei muss die Arretiernase –2– in die Aufnahme –1– eingreifen.
- Außenspiegelgehäuse einbauen, siehe Seite 309.

Kennzeichenleuchte aus- und einbauen

Ausbau

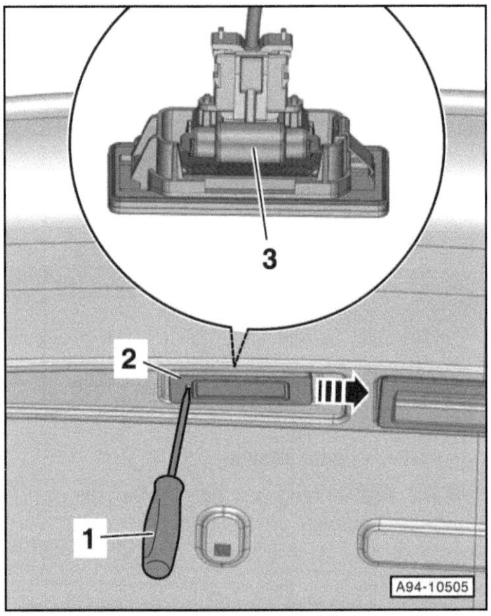

- Kennzeichenleuchte –2– aus dem Kofferraumdeckel beziehungsweise der Heckklappe herausnehmen. Dazu einen Schraubendreher –1– am Schlitz ansetzen und Leuchte in Pfeilrichtung schieben.
- Soffittenlampe –3– aus der Klemmfassung herausziehen.

Einbau

- Neue Lampe in die Klemmfassung einsetzen.
- Leuchte an der Position –2– in den Ausschnitt einsetzen und an der gegenüberliegenden Seite eindrücken, bis die Federklammer einrastet.

Glühlampen für Innenleuchten auswechseln

- Zündung ausschalten, Zündschlüssel abziehen und Schalter der Leuchte ausschalten.
- Die Stelle, an der ein Schraubendreher für den Ausbau der Leuchte angesetzt wird, zum Schutz mit Klebeband abdecken.
- Zum Abheben der Leuchten empfiehlt es sich den Montagekeil HAZET 1965-21 zu verwenden.

Hinweis: Nach dem Einbau neue Glühlampe auf Funktion überprüfen.

Deckenleuchte vorn

Lampen für Innenleuchte wechseln

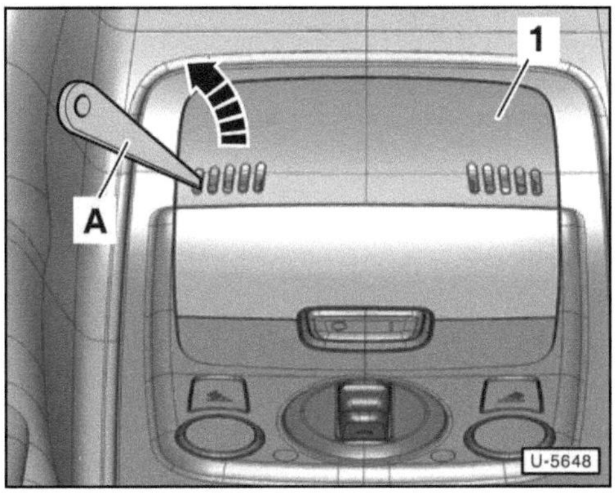

- Montagekeil –A– an der Verrippung der Blende –1– für das Freisprechmikrofon ansetzen.
- Blende vorsichtig in Pfeilrichtung abheben. **Achtung:** Filzstreifen unter der Blende nicht beschädigen.

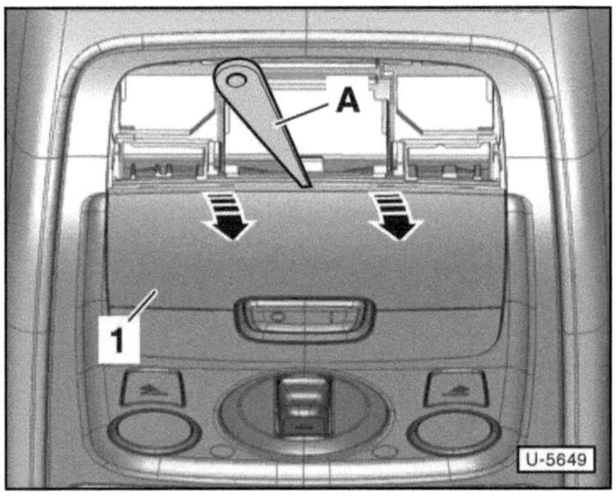

- Montagekeil –A– vorsichtig in der Mitte unter die Streuscheibe –1– schieben und insgesamt 4 Haltezungen ausrasten.
- Streuscheibe in Pfeilrichtung abnehmen.

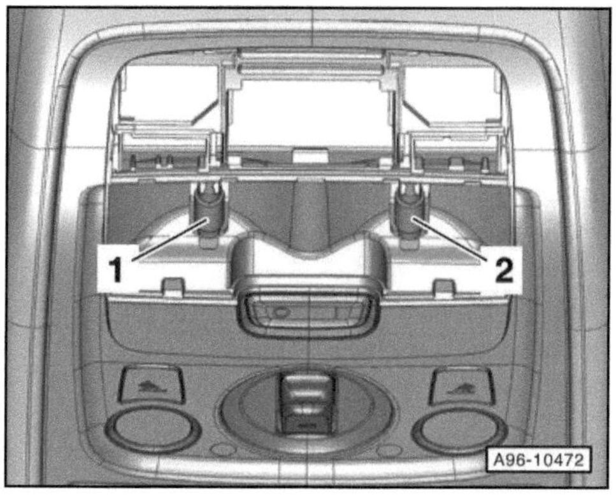

- Lampe –1– oder –2– aus der Klemmfassung herausziehen und ersetzen.

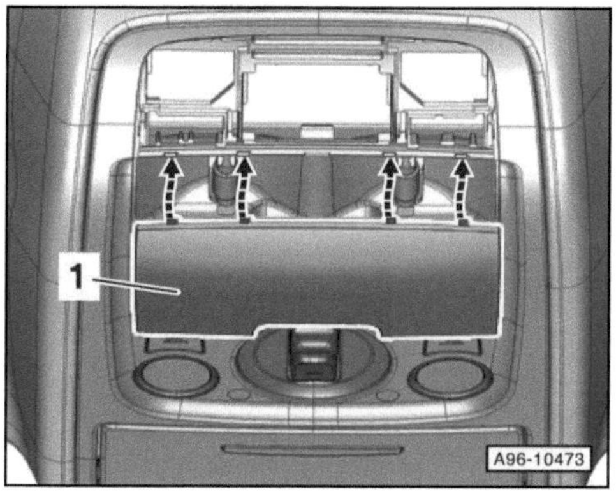

- Streuscheibe einsetzen. Dabei zuerst die 4 Haltezungen –1– ins Leuchtengehäuse einsetzen –Pfeile– und an der Hinterkante bis zum Einrasten aufdrücken.
- Blende aufdrücken und einrasten.

Deckenleuchte ausbauen/Leselampen ersetzen

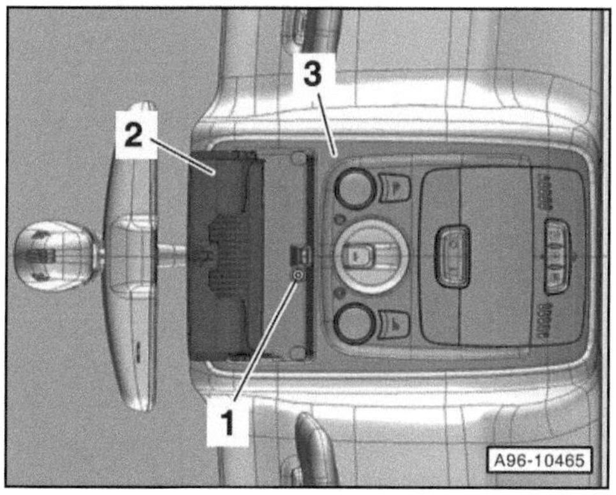

- Brillenfach –2– öffnen.
- Schraube –1– herausdrehen.
- Deckenleuchte –3– vorn nach unten schwenken und aus der Dachverkleidung herausnehmen.
- Stecker abziehen.

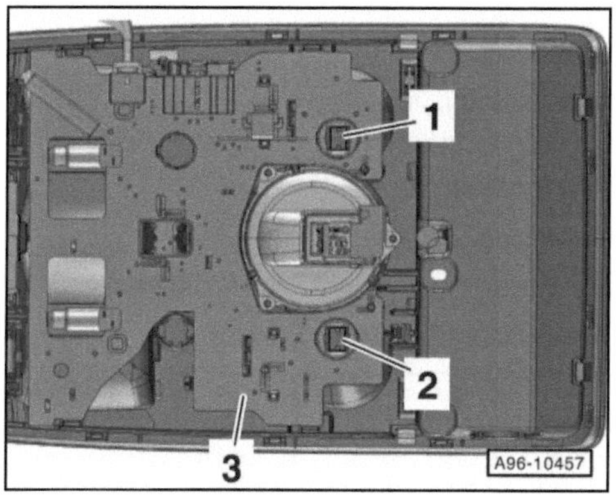

- Fassung –1– oder –2– nach links drehen und mit Leselampe aus der Deckenleuchte –3– herausnehmen.
- Neue Leselampe einsetzen und durch Rechtsdrehen befestigen.
- Stecker an der Deckenleuchte aufstecken.
- Deckenleuchte einhängen, andrücken und festschrauben.
- Brillenfach schließen.

Regler für Schiebedachverstellung

- Deckenleuchte ausbauen.
- Stecker am Regler abziehen.
- 3 Schrauben herausdrehen und Regler abnehmen.

LED-Beleuchtung in der Deckenleuchte

Die LEDs in der Deckenleuchte können nicht einzeln ersetzt werden. Gegebenenfalls komplette Deckenleuchte ersetzen.

Deckenleuchte hinten

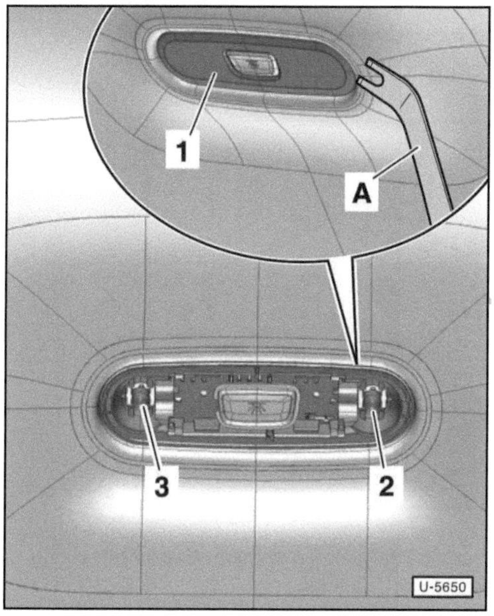

- Streuscheibe –1– mit Montagekeil –A–, zum Beispiel HAZET 1965-21, abhebeln.

● Lampe –2– oder –3– aus der Fassung herausziehen und ersetzen.
● Streuscheibe aufdrücken und einrasten.

Lampen im Armaturenbrett

Folgende Lampen können nicht einzeln ersetzt werden:

● Lampe für die Beleuchtung des mittleren Ausströmers.
● Lampe für Einsteller der heizbaren Sitze.

Handschuhfachleuchte/Fußraumleuchte/ Einstiegs- und Türwarnleuchte/Kofferraum- und Laderaumleuchte

Der Ausbau dieser Leuchten erfolgt auf die gleiche Weise und wird am Beispiel der Handschuhkastenleuchte beschrieben.

Hinweis: Bei defekter LED in der Fußraumleuchte muss diese komplett ersetzt werden.

● Lichtschalter ausschalten.

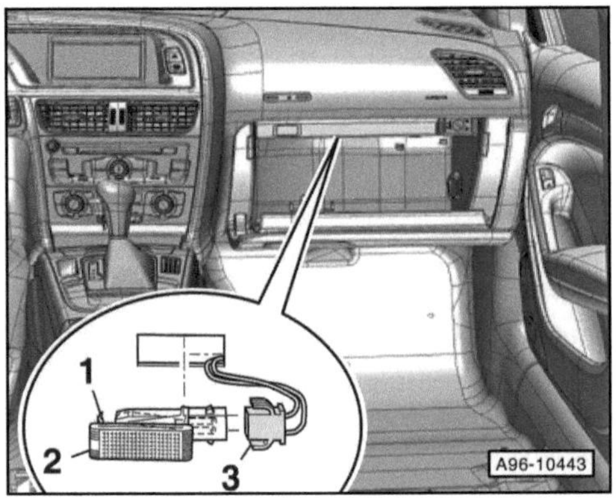

● Rastnase –1– mit einem flachen Schraubendreher eindrücken und Handschuhfachleuchte –2– heraushebeln.
● Stecker –3– abziehen.

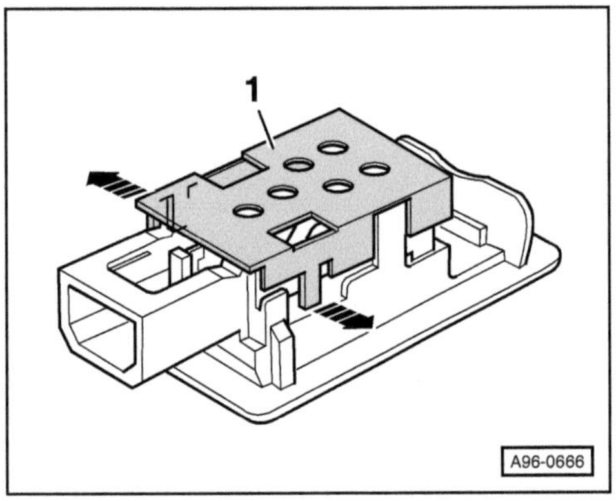

● Halteklammern in Pfeilrichtung entriegeln und Abdeckung –1– über der Lampe abziehen.

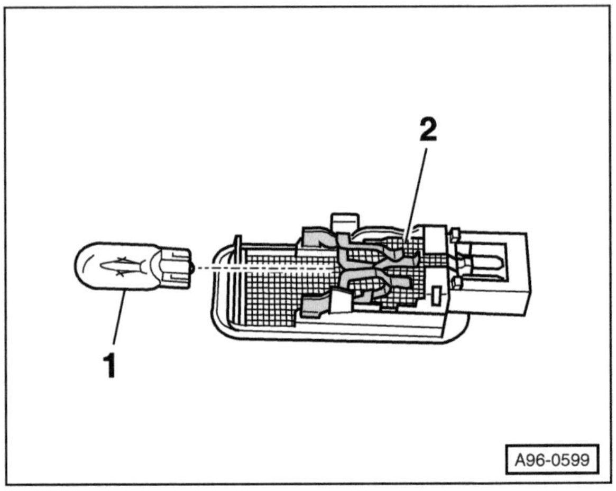

● Glühlampe –1– aus der Fassung herausziehen und ersetzen.
● Abdeckung aufdrücken und einrasten.
● Stecker an der Leuchte aufschieben.
● Leuchte an der Steckerseite einsetzen, an der gegenüberliegenden Seite aufdrücken und einrasten.

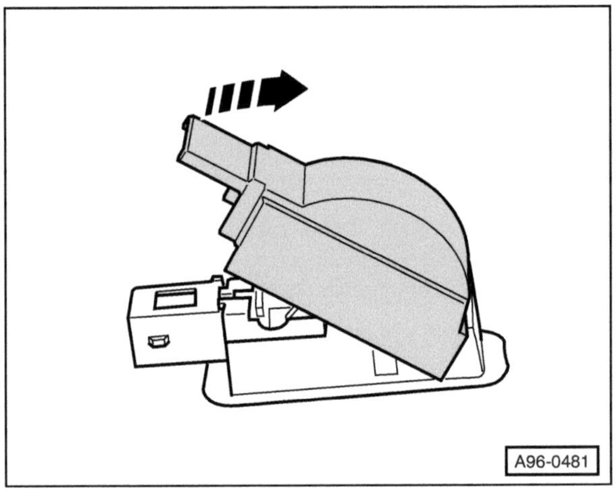

● **Türwarnleuchte/Laderaumleuchte:** Abdeckung über der Lampe vorsichtig in Pfeilrichtung abheben.

Kombiinstrument aus- und einbauen

Im Kombiinstrument sind ausschließlich Leuchtdioden (LEDs) als Kontrollleuchten eingesetzt. Bei defekten LEDs sowie anderen Defekten muss das Kombiinstrument komplett ausgetauscht werden. Das Kombiinstrument darf nicht zerlegt werden.

Ausbau

- Falls das Kombiinstrument erneuert werden soll, Fehlerspeicher abfragen lassen. Außerdem die Werte der Service-Intervallanzeige und den Stand des Wegstreckenzählers über das AUDI-Diagnosegerät auslesen lassen und notieren (Werkstattarbeit).
- Lenkrad ganz herausziehen und so weit wie möglich nach unten verstellen. Dabei den vollen Verstellbereich der Lenksäulenverstellung ausnutzen.

Hinweis: In den folgenden Abbildungen ist das Lenkrad nur zur besseren Darstellung ausgebaut. Das Kombiinstrument kann bei eingebautem Lenkrad ausgebaut werden.

- Zündung ausschalten, Zündschlüssel abziehen.

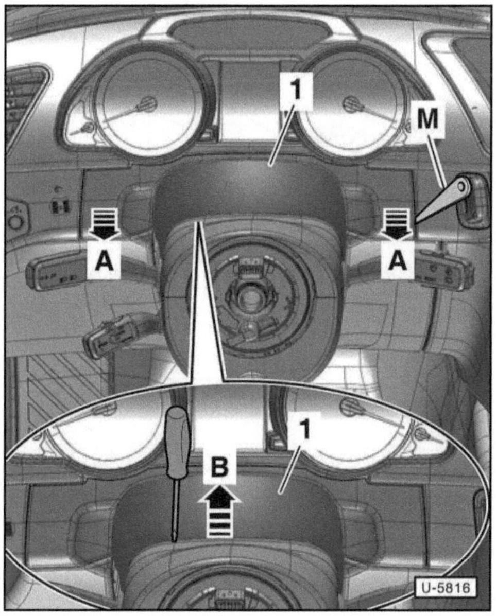

- Spaltabdeckung –1– mit einem Montagekeil –M– vom Armaturenbrett in Pfeilrichtung –A– abclipsen.
- Spaltabdeckung mit einem kleinen Schraubendreher vorsichtig von der oberen Lenksäulenverkleidung in Pfeilrichtung –B– abclipsen.
- Spaltabdeckung der oberen Lenksäulenverkleidung ablegen.
- Linke Luftaustrittsdüse ausbauen, siehe Seite 141.

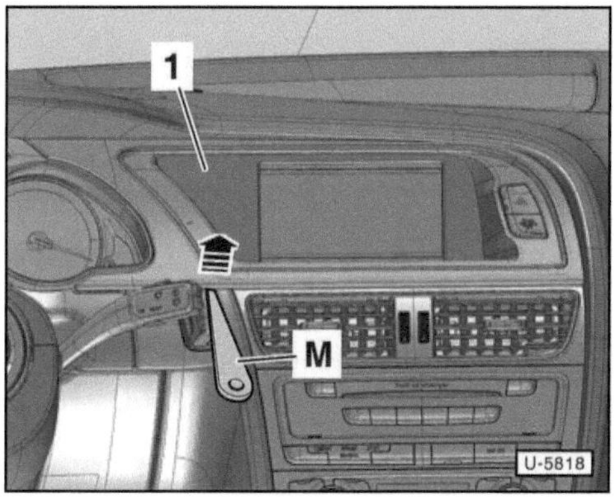

- Abdeckung –1– für MMI-Bildschirm mit einem Kunststoffkeil –M– an den Ecken abhebeln –Pfeil– und abnehmen. MMI = Multimedia-Interface.
- Stecker für Airbag-Kontrollleuchte Beifahrerseite und Warnblinkschalter abziehen.
- Abdeckung abnehmen.

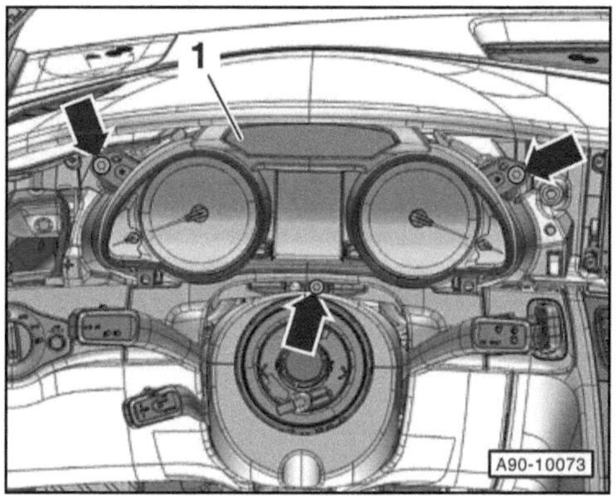

- Schrauben –Pfeile– herausdrehen.
- Kombiinstrument –1– so weit herausziehen, bis es am Lenkrad anliegt.

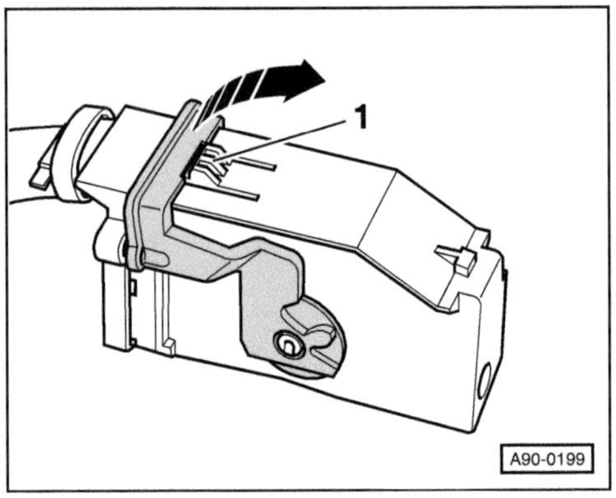

- An der Rückseite die Mehrfachstecker abziehen. Dazu Sicherungsraste –1– drücken und Haltebügel in Pfeilrichtung drehen.
- Kombiinstrument zur Fahrerseite zwischen Lenkrad und Armaturenbrett herausnehmen.

Einbau

- Der Einbau erfolgt in umgekehrter Ausbaureihenfolge. Dabei ist Folgendes zu beachten:
- Kombiinstrument mit **2,5 Nm** anschrauben.
- Halteklammern an der Abdeckung für MMI-Bildschirm prüfen, verbogene Klammern ersetzen.
- Abdeckung für MMI-Bildschirm andrücken und hörbar einrasten.
- Spaltabdeckung einsetzen und andrücken, bis die Klammern vollständig eingerastet sind.

Lenkstockschalter aus- und einbauen

Ausbau

- Fahrer-Airbag ausbauen, siehe Seite 163.
- Lenkrad ausbauen, siehe Seite 164.
- Lenksäulenverkleidungen ausbauen, siehe Seite 255.

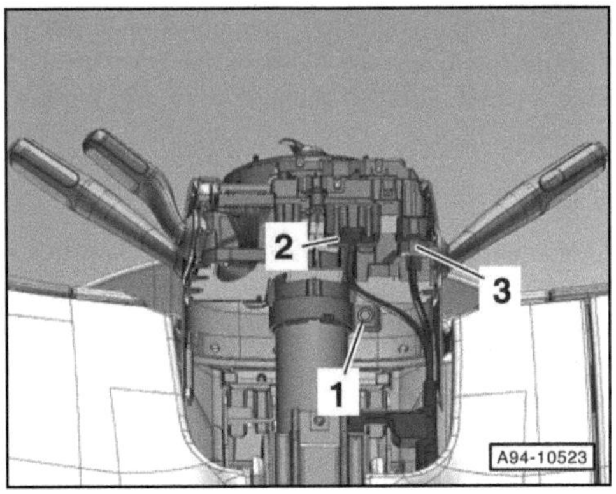

- Schraube –1– herausdrehen.
- Stecker –2– abziehen.

Achtung: Vor dem Trennen der elektrischen Steckverbindung –3– für elektrostatische Entladung sorgen. Dazu beispielsweise den Schließkeil der Tür kurz anfassen.

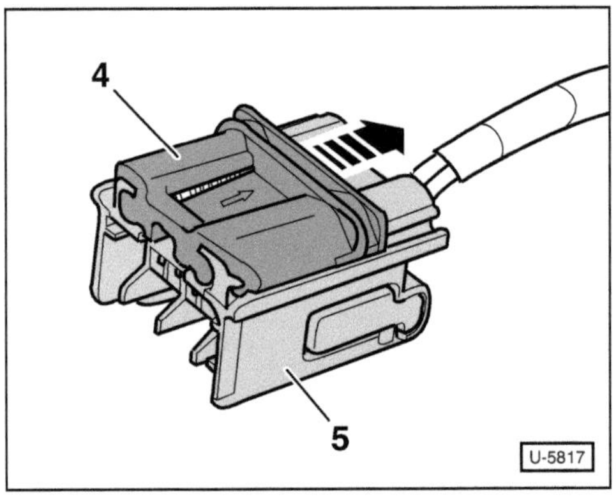

- Stecker –3– (Abbildung A94-10523) abziehen. Dazu Sicherungsraste –4– in Pfeilrichtung drücken, bis die Steckverbindung –5– ausrastet.
- Lenkstockschalter vorsichtig von der Lenksäule abziehen.

Einbau

- Der Einbau erfolgt in umgekehrter Ausbaureihenfolge. Schraube ganz leicht, mit **0,5 Nm** anziehen.

Schalter im Fahrzeuginnenraum aus- und einbauen

Hinweis: Die Beleuchtung der Schalter ist in den jeweiligen Schaltern beziehungsweise Tastern integriert und kann nicht getrennt ersetzt werden. Bei einem Defekt kompletten Schalter austauschen.

Grundsätzlich vor Ausbau eines Schalters die Zündung ausschalten und Zündschlüssel abziehen.

Lichtschalter

Hinweis: Die Schalter für Nebelscheinwerfer und Nebelschlussleuchte sitzen im Gehäuse des Lichtschalters und können nicht einzeln ersetzt werden.

Ausbau

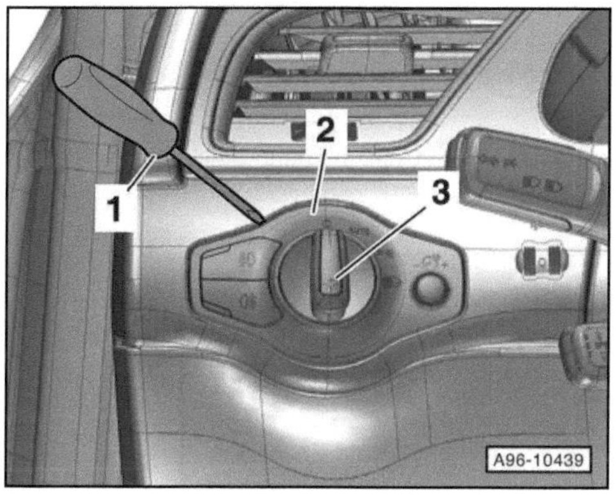

- Lichtschalter in Stellung »0« drehen.
- Am Drehknopf –3– den Lichtschalter etwas herausziehen und gleichzeitig mit einem kleinen Schraubendreher –1– oben heraushebeln.
- Lichtschalter aus der Öffnung herausnehmen und Stecker abziehen.

Einbau

- Der Einbau erfolgt in umgekehrter Ausbaureihenfolge. Dabei Lichtschalter in die Öffnung hineindrücken, bis die Verriegelung einrastet.

Einsteller für Leuchtweitenregelung

Ausbau

- Fußraumabdeckung Fahrerseite ausbauen, siehe Seite 253.
- Spaltabdeckung für Kombiinstrument ausbauen, siehe Kapitel »Kombiinstrument aus- und einbauen«.

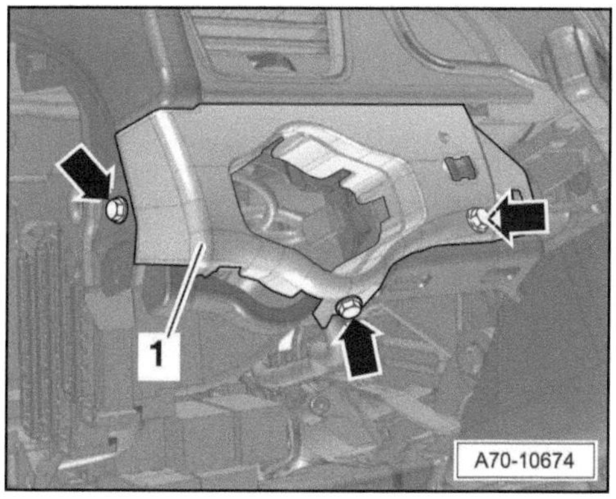

- Schrauben –Pfeile– herausdrehen und Lichtschalterblende –1– zusammen mit Lichtschalter abnehmen.
- Stecker vom Lichtschalter abziehen.

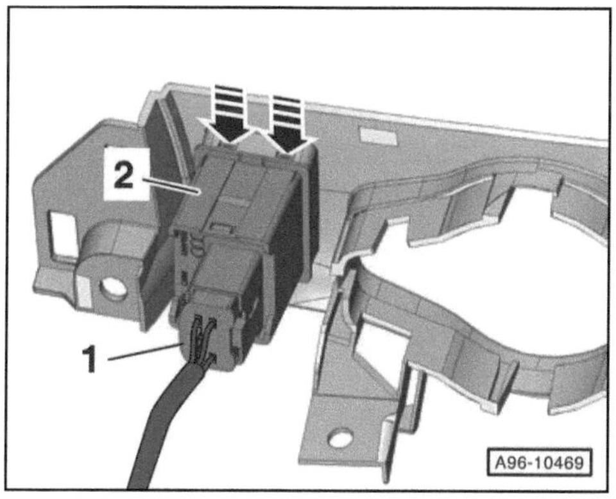

- Stecker –1– am Einsteller für Leuchtweitenregelung abziehen, dazu die Entriegelunstaste drücken.
- Mit einem kleinen Schraubendreher die Rasthaken –Pfeile– vorsichtig entriegeln und Einsteller –2– aus der Lichtschalterblende herausdrücken.

Einbau

- Der Einbau erfolgt in umgekehrter Ausbaureihenfolge.

Warnblinkschalter

Ausbau

- Abdeckung für MMI-Bildschirm ausbauen, siehe »Kombiinstrument ausbauen«.

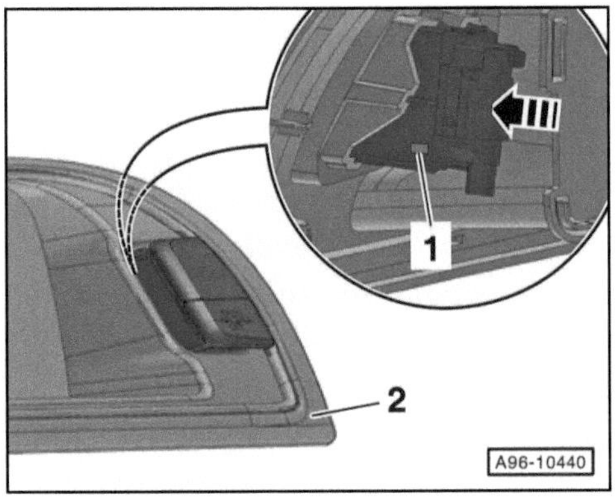

- Warnblinkschalter –1– aus dem Einbaurahmen –2– in Pfeilrichtung herausdrücken.

Einbau

- Der Einbau erfolgt in umgekehrter Ausbaureihenfolge.

Schalter für Handschuhfachleuchte

Ausbau

- Sicherungshalter auf der rechten Seite aushängen und zur Seite schieben. Dazu Abdeckung an der rechten Stirnseite des Armaturenbretts abdrücken.

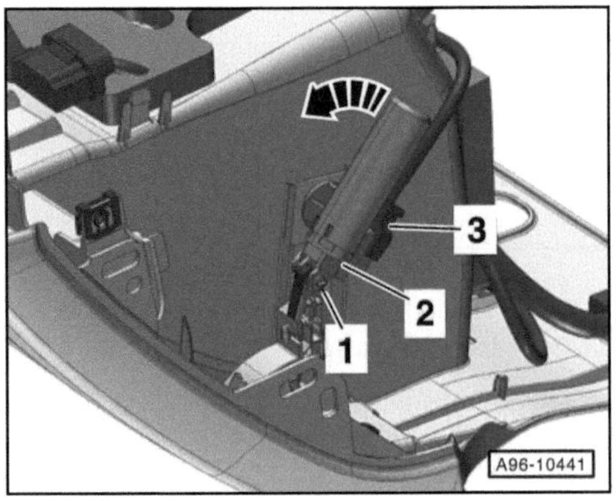

- Stecker –3– abziehen.
- Scharnierstift –1– herausziehen.
- Schalter –2– in Pfeilrichtung entriegeln und abnehmen.

Einbau

- Der Einbau erfolgt in umgekehrter Ausbaureihenfolge.

Schalter für Spiegelverstellung/ Fensterheberschalter

Ausbau

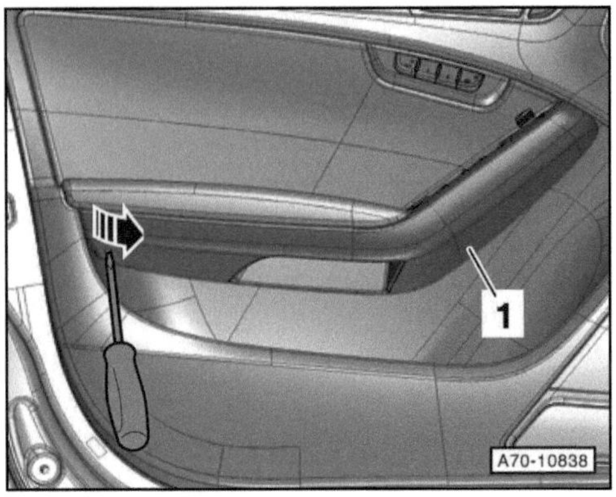

- Schraubendreher unten an der Blende –1– in die Bohrung einsetzen.
- Blende –1– vorsichtig von der Türverkleidung abheben, dabei hinten (Türschlossseite) beginnen.

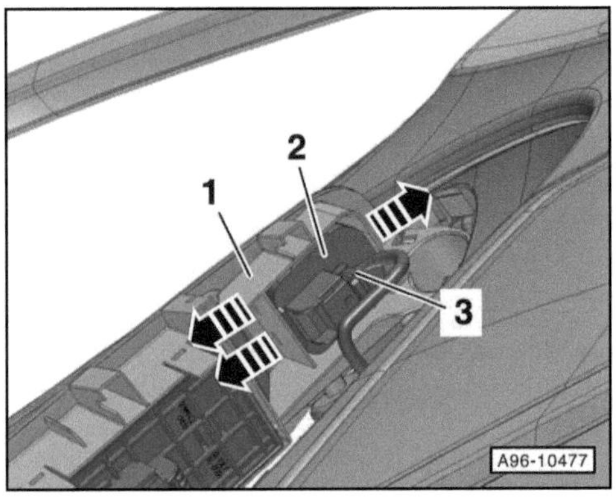

- Stecker –3– abziehen.
- Rasthaken mit einem kleinen Schraubendreher vorsichtig entriegeln –Pfeile–.
- Schalter –2– für Spiegelverstellung aus der Schalteraufnahme –1– herausdrücken.

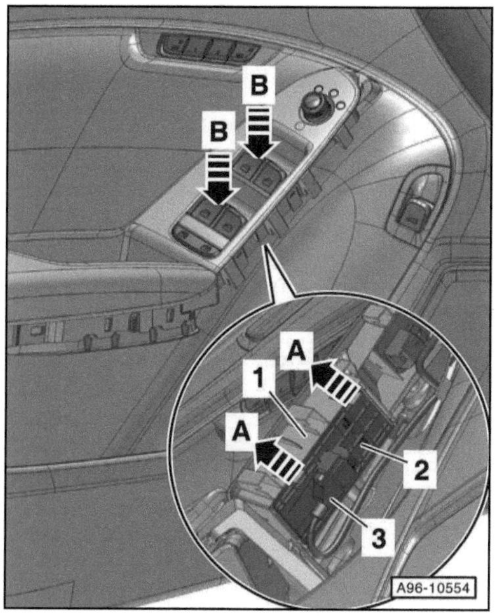

- Stecker –3– abziehen.
- Haltelaschen in Pfeilrichtung –A– vorsichtig zur Seite ziehen.
- Fensterheberschalter –2– aus der Schalteraufnahme –1– in Pfeilrichtung –B– herausdrücken.

Einbau

- Prüfen, ob die Symbol-Blende vor dem Schalter für Spiegelverstellung eingelegt ist.
- Schalter in die Aufnahme drücken und einrasten.
- Der weitere Einbau erfolgt in umgekehrter Ausbaureihenfolge.

Schalter für Innenverriegelung

Ausbau

- Türverkleidung ausbauen, siehe Seite 266.

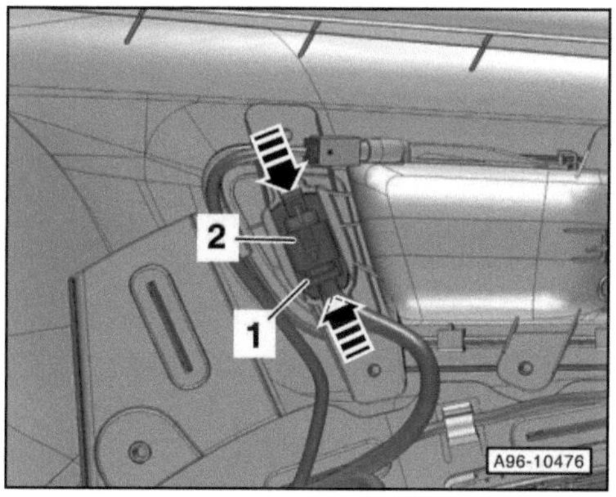

- Stecker –1– abziehen.
- Halteklammern in Pfeilrichtung entriegeln und Schalter –2– aus der Türverkleidung herausdrücken.

Einbau

- Schalter in die Aufnahme der Türverkleidung drücken und einrasten.
- Türverkleidung einbauen, siehe Seite 266.

Schaltereinheit in der Mittelkonsole

Ausbau

- Abdeckung für Mittelkonsole ausbauen, siehe Seite 260.

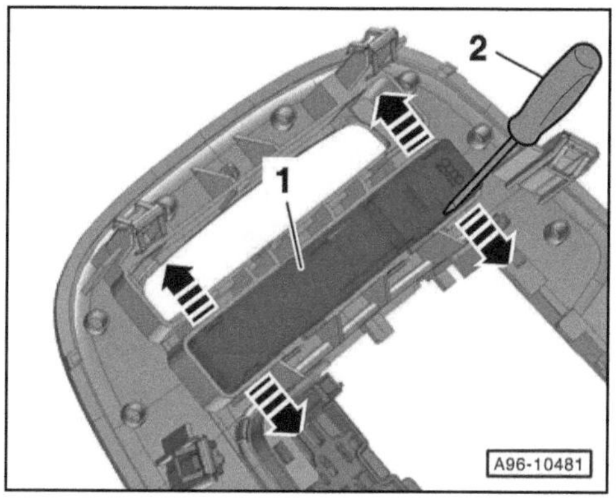

- Rasthaken mit einem kleinen Schraubendreher –2– in Pfeilrichtung entriegeln.
- Schaltereinheit aus der Aufnahme herausdrücken.

Einbau

- Der Einbau erfolgt in umgekehrter Ausbaureihenfolge.

Tür- und Heckklappenkontaktschalter

Diese Schalter befinden sich im jeweiligen Schloss und können nicht einzeln ersetzt werden.

Kontaktschalter für Make-up-Spiegel

Der Schalter sitzt im Lager der Sonnenblende und kann nicht einzeln ersetzt werden.

Bedieneinheit für Multimedia-System

Ausbau

- Automatikgetriebe: Zündung einschalten, Wählhebel in Stellung »S« stellen, Zündung ausschalten.
- Zündschlüssel abziehen.

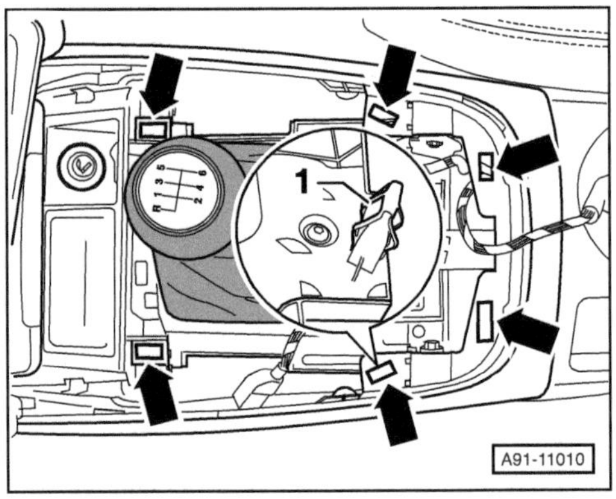

- Die Bedieneinheit ist mit Federn –1– an der Mittelkonsole befestigt –Pfeile–.

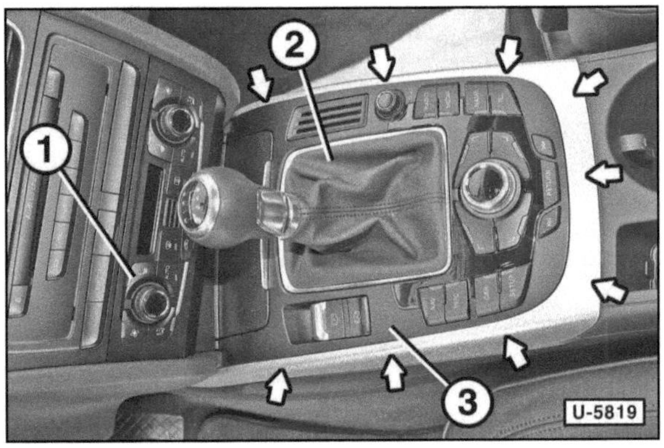

- Klimabedienteil –1– ausbauen, siehe Seite 142.
- Schalthebel-Manschette –2– nach oben stülpen.
- Federn ringsum an der Bedieneinheit –3– ausrasten –Pfeile–.
- Bedieneinheit etwas nach oben ziehen und die Steckverbindungen an der Unterseite abziehen. Dabei die kurze Kabellänge zur Bedieneinheit beachten.
- Falls erforderlich, können jetzt die einzelnen Schalter der Bedieneinheit ausgebaut werden.

Einbau

- Der Einbau erfolgt in umgekehrter Ausbaureihenfolge.

Radio aus- und einbauen

Ausbau

- Alle elektrischen Verbraucher ausschalten.
- Wählhebel in Stellung »S« bringen oder bei Schaltgetriebe ganz nach hinten stellen.
- Zündung ausschalten, Zündschlüssel abziehen.
- Klimabedienteil ausbauen, siehe Seite 142.
- Mittlere Luftaustrittsdüse ausbauen, siehe Seite 141.

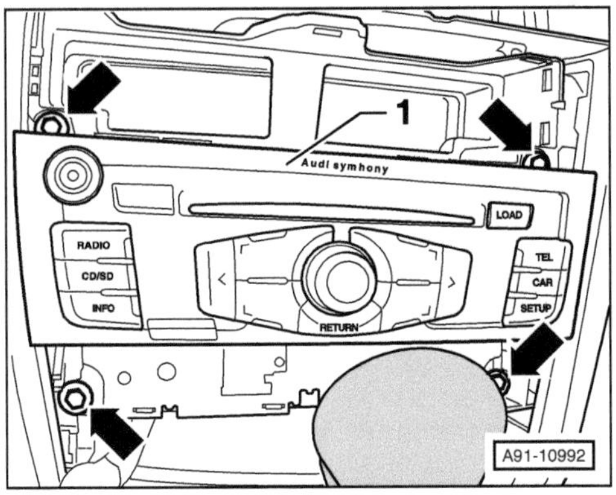

- Schrauben –Pfeile– herausdrehen.
- Radio –1– aus der Armaturentafel herausziehen.
- Auf der Rückseite die Mehrfachstecker entriegeln und abziehen.

Einbau

- Der Einbau erfolgt in umgekehrter Ausbaureihenfolge. Radio ganz leicht, mit **3 Nm**, anschrauben.

MMI-Bildschirm aus- und einbauen

MMI = Multimedia-Interface

Ausbau

- Alle elektrischen Verbraucher ausschalten.
- Zündung ausschalten, Zündschlüssel abziehen.
- Abdeckung für MMI-Bildschirm ausbauen, siehe Seite 256.

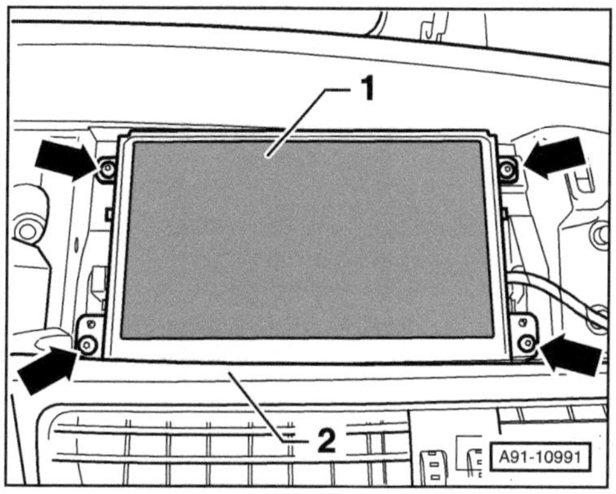

- Schrauben –Pfeile– herausdrehen.
- MMI-Bildschirm –1– aus der Armaturentafel herausheben.
- Auf der Rückseite Mehrfachstecker entriegeln und abziehen.

Einbau

- Der Einbau erfolgt in umgekehrter Ausbaureihenfolge. MMI-Bildschirm ganz leicht, mit **2 Nm**, anschrauben.

Heizung/Klimatisierung

Die Frischluft für die Heizungs- und Belüftungsanlage wird von einem elektrischen Gebläse über den Wasserkasten unter der Motorhaube angesaugt. Bevor die Luft in den Innenraum gelangt wird sie von einem Staub- und Pollenfilter gereinigt.

Je nach Bedarf wird die Luft für den Fahrzeuginnenraum über den Wärmetauscher geleitet und dort erwärmt oder sie wird im Verdampfer der Klimaanlage abgekühlt und dann auf die Luftaustrittsdüsen im Fahrzeuginnenraum verteilt.

Der Wärmetauscher wird ständig von der heißen Motorkühlflüssigkeit durchströmt, so dass er die Wärme für den Fahrzeuginnenraum schnell an die vorbeiströmende Frischluft abgibt. Um den Luftdurchsatz im Fahrzeuginnenraum zu erhöhen, kann das integrierte Frischluftgebläse in mehreren Leistungsstufen betrieben werden.

Soll keine Frischluft von außen angesaugt werden, zum Beispiel bei schlechter Außenluft, kann auf Umluftbetrieb umgeschaltet werden. In dieser Betriebsart wird nur die im Fahr-

Luftführung

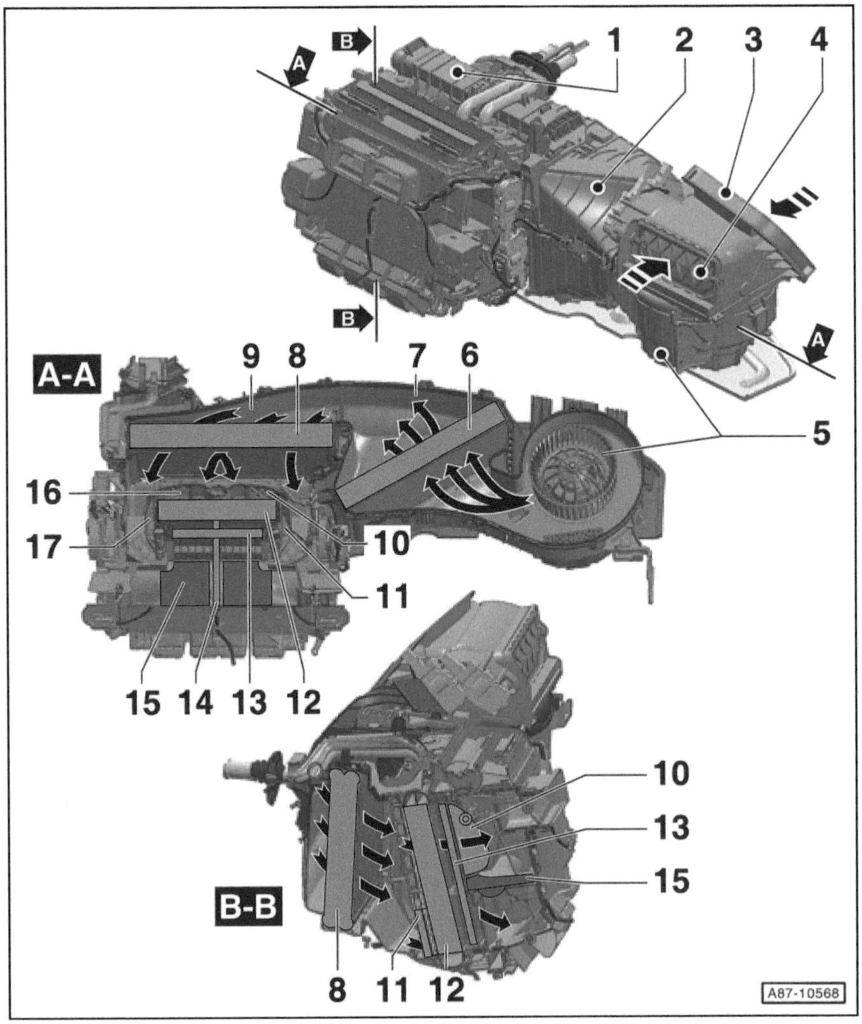

1 – Klimagerät

2 – Luftansaugkasten

3 – Frischlufteinlass
Die Luft wird aus dem Wasserkasten angesaugt.

4 – Umlufteinlass
Die Luft wird bei geöffneter Umluftklappe unter dem Handschuhkasten aus dem Fußraum der Beifahrerseite angesaugt. **Hinweis:** In der Abbildung ist die Umluftklappe in geschlossener Position dargestellt.

5 – Frischluftgebläse

6 – Staub- und Pollenfilter
Je nach Ausführung mit oder ohne Aktivkohlefiltereinlage.

7 – Unterteil des Luftansaugkstens
Der Schnitt A-A entspricht der Linie A --- A im oberen Teil der Abbildung.

8 – Verdampfer

9 – Unterteil des Klimageräts
A-A entsprechend Position 7.

10 – Temperaturklappe für Luftauslassdüse rechts vorn
In der Abbildung steht die Temperaturklappe in der Position »heizen«. Bei der »Komfort«-Klimaanlage werden die Klappen jeweils durch einen Stellmotor betätigt.
Bei der »Basis«-Klimaanlage sind die Temperaturklappe vorn und die Temperaturklappe für Luftauslass Fußraum über eine Welle verbunden. Betätigt werden sie über einen Stellmotor.

11 – Temperaturklappe
Für die Luftauslassdüse hinten rechts. In der Abbildung ist die Position »kühlen« dargestellt.

12 – Wärmetauscher für Heizung

13 – PTC-Heizelement
Nur bei Fahrzeugen mit Dieselmotor. Bei Fahrzeugen mit Benzinmotor ist an dieser Stelle ein Wabenkörper eingebaut, damit die Strömungsverhältnisse im Klimagerät durch den fehlenden PTC-Zuheizer nicht verändert werden. Bei Fahrzeugen mit Dieselmotor und Standheizung ist anstelle des PTC-Zuheizers ebenfalls ein Wabenkörper eingebaut.

14 – Trennwand
Nur bei Fahrzeugen mit »Komfort«-Klimaanlage.

15 – Trennwand
Nur bei Fahrzeugen mit »Komfort«-Klimaanlage.

16 – Temperaturklappe
Für Luftauslassdüse hinten links. In der Abbildung ist die Position »heizen« dargestellt.

17 – Temperaturklappe
Für Luftauslassdüse vorn links. In der Abbildung ist die Position »kühlen« dargestellt.

zeug befindliche Luft umgewälzt. Geschieht das über einen längeren Zeitraum, können die Scheiben innen beschlagen.

Achtung: Wenn im Rahmen von Arbeiten an der Heizung auch Arbeiten an der elektrischen Anlage durchgeführt werden, **grundsätzlich** die Batterie abklemmen. Dazu unbedingt Hinweise im Kapitel »Batterie aus- und einbauen« beachten.

Wird der AUDI A4 von einem Dieselmotor angetrieben, ist zusätzlich ein **PTC-Zuheizelement** (Positive Temperature Coefficient) vorhanden, um bei tiefen Außentemperaturen das Heizungsdefizit des Direkteinspritzers zu verbessern. Die Zusatzheizung ist im Heizgerät unter dem Wärmetauscher eingebaut. Nach dem Start des Motors erwärmt sich der elektrische PTC-Zuheizer in Abhängigkeit von der Außentemperatur und gibt innerhalb von Sekunden die Wärme an die vorbeiströmende kalte Luft ab.

Tritt ein Fehler in der Heizungs- oder Klimaanlage auf wird er in einem elektronischen Speicher abgelegt. Über ein Fehlerauslesegerät kann der entsprechende Speicher ausgelesen werden. Eine exakte Fehlerdiagnose ohne Auslesegerät ist nicht möglich.

Der AUDI A4 ist serienmäßig mit einer Klimaanlage ausgestattet. Die Klimaanlage ist eine kombinierte Kühl- und Heizanlage. Im Kühlbetrieb arbeitet die Klimaanlage im Prinzip wie ein Kühlschrank. Der Kompressor verdichtet das dampfförmige FCKW-freie Kältemittel R 134 A. Dieses erhitzt sich dabei und wird in den Kondensator geleitet. Dort wird das Kältemittel abgekühlt und verflüssigt sich. Über das Expansionsventil wird das Kältemittel entspannt und in den Verdampfer eingespritzt, wo es auf Grund seines niedrigen Druckes verdampft. Es kühlt dabei stark ab.

Durch diesen Verdampfungs- und Abkühlungsprozess wird der von außen vorbeistreichenden Luft Wärme entzogen. Die Luft kühlt sich ab und mitgeführte Luftfeuchtigkeit wird zu Kondenswasser, das ins Freie geleitet wird. Die Intensität der Kühlung ist abhängig von der eingestellten Temperatur und von der Gebläseschalterstellung.

Sicherheitshinweis
Der **Kältemittelkreislauf der Klimaanlage darf nicht geöffnet** werden, da das Kältemittel bei Hautberührung Erfrierungen hervorrufen kann.
Bei versehentlichem Hautkontakt betroffene Stelle sofort mindestens 15 Minuten lang mit kaltem Wasser spülen. Kältemittel ist farb- und geruchlos sowie schwerer als Luft. Bei austretendem Kältemittel besteht am Boden beziehungsweise in unteren Räumen Erstickungsgefahr. Das Kältemittelgas ist nicht wahrnehmbar.

Durch das Abschalten der Kühlanlage läuft der Klimakompressor nicht mit, so dass Kraftstoff eingespart wird.

Hinweis: Die Klimaanlage sollte, vor allem in der kalten Jahreszeit, einmal im Monat für einige Zeit bei höchster Gebläsestufe eingeschaltet werden, und zwar bei normaler und gleichmäßiger Fahrzeuggeschwindigkeit und bei betriebswarmem Motor. Dadurch wird sichergestellt, dass das im Kältemittel enthaltene Schmieröl in Umlauf gebracht wird, die beweglichen Teile der Klimaanlage regelmäßig geschmiert und die Dichtungen nicht porös werden.

Achtung: Arbeiten an der Klimaanlage dürfen nur von einer Fachwerkstatt durchgeführt werden. Deshalb werden Reparaturen am Kältemittelkreislauf der Klimaanlage nicht beschrieben.

Optional gibt es für den AUDI A4 auch eine **elektronisch gesteuerte Klimaanlage (»Climatronic«)**. Der Automatikmodus sorgt für konstante Temperaturen im Innenraum und entfeuchtet die Luft im Fahrzeuginnern, so dass die Scheiben nicht beschlagen. Außerdem werden Lufttemperatur, Luftmenge und Luftverteilung automatisch geregelt sowie Schwankungen der Außentemperatur ausgeglichen. Im Econ-Betrieb ist die Kühlanlage ausgeschaltet; dennoch wird die Heizungs- und Belüftungsanlage automatisch geregelt.

Luftaustrittsdüsen aus- und einbauen

Ausbau

Hinweis: Die hinteren Luftaustrittsdüsen in der hinteren Mittelkonsole werden auf die gleiche Weise ausgebaut.

Achtung: Damit die Luftaustrittsdüsen beim Ausbau nicht beschädigt werden, darf der Ausbau-Haken nicht an den Lamellen der Düsen eingehängt werden.

- Luftaustrittsdüse öffnen.

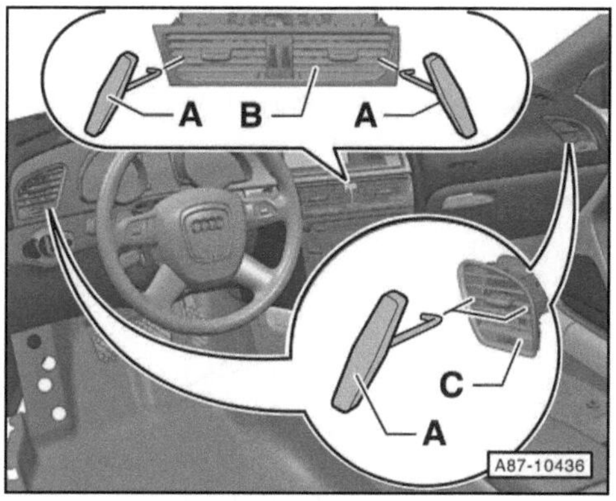

- Haken –A–, zum Beispiel VW/AUDI-3438, wie in der Abbildung gezeigt, zwischen den Lamellen einführen und in die an den äußeren Seiten der Düse –B– oder –C– vorhandene Bohrung einsetzen.
- Luftaustrittsdüse vorsichtig und wechselweise aus der Öffnung im Armaturenbrett herausziehen.

Klimabedieneinheit aus- und einbauen

Hinweis: Zum Erneuern der Klimabedieneinheit wird das VW/AUDI-Diagnosegerät benötigt.

Ausbau

- Zündung ausschalten, Zündschlüssel abziehen.

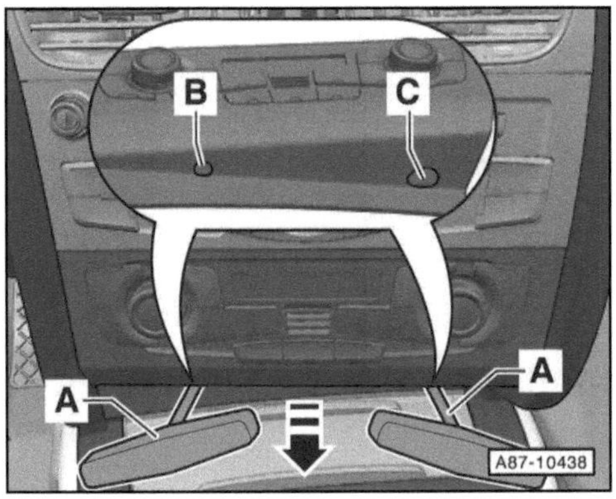

- Haken –A–, zum Beispiel VW/AUDI-3438, wie in der Abbildung gezeigt, in eine der Öffnungen –B– oder –C– einsetzen.

Hinweis: Die Bedieneinheit wird links und rechts von Klammern in den Widerlagern der Mittelkonsole gehalten.

- Klimabedieneinheit vorsichtig in Pfeilrichtung aus der vorderen Mittelkonsole ziehen. **Achtung:** Nicht zu fest ziehen, damit die Klimabedieneinheit nicht beschädigt wird. Oberfläche der Mittelkonsole gegebenenfalls abdecken, um Beschädigungen zu vermeiden.

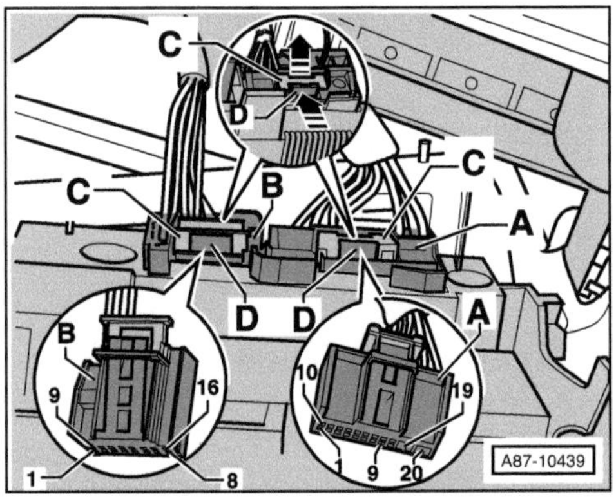

- Sicherung der Steckerverriegelung –C– für die Stecker –A– und –B– in Pfeilrichtung ziehen und dadurch die Verriegelung lösen.
- Steckerverriegelung –D– zum Stecker –Pfeil– drücken und die Stecker –A– und –B– abziehen.

Einbau

- Der Einbau erfolgt in umgekehrter Ausbaureihenfolge.

Gebläsemotor aus- und einbauen

Ausbau

Achtung: Den Gebläsemotor gibt es in unterschiedlichen Varianten. Bei Ersatz unbedingt auf richtige Zuordnung achten.

- Steuergerät für Gebläsemotor ausbauen, siehe entsprechendes Kapitel.

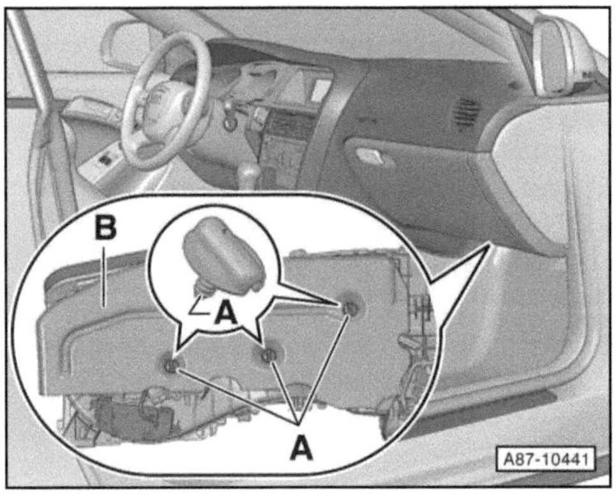

- Clips –A– abschrauben und Dämmmatte –B– abnehmen.
- Falls vorhanden, Schaumstoffhülle vom Gebläsemotor abziehen. Die Schaumstoffhülle dient der Geräuschreduzierung.

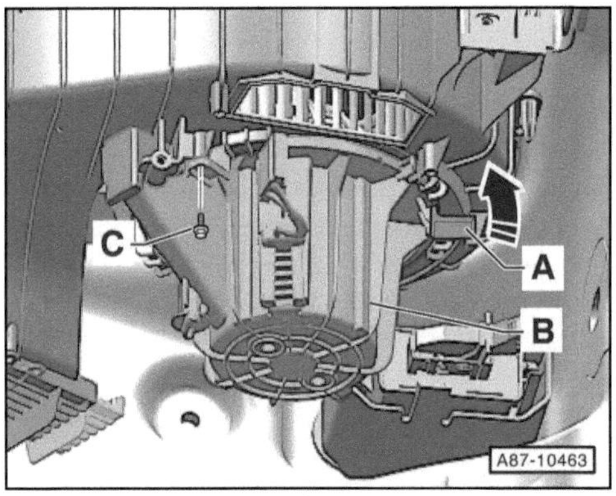

- Verriegelung –A– lösen und Gebläsemotor –B– in Pfeilrichtung drehen und herausnehmen. **Hinweis:** Falls die Schraube –C– vorhanden ist, diese abschrauben.

Achtung: Lüfterrad möglichst nicht anfassen. Krafteinwirkung auf das Lüfterrad oder Verschieben der am Lüfterrad angebrachten Auswuchtgewichte führen zur Unwucht und zu unrundem Lauf im Betrieb.

Einbau

- Gebläsemotor einsetzen, engegen der Pfeilrichtung drehen und an der Verriegelung –A– einrasten.

Hinweis: Sollte die Verriegelung –A– abbrechen oder den Motor nicht mehr halten, Gebläsemotor mit der Schraube –C– am Luftansaugkasten befestigen.

- Der weitere Einbau erfolgt in umgekehrter Ausbaureihenfolge.

Steuergerät für Gebläsemotor aus- und einbauen

Das Steuergerät schaltet bei eingeschalteter Zündung und betätigtem Gebläseschalter beziehungsweise angesteuertem Gebläsemotor den Gebläsemotor ein und regelt die Drehzahl je nach Bedarf.

Ausbau

- Beifahrersitz in die hinterste Position stellen.
- Zündung ausschalten, Zündschlüssel abziehen.
- Handschuhkasten ausbauen, siehe Seite 257.

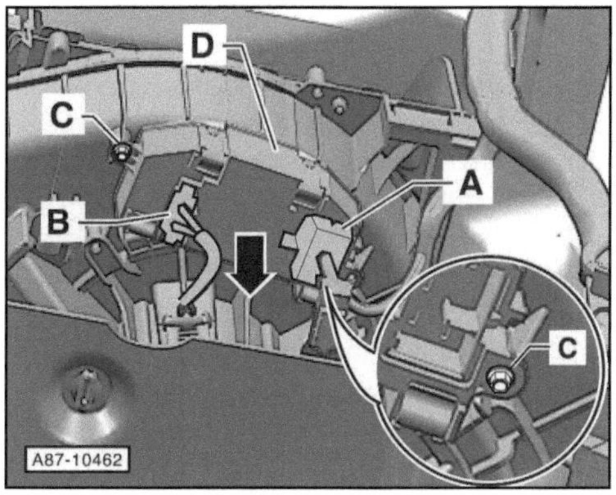

Achtung: Der Kühlkörper am Steuergerät kann heiß sein. **Verletzungsgefahr!**

- Stecker –A– und –B– abziehen.
- Schrauben –C– herausdrehen.
- Steuergerät aus dem Luftansaugkasten herausnehmen.

Einbau

- Der Einbau erfolgt in umgekehrter Ausbaureihenfolge. Gegebenenfalls Fehlerspeicher der Klimabedieneinheit löschen lassen.

Fahrwerk

Aus dem Inhalt:

- **Vorderachse**
- **Hinterachse**
- **Federbein**
- **Stoßdämpfer**
- **Schraubenfeder**
- **Achswellen**
- **Lenkung/Airbag**
- **Räder und Reifen**

Die wichtigsten Komponenten des Fahrwerks sind die Fünf-Lenker-McPherson-Vorderachse und die spurgesteuerte Trapezlenker-Hinterachse. Die Achskomponenten sind jeweils an einem Hilfsrahmen befestigt.

Das Fahrwerk des AUDI A4 AVANT entspricht dem der Limousine. Federn und Stoßdämpfer sind jedoch auf die höhere Achslast abgestimmt.

Sicherheitshinweis
Schweiß- und Richtarbeiten an tragenden und radführenden Bauteilen der Vorder- und Hinterradaufhängung **sind nicht zulässig. Selbstsichernde Schrauben/Muttern** sowie korrodierte Schrauben/Muttern sind im Reparaturfall **immer zu ersetzen.**

Optimale Fahreigenschaften und geringster Reifenverschleiß sind nur dann zu erzielen, wenn die Stellung der Räder einwandfrei ist. Bei unnormaler Reifenabnutzung sowie mangelhafter Straßenlage sollte die Werkstatt aufgesucht werden, um den Wagen optisch vermessen zu lassen. Die Fahrwerkvermessung kann ohne eine entsprechende Messanlage nicht durchgeführt werden.

Achseinstellwert für die Spur pro Rad **vorn**: . . . . +10' ± 5'

Achseinstellwert für die Spur pro Rad **hinten**
bei vorgeschriebenem Sturz: . . . . +10' ± 5'

Vorderachse

Die Vorderräder werden von jeweils fünf Lenkern pro Rad geführt. Je ein Trag- und Führungslenker bilden die untere Ebene, zwei Führungslenker die obere. Die Spurstange als fünfter Lenker verbindet Lenkgetriebe und Schwenklager. Alle Achslenker sind als Aluminium-Schmiedeteile ausgeführt.

Tragendes Element der Vorderachse ist der Vorderachsträger aus Aluminium. Dieser Hilfsrahmen ist an 4 Punkten mit der Karosserie verschraubt. Über die unteren Trag- und Führungslenker ist er mit den Schwenklagern verbunden.

Die Radführung erfolgt durch 2 McPherson-Federbeine, die über eine Klemmverbindung mit den Achsschenkeln verbunden sind.

Ein quer liegender Rohrstabilisator sorgt für eine Reduzierung der Fahrzeug-Seitenneigung. Der Stabilisator ist über 2 Koppelstangen mit den Schwenklagern verbunden.

Die Übertragung der Motor-Antriebskraft auf die Vorderräder erfolgt über zwei Gelenkwellen, die jeweils über Gleichlaufkugelgelenke mit den Rädern sowie über Tripode-Rollengelenke mit dem Achsantrieb verbunden sind.

Radnabe und Radlager sind zu einer kompakten Einheit zusammengefasst. Die Radlagereinheit ist mit 4 Schrauben mit dem Achsschenkel verschraubt. Das Lagerspiel muss nicht eingestellt werden.

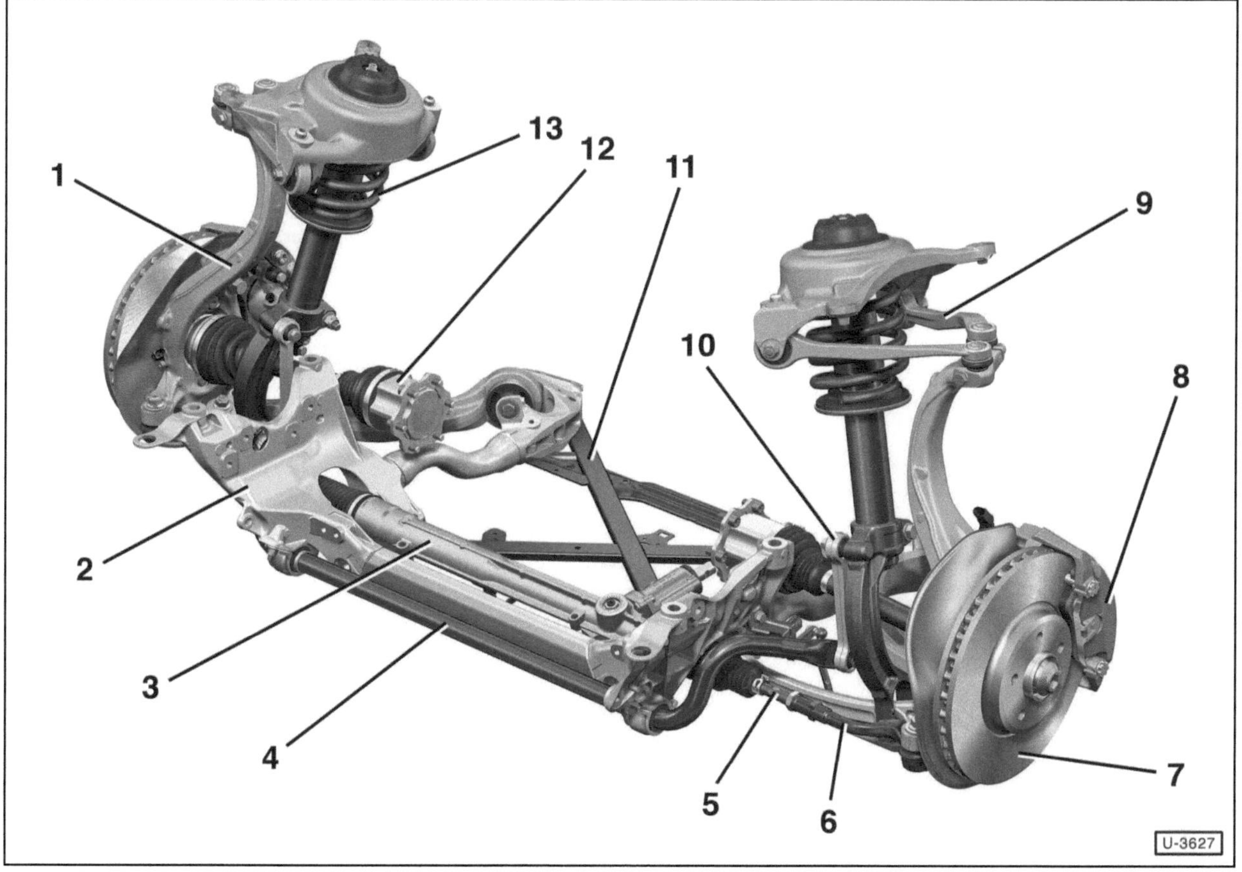

1 – Schwenklager
2 – Vorderachsträger
3 – Zahnstangen-Lenkgetriebe
4 – Rohr-Stabilisator
5 – Spurstange
6 – Spurstangenkopf
7 – Bremsscheibe
8 – Bremssattel
9 – Oberer Führungslenker
10 – Koppelstange
11 – Strebenkreuz
12 – Inneres Tripodegelenk
13 – Federbein
Zweirohr-Stoßdämpfer mit Schraubenfeder.

Federbein/Stoßdämfergabel/Achslenker oben

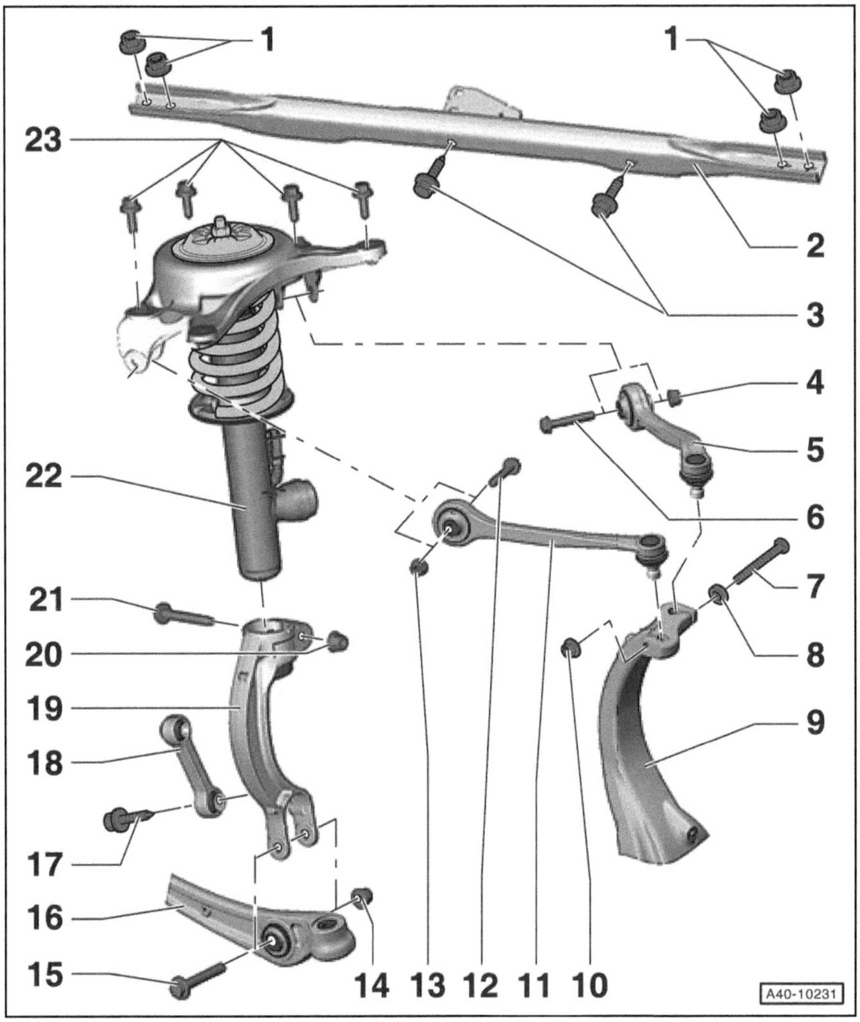

1 – **Muttern, 30 Nm**
2 – **Domstrebe**
3 – **Schrauben, 7 Nm**
4 – **Mutter**[1)]
5 – **Achslenker oben hinten**
6 – **Schraube**[1)2)]**, 50 Nm + 90°**
7 – **Schraube**[1)]
8 – **Scheibe**
9 – **Radlagergehäuse**
Hinweis: In der Abbildung ist nur der obere Teil des Radlagergehäuses dargestellt.
10 – **Mutter**[1)]**, 40 Nm**
11 – **Achslenker oben vorn**
12 – **Schraube**[1)2)]**, 50 Nm + 90°**
13 – **Mutter**[1)]
14 – **Mutter**[1)2)]**, 90 Nm + 90°**
15 – **Schraube**[1)]
16 – **Traglenker**
17 – **Schraube**[1)2)]**, 40 Nm + 90°**
18 – **Koppelstange**
Einbaulage beachten, siehe entsprechendes Kapitel.
19 – **Stoßdämpfergabel**
20 – **Mutter**[1)]**, 40 Nm + 180°**
21 – **Schraube**[1)]
22 – **Federbein**
23 – **Schraube**[1)]**, 40 Nm + 90°**

[1)] Nach jeder Demontage ersetzen.
[2)] Muss in »Leergewichtslage« oder bei auf dem Boden stehenden Rädern angezogen werden.

Wichtige Hinweise für Arbeiten am Fahrwerk

- Bei der Montage von eingewachsten Bauteilen müssen die Anlageflächen gereinigt werden. Anlageflächen müssen wachs- und fettfrei sein.
- Die angegebenen Anzugsdrehmomente gelten für ungeölte Schrauben und Muttern.
- Schweiß- und Richtarbeiten an tragenden beziehungsweise radführenden Bauteilen sind nicht zulässig.
- Hammerschlag-Schweißperlen sowie nachträglich angebrachte Farbmarkierungen an Schraubenfedern vermeiden.
- Ein Fahrzeug ohne Gelenkwelle darf nicht bewegt werden, da sonst das Radlager beschädigt wird. Gegebenenfalls anstelle der Gelenkwelle das Außengelenk einbauen und mit **200 Nm** festziehen.
- Beim Anziehen der Schraubverbindungen an den Lenkern muss sich das Fahrzeug in Leergewichtslage befinden oder mit den Rädern auf dem Boden stehen. Sonst werden die Gummimetallager, die nur über einen begrenzten Verdrehbereich verfügen, beschädigt.
- Muss das Fahrzeug noch zur Vermessung, Schrauben und Muttern, die gelöst wurden nur mit Drehmoment anziehen. Erst nach der Vermessung Schrauben und Muttern mit dem Verdrehwinkel nachziehen. Fahrzeug gegebenenfalls mit einem Hänger transportieren. **Achtung:** Bei Fahrzeugen, die im öffentlichen Straßenverkehr bewegt werden, müssen alle Schrauben und Muttern vorschriftsmäßig angezogen sein!

Kontaktkorrosion

- Kontaktkorrosion kann entstehen, wenn Schrauben, Muttern oder Scheiben verwendet werden, die nicht für Aluminium-Bauteile vorgesehen sind.
- Die dafür geeigneten Schrauben etc. haben eine Oberflächenbeschichtung (Dacromet) und sind an der grünlichen Farbe erkennbar.

Federbein aus- und einbauen

Ausbau

- Rad ausbauen, siehe Seite 170.

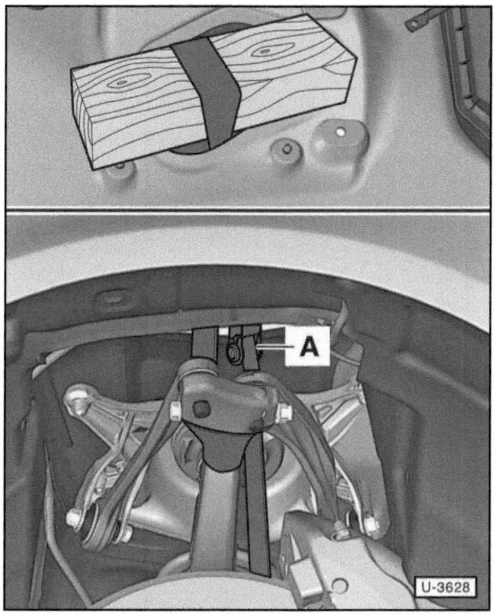

- Radlagergehäuse mit einem Spanngurt –A– hochbinden.

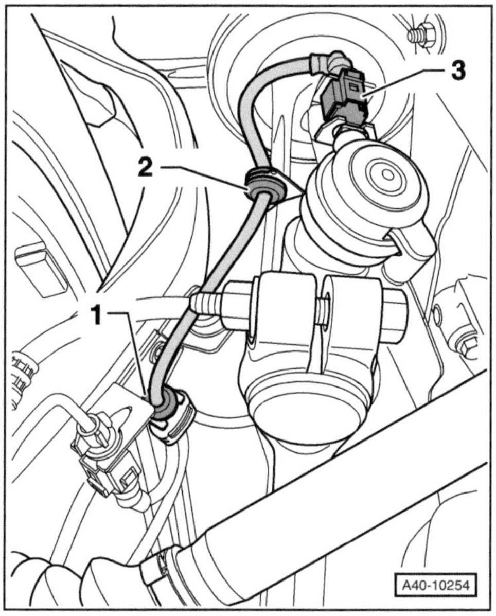

- Fahrzeuge mit elektronischer Dämpferregelung: Stecker –3– entriegeln und abziehen. Kabelhalter –1– und –2– abziehen.
- Stoßdämpfergabel unten abbauen, siehe entsprechendes Kapitel.

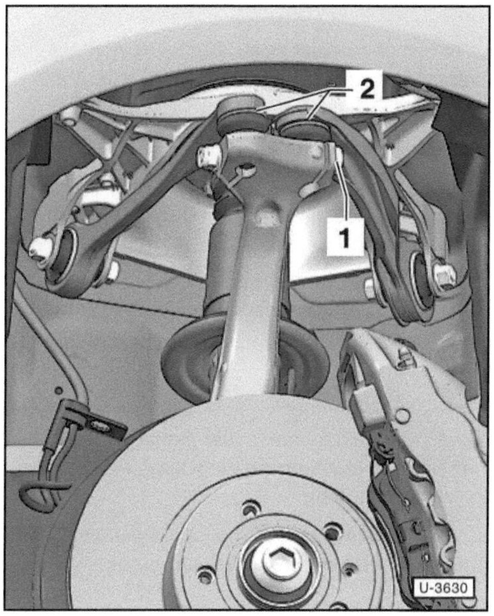

- Verschraubung –1– trennen.
- Beide Gelenkzapfen der oberen Achslenker –2– aus dem Radlagergehäuse herausziehen. **Achtung:** Dazu dürfen die Schlitze im Radlagergehäuse nicht mit einem Meißel oder einem ähnlichen Werkzeug aufgeweitet werden.
- Bei linkem Federbein folgende Bauteile abbauen:
  - ◆ Einfüllstutzen für Scheibenwaschwasserbehälter ausbauen, siehe Seite 99.
  - ◆ Linke Elektronik-Box mit 3 Schrauben abschrauben und abnehmen.
  - ◆ Kühlmittel-Ausgleichbehälter abschrauben (2 Schrauben) und mit angeschlossenen Schläuchen zur Seite legen.
- Bei rechtem Federbein die rechte Wasserkastenabdeckung ausbauen, siehe Seite 286.

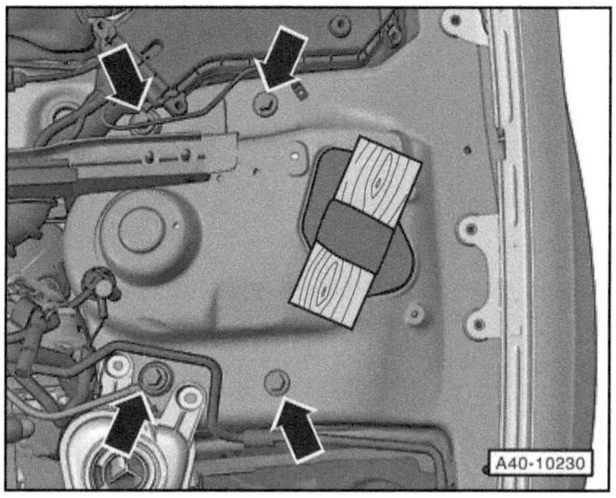

- Schrauben –Pfeile– herausdrehen.
- Federbein mit Lagerbock herausnehmen.

Einbau

- Der Einbau erfolgt in umgekehrter Ausbaureihenfolge. Anzugsdrehmomente stehen in der Legende zur Abbildung A40-10231. Zusätzlich ist Folgendes zu beachten:

Achtung: Obere Achslenker während des Festschraubens soweit wie möglich nach unten drücken.

- Schrauben der Lenker festziehen, sobald sich das Fahrzeug in Leergewichtslage befindet oder mit den Rädern auf dem Boden steht.
- Bei automatischer Leuchtweitenregelung (Xenon-Scheinwerfer) Grundeinstellung der Scheinwerfer durchführen lassen.
- Wurde der Geber für Fahrzeugniveau aus- und eingebaut oder das Gestänge gelöst, muss bei Fahrzeugen mit elektronischer Dämpferregelung die Regellage neu angelernt werden (Werkstattarbeit).
- Danach muss bei Fahrzeugen mit Spurhalteassistent das Steuergerät neu kalibriert werden (Werkstattarbeit).
- Fahrzeugvermessung durchführen lassen.

Stoßdämpfergabel/Koppelstange aus- und einbauen

Ausbau

- Rad ausbauen, siehe Seite 170.

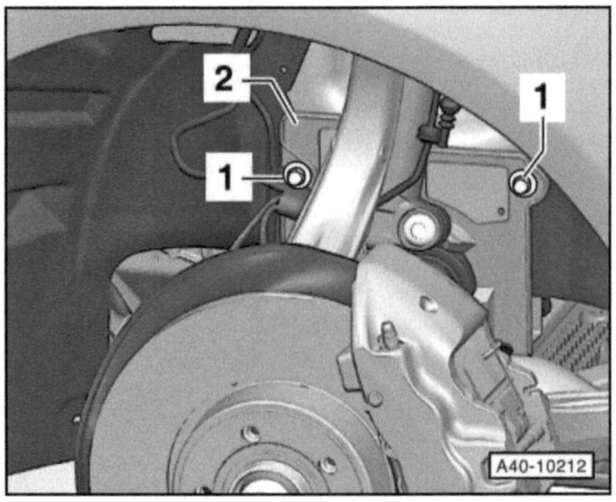

- Muttern –1– abschrauben und Abdeckung –2– abnehmen.
- Untere Motorraumabdeckung ausbauen, siehe Seite 282.

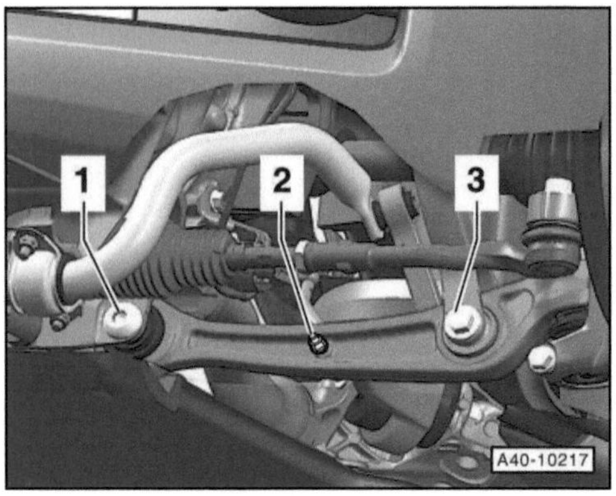

- Bei Fahrzeugen mit Geber »Fahrzeugnieveau«, die Mutter –2– abschrauben und Gestänge herausziehen. –1– und –3– bezeichnen die Verschraubung des Traglenkers.

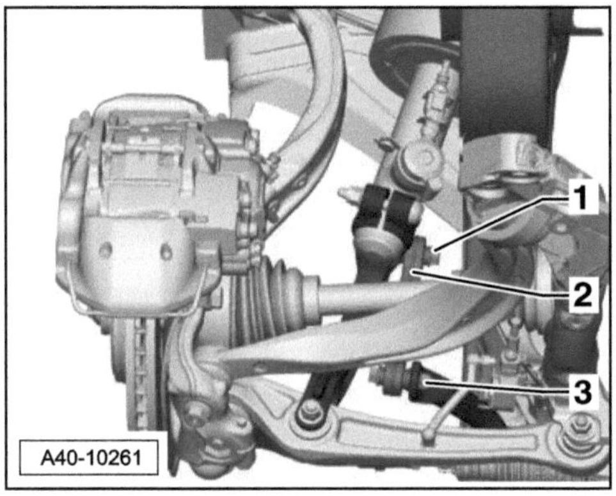

- Verschraubungen –1– und –3– trennen und Koppelstange –2– abnehmen.
- Spurstangenkopf vom Radlagergehäuse abdrücken, siehe Seite 164.
- Verschraubungen –1– und –3– trennen, siehe Abbildung A40-10217. **Hinweis:** Um die Schraube –1– herauszunehmen, das Lenkgetriebe je nach Fahrzeugseite ganz nach links oder rechts einschlagen.
- Traglenker ausfädeln und nach vorn schwenken.

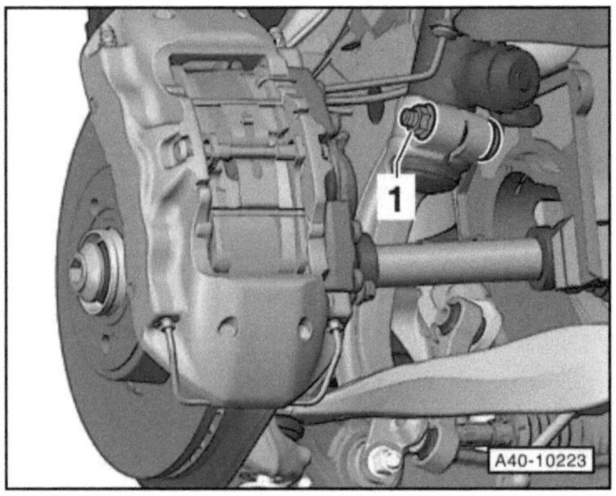

- Mutter –1– abschrauben und Schraube herausziehen.

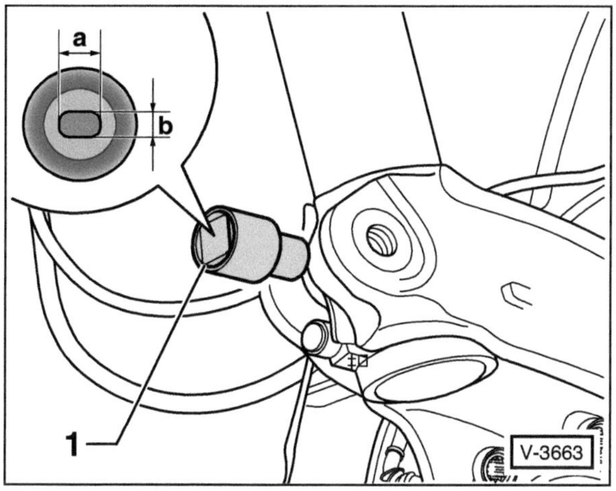

- Geeigneten Spreizer –1–, zum Beispiel HAZET 4912-1, in den Schlitz am Achsschenkel einsetzen. Spreizer mit Knarre um 90° drehen. Spreizer eingesetzt lassen und Knarre abnehmen. Gegebenenfalls geeignetes Werkzeug selbst anfertigen: a = 8 mm, b = 5,5 mm; die Kanten müssen abgerundet sein.

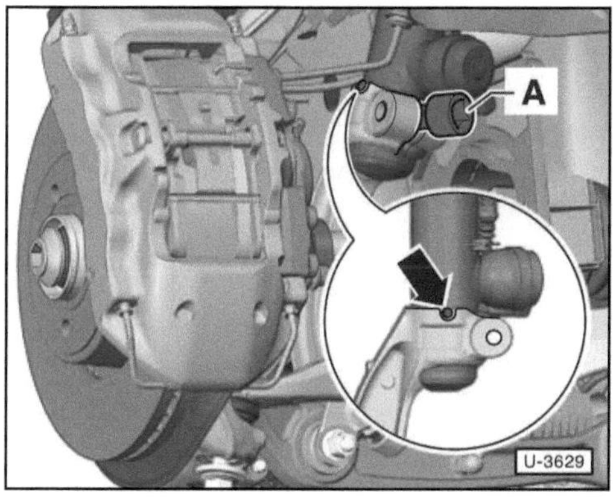

- Stoßdämpfergabel –1– vom Stoßdämpferrohr –2– nach unten abziehen. A – Spreizer

Einbau

- Der Einbau erfolgt in umgekehrter Ausbaureihenfolge. Anzugsdrehmomente stehen in der Legende zur Abbildung A40-10231. Zusätzlich ist Folgendes zu beachten:
- Sicherstellen, dass der T-Bolzen –Pfeil– in die Nut der Stoßdämpfergabel einrastet, siehe Abbildung U-3629.
- Schrauben der Lenker festziehen, sobald sich das Fahrzeug in Leergewichtslage befindet oder mit den Rädern auf dem Boden steht.
- Bei automatischer Leuchtweitenregellung (Xenon-Scheinwerfer) Grundeinstellung der Scheinwerfer durchführen lassen.
- Wurde der Geber für »Fahrzeugnieveau« aus- und eingebaut oder das Gestänge gelöst, muss bei Fahrzeugen mit elektronischer Dämpferregelung die Regellage neu angelernt werden (Werkstattarbeit).
- Danach muss bei Fahrzeugen mit Spurhalteassistent das Steuergerät neu kalibriert werden (Werkstattarbeit).
- Fahrzeugvermessung durchführen lassen.

Federbein zerlegen/ Stoßdämpfer/Schraubenfeder aus- und einbauen

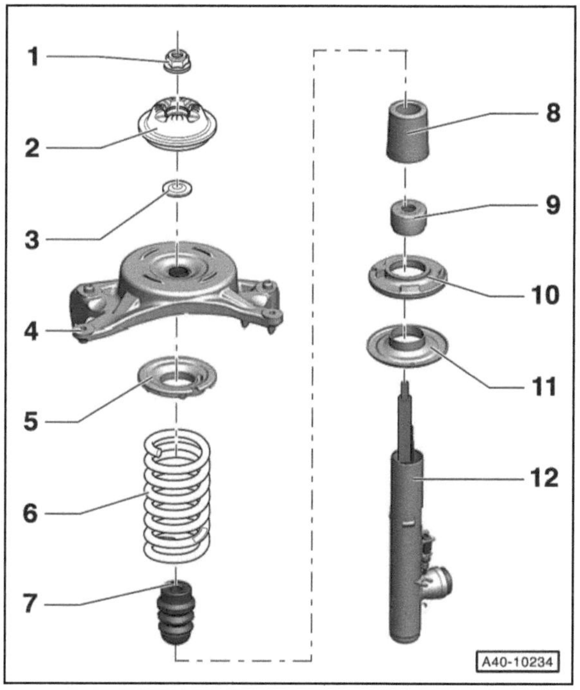

1 – **Mutter, 50 Nm**
Nach jeder Demontage ersetzen.

2 – **Dämpferlager**

3 – **Scheibe**

4 – **Lagerbock**

5 – **Federauflage oben**

6 – **Schraubenfeder**
Unterschiedlich, je nach Fahrwerksausführung.

7 – **Zusatzfeder**

8 – **Schutzhülle**

9 – **Schutzkappe**

10 – **Federauflage unten**

11 – **Federteller unten**

12 – **Stoßdämpfer**
Unterschiedlich, je nach Fahrwerksausführung.

Ausbau

Achtung: Einbaulage der einzelnen Bauteile zueinander mit Filzstift markieren. Gegebenenfalls Markierungen auf Neuteile übertragen. In der AUDI-Werkstatt werden beim Einbau die einzelnen Bauteile des Federbeins in eine spezielle Vorrichtung eingesetzt und zueinander ausgerichtet.

- Federbein ausbauen, siehe entsprechendes Kapitel. Die Stoßdämpfergabel bleibt angebaut.
- Federbein mit angebauter Stoßdämpfergabel in einen Schraubstock spannen.
- Einbaulage des Lagerbocks zum T-Bolzen am Stoßdämpferrohr mit einem Filzstift markieren.

Achtung: Die Schraubenfeder steht unter hoher Spannung. Um den Stoßdämpfer ausbauen zu können, **muss die Schraubenfeder mit einem geeigneten Federspanner zusammengedrückt werden**.

Sicherheitshinweis
Auf keinen Fall Stoßdämpfermutter lösen, wenn die Feder nicht einwandfrei und sicher gespannt ist. Darauf achten, dass die Federwindungen sicher von den Spannplatten umfasst werden und der Federspanner nicht abrutschen kann. Nur stabiles Werkzeug verwenden. Keinesfalls Feder mit Draht zusammenbinden. Unfallgefahr!

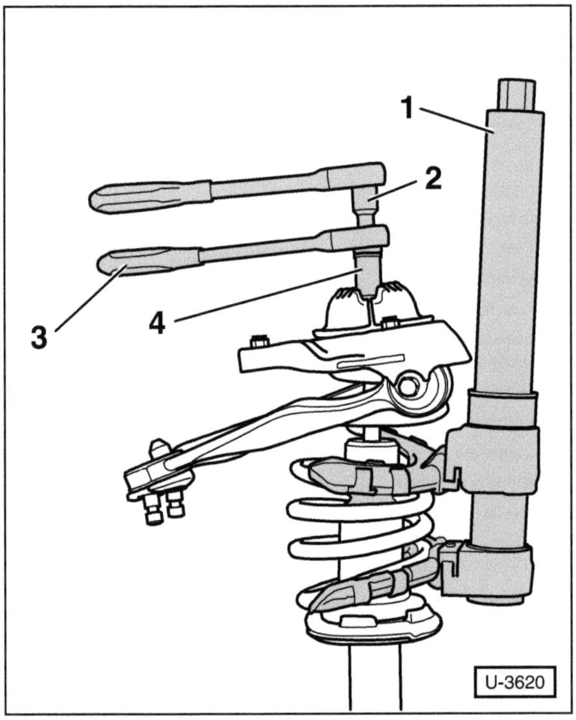

- Geeigneten Federspanner –1– mit passenden Spannplatten an der Schraubenfeder ansetzen. Zum Beispiel VAG-1752/1 mit 1752/7 beziehungsweise HAZET 4900-2A mit mit geeignetem Spannplattenpaar.

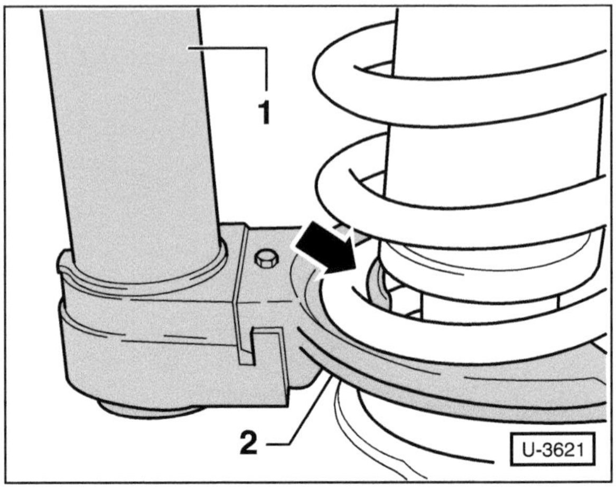

- Federspanner –1– mit Spannplatten –2– so in die Windungen der Schraubenfeder einsetzen, dass mindestens 3 Windungen der Feder eingespannt werden. Auf richtigen Sitz der Schraubenfeder in den Spannplatten achten –Pfeil–.
- Schraubenfeder mit einem Federspanngerät so weit vorspannen, bis der obere Federteller frei ist.

Hinweis: Die Bezeichnungen im folgenden Absatz beziehen sich auf Abbildung U-3620.

- Obere Federbeinmutter mit Steckschlüssel –4– und Knarre –3– lösen, dabei Kolbenstange mit Innensechskant-Steckschlüssel –2– gegenhalten. Zum Beispiel VW/AUDI-Steckeinsatz T10001/3 –4– mit Knarre T10001/1 –3– und Steckeinsatz T10001/3 –2– oder HAZET-Werkzeugsatz 4910/13.
- Mutter von der Kolbenstange abschrauben.
- Einzelteile des Federbeins und die vorgespannte Schraubenfeder mit Federspanner vom Stoßdämpfer abnehmen.

Einbau

Stoßdämpfer ersetzen

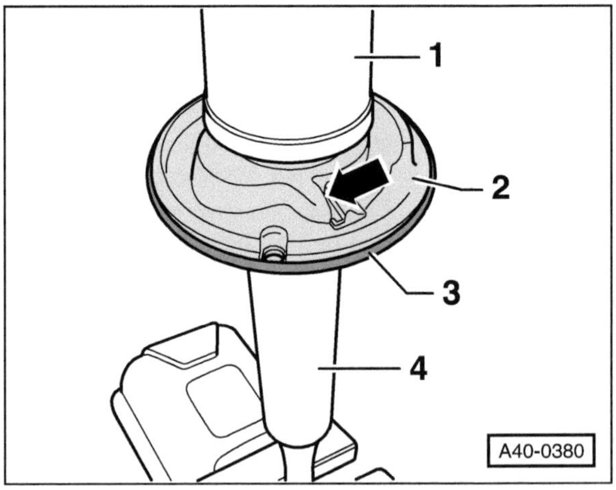

- Schutzkappe –1– und untere Federunterlage –2– abnehmen.

- Federteller –3– mit einem Kunststoffhammer lockern und nach oben abnehmen.
- Federteller mit einem Kunststoffhammer auf neuen Stoßdämpfer aufklopfen.

Schraubenfeder einbauen

- Untere Federunterlage und Schutzkappe aufsetzen.
- Vorgespannte Schraubenfeder auf die untere Federunterlage aufsetzen. Das Ende der Federwindung muss am Anschlag –Pfeil– anliegen. Dabei darf ein zulässiges Spiel von maximal 2 mm vorhanden sein.

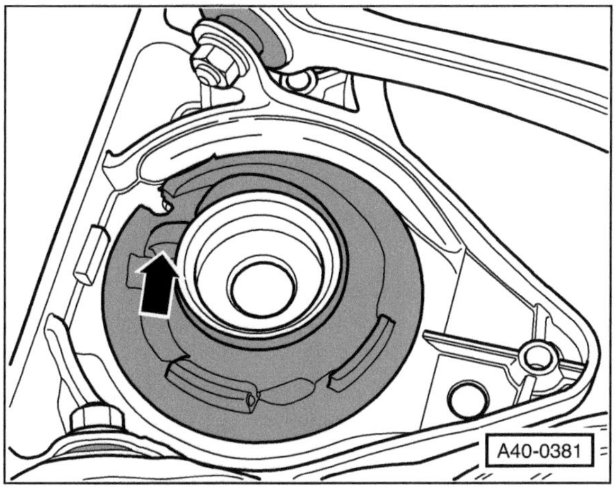

- Lagerbock mit Federunterlage so auf die vorgespannte Feder aufsetzen, dass die Federunterlage am Ende der Federwindung –Pfeil– anliegt. Zulässiges Spiel darf maximal 2 mm sein.
- Einzelteile des Federbeins aufsetzen, siehe Abbildung A40-10234.
- **Neue** Federbeinmutter anschrauben und mit **50 Nm** festziehen, dabei Kolbenstange gegenhalten. Zum Festziehen der Mutter wird anstelle der Knarre –3– in Abbildung A40-10252 ein Drehmomentschlüssel benötigt, zum Beispiel HAZET 6291-1CT mit Einsteck-Ringschlüssel 6630d-21.
- Markierung am Lagerbock zum T-Bolzen –Pfeil– am Stoßdämpfer ausrichten, siehe Abbildung U-3629.
- Schraubenfeder langsam entspannen. Dabei darauf achten, dass die Federenden an den Anschlägen der Federunterlage im Lagerbock und an der unteren Federunterlage anliegen.
- Federbein einbauen, siehe entsprechendes Kapitel.

Gelenkwelle aus- und einbauen

Ausbau

- Nabenschraube lösen, siehe entsprechendes Kapitel. **Achtung:** Die Nabenschraube darf bei auf den Rädern stehendem Fahrzeug nur maximal 90° (1/4 Umdrehung) gelöst werden, sonst wird das Radlager beschädigt.
- Rad ausbauen, siehe Seite 164.
- Nabenschraube herausdrehen.
- Abdeckung –2– abbauen, siehe Abbildung A40-10212 auf Seite 148.

- Schrauben –Pfeile– von der Flanschwelle am Getriebe abschrauben.
- Gelenkwelle aus der Radnabe herausziehen und am Getriebe abnehmen.

Hinweis: Falls nicht genügend Platz vorhanden ist, um die Gelenkwelle herauszunehmen, ist folgendermaßen vorzugehen:

- Halter für Bremsschlauch und ABS-Leitung vom Radlagergehäuse abbauen.

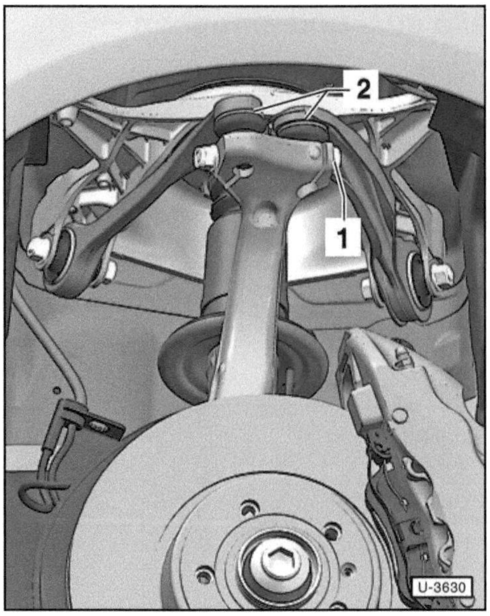

- Verschraubung –1– trennen.
- Beide Gelenkzapfen der oberen Achslenker –2– aus dem Radlagergehäuse nach oben herausziehen. **Achtung:** Dazu dürfen die Schlitze im Radlagergehäuse nicht mit einem Meißel oder einem ähnlichen Werkzeug aufgeweitet werden.
- Radlagergehäuse seitlich wegschwenken und dabei den Gelenkzapfen aus der Radnabe ziehen.
- Gelenkwelle herausnehmen.

Einbau

- Der Einbau erfolgt in umgekehrter Ausbaureihenfolge. Außerdem ist Folgendes zu beachten:
- Beide Gelenkzapfen der oberen Achslenker –2– am Radlagergehäuse einsetzen und **neue** Schraube –1– einstecken.
- **Neue** Mutter anschrauben.

Achtung: Obere Achslenker während des Festschraubens soweit wie möglich nach unten drücken.

- Mutter mit **40 Nm** festschrauben, dabei Schraube gegenhalten.
- Gelenkwelle am Getriebe mit **neuen** Schrauben und **70 Nm** anschrauben.
- Gelenkwelle an der Radnabe festschrauben, sie entsprechendes Kapitel.

Nabenschraube aus- und einbauen

Ausbau

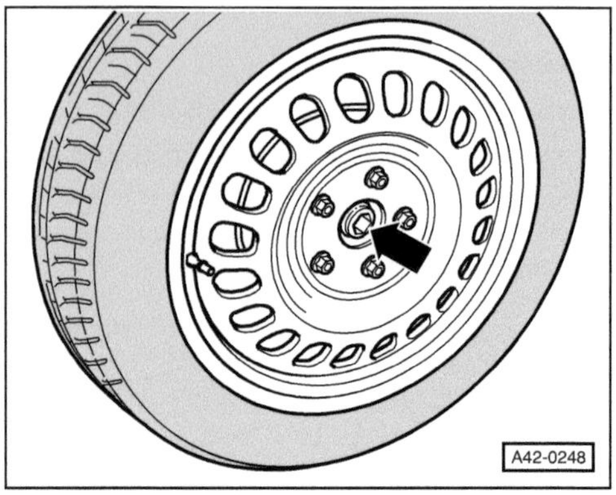

- Nabenschraube –Pfeil– bei auf den Rädern stehendem Fahrzeug lösen. Dabei durch Helfer Bremse treten lassen.

Achtung: die Nabenschraube darf bei auf den Rädern stehendem Fahrzeug nur maximal 90° (¼ Umdrehung) gelöst werden, sonst wird das Radlager beschädigt.

Hinweis: Falls das Rad in einem späteren Arbeitsgang abgebaut werden soll, Radschrauben bei auf dem Boden stehenden Rädern lösen.

> **Sicherheitshinweis**
> Beim Aufbocken des Fahrzeugs besteht Unfallgefahr! Hinweise im Kapitel »Fahrzeug aufbocken« beachten.

- Fahrzeug so weit aufbocken, bis die Räder frei hängen.
- Nabenschraube herausdrehen.

Einbau

- Gewinde im Gelenkstummel des Außengelenks mit einem Gewindeschneider vorsichtig reinigen.
- Neue Nabenschraube bis zur Anlage einschrauben.
- Falls ausgebaut, Rad anschrauben.
- Nabenschraube mit **200 Nm** anschrauben. **Achtung:** Dabei dürfen die Räder nicht den Boden berühren, sonst wird das Radlager beschädigt. **Achtung: Hohes Anzugsdrehmoment. Drehmomentschlüssel zum Festziehen waagerecht ansetzen und nach unten drücken. Darauf achten, dass das Fahrzeug nicht von den Böcken rutscht. Verletzungsgefahr!**
- Fahrzeug ablassen, auf die Räder stellen und Radschrauben über Kreuz mit **120 Nm** anziehen.
- Nabenschraube um **180° (½ Umdrehung)** weiterdrehen. Dabei durch Helfer das Bremspedal treten lassen.

Gelenkwelle/Gelenkschutzhüllen/Tripodegelenk innen – Detailübersicht

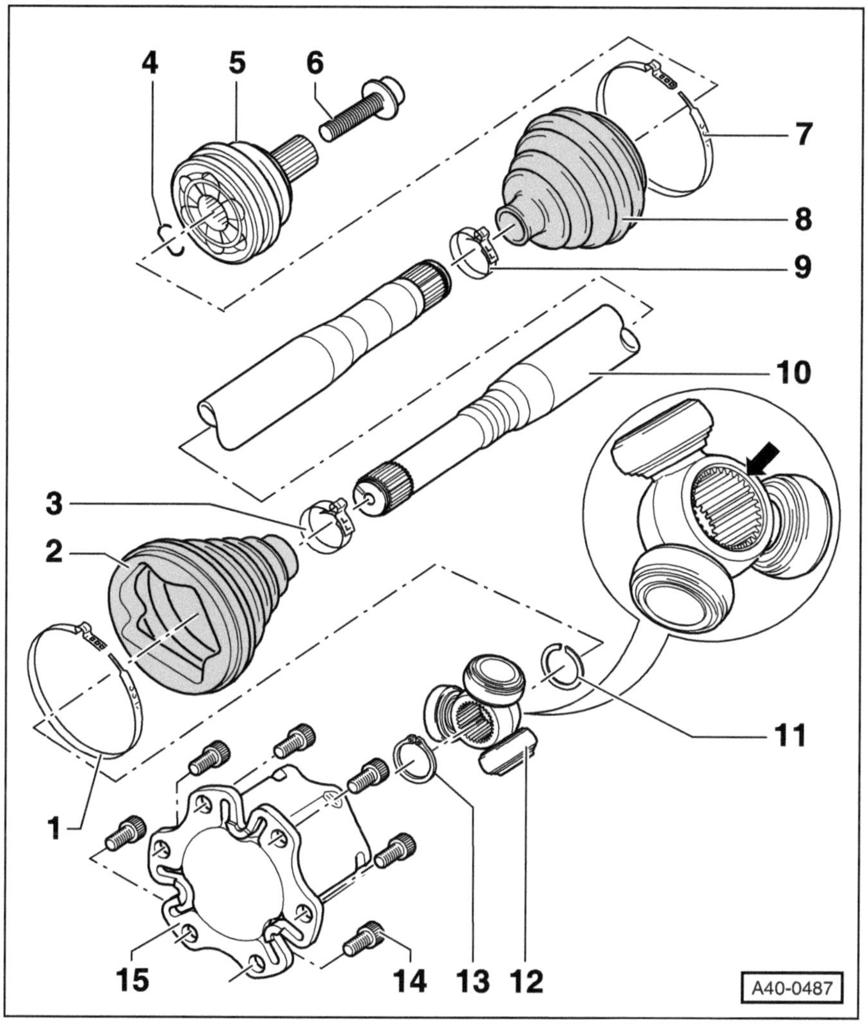

1 – **Klemmschelle**[1)]

2 – **Gelenkschutzhülle**
Mit Adapter für Tripodegelenk.
Gelenkschutzhülle muss in der Nut und an der Kontur des Gelenkstückes anliegen.
Vor dem Spannen der Klemmschelle die Gelenkschutzhülle kurz anheben, damit ein Druckausgleich erfolgt.

3 – **Klemmschelle**[1]

4 – **Sicherungsring**[1)]
Beim Einbau in die Ringnut der Welle einsetzen.
Hinweis: Bei montiertem Gelenk ist der Sicherungsring nicht sichtbar.
Vor dem Einbau des Gleichlaufgelenks, Sicherungring mittig mit der Öffnung nach oben ausrichten.

5 – **Gleichlaufgelenk außen**
Nur komplett ersetzen.
Vor dem Einbau des Gelenks auf die Pofilwelle die Verzahnung an der Profilwelle mit Gelenkfett dünn bestreichen.

6 – **Nabenschraube**[1)]**, 200 Nm + 180°**
Vor dem Einsetzen Gewindegänge im Gleichlaufgelenk mit einem Gewindebohrer vorsichtig reinigen.
Reihenfolge beim Lösen und Festziehen beachten.

7 – **Klemmschelle**[1)]

8 – **Gelenkschutzhülle**
Für äußeres Gelenk.
Auf Risse und Scheuerstellen prüfen.
Vor dem Spannen der Klemmschelle die Gelenkschutzhülle kurz anheben, damit ein Druckausgleich erfolgt.

9 – **Klemmschelle**[1)]

10 – **Gelenkwelle**

11 – **Sicherungsring**

12 – **Tripodestern**
Die Fase (Abschrägung) –Pfeil– zeigt zur Verzahnung der Gelenkwelle.
Beim Einbau des Tripodesterns auf die Profilwelle Verzahnung an der Profilwelle mit Gelenk-Fett dünn bestreichen.

13 – **Sicherungsring**[1)]
In die Nut der Welle einsetzen.

14 – **Schraube**[1)]**, 70 Nm**

15 – **Gelenkstück**

[1)] Nach jeder Demontage ersetzen.

Fettmengen, Fettsorte

Beim Ersetzen der Gelenkschutzhülle das Gelenk grundsätzlich neu fetten.

Achtung: Für Außen- und Innengelenk sind unterschiedliche Fettsorten vorgeschrieben.

	Fett	davon im:	
Außengelenk	**Gesamtmenge**	**Gelenk**	**Faltenbalg**
88 mm Ø	90 g	50 g	40 g
100 mm Ø	120 g/140 g	70 g/80 g	50 g/60 g
106 mm Ø	280 g	100 g	180 g
Innengelenk			
	130 g	70 g	60 g

Gelenkwelle zerlegen/ Manschette erneuern

Vorarbeiten

- Gelenkwelle ausbauen, siehe entsprechendes Kapitel.
- Gelenkwelle waagerecht mit Schutzbacken in einen Schraubstock einspannen. Darauf achten, dass die Welle nicht beschädigt wird.
- Einbaulage der Manschetten (Gelenkschutzhüllen) auf der Welle markieren, damit die neuen Manschetten in gleicher Lage eingebaut werden können. Beim Markieren auf keinen Fall den Lack der Gelenkwelle beschädigen.
- Klemmschellen an beiden Manschetten mit Seitenschneider aufschneiden und abnehmen. Manschette zurückschieben, wenn nötig mit einem Dorn vom Gelenk abtreiben.

Gelenk außen

Ausbau

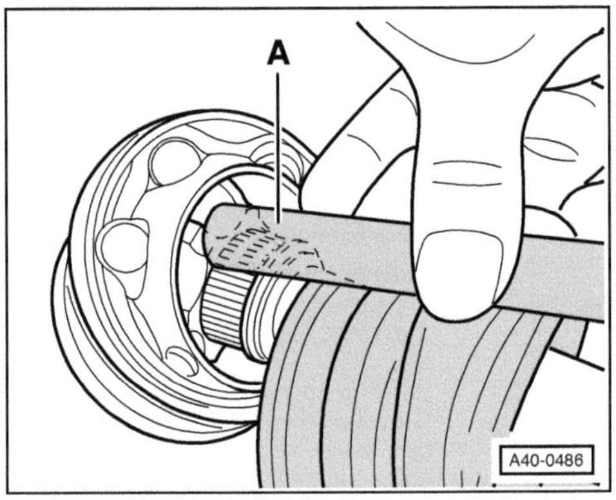

- Kupfer- oder Messingdorn –A– am Innenring des Gleichlaufgelenks ansetzen und Außengelenk durch Hammerschläge von der Gelenkwelle abtreiben.
- Manschette von der Gelenkwelle herunterziehen.
- Gelenkwelle, Gelenk und Manschette (bei Wiederverwendung) entfetten.

Einbau

- **Neue** kleine Klemmschelle auf die Gelenkwelle schieben.
- Spröde oder beschädigte Manschette ersetzen und auf die Gelenkwelle schieben. **Hinweis:** Die Manschette muss fettfrei sein.

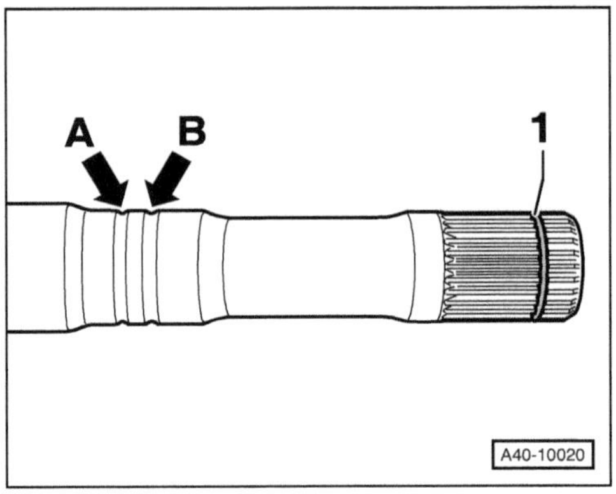

- Gelenkwelle mit 2 Nuten: Manschette in die äußere Nut –Pfeil B– einsetzen. **Hinweis:** Die innere Nut –Pfeil A– muss sichtbar bleiben. 1 – Sicherungsring.

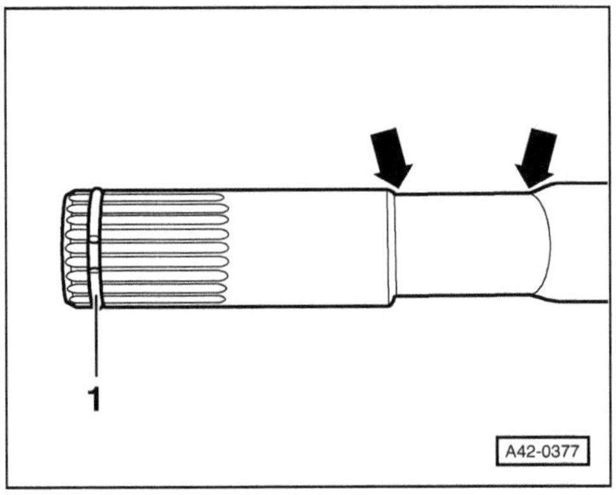

- Gelenkwelle ohne Nuten: Manschette zwischen den Pfeilen positionieren.
- Fettmenge, wie in der Tabelle angegeben, in das äußere Gelenk eindrücken.
- Verzahnung der Gelenkwelle dünn mit etwas Gelenkfett bestreichen.
- **Neuen** Sicherungsring in die Nut der Welle einsetzen.

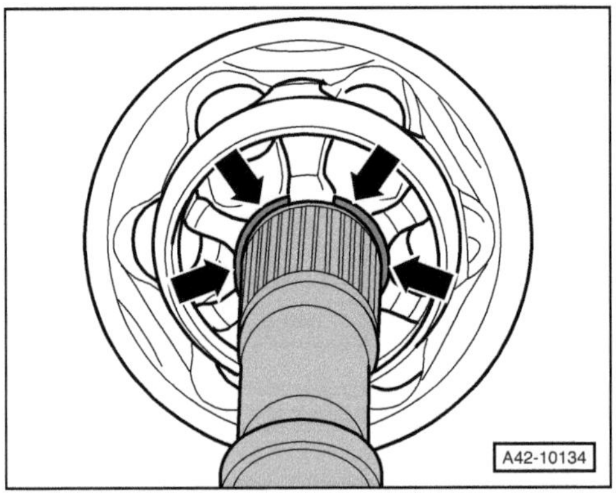

- Außengelenk bis zum Sicherungsring auf die Gelenkwelle aufschieben.
- Sicherungsring mit der Öffnung nach oben mittig ausrichten –Pfeile–.

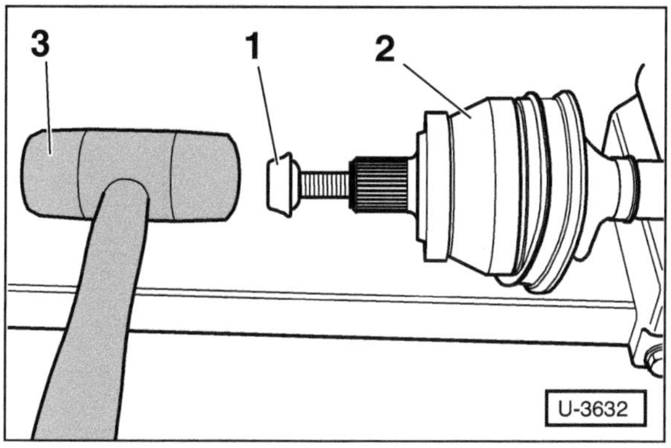

- Alte Gelenkwellenschraube –1– etwas in das Gelenkstück –2– einschrauben.
- Gelenk mit einem Kunststoffhammer –3– auf die Gelenkwelle auftreiben, bis der Sicherungsring einrastet.
- Alte Gelenkwellenschraube wieder herausschrauben.
- Fettmenge, wie in der Tabelle angegeben, auf der Manschettenseite in das Gelenk einsetzen.
- Manschette auf das Gelenkstück aufschieben.
- Manschette entlüften. Dazu Manschette am kleinen Durchmesser mit einem Schraubendreher vorsichtig anheben.
- Position der Manschette auf dem Gelenkstück prüfen. Die Manschette muss in der Nut und an der Kontur des Gelenkstückes anliegen.
- **Neue** Klemmschellen ansetzen und folgendermaßen spannen:

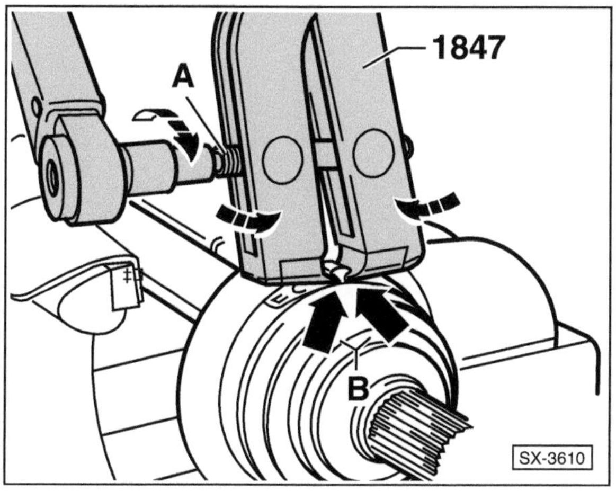

- Zum Spannen der Klemmschellen muss eine Spezialzange verwendet werden, zum Beispiel HAZET 1847, sonst wird die erforderliche Spannkraft nicht erreicht. Die Schneiden der Zange müssen beim Ansetzen in den Ecken –Pfeile B– anliegen. In dieser Stellung Schraube –A– mit Drehmomentschlüssel und **20 Nm** anziehen und dadurch Klemmschelle spannen.

Achtung: Das Gewinde der Zange muss leichtgängig sein, gegebenenfalls vorher mit MoS_2-Fett schmieren. Bei schwergängiger Spindel wird die erforderliche Spannkraft der Schelle mit dem angegebenen Drehmoment nicht erreicht.

- Gelenkwelle einbauen, siehe entsprechendes Kapitel.

Tripodegelenk innen

Ausbau

Hinweis: Zum Abziehen des Tripodegelenks wird ein Schlagausziehер mit passendem Aufsatz benötigt, zum Beispiel je nach Gelenk VW/AUDI-T40018 oder T40084. Der Aus- und Einbau wird daher hier nicht beschrieben. Um die innere Gelenk-Manschette zu ersetzen, äußeres Gelenk abbauen und die innere Gelenk-Manschette über die gereinigte Gelenkwelle aufziehen.

- Manschette wie beim äußeren Gelenk ausrichten und mit neuen Klemmschellen befestigen.
- Beim Einbau der großen Klemmschelle darauf achten, dass das Spann-Ohr der Klemmschelle zwischen den Bohrungen für die Befestigungsschrauben liegt. Wenn das Spann-Ohr vor einer Bohrung liegt, kann die entsprechende Schraube nicht eingesetzt werden.

Fahrzeug in Leergewichtslage bringen

Alle Schrauben an Fahrwerksteilen mit Gummimetalllagern müssen grundsätzlich in »Leergewichtslage« festgezogen werden.

Gumimetalllager haben einen begrenzten Verdrehbereich. Achsbauteile mit Gummimetalllagern müssen deshalb vor dem Festziehen in eine Position gebracht werden, die der Position im Fahrbetrieb entspricht. Diese Position nennt man »Leergewichtslage«. Andernfalls wird das Gummimetalllager verspannt, was eine geringere Lebensdauer zur Folge hat.

Die Position der Leergewichtslage wird durch Anheben der Radaufhängung beim angehobenen Fahrzeug erreicht. Dabei besteht die **Gefahr, dass das Fahrzeug von der Hebebühne oder von den Böcken rutscht.**

Aus diesem Grund Fahrzeug **auf der Hebebühne unbedingt vorher festzurren**.

Auf keinen Fall versuchen, ein aufgebocktes Fahrzeug in Leergewichtslage zu bringen. In diesem Fall das auf den Rädern stehende Fahrzeug auf eine Rampe oder über eine Grube fahren. Schrauben der Fahrwerksteile bei auf dem Boden stehenden Rädern festziehen.

Leergewichtslage einstellen

Achtung: Die Einstellhinweise gelten nur für Fahrzeuge, die sich auf einer Hebebühne befinden. Auf der Hebebühne muss das Fahrzeug an den Tragarmen festgezurrt sein, damit es nicht herunterrutschen kann.

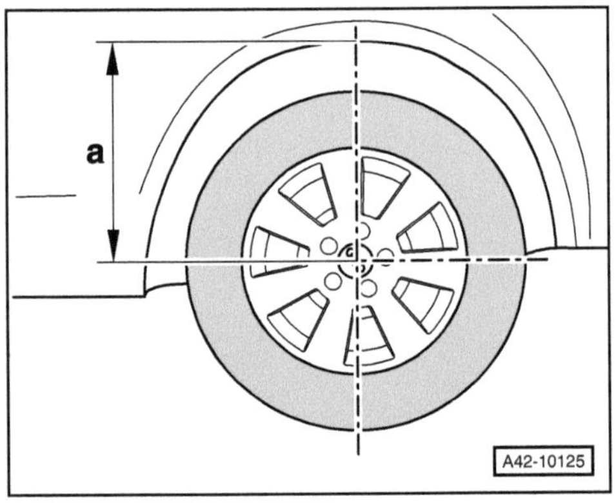

- Am unbeladenen Fahrzeug das Maß –a– messen.
- Radschrauben lösen.
- Fahrzeug mit einer Hebebühne anheben und mit Spanngurten an den Tragarmen der Hebebühne verzurren.
- Radschrauben herausdrehen und Rad abnehmen.
- Radnabe so drehen, bis eine Radschraubenbohrung oben steht.

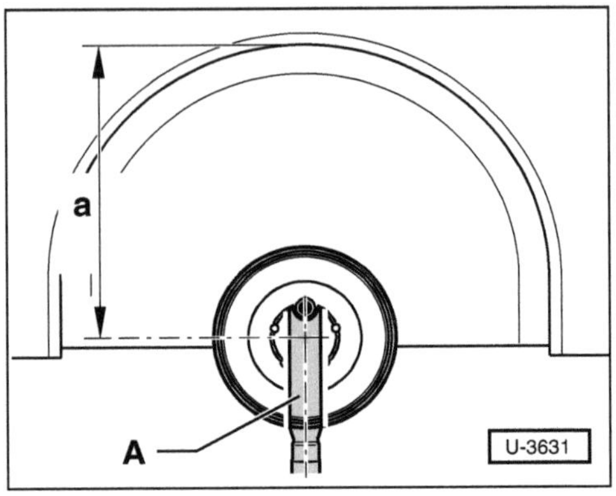

- Aufnahme –A–, zum Beispiel VW/AUDI-T10149, an der Radnabe anschrauben.
- Radlagergehäuse mit Motor- und Getriebeheber und Aufnahme –A– so weit anheben, bis das vorher gemessene Maß –a– erreicht ist.
- Betroffene Schrauben am Fahrwerk festziehen.
- Radlagergehäuse ablassen.
- Motor- und Getriebeheber wegziehen und Aufnahme abbauen.

Hinterachse

Die spurgesteuerte Trapezlenker-Hinterachse des AUDI A4 erhielt ihren Namen durch die in trapezform ausgeführten Lenker, die die Radführung übernehmen. Während der Achsträger aus Stahl gefertigt wird, bestehen die Trapezlenker aus einem Aluminiumhohlprofil. Das geringe Gewicht und die kompakte Bauweise zeichnen diese Konstruktion aus. Dadurch ist es möglich, dass sowohl bei den Front- wie auch bei den quattro-Modellen eine niedrige Ladebodenhöhe im Gepäckraum und eine großzügig bemessene Durchladebreite zur Verfügung steht.

Alle Radführungselemente sind über Gummi-Metall-Lager an den elastisch gelagerten Achsträger angelenkt, so dass die Achsschwingungen wirkungsvoll von der Karosserie abgekoppelt werden. Die Abfederung an der Hinterachse erfolgt durch zwei Schraubenfedern und zwei Stoßdämpfer. Schraubenfedern und Stoßdämpfer sind getrennt angeordnet und lassen sich einfach demontieren.

Sicherheitshinweis
Schweiß- und Richtarbeiten an tragenden und radführenden Bauteilen der Vorderradaufhängung **sind nicht zulässig. Selbstsichernde Muttern** sowie korrodierte Schrauben/Muttern im Reparaturfall **immer ersetzen.**

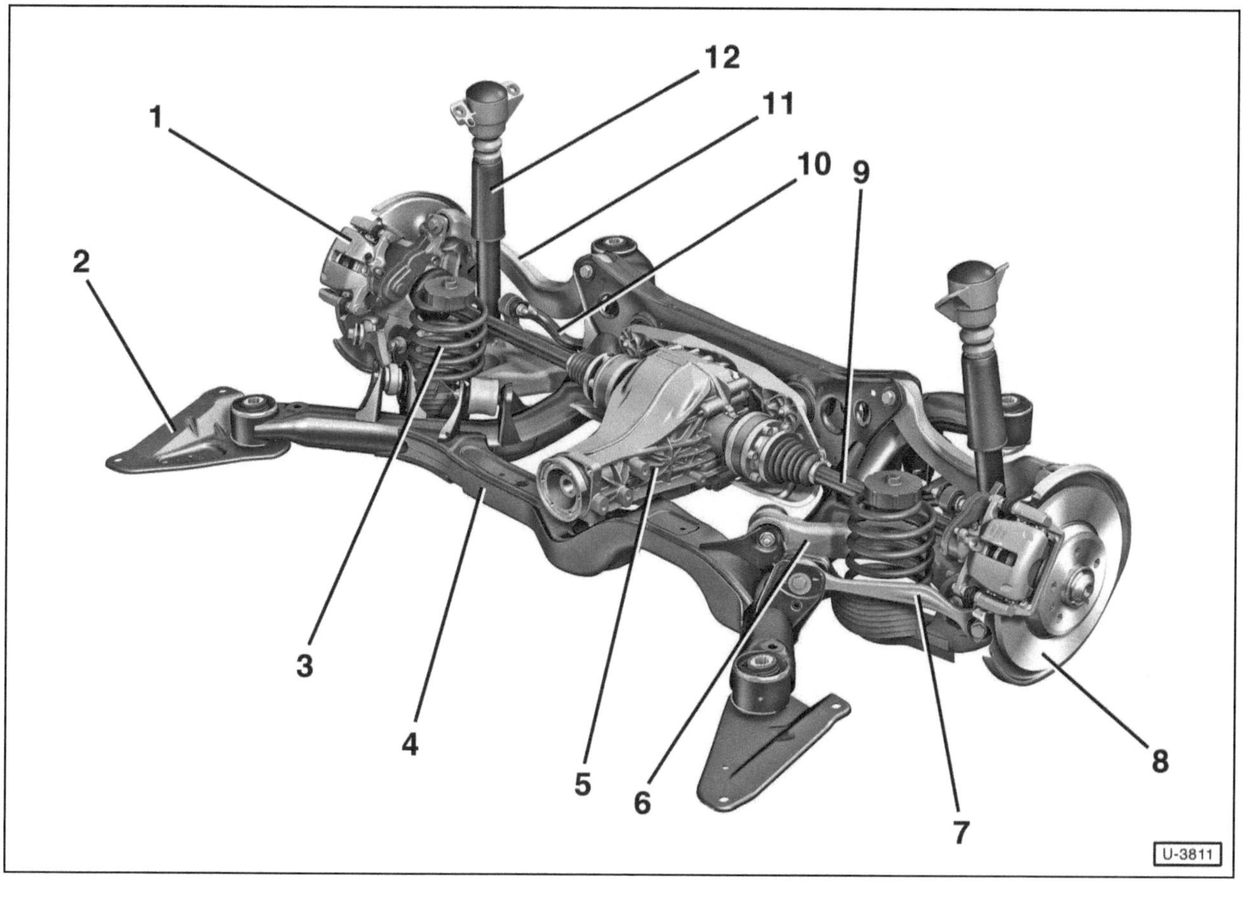

1 – Bremssattel
2 – Rechte Abstützung
3 – Schraubenfeder
4 – Hinterachsträger
5 – Hinterachsgetriebe (quattro)
6 – Unterer Querlenker (Trapezlenker)
7 – Spurstange
8 – Bremsscheibe
9 – Hintere Achswelle (quattro)
10 – Stabilisator
11 – Oberer Querlenker
12 – Stoßdämpfer

Querlenker/Spurstange/Schraubenfeder/Radlagergehäuse

Frontantrieb

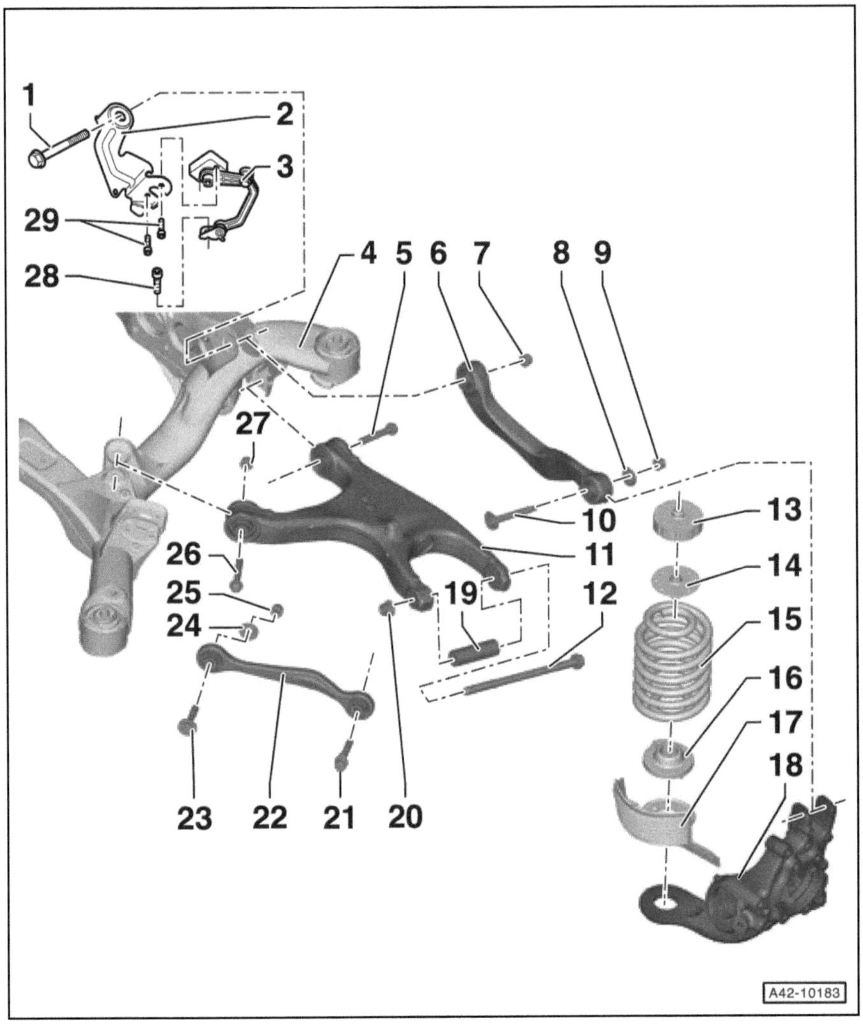

1 – **Schraube[1)2)], 70 Nm + 180°**

2 – **Befestigungsbügel**

3 – **Geber für Fahrzeugniveau hinten links**
An einem Fahrzeug dürfen nur Geber gleicher Ausführung eingebaut werden.
Der Hebel des Gebers muss nach außen zeigen.
Wenn der Geber einmal gelöst wurde, muss die Grundeinstellung der Scheinwerfer geprüft werden; bei elektronischer Dämpferregelung muss die Regellage neu angelernt werden. Gegebenenfalls muss das Steuergerät für Spurhalteassistent neu kalibriert werden (Werkstattarbeit).

4 – **Hinterachsträger**

5 – **Schraube[1)2)], 70 Nm + 180°**

6 – **Oberer Querlenker**

7 – **Mutter**

8 – **Einstellscheibe**

9 – **Mutter[1)2)], 95 Nm**

10 – **Einstellschraube**

11 – **Unterer Querlenker (Trapezlenker)**

12 – **Schraube[1)2)], 120 Nm + 360°**
Nach dem Wiedereinbau der Schraube ist eine Achsvermessung notwendig.

13 – **Distanzscheibe für obere Federauflage**

14 – **Obere Federauflage**
Nur bei Schlechtwegefahrwerk eingebaut.

15 – **Schraubenfeder**
Abgestimmt auf die unterschiedlichen Fahrwerksausführungen.

16 – **Untere Federauflage**

17 – **Steinschlagschutz für Schraubenfeder**

18 – **Radlagergehäuse**

19 – **Distanzrohr[1)]**

20 – **Mutter[1)]**
Achtung: Das **Festziehen** der Verschraubung darf **nicht** über die **Mutter** erfolgen.
Nach dem Wiedereinbau der Mutter ist eine Achsvermessung notwendig.

21 – **Schraube[1)2)], 90 Nm + 90°**

22 – **Spurstange**

23 – **Schraube**

24 – **Exzenterscheibe**

25 – **Mutter[1)2)], 95 Nm**

26 – **Schraube[1)2)], 70 Nm + 180°**

27 – **Mutter**

28 – **Schraube, 9 Nm**

29 – **Schraube, 5 Nm**

[1)] Nach jeder Demontage ersetzen.

[2)] Muss in »Leergewichtslage« oder bei auf dem Boden stehenden Rädern angezogen werden, siehe Seite 156.

Stoßdämpfer aus- und einbauen

Frontantrieb

Ausbau

- Leergewichtsabstand ermitteln, siehe Seite 156.
- Radschrauben lösen.

Sicherheitshinweis
Beim Aufbocken des Fahrzeugs besteht Unfallgefahr! Hinweise im Kapitel »Fahrzeug aufbocken« beachten.

- Fahrzeug anheben und durch Unterstellbock sichern.
- Radschrauben herausdrehen und Hinterrad abnehmen. **Achtung:** Unbedingt Hinweise im Kapitel »Rad aus- und einbauen« beachten.
- Mit einem zweiten Wagenheber das Radlagergehäuse anheben und in Leergewichtslage bringen.

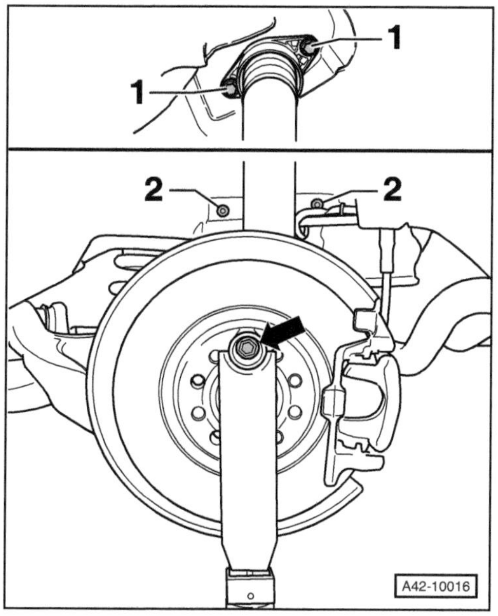

- In dieser Position von unten die obere Stoßdämpferbefestigung –1– abschrauben. **Hinweis:** Im unteren Teil der Abbildung wird die Leergewichtslage mit Hilfe eines Motor- und Getriebehebers, der an die Radnabe angeschraubt ist –Pfeil–, eingestellt.

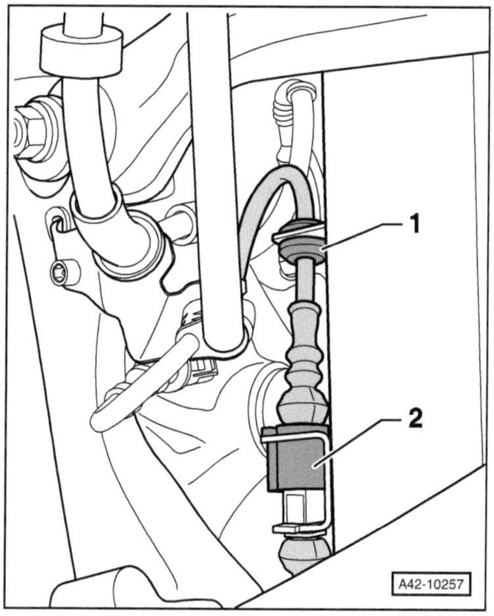

- Bei elektronischer Dämpferregelung: Stecker –2– entriegeln und abziehen. Leitungsführung –1– aus dem Halter herausziehen.

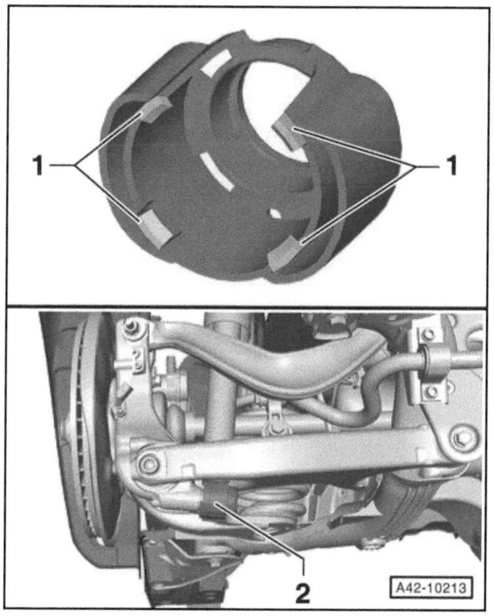

- Rastnasen –1– entriegeln und Steinschlagschutz –2– abnehmen.

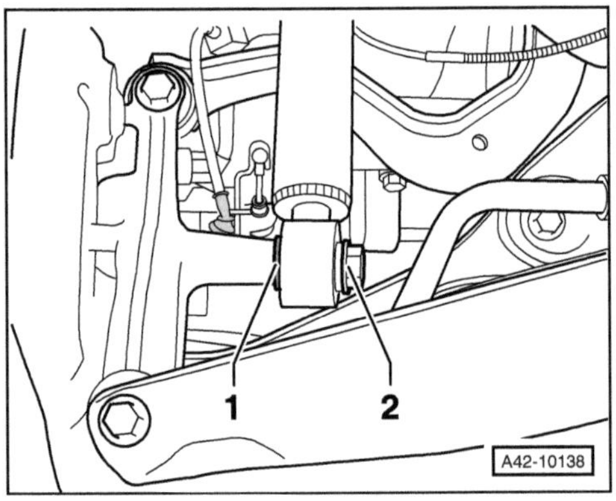

- Untere Schraube –2– herausdrehen und Scheibe –1– abnehmen.
- Stoßdämpfer nach unten herausnehmen.

Einbau

- Der Einbau erfolgt in umgekehrter Einbaureihenfolge. Dabei ist Folgendes zu beachten:
- Stoßdämpfer unten mit einer neuen Schraube anschrauben, noch nicht festziehen.
- Stoßdämpfer oben mit mit neuen Schrauben und **50 Nm** anschrauben . In einer zweiten Stufe die Schrauben jeweils um **45°** (1/8 Umdrehung) weiterdrehen.
- Stoßdämpfer unten mit **150 Nm** festziehen und Schraube anschließend um **180°** (1/2 Umdrehung) weiterdrehen. **Achtung: Hohes Anzugsdrehmoment. Das Fahrzeug muß beim Anziehen ausreichend gesichert sein oder mit den Rädern auf dem Boden stehen.**

Stoßdämpfer – Detailübersicht

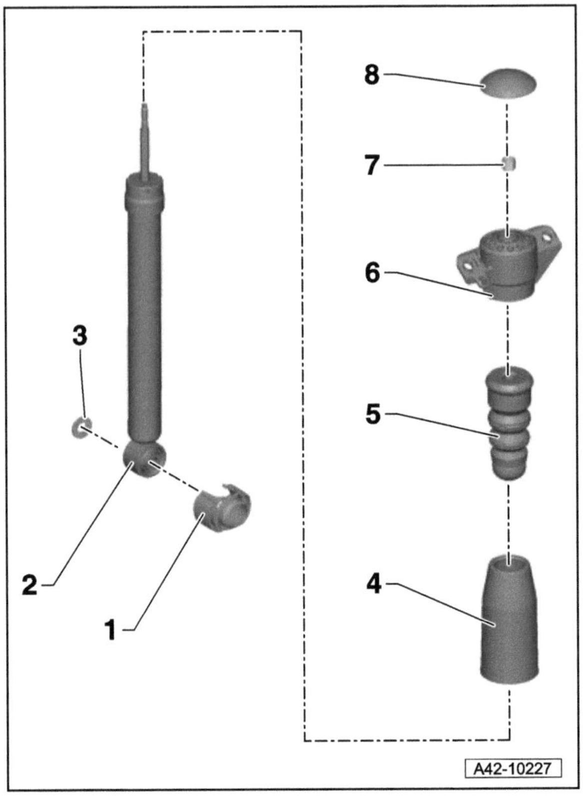

1 – Steinschlagschutz

2 – Stoßdämpfer
Links und rechts dürfen nur Stoßdämpfer mit gleicher Ersatzteilnummer eingebaut werden.
Defekte Stoßdämpfer dort zurückgeben, wo die neuen gekauft wurden.

3 – Scheibe
Immer verwenden.

4 – Schutzhülle

5 – Anschlagpuffer

6 – Oberes Dämpferlager
Oberes Dämpferlager so anschrauben, dass es zum unteren Dämpferlager um 90° gedreht ist.

7 – Mutter, 35 Nm
Nach jeder Demontage ersetzen. Beim Anziehen Kolbenstange mit Inbusschlüssel gegenhalten.

8 – Abdeckung

Lenkung/Airbag

Die Lenkung besteht im Wesentlichen aus dem Lenkrad mit der Lenksäule, dem Zahnstangen-Lenkgetriebe und den Spurstangen. Die Lenksäule überträgt die Lenkbewegungen über ein Zahnrad auf das Lenkgetriebe. Die Zahnstange wird entsprechend dem Lenkradeinschlag nach links oder rechts bewegt. Spurstangen übertragen die Lenkkräfte über Spurstangengelenke und Schwenklager auf die Räder.

Die Zahnstangenlenkung arbeitet spielfrei von Anschlag zu Anschlag und ist wartungsfrei, nur die Lenkmanschetten und Staubkappen der Spurstangenköpfe müssen im Rahmen der Wartung auf einwandfreien Zustand geprüft werden. Das Zahnstangen-Lenkgetriebe sitzt vorn knapp unterhalb der Vorderachse am Vorderachsträger. Dadurch kann der Lenkimpuls über die Spurstangen direkt an die Räder geleitet werden, was zu einem besonders spontanen Ansprechen der Lenkung führt.

Der Kraftaufwand beim Einschlagen der Räder, insbesondere bei stehendem Fahrzeug, wird durch eine **hydraulische Lenkhilfe** (bis 10/2011) verringert. Die Lenkhilfe besteht aus der Ölpumpe, dem Vorratsbehälter und den Öldruckleitungen. Angetrieben wird die Ölpumpe durch einen Elektromotor, der je nach Bedarf automatisch eingeschaltet wird. Die Pumpe saugt das Hydrauliköl aus dem Vorratsbehälter an und fördert es mit hohem Druck zum Ventilkörper. Der Ventilkörper sitzt im Lenkgetriebe. Er ist mit der Lenksäule mechanisch verbunden und leitet das Öl je nach Lenkeinschlag in die entsprechende Seite des Arbeitszylinders. Dort drückt das Öl gegen den Zahnstangenkolben und unterstützt dadurch die Lenkbewegung.

Seit November 2011 kommt anstelle der hydraulischen Lenkhilfe eine **elektromechanische Servolenkung** zum Einsatz. Ein am Lenkgetriebe angebrachter Elektromotor unterstützt die Bewegungen des Lenkrades. Der Elektromotor bewegt ein zweites Ritzel, das in die Verzahnung der Zahnstange im Lenkgetriebe greift. Ein Steuergerät koordiniert diesen Vorgang, bei dem die Parameter Fahrzeuggeschwindigkeit, Lenkwinkel sowie die Geschwindigkeit der Lenkbewegung mit einbezogen werden. Zusätzlich bewirkt die elektromechanische Servolenkung ein automatisch gesteuertes Korrigieren der Geradeausfahrt bei konstantem Seitenwind und geneigter Fahrbahn sowie die Steuerung des Einparkassistenten, wenn vorhanden.

Sicherheitshinweis
Schweiß- und Richtarbeiten an Bauteilen der Lenkung **sind nicht zulässig. Selbstsichernde Schrauben/Muttern** sowie korrodierte Schrauben/Muttern im Reparaturfall **immer ersetzen.**

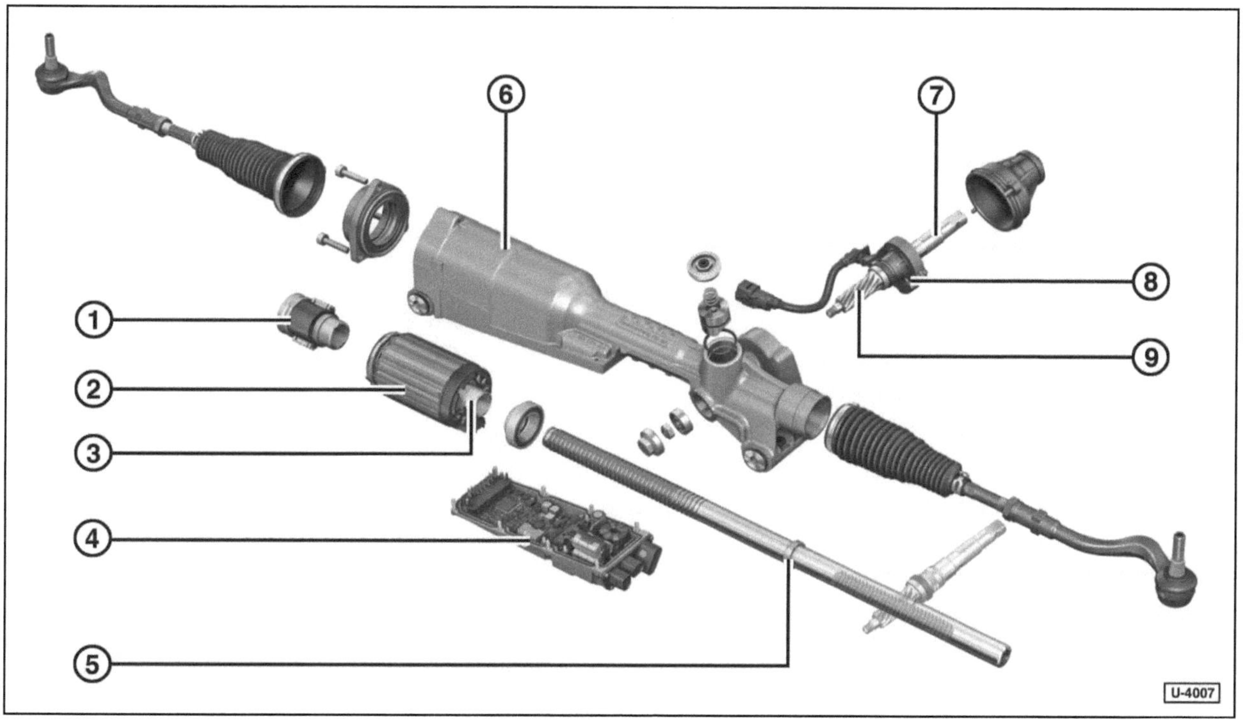

1 – Kugelgewindetrieb
2 – Elektromotor
3 – Hohlwelle
4 – Steuergerät
5 – Zahnstange
6 – Lenkgetriebegehäuse
7 – Eingangswelle
8 – Lenkmomentsensor
9 – Lenkritzel

Achtung: Die angegebenen Anzugsdrehmomente sind unbedingt einzuhalten. Bei mangelnder Erfahrung sollten Arbeiten an der Lenkung von einer Fachwerkstatt durchgeführt werden.

Im Lenkrad ist der Fahrer-**Airbag** untergebracht. Der Airbag ist ein zusammengefalteter Luftsack, der im Fall einer Frontalkollision aufgeblasen wird und dadurch Oberkörper und Kopf des Fahrers vor einem Aufprall auf das Lenkrad schützt. Bei einer entsprechend starken Frontalkollision wird über ein Steuergerät eine kleine Sprengladung im Gasgenerator der Airbag-Einheit gezündet. Es entstehen Explosionsgase, die den Luftsack innerhalb weniger Millisekunden aufblasen. Diese Zeit reicht aus, um den Aufprall des nach vorn schnellenden Fahrer-Oberkörpers zu dämpfen. Der Airbag fällt anschließend innerhalb weniger Sekunden wieder in sich zusammen, da die Gase durch Austrittsöffnungen entweichen.

Airbag-Sicherheitshinweise

Das Airbag-System besteht aus Aufprallsensor, Gasgenerator, Steuergerät und Airbag. Das Aufblasen des Airbags wird elektrisch ausgelöst.

Je nach Ausstattung ist das Fahrzeug mit Front-, Seiten- sowie Kopf-Airbags einschließlich Gurtstraffern ausgestattet.

Auf dem Beifahrersitz darf kein gegen die Fahrtrichtung angeordneter Babysitz montiert werden, wenn der Beifahrer-Airbag aktiviert ist; ausgenommen ist ein spezieller Kindersitz in Zusammenhang mit der automatischen Kindersitzerkennung.

Achtung: Aus Sicherheitsgründen keine Arbeiten an Teilen des Airbag- oder Gurtstraffer-Systems durchführen.

Folgende Hinweise unbedingt befolgen:

- **Batterie-Massekabel (–) bei eingeschalteter Zündung *abklemmen*.** Anschließend **Minuspol isolieren**, um einen versehentlichen Kontakt zu vermeiden. Nach dem Abklemmen ist eine **Wartezeit** von mindestens **10 Sekunden** erforderlich, bis sich sämtliche Kondensatoren entladen haben. **Achtung:** Hinweise im Kapitel »Batterie aus- und einbauen« durchlesen.
- **Batterie-Massekabel (–)** nur bei **eingeschalteter Zündung *anklemmen*. Achtung:** Beim **Anklemmen** der Batterie darf sich **keine Person** im **Innenraum** des Fahrzeuges **aufhalten.** Befindet sich die **Batterie im Innenraum,** darf sich **niemand** im **Wirkungsbereich von Airbags und Gurtstraffern aufhalten.**

Achtung: Beim Anklemmen der Batterie darf sich keine Person im Bereich der Airbags aufhalten.

Achtung: Wenn nach dem Wiederanklemmen der Batterie die Zündung nicht eingeschaltet ist (Kontrollleuchten im Kombiinstrument leuchten nicht) darf die Zündung nur auf dem Fahrersitz sitzend, in der hintersten Position eingeschaltet werden.

Speziell beim Fahrer-Airbag ist Folgendes zu beachten:

- Räder in Geradeausstellung, Lenkrad in Mittelstellung bringen.
- Vor dem Abnehmen (Berühren) der Airbag-Einheit elektrostatische Aufladung abbauen. Dazu kurz den Schließkeil der Tür oder die Karosserie anfassen.

Allgemeine Hinweise:

- Niemals Airbag-Komponenten eines anderen Fahrzeugs oder ein anderes Lenkrad einbauen. Beim Austausch stets neue Teile verwenden.
- Selbst nach einem leichten Unfall, der nicht zum Auslösen des Airbags führte, Airbag- und Gurtstraffer-System von einer Fachwerkstatt überprüfen lassen.
- **Das Airbag-System darf nur in der Fachwerkstatt geprüft werden. Keinesfalls mit Prüflampe, Voltmeter oder Ohmmeter prüfen.**
- Airbag-Komponenten, die aus einer Höhe von mehr als 0,5 m fallengelassen wurden, müssen grundsätzlich ersetzt werden.
- Airbag-Komponenten vor großer Hitze und direkter Flammeneinwirkung schützen und keinen Temperaturen über +100° C aussetzen, auch nicht kurzfristig.
- Airbag-Komponenten vor Kontakt mit Wasser, Fett oder Öl schützen. Sofort mit einem trockenem Lappen abwischen.
- Die Airbag-Einheit ist im ausgebauten Zustand immer so abzulegen, dass das Lenkradpolster nach oben zeigt. Bei umgekehrter Lagerung besteht die Gefahr, dass bei eventueller Zündung der Gasgenerator nach oben geschleudert wird. Dadurch erhöht sich die Verletzungsgefahr.
- Bei Arbeitsunterbrechung die Airbag-Einheit nicht unbeaufsichtigt liegen lassen.
- Die Airbag-Einheit darf nicht zerlegt werden, bei einem Defekt ist sie immer komplett zu ersetzen. Da die Airbag-Einheit Explosivstoffe enthält, ist sie unter Verschluss oder geeigneter Aufsicht aufzubewahren.
- Vor dem Verschrotten des Fahrzeugs müssen die Airbag-Einheiten entsorgt werden. Die Entsorgung erfolgt nur durch eine Fachwerkstatt.
- Zwischen Airbag und Insassen dürfen sich keine Gegenstände befinden. Genügend großen Abstand zum Airbag einhalten, damit sich der Airbag-Luftsack beim Auslösen entfalten kann.
- Lenkrad, Armaturentafel und Vordersitzlehnen im Bereich der Airbag-Einheit nicht bekleben und von Gegenständen freihalten.
- An den Haken der Handgriffe nur leichte Kleidungsstücke ohne Kleiderbügel aufhängen. Keine Gegenstände in den Taschen der Kleidungsstücke belassen.
- Airbag-Einheiten haben kein Wechselintervall.
- Die Airbag-Kontrolllampe im Kombiinstrument muss beim Einschalten der Zündung aufleuchten und nach etwa 4 Sekunden erlöschen. Andernfalls liegt eine Störung vor.

Speziell beim Seitenairbag ist Folgendes zu beachten:

- Es dürfen nur original Sitzbezüge und Rücksitzbezüge verbaut werden, die für Seitenairbags freigegeben sind (erkennbar am Airbag-Annäher auf dem Bezug).

- Die Rückenlehnen dürfen nicht mit Schonbezügen überzogen werden, da dadurch die Funktion des Seitenairbags beeinflusst wird.
- Sitzplatzauflagen, -matten oder Ähnliches, die die Funktion der Sitzbelegungserkennung und der Airbags beeinträchtigen, sind nicht zulässig.
- Bei Beschädigung des Bezuges (durch Risse, Brandlöcher usw.) im Bereich des Seitenairbags ist aus Sicherheitsgründen immer der Bezug zu wechseln, da sich sonst der Seitenairbag nicht richtig entfaltet.
- Nicht mit spitzen Gegenständen im Bereich des Airbags und der Sensormatte in den Bezug stechen.

Speziell beim Kopfairbag ist Folgendes zu beachten:

- Kopfairbag nicht knicken oder verdrehen.
- Beschädigte Verkleidungen an den Fahrzeugsäulen immer ersetzen, nie reparieren.

Speziell beim Gurtstraffer und Gurtkraftbegrenzer ist Folgendes zu beachten:

- Gurtstraffer, die mechanisch beschädigt sind, grundsätzlich erneuern.
- Das offene Ende eines Gurtstraffers darf niemals gegen Personen gerichtet werden.
- Beim Anschließen des Gurtstraffers müssen alle mechanischen Teile, auch die des Dreipunkt-Sicherheitsgurtes, korrekt befestigt sein.

Airbageinheit aus- und einbauen

Ausbau

- Airbag-Sicherheitshinweise durchlesen und beachten.
- Lenkrad so weit wie möglich nach hinten unten stellen. Dabei vollen Verstellbereich nutzen.
- Zündung einschalten
- Batterie-Massekabel (–) bei eingeschalteter Zündung vom Minuspol der Batterie abklemmen. Batterie-Minuspol isolieren, siehe Seite 77.

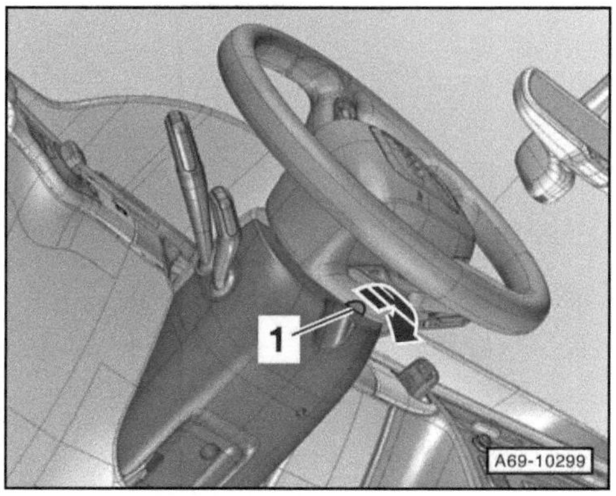

- Lenkrad so drehen, dass die Verschlusskappe an der Rückseite des Lenkrads genau nach unten zeigt und der Aussparung an der unteren Lenksäulenverkleidung genau gegenüber steht.
- Verschlusskappe –1– abhebeln –Pfeil–.

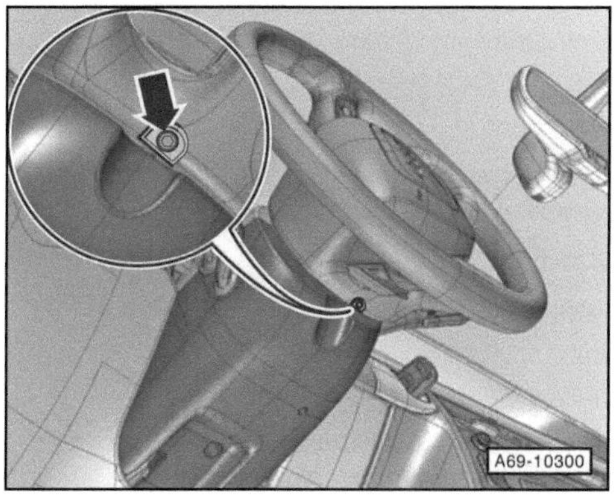

- Schraube –Pfeil– für Fahrer-Airbag herausdrehen.
- Lenkrad eine halbe Umdrehung drehen und zweite Schraube auf der gegenüberliegenden Seite herausdrehen.
- Lenkrad wieder in Mittelstellung bringen. Die Räder befinden sich in Geradeausstellung.
- Eventuelle elektrostatische Aufladungen abbauen, dazu kurz den Schließkeil der Tür anfassen.

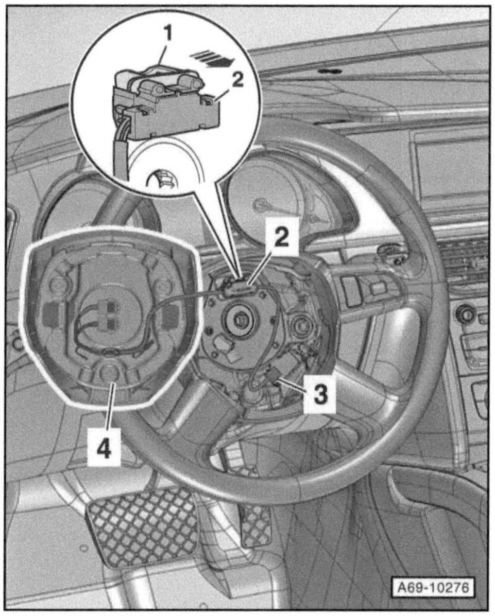

- Airbag ein Stück vom Lenkrad abnehmen.
- Steckersicherung –1– bis zum Anschlag in Pfeilrichtung ziehen. Dadurch elektrische Steckverbindung –2– entriegeln und dann abziehen.
- Bei Multitronic- und Tiptronic-Lenkrad: Stecker –3– abziehen.
- Airbag –4– abnehmen und so ablegen, dass das Prallpolster nach oben zeigt.

Einbau

- Vor dem Einbau Airbag-Sicherheitshinweise durchlesen und beachten. Eventuelle elektrostatische Aufladungen abbauen, siehe unter »Ausbau«.

- Elektrische Leitungen aufstecken.
- Airbag am Lenkrad ansetzen. Dabei darauf achten, dass keine Kabel eingeklemmt werden.
- Beide Befestigungsschrauben für Airbag ca. 2 Umdrehungen anschrauben.
- Hupe 3-mal betätigen und dadurch ein gleichmäßiges Spaltmaß einstellen.
- Airbag nicht mehr berühren.
- Beide Befestigungsschrauben für Airbag mit **7 Nm** anziehen.
- Zündung einschalten.
- Batterie-Massekabel (–) anklemmen. **Achtung: Unbedingt »Airbag-Sicherheitshinweise« durchlesen und befolgen, siehe Seite 162.**

Lenkrad aus- und einbauen

Hinweis: Bei Fahrzeugen mit Dynamiklenkung muss das Lenkrad, bevor es abgenommen wird, mit Hilfe einer Lenkradwaage (VAS-6458) in eine genau waagerechte Lage gebracht werden. Der Einbau erfolgt ebenfalls mit der Lenkradwaage. Anschließend muss der Lenkwinkelgeber mit dem VW/AUDI-Diagnosegerät geprüft und gegebenenfalls neu kalibriert werden (Werkstattarbeit).

Ausbau

- Räder in Geradeausstellung bringen.
- Airbageinheit ausbauen, siehe entsprechendes Kapitel.

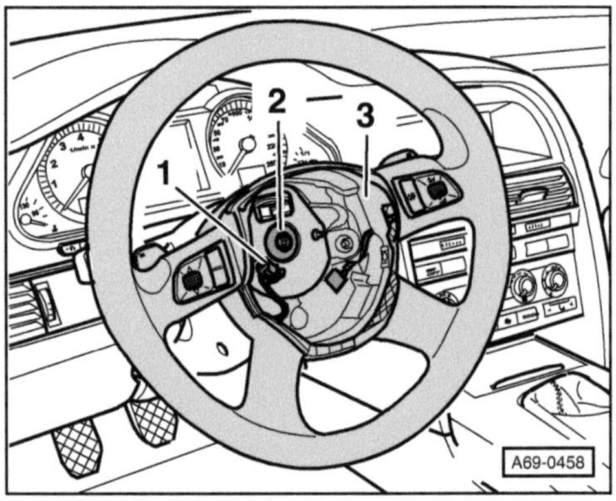

- Schraube –2– herausschrauben.
- Stellung von Lenkrad zu Lenksäule mit einem Filzstift markieren, dazu einen Strich über beide Teile ziehen.
- Lenkrad –3– abziehen.

Einbau

- Geradeausstellung der Räder sicherstellen.
- Lenkrad so aufsetzen, dass die angebrachten Markierungen übereinstimmen.

Hinweis: Wird ein neues Lenkrad, ohne Markierung, aufgesetzt, darauf achten, dass die Lenkradspeiche waagerecht steht, während sich die Räder in Geradeausstellung befinden.

- **Neue Schraube** hineindrehen und mit **50 Nm** festziehen.
- Airbageinheit einbauen, siehe entsprechendes Kapitel.
- Probefahrt durchführen. Falls das Lenkrad bei Geradeausfahrt schief steht, Lenkrad wieder ausbauen und auf der Verzahnung umsetzen.

Spurstangenkopf aus- und einbauen

Ausbau

- Radschrauben lösen.

Sicherheitshinweis
Beim Aufbocken des Fahrzeugs besteht Unfallgefahr! Hinweise im Kapitel »Fahrzeug aufbocken« beachten.

- Fahrzeug anheben und durch Unterstellbock sichern.
- Radschrauben herausdrehen und Vorderrad abnehmen. **Achtung:** Unbedingt Hinweise im Kapitel »Rad aus- und einbauen« beachten.

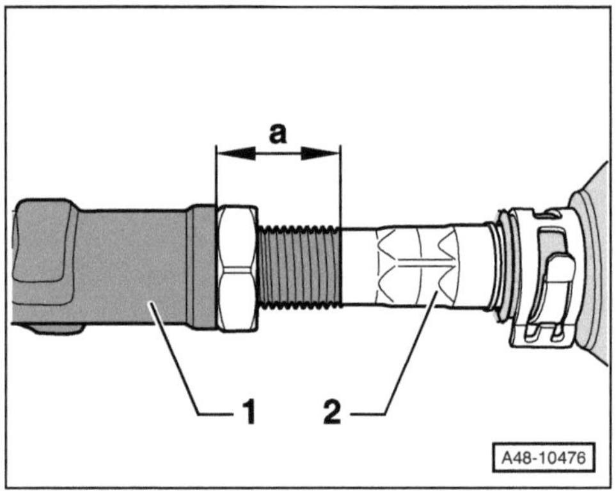

- Maß –a– zwischen Spurstangenkopf –1– und Spurstange –2– messen und den Wert notieren.

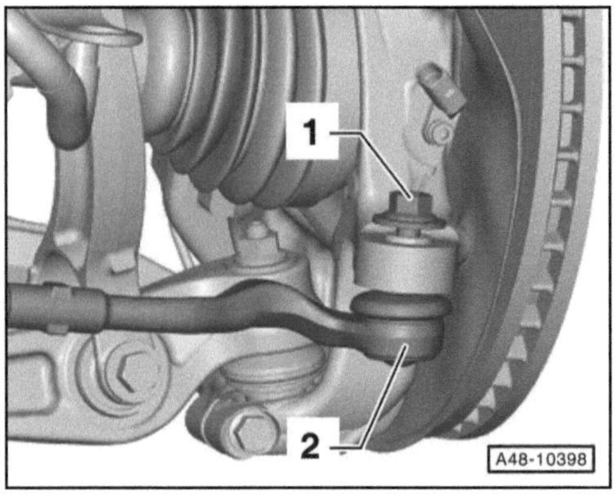

- Mutter –1– vom Gelenkzapfen –2– des Spurstangenkopfes so weit abschrauben, dass sie mit dem Gewinde des Gelenkzapfens bündig ist. Beim Lösen der Mutter gegebenenfalls Gelenkzapfen gegenhalten. **Hinweis:** Die Mutter bleibt zum Schutz des Gewindes beim Ausdrücken einige Umdrehungen aufgeschraubt.

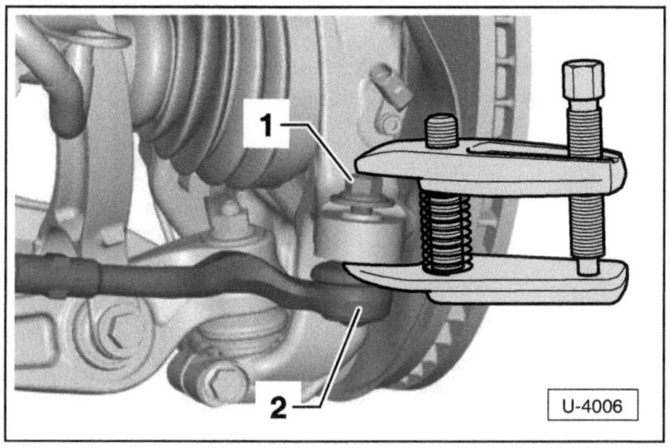

- Spurstangenkopf –2– vom Radlagergehäuse mit einem Abzieher, zum Beispiel HAZET 1790-7, abdrücken. **Achtung:** Beim größten Kraftaufwand müssen die beiden Hebelarme des Abziehers parallel zueinander stehen, gegebenenfalls nachstellen.
- Mutter –1– abschrauben.

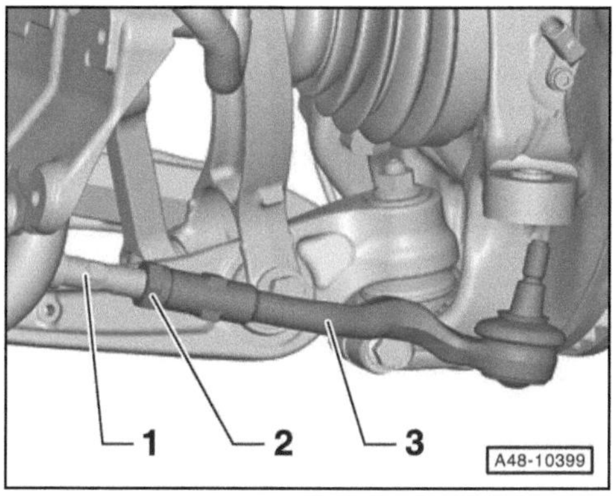

- Kontermutter –2– lösen, dabei an der Abflachung des Spurstangenkopfes –3– gegenhalten.
- Spurstangenkopf von der Spurstange –1– abschrauben. Dabei Umdrehungen zählen und notieren. Das Ergebnis dient als zweites Hilfsmaß für den Wiedereinbau.

Einbau

- Spurstangenkopf so weit auf die Spurstange aufschrauben, bis das beim Ausbau gemessene Maß –a– beziehungsweise die gezählten Umdrehungen erreicht sind, siehe auch Abbildung A48-10399.
- Spurstangenkopf so ausrichten, dass der Zapfen nach oben in Einbaulage zeigt.
- Gelenkzapfen des Spurstangenkopfes bis zum Anschlag in das Radlagergehäuse einsetzen.

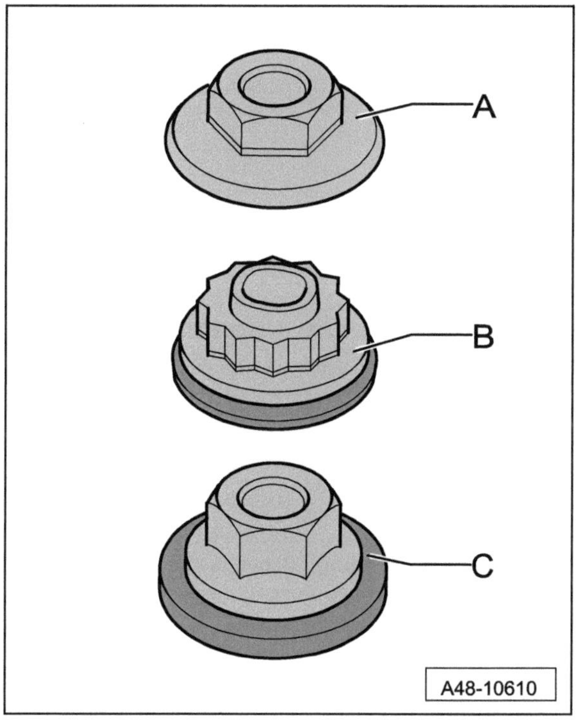

- **Neue** Mutter am Gelenkzapfen aufschrauben und festziehen. Gelenkzapfen gegebenenfalls gegenhalten. Dabei können unterschiedliche Muttern verwendet werden.
  Anzugsmethode hydraulische Servolenkung:
  Bundmutter –A– . . . . **20 Nm + 90°**
  Zwölfkant-Kombimutter –B– . . . . **100 Nm**
  Sechskant-Kombimutter –C– . . . . **110 Nm**
  Anzugsmethode elektromechanische Servolenkung:
  Mutter (ohne Abbildung) . . . . **100 Nm**
- Kontermutter gegen den Spurstangenkopf schrauben und festziehen. Dabei an der Abflachung des Spurstangenkopfes gegenhalten.
  Anzugsdrehmoment:
  Hydraulische Servolenkung . . . . **60 Nm**
  Elektromechanische Servolenkung . . . . **80 Nm**
- Vorderrad anschrauben, Fahrzeug ablassen, erst dann Radschrauben über Kreuz mit **120 Nm** festziehen. **Achtung:** Unbedingt Hinweise im Kapitel »Rad aus- und einbauen« beachten.
- **Fahrzeugvermessung durchführen lassen (Werkstattarbeit).**

Lenkmanschette aus- und einbauen

Ausbau

- Radschrauben lösen.

Sicherheitshinweis
Beim Aufbocken des Fahrzeugs besteht Unfallgefahr! Hinweise im Kapitel »Fahrzeug aufbocken« beachten.

- Fahrzeug anheben und durch Unterstellbock sichern.
- Radschrauben herausdrehen und Vorderrad abnehmen. **Achtung:** Unbedingt Hinweise im Kapitel »Rad aus- und einbauen« beachten.
- Lenkrad in Geradeausstellung drehen.
- Untere Motorraumabdeckung ausbauen, siehe Seite 282.
- Lenkgetriebe und Vorderachsträger im Bereich der Manschette reinigen. **Achtung: Dabei darf kein Schmutz durch den defekten Faltenbalg in das Lengetriebe gelangen.**
- Spurstangenkopf ausbauen und Kontermutter von der Spurstange abschrauben, siehe entsprechendes Kapitel.

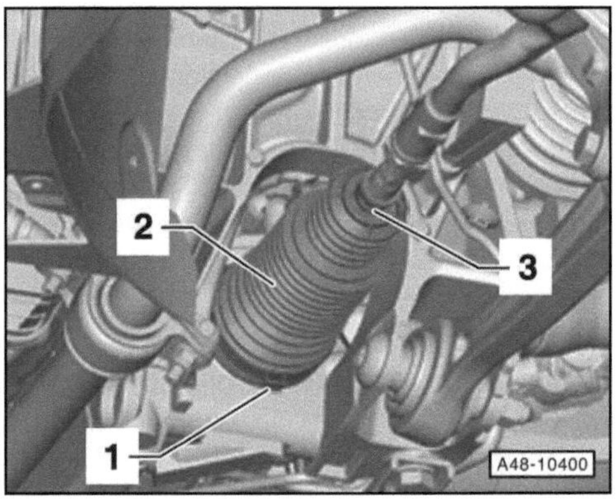

- Federbandschelle –3– mit Schlauchklemmenzange, zum Beispiel VAG-1921 oder HAZET 798-5, öffnen und über die Spurstange abziehen.
- Klemmschelle –1– aufschneiden und abnehmen.
- Manschette –2– nach außen vom Lenkgetriebe abziehen, über die Spurstange ziehen und abnehmen.
- Lenkgetriebe auf Korrosion, Beschädigung, Abnutzung, Ansätze von Verschmutzung oder fehlenden Schmierfilm auf der Zahnstange sichtprüfen. Falls eine dieser Beanstandungen zutrifft, muss das Lenkgetriebe komplett ersetzt werden (Werkstattarbeit).

Einbau

Achtung: Spezielle Hinweise für Fahrzeuge mit elektromechanischem Lenkgetriebe am Ende des Kapitels beachten.

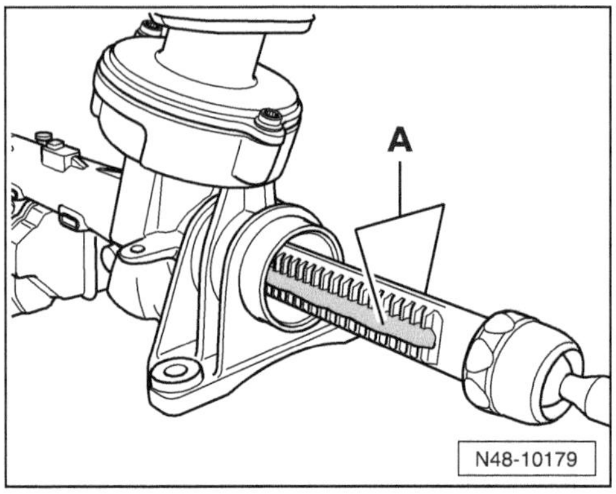

- Vor dem Einbau die Zahnstange mit dem im Reparatursatz beiliegenden Fett bestreichen. **Achtung:** Auf keinen Fall anderes Fett verwenden.
- Dazu die Lenkung nach beiden Seiten bis zum Anschlag drehen und die Zahnstange auf der Zahnseite –A– und auf der Druckstückseite fetten.
- Lenkrad in Geradeausstellung drehen.
- Neue Schellen und Manschette auf die Spurstange auffädeln.
- Prüfen, ob die Dichtflächen Manschette/Lenkgetriebe fettfrei sind, gegebenenfalls reinigen.
- Manschette mit neuer Klemmschelle auf das Lenkgetriebegehäuse schieben. Die Manschette muss in der Nut und an der Kontur des Lenkgetriebes anliegen.

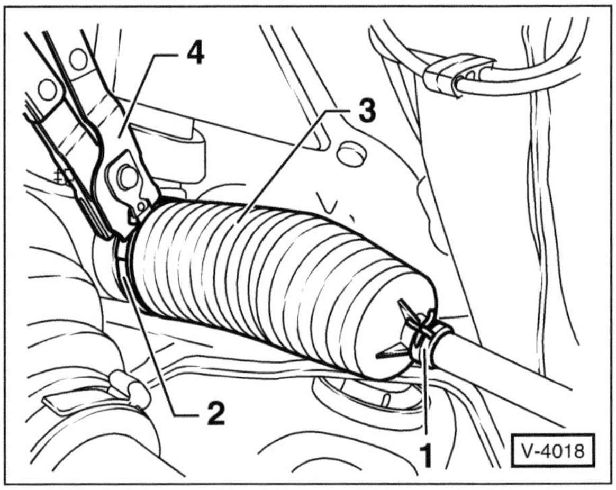

- Klemmschelle –2– mit einer Klemmzange –4–, zum Beispiel HAZET 1847-1, festziehen. Dabei darauf achten, dass der Abstand zwischen den zusammengezogenen Ecken des Klemmohres nicht größer als 5,7 mm ist. Sonst kann es zu Dichtigkeitsproblemen kommen.
3 – Lenkmanschette.
- Federbandschelle –1– mit der Zange HAZET 798-5 spreizen, über die Manschette schieben und entspannen.

- Der weitere Einbau erfolgt in umgekehrter Ausbaureihenfolge.
- Vorderrad anschrauben, Fahrzeug ablassen, erst dann Radschrauben über Kreuz mit **120 Nm** festziehen. **Achtung:** Unbedingt Hinweise im Kapitel »Rad aus- und einbauen« beachten.
- **Fahrzeugvermessung durchführen lassen (Werkstattarbeit).**

Speziell Fahrzeuge mit elektromechanischem Lenkgetriebe

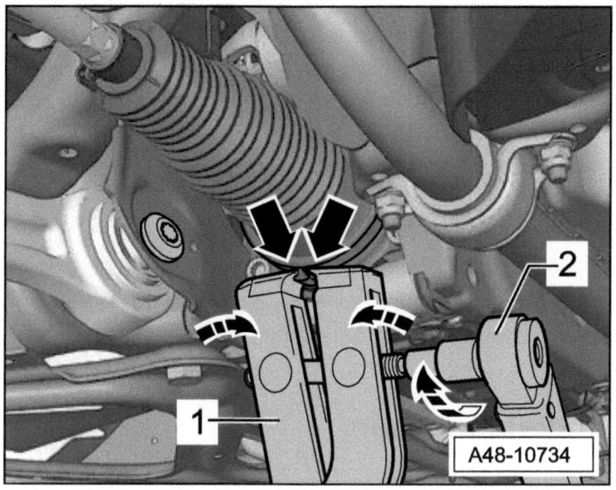

- Klemmschelle am großen Durchmesser spannen. Dazu Spannzange –1–, zum Beispiel HAZET 1847, wie in der Abbildung gezeigt, ansetzen. Die Schneiden der Zange müssen beim Ansetzen in den Ecken –obere Pfeile– anliegen. In dieser Stellung Schraube mit einem Drehmomentschlüssel anziehen und dadurch Klemmschelle spannen. **Achtung:** Wenn die Spezialzange nicht verwendet wird, dann wird die erforderliche Spannkraft für den korrekten Sitz der Schelle nicht erreicht.
  Anzugsdrehmoment:
  Klemmschelle mit 85 mm ∅ (Beifahrerseite). . . . **7 Nm**
  Klemmschelle mit 59 mm ∅ (Fahrerseite) . . . . **10 Nm**

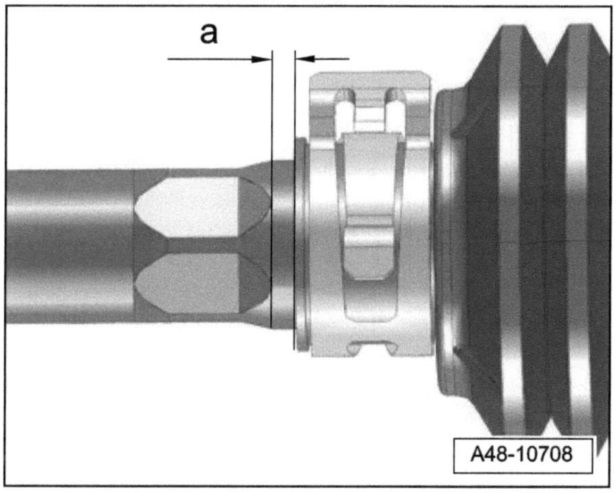

- Manschette so montieren, dass am kleinen Durchmesser das Maß a = 2 mm eingehalten wird.

Räder und Reifen

Der AUDI A4 ist je nach Modell und Ausstattung mit Rädern unterschiedlicher Größe ausgerüstet. Sofern Reifen montiert werden, die nicht in den Fahrzeugpapieren vermerkt sind, müssen sie in der EG-Übereinstimmungsbescheinigung (CoC = Certificate of Conformity) zum Fahrzeug stehen. Die Bescheinigung oder eine Kopie davon ist dann grundsätzlich im Fahrzeug mitzuführen.

Neben der Felgenbreite und dem Felgendurchmesser sind bei einem Wechsel der Felge auch die Einpresstiefe und der Lochkreisdurchmesser zu beachten. Die Einpresstiefe ist das Maß von der Felgenmitte (= Mitte der Reifenspur) bis zur Anlagefläche der Radschüssel an die Radnabe/Bremstrommel. Der Lochkreisdurchmesser gibt den Durchmesser des Kreises an, an dem die Radschrauben angeordnet sind.

Alle Scheibenräder sind als Hump-Felgen ausgelegt. Der Hump ist ein in die Felgenschulter eingepresster Wulst, der auch bei extrem scharfer Kurvenfahrt nicht zulässt, dass der schlauchlose Reifen von der Felge gedrückt wird. **Achtung:** In schlauchlose Reifen darf kein Schlauch eingezogen werden.

Reifenfülldruck

Der Reifenfülldruck wird vom Automobilhersteller in Abhängigkeit verschiedener Parameter festgelegt. Dazu zählen unter anderem die Zuladung und die Höchstgeschwindigkeit des Fahrzeugs. Vom Werk sind für den AUDI A4 unterschiedliche Reifendimensionen und Felgengrößen zugelassen.

Hinweis: Die Reifenfülldruckwerte stehen auf einem Aufkleber unterhalb des Türschlosses an der Fahrertür.

Die vorliegende Reifentabelle listet nur einen Querschnitt möglicher Reifen-/Felgenkombinationen auf. Eine komplette Liste aller zugelassenen Reifen und Felgen hat jede AUDI-Fachwerkstatt.

Für die Lebensdauer der Reifen und die Fahrzeugsicherheit ist das Einhalten des Reifenfülldrucks von großer Wichtigkeit. Reifenfülldruck deshalb alle 4 Wochen und vor jeder längeren Fahrt prüfen (auch am Reserverad).

- Reifenfülldruckangaben beziehen sich auf **kalte** Reifen. Der sich bei längerer Fahrt einstellende und um ca. 0,2 bis 0,4 bar höhere Überdruck darf nicht reduziert werden. **Winterreifen** (Bezeichnung M+S) können mit einem um **0,2 bar höheren Überdruck** als Sommerreifen gefahren werden. Auf jeden Fall müssen die Reifenfülldrücke bei Winterreifen entsprechend den Vorgaben des Reifenherstellers eingehalten werden. Unterliegen die Winterreifen einer Geschwindigkeitsbeschränkung, muss ein Hinweis im Blickfeld des Fahrers angebracht werden (§ 36, Absatz 1 StVZO).
- Bei **Anhängerbetrieb** Reifenfülldruck auf den unter »volle Zuladung« angegebenen Wert erhöhen. Reifenfülldruck der Anhängerbereifung ebenfalls kontrollieren.
- Der Reifenfülldruck für das **Reserverad** entspricht dem höchsten für das Fahrzeug vorgesehenen Fülldruck.
- Der Reifenfülldruck für das **Notrad** ist auf der Reifenflanke angegeben und liegt bei 4,2 bar.

Profiltiefe messen

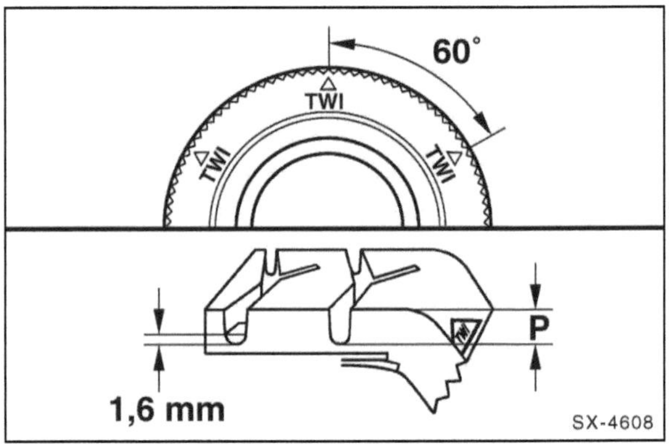

Reifen dürfen aufgrund gesetzlicher Vorschriften bis zu einer Profiltiefe von 1,6 mm abgefahren werden, und zwar an der gesamten Reifenlauffläche gemessen. Aus Sicherheitsgründen empfiehlt es sich, die Sommerreifen bereits bei einer

Reifenfülldruck für eine Auswahl von Reifen-/Felgenkombinationen am AUDI A4

Motor	Reifengröße	Scheibenrad (Felge)	Einpress-tiefe in mm	Reifenfülldruck (Überdruck) in bar			
				halbe Zuladung		volle Zuladung	
				vorn	hinten	vorn	hinten
2,0-l-TFSI/TDI	225/50 R17 94Y	–	–				
	245/45 R17 95Y	–	–	2,2	2,0	2,4	2,4
	245/40 R18 93Y	–	–				
	245/40 R18 97V M+S	–	–	2,4	2,2	2,6	2,6
3,2-l-FSI	225/50 R17 94Y	–	–	2,3	2,1	2,5	2,5
2,7-/3,0-l-TDI	225/50 R17 94Y	–	–	2,5	2,2	2,6	2,6

Profiltiefe von **2 mm** und die Winterreifen bei einer Profiltiefe von **4 mm** auszutauschen.

Die Tiefe des Reifenprofils an den Hauptprofilrillen mit dem stärksten Verschleiß messen. Im Profilgrund der Originalbereifung sind Abnutzungsindikatoren vorhanden. An den Reifenflanken kennzeichnen Buchstaben (TWI = **T**read **W**ear **I**ndicator) oder Dreiecksymbole die Lage der Verschleißanzeiger. Die Flächen der Abnutzungsindikatoren haben eine Höhe von 1,6 mm. Sie dürfen nicht in die Messung mit einbezogen werden. Für die Messwerte entscheidend ist das Maß an der Stelle mit der geringsten Profiltiefe –P–.

Reifen- und Scheibenrad-Bezeichnungen/Herstellungsdatum

Reifen-Bezeichnungen

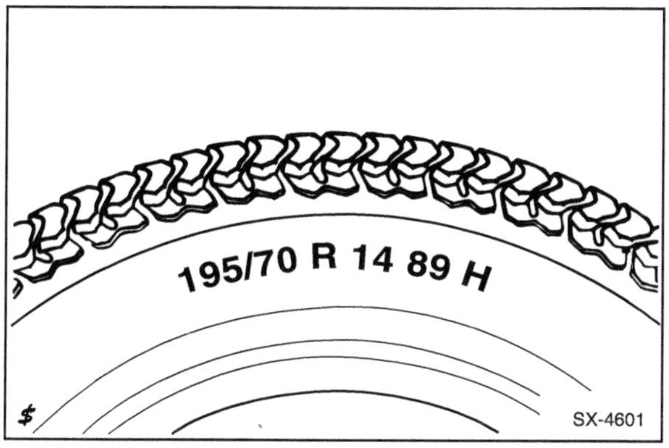

195 = Reifenbreite in mm.
/70 = Verhältnis Höhe zu Breite (die Höhe des Reifenquerschnitts beträgt 70 % von der Breite).
Fehlt eine Angabe des Querschnittverhältnisses (zum Beispiel 155 R 13), so handelt es sich um das »normale« Höhen-Breiten-Verhältnis. Es beträgt bei Gürtelreifen 82 %.
R = Radial-Bauart (= Gürtelreifen).
14 = Felgendurchmesser in Zoll.
89 = Tragfähigkeits-Kennzahl.
Achtung: Steht zwischen den Angaben 14 und 89 die Bezeichnung **M+S**, dann handelt es sich um einen Reifen mit Winterprofil.
H = Kennbuchstabe für zulässige Höchstgeschwindigkeit, H: bis 210 km/h.
Der Geschwindigkeitsbuchstabe steht hinter der Reifengröße. Die Geschwindigkeitsbuchstaben gelten sowohl für Sommer- als auch für Winterreifen.

Geschwindigkeits-Kennbuchstabe

Kennbuchstabe	Zulässige Höchstgeschwindigkeit
Q	160 km/h
S	180 km/h
T	190 km/h
H	210 km/h
V	240 km/h
ZR	über 240 km/h

Achtung: Steht hinter der Reifenbezeichnung das Wort »reinforced«, handelt es sich um einen Reifen in verstärkter Ausführung, beispielsweise für Vans und Transporter.

Reifen-Herstellungsdatum

Das Herstellungsdatum steht auf dem Reifen im Hersteller-Code.

Beispiel: DOT CUL2 UM8 4514 TUBELESS.

DOT = Department of Transportation (US-Verkehrsministerium).
CU = Kürzel für Reifenhersteller.
L2 = Reifengröße.
UM8 = Reifenausführung.
4514 = Herstellungsdatum = 45. Produktionswoche 2014
Hinweis: Falls anstelle der 4-stelligen Ziffer eine 3-stellige Ziffer gefolgt von einem ◁-Symbol aufgeführt ist, dann wurde der Reifen vor 2000 produziert. Die Bezeichnung 509◁ bedeutet beispielsweise: 50. Produktionswoche 1999.
TUBELESS = schlauchlos (TUBETYPE = Schlauchreifen).

Achtung: Neureifen müssen seit 10/98 zusätzlich mit einer ECE-Prüfnummer an der Reifenflanke versehen sein. Diese Prüfnummer weist nach, dass der Reifen dem ECE-Standard entspricht. Reifen seit 10/98 **ohne** ECE-Prüfnummer haben keine Allgemeine Betriebserlaubnis (ABE).

Scheibenrad-Bezeichnungen

Beispiel : 5½J x 15 H2, ET 38, LK 4/100.

5½ = Maulweite (Innenbreite) der Felge in Zoll.
J = Kennbuchstabe für Höhe und Kontur des Felgenhorns (B = niedrigere Hornform).
x = Kennzeichen für einteilige Tiefbettfelge.
15 = Felgen-Durchmesser in Zoll.
H2 = Felgenprofil an Außen- und Innenseite mit Hump-Schulter (Hump = Sicherheitswulst, damit der Reifen nicht von der Felge rutscht).
ET 38 = Einpresstiefe: 38 mm. Das Maß gibt in mm an wie weit die Felgenanschraubfläche von der Felgenmitte entfernt ist.
LK 4 = Die Felge ist in diesem Beispiel mit 4 Schrauben befestigt. LK = Lochkreis
/100 = Der Lochkreisdurchmesser, auf dem die Schrauben angeordnet sind, beträgt 100 mm.

Rad aus- und einbauen

Ausbau

Hinweis: Leichtmetallfelgen sind durch einen Klarlacküberzug gegen Korrosion geschützt. Beim Radwechsel darauf achten, dass die Schutzschicht nicht beschädigt wird, andernfalls mit Klarlack ausbessern.

Hinweis: Je nach Fahrzeugausstattung kann es sein, dass ein Bordwagenheber, Zierkappen-Abziehhaken

- Bei Reifen, die kein laufrichtungsgebundenes Profil haben, die Reifen-Laufrichtung mit Kreide durch einen Pfeil am Reifen markieren.
- Fahrzeug an einer waagerechten Stelle abstellen.
- Fahrzeug gegen Wegrollen sichern. Dazu Parkbremse schließen, Rückwärtsgang oder 1. Gang einlegen. Bei Fahrzeugen mit Automatikgetriebe Wählhebel in Stellung »P« legen. Außerdem einen Keil hinter das diagonal gegenüberliegende Rad legen. Dabei Keil immer an der von der Aufbockstelle weg zeigenden Seite unterlegen.

- Radzierkappe –1– abnehmen, dazu Abziehhaken aus dem Bordwerkzeug oder kleinen Schraubendreher in die Bohrung –2– einsetzen und Radzierkappe abziehen.
- **Radschraube mit Diebstahlsicherung:** Adapter mit Innenvielzahn-Einsatz aus dem Bordwerkzeug bis zum Anschlag in die Radschraube einschieben.
- Radschrauben etwa ½ bis 1 Umdrehung lockern, nicht abschrauben. **Achtung:** Dabei muss das Fahrzeug auf dem Boden stehen, ein Gang eingelegt und die Parkbremse geschlossen sein. Zum Lösen **keinen** Drehmomentschlüssel verwenden.

> **Sicherheitshinweis**
> Beim Aufbocken des Fahrzeugs besteht Unfallgefahr! Deshalb vorher das Kapitel »Fahrzeug aufbocken« durchlesen.

- Fahrzeug mit dem Wagenheber so weit anheben, bis das Rad vom Boden abgehoben hat, siehe Seite 71.
- Oberste Radschraube herausdrehen. Dazu kann der Innensechskant im Schraubendrehergriff des Bordwerkzeuges verwendet werden.
- Falls vorhanden, Rad-Montagestift aus dem Bordwerkzeug in die freigewordene Radschraubenbohrung einschrauben.
- Restliche Radschrauben herausdrehen und Rad abnehmen. Der Montagestift bleibt in der Bohrung.

Einbau

- Zum Schutz gegen das Festrosten des Rades Zentriersitz der Felge an der Radnabe vor jeder Montage des jeweiligen Rades dünn mit Wälzlagerfett einfetten.
- Verschmutzte Schrauben und Gewinde reinigen. Gewinde der Radschrauben **nicht** fetten oder ölen.

Achtung: Korrodierte oder schwergängige Schrauben umgehend erneuern. Bis dahin vorsichtshalber nur mit mäßiger Geschwindigkeit fahren.

- Rad entsprechend der beim Ausbau angebrachten Laufrichtungs-Markierung über den Montagestift schieben und leicht gegen die Radnabe drücken.
- Radschrauben bis zur Anlage anschrauben.
- Falls angeschraubt, Montagestift herausdrehen und verbliebene Radschraube anschrauben.
- Radschrauben mit dem Innensechskant im Schraubendrehergriff des Bordwerkzeuges von Hand anziehen.
- Fahrzeug absenken und Wagenheber entfernen.

- Radschrauben über Kreuz in mehreren Durchgängen anziehen, zum Beispiel in der Reihenfolge von –1– bis –5–. Zum Festziehen der Radschrauben sollte stets ein Drehmomentschlüssel verwendet werden. Dadurch wird sichergestellt, dass die Radschrauben gleichmäßig und fest angezogen sind. **Das Anzugsdrehmoment für die Radschrauben beträgt für Stahl- und Leichtmetallfelgen 120 Nm.**

Achtung: Wurden die Radschrauben nicht mit einem Drehmomentschlüssel festgezogen, **ist es zwingend erforderlich**, umgehend das Anzugsdrehmoment in einer Werkstatt kontrollieren zu lassen. Durch einseitiges oder unterschiedlich starkes Anziehen der Radschrauben können das Rad und/oder die Radnabe verspannt werden.

- Zierkappe einsetzen und einrasten lassen.

Achtung: Felgen und Radschrauben sind aufeinander abgestimmt. Bei der Umrüstung von Leichtmetallfelgen auf Stahlfelgen, zum Beispiel beim Wechsel auf Winterbereifung mit Stahlfelgen, müssen deshalb die dazugehörigen Radschrauben mit der richtigen Länge und Kalottenform verwendet werden. Der Festsitz der Räder und die Funktion der Bremsanlage hängen davon ab.

- Nach dem Reifenwechsel unbedingt Reifenfülldruck prüfen und gegebenenfalls korrigieren.

Auswuchten von Rädern

Die serienmäßigen Räder werden im Werk ausgewuchtet. Das Auswuchten ist notwendig, um unterschiedliche Gewichtsverteilung und Materialungenauigkeiten auszugleichen. Im Fahrbetrieb macht sich die Unwucht durch Trampel- und Flattererscheinungen bemerkbar. Das Lenkrad beginnt dann bei höherem Tempo zu zittern. In der Regel tritt dieses Zittern nur in einem bestimmten Geschwindigkeitsbereich auf und verschwindet wieder bei niedrigerer oder höherer Geschwindigkeit. Solche Unwuchterscheinungen können mit der Zeit zu Schäden an Achsgelenken, Lenkgetriebe und Stoßdämpfern sowie am Reifenprofil führen.

Räder nach jeder Reifenreparatur und nach jeder Montage eines neuen Reifens auswuchten lassen, da sich durch Abnutzung und Reparatur die Gewichts- und Materialverteilung am Reifen ändert.

Schneeketten

Schneeketten sind nur an den **Vorderrädern** zulässig. Aus technischen Gründen ist die Verwendung von Schneeketten nur mit bestimmten Reifen-/Felgenkombinationen zulässig, siehe Bedienungsanleitung. Auf dem Notrad keine Schneeketten auflegen. Um Beschädigungen an den Radvollblenden zu vermeiden, sollten diese bei Schneekettenbetrieb abgenommen werden. Nach Entfernen der Schneeketten, Radvollblenden wieder montieren.

Achtung: Nur feingliedrige Schneeketten aufziehen, die an der Lauffläche und an den Reifeninnenseiten inklusive Schloss maximal 15 mm auftragen.

Mit Schneeketten darf in Deutschland nicht schneller als **50 km/h** gefahren werden. Auf schnee- und eisfreien Straßen Schneeketten abnehmen.

Reifenpflegetipps

Reifen haben ein »Gedächtnis«. Unsachgemäße Behandlung – und dazu zählt beispielsweise auch schon schnelles oder häufiges Überfahren von Bordstein- oder Schienenkanten – führt deshalb zu Reifenpannen, mitunter sogar erst nach längerer Laufleistung.

Reifen reinigen

- Reifen generell **nicht** mit einem Dampfstrahlgerät reinigen. Wird die Düse des Dampfstrahlers zu nahe an den Reifen gehalten, dann wird die Gummischicht innerhalb weniger Sekunden irreparabel zerstört, selbst bei Verwendung von kaltem Wasser. Ein auf diese Weise gereinigter Reifen sollte sicherheitshalber ersetzt werden.
- Ersetzt werden sollte auch ein Reifen, der über längere Zeit mit Öl, Fett oder Kraftstoff in Berührung kam. Der Reifen quillt an den betreffenden Stellen zunächst auf, nimmt jedoch später wieder seine normale Form an und sieht äußerlich unbeschädigt aus. Die Belastungsfähigkeit des Reifens nimmt aber ab.

Reifen lagern

- Reifen sollten kühl, dunkel und trocken aufbewahrt werden. Sie dürfen nicht mit Fett, Öl oder Kraftstoff in Berührung kommen.
- Räder liegend oder an den Felgen aufgehängt in der Garage oder im Keller lagern. Reifen, die nicht auf einer Felge montiert sind, sollten stehend aufbewahrt werden.
- Bevor die Räder abmontiert werden, Reifenfülldruck etwas erhöhen (ca. 0,3 – 0,5 bar).

Hinweis: Für Winterreifen eigene Felgen verwenden; das Ummontieren der Reifen lohnt sich aus Kostengründen nicht.

Reifen einfahren

Neue Reifen haben vom Produktionsprozess her eine besonders glatte Oberfläche. Deshalb müssen neue Reifen – das gilt auch für das neue Ersatzrad – etwa **300 Kilometer** mit mäßiger Geschwindigkeit und vorsichtiger Fahrweise eingefahren werden; speziell auf regennasser Fahrbahn muss vorsichtig gefahren werden. Bei diesem Einfahren raut sich durch die beginnende Abnutzung die glatte Oberfläche auf, das Haftvermögen des Reifens verbessert sich.

Reifendruckkontrollanzeige

Der AUDI A4 verfügt je nach Motorleistung serienmäßig oder als Sonderausstattung über ein Überwachungssystem zur Erkennung von langsamen Reifendruckverlusten. Anhand der Raddrehzahlwerte, die über den ABS-Radsensor erhalten werden, wird in Abhängigkeit der Reifengröße der Abrollumfang jedes Reifens ermittelt. Eine Veränderung des Abrollumfangs wird als Absinken des Fülldrucks interpretiert und im MMI-Display angezeigt (MMI = Multimedia-Interface).

Ein anderes Überwachungssystem wird am Markt angeboten. Hierbei erfolgt die Überwachung durch Sensoren in den Reifenventilen; die die Reifenzustandsdaten an einen zentralen Empfänger im Fahrgastraum senden.

Im Handel werden auch **RFT-Reifen** (**R**un **F**lat **T**yre) mit einer Notlauf-Eigenschaft angeboten. Diese Reifen weisen eine spezielle Verstärkung der Seitenwände auf, wodurch das Fahrzeug bei plötzlichem Reifendruckverlust weiterhin sicher gesteuert werden kann. Bei einer Höchstgeschwindigkeit von etwa 80 km/h können mit dem drucklosen Reifen noch bis zu 250 Kilometer zurückgelegt werden. RFT-Reifen dürfen nur bei Fahrzeugen mit einem Reifendruck-Kontrollsystem eingesetzt werden. Zudem muss das Fahrzeug vom Hersteller für den Einsatz von RFT-Reifen zugelassen sein.

Austauschen der Räder/Laufrichtung

Sicherheitshinweise
Reifen nicht einzeln, sondern mindestens achsweise ersetzen. Reifen mit der größeren Profiltiefe **vorn** montieren. Am Fahrzeug dürfen nur Reifen gleicher Bauart verwendet werden. An einer Achse dürfen nur Reifen desselben Herstellers und mit der selben Profilausführung eingebaut werden. Reifen, die älter als 6 Jahre sind, nur im Notfall und bei vorsichtiger Fahrweise verwenden. Keine gebrauchten Reifen verwenden, deren Ursprung nicht bekannt ist. Beim Erneuern von Felge oder Reifen grundsätzlich das Gummiventil ersetzen.

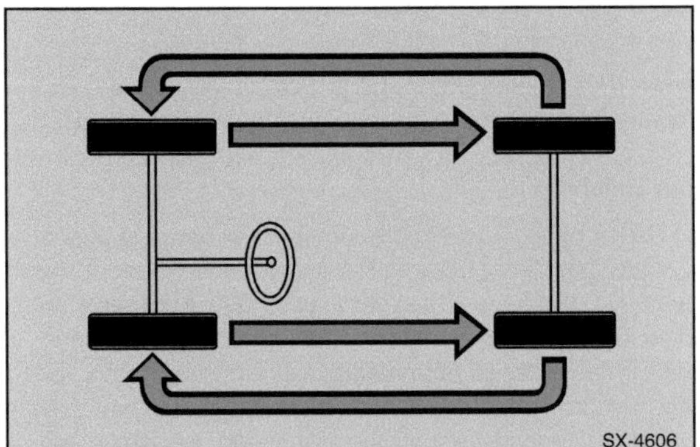
SX-4606

- Bei größerem Verschleiß der vorderen Reifen, die Vorderräder gegen die Hinterräder tauschen. Dadurch haben alle 4 Reifen etwa die gleiche Lebensdauer.

Es ist nicht zweckmäßig, bei einem Austausch der Räder die Drehrichtung der Reifen zu ändern, da sich die Reifen nur unter vorübergehend stärkerem Verschleiß der veränderten Drehrichtung anpassen.

SX-4609

- Bei Reifen **mit laufrichtungsgebundenem Profil,** erkennbar an Pfeilen auf der Reifenflanke in Laufrichtung, **muss** die Laufrichtung des Reifens **unbedingt** eingehalten werden. Dadurch werden optimale Laufeigenschaften bezüglich Aquaplaning, Haftvermögen, Geräusch und Abrieb sichergestellt.

Hinweis: Laufrichtungsgebundenes Reserverad bei einer Reifenpanne nur vorübergehend entgegen der Laufrichtung montieren. Insbesondere bei Nässe empfiehlt es sich, die Geschwindigkeit den Fahrbahnverhältnissen anpassen.

Fehlerhafte Reifenabnutzung

- In erster Linie ist auf vorschriftsmäßigen Reifenfülldruck zu achten, wobei alle 4 Wochen und vor jeder längeren Fahrt sowie bei hoher Zuladung eine Prüfung vorgenommen werden sollte.
- Reifenfülldruck nur bei kühlen Reifen prüfen. Der Reifenfülldruck steigt nämlich mit zunehmender Erhitzung bei schneller Fahrt an. Dennoch ist es völlig falsch, aus erhitzten Reifen Luft abzulassen.

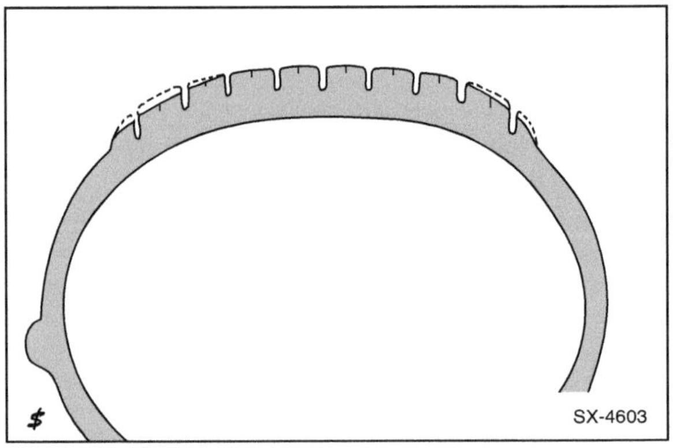
SX-4603

- An den Vorderrädern ist eine etwas größere Abnutzung der Reifenschultern gegenüber der Laufflächenmitte normal, wobei aufgrund der Straßenneigung die Abnutzung der zur Straßenmitte zeigenden Reifenschulter (linkes Rad: außen, rechtes Rad: innen) deutlicher ausgeprägt sein kann.
- Ungleichmäßiger Reifenverschleiß ist zumeist die Folge zu geringen oder zu hohen Reifenfülldrucks. Er kann auch auf Fehler in der Radeinstellung oder der Radauswuchtung sowie auf mangelhafte Stoßdämpfer oder Felgen zurückzuführen sein.
- Bei zu hohem Reifenfülldruck wird die Laufflächenmitte mehr abgenutzt, da der Reifen an der Lauffläche durch den hohen Innendruck mehr gewölbt ist.
- Bei zu niedrigem Reifenfülldruck liegt die Lauffläche an den Reifenschultern stärker auf, und die Laufflächenmitte wölbt sich nach innen durch. Dadurch ergibt sich ein stärkerer Reifenverschleiß der Reifenschultern.

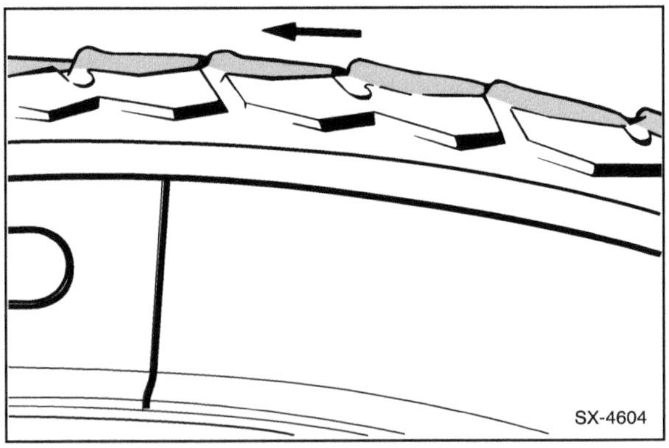
SX-4604

- Sägezahnförmige Abnutzung des Profils ist in der Regel auf eine Überbelastung des Fahrzeugs zurückzuführen.

Bremsanlage

Aus dem Inhalt:

- ABS/EBV/EDS/ASR/ESP
- Bremsscheibe prüfen
- Bremse entlüften
- Bremsbeläge wechseln
- Bremsscheibe wechseln
- Bremskraftverstärker
- Bremssattel ausbauen
- Bremsschlauch wechseln
- Bremslichtschalter

Das Arbeiten an der Bremsanlage erfordert peinliche Sauberkeit und exakte Arbeitsweise. Falls die nötige Arbeitserfahrung fehlt, sollten Reparaturarbeiten an der Bremsanlage von einer Fachwerkstatt durchgeführt werden.

Das Bremssystem besteht aus dem Hauptbremszylinder, dem Bremskraftverstärker und den **Scheibenbremsen** für die Vorderräder und die Hinterräder. Das hydraulische Bremssystem ist in zwei Kreise aufgeteilt, die diagonal wirken. Ein Bremskreis ist mit den Bremssätteln vorn rechts/hinten links verbunden, der zweite mit den Bremssätteln vorn links/hinten rechts. Dadurch kann bei Ausfall eines Bremskreises, zum Beispiel durch ein Leck, das Fahrzeug über den anderen Bremskreis zum Stehen gebracht werden. Der Druck für beide Bremskreise wird im Tandem-Hauptbremszylinder über das Bremspedal aufgebaut.

Der **Bremsflüssigkeitsbehälter** befindet sich im Motorraum unter der Wasserkastenabdeckung und über dem Hauptbremszylinder. Er versorgt das Bremssystem wie auch das hydraulische Kupplungssystem mit Bremsflüssigkeit.

Der **Bremskraftverstärker** speichert den von einer **Vakuumpumpe** erzeugten Unterdruck. Die Vakuumpumpe ist bei den 4-Zylinder-Motoren an der hinteren Stirnseite des Zylinderkopfs angeflanscht und wird durch die Nockenwelle angetrieben.

Der AUDI A4 ist mit einer **elektromechanischen Feststellbremse** (**EPB** = **E**lektrische **P**ark**b**remse) ausgestattet. Dazu befindet sich an den Bremssätteln der Hinterachse jeweils ein Motor, der die Bremskolben nach Betätigen des Feststellbremsschalters gegen die Bremsbeläge drückt.

Die **Bremsbeläge** sind Bestandteil der Allgemeinen Betriebserlaubnis (ABE), außerdem sind sie vom Werk auf das jeweilige Fahrzeugmodell abgestimmt. Es dürfen deshalb nur die vom Automobilhersteller beziehungsweise vom Kraftfahrtbundesamt (KBA) freigegebenen Bremsbeläge verwendet werden. Diese Bremsbeläge haben eine KBA-Freigabenummer.

Während des Fahrens auf regennassen Fahrbahnen werden beim AUDI A4 die Bremsbeläge in regelmäßigen Abständen kurz und mit geringem Druck automatisch an die Bremsscheiben angelegt, um diese vom Wasserfilm sowie von Rückständen zu befreien. Dadurch werden das Ansprechen der Bremse und die Bremswirkung verbessert.

Eingebrannter Schmutz auf den Bremsbelägen und zugesetzte Regennuten in den Bremsbelägen führen zur Riefenbildung auf den Bremsscheiben. Dadurch kann eine verminderte Bremswirkung eintreten.

Sicherheitshinweis
Beim Reinigen der Bremsanlage fällt Bremsstaub an, der zu gesundheitlichen Schäden führen kann. Bremsstaub nicht einatmen.

ABS/HBA/EBV/EDS/ASR/ESP

Grundsätzlich dürfen Arbeiten an den elektronisch gesteuerten Brems- und Fahrwerkskomponenten nur in der Fachwerkstatt ausgeführt werden.

ABS: Das **A**nti-**B**lockier-**S**ystem verhindert bei scharfem Abbremsen das Blockieren der Räder, dadurch bleibt das Fahrzeug lenkbar.

HBA: Der **h**ydraulische **B**rems**a**ssistent erkennt aufgrund der Geschwindigkeit und der Kraft mit der das Bremspedal heruntergedrückt wird, ob eine Notbremssituation gegeben ist. In diesem Fall erhöht der Bremsassistent innerhalb von Millisekunden automatisch den Bremsdruck über den vom Fahrer vorgegebenen Wert, bis die ABS-Regelung einsetzt. Dadurch wird der Bremsweg verkürzt.

EBV: Die **E**lektronische **B**remskraft**v**erteilung verteilt mittels ABS-Hydraulik die Bremskraft an die Hinterräder. Bei Geradeausfahrt wird die Hinterradbremse voll an der Bremsleistung beteiligt. Über die ABS-Drehzahlsensoren erkennt die EBV, ob das Fahrzeug geradeaus oder durch eine Kurve fährt. Bei Kurvenfahrt wird der Bremsdruck für die Hinterräder reduziert. Dadurch können die Hinterräder die maximale Seitenführungskraft aufbringen und ein Schleudern des Fahrzeugs beim Bremsen in der Kurve wird verhindert.

EDS: Die **E**lektronische **D**ifferenzial**s**perre bremst ein durchdrehendes Antriebsrad ab und lenkt dadurch das Antriebsdrehmoment auf das andere, greifende Rad um. Die EDS ist beim Anfahren und bis zu einer Geschwindigkeit von etwa 40 km/h voll wirksam. Danach lässt die EDS-Regelung allmählich nach. Die EDS ist ebenfalls bei Rückwärtsfahrt aktiv.

ASR: Die elektronische **A**ntriebs-**S**chlupf-**R**egelung verhindert beim Beschleunigen den Schlupf der zum Durchdrehen neigenden Räder. Dies wird durch das Abbremsen der Räder und die Reduzierung der Motorleistung erreicht. Die ESP/ASR-Warnleuchte im Kombiinstrument blinkt, wenn ein Rad die Schlupfgrenze erreicht hat. Die Antriebs-Schlupf-Regelung lässt sich über den ESP/ASR-Schalter in der Mittelkonsole abschalten, dann leuchtet die Warnleuchte im Kombiinstrument.

Hinweis: Bei Fahrbahnen mit Sand, Kies oder im Tiefschnee sowie bei Schneekettenbetrieb kann es von Vorteil sein, ASR abzuschalten, um mit höherem Antriebsschlupf und ohne elektronischen Motoreingriff fahren zu können.

ESP: Über die ABS-Funktionen hinaus verringert das **E**lektronische **S**tabilitäts-**P**rogramm das Schleuderrisiko des Fahrzeugs. Im ESP sind die Funktionen der Traktionskontrolle (EDS, ASR) integriert. In schnell durchfahrenen Kurven oder bei abrupten Ausweichmanövern erkennt ESP, ob das Fahrzeug auszubrechen droht. Über Sensoren erfasst ESP den Lenkwinkel und die Drehgeschwindigkeit des Fahrzeugs um die Hochachse. Unstabile Fahrzustände werden sofort erkannt. Durch das Abbremsen einzelner Räder und die Regulierung der Motorleistung wird das Fahrzeug bestmöglichst auf dem gewünschten Kurs gehalten.

Achtung: Damit ESP ohne Störungen funktionieren kann, müssen an allen 4 Rädern die gleichen Reifen montiert sein.

Ist die ESP-Regelung aktiv, wird dies durch Blinken der ESP/ASR-Warnleuchte im Kombiinstrument signalisiert. Die Fahrweise sollte dann den Straßenverhältnissen angepasst werden, sonst besteht Unfallgefahr.

Hinweise zum ABS/ESP/EDS

Eine Sicherheitsschaltung im elektronischen Steuergerät sorgt dafür, dass sich die Anlage bei einem **Defekt** (zum Beispiel Kabelbruch) oder bei zu niedriger Betriebsspannung (Batteriespannung unter 10 Volt) selbst abschaltet. Angezeigt wird dies durch das Aufleuchten der Kontrolllampen im Kombiinstrument. Die herkömmliche Bremsanlage bleibt dabei in Betrieb. Das Fahrzeug verhält sich dann beispielsweise beim Bremsen so, als ob keine ABS/ESP/EDS-Anlage eingebaut wäre.

Sicherheitshinweis
Wenn während der Fahrt die Kontrollleuchten für das ABS und für die Bremsanlage leuchten, können bei starkem Abbremsen die Hinterräder blockieren, da die Bremskraftverteilung ausgefallen ist.

Leuchten eine oder mehrere **Kontrolllampen** im Kombiinstrument während der Fahrt auf, folgende Punkte beachten:

- Fahrzeug kurz anhalten, Motor abstellen und wieder starten.
- Batteriespannung prüfen. Wenn die Spannung unter 10,5 Volt liegt, Batterie laden.

Achtung: Wenn die Kontrolllampen am Anfang einer Fahrt aufleuchten und nach einiger Zeit wieder erlöschen, deutet das darauf hin, dass die Batteriespannung zunächst zu gering war, bis sie sich während der Fahrt durch Ladung über den Generator wieder erhöht hat.

- Prüfen, ob die Batterieklemmen richtig festgezogen sind und einwandfreien Kontakt haben.
- Fahrzeug aufbocken, Räder abnehmen, elektrische Leitungen zu den Drehzahlfühlern auf äußere Beschädigungen (Scheuerstellen) prüfen. Weitere Prüfungen der ABS/ESP/EDS-Anlage sollten von einer Fachwerkstatt durchgeführt werden.

Achtung: Vor **Schweißarbeiten** mit einem elektrischen Schweißgerät muss der Stecker von der ABS-Steuereinheit im Motorraum abgezogen werden. Stecker nur bei ausgeschalteter Zündung abziehen. Bei **Lackierarbeiten** darf das Steuergerät kurzzeitig mit max. +95° C, langzeitig (max. 2 Std.) mit +85° C belastet werden.

Technische Daten Bremsanlage

Scheibenbremse		vorn					hinten	
Bremssattel-Bezeichnung		FN3 16"	FBC 16"	FBC 17"	Brembo [2]		CII-43 16"	CII-43 17"
Produktions-Nummer (Pr.-Nr.) [1]		1LT, 1LY	1LA, 1LB	S4+1LJ, 1LD, 1ZT	1LW	1LM	1KW, 2EH	S4+1KE, 1KP
Bremsbelagdicke (mit Rückenplatte und Dämpfungsblech) – neu	mm	20,3	20,3	20,3	–	–	17,5	17,5
Bremsbelagdicke (mit Rückenplatte und Dämpfungsblech) – Verschleißgrenze	mm	10	10	10	9,5	–	7	7
Bremsscheibendurchmesser	mm	314	320	345	380	365	300	330
Bremsscheibendicke – neu	mm	25	30	30	38	34	12 [4]	22
Bremsscheibendicke – Verschleißgrenze	mm	23	28	28	[3]	32	10 [4]	20

[1]) Die Produktions-Nummer (Pr.-Nr.) steht auf dem Fahrzeug-Datenträger unter Position 7 "Mehrausstattungen", siehe Abbildung A00-10313 auf Seite 12.

[2]) Arbeiten an der Brembo-Bremse werden in diesem Kapitel nicht beschrieben.

[3]) Das Verschleißmaß ist auf dem Bremsscheibentopf aufgeprägt.

[4]) Massive Bremsscheibe, alle anderen Bremsscheiben sind innenbelüftet.

Vorderradbremse FN3

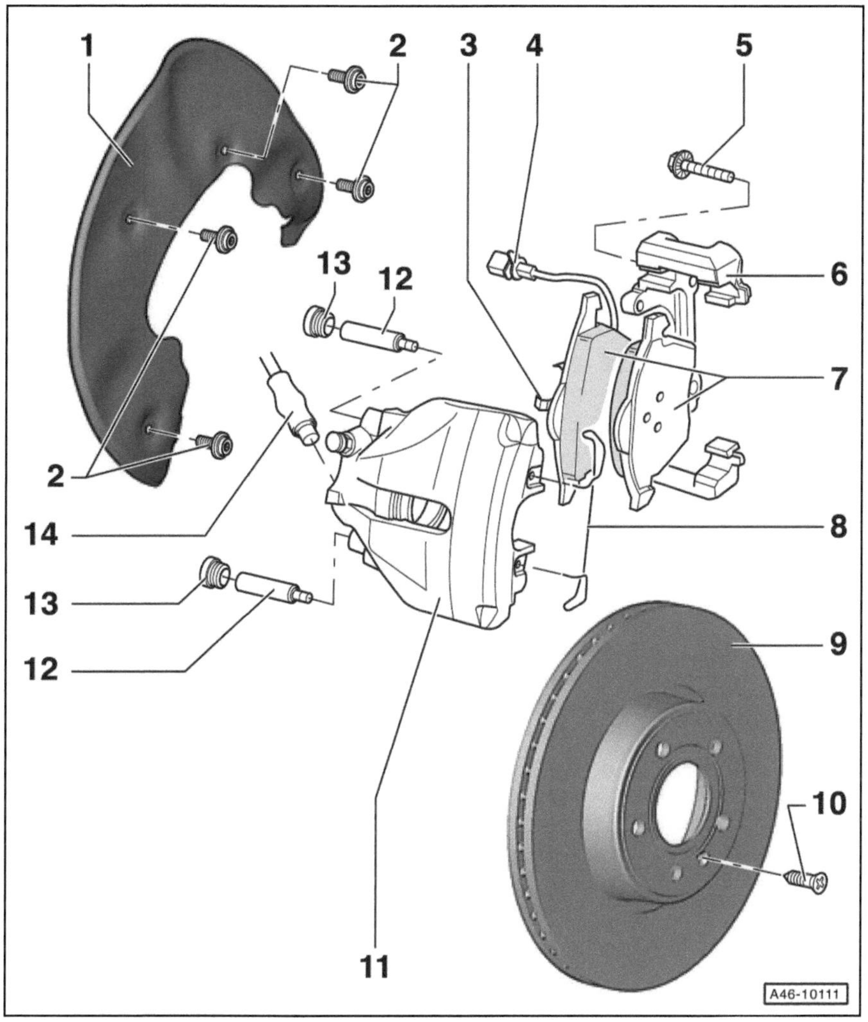

1 – **Bremsabschirmblech**

2 – **Schraube, 18 Nm**

3 – **Spreizfeder**
Muss im Bremskolben sitzen.

4 – **Steckverbindung**
Beim Belagwechsel aus dem Halter herausnehmen.

5 – **Schraube, 190 Nm**

6 – **Bremsträger**
Ist am Radlagergehäuse angeschraubt.

7 – **Bremsbeläge**
Grundsätzlich achsweise ersetzen.
Der Pfeil auf dem inneren Belag mit der Spreizfeder muss in Drehrichtung der Bremsscheibe bei Vorwärtsfahrt zeigen. Andernfalls treten im späteren Fahrbetrieb unerwünschte Geräusche auf.
Vor dem Einsetzen die Belagführungen mit Spezialfett G052142A2 fetten.
Eventuell vorhandene Klebefolienreste an den Anlageflächen der äußeren Bremsbeläge entfernen.
Klebeschutzfolie auf der Rückseite des äußeren Belages vor dem Einbau abziehen.

8 – **Haltefeder**
In beide Bohrungen des Bremssattels einsetzen und anschließend unter den Bremsträger drücken. Andernfalls stellt sich der äußere Bremsbelag nicht automatisch nach und der Bremspedalweg vergrößert sich.

9 – **Bremsscheibe**
Grundsätzlich achsweise ersetzen.
Zum Ausbau Bremssattel mit Bremsträger ausbauen.

10 – **Schraube, 5 Nm**

11 – **Bremssattel**
Zum Ersetzen der Bremsbeläge vom Bremsträger abschrauben.

12 – **Führungsbolzen, 30 Nm**

13 – **Abdeckkappe**

14 – **Bremsschlauch**
Beim Bremsbelagwechsel **nicht** abschrauben.
In den Bremssattel einschrauben.
Anzugsdrehmoment am Bremssattel: **12 Nm**.

Bremsbeläge vorn aus- und einbauen

FN3-Bremssattel

Ausbau

Achtung: Bremsbeläge sind Bestandteil der Allgemeinen Betriebserlaubnis (ABE) und vom Werk auf das jeweilige Modell abgestimmt. Es dürfen deshalb nur die vom Automobilhersteller freigegebenen Bremsbeläge verwendet werden.

Achtung: Sollen die Bremsbeläge wieder verwendet werden, müssen sie beim Ausbau gekennzeichnet werden. Ein Wechsel der Beläge von der Außen- zur Innenseite oder vom rechten zum linken Rad ist nicht zulässig.

Achtung: Grundsätzlich alle Scheibenbremsbeläge einer Achse gleichzeitig ersetzen, auch wenn nur ein Belag die Verschleißgrenze erreicht hat.

Sicherheitshinweis
Beim Aufbocken des Fahrzeugs besteht Unfallgefahr! Hinweise im Kapitel »Fahrzeug aufbocken« beachten.

Hinweis: Die Bezeichnungen im Text beziehen sich auf Abbildung A46-10111.

- Reifen-Laufrichtung mit Pfeil am Reifen markieren. Radschrauben lösen. Fahrzeug vorne aufbocken und Räder abnehmen. **Achtung:** Unbedingt Hinweise im Kapitel »Rad aus- und einbauen« beachten.
- Abdeckkappen –13– abnehmen.
- Am linken Bremssattel Steckerverbindung –4– für Bremsbelagverschleißanzeige trennen. Dazu Fixierlasche am Steckerunterteil mit kleinem Schraubedreher etwas anheben und gleichzeitig Steckverbindung um 90° (¼ Umdrehung) drehen.
- Steckverbindung aus dem Halter herausnehmen, mit kleinem Schraubendreher entriegeln und trennen.

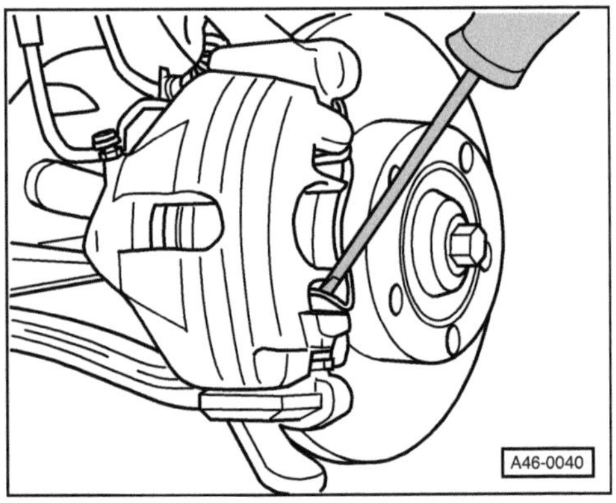

- Haltefeder für Bremsbeläge mit einem Schraubendreher aus dem Bremssattel heraushebeln. **Achtung:** Die Feder kann dabei unkontrolliert wegspringen. Deshalb Feder mit der Hand oder einem Lappen leicht abdecken, dabei Arbeitshandschuhe tragen.

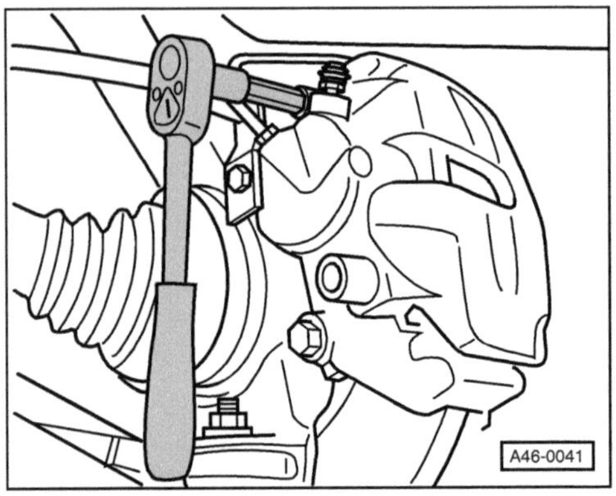

- Beide Führungsbolzen –12– aus dem Bremssattel herausschrauben.
- Bremssattel mit einem geeeigneten Draht am Fahrzeug aufhängen. **Achtung:** Dabei darf der Bremsschlauch nicht gedreht oder gedehnt werden.
- Bremsbelag aus dem Bremssattel herausnehmen beziehungsweise vom Bremsträger abnehmen.

Einbau

Achtung: Bei ausgebauten Bremsbelägen nicht auf das Bremspedal treten, sonst wird der Kolben aus dem Gehäuse herausgedrückt. In diesem Fall Bremssattel komplett ausbauen und Kolben in der Werkstatt einsetzen lassen.

- Vor Einbau der Beläge ist die Bremsscheibe durch Abtasten mit den Fingern auf Riefen zu untersuchen. Riefige Bremsscheiben können abgedreht werden (Werkstattarbeit), sofern sie noch eine ausreichende Dicke aufweisen. Grundsätzlich beide Bremsscheiben einer Achse auf gleiches Maß abdrehen lassen.
- Bremsscheibendicke messen, bei Erreichen der Verschleißgrenze Bremsscheibe ersetzen, siehe entsprechendes Kapitel.
- Anlageflächen sowie Belagführungsflächen mit einer Weichmetallbürste oder einer alten Zahnbürste reinigen. Anschließend mit einem Lappen und Spiritus reinigen.

Achtung: Zum Reinigen der Bremse **ausschließlich** Spiritus und keine scharfkantigen Werkzeuge verwenden. Staubmanschette nicht beschädigen. Besonders auf das Entfernen eventueller Klebefolienreste an den Anlageflächen der äußeren Bremsbeläge achten.

- Beide Bremssattel-Führungsbolzen säubern.
- Staubkappe für Bremskolben auf Anrisse prüfen. Eine beschädigte Staubkappe umgehend ersetzen lassen, da eingedrungener Schmutz schnell zu Undichtigkeiten des Bremssattels führt. Der Bremssattel muss hierzu zerlegt werden (Werkstattarbeit).

- Bei hohem Bremsbelagverschleiß Leichtgängigkeit des Kolbens prüfen. Dazu einen Holzklotz in den Bremssattel einsetzen und durch Helfer langsam auf das Bremspedal treten lassen. Der Bremskolben muss sich leicht heraus- und hineindrücken lassen. Zur Prüfung muss der andere Bremssattel eingebaut sein. Darauf achten, dass der Bremskolben nicht ganz herausgedrückt wird. Angerosteten Bremskolben nur mit Bremsflüssigkeit oder Spiritus reinigen. Bei schwergängigem Kolben Bremssattel in der Werkstatt reparieren lassen oder ersetzen.

Achtung: Beim Zurückdrücken des Kolbens wird Bremsflüssigkeit aus dem Bremszylinder in den Bremsflüssigkeitsbehälter gedrückt; daher Deckel des Bremsflüssigkeitsbehälters abschrauben. Flüssigkeit im Behälter beobachten, eventuell Bremsflüssigkeit mit einem Saugheber absaugen.

Sicherheitshinweis
Zum Absaugen eine Entlüfter- oder Plastikflasche verwenden, die nur mit Bremsflüssigkeit in Berührung kommt. Keine Trinkflaschen verwenden! **Bremsflüssigkeit ist giftig und darf auf gar keinen Fall mit dem Mund über einen Schlauch abgesaugt werden. Saugheber verwenden.** Auch nach dem Belagwechsel darf die MAX-Marke am Bremsflüssigkeitsbehälter nicht überschritten werden, da sich die Flüssigkeit bei Erwärmung ausdehnt. Ausgelaufene Bremsflüssigkeit läuft am Hauptbremszylinder herunter, zerstört den Lack und führt zur Rostbildung.

- Deckel des Bremsflüssigkeitsbehälters aufschrauben.

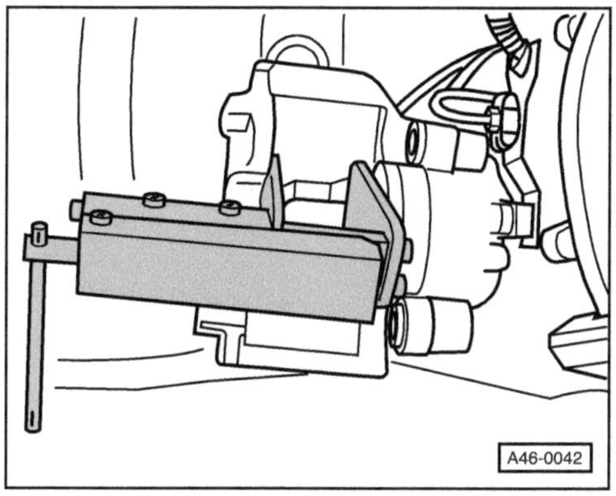

- Bremskolben mit Rücksetzwerkzeug, zum Beispiel HAZET 4971-1 oder einem Hartholzstab, zurückdrücken. **Hinweis:** Gegebenenfalls alten Bremsbelag als Auflagefläche zwischenlegen und zwar vor den Bremskolben.

Achtung: Kolben nicht verkanten. Kolbenfläche und Staubkappe nicht beschädigen.

- Vor dem Einsetzen neuer Bremsbeläge Bremse gründlich reinigen und mit Polyharnstoff-Fett, zum Beispiel VW/AUDI-G052142A2, dünn auf die Belagführungsflächen auftragen. **Hinweis:** Das Fett liegt dem Reparatursatz bei.

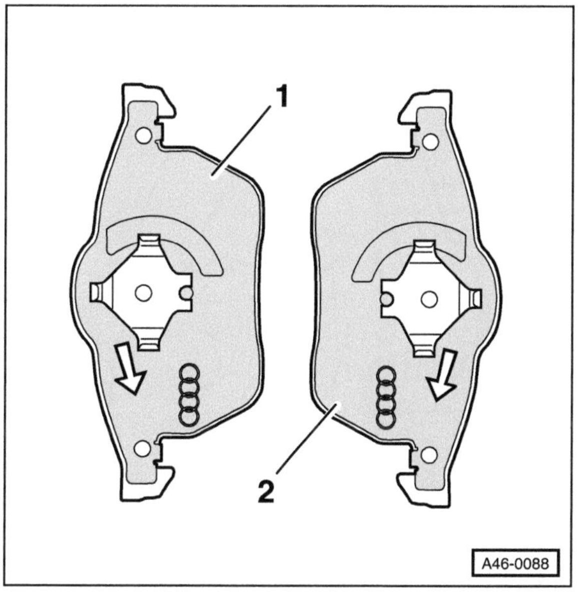

1 – innerer Bremsbelag am rechten Vorderrad;
2 – innerer Bremsbelag am linken Vorderrad.

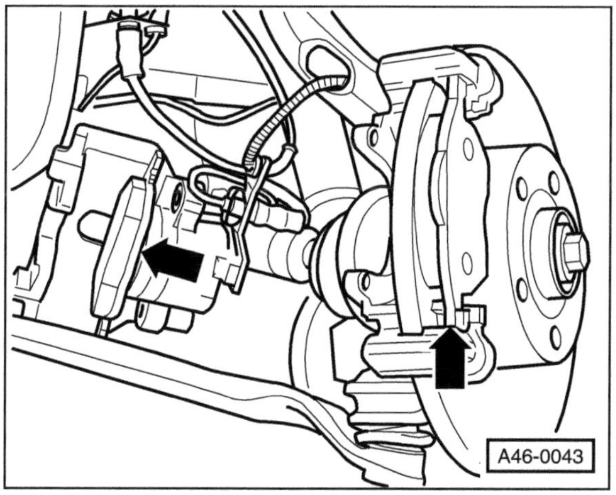

- Inneren Bremsbelag mit Haltefeder in den Bremskolben einsetzen.

Achtung: Der innere Bremsbelag (mit Spreizfeder) ist mit einem Pfeil versehen, siehe Abbildung A46-0088. Der Pfeil muss in die Drehrichtung der Bremsscheibe bei Vorwärtsfahrt zeigen. Bei Falschmontage (auf der anderen Fahrzeugseite) kann es zu Geräuschen kommen.

- Äußeren Bremsbelag am Bremsträger einsetzen.

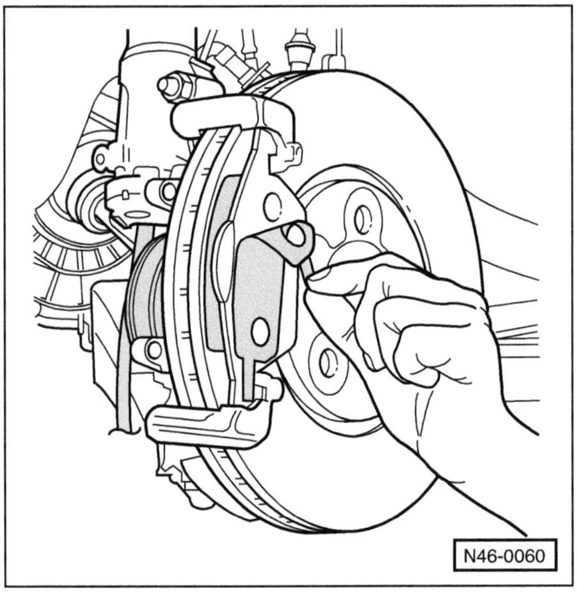

- Falls vorhanden, Schutzfolie von der Rückenplatte des äußeren Bremsbelags abziehen.
- Bremssattel am Bremsträger aufsetzen, dabei darauf achten, dass der äußere Bremsbelag nicht zu früh mit dem Bremssattel verklebt.
- Beide Führungsbolzen für Bremssattel am Bremsträger einschrauben und mit **30 Nm** festziehen.

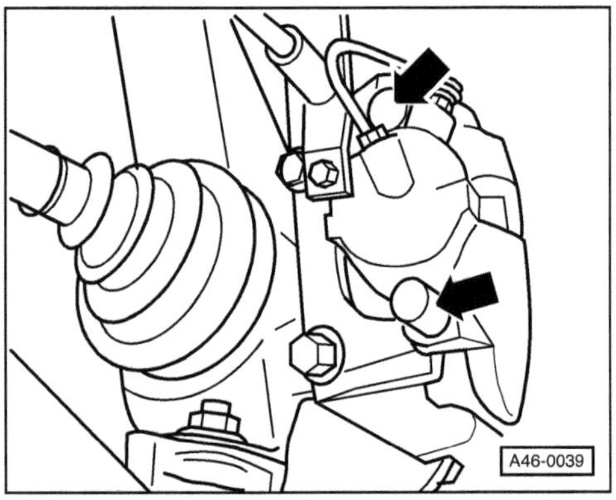

- Beide Abdeckkappen –Pfeile– einsetzen.
- Haltefeder in den Bremssattel einsetzen.

Achtung: Nach dem Einsetzen in die beiden Bohrungen muss die Haltefeder hinter den Bremsträger gedrückt werden. Bei fehlerhafter Montage stellt sich trotz Verschleiß der äußere Bremsbelag nicht nach, so dass sich der Pedalweg vergrößert.

- Stecker für Bremsbelag-Verschleißanzeige verbinden. Steckverbindung in den Halter einsetzen, um 90° (¼ Umdrehung) verdrehen und dadurch sichern.
- Reifen-Laufrichtung beachten, Räder anschrauben, Fahrzeug ablassen, erst dann Radschrauben über Kreuz mit **120 Nm** festziehen. **Achtung:** Unbedingt Hinweise im Kapitel »Rad aus- und einbauen« beachten.

Achtung: Bremspedal im Stand mehrmals kräftig niedertreten, bis fester Widerstand spürbar ist. Dadurch legen sich die Bremsbeläge an die Bremsscheiben an und nehmen einen dem Betriebszustand entsprechenden Sitz ein.

- Bremsflüssigkeit im Bremsflüssigkeitsbehälter prüfen, gegebenenfalls bis zur MAX-Marke auffüllen. Deckel des Behälters anschrauben.
- Neue Bremsbeläge vorsichtig einbremsen, dazu Fahrzeug mehrmals von ca. 80 km/h auf 40 km/h mit geringem Pedaldruck abbremsen. Dazwischen Bremse etwas abkühlen lassen.

Achtung: Nach dem Einbau neuer Bremsbeläge müssen diese eingebremst werden. Während einer Fahrtstrecke von rund 200 km sollten unnötige Vollbremsungen unterbleiben.

Hinweis: Bremsbeläge müssen in einigen Kommunen als Sondermüll entsorgt werden. Die örtlichen Behörden geben darüber Auskunft, ob auch eine Entsorgung über den hausmüllähnlichen Gewerbemüll zulässig ist.

Achtung, Sicherheitskontrolle durchführen:

- ◆ Sind die Bremsschläuche festgezogen?
- ◆ Befindet sich der Bremsschlauch in der Halterung?
- ◆ Sind die Entlüftungsschrauben angezogen?
- ◆ Ist genügend Bremsflüssigkeit eingefüllt?
- ◆ Bei laufendem Motor Dichtheitskontrolle durchführen. Hierzu Bremspedal mit 200 bis 300 N (entspricht 20 bis 30 kg) etwa 10 Sekunden betätigen. Das Bremspedal darf nicht nachgeben. Sämtliche Anschlüsse auf Dichtheit kontrollieren.
- ◆ Anschließend einige Sicherheitsbremsungen auf einer Straße ohne Verkehr durchführen.

Vorderradbremse FBC

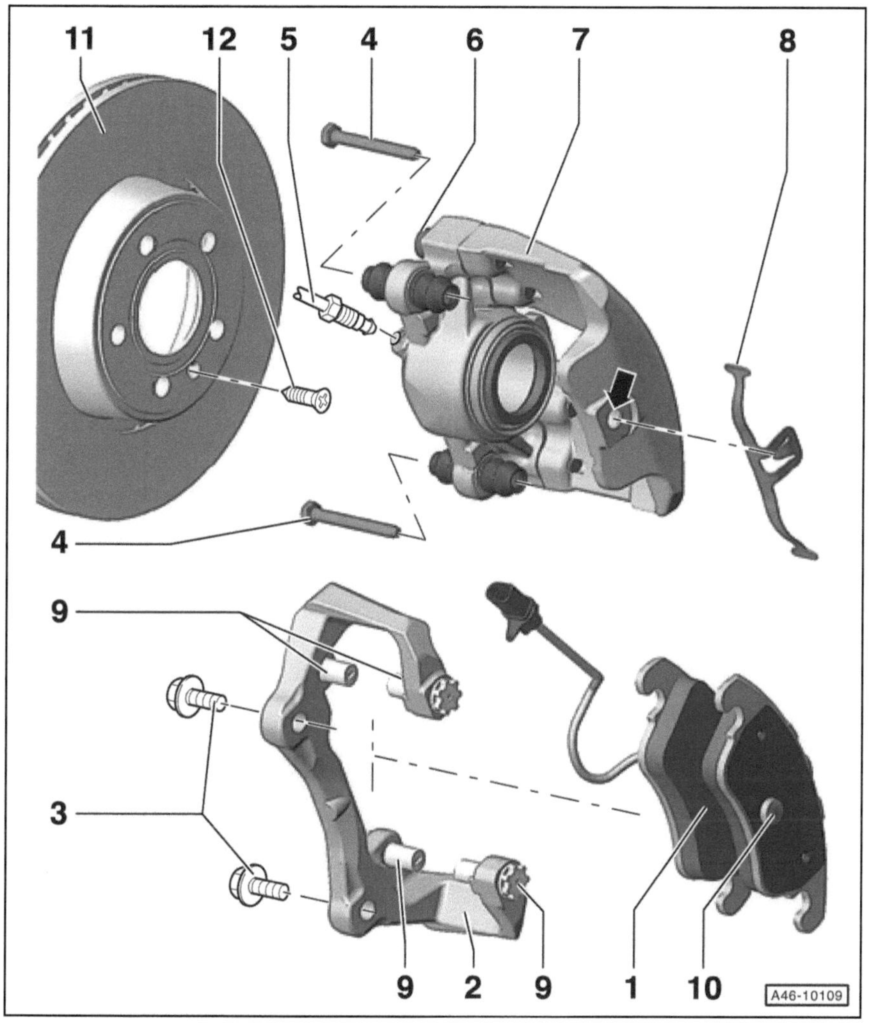

1 – Bremsbeläge
In der Abbildung sind die vorderen linken Bremsbeläge mit dem Kabel für Bremsbelag-Verschleißanzeige dargestellt.
Bremsbeläge grundsätzlich achsweise ersetzen.
Vor dem Einsetzen der Beläge die Belagführungsflächen reinigen und mit einem Fettfilm von Polyharnstoff-Fett G052142A2 versehen.

2 – Bremsträger
An Radlagergehäuse angeschraubt.
Die Haltebolzen -9- für die Bremsbeläge am Bremsträger dürfen auf keinen Fall gelöst werden.

3 – Schraube, 196 Nm
Bremsträger an Radlagergehäuse anschrauben.
Schrauben grundsätzlich erneuern.

4 – Schraube, 30 Nm
Bremssattel an Bremsträger anschrauben.

5 – Bremsleitungsanschluss, 20 Nm
Am Bremssattel.

6 – Schraube
Achtung: Diese 4 Schrauben dürfen auf keinen Fall gelöst werden.

7 – Bremssattel
Zum Ersetzen der Bremsbeläge vom Bremsträger abschrauben und mit Draht am Aufbau befestigen. Dabei darauf achten, dass der Bremsschlauch nicht verdreht oder auf Zug beansprucht wird.
Der Bremssattel darf nicht zerlegt werden. Nur Führungsbolzen und Bremskolben dürfen ersetzt werden.

8 – Federklammer
Vor Ausbau der Bremsbeläge entfernen.

9 – Haltebolzen für Bremsbeläge
Achtung: Auf keinen Fall lösen.

10 – Fixierung
Für Bremsbelag im Bremssattel.

11 – Bremsscheibe
Grundsätzlich achsweise ersetzen.
Anlagefläche zwischen Bremsscheibe und Radnabe dünn mit Polyharnstoff-Fett G052142A2 bestreichen.

12 – Schraube, 5 Nm
Für Befestigung der Bremsscheibe.

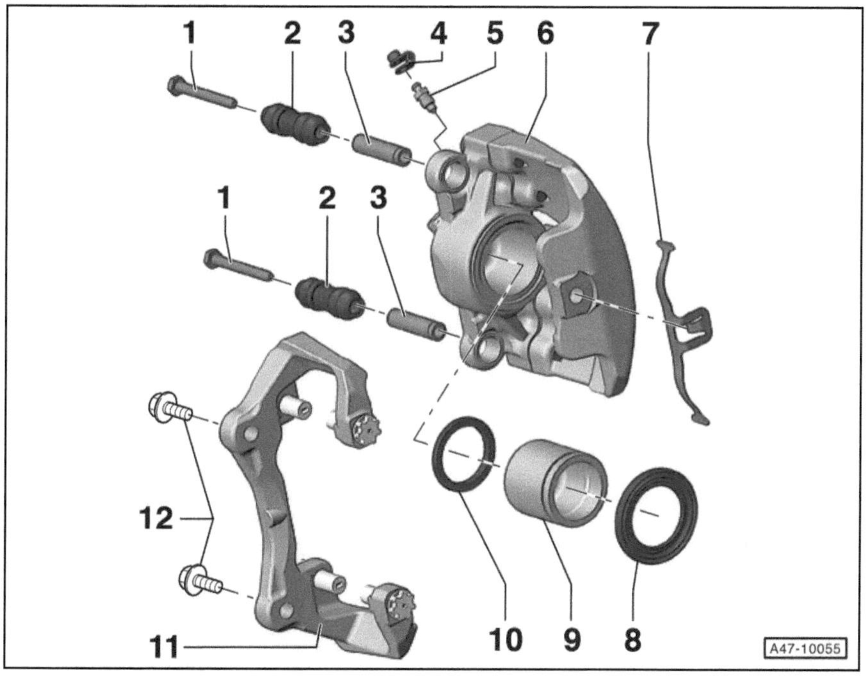

1 – Schraube, 30 Nm

2 – Manschette

3 – Führungsbolzen
Durch Manschette schieben

4 – Schutzkappe

5 – Entlüfterventil, 15 Nm

6 – Bremssattel

7 – Haltefeder

8 – Manschette

9 – Bremskolben

10 – Dichtring

11 – Bremsträger

12 – Schraube, 196 Nm

Bremsbeläge vorn aus- und einbauen

FBC-Bremssattel

Achtung: Es gibt bei der Vorderradbremse unterschiedliche Bremssattel-Ausführungen. Deshalb zuerst anhand der Abbildungen oder der Pr-Nr. auf dem Fahrzeug-Datenträger klären, welche Ausführung im eigenen Fahrzeug eingebaut ist, siehe auch Tabelle auf Seite 174.

Hinweis: In diesem Kapitel werden nur die Unterschiede zum FN3-Bremssattel behandelt. Sämtliche Sicherheitshinweise gelten auch hier.

Ausbau

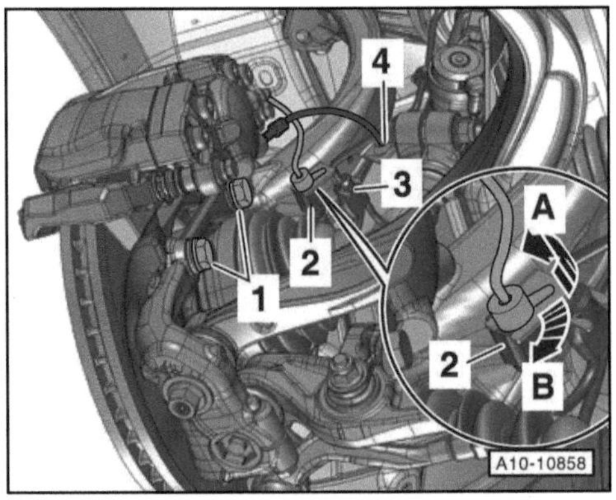

- Bremsschlauch am Halter –4– freilegen. Dazu Elektrische Leitung aus dem Halter –2– nach links entriegeln –A– und herausnehmen. 1 – Befestigungsschrauben für Bremsträger, 3 – Steckverbindung für Bremsbelag-Verschleißanzeige.

Hinweis: Die Bezeichungen im folgenden Text beziehen sich auf Abbildung A46-10109.

- Haltefeder –8– in der Mitte überdrücken und dadurch aus dem Bremssattel lösen. **Achtung:** Dabei die andere Hand schützend darüber halten, damit die Haltefeder nicht unkontrolliert wegspringen kann. Haltefeder vorsichtig abnehmen und dabei darauf achten, dass der Bremssattel nicht verkratzt wird oder die Lackierung abspringt.
- Stecker für Bremsbelag-Verschleißanzeige am vorderen linken Bremssattel trennen.
- Schrauben –4– für die beiden Führungsbolzen herausschrauben.

Achtung: Die Schrauben –6– und –9– dürfen auf keinen Fall gelöst werden.

- Beide Führungsbolzen etwas aus dem Bremssattel ziehen, um das Abnehmen des Bremssattels zu erleichtern.
- Bremssattel abnehmen und mit Bindedraht am Aufbau aufhängen.
- Bremsbelag aus dem Bremssattel herausnehmen beziehungsweise vom Bremsträger abnehmen.

Einbau

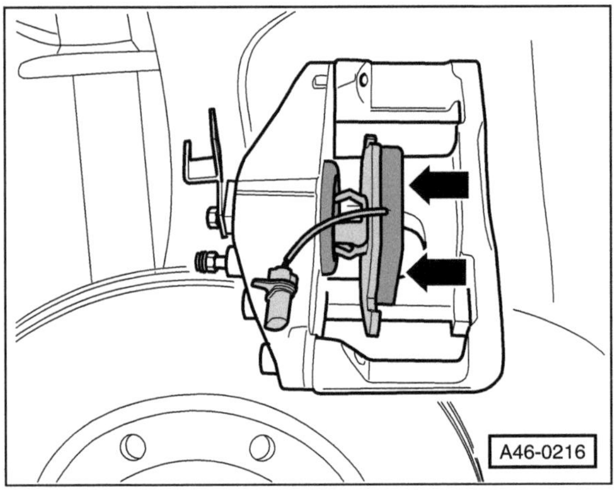

- Bremsbelag mit Haltefeder und Verschleißanzeige in den Bremssattel (Kolben) einsetzen.

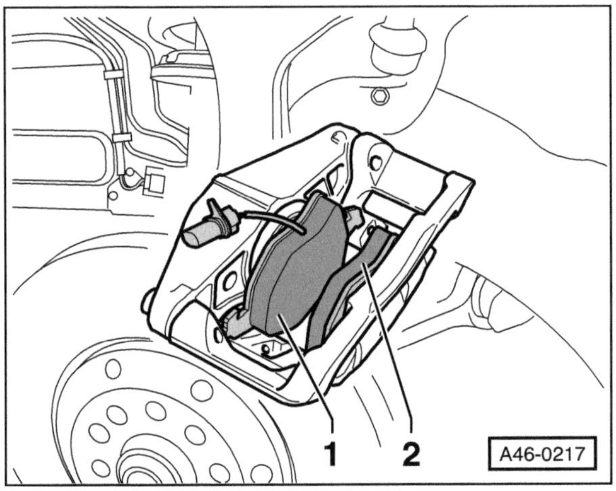

- Äußeren Bremsbelag –2– in den Bremssattel einsetzen. Dabei darauf achten, dass die Aufnahme –10– am äußeren Bremsbelag (Abbildung A46-10109) fest in der Bohrung am Bremssattel sitzen muss. 1 – Innerer Bremsbelag.

Achtung: Beide Bremsbeläge müssen unter den Haltebolzen im Bremssattel sitzen. Der Bremssattel hat links und rechts jeweils zwei Haltebolzen, die nicht gelöst werden dürfen.

- Bremssattel mit den Bremsbelägen vorsichtig über die Bremsscheibe schieben.

- Bremssattel mit den beiden Führungsbolzen und **30 Nm** am Bremsträger anschrauben. Darauf achten, dass der Bremsschlauch nicht verdrillt wird.
- Haltefeder –8– am äußeren Bremsbelag ansetzen, in der Mitte überdrücken und mit der Lasche in die Bohrung –Pfeil– am Bremssattel einsetzen, siehe Abbildung A46-10109. Darauf achten, dass die Lasche der Haltefeder richtig in der Bohrung am Bremssattel sitzt, sonst kann die Feder abspringen und der Bremsbelag wird nicht mehr gehalten.

Achtung: Die Haltefeder steht unter starker Spannung. Bei der Montage die andere Hand schützend darüber halten, damit die Feder nicht unkontrolliert wegspringen kann. Darauf achten, dass beim Einsetzen der Feder der Bremssattel nicht verkratzt wird oder, falls vorhanden, die Lackierung am Bremssattel abspringt.

- Stecker für Verschleißanzeige einrasten. Leitung in den Halter einsetzen, nach rechts drehen –Pfeil B– und verriegeln, siehe Abbildung A10-10858.
- Bremsschlauch in den Halter einsetzen.

Hinterradbremse CII-43

Mit automatischer Nachstellung und elektrischer Feststellbremse.

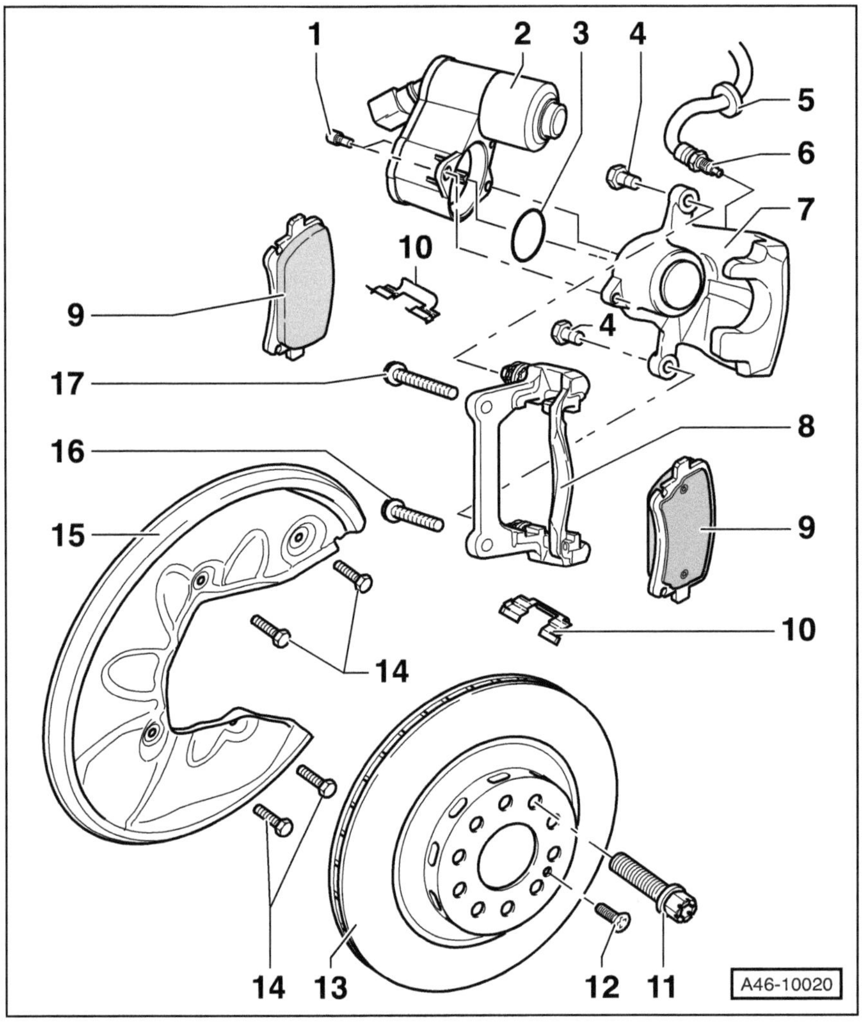

1 – Schraube, 12 Nm
Selbstsichernd, daher grundsätzlich ersetzen.

2 – Stellmotor
Für elektrische Feststellbremse.

3 – Dichtring
Grundsätzlich ersetzen.

4 – Schraube, 35 Nm
Selbstsichernd, daher grundsätzlich ersetzen.
Zum Lösen und Festziehen am Führungsbolzen gegenhalten.

5 – Abstandshalter

6 – Bremsschlauch, 12 Nm
Am Bremssattel angeschraubt.
Auf einwandfreien Sitz der Rastnasen im Halter achten.

7 – Bremssattel
Zum Bremsbelagwechsel nicht abschrauben.
Zum Ausbau der Bremsscheibe zusammen mit dem Bremsträger ausbauen.

8 – Bremsträger
Mit Führungsbolzen und Schutzkappe.
Wird als Ersatzteil bereits zusammengebaut und mit ausreichender Fettmenge an den Führungbolzen geliefert.
Bei Beschädigungen an den Schutzkappen oder Führungsbolzen kompletten Reparatursatz mit beiliegendem Fettkissen verwenden.

9 – Bremsbeläge
Grundsätzlich achsweise ersetzen.

10 – Belaghalteblech
Bei Bremsbelagwechsel immer ersetzen.

11 – Radschrauben, 120 Nm

12 – Schraube, 5 Nm

13 – Bremsscheibe
Grundsätzlich achsweise ersetzen.

14 – Sechskantschrauben, 10 Nm

15 – Bremsenabschirmblech

16 – Schraube, 100 Nm + 90°
Grundsätzlich ersetzen.
Zum Festziehen wird eine handelsübliche Verlängerung benötigt.

17 – Schrauben, 100 Nm + 90°
Grundsätzlich ersetzen.
Zum Festziehen wird keine Verlängerung benötigt. Es muss nur der Innenkotflügel leicht weggedrückt werden.

Hinweis: Falls abgezogen, elektrische Steckverbindung erst nach Anziehen der Schrauben –16– und –17– aufstecken.

Bremsbeläge hinten aus- und einbauen

Der AUDI A4 ist mit einer **elektromechanischen Feststellbremse** ausgestattet. Bei dieser Bremse werden die Bremskräfte durch Elektromotoren erzeugt. Dazu ist an den hinteren Bremssätteln jeweils ein Motor angebaut, der die Bremskolben vor- und zurückfährt.

Achtung: Für den Ausbau der Bremsbeläge schreibt AUDI vor, die Bremskolben mit den Feststellmotoren zurückzufahren. Dazu wird ein Diagnosegerät benötigt.

Es ist ebenso möglich, den Feststellmotor für den jeweiligen Bremssattel auszubauen und den Bremskolben mechanisch zurückzufahren, siehe entsprechendes Kapitel. Nach dem Einbau des Feststellmotors muss mit dem Diagnosegerät eine Grundeinstellung der Bremsanlage vorgenommen werden.

Ausbau

Hinweis: In diesem Kapitel werden nur die Unterschiede zum FN3-Bremssattel der Vorderradbremse beschrieben. Sämtliche Sicherheitshinweise gelten auch hier.

Achtung: Bremsbeläge sind Bestandteil der Allgemeinen Betriebserlaubnis (ABE) und vom Werk auf das jeweilige Modell abgestimmt. Deshalb dürfen nur die vom Automobilhersteller freigegebenen Bremsbeläge verwendet werden.

Achtung: Sollen die Bremsbeläge wieder verwendet werden, müssen sie beim Ausbau gekennzeichnet werden. Ein Wechsel der Beläge von der Außen- zur Innenseite und umgekehrt oder auch vom rechten zum linken Rad ist nicht zulässig. **Grundsätzlich alle Scheibenbremsbeläge an einer Achse gleichzeitig ersetzen, auch wenn nur ein Belag die Verschleißgrenze erreicht hat.**

- Feststellbremse lösen.
- Reifen-Laufrichtung mit Pfeil am Reifen markieren. Radschrauben lösen. Fahrzeug hinten aufbocken und Räder abnehmen. **Achtung:** Unbedingt Hinweise im Kapitel »Rad aus- und einbauen« beachten.

Sicherheitshinweis
Beim Aufbocken des Fahrzeugs besteht Unfallgefahr! Hinweise im Kapitel »Fahrzeug aufbocken« beachten.

Hinweis: Stecker an den Feststellmotoren **nicht** abziehen.

- Diagnosegerät am Diagnosestecker in der oberen Abdeckung im Fahrerfußraum anschließen.
- Bremskolben der Feststellbremse an den hinteren Bremsen zurückfahren. Dazu Diagnosegerät einschalten und Funktion zum Vor- und Zurückstellen der Bremskolben wählen.

Hinweis: Falls das Diagnosegerät nicht zur Verfügung steht, Feststellmotor ausbauen und Feststellbremskolben mit einem Torx-Steckeinsatz manuell zurückfahren, siehe entsprechendes Kapitel.

- Wenn die Feststellbremse mit dem Diagnosegerät zurückgestellt wurde, elektrische Steckverbindung für Feststellbremse trennen.
- Bremsschlauch aus dem Halter am Radträger ausclipsen.

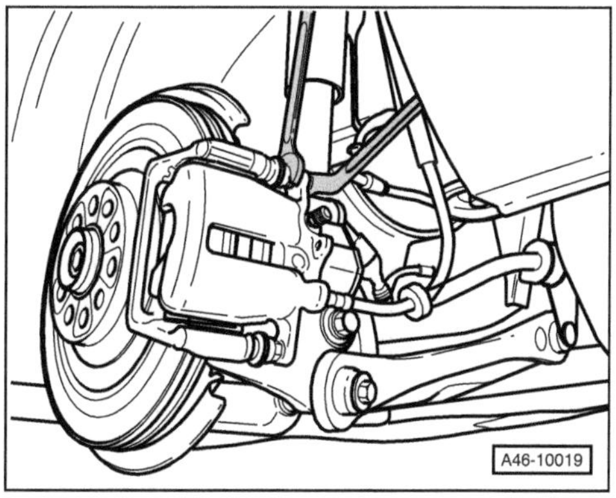

- Befestigungsschrauben für Bremssattel oben und unten herausdrehen, dabei am Führungsbolzen gegenhalten.
- Bremssattel vom Bremsträger abnehmen und bei angeschlossenem Bremsschlauch mit Draht oder Kabelbinder am Aufbau aufhängen. **Achtung:** Bremssattel nicht einfach nach unten hängen lassen; der Bremsschlauch darf nicht auf Zug beansprucht oder verdreht werden.

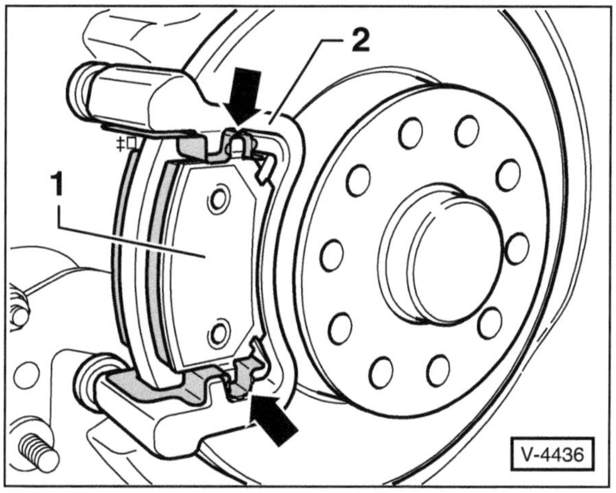

- Bremsbeläge –1– mit Belaghaltefedern –Pfeile– aus dem Bremsträger –2– herausnehmen.

Einbau

Achtung: Bei ausgebauten Bremsbelägen nicht auf das Bremspedal treten, sonst wird der Kolben aus dem Gehäuse herausgedrückt.

- Bremsscheibe auf Schäden und Verschleiß untersuchen. Bremssattel **ausschließlich** mit Spiritus reinigen. **Achtung:** Keine scharfkantigen Werkzeuge oder eine **Drahtbürste** verwenden. Siehe Anweisungen und Hinweise im Kapitel für die Vorderradbremse, Seite 176.

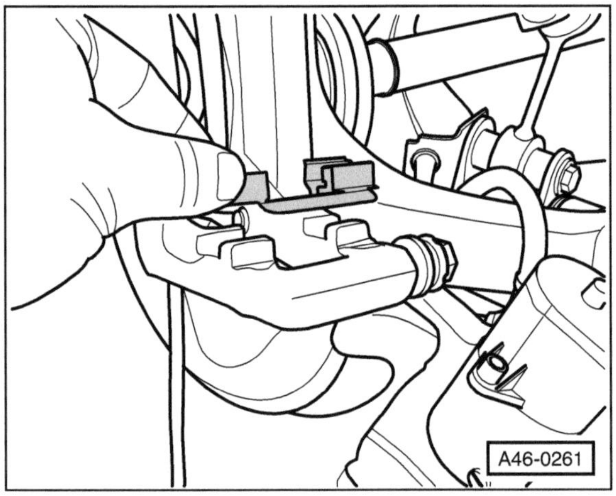

A46-0261

- Neue Belaghaltefedern einsetzen.
- Falls vorhanden, Schutzfolien von den Rückenplatten der Bremsbeläge abziehen.

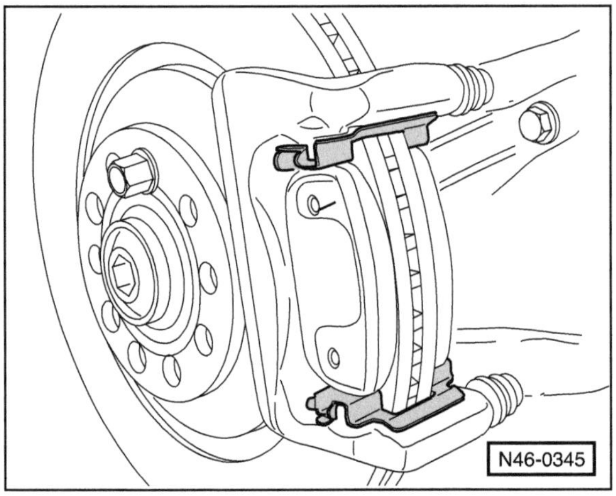

N46-0345

- Neue Bremsbeläge einsetzen. Dabei darauf achten, dass die Bremsbeläge in den Belaghalteblechen sitzen, siehe auch Abbildung V-4436. Die Bremsbeläge müssen zwischen den beiden Fixierlaschen der Belaghaltebleche sitzen, um das Lüftspiel zwischen Bremsscheibe und Bremsbelag zu unterstützen.
- Bremssattel mit **neuen, selbstsichernden** Schrauben und **35 Nm** festschrauben, dabei am Führungsbolzen gegenhalten. **Achtung: Im Reparatursatz sind selbstsichernde Schrauben enthalten, die in jedem Fall zu verwenden sind.**
- Steckverbindung für die Feststellbremse anschließen. **Achtung:** Steckverbindung erst nach dem Festziehen der Bremssattel-Schrauben aufstecken.
- Bremsschlauch in den Halter am Radträger einclipsen. Sicherstellen, dass der Bremsschlauch nicht von selbst wieder aus dem Halter herausspringen kann.
- Reifen-Laufrichtung beachten, Räder anschrauben. Fahrzeug ablassen, erst dann Radschrauben über Kreuz mit **120 Nm** festziehen. **Achtung:** Unbedingt Hinweise im Kapitel »Rad aus- und einbauen« beachten.
- Bremsflüssigkeit im Bremsflüssigkeitsbehälter prüfen, gegebenenfalls bis zur MAX-Marke auffüllen.
- Bremskolben der Feststellbremse vorfahren. Dazu am Diagnosegerät Funktion zum Vor- und Zurückstellen der Bremskolben wählen.
- Am Diagnosegerät Grundeinstellung der Bremsanlage durchführen. Dabei wird der Bremskolben auf die exakte Nullstellung gefahren und das vorgeschriebene Lüftspiel zwischen Bremsbelägen und Bremsscheibe eingestellt.
- Bremspedal im Stand mehrmals kräftig niedertreten, bis fester Widerstand spürbar ist. Dadurch legen sich die Bremsbeläge an die Bremsscheiben an.
- Neue Bremsbeläge vorsichtig einbremsen, dazu Fahrzeug mehrmals von ca. 80 km/h auf 40 km/h mit geringem Pedaldruck abbremsen. Dazwischen Bremse etwas abkühlen lassen.

Achtung: Nach dem Einbau neuer Bremsbeläge müssen diese eingebremst werden. Während einer Fahrtstrecke von rund 200 km sollten unnötige Vollbremsungen unterbleiben.

Hinweis: Bremsbeläge müssen in einigen Kommunen als Sondermüll entsorgt werden. Die örtlichen Behörden geben darüber Auskunft, ob auch eine Entsorgung über den hausmüllähnlichen Gewerbemüll zulässig ist.

Achtung, Sicherheitskontrolle durchführen:

- Sind die Bremsschläuche festgezogen?
- Befindet sich der Bremsschlauch in der Halterung?
- Sind die Entlüftungsschrauben angezogen?
- Ist genügend Bremsflüssigkeit eingefüllt?
- Bei laufendem Motor Dichtheitskontrolle durchführen. Hierzu Bremspedal mit 200 bis 300 N (entspricht 20 bis 30 kg) etwa 10 Sekunden betätigen. Das Bremspedal darf nicht nachgeben. Sämtliche Anschlüsse auf Dichtheit kontrollieren.
- Anschließend einige Sicherheitsbremsungen auf einer Straße ohne Verkehr durchführen.

Feststellmotor am Bremssattel hinten aus- und einbauen

Achtung: Nach dem Einbau des Feststellmotors muss dieser über ein Diagnosegerät justiert werden.

Ausbau

- Sicherstellen, dass die Feststellbremse gelöst ist.
- Zündung ausschalten und mindestens 30 Sekunden warten.

Sicherheitshinweis
Beim Aufbocken des Fahrzeugs besteht Unfallgefahr! Hinweise im Kapitel »Fahrzeug aufbocken« beachten.

- Fahrzeug hinten aufbocken.
- Einbaubereich von Stellmotor an Bremssattel und Steckverbindung reinigen.

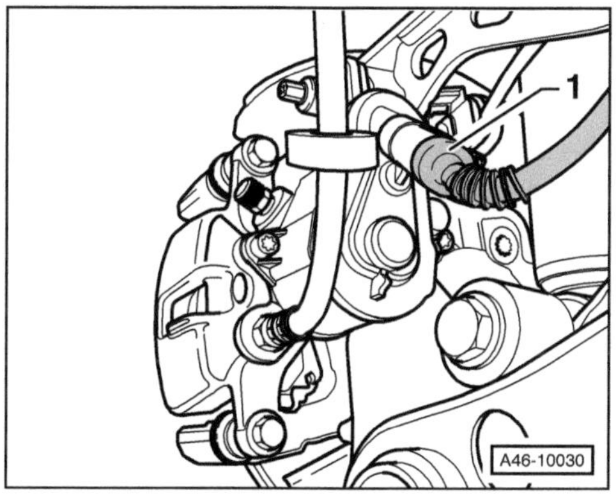

- Stecker –1– abziehen.

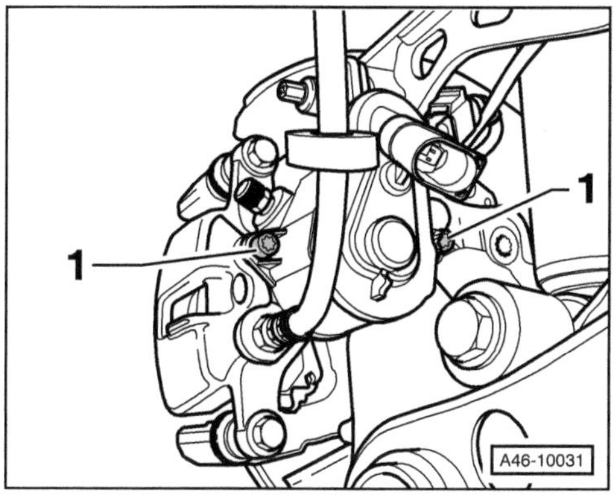

- Schrauben –1– für Stellmotor herausdrehen.

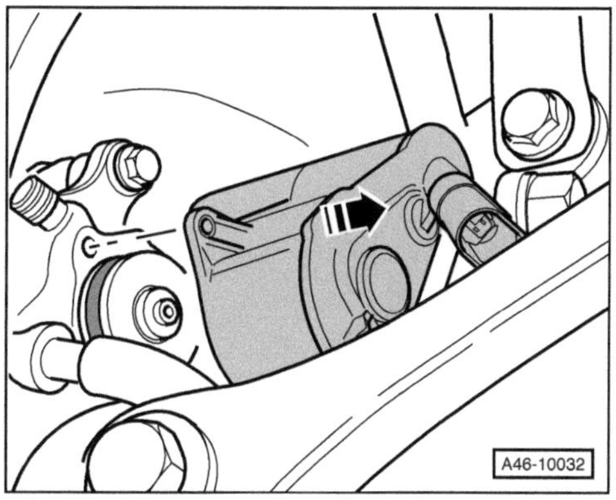

- Stellmotor in Pfeilrichtung abnehmen.

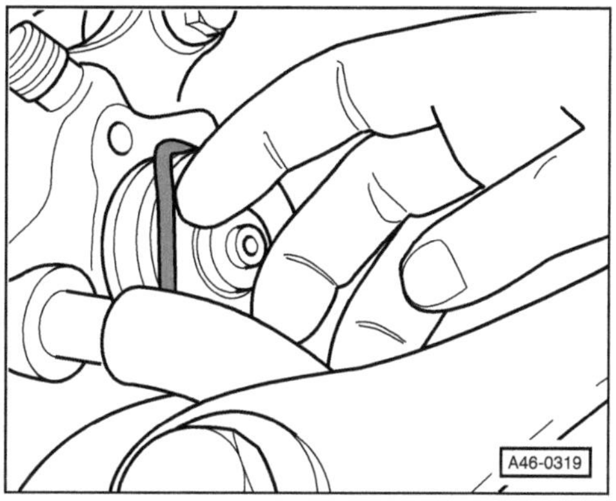

- Dichtring mit einem geeigneten Werkzeug herausnehmen. Dabei darauf achten, dass die Ringnut des Dichtrings und die Anlagefläche des Stellmotors nicht beschädigt werden. **Achtung:** Keine scharfkantigen Werkzeuge verwenden.
- Ringnut und Anlageflächen bei Verschmutzungen mit Bremsenreiniger reinigen.

Einbau

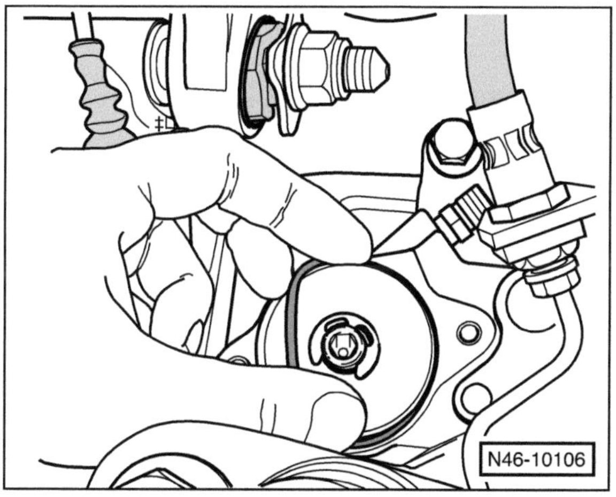

- **Neuen** Dichtring in die Nut einlegen.

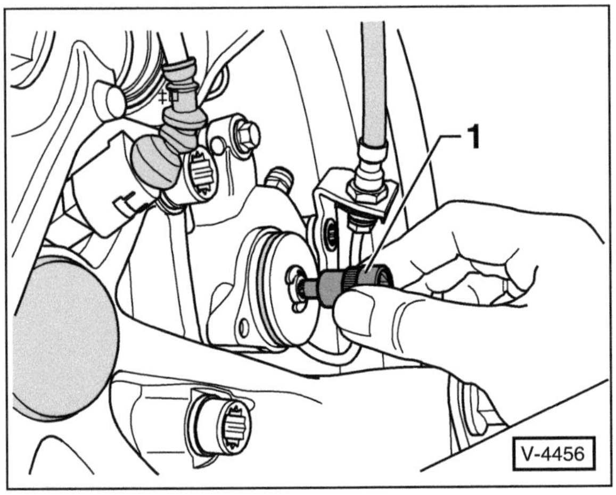

- Mit Torx-Steckeinsatz T45 –1– Spindel des Feststellbremskolbens etwas zurückdrehen, bis der Feststellmotor angesetzt werden kann. Dabei auf korrekten Sitz des Dichtrings achten.

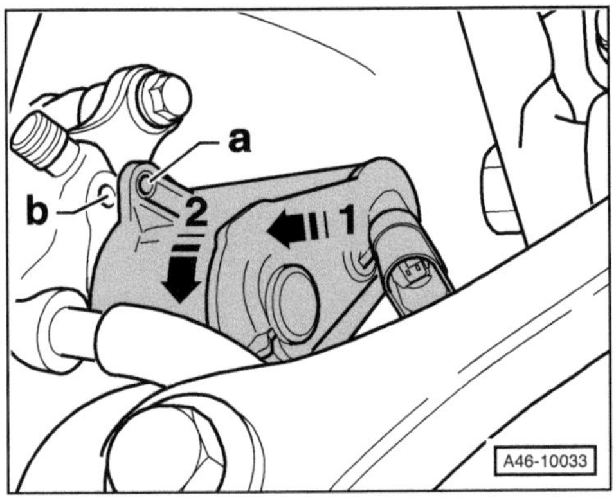

- Stellmotor ansetzen und so in Pfeilrichtung –2– verdrehen, dass das Schraubenloch –a– und das Gewinde im Bremssattel –b– zur Deckung gebracht werden. **Dabei darauf achten, dass der Motor bündig am Bremssattel anliegt!**

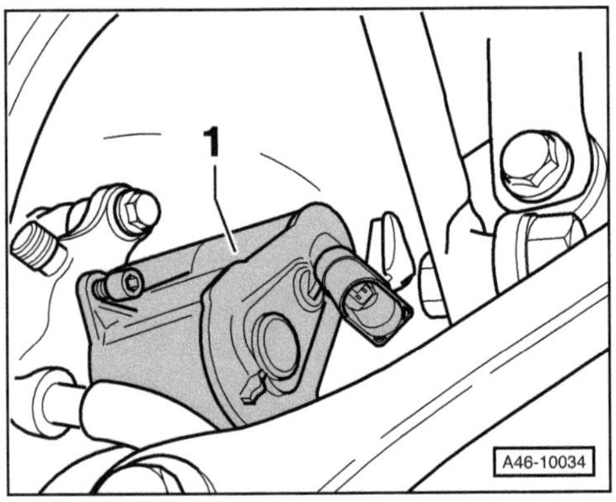

- 2 Torx-T30-Schrauben für Stellmotor –1– vorsichtig von Hand ansetzen und einige Umdrehungen hineindrehen. **Achtung:** Bei einer Beschädigung des Gewindes muss der komplette Bremssattel erneuert werden.

Achtung: Der Feststellmotor muss bündig am Bremssattel anliegen und darf nicht durch die Schrauben gegen den Bremssattel gezogen werden.

- Schrauben für Stellmotor mit **12 Nm** festziehen.
- Stecker aufschieben und einrasten. **Achtung:** Stecker nur von Hand einsetzen, um eine Beschädigung zu vermeiden. **Achtung:** Die Steckverbindung muss frei von Schmutz und Beschädigungen sein.
- Kabel für Stellmotor in den Halter einsetzen.
- Reifen-Laufrichtung beachten, Räder anschrauben. Fahrzeug ablassen, erst dann Radschrauben über Kreuz mit **120 Nm** festziehen. **Achtung:** Unbedingt Hinweise im Kapitel »Rad aus- und einbauen« beachten.
- Bremskolben der Feststellbremse vorfahren. Dazu am Diagnosegerät Funktion zum Vor- und Zurückstellen der Bremskolben wählen.
- Am Diagnosegerät Grundeinstellung der Bremsanlage durchführen. Dabei wird der Bremskolben auf die exakte Nullstellung gefahren und das vorgeschriebene Lüftspiel zwischen Bremsbelägen und Bremsscheibe eingestellt.

Bremsscheibe aus- und einbauen

Bremsscheiben erneuern, wenn sie korrodiert sind oder die Verschleißgrenze erreicht haben.

Um beidseitig eine gleichmäßige Bremsverzögerung sicherzustellen, müssen alle Bremsscheiben die gleiche Oberfläche bezüglich Schliffbild und Rautiefe aufweisen. Deshalb **grundsätzlich beide** Bremsscheiben einer Achse ersetzen, beziehungsweise abdrehen lassen.

Achtung: Wenn die Bremsscheiben **ersetzt** oder abgedreht werden, müssen gleichzeitig auch **neue Bremsbeläge** eingebaut werden.

Korrodierte Bremsscheiben erzeugen beim Abbremsen einen Rubbeleffekt, der sich auch durch längeres Bremsen nicht beseitigen lässt. In diesem Fall müssen die Bremsscheiben erneuert werden.

Ausbau

> **Sicherheitshinweis**
> Beim Aufbocken des Fahrzeugs besteht Unfallgefahr! Deshalb vorher das Kapitel »Fahrzeug aufbocken« durchlesen.

- Reifen-Laufrichtung mit Pfeil am Reifen markieren. Radschrauben lösen. Fahrzeug aufbocken und Räder abnehmen. **Achtung:** Unbedingt Hinweise im Kapitel »Rad aus- und einbauen« beachten.
- Bremssattel und Bremsträger ausbauen, siehe entsprechendes Kapitel.
- Um ein Herausgleiten des Bremskolbens zu verhindern, Holzstück zwischen Bremskolben und Bremssattel klemmen.
- Bremssattel mit Drahthaken so am Aufbau oder an der Schraubenfeder aufhängen, dass der Bremsschlauch nicht verdreht oder auf Zug beansprucht wird.

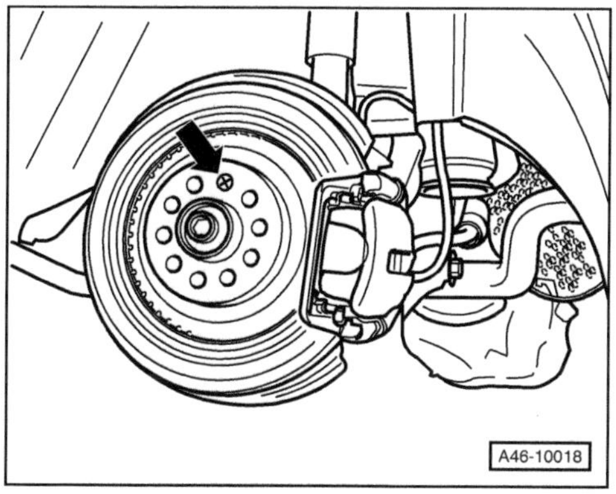

- Bremsscheibe festhalten und Sicherungsschraube –Pfeil– für Bremsscheiben-Befestigung herausdrehen.
- Bremsscheibe von der Radnabe abnehmen. **Achtung:** Dabei Bremsscheibe nicht verkanten.

Achtung: Die Bremsscheibe darf nicht durch Gewaltanwendung (Hammerschläge) von der Radnabe getrennt werden. Stattdessen handelsüblichen Rostlöser anwenden, um Schäden an der Bremsscheibe zu vermeiden. Falls der Ausbau nur durch kräftige Hammerschläge möglich ist, aus Sicherheitsgründen Bremsscheibe und Radlager erneuern. Auch wenn ein Abzieher verwendet wird, Bremsscheibe erneuern.

Einbau

Die Werkstatt kann die Bremsscheibe auf Schlag prüfen. Maximaler Scheibenschlag an der Bremsfläche gemessen: 0,05 mm. Maximal zulässige Dickentoleranz: 0,01 mm.

- Bremsscheibendicke messen, siehe entsprechendes Kapitel.
- Falls vorhanden, Rost am Flansch der Bremsscheibe und der Radnabe entfernen.
- **Neue** Bremsscheibe mit Verdünnung vom Schutzlack reinigen.
- Bremsscheibe auf Radnabe aufsetzen. **Achtung:** Dabei Bremsscheibe nicht verkanten.
- Sicherungsschraube eindrehen und mit **5 Nm** festziehen.
- Bremssattel mit Bremsträger einbauen, siehe entsprechendes Kapitel.

Achtung: War der Bremsschlauch demontiert, Bremsschlauch anschrauben und Bremsanlage entlüften, siehe entsprechendes Kapitel.

- Reifen-Laufrichtung beachten, Räder anschrauben, Fahrzeug ablassen, erst dann Radschrauben über Kreuz mit **120 Nm** festziehen. **Achtung:** Unbedingt Hinweise im Kapitel »Rad aus- und einbauen« beachten.

Achtung: Bremspedal im Stand mehrmals kräftig niedertreten, bis fester Widerstand spürbar ist.

- Bremsflüssigkeitsstand im Bremsflüssigkeitsbehälter prüfen, gegebenenfalls auffüllen.

Achtung, Sicherheitskontrolle durchführen:
- ◆ Sind die Bremsschläuche festgezogen?
- ◆ Befindet sich der Bremsschlauch in der Halterung?
- ◆ Sind die Entlüftungsschrauben angezogen?
- ◆ Ist genügend Bremsflüssigkeit eingefüllt?
- ◆ Bei laufendem Motor Dichtheitskontrolle durchführen. Hierzu Bremspedal mit 200 bis 300 N (entspricht 20 bis 30 kg) etwa 10 Sekunden betätigen. Das Bremspedal darf nicht nachgeben. Sämtliche Anschlüsse auf Dichtheit kontrollieren.

- Neue Bremsscheiben vorsichtig einbremsen, dazu Fahrzeug mehrmals von ca. 80 km/h auf 40 km/h mit geringem Pedaldruck abbremsen. Dazwischen Bremse etwas abkühlen lassen.

Bremssattel/Bremsträger aus- und einbauen

Es werden die Arbeitsschritte beim FN3-Bremssattel/Bremsträger beschrieben. Bei den anderen Bremssystemen erfolgt der Aus- und Einbau auf ähnliche Weise. Insbesondere sind die Hinweise im jeweiligen Kapitel »Bremsbeläge aus- und einbauen« sowie in den zugehörigen Übersichtsabbildungen zu beachten.

Ausbau

Hinweis: Wird der Bremssattel/Bremsträger nur zum Ausbau der Bremsscheibe ausgebaut, Bremsschlauch nicht vom Bremssattel abschrauben. In diesem Fall den Bremssattel/Bremsträger mit Draht so am Aufbau aufhängen, dass der Bremsschlauch nicht verdreht oder auf Zug beansprucht wird. Falls der Bremssattel ganz abgenommen und das Bremssystem geöffnet wird, Hinweise am Ende des Kapitels beachten.

Sicherheitshinweis
Beim Aufbocken des Fahrzeugs besteht Unfallgefahr! Deshalb vorher das Kapitel »Fahrzeug aufbocken« durchlesen.

- Reifen-Laufrichtung mit Pfeil am Reifen markieren. Radschrauben lösen. Fahrzeug aufbocken und Räder abnehmen. **Achtung:** Unbedingt Hinweise im Kapitel »Rad aus- und einbauen« beachten.
- Bremsschlauch am Halter ausclipsen.
- Steckverbindung für Bremsbelagverschleißanzeige am linken Bremssattel trennen.
- Bremsträger festhalten, damit er nicht nach unten fällt. Schrauben –5– für Bremsträger herausdrehen, siehe Abbildung A46-10111, siehe Seite 175.
- Bremsträger mit Bremsbelägen und Bremssattel abnehmen und mit Draht oder Kabelbinder am Aufbau aufhängen.

Einbau

- Bremssattel mit Bremsträger und eingebauten Bremsbelägen vorsichtig über die Bremsscheibe drücken.
- Bremsträger vorn mit **neuen** Schrauben anschrauben und festziehen. **Achtung:** Unterschiedliches Anzugsdrehmoment/-drehwinkel je nach eingebauter Bremse, siehe Seite 175,179,182.
- Bremsschlauch am Halter einclipsen.
- Reifen-Laufrichtung beachten, Räder anschrauben, Fahrzeug ablassen, erst dann Radschrauben über Kreuz mit **120 Nm** festziehen. **Achtung:** Unbedingt Hinweise im Kapitel »Rad aus- und einbauen« beachten.

Achtung: Bremspedal im Stand mehrmals kräftig niedertreten, bis fester Widerstand spürbar ist.

- Bremsflüssigkeitsstand im Bremsflüssigkeitsbehälter prüfen, gegebenenfalls auffüllen.

Achtung, Sicherheitskontrolle durchführen:

- Sind die Bremsschläuche festgezogen?
- Befindet sich der Bremsschlauch in der Halterung?
- Sind die Entlüftungsschrauben angezogen?
- Ist genügend Bremsflüssigkeit eingefüllt?
- Bei laufendem Motor Dichtheitskontrolle durchführen. Hierzu Bremspedal mit 200 bis 300 N (entspricht 20 bis 30 kg) etwa 10 Sekunden betätigen. Das Bremspedal darf nicht nachgeben. Sämtliche Anschlüsse auf Dichtheit kontrollieren.

Hinweise, wenn der Bremssattel ganz abgenommen wird und der Bremskreislauf geöffnet werden muss

- Vor dem Ausbau Bremspedal mindestens 60 mm niederdrücken und während des gesamten Vorganges halten. Dazu kann ein Bremspedalbelaster oder ein entsprechendes Holzstück zwischen Sitz und Bremspedal geklemmt werden. **Hinweis:** Dadurch werden die Ventile im Hauptbemszylinder geschlossen und der Bremsflüssigkeitsbehälter läuft nicht leer.
- Nach Abbau der Räder eine Entlüfterflasche mit durchsichtigem Schlauch an einer Entlüfterschraube des vorderen Bremssattels anschließen.
- Entlüfterschraube am Bremssattel öffnen und Druck aus der Bremsanlage abbauen.
- Entlüfterschraube schließen.
- Bremsschlauch vom Bremssattel abschrauben.
- Bremsträger abschrauben und mit Bremssattel abnehmen.
- Der Einbau erfolgt in umgekehrter Ausbaureihenfolge.
- Bremspedal entlasten und Bremsanlage entlüften, siehe entsprechendes Kapitel.

Bremsscheibendicke prüfen

Prüfen

- Reifen-Laufrichtung mit Pfeil am Reifen markieren. Radschrauben lösen. Fahrzeug aufbocken und Räder abnehmen. **Achtung:** Unbedingt Hinweise im Kapitel »Rad aus- und einbauen« beachten.

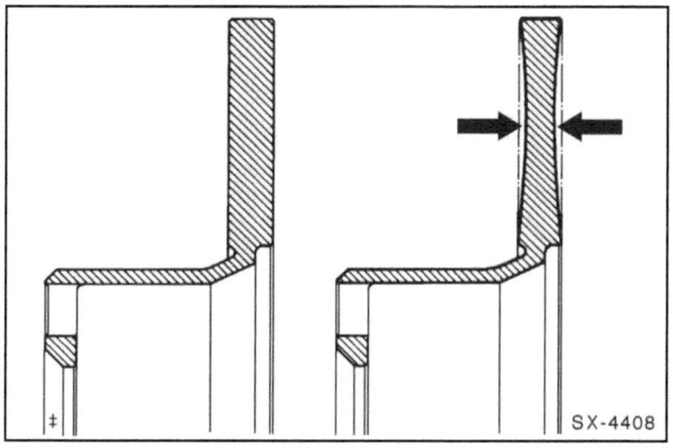

- Bremsscheibendicke immer an der dünnsten Stelle –Pfeile– messen. Die Werkstatt benutzt dazu einen speziellen Messschieber oder eine Mikrometer-Bügelmessschraube, da sich durch die Abnutzung der Bremsscheibe ein Rand bildet. Man kann die Bremsscheibendicke auch mit einer normalen Schieblehre messen, allerdings muss dann auf jeder Seite der Bremsscheibe eine entsprechend starke Unterlage zwischengelegt werden (beispielsweise 2 Münzen). Um das exakte Maß der Bremsscheibendicke zu ermitteln, müssen von dem gemessenen Wert die Dicke der Münzen beziehungsweise der Unterlage abgezogen werden. **Achtung:** Messung an mehreren Punkten der Bremsscheibe vornehmen.
- Soll- und Verschleißwerte für Bremsscheibe, siehe unter »Technische Daten Bremsanlage«.
- Wird die Verschleißgrenze erreicht, Bremsscheibe erneuern.
- Bei größeren Rissen oder bei Riefen, die tiefer als 0,5 mm sind, Bremsscheibe erneuern, siehe entsprechendes Kapitel.
- Reifen-Laufrichtung beachten, Räder anschrauben, Fahrzeug ablassen, erst dann Radschrauben über Kreuz mit **120 Nm** festziehen. **Achtung:** Unbedingt Hinweise im Kapitel »Rad aus- und einbauen« beachten.

Bremskraftverstärker prüfen

Der Bremskraftverstärker ist auf Funktion zu überprüfen, wenn zur Erzielung ausreichender Bremswirkung die Pedalkraft außergewöhnlich hoch ist.

- Bremspedal bei stehendem Motor mindestens 5-mal kräftig durchtreten, dann bei belastetem Bremspedal Motor starten. Das Bremspedal muss jetzt unter dem Fuß spürbar nachgeben.
- Andernfalls Unterdruckschlauch am Bremskraftverstärker herausziehen, Motor starten. Durch Fingerauflegen am Ende des Unterdruckschlauches prüfen, ob Unterdruck vorhanden ist.
- Ist kein Unterdruck vorhanden: Unterdruckschlauch auf Undichtigkeiten und Beschädigungen prüfen, gegebenenfalls ersetzen. Sämtliche Schellen fest anziehen.
- Unterdruckschlauch von der Vakuumpumpe abziehen und mit dem Finger prüfen, ob Unterdruck am Schlauchanschluss anliegt. Die Vakuumpumpe ist an der hinteren Stirnseite des Zylinderkopfes angeflanscht. Der 3,2-l-FSI-Motor besitzt eine zusätzliche elektrische Unterdruckpumpe neben dem rechten Federbeindom; die Vakuumpumpe sitzt an der vorderen Stirnseite des linken Zylinderkopfes.
- Ist Unterdruck vorhanden: Unterdruck messen, gegebenenfalls Bremsservo ersetzen (Werkstattarbeit).

Bremslichtschalter aus- und einbauen

Der Bremslichtschalter sitzt am Pedalbock. Beim Betätigen des Bremspedals wird über den Sensor das Bremslicht eingeschaltet. Außerdem dient der Bremslichtschalter dem ABS/EDS-Steuergerät als Signalgeber für eine Bremseinleitung. Daher ist eine korrekte Funktion äußerst wichtig.

Hinweis: Zum Entriegeln des Bremslichtschalters wird das Entriegelungswerkzeug VW/AUDI-T40168 benötigt.

Ausbau

- Verkleidung unter dem Armaturenbrett auf der Fahrerseite ausbauen, siehe Seite 253.

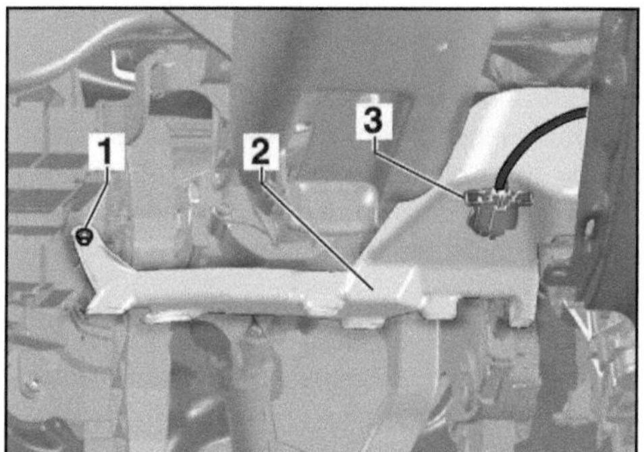

- Stecker zum Fußraumausströmer –3– abziehen.
- Schraube –1– herausdrehen und Fußraumausströmer –2– abnehmen.

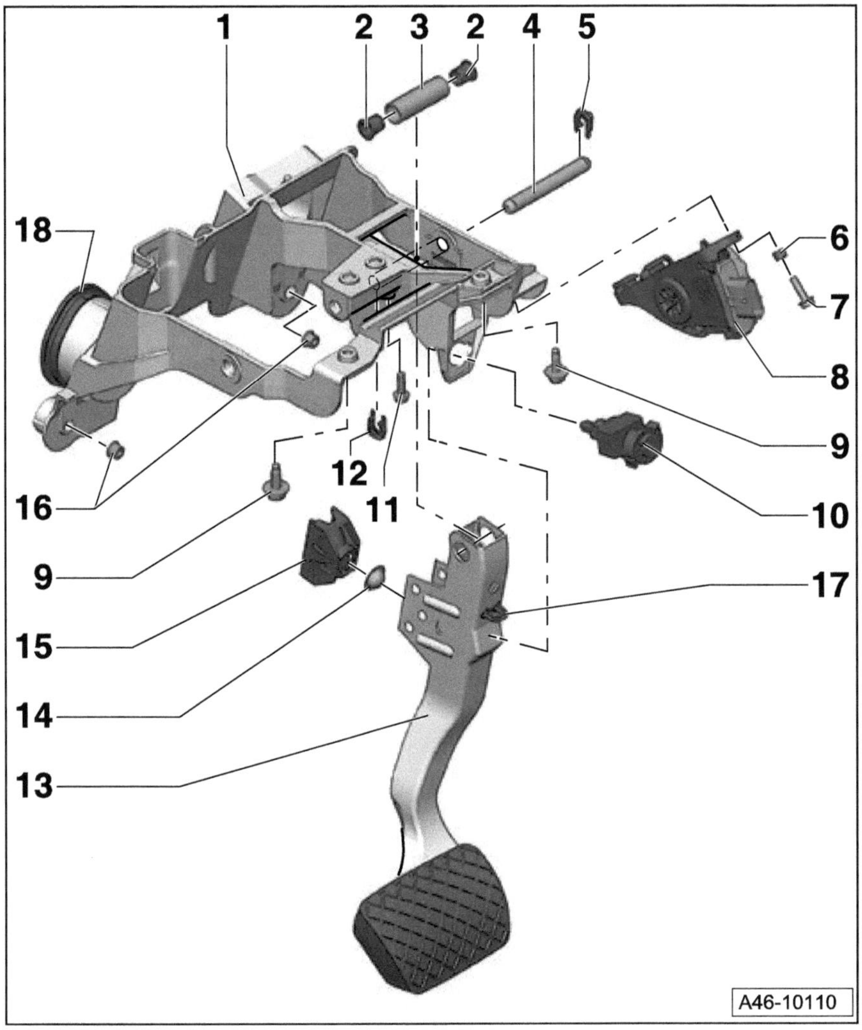

1 – **Lagerbock**
2 – **Hülse**
3 – **Achse für Bremspedal**
4 – **Lagerbolzen**
5 – **Sicherungsscheibe rechts**
Aus Federstahl.
6 – **Scheibe**
7 – **Schraube, 8 Nm**
Für Gaspedalmodul.
8 – **Gaspedalmodul**
9 – **Schraube, 20 Nm**
Für Pedalbock.
10 – **Bremslichtschalter**
11 – **Schraube, 8 Nm**
Die Schraube hält den Lagerbolzen auf Position.
12 – **Sicherungsscheibe links**
Aus Federstahl.
13 – **Bremspedal** [1)]
14 – **Lagerschale**
Für den Kugelkopf der Druckstange des Bremskraftverstärkers.
15 – **Aufnahme**
Für den Kugelkopf der Druckstange des Bremskraftverstärkers.
Mit Haltenasen für den Kugelkopf.
16 – **Mutter, 8 Nm**
17 – **Anschlag** [1)]
18 – **Tülle**
Nur bei Automatikfahrzeugen.

Hinweis: In der Abbildung sind die Bauteile beim Automatikfahrzeug dargestellt.

[1)] **Achtung:** Der Anschlag am Bremspedal muss immer montiert werden. Andernfalls kann die Aufnahme für den Bremslichtschalter brechen, wenn das Bremspedal entriegelt wird.

- Stößel am Bremslichtschalter –10– mit dem Finger ganz eindrücken.
- Schalter entriegeln, dazu farbiges Drehstück bei gedrücktem Stößel nach links bis zum Anschlag drehen.

Achtung: Während der Bremslichtschalter entriegelt wird, muss der Stößel eingedrückt bleiben.

- Nach dem Entriegeln den Stößel des Bremslichtsensors loslassen.
- Entriegelungswerkzeug VW/AUDI-T40168 zwischen den Stößel des Bremlichtsensors und das Bremspedal einsetzen. Dabei muss der Konus des Werkzeuges Richtung Fahrersitz zeigen. Die Aussparung des Werkzeuges muss mit der Ausbuchtung am Bremslichtschalter überein stimmen.
- Entriegelungswerkzeug gegen den Bremslichtschalter drücken. Dabei werden die 3 Rastnasen am Bremslichtschalter entriegelt.
- Bremslichtschalter aus der Aufnahme ziehen.

Einbau

Hinweis: Der Bremslichtschalter justiert sich während des Einführens automatisch. Das Bremspedal muss während des Einbaus in Ruhestellung bleiben und darf nicht bewegt werden. Es muss mit dem Bremskraftverstärker verbunden sein.

- Bremslichtschalter in die Aufnahme am Bremspedal einsetzen und leicht eindrücken. Der Bremslichtschalter muss hörbar mit allen drei Rastnasen einrasten.

Achtung: Der Schalter darf nicht in der Aufnahme am Bremspedal gedreht werden.

- Farbiges Drehstück am Bremslichtschalter nach rechts bis zum Anschlag drehen, um den Schalter zu verrasten.
- Stecker am Bremslichtschalter aufschieben.
- Fußraumausströmer einsetzen und anschrauben.
- Stecker am Fußraumausströmer aufstecken.
- Verkleidung unter dem Armaturenbrett auf der Fahrerseite einbauen, siehe Seite 253.
- Funktion des Bremslichtschalters prüfen.

Bremsanlage entlüften

Beim Umgang mit Bremsflüssigkeit sind folgende Hinweise zu beachten:

Sicherheitshinweis
Bremsflüssigkeit ist giftig. Keinesfalls Bremsflüssigkeit mit dem Mund über einen Schlauch absaugen. Bremsflüssigkeit nur in Behälter füllen, bei denen ein versehentlicher Genuss ausgeschlossen ist.

- Bremsflüssigkeit ist ätzend und darf deshalb nicht mit dem Autolack in Berührung kommen, gegebenenfalls Bremsflüssigkeit sofort abwischen und mit viel Wasser abwaschen.
- Bremsflüssigkeit ist hygroskopisch, das heißt, sie nimmt aus der Luft Feuchtigkeit auf. Bremsflüssigkeit deshalb nur in geschlossenen Behältern aufbewahren.
- **Bremsflüssigkeit, die schon einmal im Bremssystem verwendet wurde, darf nicht wieder verwendet werden. Auch beim Entlüften der Bremsanlage nur neue Bremsflüssigkeit verwenden.**
- Bremsflüssigkeits-Spezifikation: **FMVSS 116 DOT 4.**
- **Bremsflüssigkeit darf nicht mit Mineralöl in Berührung kommen.** Schon geringe Spuren von Mineralöl machen die Bremsflüssigkeit unbrauchbar, beziehungsweise führen zum Ausfall des Bremssystems. Stopfen und Manschetten der Bremsanlage werden beschädigt, wenn sie mit mineralölhaltigen Mitteln zusammenkommen. Zum Reinigen keine mineralölhaltigen Putzlappen verwenden.
- Bremsflüssigkeit **alle 2 Jahre wechseln**, möglichst nach der kalten Jahreszeit.

Achtung: Bremsflüssigkeit ist ein Problemstoff und darf auf keinen Fall einfach weggeschüttet oder dem Hausmüll mitgegeben werden. Gemeinde- und Stadtverwaltungen informieren darüber, wo sich die nächste Problemstoff-Sammelstelle befindet.

Entlüften

Nach jeder Reparatur an der Bremse, bei der die Bremsanlage geöffnet wurde, kann Luft in die Druckleitungen eingedrungen sein. Dann muss das Bremssystem entlüftet werden. Luft ist auch dann in den Leitungen, wenn sich der Bremsdruck beim Treten des Bremspedals schwammig anfühlt. In diesem Fall muss die Undichtigkeit beseitigt und die Bremsanlage entlüftet werden.

In der Werkstatt wird die Bremse in der Regel mit einem Bremsentlüftungsgerät entlüftet. Im Normalfall geht es auch ohne das Bremsentlüftungsgerät. Die Bremsanlage wird dann durch Pumpen mit dem Bremspedal entlüftet, dazu ist eine zweite Person notwendig.

Muss die komplette Anlage entlüftet werden, jede Radbremse einzeln entlüften. Das ist immer dann der Fall, wenn Luft in jeden einzelnen Bremszylinder gedrungen ist. Dann muss ein **Bremsentlüftungsgerät** verwendet werden. Falls nur ein Bremssattel erneuert bzw. überholt wurde, genügt in der Regel das Entlüften des betreffenden Bremszylinders.

Ein **herkömmliches Bremsentlüftungsgerät** wird über einen Adapter am Bremsflüssigkeitsbehälter des Fahrzeuges angeschlossen. Über einen Elektromotor wird Druck auf die Bemsflüssigkeit ausgeübt. Beim Öffnen eines Entlüftungsventils wird die unter Druck stehende Bremsflüssigkeit herausgedrückt.

Ein **pneumatisches Entlüftungsgerät**, zum Beispiel HAZET 4969/13, wird am Entlüftungsventil des Bremssattels angeschlossen. Über eine Druckluftpumpe wird im Entlüftungsgerät ein Unterdruck erzeugt und dadurch die Bremsflüssigkeit aus dem Bremssystem herausgesaugt. **Hinweis:** Für den Einsatz dieses Systems wird ein Druckluftanschluss beziehungsweise ein entsprechender Druckluft-Kompessor benötigt.

Sicherheitshinweis
Ist eine Kammer des Bremsflüssigkeitsbehälters komplett leer gelaufen (zum Beispiel bei Undichtigkeiten im Bremssystem oder wenn beim Entlüften vergessen wurde, Bremsflüssigkeit nachzufüllen), wird Luft angesaugt, die in die ABS-Hydraulikpumpe gelangt. Die Bremsanlage muss dann in der Werkstatt mit dem Entlüftungsgerät entlüftet werden. Bei Einbau eines neuen Bremsschlauchs muss die Anlage ebenfalls mit einem Entlüftungsgerät entlüftet werden.

Die Reihenfolge der Entlüftung:
1. Bremssattel vorn links,
2. Bremssattel vorn rechts,
3. Bremssattel hinten links,
4. Bremssattel hinten rechts.

- Fahrzeug aufbocken.
- Reifen-Laufrichtung mit Pfeil am Reifen markieren. Radschrauben lösen. Fahrzeug aufbocken und Räder abnehmen. **Achtung:** Unbedingt Hinweise im Kapitel »Rad aus- und einbauen« beachten.
- Wasserkastenabdeckung ausbauen, siehe Seite 286.
- Bremsflüssigkeitsbehälter bis MAX-Markierung auffüllen.

Achtung: Entlüfterventile reinigen und vorsichtig öffnen, damit sie nicht abgedreht werden. Es empfiehlt sich, die Ventile ca. 1 Stunde vor dem Entlüften mit Rostlöser einzusprühen. Bei festsitzenden Ventilen das Entlüften von einer Werkstatt durchführen lassen.

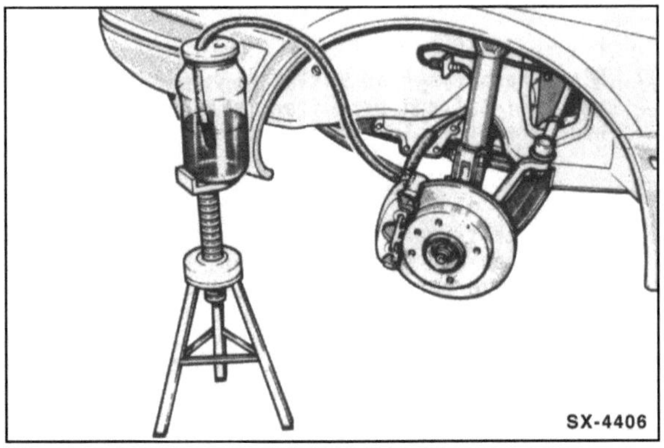

Achtung: Während des Entlüftens die Entlüfterflasche 30 Zentimeter höher als das Entlüfterventil halten und ab und zu den Bremsflüssigkeitsstand im Bremsflüssigkeitsbehälter beobachten. Der Flüssigkeitsspiegel darf nicht zu weit sinken, sonst wird über den Bremsflüssigkeitsbehälter Luft angesaugt. **Immer nur neue Bremsflüssigkeit nachgießen!**

Achtung: Wenn der Bremssattel 2 Entlüfterschrauben hat immer an beiden Entlüfterschrauben entlüften. Dabei zuerst an der äußeren Entlüfterschraube und danach an der inneren Entlüfterschraube entlüften.

- Staubkappe vom Entlüfterventil des Bremszylinders abnehmen. Entlüfterventil reinigen, sauberen Schlauch aufstecken, anderes Schlauchende in eine mit Bremsflüssigkeit halbvoll gefüllte Flasche stecken. **Hinweis:** Einen geeigneten Schlauch und ein passendes Gefäß gibt es im Autozubehörhandel.
- Von einem Helfer Bremspedal so oft niedertreten lassen, »pumpen«, bis sich im Bremssystem Druck aufgebaut hat – zu spüren am wachsenden Widerstand beim Betätigen des Pedals.
- Ist genügend Druck vorhanden, Bremspedal ganz durchtreten und Fuß auf dem Bremspedal halten.

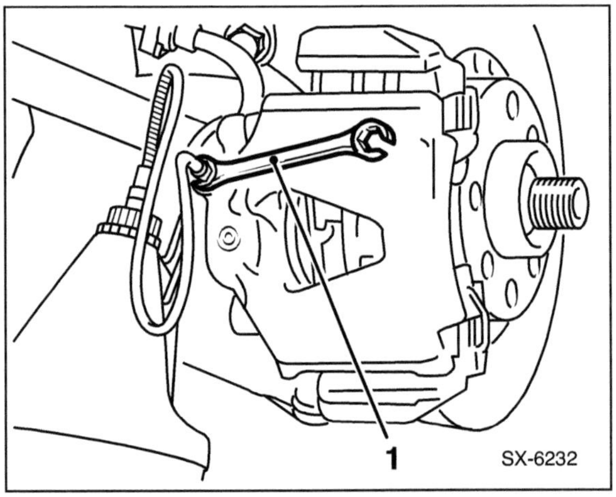

- Entlüfterventil am Bremssattel etwa ½ Umdrehung mit offenem Ringschlüssel –1– öffnen. Zum Öffnen der Ventile gibt es spezielle Entlüftungsschlüssel, zum Beispiel HAZET 4968/5. Ausfließende Bremsflüssigkeit in der Flasche sammeln. **Hinweis:** Die Abbildung zeigt nicht den Bremssattel des AUDI A4.
- Ausfließende Bremsflüssigkeit in der Flasche sammeln. Darauf achten, dass sich das Schlauchende in der Flasche ständig unterhalb des Flüssigkeitsspiegels befindet und dass die Flasche über dem Bremssattel steht.
- Sobald der Flüssigkeitsdruck nachlässt, Entlüfterventil bei weiterhin niedergetretenem Bremspedal schließen.
- Pumpvorgang wiederholen, bis sich Druck aufgebaut hat. Bremspedal niedertreten, Fuß auf dem Bremspedal lassen, Entlüfterventil öffnen, bis der Druck nachlässt. Entlüfterventil schließen.
- Entlüftungsvorgang an einem Bremszylinder so lange wiederholen, bis sich in der Bremsflüssigkeit, die in die Entlüfterflasche strömt, blasen- und schaumfrei austritt.
- Nach dem Entlüften Schlauch vom Entlüfterventil abziehen, Entlüfterventil mit **10 Nm** festziehen und Staubkappe auf Ventil stecken.
- Die Bremszylinder an den anderen Rädern auf die gleiche Weise entlüften, dabei Reihenfolge einhalten.
- Nach dem Entlüften den Bremsflüssigkeitsbehälter bis zur MAX-Markierung auffüllen.
- Wasserkastenabdeckung einbauen, siehe Seite 286.
- Reifen-Laufrichtung beachten, Räder anschrauben. Fahrzeug ablassen, erst dann Radschrauben über Kreuz mit **120 Nm** festziehen. **Achtung:** Unbedingt Hinweise im Kapitel »Rad aus- und einbauen« beachten.

Achtung, Sicherheitskontrolle durchführen:

- ◆ Sind die Entlüftungsschrauben angezogen?
- ◆ Ist genügend Bremsflüssigkeit eingefüllt?
- ◆ Bei laufendem Motor Dichtheitskontrolle durchführen. Hierzu Bremspedal mit 200 bis 300 N (entspricht 20 bis 30 kg) etwa 10 Sekunden betätigen. Das Bremspedal darf nicht nachgeben. Sämtliche Anschlüsse auf Dichtheit kontrollieren.

- Nach dem Entlüften darf sich beim Treten auf das Bremspedal der Druck nicht schwammig anfühlen. Falls doch, Anlage nochmals entlüften.
- Anschließend einige Bremsungen auf einer Straße ohne Verkehr durchführen. Dabei sollte mindestens einmal die Bremsregelung des ABS-Systems geprüft werden, beispielsweise auf losem Untergrund. Dazu Bremse stark betätigen, bis am spürbaren Pulsieren des Bremspedals der Beginn der Bremsregelung erkennbar ist.

Achtung: Falls der Bremspedalweg nach der Probefahrt zu groß ist, obwohl er direkt nach dem Entlüften in Ordnung war, dann ist möglicherweise Luft in der ABS-Hydraulikeinheit. In diesem Fall Bremsanlage umgehend in der Fachwerkstatt entlüften lassen.

Bremsanlage auf Dichtheit prüfen

Prüfvoraussetzungen:

- Bremsanlage muss entlüftet sein.
- Die Bremsflüssigkeit im System darf nicht älter als 2 Jahre sein.
- Bremssystem wurde auf Undichtigkeiten sichtgeprüft.

Prüfen

Hinweis: Hier wird die Prüfung durch Betätigung der Bremse beschrieben. In der Fachwerkstatt kann eine zusätzliche Hoch- und Niederdruckprüfung mit entsprechenden Prüf- und Messgeräten durchgeführt werden.

- Motor abstellen.
- Bremspedal so oft betätigen, bis keine Bremskraftunterstüzung durch den Bremskraftverstärker mehr vorhanden ist. Erkennbar am hart werdenden Gegendruck des Bremspedals.
- Bremspedal ca. 20 mm aus der Ruhelage drücken.
- Pedalkraft ca. 20 Sekunden konstant halten. Während dieser Zeit darf der Pedalweg nicht länger werden.
- Bremspedal lösen.
- Bremspedal mit hoher Fußkraft drücken und den Druck ca. 20 Sekunden konstant halten. Während dieser Zeit darf der Pedalweg nicht länger werden.
- Wenn bei einer der Prüfungen das Bremspedal durchsackt, Sichtprüfung wiederholen. Wenn keine Leckstelle festgestellt wird, ist wahrscheinlich der Hauptbremszylinder undicht und muss ersetzt werden (Werkstattarebeit).

Bremsschlauch aus- und einbauen

Das Bremsleitungssystem stellt die Verbindung vom Hauptbremszylinder zu den vier Radbremsen her.

Achtung: Die starren Bremsleitungen aus Metall sollen von einer Fachwerkstatt verlegt werden, da zur fachgerechten Montage einige Erfahrung nötig ist.

Als flexible Verbindungen zwischen den starren Fahrzeugteilen und den Bremssätteln werden druckfeste Bremsschläuche verwendet. Diese müssen bei erkennbaren Schäden sofort ausgewechselt werden. Ältere Bremsschläuche können so aufquellen, dass sich in ihrem Innern der Durchflussquerschnitt verringert. In diesem Fall kann die Bremsflüssigkeit nicht aus dem Radbremszylinder in den Hauptbremszylinder zurückfließen; die Radbremse erhitzt sich. Wird dann das betreffende Entlüfterventil am Radbremszylinder geöffnet und das Rad blockiert nicht mehr, ist das ein Zeichen für einen defekten Bremsschlauch.

> **Sicherheitshinweis**
> **Ist ein Bremsschlauch montiert worden oder eine Kammer des Bremsflüssigkeitsbehälters leergelaufen**, wird Luft angesaugt, die in die ABS-Hydraulikpumpe gelangt. **Die Bremsanlage muss dann in der Werkstatt mit dem Entlüftungsgerät entlüftet werden.**

Achtung: Bremsschläuche nicht mit Öl oder Petroleum in Berührung bringen, nicht lackieren oder mit Unterbodenschutz besprühen.

Achtung: Regeln im Umgang mit Bremsflüssigkeit beachten, siehe Kapitel »Bremsanlage entlüften«.

Ausbau

> **Sicherheitshinweis**
> Beim Aufbocken des Fahrzeugs besteht Unfallgefahr! Deshalb vorher das Kapitel »Fahrzeug aufbocken« durchlesen.

- Fahrzeug aufbocken.
- Bremsschlauch aus dem Halter herausziehen.

> **Sicherheitshinweis**
> Beim Öffnen des Bremskreises läuft Bremsflüssigkeit aus. Bremsflüssigkeit in einer Flasche sammeln, die ausschließlich für Bremsflüssigkeit vorgesehen ist. Man kann auch zuvor die Bremsflüssigkeit mit einem Saugheber aus dem Bremsflüssigkeitsbehälter absaugen.

- Bremsschlauch zuerst an der Bremsleitung und dann am Bremssattel abschrauben, dabei Bremsschlauch nicht verdrillen. **Achtung:** Auslaufende Bremsflüssigkeit mit Lappen auffangen. Leitungsanschluss in Richtung Hauptbremszylinder mit geeignetem Stopfen verschließen.

Einbau

- Nur vom Werk freigegebene Bremsschläuche einbauen. Neuen Bremsschlauch so einbauen, dass er ohne Drall durchhängt.

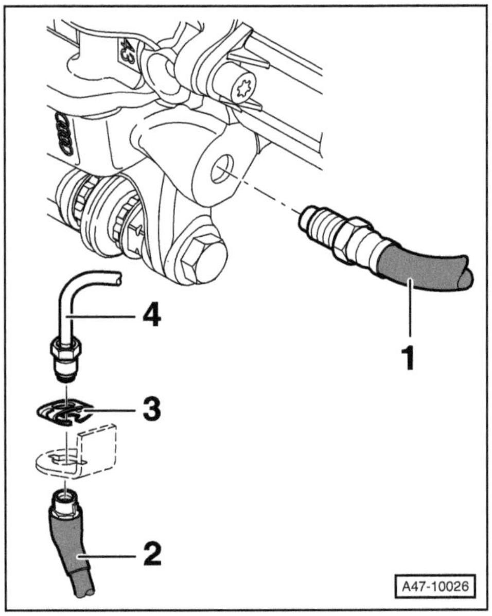

- Falls der Bremsschlauch –1– am Bremssattel direkt befestigt wird, immer Bremsschlauch zuerst am Bremssattel einschrauben und anschließend Hohlschraube der Bremsrohrleitung –4– am Halter in das andere Ende des Bremsschlauchs –2– einschrauben. 3 – Haltefeder.

Anzugsdrehmomente:

Bremsrohrleitung an vorderen FBC-Bremssattel. . . . . **20 Nm**
Bremsrohrleitung an Bremsschlauch der vorderen FN3-Bremse . . . . **17 Nm**
Bremsschlauch an vorderen FN3-Bremssattel beziehungsweise an hinteren CII-43-Bremssattel . . . **12 Nm**
Bremsrohrleitung an Bremsschlauch der vorderen FBC-Bremse. . . . . **12 Nm**
Bremsrohrleitungen an die Bremsleitungsverbindung im Radhaus vorn. . . . . **12 Nm**

- Bremsanlage entlüften. **Achtung: Bremsanlage ausschließlich mit einem Entlüftungsgerät entlüften.**
- Fahrzeug ablassen.

Achtung, Sicherheitskontrolle durchführen:

- ◆ Sind die Bremsschläuche festgezogen?
- ◆ Befindet sich der Bremsschlauch in der Halterung?
- ◆ Sind die Entlüftungsschrauben angezogen?
- ◆ Ist genügend Bremsflüssigkeit eingefüllt?
- ◆ Bei laufendem Motor Dichtheitskontrolle durchführen. Hierzu Bremspedal mit 200 bis 300 N (entspricht 20 bis 30 kg) etwa 10 Sekunden betätigen. Das Bremspedal darf nicht nachgeben. Sämtliche Anschlüsse auf Dichtheit kontrollieren.

- Anschließend einige Bremsungen auf einer Straße ohne Verkehr durchführen. Anschließend Bremsschlauch und Anschlussstellen auf Dichtheit sichtprüfen.

Störungsdiagnose Bremse

Störung	Ursache	Abhilfe
Leerweg des Bremspedals zu groß.	Ein Bremskreis ausgefallen.	■ Bremskreise auf Flüssigkeitsverlust prüfen.
	FN3-Bremssattel: Falsch eingesetzte Haltefeder für Bremsbeläge	■ Sitz der Haltefeder prüfen.
Bremspedal lässt sich weit und federnd durchtreten.	Luft im Bremssystem.	■ Bremse entlüften.
	Zu wenig Bremsflüssigkeit im Bremsflüssigkeitsbehälter.	■ Neue Bremsflüssigkeit nachfüllen. Bremse entlüften.
	Dampfblasenbildung. Tritt meist nach starker Beanspruchung auf, z. B. Passabfahrt.	■ Bremsflüssigkeit wechseln. Bremse entlüften.
Bremswirkung lässt nach, und Bremspedal lässt sich durchtreten.	Undichte Leitung.	■ Leitungsanschlüsse nachziehen oder Leitung erneuern. Bremsanlage in der Werkstatt prüfen lassen.
Schlechte Bremswirkung trotz hohen Fußdrucks.	Bremsbeläge verölt.	■ Bremsbeläge erneuern.
	Ungeeigneter oder verhärteter Bremsbelag.	■ Beläge erneuern. Nur vom Automobilhersteller freigegebene Bremsbeläge verwenden.
	Bremsbeläge abgenutzt.	■ Bremsbeläge erneuern.
	Bremskraftverstärker defekt, Unterdruckleitung porös, defekt.	■ Bremskraftverstärker und Unterdruckleitung prüfen.
Bremse zieht einseitig.	Unvorschriftsmäßiger Reifendruck.	■ Reifendruck prüfen und berichtigen.
	Bereifung ungleichmäßig abgefahren.	■ Abgefahrene Reifen ersetzen.
	Bremsbeläge verölt.	■ Bremsbeläge erneuern.
	Verschiedene Bremsbelagsorten auf einer Achse.	■ Beläge erneuern. Nur vom Automobilhersteller freigegebene Bremsbeläge verwenden.
	Schlechtes Tragbild der Bremsbeläge.	■ Bremsbeläge austauschen.
	Verschmutzte Bremssattelschächte.	■ Sitz- und Führungsflächen der Bremsbeläge im Bremssattel reinigen.
	Korrosion in den Bremssattelzylindern.	■ Bremssattel erneuern.
	Bremsbelag ungleichmäßig verschlissen.	■ Bremsbeläge erneuern (an beiden Rädern), Bremssättel auf Leichtgängigkeit prüfen.
Bremse zieht von selbst an.	Hauptbremszylinder defekt.	■ Hauptbremszylinder ersetzen.
Bremsen erhitzen sich während der Fahrt.	Bremse schwergängig.	■ Bewegliche Teile der Bremse schmieren. Bremssattel überholen lassen (Werkstattarbeit).
	Bremsschlauch innen aufgequollen, dicht.	■ Bremsschlauch erneuern.
	Korrosion in den Bremsattelzylindern.	■ Bremssattel erneuern.
Bremsen rattern.	Ungeeigneter Bremsbelag.	■ Beläge erneuern. Nur vom Automobilhersteller freigegebene Bremsbeläge verwenden.
	Bremsscheibe stellenweise korrodiert.	■ Scheibe mit Schleifklötzen sorgfältig glätten.
	Bremsscheibe hat Seitenschlag.	■ Scheibe nacharbeiten oder ersetzen.

Störung	Ursache	Abhilfe
Räder lassen sich schwer von Hand drehen.	Bremsbeläge lösen sich nicht von der Bremsscheibe, Korrosion in den Bremssattelzylindern.	■ Bremssattel überholen, eventuell austauschen.
Ungleichmäßiger Belag-Verschleiß.	Ungeeigneter Bremsbelag. Bremssattel verschmutzt. Bremssattel klemmt. Kolben nicht leichtgängig. Bremssystem undicht.	■ Beläge erneuern. ■ Bremssattelschächte reinigen. ■ Führungsbuchsen und -stifte gangbar machen. ■ Kolben gangbar machen (Werkstattarbeit). ■ Bremssystem auf Dichtigkeit prüfen.
Keilförmiger Bremsbelag-Verschleiß.	Bremsscheibe läuft nicht parallel zum Bremssattel. Korrosion in den Bremssätteln.	■ Anlagefläche des Bremssattels prüfen. ■ Verschmutzung beseitigen oder Bremssattel erneuern.
Bremsbeläge lösen sich nicht von der Bremsscheibe, Räder lassen sich schwer von Hand drehen.	Korrosion in den Bremssattelzylindern. Bremsschlauch innen aufgequollen, dicht.	■ Bremssattel überholen, eventuell austauschen. ■ Bremsschlauch erneuern.
Bremse quietscht.	Oft auf atmosphärische Einflüsse (Luftfeuchtigkeit) zurückzuführen. Ungeeigneter Bremsbelag. Bremsscheibe läuft nicht parallel zum Bremssattel. Verschmutzte Schächte im Bremssattel.	■ Keine Abhilfe erforderlich, wenn Quietschen nach längerem Stillstand des Wagens bei hoher Luftfeuchtigkeit auftritt, sich dann aber nach den ersten Bremsungen nicht wiederholt. ■ Beläge erneuern. Rückenplatte mit Anti-Quietsch-Paste bestreichen. ■ Anlagefläche des Bremssattels prüfen. ■ Bremssattelschächte reinigen.
Bremse pulsiert.	ABS bei Vollbremsung in Funktion. Seitenschlag oder Dickentoleranz der Bremsscheibe zu groß. Bremsscheibe läuft nicht parallel zum Bremssattel.	■ Normal, keine Abhilfe. ■ Schlag und Toleranz prüfen. Scheibe nacharbeiten oder ersetzen. ■ Anlagefläche des Bremssattels prüfen.
ABS-Kontrollleuchte leuchtet während der Fahrt.	Betriebsspannung zu niedrig (unter ca. 10 Volt). ABS-Anlage defekt.	■ Batteriespannung prüfen. Prüfen, ob Kontrolllampe für Generator nach dem Motorstart erlischt, andernfalls Keilrippenriemen und Generator prüfen. ■ Hinweise zu ABS/ESP/EDS beachten. ■ ABS-Anlage in der Fachwerkstatt prüfen lassen.
Wirkung der Handbremse nicht ausreichend.	Bowdenzüge korrodiert.	■ Neuteile einbauen.

Motor-Mechanik

Aus dem Inhalt:

- Motor-Steuertrieb
- Zylinderkopf
- Keilriemen wechseln
- Motor-Schmierung
- Das richtige Motoröl
- Motor-Kühlung
- Kühlmittel wechseln
- Frostschutz prüfen
- Kühlerausbau

Hinweis zum Aus- und Einbau von Zahnriemen, Zylinderkopf, Steuerkette

Das Auswechseln dieser Bauteile ist so komplex, dass ich davon abrate, die Arbeiten selbst durchzuführen. Aus diesem Grund habe ich die einzelnen Arbeitsschritte auch nicht beschrieben. In den folgenden Kapiteln sind nur einige wichtige Hinweise aufgeführt, die bei der Überprüfung beziehungsweise bei der Montage dieser Bauteile auf jeden Fall beachtet werden müssen.

Motorabdeckung oben aus- und einbauen

Hinweis: Je nach Baujahr gibt es unterschiedlich gestaltete Motorabdeckungen, die von den hier dargestellten Varianten abweichen können. Der Aus- und Einbau erfolgt jedoch prinzipiell immer auf die gleiche Weise.

Achtung: Um Beschädigungen zu vermeiden, beim Einbau nicht mit der Faust oder einem Werkzeug auf die Motorabdeckung schlagen.

1,8-/2,0-l-TFSI-Benzinmotor

Ausbau

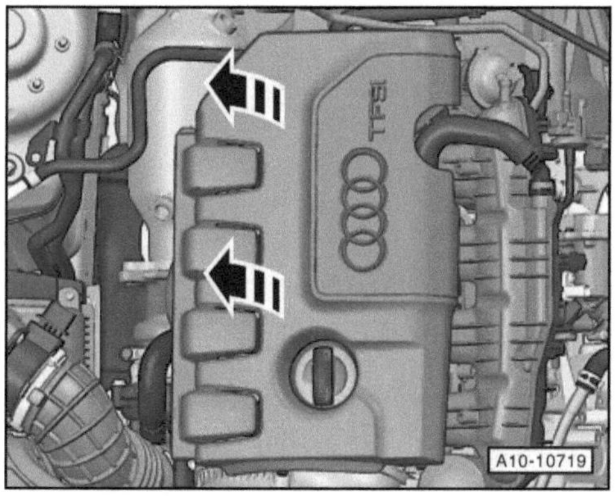

- Motorabdeckung vorsichtig und gleichmäßig in Pfeilrichtung von den Haltebolzen abziehen. **Achtung:** Nicht ruckartig oder einseitig abziehen.

Einbau

- Motorabdeckung über den Haltebolzen ansetzen, dabei auf gleichmäßigen Abstand zum Motoröl-Einfüllstutzen achten.
- Motorabdeckung mit beiden Händen gleichmäßig in die Gummitüllen drücken.

2,0-l-Dieselmotor

Ausbau

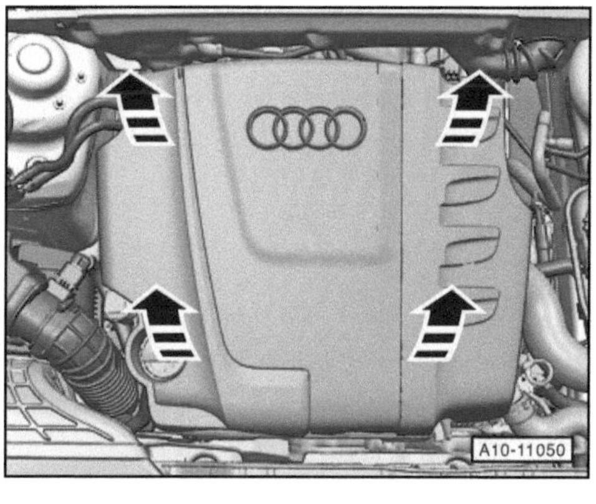

- Motorabdeckung vorsichtig nacheinander von den 4 Haltebolzen in Pfeilrichtung abziehen. **Achtung:** Nicht ruckartig oder einseitig abziehen.

Einbau

- Motorabdeckung über den Haltebolzen ansetzen, dabei auf gleichmäßigen Abstand zum Motoröl-Einfüllstutzen und zum Ölmessstab achten.
- Motorabdeckung erst mit beiden Händen in die hinteren Gummitüllen und danach in die vorderen Gummitüllen drücken. **Achtung:** Nicht mit der Faust oder einem Werkzeug auf die Motorabdeckung schlagen.

6-Zylinder-Dieselmotor

Ausbau

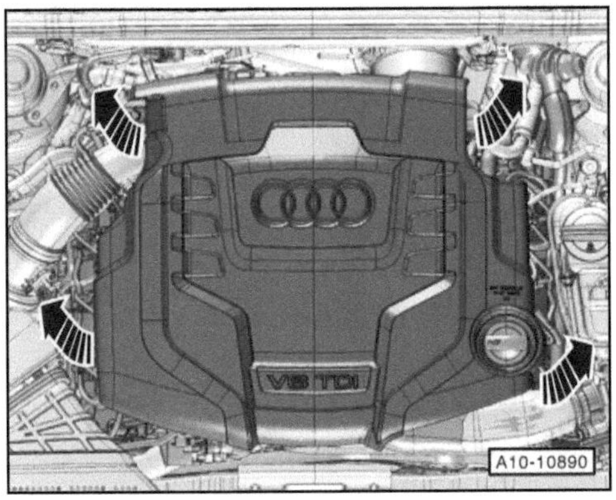

- Motorabdeckung vorsichtig nacheinander von den 4 Haltebolzen in Pfeilrichtung abziehen. **Achtung:** Nicht ruckartig oder einseitig abziehen.
  Hinweis: Je nach Motor und Modelljahr kann die Motorabdeckung von der Abbildung abweichen. Der Aus- und Einbau erfolgt jedoch auf die gleiche Weise.

Einbau

- Motorabdeckung über den Haltebolzen ansetzen, dabei auf gleichmäßigen Abstand zum Motoröl-Einfüllstutzen und zum Ölmessstab achten.
- Motorabdeckung erst mit beiden Händen in die hinteren Gummitüllen und danach in die vorderen Gummitüllen drücken.

6-Zylinder--Benzinmotor

Ausbau, Ausführung 1

- Motorabdeckung vorsichtig nacheinander von den Haltebolzen –Pfeile– abziehen. **Achtung:** Nicht ruckartig oder einseitig abziehen.

Einbau

- Motorabdeckung über den Haltebolzen ansetzen und auf die Haltebolzen aufdrücken.

Ausbau, Ausführung 2

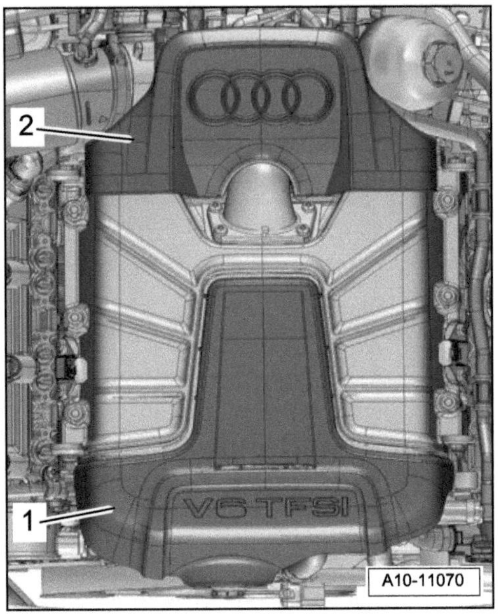

- Motorabdeckung –1– beziehungsweise –2– nach oben abziehen.

Einbau

- Motorabdeckung –1– beziehungsweise –2– auf dem Motor positionieren und mit beiden Händen in die Halteklammern eindrücken.

8-Zylinder-Benzinmotor

Ausbau

- Motorabdeckung vorsichtig nacheinander von den 4 Halteklammern abziehen –Pfeile-.

Achtung: Motorabdeckung nicht ruckartig oder einseitig abziehen.

Einbau

- Motorabdeckung erst mit beiden Händen hinten auf die Halteklammern und dann mit beiden Händen vorn auf die Halteklammern drücken.

1,8-/2,0-l-TFSI-Benzinmotor

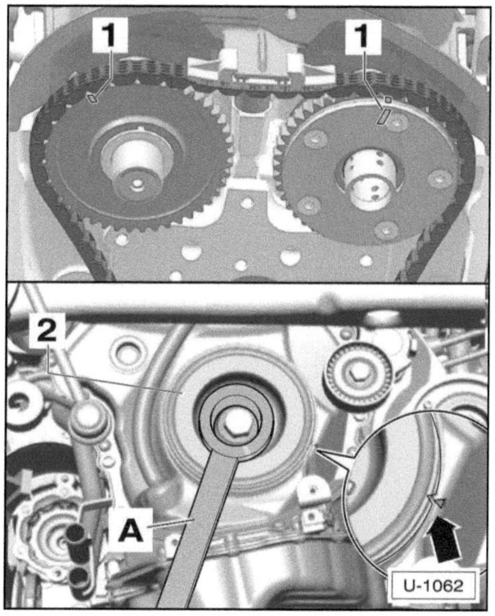

Beim 4-Zylinder-Benzinmotor werden die Nockenwellen von einer wartungsfreien Steuerkette angetrieben.

Einlass- und Auslass-Nockenwelle sind in einem separaten Nockenwellengehäuse gelagert, das auf dem Zylinderkopf aufgeschraubt ist.

OT-Stellung – Abbildung U-1062

- Schwingungsdämpfer –2– mit dem Gegenhalter –A–, zum Beispiel VW/AUDI-T10355, so weit drehen, bis die Kerbe am Schwingungsdämpfer der OT-Marke an der unteren Steuerketten-Abdeckung gegenübersteht –Pfeil–.
- Gleichzeitig müssen die Markierungen –1– der Nockenwellen nach oben zeigen. Andernfalls Kurbelwelle um eine Umdrehung weiterdrehen.

Steuerkettentrieb

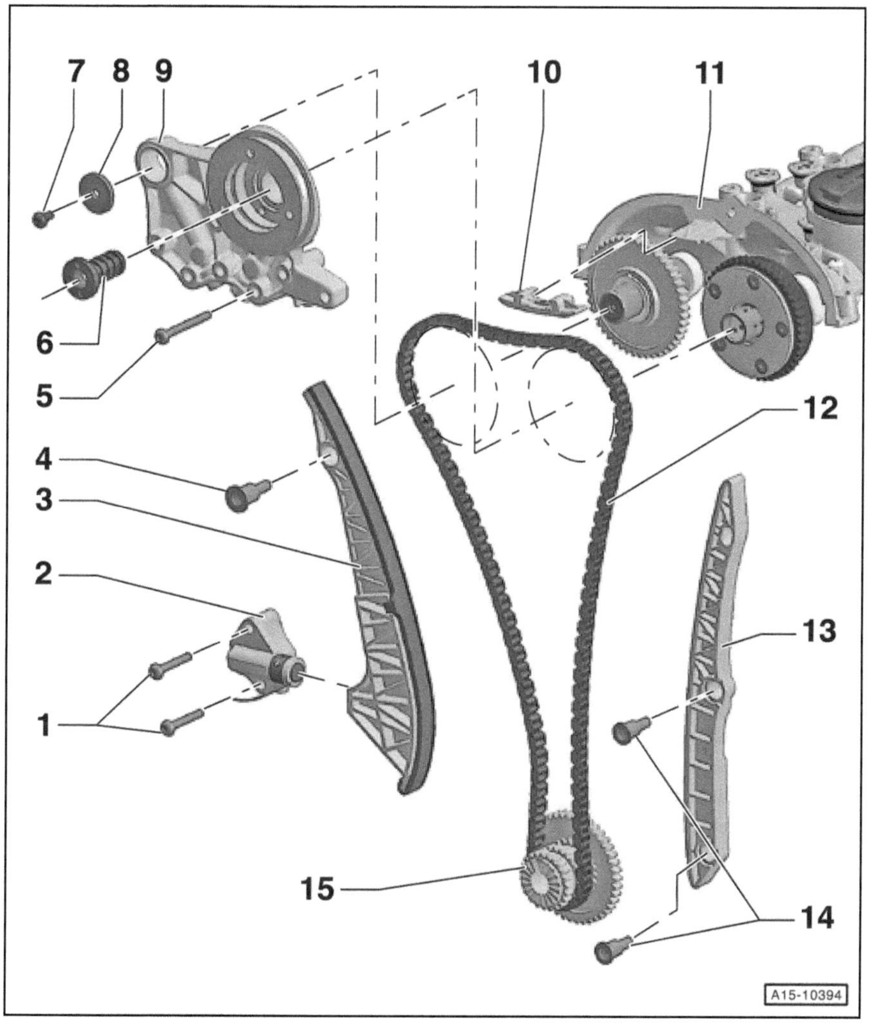

1 – **Schrauben, 9 Nm**

2 – **Kettenspanner**
Steht unter Federspannung.
Vor dem Ausbau mit geeignetem Absteckstift, zum Beispiel VW/AUDI-T40011, abstecken.

3 – **Spannschiene**
Für Steuerkette.

4 – **Führungsbolzen, 20 Nm**

5 – **Schraube, 9 Nm**

6 – **Steuerventil, 35 Nm**
Linksgewinde.
Mit Spezialwerkzeug VW/AUDI-T10352 ausbauen.

7 – **Schraube, 8 Nm + 90°**
Nach jedem Ausbau ersetzen.

8 – **Scheibe**

9 – **Lagerbrücke**

10 – **Gleitschiene**
Für Nockenwellen-Steuerkette.

11 – **Nockenwellengehäuse**

12 – **Nockenwellen-Steuerkette**
Vor dem Ausbau Laufrichtung mit Farbe kennzeichnen.

13 – **Gleitschiene**
Für Nockenwellen-Steuerkette.

14 – **Führungsbolzen, 20 Nm**

15 – **Kurbelwellen-Kettenrad**

Zylinderkopf – Detailübersicht

2,0-l-Benzinmotor

Achtung: Ein korrekter **Aus- und Einbau** des **Zylinderkopfes** ist nur mit den Angaben auf dieser Seite **nicht möglich.**

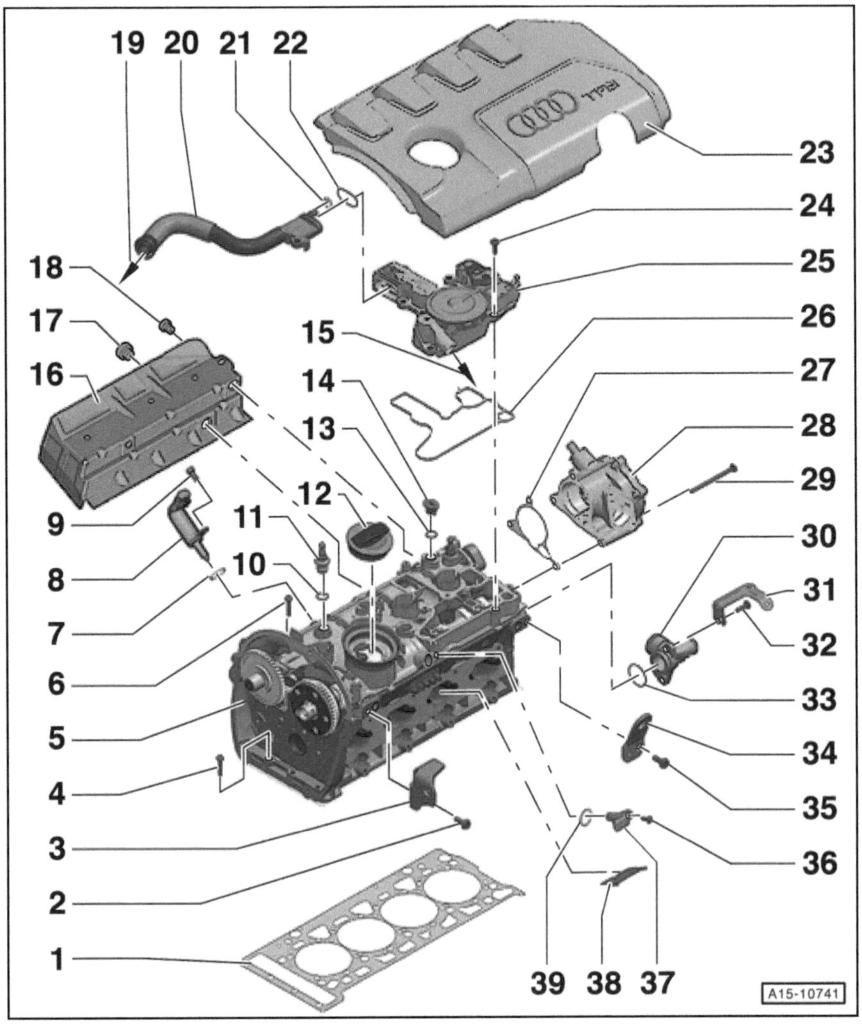

1 – **Zylinderkopfdichtung**
Einbaulage beachten. Teile-Nr. zeigt zum Zylinderkopf.

2 – **Schraube, 25 Nm**

3 – **Transportlasche**

4 – **Schraube, 8 Nm + 90°**
In 2 Stufen festziehen.

5 – **Zylinderkopf**

6 – **Zylinderkopfschraube**
Immer ersetzen.
In richtiger Reihenfolge lösen und anziehen.
In 3 Stufen festziehen:
1. Stufe: 40 Nm,
2. Stufe: mit starrem Schlüssel **90°** weiterdrehen,
3. Stufe: mit starrem Schlüssel **90°** weiterdrehen.

7 – **O-Ring**
Immer ersetzen. Mit sauberem Motoröl bestreichen.

8 – **Stellelement**
Für Nockenwellenverstellung.

9 – **Schraube, 5 Nm**

10 – **O-Ring**
Immer ersetzen. Mit sauberem Motoröl bestreichen.

11 – **Verschlussstopfen, 5 Nm**
Mit Kugelkopf für obere Motorabdeckung.

12 – **Öleinfülldeckel**
Mit Dichtung.

13 – **O-Ring**
Immer ersetzen. Mit sauberem Motoröl bestreichen.

14 – **Verschlussstopfen**

15 – **zum Saugrohr**

16 – **Wärmeabschirmblech**

17 – **Schraube, 20 Nm**

18 – **Schraube, 20 Nm**

19 – **zum Ansaugrohr/Abgasturbolader**

20 – **Entlüftungsrohr**

21 – **O-Ring**
Kein Ersatzteil.

22 – **Dichtung**
Kein Ersatzteil.

23 – **Obere Motorabdeckung**

24 – **Schraube**
Anzugsreihenfolge einhalten, siehe Abbildung U-1067.

25 – **Kurbelgehäuseentlüftung**
Anzugsreihenfolge für Kurbelgehäuseentlüftung:

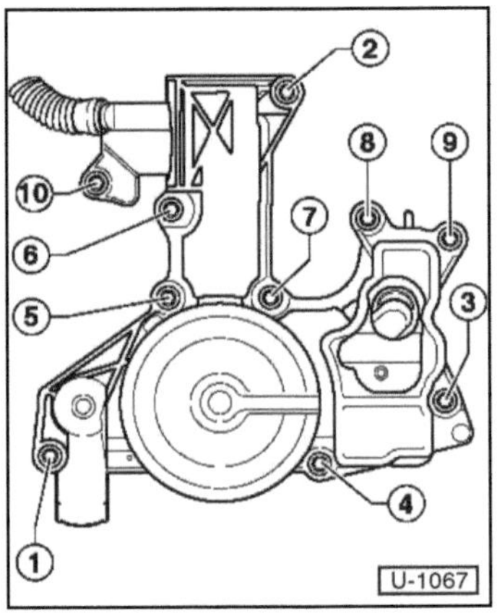

Schrauben für die Kurbelgehäuseentlüftung in der Reihenfolge von 1 bis 10 mit **11 Nm** festziehen.

26 – **Dichtung**
Kein Ersatzteil.

27 – **Dichtung**
Bei Beschädigung ersetzen.

28 – **Vakuumpumpe**

29 – **Schraube**

30 – **Anschlussstutzen**

31 – **Halteblech**

32 – **Schraube, 9 Nm**

33 – **O-Ring**
Immer ersetzen.
Mit sauberem Kühlmittel bestreichen.

34 – **Transportlasche**

35 – **Schraube, 25 Nm**

36 – **Schraube, 9 Nm**

37 – **Hallgeber**

38 – **Trennplatte**

39 – **O-Ring**
Immer ersetzen. Mit sauberem Motoröl bestreichen.

2,0-l-Dieselmotor

Der **4-Ventil-Dieselmotor** hat einen Aluminium-Zylinderkopf mit 2 Auslass- und 2 Einlassventilen je Zylinder. Die Ventile sind senkrecht stehend angeordnet und werden von 2 obenliegenden Nockenwellen über Rollenschlepphebel betätigt. Die Schlepphebel stützen sich auf hydraulische Ausgleichselemente, die jegliches Ventilspiel ausgleichen.

Die Einlass-Nockenwelle wird über einen Zahnriemen ebenso von der Motor-Kurbelwelle angetrieben wie die Hochdruckpumpe für die Common-Rail-Einspritzung.

Die Einlass-Nockenwelle übernimmt neben der Steuerung der Einlassventile über eine Schrägverzahnung den Antrieb der Auslass-Nockenwelle, die ihrerseits die Vakuumpumpe antreibt. Die Vakuumpumpe ist an der hinteren Stirnseite des Zylinderkopfs angeflanscht und erzeugt den Unterdruck für den Bremskraftverstärker.

Zahnriementrieb

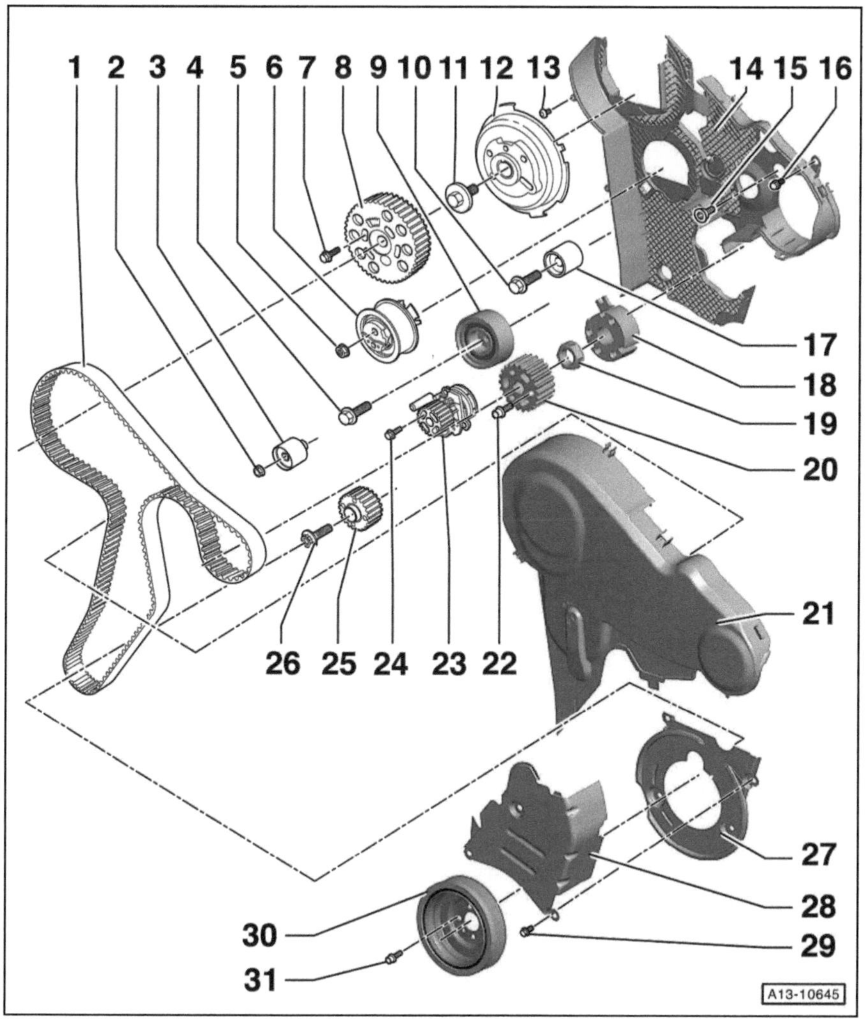

1 – **Zahnriemen**
Vor dem Ausbau Laufrichtung kennzeichnen.

2 – **Mutter, 20 Nm**

3 – **Umlenkrolle**

4 – **Schraube, 50 Nm + 90°**
Immer ersetzen. In 2 Stufen festziehen.

5 – **Mutter, 20 Nm + 45°**
Immer ersetzen. In 2 Stufen festziehen.

6 – **Spannrolle**

7 – **Schraube, 20 Nm + 45°**
Immer ersetzen. In 2 Stufen festziehen.

8 – **Nockenwellenrad**

9 – **Umlenkrolle**

10 – **Schraube, 20 Nm**

11 – **Schraube, 100 Nm**

12 – **Nabe**
Zum Lösen und Anziehen Gegenhalter VW/AUDI-T10051, zum Abziehen VW/AUDI-T10052 verwenden.

13 – **Schraube, 5 Nm**

14 – **Zahnriemenabdeckung hinten**

15 – **Schraube, 20 Nm**

16 – **Schraube, 5 Nm**

17 – **Umlenkrolle**

18 – **Nabe**
Mit Geberring.
Zum Lösen und Anziehen Gegenhalter VW/AUDI-T10051, zum Abziehen VW/AUDI-T40064 verwenden.

19 – **Mutter, 100 Nm**

20 – **Zahnriemenrad Hochdruckpumpe**

21 – **Zahnriemen-Abdeckung oben**

22 – **Schraube, 20 Nm + 90°**
Immer ersetzen.

23 – **Kühlmittelpumpe**

24 – **Schraube, 15 Nm**

25 – **Kurbelwellen-Zahnriemenrad**

26 – **Schraube, 120 Nm + 90°**
Immer ersetzen.
Zum Lösen und Anziehen Gegenhalter VW/AUDI-3099 verwenden.
Gewinde und Bund auf keinen Fall zusätzlich ölen oder fetten.
Das Weiterdrehen um 90° kann in mehreren Stufen erfolgen.

27 – **Zahnriemen-Abdeckung unten**

28 – **Zahnriemen-Abdeckung Mitte**

29 – **Schraube, 10 Nm**

30 – **Kurbelwellen-Riemenscheibe/ Schwingungsdämpfer**
Die Montage ist nur in einer Stellung möglich.

31 – **Schraube, 10 Nm + 90°**
Immer ersetzen.

Keilrippenriemen – Detailübersicht

1,8-/2,0-l-TFSI-Benzinmotor

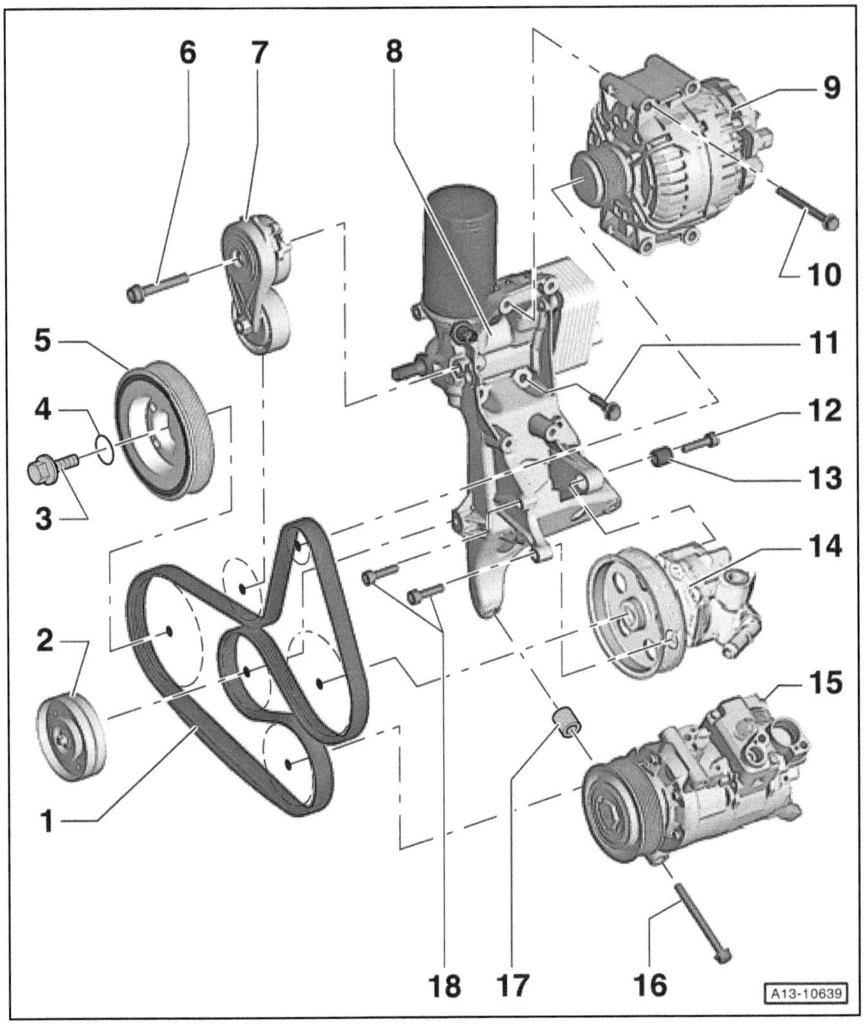

1 – Keilrippenriemen
Vor dem Ausbau Laufrichtung mit Kreide oder Filzstift durch einen Pfeil kennzeichnen. Auf Verschleiß prüfen. Nicht knicken. Beim Einbau auf korrekten Sitz auf den Riemenscheiben achten.
Achtung: Wird ein bereits gelaufener Keilrippenriemen in umgekehrter Laufrichtung wieder eingebaut, kann das im späteren Fahrbetrieb zur Zerstörung des Keilrippenriemens führen.

2 – Umlenkrolle, 20 Nm

3 – Schraube, 150 Nm + 90°
Immer ersetzen. In 2 Stufen festziehen. Zum Lösen und Festziehen Gegenhalter VW/AUDI-T10355 verwenden. **Achtung:** Um die Steuerzeiten nicht zu verstellen, darf die Kurbelwelle bei ausgebauter Schraube nicht verdreht werden. Verstellte Steuerzeiten können bei laufendem Motor zu schweren Beschädigungen führen.

4 – O-Ring
Immer ersetzen.

5 – Kurbelwellen-Riemenscheibe/ Schwingungsdämpfer
Kann nur in einer Stellung montiert werden. **Achtung:** Um die Steuerzeiten nicht zu verstellen, darf die Kurbelwelle bei ausgebauter **Kurbelwellen-Riemenscheibe** nicht aus der OT-Stellung verdreht werden. Verstellte Steuerzeiten können bei laufendem Motor zu schweren Beschädigungen führen.

6 – Schraube, 40 Nm

7 – Spannvorrichtung
Für Keilrippenriemen.
Zum Entspannen mit Schlüssel schwenken.
Mit Absteckwerkzeug VW/AUDI-T40098 arretieren.

8 – Halter für Nebenaggregate
Mit Ölfilter und Ölkühler.

9 – Generator

10 – Schraube, 23 Nm

11 – Schraube, 20 Nm + 90°
In 2 Stufen anziehen. Anzugsreihenfolge beachten, siehe Abbildung A13-10378 auf Seite 213.

12 – Schraube, 25 Nm

13 – Hülse

14 – Servopumpe
Für Lenkunterstützung.

15 – Klimakompressor
Achtung: Kältemittelleitungen nicht abschrauben oder trennen, da das Kältemittel bei Hautberührung Erfrierungen hervorrufen kann. Bei austretendem Kältemittel besteht außerdem am Boden beziehungsweise in unteren Räumen Erstickungsgefahr. Das Kältemittelgas ist nicht wahrnehmbar.

16 – Schraube, 25 Nm

17 – Passhülse
Für Klimakompressor.

18 – Schraube, 22 Nm

Keilrippenriemen aus- und einbauen

Der Keilrippenriemen treibt sämtliche Nebenaggregate an. Das sind je nach Ausstattung und Motor: Generator (Lichtmaschine), Servopumpe für Lenkunterstützung und Klimakompressor. Der Keilrippenriemen wird durch eine Spannrolle gespannt. Die Spannung muss im Rahmen der Wartung nicht geprüft werden

Achtung: Wird der alte, gelaufene Keilrippenriemen wieder eingebaut, vor dem Ausbau Laufrichtung des Keilrippenriemens kennzeichnen. Dazu mit Filz- oder Fettstift auf dem Riemen einen Pfeil in Laufrichtung anbringen. **Der Motor dreht rechtsherum, von der Keilrippenriemenseite aus gesehen, also im Uhrzeigersinn.** Ein Einbau entgegen der bisherigen Laufrichtung erhöht den Verschleiß des Riemens oder kann diesen nach kurzer Zeit zerstören.

Hinweis: Seit November 2011 hat der A4 anstelle der **hydraulischen Lenkhilfe** eine **elektromechanische Servolenkung**. In den Abbildungen wird vorwiegend die Ausführung mit hydraulischer Servopumpe dargestellt. Die Arbeitsschritte sind allerdings für beide Ausführungen gleich.

1,8-/2,0-l-TFSI-Benzinmotor

Ausbau

- Laufrichtung auf dem Keilrippenriemen markieren.

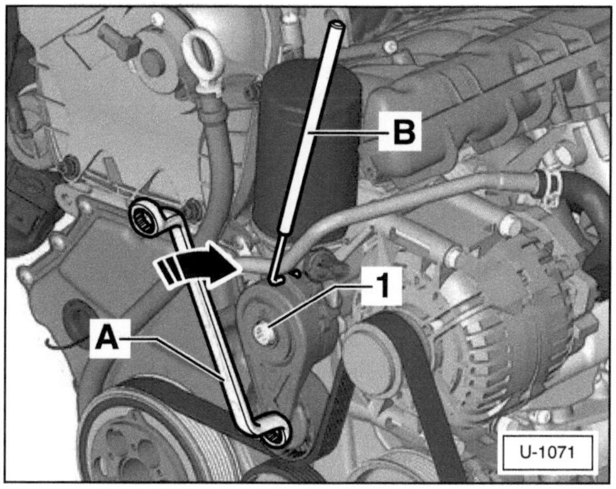

- Spannvorrichtung –1– mit einem Ringschlüssel –A– in Pfeilrichtung drehen, bis sich der Absteckdorn –B– einsetzen läßt. Dadurch wird der Keilrippenriemen entspannt.
- Absteckdorn –B–, zum Beispiel VW/AUDI-Werkzeug T40098, in die Bohrung einsetzen und Spannvorrichtung arretieren.
- Keilrippenriemen abnehmen.

Einbau

Achtung: Wird der bisherige Riemen wieder eingebaut, Markierung der Laufrichtung beachten.

Achtung: Wurden bei ausgebautem Keilrippenriemen Nebenaggregate abgebaut, vor dem Auflegen den festen Sitz der Nebenaggregate prüfen.

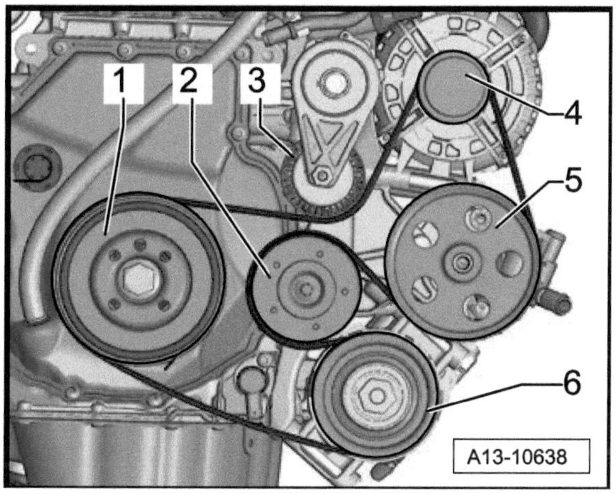

1 – Kurbelwellen-Riemenscheibe/Schwingungsdämpfer
2 – Umlenkrolle
3 – Spannelement
4 – Generator (Lichtmaschine)
5 – Servopumpe für Lenkunterstützung
6 – Klimakompressor

- Keilrippenriemen auflegen, dabei an der Kurbelwellen-Riemenscheibe –1– beginnen.
- Spannrolle mit Schraubenschlüssel etwas in Pfeilrichtung drehen, Arretierstift herausnehmen und Spanner langsam zurückschwenken, siehe Abbildung U-1063.
- Prüfen, ob der Keilrippenriemen in sämtlichen Riemenscheiben bündig sitzt.
- Motor starten und sichtprüfen, ob der Keilrippenriemen parallel zu den Riemenscheiben läuft.

3,0-/3,2-l-FSI-Benzinmotor

Ausbau

- **3,0-l-Motor:** Keilrippenriemen für Kompressor ausbauen, siehe Seite 208.
- Untere Motorraumabdeckung ausbauen, siehe Seite 282.
- Laufrichtung auf dem Keilrippenriemen markieren.

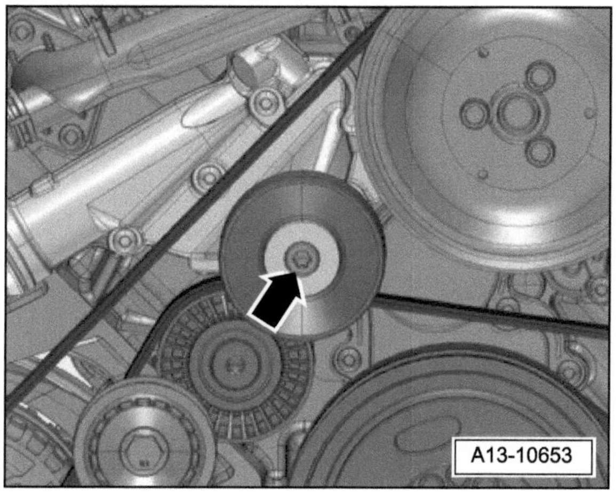

- **3,0-l-Motor:** Schraube –Pfeil– herausdrehen und gemeinsam mit Umlenkrolle abnehmen. Gegebenenfalls vorher Abdeckkappe abhebeln.

- Spannvorrichtung –1– mit einem Ringschlüssel –A– in Pfeilrichtung drehen und dadurch den Keilrippenriemen –2– entspannen.
- Keilrippenriemen abnehmen. Spannvorrichtung langsam zurückschwenken.

Einbau

Achtung: Wird der bisherige Riemen wieder eingebaut, Markierung der Laufrichtung beachten.

Achtung: Wurden bei ausgebautem Keilrippenriemen Nebenaggregate abgebaut, vor dem Auflegen den festen Sitz der Nebenaggregate prüfen.

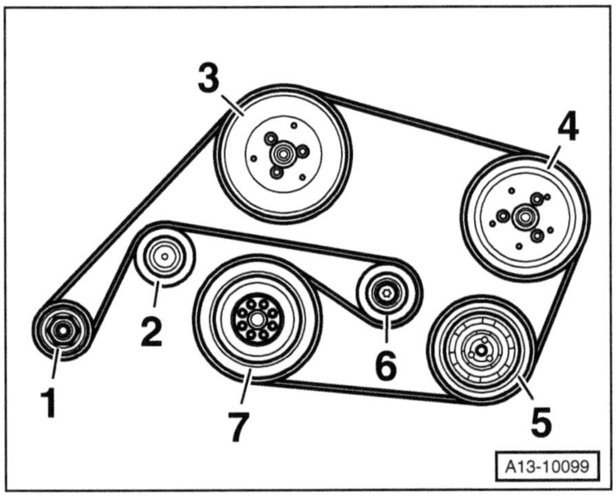

1 – Generator (Lichtmaschine)
2 – Umlenkrolle
3 – Kühlmittelpumpe
4 – Servopumpe für Lenkunterstützung
5 – Klimakompressor
6 – Spannelement
7 – Kurbelwellen-Riemenscheibe/Schwingungsdämpfer

- Keilrippenriemen in der angegebenen Reihenfolge auflegen, dabei an der Kurbelwellen-Riemenscheibe –7– beginnen.
- **3,0-l-Motor:** Umlenkrolle mit **40 Nm** anschrauben und Abdeckkappe aufdrücken.
- Spannrolle mit Schraubenschlüssel in Pfeilrichtung drehen und Keilrippenriemen über Spannrolle und Kurbelwellen-Riemenscheibe legen.
- Spannrolle zurück schwenken. Dabei wird der Keilrippenriemen durch die Federkraft der Spannvorrichtung gespannt.
- Prüfen, ob der Keilrippenriemen in sämtlichen Riemenscheiben bündig sitzt.
- **3,0-l-Motor:** Keilrippenriemen für Kompressor einbauen, siehe Seite 208.
- Untere Motorraumabdeckung einbauen, siehe Seite 282.
- Motor starten und sichtprüfen, ob der Keilrippenriemen parallel zu den Riemenscheiben läuft.
- **3,0-l-Motor:** Vordere obere Motorabdeckung einbauen.

4,2-l-Benzinmotor

Ausbau

- Untere Motorraumabdeckung ausbauen, siehe Seite 282.

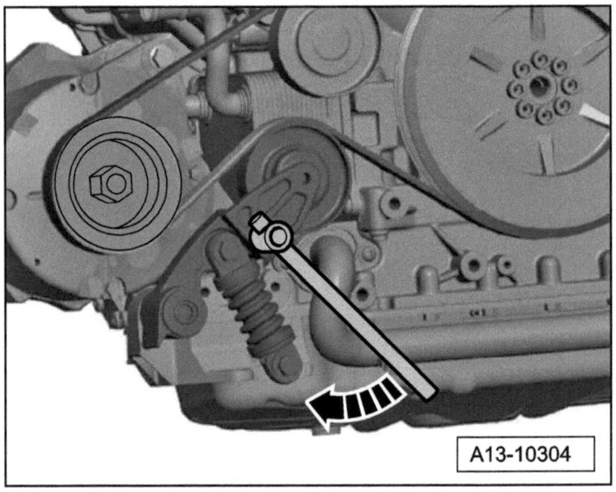

- Spannelement –1– mit geeigneter Stecknuss in Pfeilrichtung schwenken und dadurch Keilrippenriemen entspannen.
- Keilrippenriemen abnehmen und Spannelement entlasten.

Einbau

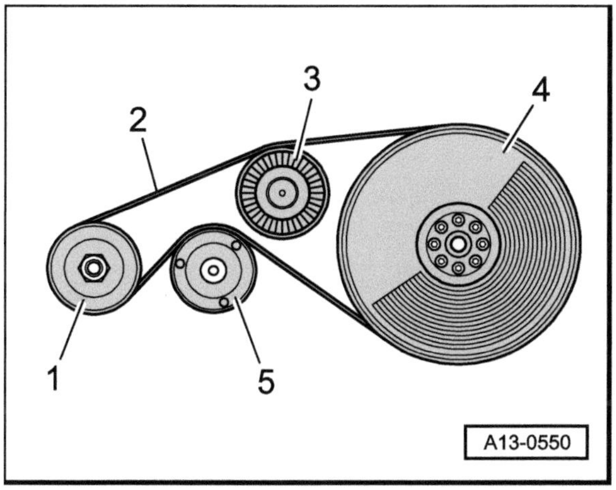

- Keilrippenriemen –2– in der angegebenen Reihenfolge von –1–, –3–, –4– über die Keilrippenriemenscheiben legen.

1 – Generator
2 – Keilrippenriemen
3 – Umlenkrolle
4 – Schwingungsdämpfer (Kurbelwellenriemenscheibe)
5 – Spannelement

- Spannelement –5– spannen, Keilrippenriemen über die Spannrolle legen und Spannrolle wieder entspannen.
- Anschließend korrekten Sitz des Keilrippenriemens auf den Keilrippenriemenscheiben prüfen.
- Untere Motorraumabdeckung ausbauen, siehe Seite 282.
- Motor starten und Keilrippenriemenlauf sichtprüfen.

2,0-l-TDI-Dieselmotor

Ausbau

- Laufrichtung auf dem Keilrippenriemen markieren.
- Obere Motorabdeckung ausbauen, siehe Seite 197.

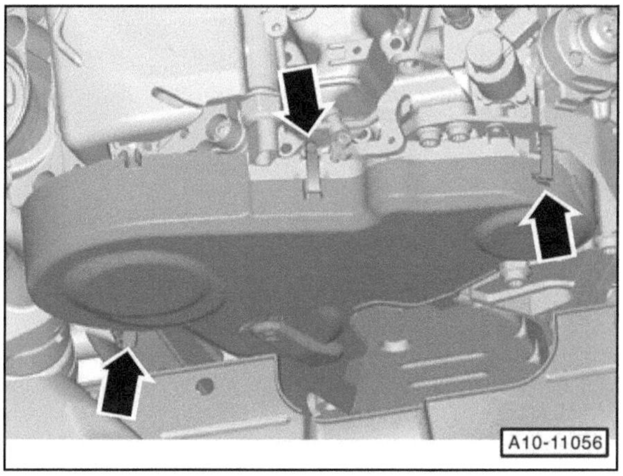

- Klammern –Pfeile– öffnen und obere Zahnriemen-Abdeckung abnehmen.

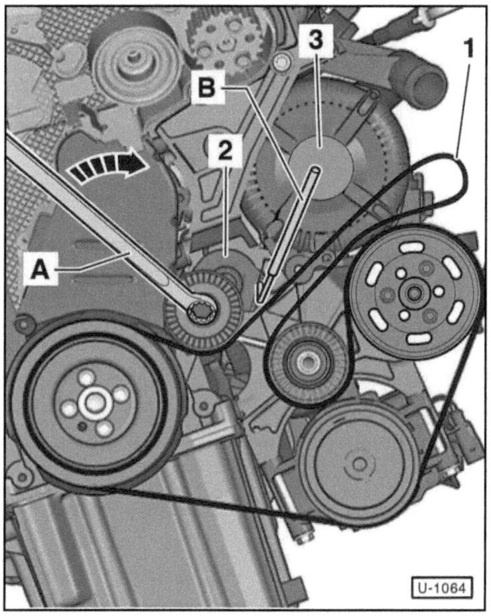

- Spannvorrichtung –2– mit einem Ringschlüssel –A– in Pfeilrichtung drehen, bis sich der Absteckdorn –B– einsetzen läßt. Dadurch wird der Keilrippenriemen entspannt.
- Absteckdorn –B–, zum Beispiel VW/AUDI-Werkzeug T40098, in die Bohrung einsetzen und Spannvorrichtung arretieren.
- Keilrippenriemen –1– zunächst von der Generator-Riemenscheibe –3– und dann von den restlichen Riemenscheiben abnehmen.

Einbau

Achtung: Wird der bisherige Riemen wieder eingebaut, Markierung der Laufrichtung beachten.

Achtung: Wurden bei ausgebautem Keilrippenriemen Nebenaggregate abgebaut, vor dem Auflegen den festen Sitz der Nebenaggregate prüfen.

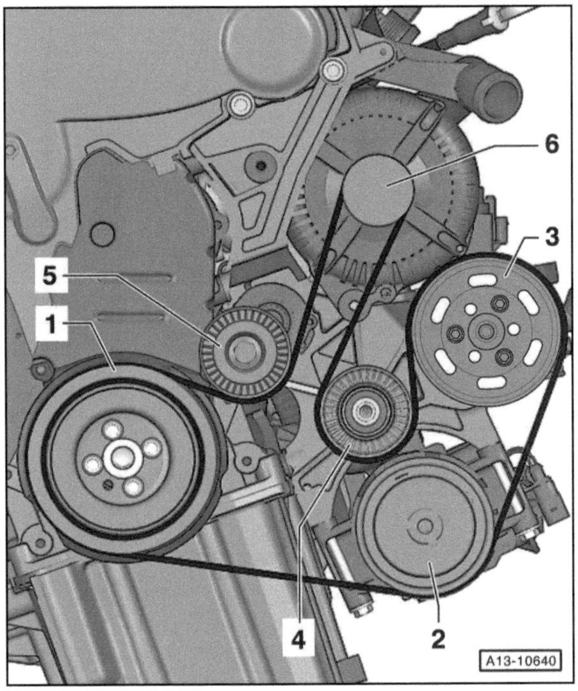

1 – **Kurbelwellen-Riemenscheibe/Schwingungsdämpfer**
2 – **Klimakompressor**
3 – **Servolenkpumpe**
4 – **Umlenkrolle**
5 – **Spannelement**
6 – **Generator (Lichtmaschine)**

- Keilrippenriemen auflegen, dabei an der Kurbelwellen-Riemenscheibe –1– beginnen.
- Spannrolle mit Schraubenschlüssel etwas in Pfeilrichtung drehen, Arretierstift herausnehmen und Spanner langsam zurückschwenken, siehe Abbildung U-1064.
- Prüfen, ob der Keilrippenriemen in sämtlichen Riemenscheiben bündig sitzt.
- Motor starten und sichtprüfen, ob der Keilrippenriemen parallel zu den Riemenscheiben läuft.
- Obere Motorabdeckung einbauen, siehe Seite 197.

2,7-/3,0-l-Dieselmotor bis 10/12

Ausbau

- Untere Motorraumabdeckung ausbauen, siehe Seite 282.
- Laufrichtung auf dem Keilrippenriemen markieren.

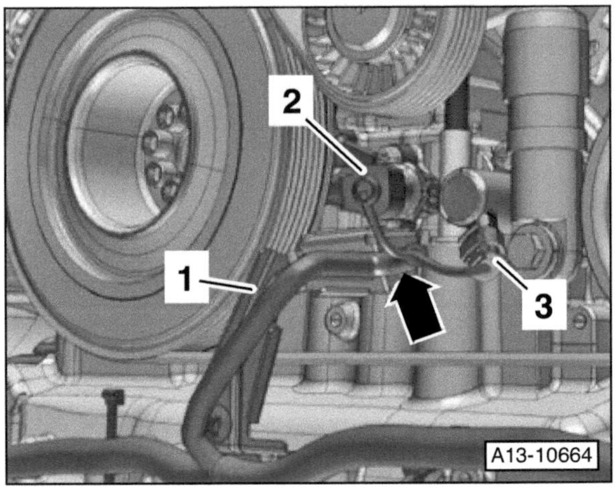

- Fahrzeuge mit Halter für Leitungsstrang: Stecker –2– und –3– abziehen.
- Schraube –Pfeil– herausdrehen und Halter –1– mit Leitungsstrang zur Seite legen.

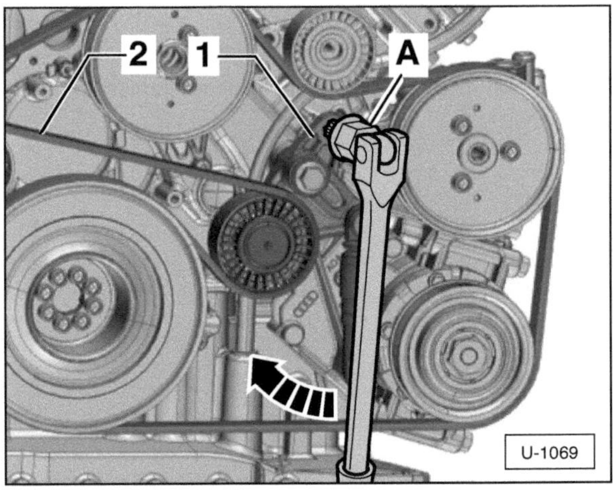

- Spannvorrichtung –1– mit einem Innentorxeinsatz T60 –A– und Gelenkschlüssel –B– in Pfeilrichtung drehen und dadurch den Keilrippenriemen –2– entspannen.
- Keilrippenriemen abnehmen. Spannvorrichtung langsam zurückschwenken.

Einbau

Achtung: Wird der bisherige Riemen wieder eingebaut, Markierung der Laufrichtung beachten.

Achtung: Wurden bei ausgebautem Keilrippenriemen Nebenaggregate abgebaut, vor dem Auflegen den festen Sitz der Nebenaggregate prüfen.

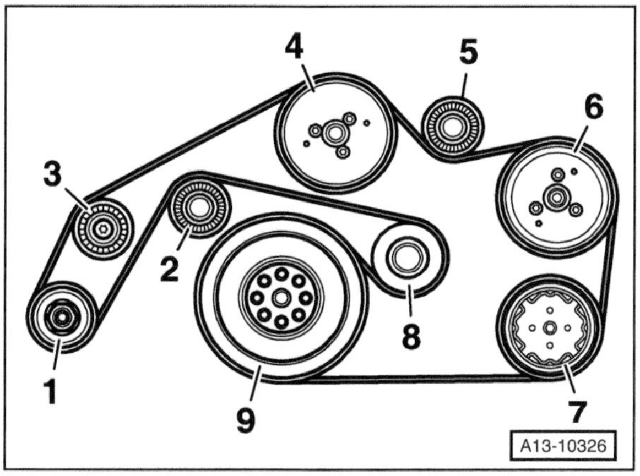

1 – **Generator (Lichtmaschine)**
2 – **Umlenkrolle rechts**
3 – **Umlenkrolle am Halter für Generator**
4 – **Kühlmittelpumpe**
5 – **Umlenkrolle links**
Nicht bei allen Ausstattungen vorhanden.
6 – **Servopumpe für Lenkunterstützung**
7 – **Klimakompressor**
8 – **Spannelement**
9 – **Kurbelwellen-Riemenscheibe/Schwingungsdämpfer**

- Keilrippenriemen über die Riemenscheiben auflegen.
- Spannrolle mit Torxschlüssel in Pfeilrichtung drehen und Keilrippenriemen über die Spannrolle legen.
- Spannrolle zurück schwenken. Dabei wird der Keilrippenriemen durch die Federkraft der Spannvorrichtung gespannt.
- Prüfen, ob der Keilrippenriemen in sämtlichen Riemenscheiben bündig sitzt.
- Motor starten und sichtprüfen, ob der Keilrippenriemen parallel zu den Riemenscheiben läuft.
- Untere Motorraumabdeckung einbauen, siehe Seite 282.

3,0-l-Dieselmotor ab 11/12

Ausbau

- Obere Motorraumabdeckung ausbauen, siehe Seite 197.

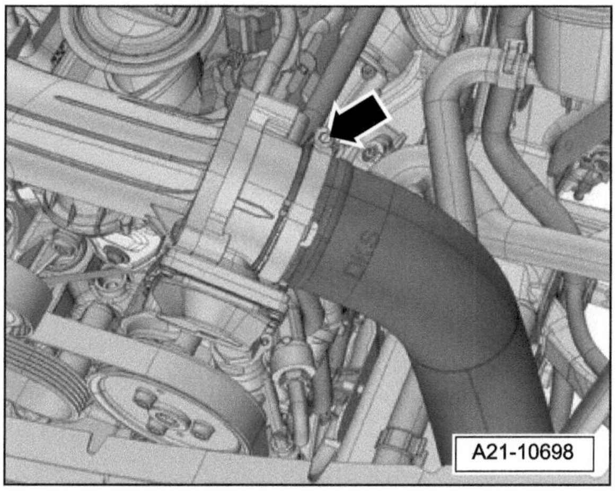

- Schlauchschelle –Pfeil– öffnen und zurückschieben. Luftführungsschlauch abziehen.

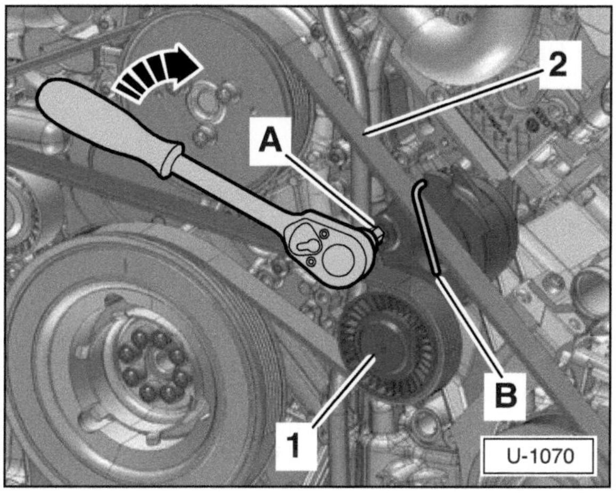

- Spannvorrichtung –1– mit einem Innentorxeinsatz T60 –A– in Pfeilrichtung drehen und dadurch den Keilrippenriemen –2– entspannen.
- Spannvorrichtung mit dem Dorn –B–, zum Beispiel VW/AUDI-T10060A oder einem geeigneten Bohrerschaft, arretieren
- Keilrippenriemen abnehmen.

Einbau

- Der Einbau erfolgt in umgekehrter Ausbaureihenfolge. Dabei Folgendes beachten:

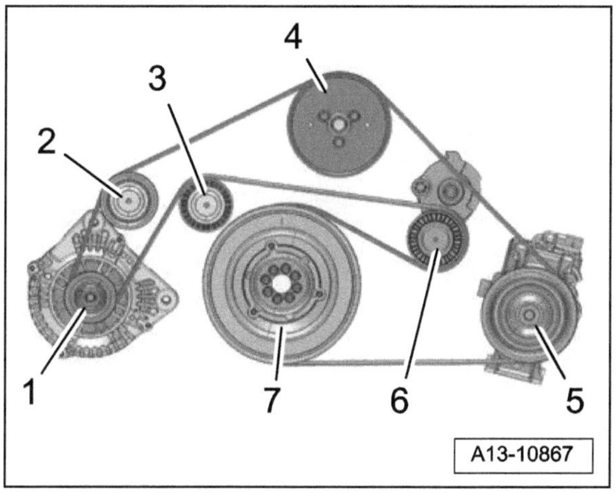

- Keilrippenriemen in der angegebenen Reihenfolge von –1– bis –7– über die Keilrippenriemenscheiben legen.

1 – **Drehstromgenerator**
2 – **Umlenkrolle**
3 – **Umlenkrolle**
4 – **Kühlmittelpumpe**
5 – **Klimakompressor**
6 – **Spannelement für Keilrippenriemen**
7 – **Schwingungsdämpfer (Kurbelwellenriemenscheibe)**

Hinweis: Beim Einbau des Keilrippenriemens auf korrekten Sitz auf den Keilrippenriemenscheiben achten.

- Motor starten und Keilrippenriemenlauf sichtprüfen.

Keilrippenriemen für Kompressor aus- und einbauen

3,0-l-FSI-Benzinmotor

Ausbau

- Vordere obere Motorabdeckung nach oben abziehen, siehe Seite 197.
- Vordere untere Motorraumabdeckung ausbauen, siehe Seite 282.

Achtung: Wenn der gebrauchte Keilrippenriemen wieder eingebaut wird, unbedingt vor dem Ausbau die Laufrichtung des Riemens durch einen Pfeil auf dem Riemen mit Kreide oder Filzstift markieren. Bei Einbau in umgekehrter Laufrichtung wird der Riemen nach einiger Laufzeit zerstört.

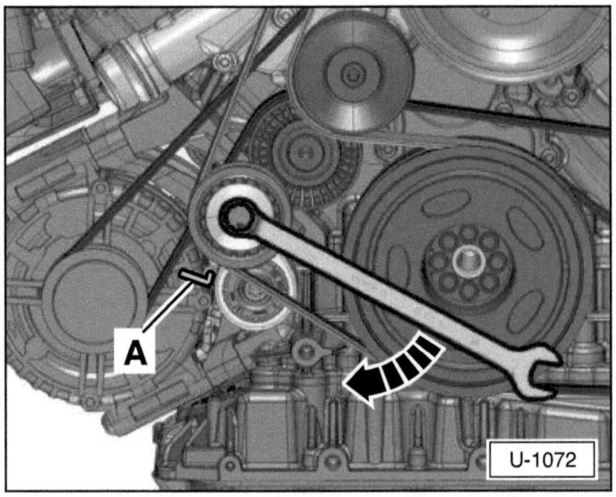

- Spannelement mit einem Ringschlüssel im Uhrzeigersinn –Pfeil– schwenken.
- Spannelement mit dem Absteckdorn –A–, zum Beispiel VW/AUDI-T10060 A oder einem geeigneten Bohrerschaft, arretieren.
- Ringschlüssel abnehmen.
- Keilrippenriemen von den Riemenscheiben abnehmen.

Einbau

- Der Einbau erfolgt in umgekehrter Ausbaureihenfolge, dabei Folgendes beachten:

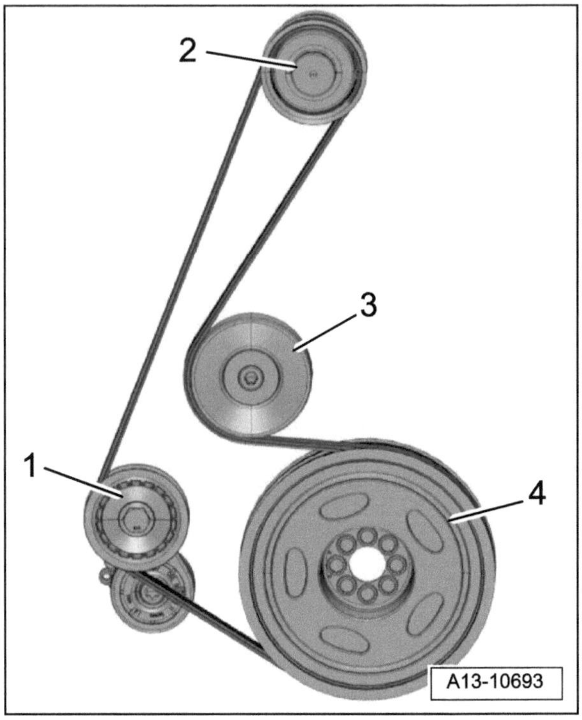

- Keilrippenriemen über die Keilrippenriemenscheiben legen, wie in der Abbildung gezeigt:

1 – Spannelement **3 – Umlenkrolle**
2 – Kompressor **4 – Schwingungsdämpfer**

- Spannelement mit einem Ringschlüssel etwas im Uhrzeigersinn, dadurch Arretierdorn entlasten und herausnehmen.
- Spannelement langsam zurückdrehen und dadurch Keilrippenriemen spannen.
- Vordere untere Motorraumabdeckung einbauen und Fahrzeug ablassen.
- Motor starten und Keilrippenriemenlauf sichtprüfen.
- Motor abstellen und vordere, obere Motorabdeckung einbauen, siehe Seite 197.

Motor starten

- **Schaltgetriebe:** Bremse treten, Kupplung ganz durchtreten und halten, Schaltgetriebe in Leerlauf schalten. Besonders bei niedrigen Außentemperaturen erleichtert eine betätigte Kupplung das Starten, da die Reibung vom Getriebe entfällt.
- **Automatikgetriebe:** Wählhebel in »P« oder »N« stellen. Fußbremse treten und halten.

Achtung: Anlasser nicht länger als 30 Sekunden ununterbrochen betätigen, sonst können Anlasser und Verkabelung überhitzen.

- Zündschlüssel drücken und Anlasser betätigen. Springt der Motor nach kurzer Zeit nicht an, wird der Startvorgang automatisch abgebrochen.
- Grundsätzlich sofort losfahren, nur bei strengem Frost Motor ca. 30 Sekunden warm laufen lassen.

Achtung: Vergebliche Startversuche hintereinander können den Katalysator schädigen, da unverbrannter Kraftstoff in den Katalysator gelangt und bei Erwärmung explosionsartig verbrennt.

- **Bei kaltem Dieselmotor** startet der Motor zeitverzögert, da zunächst automatisch vorgeglüht wird. In diesem Fall leuchtet die Vorglühkontrollleuchte im Kombiinstrument. Springt der Motor nicht an, Startvorgang nach ca. 10 Sekunden abbrechen. Nach etwa einer halben Minute Startvorgang wiederholen.

Hinweis: Aufgrund der guten Kaltstarteigenschaften des **Diesel-Direkteinspritzers**, braucht in der Regel erst bei Außentemperaturen unter 0° C vorgeglüht zu werden.

Wurde der Tank völlig leergefahren, dauert der Anlassvorgang nach dem Tanken deutlich länger (bis zu 1 Minute), da hierbei die Kraftstoffanlage entlüftet wird.

Störungsdiagnose Motor

Benzinmotor: Wenn der Benzinmotor nicht anspringt, Fehler systematisch einkreisen. Damit der Motor überhaupt anspringen kann, müssen immer zwei Grundvoraussetzungen erfüllt sein: Kraftstoff und Verbrennungsluft müssen bis in die Zylinder gelangen und der Zündfunke muss an den Zündkerzenelektroden überschlagen. Als Erstes ist deshalb immer zu prüfen, ob überhaupt Kraftstoff gefördert wird. Wie man dabei vorgeht, steht in den Kapiteln »Kraftstoffanlage« und »Motormanagement«. Störungen in der Steuerelektronik lassen sich nur noch mit speziellen Messgeräten herausfinden.

Beim Dieselmotor Vorglüh- und Kraftstoffanlage prüfen.

Störung: Der Motor springt schlecht oder gar nicht an.

Ursache	Abhilfe
Sicherung defekt für: – Elektrische Kraftstoffpumpe, – Elektronische Einspritzanlage, – Vorglühanlage.	■ Sicherung prüfen, siehe »Elektrische Anlage«.
Benzinmotor: Zündanlage defekt.	■ Systemprüfung des Motormanagements (Werkstattarbeit).
Fehler im Motormanagement.	■ Motormanagement prüfen lassen (Werkstattarbeit).
Kraftstoffanlage defekt, verschmutzt.	■ Kraftstoffpumpe und -leitungen überprüfen.
Anlasser dreht zu langsam.	■ Batterie laden. Anlasserstromkreis überprüfen. Korrodierte Anschlüsse reinigen.
Zylinderkopfdichtung defekt.	■ Dichtung ersetzen.

Motor-Schmierung

Für die Motor-Schmierung sind **Mehrbereichsöle** vorgeschrieben, so dass ein jahreszeitbedingter Ölwechsel (Sommer/Winter) nicht erforderlich ist. Mehrbereichsöle bauen auf einem dünnflüssigen Einbereichsöl auf (zum Beispiel: 10 W) und werden durch so genannte »Viskositätsindexverbesserer« im heißen Zustand stabilisiert. Dadurch ist sowohl für den kalten wie auch für den heißen Motor die richtige Schmierfähigkeit gegeben.

Die SAE-Bezeichnung gibt die Viskosität des Motoröls an. **SAE** = **S**ociety of **A**utomotive **E**ngineers.

Beispiel: SAE 10 W 40:

10 – Viskosität des Öls in kaltem Zustand. Je kleiner die Zahl, desto dünnflüssiger ist das kalte Motoröl.

W – Das Motoröl ist wintertauglich.

40 – Viskosität des Öls in heißem Zustand. Je größer die Zahl, desto dickflüssiger ist das heiße Motoröl.

Longlife-Motoröl

Die AUDI-A4-Motoren sind werksseitig mit einem Longlife-Motoröl befüllt. Das Longlife-Motoröl ist ein Mehrbereichsöl, das durch spezielle Zusätze auf hohe Alterungsbeständigkeit und daher für lange Motoröl-Wechselintervalle ausgelegt ist. Beim Nachfüllen von Motoröl und beim Ölwechsel darf nur Longlife-Motoröl nach VW/AUDI-Norm verwendet werden, damit die 2-Jahres-Wartungsintervalle eingehalten werden können.

Zuordnung der VW/AUDI-**Longlife**-Motoröl-Normen:
Benzinmotor: VW 504 00, alternativ 503 00
Dieselmotor: VW 507 00

Achtung: Bei Fahrzeugen mit Dieselpartikelfilter darf nur ein Motoröl gemäß »VW 507 00« verwendet werden.

Wenn beim Benzinmotor handelsübliches Motoröl nach VW/AUDI-Norm verwendet wird, müssen die Wartungsintervalle auf 12 Monate/15.000 km umgestellt werden (Werkstattarbeit).

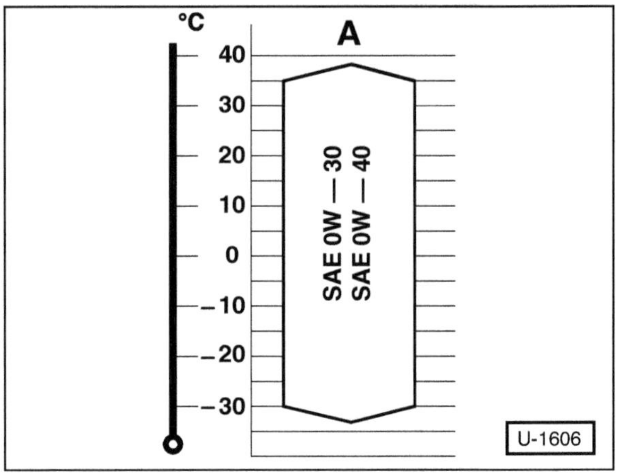

A – Longlifeöle gemäß VW-Norm.

Hinweis: Bei Fahrzeugen **mit** Longlife-Service empfiehlt es sich, für längere Fahrten oder Fahrten ins Ausland das vorgeschriebene Motoröl im Kofferraum mitzuführen.

Handelsübliches Mehrbereichs-Motoröl

Für den AUDI A4 mit Benzinmotor kann auch handelsübliches Mehrbereichs-Motoröl verwendet werden. Das Öl sollte dann der VW-Norm 502 00 entsprechen. Gleichzeitig muss das Wartungssystem auf »feste« Ölwechselintervalle von 12 Monaten oder 15.000 km umgestellt wurde (Werkstattarbeit).

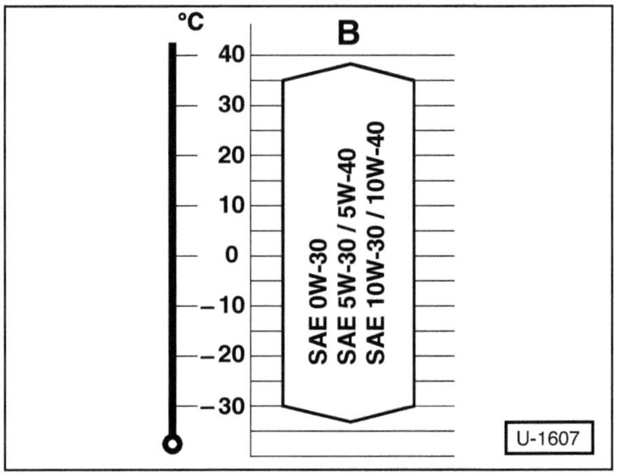

B – Mehrbereichs-Leichtlauföl gemäß VW-Norm 502 00.

Allgemeine Spezifikation des Motoröls

Für den AUDI A4 ist ausschließlich Motoröl entsprechend der jeweiligen VW/AUDI-Motoröl-Norm vorgeschrieben. In diesem Abschnitt werden lediglich die Bezeichnungen der allgemeinen Öl-Normen erläutert.

Die Klassifikation der Motoröle amerikanischer Ölhersteller erfolgt nach dem **API**-System (**A**merican **P**etroleum **I**nstitut):

Die Kennzeichnung erfolgt durch jeweils zwei Buchstaben. Der erste Buchstabe gibt den Anwendungsbereich an: **S** = Service, für **Ottomotoren** geeignet; **C** = Commercial, für **Dieselmotoren** geeignet. Der zweite Buchstabe gibt die Qualität in alphabetischer Reihenfolge an. Von höchster Qualität sind Öle der API-Spezifikation **SL** für Ottomotoren und **CF** für Dieselmotoren.

Europäische Ölhersteller klassifizieren ihre Öle nach der »**ACEA**«**-Spezifikation** (**A**ssociation des **C**onstructeurs **Européens** d'**A**utomobiles), die vor allem die europäische Motorentechnologie berücksichtigt. Öle für PKW-Benzinmotoren haben die ACEA-Qualitätsklassen A1-98 bis A3-98; Dieselmotoröle von B1-98 bis B4-98. Von höchster Qualität sind Öle »**A3**« für Ottomotoren und »**B3**« für Dieselmotoren. »**B4**« ist auf Diesel-Direkteinspritzer abgestimmt, sollte aber nur verwendet werden, wenn ebenfalls die Spezifikation »B3« angegeben ist. »**98**« gibt den Beginn der Gültigkeit der ACEA-Klassifikation im Jahr 1998 an. Motoröle mit höheren Jahreszahlangaben können ebenfalls verwendet werden.

Ölverbrauch

Bei einem Verbrennungsmotor versteht man unter dem Ölverbrauch diejenige Ölmenge, die als Folge des Verbrennungsvorganges verbraucht wird. Auf keinen Fall ist Ölverbrauch mit Ölverlust gleichzusetzen, wie er durch Undichtigkeiten an Ölwanne, Zylinderkopfdeckel usw. auftritt.

Normaler Ölverbrauch entsteht durch Verbrennung jeweils kleiner Mengen im Zylinder; durch Abführen von Verbrennungsrückständen und Abrieb-Partikeln. Zudem verschleißt das Öl durch hohe Temperaturen und hohe Drücke, denen es im Motor fortwährend ausgesetzt ist. Auch äußere Betriebsverhältnisse, wie Fahrweise sowie Fertigungstoleranzen, haben einen Einfluss auf den Ölverbrauch. Der Ölverbrauch darf höchstens 1,0 l/1000 km betragen.

Achtung: Auf keinen Fall Öl über die »Maximal«-Markierung einfüllen. Wurde zu viel Öl eingefüllt, muss das überschüssige Öl abgelassen werden. Sonst kann der Katalysator beschädigt werden, da unverbranntes Öl in die Abgasanlage gelangt.

Ölpumpe/Ölwanne – Detailübersicht

2,0-l-Benzinmotor

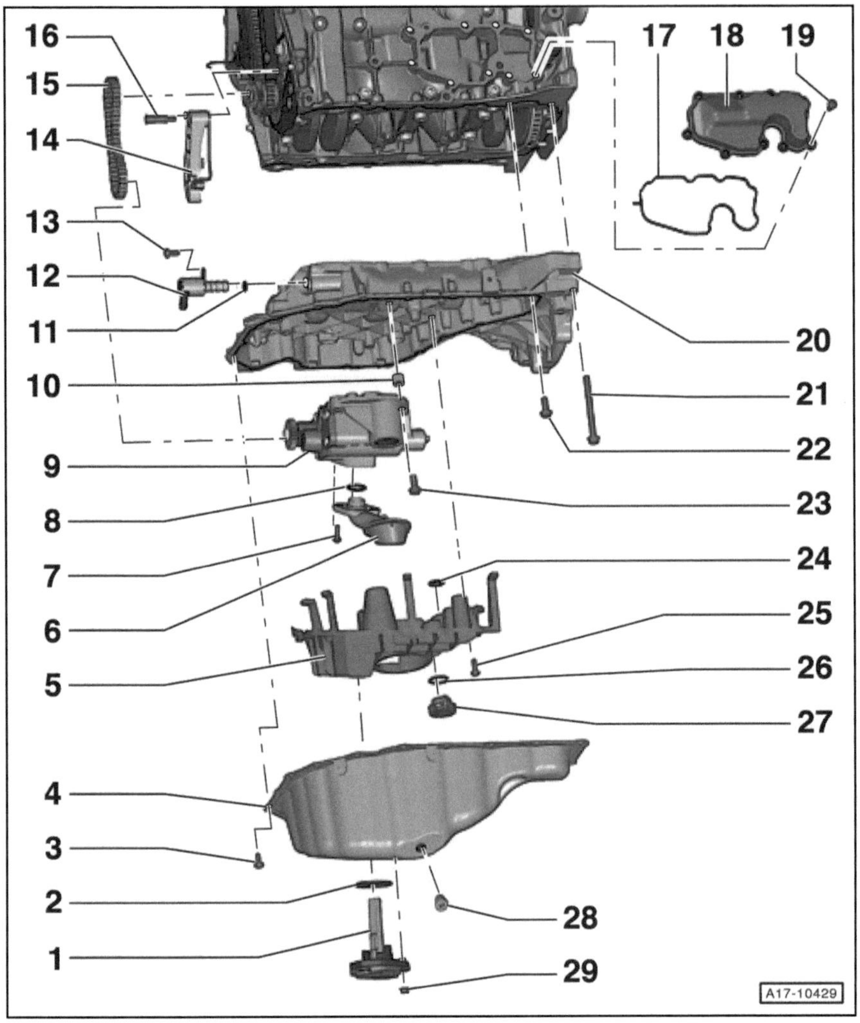

1 – Ölstand- und Öltemperaturgeber

2 – Dichtung [1)]

3 – Schraube [1)]

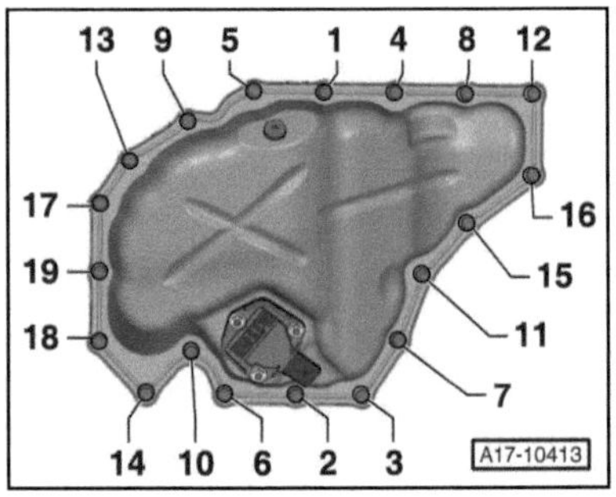

Schrauben in der Reihenfolge von –1– bis –19– in **2 Stufen** festziehen:

1. Stufe: . . . . **8 Nm** anziehen

2. Stufe . . . . **45°** weiterdrehen

4 – Ölwannenunterteil

5 – Schwallsperre [1)]

6 – Saugleitung
Sieb bei Verschmutzung reinigen.

7 – Schraube, 9 Nm

8 – O-Ring [1)]
Mit sauberem Motoröl einölen.

9 – Ölpumpe

10 – Zentrierhülse

11 – O-Ring [1)]

12 – Ventil für Öldruckregelung

13 – Schraube, 9 Nm

14 – Kettenspanner

15 – Antriebskette der Ölpumpe
Vor dem Ausbau Laufrichtung kennzeichnen.

16 – Schraube, 9 Nm

17 – Dichtung [1)]

18 – Grobölabscheider

19 – Schraube, 9 Nm

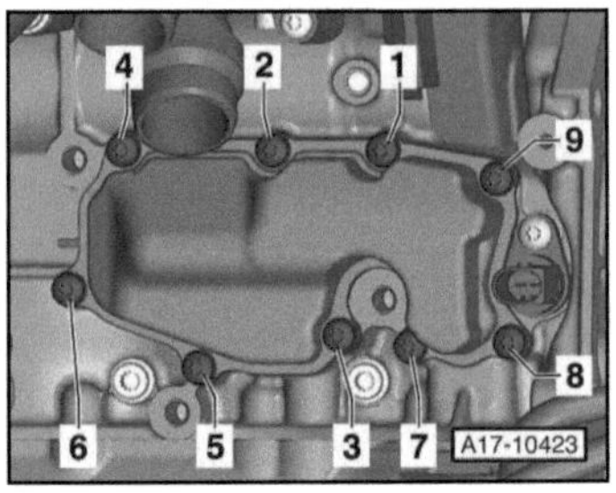

Schrauben in der Reihenfolge von –1– bis –9– festziehen.

20 – Ölwannenoberteil

21 – Schraube [1)]

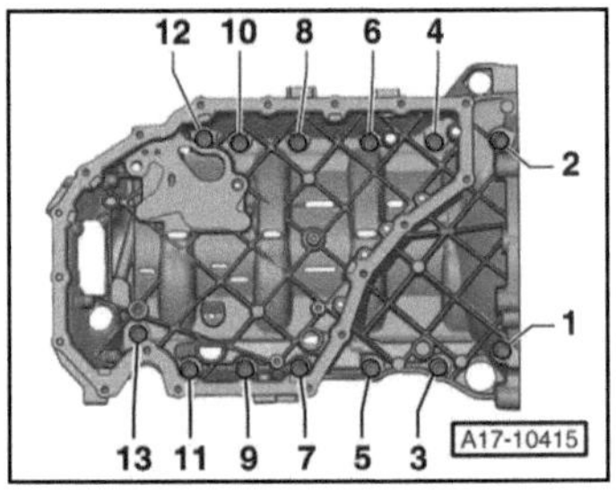

Schrauben in der Reihenfolge von –1– bis –13– in **2 Stufen** festziehen:

1. Stufe: . . . . **15 Nm** anziehen

2. Stufe . . . . **90°** weiterdrehen

22 – Schraube [1)]
Anzugsreihenfolge beachten, siehe Abbildung A17-10415.

23 – Schraube, 20 Nm

24 – Dichtung

25 – Schraube, 9 Nm

26 – Dichtung

27 – Rückschlagventil

28 – Ölablassschraube [1)], **30 Nm**

29 – Mutter, 9 Nm

[1)] Nach jeder Demontage ersetzen.

Ölfilter/Ölkühler/Öldruckschalter – Detailübersicht

2,0-l-Benzinmotor

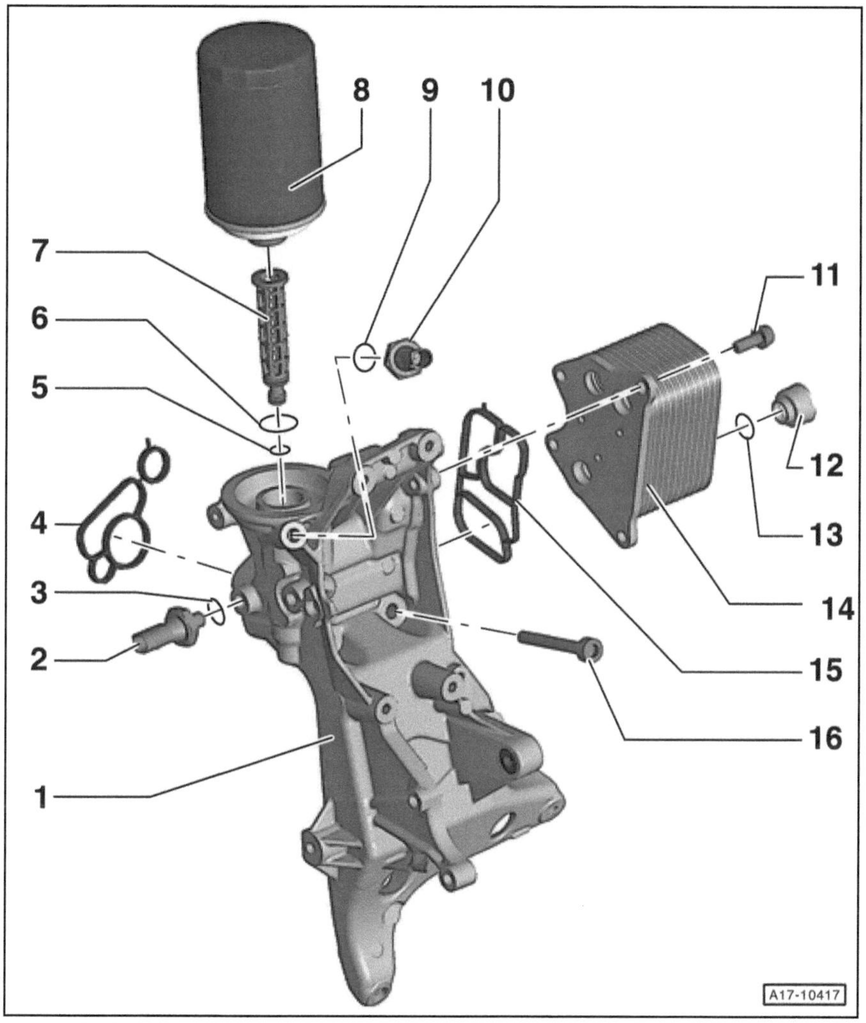

1 – Halter für Nebenaggregate

2 – Öldruckschalter, 20 Nm
Blaue Isolierung

3 – Dichtring [1)]

4 – Dichtung [1)]

5 – O-Ring

6 – O-Ring

7 – Ventileinheit
Als Ersatzteil mit O-Ringen –5– und –6–.

8 – Ölfilter

9 – Dichtring [1)]

10 – Öldruckschalter
Für reduzierten Öldruck. Braune Isolierung.

11 – Schraube, 15 Nm

12 – Verbindungsstutzen

13 – Dichtring [1)]
Beim Einbau mit Kühlmittelkonzentrat benetzen.

14 – Ölkühler
Beim Einbau auf Freigang zu umliegenden Bauteilen achten.

15 – Dichtung [1)]

16 – Schraube
Anzugsmethode, siehe Abbildung A13-10378.

[1)] Nach jeder Demontage ersetzen.

Anzugsmethode für Halter der Nebenaggregate

- Halter für Nebenaggregate ansetzen und zuerst die Schraube –4–, dann die anderen Schrauben eindrehen.
- Schrauben in der Reihenfolge –1– bis –5– in 3 Stufen festziehen.
  1. Stufe: Schrauben **handfest** anziehen.
  2. Stufe: Schrauben mit Drehmomentschlüssel und **20 Nm** anziehen.
  3. Stufe: Schrauben mit starrem Schlüssel um **90°** weiterdrehen.

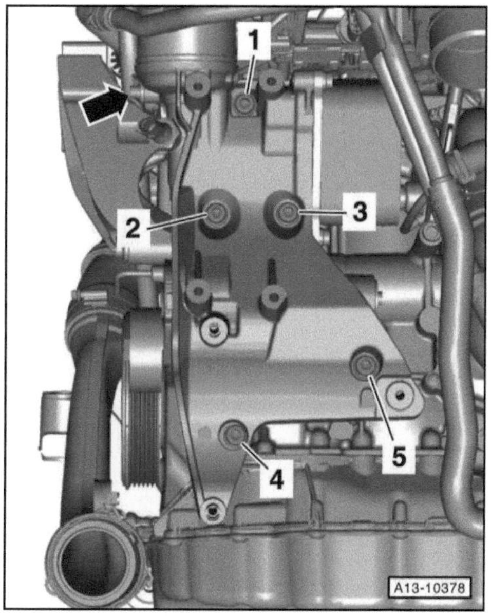

Motor-Kühlung

Kühlmittelkreislauf

Zur Kühlung des Motors wird das Kühlmittel von der Kühlmittelpumpe ständig in Bewegung gehalten. Solange der Motor kalt ist, zirkuliert das Kühlmittel nur im Zylinderkopf, im Motorblock und im Wärmetauscher der Innenraumheizung. Mit zunehmender Erwärmung öffnet ein Thermostat (Kühlmittelregler) den großen Kühlmittelkreislauf. Die Kühlflüssigkeit durchströmt dann den Kühler und wird dabei durch die an den Kühlrippen vorbeistreichende Luft abgekühlt.

Der Kühlluftstrom wird durch einen hinter dem Kühler angebrachten Lüfter verstärkt. Der Lüfter wird durch einen Elektromotor angetrieben. Entsprechend der Kühlmitteltemperatur wird der Elektrolüfter zu- oder abgeschaltet.

Achtung: Bei Arbeiten am Kühlsystem unbedingt darauf achten, dass **kein Kühlmittel** auf den **Keilrippenriemen** oder den **Zahnriemen** (falls vorhanden) gelangen kann. Der Glykolanteil des Kühlmittels kann das Gewebe des Riemens so schädigen, dass der Riemen nach einiger Betriebszeit reißt, wodurch, im Falle des Zahnriemens, hohe Motorschäden auftreten können.

Hinweis: Kühlmittelschläuche beim Einbau spannungsfrei verlegen, ohne dass diese mit anderen Bauteilen in Berührung kommen. Falls an den Kühlmittelrohren und Kühlmittelschlauchenden Markierungen oder Pfeile angebracht sind, so müssen sich diese beim Einbau gegenüberstehen.

Sicherheitshinweis
Der Elektrolüfter kann sich auch bei ausgeschalteter Zündung einschalten. Durch Stauwärme im Motorraum ist auch **mehrmaliges Einschalten möglich.** Abhilfe: **Stecker für Kühlerlüfter abziehen.**

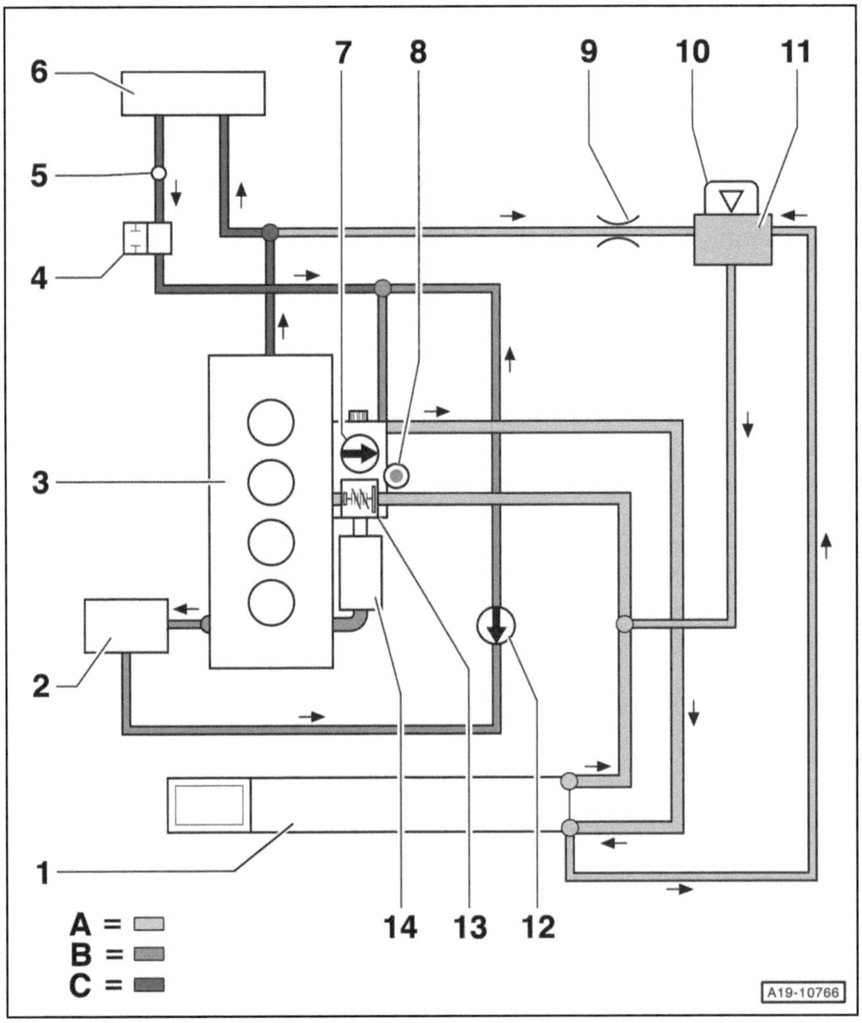

Anschlussplan für Kühlmittelschläuche

Die Abbildung zeigt den 4-Zylinder-Benzinmotor ohne Standheizung.

1 – **Kühler** [1)]
2 – **Abgasturbolader**
3 – **Zylinderkopf/Motorblock** [1)]
4 – **Absperrventil für Kühlmittel**
Das Ventil wird vom Absperrventil der Climatronic durch Unterdruck angesteuert.
5 – **Entlüftungsbohrung**
6 – **Heizungswärmetauscher** [1)]
7 – **Kühlmittelpumpe** [1)]
8 – **Kühlmitteltemperaturgeber**
9 – **Drossel**
10 – **Verschlussdeckel**
Für Kühlmittel-Ausgleichbehälter.
11 – **Kühlmittel-Ausgleichbehälter**
12 – **Pumpe für Kühlmittelnachlauf**
13 – **Kühlmittelregler**
14 – **Motorölkühler**
Sitzt unterhalb des Motorölfilters.

[1)] Nach dem Ersetzen Kühlmittel wechseln.

A = Großer Kühlkreislauf
B = Kleiner Kühlkreislauf
C = Heizkreislauf

Kühler-Frostschutzmittel

Die Kühlanlage muss ganzjährig mit einer Mischung aus destilliertem Wasser und VW-Kühlerfrost- und Korrosions-Schutzmittel gefüllt sein. Dadurch werden Frost- und Korrosionsschäden sowie Kalkansatz vermieden und eine Siedepunkterhöhung der Kühlflüssigkeit erreicht. Erforderlich ist der höhere Siedepunkt der Kühlflüssigkeit für ein einwandfreies Funktionieren der Motorkühlung. Bei zu niedrigem Siedepunkt der Flüssigkeit kann es zu einem Hitzestau kommen, wodurch die Kühlung des Motors vermindert wird. Deshalb muss das Kühlsystem unbedingt ganzjährig mit einer Kühlkonzentrat-Mischung gefüllt sein.

Als Kühlmittelzusatz nur das VW/AUDI-Kühlkonzentrat »**G13**« (Farbe **lila**) oder ein anderes Kühlkonzentrat mit dem Vermerk »gemäß VW-TL-774-**J**«, zum Beispiel »Glysantin GG 40« oder »MAINTAIN FRICOFIN V«. **Hinweis:** G13 ist mischbar mit dem älteren, ebenfalls lilafarbenen G12++ oder G12+.

Achtung: Zum Nachfüllen – auch in der warmen Jahreszeit – nur eine Mischung aus **G13 (lila)** und destilliertem Wasser verwenden. Auch im Sommer darf der Kühlerfrostschutzanteil im Kühlmittel nicht unter 40 % liegen. Deshalb beim Nachfüllen Frostschutz ergänzen.

Hinweis: Wasser hat auf die die Effektivität der Kühlflüssigkeit einen großen Einfluss. Da die Inhaltsstoffe im Trinkwasser regional sehr unterschiedlich sind, ist zum Mischen der Kühlflüssigkeit nur noch destilliertes Wasser zu verwenden.

Kühlmittel-Mischungsverhältnis in Prozent

Frostschutz bis	G13	Destilliertes Wasser
–25° C	ca. 40 %	ca. 60 %
–35° C	ca. 50 %	ca. 50 %
–40° C	ca. 60 %	ca. 40 %

Der Frostschutz sollte in unseren Breiten bis –25° C, besser bis –35° C reichen. Der Anteil des Frostschutzmittels darf 60% (Frostschutz dann bis -40° C) nicht überschreiten, sonst verringern sich Frostschutz und Kühlwirkung wieder.

Hinweis: Steht zum Nachfüllen das Frostschutzmittel G13 nicht zur Verfügung, kann auch G12++ oder G12+ (Farbe ebenfalls lila) verwendet werden. **Andere Frostschutzmittel dürfen nicht dazugemischt werden.** In diesem Fall Kühlsystem mit reinem Wasser auffüllen und Frostschutz sobald wie möglich ergänzen.

Kühlmittel wechseln

Das Kühlmittel muss nur nach Reparaturen am Kühlsystem erneuert werden, wenn dabei das Kühlmittel abgelassen wurde. Ein Wechsel im Rahmen der Wartung ist nicht vorgesehen. Falls bei Reparaturen der Zylinderkopf, die Zylinderkopfdichtung, der Kühler, der Wärmetauscher oder der Motor ersetzt wurden, muss die Kühlflüssigkeit auf jeden Fall ersetzt werden. Das ist erforderlich, weil sich die Korrosionsschutzanteile in der Einlaufphase an den neuen Leichtmetallteilen absetzen und somit eine dauerhafte Korrosionsschutzschicht bilden. Bei gebrauchter Kühlflüssigkeit ist der Korrosionsschutzanteil in der Regel nicht mehr groß genug, um eine ausreichende Schutzschicht an den neuen Teilen zu bilden.

Achtung: Kühlmittel ist leicht giftig. Gemeinde- und Stadtverwaltungen informieren darüber, wie das alte Kühlmittel entsorgt werden soll.

Hinweis: In der Fachwerkstatt wird das Kühlsystem mit einer Unterdruck-Befüllanlage aufgefüllt, zum Beispiel VW/AUDI-VAS-6096 oder VALEO-FASTFILL. Hinweise zum Befüllen mit der Unterdruckanlage stehen am Ende des Kapitels

Kühlmittel ablassen

- Untere Motorraumabdeckung ausbauen, siehe Seite 282.

Sicherheitshinweis
Bei heißem Motor vor dem Öffnen des Ausgleichbehälters einen dicken Lappen auflegen, um Verbrühungen durch heiße Kühlflüssigkeit oder Dampf zu vermeiden. Deckel nur bei Kühlmitteltemperaturen unter +90° C abnehmen.

- Verschlussdeckel –1– am Ausgleichbehälter –2– öffnen. Bei warmem Motor einen Lappen über den Verschlussdeckel legen. Deckel etwas nach links drehen, damit der Überdruck im Kühlsystem entweichen kann. Anschließend Deckel ganz abschrauben.
- Sauberes Auffanggefäß an der linken Seite des Kühlers unterstellen.

Hinweis: Um die Kühlflüssigkeit gezielt in einen Behälter ablaufen zu lassen, Hilfsschlauch auf den Ablaufstutzen –1– stecken und in die Auffangwanne führen.

- Ablassschraube –2– unten links am Kühler öffnen und Kühlmittel vollständig ablaufen lassen. Anschließend Ablassschraube schließen. **Hinweis:** Beim 6-Zylinder-Dieselmotor Ablassschraube mit einem breiten Schraubendreher öffnen.
- **6-Zylinder-Benzinmotor:** Kühlmittelschlauch am hinteren Anschluss des Ölkühlers abziehen, vorher Federbandschelle öffnen und zurückschieben. Kühlmittel aus dem Ölkühler ablaufen lassen. Anschließend Kühlmittelschlauch aufschieben und mit Schelle sichern.

Speziell 6-Zylinder-Dieselmotor

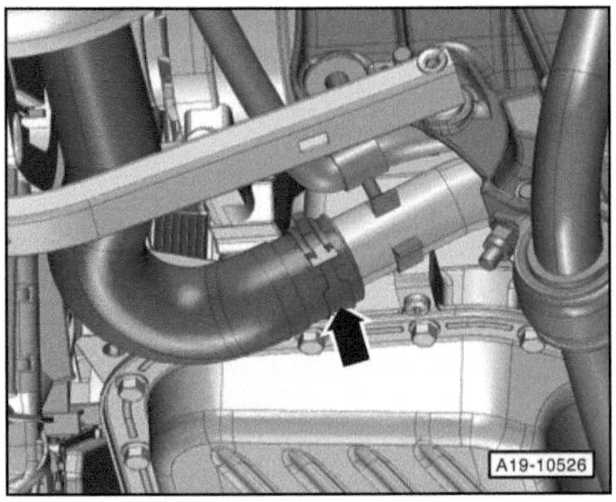

- Kühlmittelschlauch vom Kühlmittelrohr links abbauen, dazu Schlauchschelle –Pfeil– öffnen und zurückschieben. Weiteres Kühlmittel ablaufen lassen. Anschließend Kühlmittelschlauch aufschieben und mit Schelle sichern.

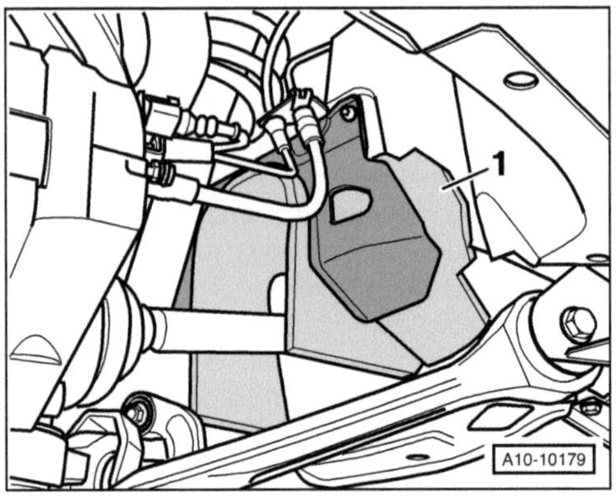

- Geräuschdämpfung –1– im Radhaus rechts ausbauen.

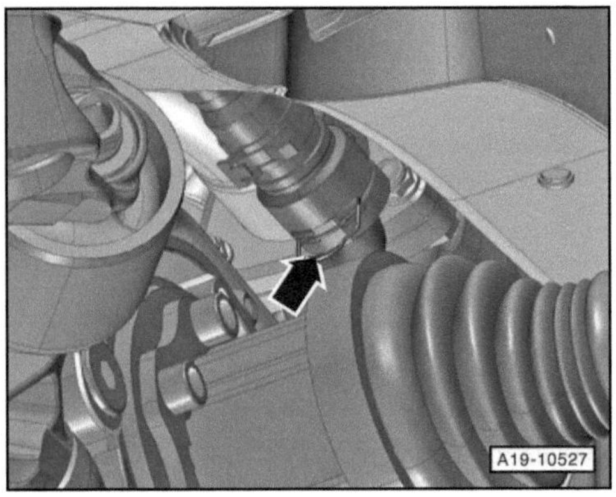

- Kühlmittelschlauch vom Kühlmittelrohr rechts unten abziehen, dazu Klammer –Pfeil– seitlich etwas herausziehen. Restliches Kühlmittel ablaufen lassen. Anschließend Kühlmittelschlauch aufschieben und mit Klammer sichern.

Kühlmittel einfüllen

Hinweis: Die Fachwerkstatt benutzt für das Auffüllen des Kühlsystems eine Unterdruckanlage. Wie dabei vorzugehen ist, steht in dem Abschnitt »Speziell Kühlmittel einfüllen mit Unterdruck-Befüllsystem« am Ende des Kapitels.

- Kühlmittel aus 50% Trinkwasser und 50% VW-Kühlerfrost- und Korrosions-Schutzmittel mischen. Kühlmittel-Füllmenge siehe Seite 13/14.
- Sicherstellen, dass sämtliche Schläuche aufgesteckt und mit Schellen gesichert wurden.
- Untere Motorraumabdeckung einbauen, siehe Seite 282.
- Fahrzeug ablassen.
- Falls keine Unterdruck-Befüllanlage vorhanden ist, Kühlmittel über den Ausgleichbehälter bis über die MAX-Markierung auffüllen. Dabei Kühlmittel langsam einfüllen, damit sich keine Luftpolster im Kühlsystem bilden können.

Kühlsystem entlüften

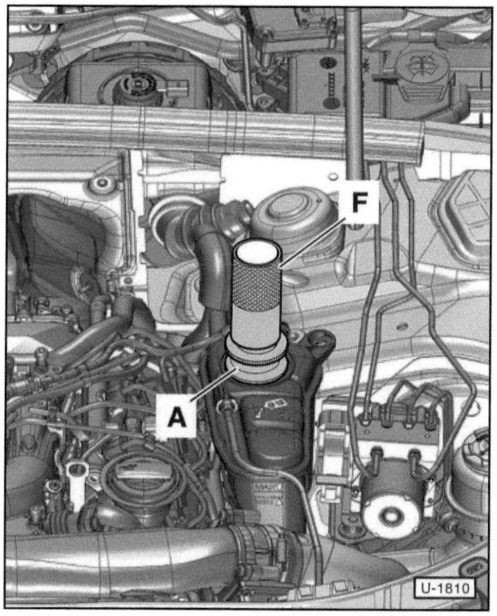

- Am Ausgleichbehälter den Adapter –A–, zum Beispiel VAG-1274/8, aufschrauben. Anschließend das Rohr –F–, zum Beispiel VAG-1274/10, auf den Adapter aufstecken.

Hinweis: Diese Vorgehensweise ist erforderlich, damit das Kühlmittel an den Entlüftungsbohrungen austritt. Gleichzeitig wird ein Überquellen der Kühlflüssigkeit nach dem Starten des Motors vermieden und die erforderliche Füllmenge erreicht. Steht der Stutzen nicht zur Verfügung, ähnliches Werkzeug selbst anfertigen. Das Hilfsrohr sollte einen Durchmesser von 42 mm und eine Länge von 100 mm aufweisen. Es kann stattdessen auch der Ausgleichbehälter vom Halter abgeschraubt, mit angeschlossenen Leitungen vorsichtig etwas angehoben und in dieser Position mit Draht aufgehängt werden.

Speziell 6-Zylinder-Dieselmotor

- Obere Motorabdeckung ausbauen, siehe Seite 197.

- Entlüftungsschraube –Pfeil– am Kühlmittelrohr vorn öffnen.
- Kühlmittel über den Ausgleichbehälter auffüllen, bis es an der Entlüftungsbohrung austritt.
- Entlüftungsschraube schließen.

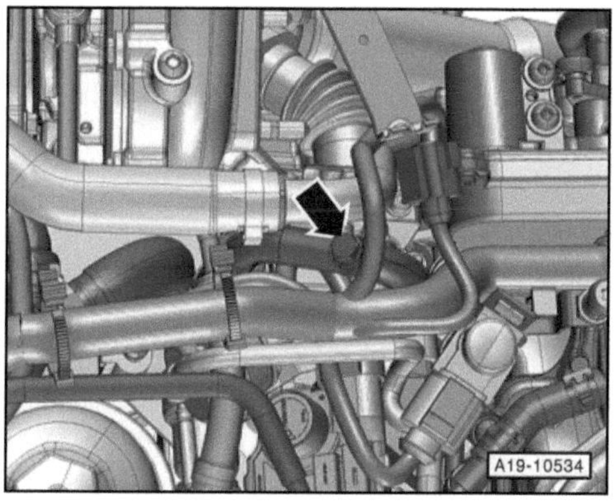

- Entlüftungsschraube –Pfeil– am Kühlmittelrohr hinten öffnen.
- Kühlmittel über den Ausgleichbehälter auffüllen, bis es an der Entlüftungsbohrung austritt.
- Entlüftungsschraube schließen.
- Obere Motorabdeckung einbauen, siehe Seite 197.

Alle Motoren

- Wasserkastenabdeckung ausbauen, siehe Seite 286.

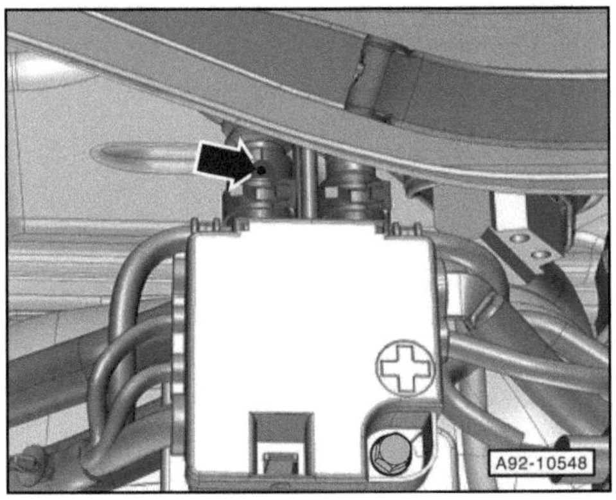

- Kühlmittelschlauch zum Heizungs-Wärmetauscher lösen und so weit zurückziehen, bis die Entlüftungsbohrung –Pfeil– im Kühlmittelschlauch nicht mehr vom Anschlussstutzen verdeckt wird.
- Kühlmittel über den Ausgleichbehälter auffüllen, bis es an der Entlüftungsbohrung im Kühlmittelschlauch austritt.
- Kühlmittelschlauch über den Anschlussstutzen schieben und mit Schelle sichern.
- Falls eine Standheizung vorhanden ist, diese ca. 30 Sekunden einschalten.
- Wasserkastenabdeckung einbauen, siehe Seite 286.
- Rohr –F– mit Adapter –A– vom Ausgleichbehälter abbauen, siehe Abbildung U-1810.
- Verschlussdeckel am Ausgleichbehälter verschließen.
- Motor starten und im Leerlauf laufen lassen.
- Im Innenraum die Temperatur für alle Zonen auf »HI« stellen.
- Klimakompressor abschalten, dazu die ECON-Taste drücken. **Hinweis:** Beim 6-Zylinder-Dieselmotor stattdessen die AC-Taste drücken. Die Leuchtdiode in der Taste darf nicht leuchten.
- Motor 1 Minute mit 2000/min laufen lassen.
- Motor abstellen und abkühlen lassen.
- Untere Motorabdeckung einbauen, siehe Seite 282.

- Kühlmittelstand prüfen. Bei kaltem Motor muss der Kühlmittelstand –1– an der MAX-Markierung –2– liegen. Bei betriebswarmem Motor kann der Kühlmittelstand etwas über der MAX-Markierung liegen. 3 – MIN-Markierung.

Speziell Kühlmittel einfüllen mit Unterdruck-Befüllsystem

Die Fachwerkstatt benutzt für das Auffüllen und Entlüften des Kühlsystems eine Unterdruckanlage. Dabei ist folgendermaßen vorzugehen:

- Kühlmittel aus 50% Trinkwasser und 50% VW-Kühlerfrost- und Korrosions-Schutzmittel mischen. Dabei sollte die Kühlflüssigkeitsmenge um ca. 2 Liter über der Kühlmittel-Füllmenge liegen, wie sie in der Tabelle »Motordaten« angegeben ist, siehe Seite 13/14.
- Sicherstellen, dass sämtliche Schläuche aufgesteckt und mit Schellen gesichert wurden.
- Motorraumabdeckung unten einbauen, siehe Seite 282.
- Fahrzeug ablassen.

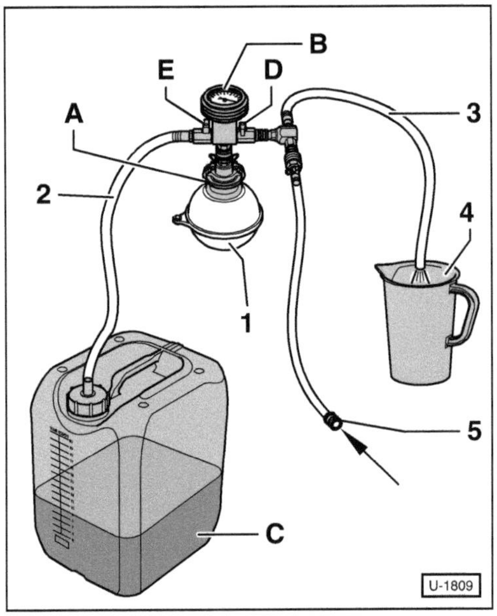

- Anschluss –A– (HAZET 4801-2/3) mit Befülleinheit –B– (HAZET 4801-1) am Kühlmittel-Ausgleichbehälter –1– aufsetzen. **Hinweis:** In der Abbildung ist nicht der Ausgleichbehälter des A4 dargestellt.
- Zulaufschlauch –2– auf den gefüllten Kühlmittelbehälter –C– aufstecken. **Achtung:** Damit keine Luft angesaugt wird, darauf achten, dass sich im Kühlmittelbehälter mehr Kühlflüssigkeit befindet, als für die maximale Füllmenge des Fahrzeuges erforderlich ist.
- Abluftschlauch –3– in einen leeren Behälter –4– führen. **Hinweis:** Die Abluft reißt eine geringe Menge Kühlmittel mit, die aufgefangen werden soll.
- Druckluftschlauch –5– an Druckluft anschließen und mit 6 bis 10 bar Überdruck beaufschlagen –Pfeil–.

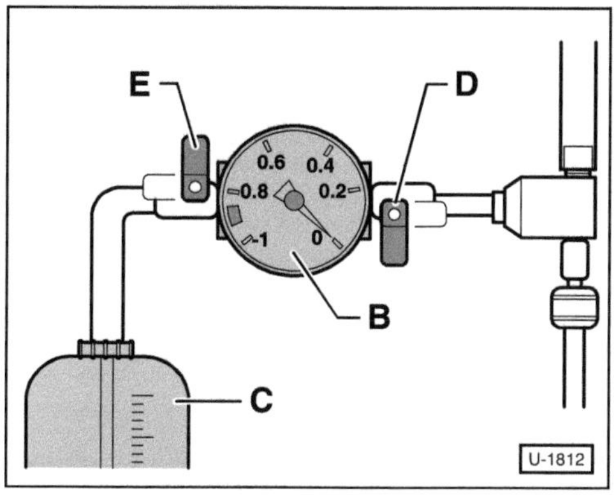

- Ablaufventil –D– öffnen. Dadurch wird im Kühlsystem Unterdruck erzeugt. Der Zeiger des Anzeigeinstruments muss in den grünen Bereich wandern. B – Befülleinheit, C – Kühlmittelbehälter.
- Zusätzlich Zulaufventil –E– so lange öffnen, bis sich der Zulaufschlauch –2– mit Kühlmittel gefüllt hat. Ventil –E– schließen.
- Ablaufventil –D– weitere 2 Minuten geöffnet lassen. Der Zeiger des Anzeigeinstruments muss weiterhin im grünen Bereich stehen.
- Ablaufventil –D– schließen. Der Zeiger des Anzeigeinstruments muss weiterhin im grünen Bereich stehen.

Hinweis: Wenn der Zeiger unterhalb des grünen Bereichs steht, Ablaufventil –D– erneut öffnen und Kühlsystem mit Unterdruck beaufschlagen. Wenn der Unterdruck abfällt, Kühlsystem auf undichte Stellen überprüfen.

- Druckluftschlauch –5– abziehen.
- Zulaufventil –E– öffnen und Kühlsystem befüllen. **Hinweis**: Indem die Venturidüse mit Druckluft beaufschlagt wird, erzeugt sie einen Unterdruck im Kühlsystem und dadurch wird die Kühlflüssigkeit aus dem Vorratsbehälter in das Kühlsystem gesaugt.
- Ablaufventil –D– öffnen, wenn kein Kühlmittel mehr angesaugt wird.
- Kontrolleinheit –B– mit allen Anschlüssen vom Adapter –A– abbauen, siehe Abbildung U-1809.
- Kühlsystem entlüften.

Kühlmittelpumpe/Kühlmittelregler (Thermostat) – Detailübersicht

2,0-l-Benzinmotor

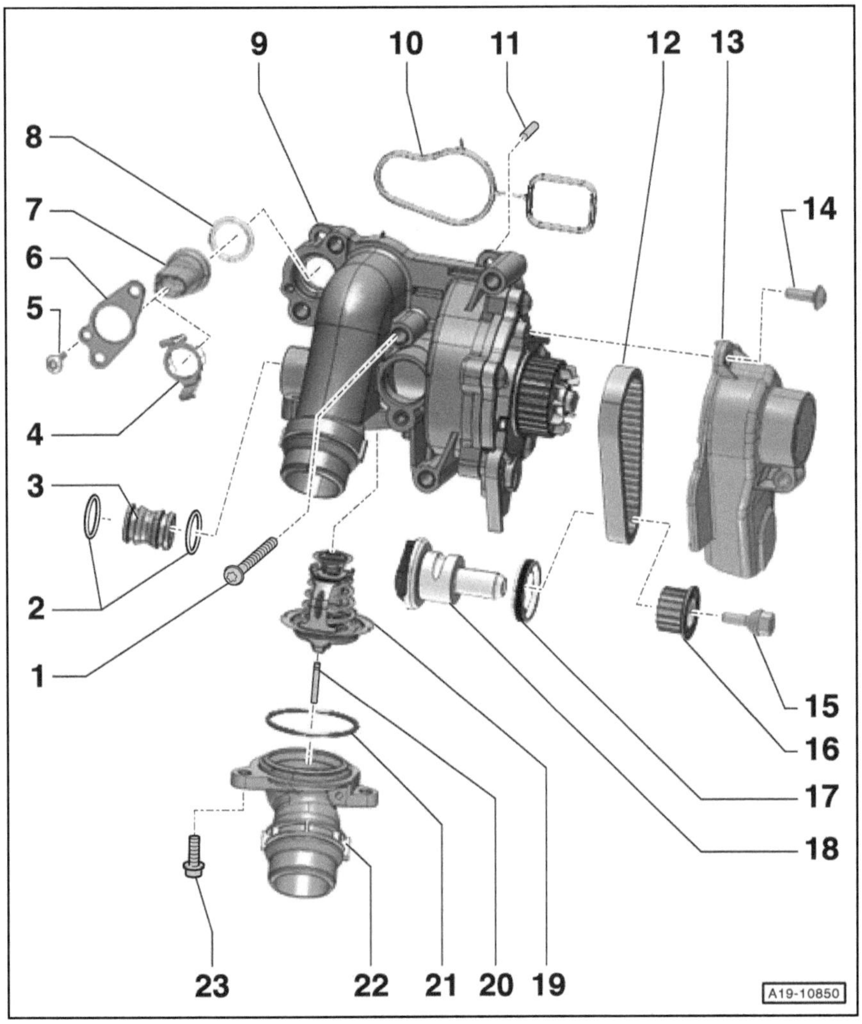

9 – **Kühlmittelpumpe**
Wird über einen separaten Zahnriemen durch die Ausgleichswelle angetrieben. Bei neuer Kühlmittelpumpe vor dem Einbau Schutzkappe entfernen.

10 – **Dichtung** [1]

11 – **Zentrierstift**
2 Stück.

12 – **Zahnriemen**
Für Kühlmittelpumpe.

13 – **Zahnriemenabdeckung**

14 – **Schraube, 9 Nm**

15 – **Schraube, 17 Nm**
Achtung: Die Schraube hat **Linksgewinde**.

16 – **Zahnriemen-Antriebsrad**
Einbaulage beachten.

17 – **Wellendichtring** [1]

18 – **Ausgleichswelle**

19 – **Kühlmittelregler**

20 – **Zentrierstift**

21 – **O-Ring** [1]

22 – **Anschlussstutzen**

23 – **Schraube, 9 Nm**

[1]) Nach der Demontage erneuern.

1 – **Schraube, 9 Nm**

Schrauben für Kühlmittelpumpe in der Reihenfolge von –1– bis –5– festziehen.

2 – **O-Ringe** [1]

3 – **Verbindungsstutzen**

4 – **Halteklammer**
Nur bei gestecktem Temperaturgeber. Auf festen Sitz achten.

5 – **Schraube, 4 Nm**
Nur bei angeschraubtem Temperaturgeber.

6 – **Halteplatte**
Nur bei angeschraubtem Temperaturgeber.

7 – **Kühlmitteltemperaturgeber**
Je nach Ausführung gesteckt oder angeschraubt. Zum Ausbau muss die Drosselklappeneinheit ausgebaut werden.

8 – **O-Ring** [1]

Kühler aus- und einbauen

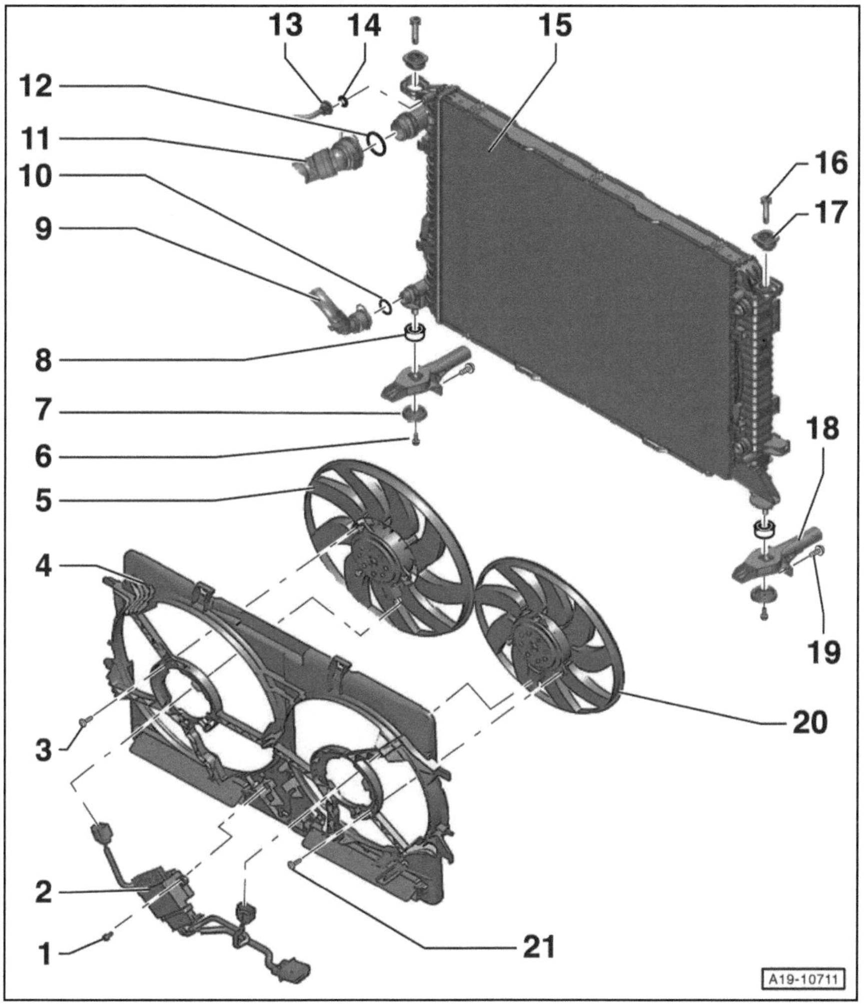

4-Zylinder-Motor

1 – **Schraube, 4,5 Nm**

2 – **Steuergerät für Kühlerlüfter**

3 – **Schraube, 5 Nm**

4 – **Lüfterzarge**

5 – **Kühlerlüfter 1**

6 – **Schraube, 3,5 Nm**

7 – **Unterlage**

8 – **Gummilager**
Für Kühler.

9 – **Kühlmittelschlauch** [1)]

10 – **O-Ring** [2)]

11 – **Kühlmittelschlauch** [1)]

12 – **O-Ring** [2)]

13 – **Kühlmittelschlauch**
Zum Kühlmittel-Ausgleichbehälter.

14 – **O-Ring** [2)]

15 – **Kühler**
Nach dem Ersetzen das gesamte Kühlmittel erneuern.

16 – **Haltebolzen**
Mit Schraubendreher entriegeln und abziehen.

17 – **Gummipuffer**

18 – **Kühlerkonsole**

19 – **Schraube**

20 – **Kühlerlüfter 2**
Bei 400-Watt-Lüftersteuerung nicht vorhanden.

21 – **Schraube, 5 Nm**

[1)] Zum Abziehen Halteklammer seitlich etwas herausziehen.

[2)] Nach der Demontage erneuern.

Ausbau

Beschreibung und Abbildungen beziehen sich lediglich auf den **4-Zylinder-Motor.**

Hinweis: Kühler und Lüfterzarge können nur gemeinsam aus- und eingebaut werden.

- Untere Motorraumabdeckung ausbauen, siehe Seite 282.
- Vorderen Stoßfänger ausbauen, siehe Seite 287.
- Ladeluftkühler –4– ausbauen, siehe Abbildung U-1068. Dazu Schelle –5– öffnen und linken Luftführungsschlauch –6– abziehen. Rechten Luftführungsschlauch abziehen. Schraube –7– herausdrehen. Ladeluftkühler auf der rechten Seite aushängen, dazu Verrastung nach unten drücken und Ladeluftkühler etwas nach vorn schwenken. Ladeluftkühler am Wasserkühler nach oben schieben, dann nach rechts schieben, anschließend auf der linken Seite nach unten schwenken und abnehmen.
- Rechten Scheinwerfer ausbauen, siehe Seite 113/120.
- Falls vorhanden, rechte Spritzdüse für Scheinwerfer-Reinigungsanlage ausbauen, siehe Seite 102.
- Stecker am Crashsensor für Frontairbag abziehen, siehe Abschnitt am Ende des Kapitel. **Sicherheitshinweise unbedingt beachten.**

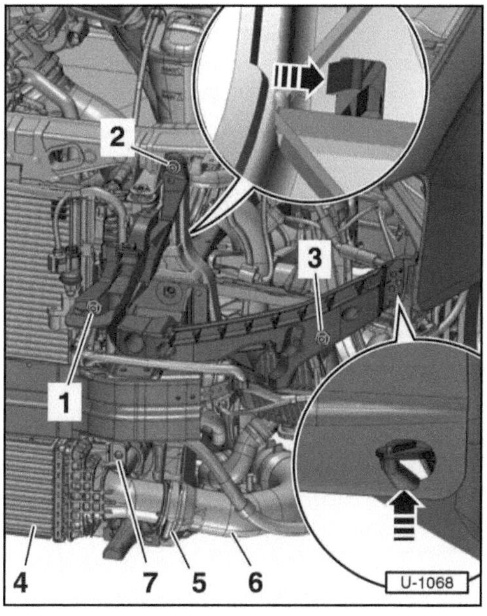

- Schrauben –1– und –2– herausdrehen.

- Aufnahme für rechten Scheinwerfer ausclipsen und abnehmen.

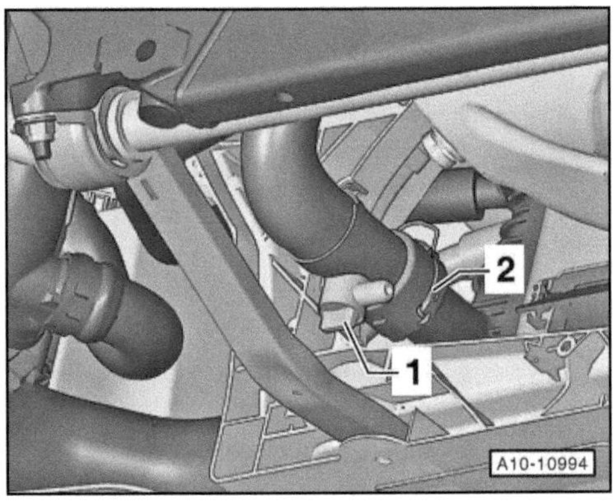

- Auffangwanne links unter den Kühler stellen.
- Ablassschraube –1– öffnen und Kühlflüssigkeit ablaufen lassen.
- Anschließend Halteklammer –2– seitlich etwas anheben und unteren Kühlmittelschlauch vom Kühler abziehen.,

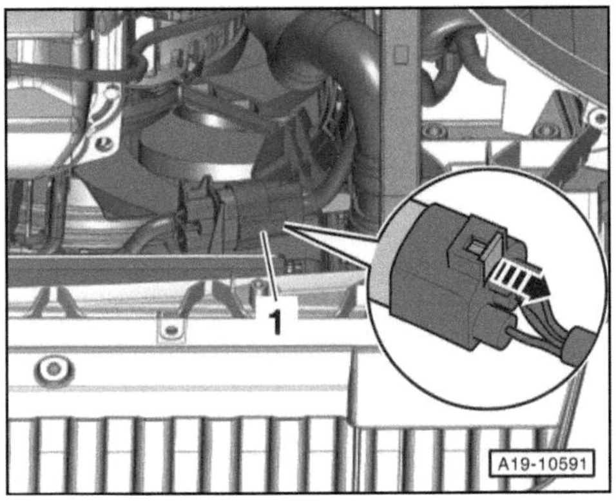

- Steckverbindung –1– für Kühlerlüfter aus dem Halter herausnehmen und trennen, dazu Sicherung in Pfeilrichtung nach hinten schieben und Entriegelung nach unten drücken.

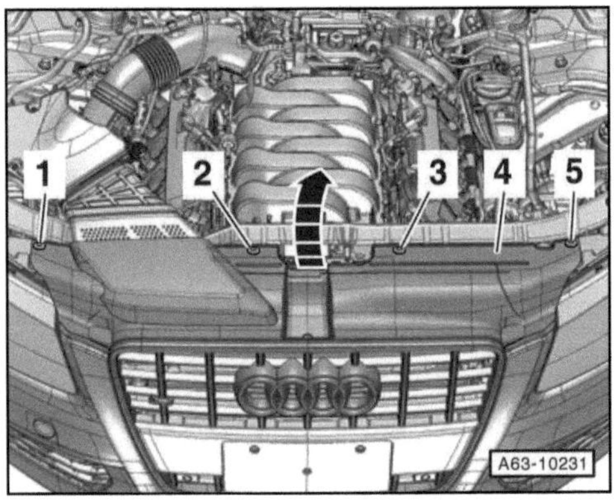

- Schrauben –1–, –2–, –3– und –5– herausdrehen.
- Abdeckung –4– für Schlossträger anheben und am Kühlergrill in Pfeilrichtung aushängen.

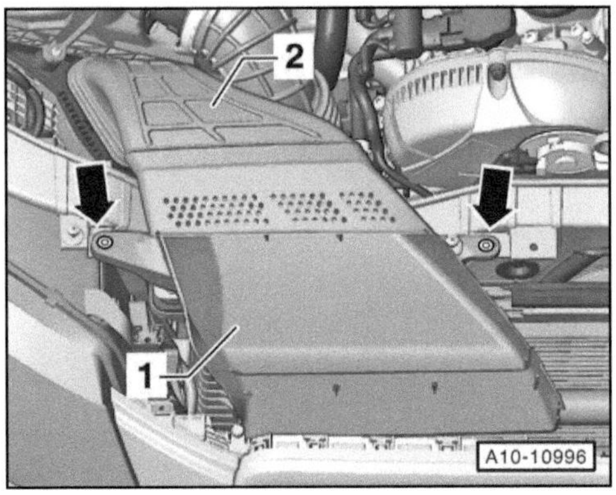

- Schrauben –Pfeile– herausdrehen.

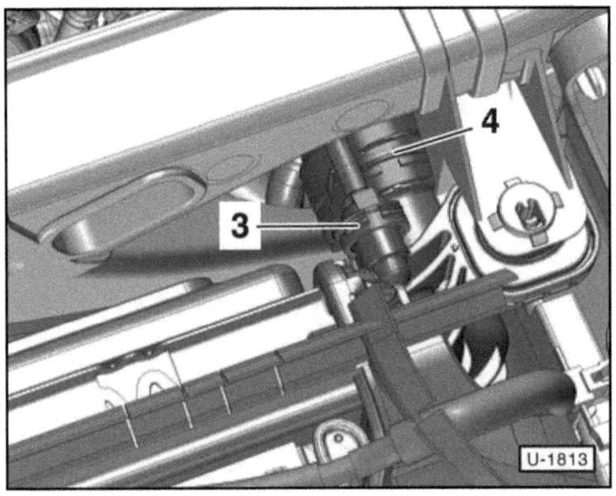

- Anschlussstutzen –3– und –4– vom Kühler abziehen, dazu jeweilige Halteklammer etwas anheben.
- Luftführung –1– und Zwischenflansch –2– abnehmen, siehe Abbildung A10-10996.
- **Fahrzeuge mit »multitronic«-Getriebe:** Getriebeölleitungen vom Ölkühler abbauen, siehe Abschnitt am Ende des Kapitels. **Achtung:** Nach dem Anbau der Leitungen muss der Getriebeölstand geprüft werden (Werkstattarbeit).

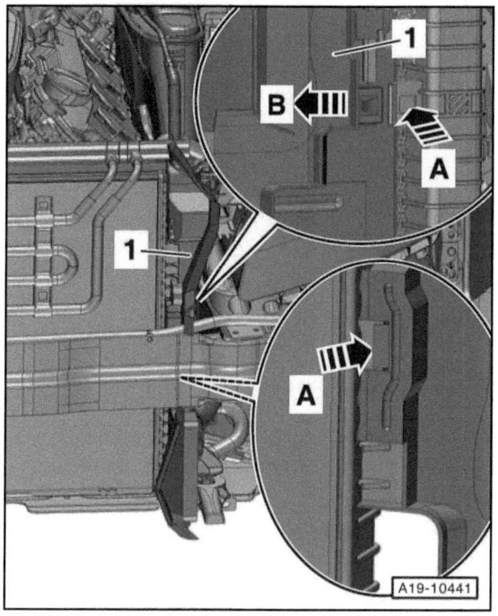

- Haltelaschen entriegeln –Pfeile A– und Luftführung –1– links und rechts abnehmen –Pfeil B–.

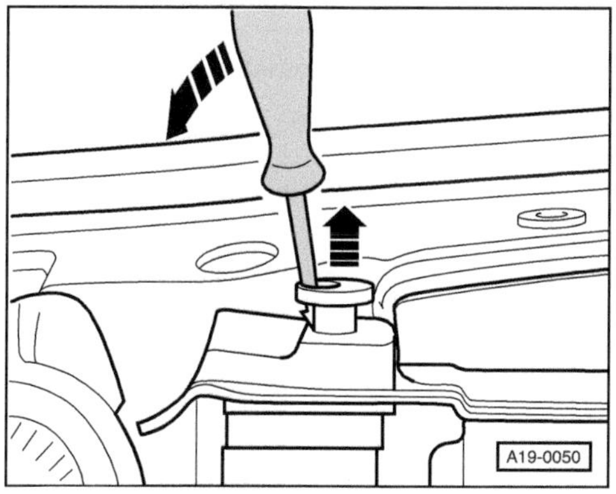

- Links und rechts oben am Kühler mit einem Schraubendreher die Haltebolzen entriegeln und nach oben abhziehen. –Pfeile–.

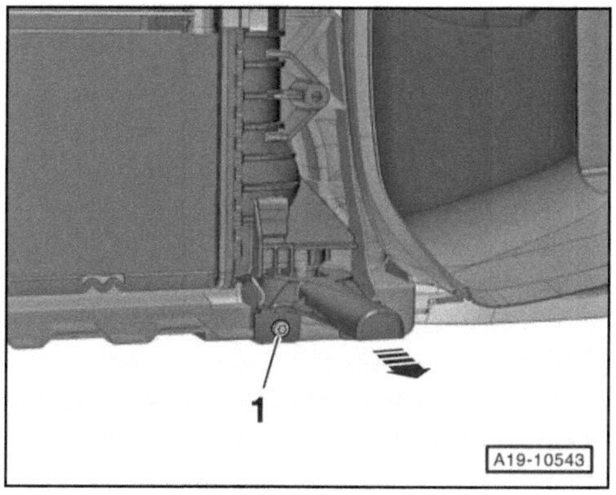

- Links und rechts am Kühler eine Schraube –1– herausdrehen.

- Kühler mit Konsole in Pfeilrichtung vom Schlossträger abziehen und etwas absenken.

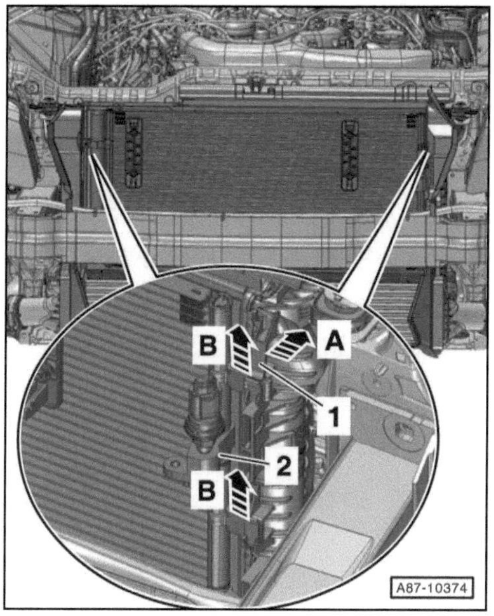

- Durch eine Hilfsperson die Halteklammern –1– in Pfeilrichtung –A– entriegeln lassen und den Kondensator –2– nach oben aus den Aufnahmen am Kühler abziehen –Pfeile B–.

Achtung: Dabei Kältemittelleitungen und -schläuche nicht überdehnen, knicken oder verbiegen. Kondensator nicht beschädigen.

- Kondensator mit angeschlossenen Leitungen nach vorn schwenken.
- Kühler abnehmen.

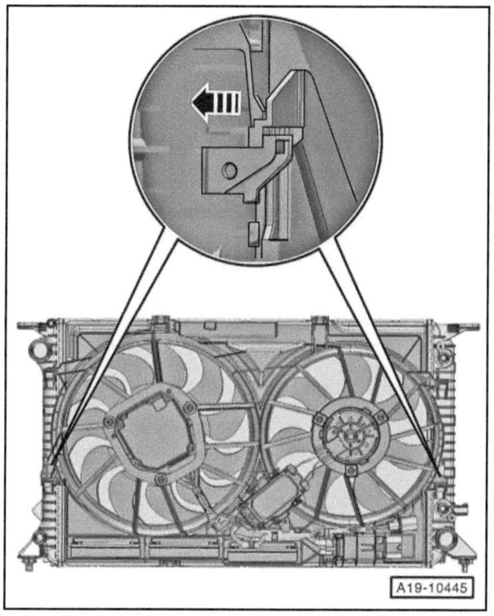

- Lüfterzarge vom Kühler abnehmen. Dazu die Verriegelungslaschen rechts und links gleichzeitig drücken –Pfeil– und die Lüfterzarge nach oben vom Kühler abziehen.

Einbau

- Der Einbau erfolgt in umgekehrter Ausbaureihenfolge. Dabei ist Folgendes zu beachten:
- Anordnung der Bauteile und Anzugsdrehmomente, siehe Übersichts-Abbildung A19-10711 auf Seite 221.

Achtung: Wenn der Kühler ersetzt wurde, muss die Kühlflüssigkeit komplett erneuert werden.

- Luftführungen einclipsen und am Schlossträger mit **2 Nm** anschrauben.

Kühlmittelschlauch mit Steckkupplung anschließen

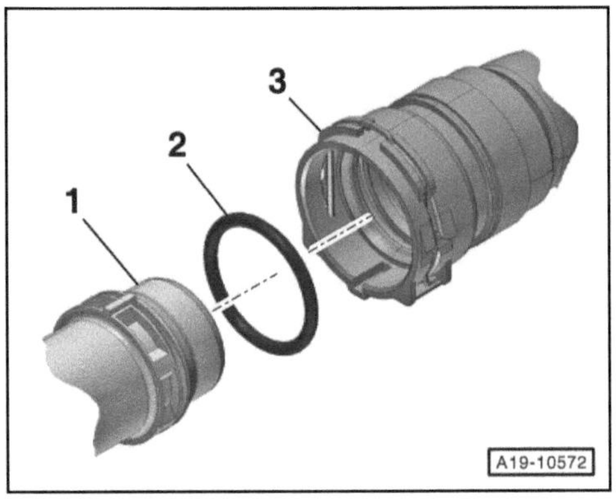

- Alten O-Ring –2– im Kühlmittelschlauch –3– entfernen.
- Neuen O-Ring mit Kühlmittelkonzentrat benetzen und in den Kühlmittelschlauch einsetzen.
- Halteklammer herunterdrücken.
- Kühlmittelschlauch auf das Kühlmittelrohr –1– stecken, bis die Halteklammer hörbar einrastet.
- Kühlmittelschlauch nochmals nachdrücken und durch anschließendes Ziehen prüfen, ob die Steckkupplung richtig eingerastet ist.
- Nach vollständigem Einbau des Kühlers Kühlflüssigkeit auffüllen, siehe Seite 215.

Sicherheitshinweise beim Abziehen und Aufstecken des Steckers für den Crashsensor Frontairbag

Achtung: Sicherheitshinweise zum Airbag beachten, siehe Seite 162.

- Zündung einschalten.
- Bei eingeschalteter Zündung das Massekabel von der Batterie abklemmen, siehe Seite 77.
- Innenkotflügel vorn ausbauen, siehe Seite 291.

Achtung: Vor dem Abziehen des Steckers eventuelle elektrostatische Aufladungen abbauen, dazu Schließkeil der Tür kurz anfassen.

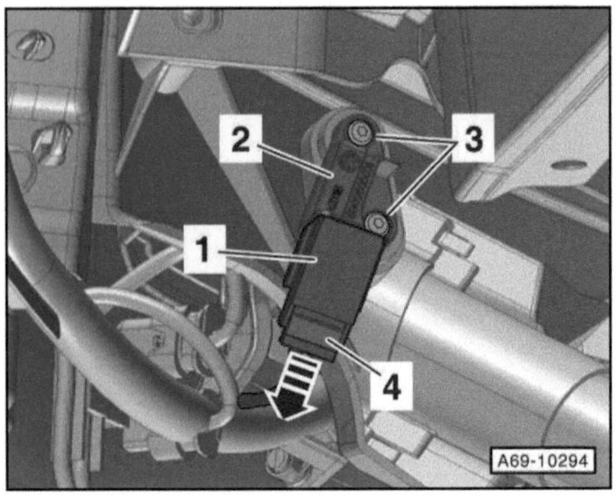

- Verriegelung –4– in Pfeilrichtung entriegeln und Stecker –1– am Crashsensor für Frontairbag –2– abziehen. 3 – Schrauben, **9 Nm.**
- Beim Einbau darauf achten, dass der Stecker bis zum Anschlag aufgeschoben wird und hörbar einrastet.

Hinweis: Bei weiteren Arbeiten darauf achten, dass die Kabel zum Crashsensor nicht eingeklemmt werden.

- Batterie-Massekabel bei eingeschalteter Zündung anklemmen. **Achtung:** Beim Anklemmen der Batterie darf sich keine Person im Fahrzeug-Innenraum aufhalten.

Speziell Fahrzeuge mit multitronic-Getriebe

ATF-Leitungen vom Ölkühler abbauen

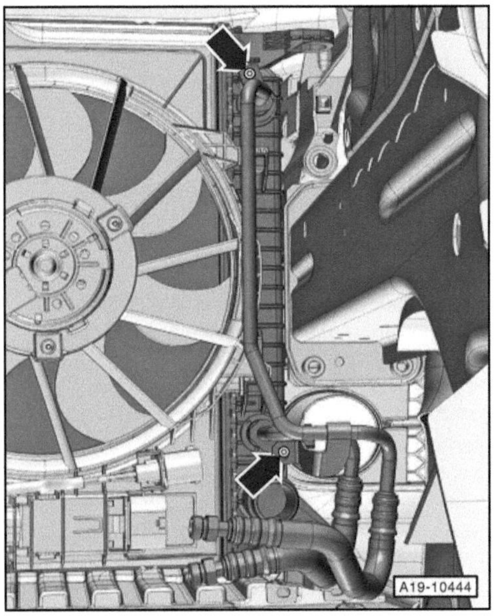

- Altöl-Auffangwanne unter die Anschlüsse der Getriebeölleitungen stellen.
- Schrauben –Pfeile– herausdrehen. ATF-Leitungen vom Kühler abziehen und mit Draht nach oben am Längsträger festbinden. Dadurch wird verhindert, dass ATF austritt. ATF = Automatic Transmission Fluid = Automatik-Getriebeöl.

Achtung: Vor dem Trennen von ATF-Leitungen Umgebung der Anschlüsse reinigen. Öffnungen mit geeigneten Stopfen verschließen. Auf äußerste Sauberkeit achten. Darauf achten, dass möglichst kein ATF ausläuft.

ATF-Leitungen anbauen

Achtung: Bevor die ATF-Leitungen angebaut werden, Verschlussstopfen entfernen, andernfalls funktioniert die ATF-Kühlung nicht richtig und das Getriebe wird geschädigt.

- ATF-Leitungen mit neuen O-Ringen von Hand bis zum Anschlag am Kühler einstecken, erst dann anschrauben. **Achtung:** Vorher O-Ringe mit sauberem ATF bestreichen.
- Schrauben mit **5 Nm** festziehen.
- Nach Abschluss der Kühler-Einbauarbeiten den ATF-Stand prüfen, gegebenenfalls korrigieren (Werkstattarbeit).

Achtung: Der **Motor darf nicht gestartet werden**, wenn nach einer Reparatur oder starkem ATF-Austritt nur noch wenig beziehungsweise kein ATF im Getriebe ist.

Kühler-Lüfter aus- und einbauen

Ausbau

Hinweis: Falls Kabelbinder abgebaut werden müssen, Einbaulage markieren und neue Kabelbinder an gleicher Stelle wieder einbauen.

- Kühler mit Lüfterzarge ausbauen und Lüfterzarge vom Kühler trennen, siehe entsprechendes Kapitel.

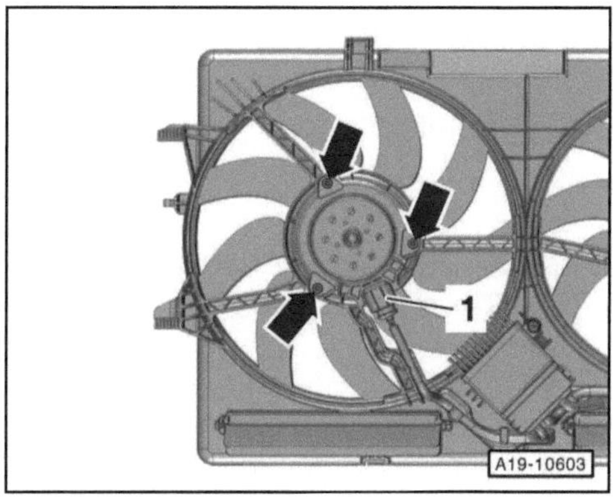

- Stecker –1– abziehen.
- Schrauben –Pfeile– herausdrehen und Lüfter abnehmen.
- Zweiten Lüfter, falls vorhanden, auf die gleiche Weise ausbauen.

Einbau

- Lüfter ansetzen und mit **5 Nm** anschrauben.
- Stecker aufschieben und einrasten.
- Lüfterzarge zusammen mit dem Kühler einbauen, siehe entsprechendes Kapitel.

Motor-Management

Aus dem Inhalt:

- Benzin-Einspritzanlage
- Diesel-Einspritzanlage
- Diesel-Vorglühanlage
- Kraftstoffanlage
- Luftfilter

Im Kapitel »Motor-Management« sind die Themen »Benzin-Einspritzanlage« und »Diesel-Einspritzanlage« zusammengefasst.

Benzin-Einspritz- und Zündanlage

Das elektronische Motor-Management regelt die Kraftstoffzuteilung und das Zündsystem. Die Vorteile des elektronischen Motormanagements sind:

- Genau dosierte Kraftstoffmenge in jedem Betriebszustand des Motors, dadurch geringer Verbrauch bei guten Fahrleistungen.
- Reduzierung der Abgas-Schadstoffe durch exakte Kraftstoffzumessung und den Einsatz eines geregelten Katalysators.
- Die Eigendiagnose des Motor-Managements ermöglicht ein schnelleres Auffinden von Defekten. Das System ist mit einem Fehlerspeicher ausgestattet. Treten während des Betriebs Defekte auf, werden diese im Speicher abgelegt. Sollte der Motor nicht einwandfrei arbeiten, kann die Fachwerkstatt gegen Kostenerstattung eine Fehlerliste ausdrucken, damit gegebenenfalls der Defekt dann selbst behoben werden kann.

Das Steuergerät entspricht einem kleinen sehr schnell arbeitenden Computer. Es bestimmt den optimalen Zündzeitpunkt, den Einspritzzeitpunkt und die Kraftstoff-Einspritzmenge. Dabei erfolgt eine Abstimmung des Steuergeräts mit anderen Fahrzeugsystemen, beispielsweise der Getriebesteuerung oder der Wegfahrsperre.

Die Bauteile des Zünd- und Einspritzsystems sind langzeitstabil und praktisch wartungsfrei. Nur der Luftfiltereinsatz sowie die Zündkerzen müssen im Rahmen der Wartung gewechselt werden. Wesentliche Einstell- und Reparaturarbeiten können nur mit Hilfe von teuren Prüfgeräten durchgeführt werden, so dass diese Arbeiten nur noch von entsprechend ausgerüsteten Fachwerkstätten ausgeführt werden können.

Sicherheitsmaßnahmen bei Arbeiten am Benzin-Einspritzsystem

Das Kraftstoffsystem steht unter Druck! Vor dem Lösen der Schlauchverbindungen einen dicken Putzlappen um die Verbindungsstelle legen. Dann durch vorsichtiges Abziehen des Schlauches den Druck abbauen. **Achtung:** Beim **Direkteinspritz-Motor kann auf diese Weise nur der Druck im Niederdruckteil (bis ca. 6 bar) abgebaut werden. Zum Druckabbau im Hochdruckteil (bis ca. 120 bar) werden spezielle Werkstattgeräte benötigt.** Der Hochdruckteil reicht von der hinten am Zylinderkopf angeflanschten Hochdruckpumpe bis zu den Einspritzventilen.

- **Kein offenes Feuer, nicht rauchen, keine glühenden oder sehr heißen Teile in die Nähe des Arbeitsplatzes bringen. Unfallgefahr! Feuerlöscher bereitstellen.**
- **Unbedingt für gute Belüftung des Arbeitsplatzes sorgen. Kraftstoffdämpfe sind giftig.**

Achtung: Bei Arbeiten am Einspritzteil des Systems sind auch die allgemeinen Sicherheits- und Sauberkeitsregeln zu befolgen, siehe Kapitel »Kraftstoffanlage«.

Diesel-Einspritzanlage

Die Dieseleinspritzung wird vollelektronisch durch das Motor-Management geregelt. Die Vorteile sind:

- Die Eigendiagnose des Motor-Managements ermöglicht ein schnelleres Auffinden von Defekten.
- Genau dosierte Kraftstoffmenge. Dadurch Reduzierung der Abgas-Schadstoffe und geringer Verbrauch.
- Das Einstellen von Leerlaufdrehzahl und Abregeldrehzahl ist nicht erforderlich.

Die Bauteile des Diesel-Einspritzsystems sind langzeitstabil und praktisch wartungsfrei. Nur der Motor-Luftfiltereinsatz und der Kraftstofffilter müssen im Rahmen der Wartung gewechselt werden.

Benzin-Einspritzanlage – Einbauübersicht

1,8-/2,0-l-Benzinmotor

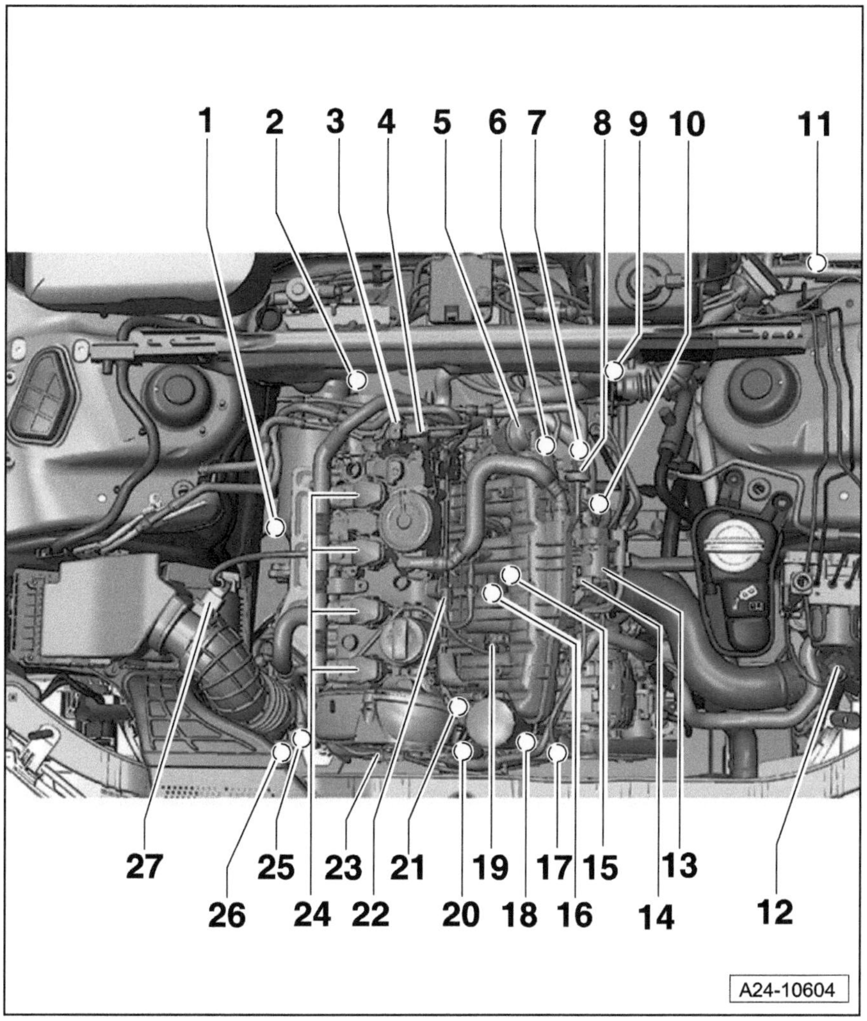

1 – **Lambdasonde vor Katalysator**

2 – **Lambdasonde nach Katalysator**

3 – **Regelventil für Kraftstoffdruck**

4 – **Kraftstoff-Hochdruckpumpe**

5 – **Unterdruckdose für Saugrohrklappen**

6 – **Ventil für Saugrohrklappe**

7 – **Motor-Drehzahlgeber, 4,5 Nm**

8 – **Magnetventil 1 für Aktivkohlebehälter**

9 – **6-fach-Steckverbindungen**
Für Lambdasonden.

10 – **Steckverbindungen**
Für Klopfsensor, Saugrohrklappen-Ventil, Kraftstoffdruckgeber, Saugrohrklappen-Potentiometer, Kühlmittel-Temperaturgeber, Hallgeber und Einspritzventile.

11 – **Motorsteuergerät**
Sitzt in der linken E-Box im Motorraum.

12 – **Ladedruckgeber**

13 – **Drosselklappensteuereinheit**
Mit Drosselklappenantrieb (Stellmotor für elektrische Gasbetätigung), 2 Winkelgeber für Drosselklappenantrieb.
Hinweis: Nach jedem Aus- und Einbauen muss die Drosselklappensteuereinheit neu an das Motorsteuergerät angepasst werden (Werkstattarbeit).

14 – **Ansaugluft-Temperaturgeber**

15 – **Klopfsensor I, 20 Nm**
Zum Ausbau müssen Kühlmittelpumpe und Kühlmittelregler (Thermostat) ausgebaut werden.

16 – **Kühlmittel-Temperaturgeber**

17 – **Ventil für Öldruckregelung**

18 – **Öldruckschalter**
Für reduzierten Öldruck.

19 – **Kraftstoffdruckgeber**

20 – **Öldruckschalter**

21 – **Potentiometer für Saugrohrklappe**

22 – **Nockenwellen-Positionsgeber**
Hallgeber.

23 – **Ventil 1 für Nockenwellenverstellung**

24 – **Zündspulen mit Leistungsendstufen**

25 – **Umluftventil für Turbolader**
Sitzt direkt am Turbolader.

26 – **Magnetventil für Ladedruckbegrenzung**

27 – **Luftmassenmesser**

Die folgenden Bauteile sind nicht abgebildet:

A – **Diagnosestecker**
Im Kniefänger auf der Fahrerseite.

B – **Steuergerät für Kraftstoffpumpe**
Sitzt an der Kraftstoff-Fördereinheit im Tank.

C – **Bremslichtschalter**
Sitzt am Lagerbock des Bremspedals.

D – **Kupplungspositionsgeber**
Nur bei Schaltgetriebe. Sitzt am Kupplungs-Pedalbock.

E – **Gaspedal-Stellungsgeber**
Sitzt am Gaspedal. Dabei sind 2 Geber in einem Gehäuse untergebracht.

F – **Steuergerät für Kühler-Lüfter**
Sitzt am Lüftergehäuse.

G – **Einspritzventile**
Sitzen im Kraftstoffverteilerrohr.

H – **Pumpe für Kühlmittelnachlauf**
Nur bei Fahrzeugen für Länder mit hohen Außentemperaturen eingebaut.

I – **Magnetventil links für elektrohydraulische Motorlagerung**
Getriebeabhängig, daher nicht bei allen Fahrzeugen eingebaut.

Saugrohr – Detailübersicht

1,8-/2,0-l-Benzinmotor

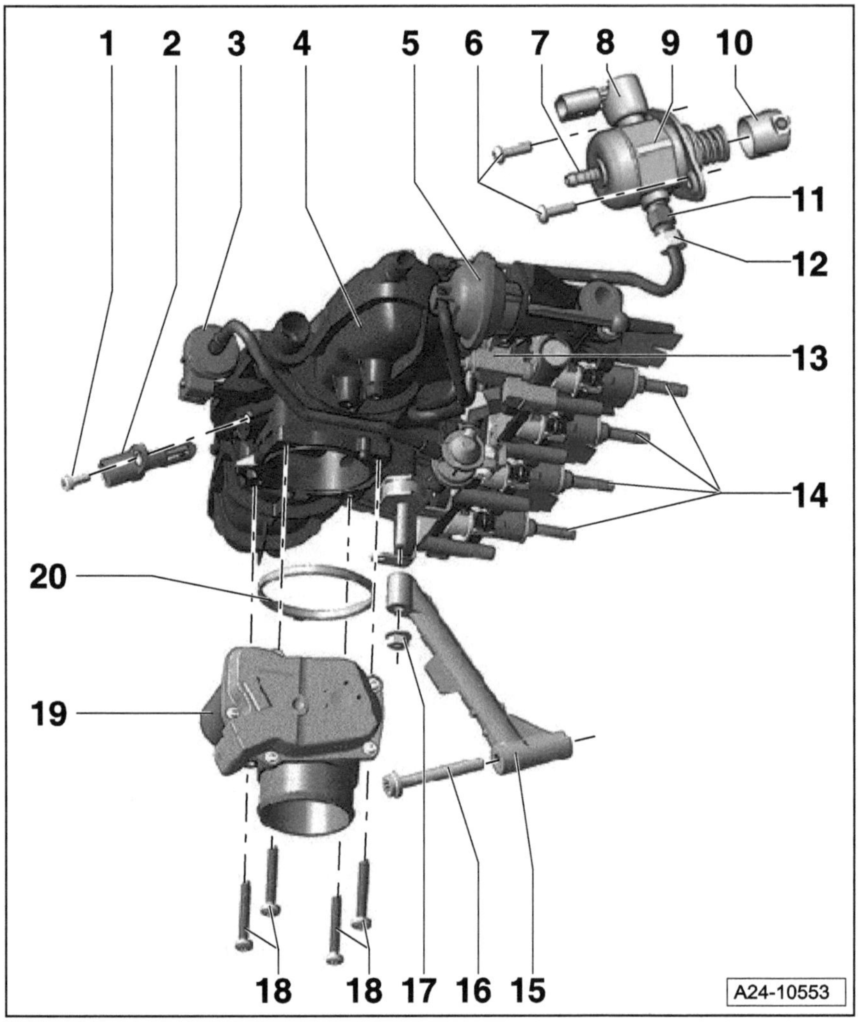

1 – **Schraube, 5 Nm**
Für Ansaugluft-Temperaturgeber.

2 – **Ansaugluft-Temperaturgeber**

3 – **Magnetventil 1**
Mit Doppelrückschlagventil.
Für Aktivkohlebehälter.

4 – **Saugrohr**

5 – **Unterdruckdose**
Für Saugrohrklappen.

6 – **Schrauben [1], 10 Nm**
Für Hochdruckpumpe.

7 – **Anschlussstutzen**
Für Kraftstoffvorlaufleitung.
Vom Tank kommend.

8 – **Regelventil für Kraftstoffdruck**

9 – **Einkolben-Hochdruckpumpe**

10 – **Rollenstößel**
Bleibt unter Umständen nach Abbau der Hochdruckpumpe in der Vakuumpumpe stecken, herausnehmbar.

11 – **Anschlussstutzen [1], 25 Nm**
Für Kraftstoffvorlaufleitung.

12 – **Kraftstoff-Hochdruckleitung, 20 Nm**
Nicht verspannt einbauen.

13 – **Ventil für Saugrohrklappe**

14 – **Einspritzventile**
O-Ring und Teflonring erneuern.
Auf richtige Einbaulage achten.

15 – **Saugrohrstütze**

16 – **Schraube [2], 23 Nm**

17 – **Mutter [2], 10 Nm**

18 – **Schrauben, 5 Nm**

19 – **Drosselklappensteuereinheit**

20 – **Dichtring [1]**

[1]) Nach jeder Demontage ersetzen.

[2]) Für Saugrohrstütze.

Leerlaufdrehzahl/Zündzeitpunkt/ CO-Gehalt prüfen und einstellen

Im Rahmen der Wartung ist es nicht erforderlich, Leerlaufdrehzahl, Zündzeitpunkt und CO-Gehalt einzustellen, da die Werte permanent elektronisch nachgeregelt werden.

Falls die tatsächlichen Betriebswerte von den Sollwerten abweichen, liegt die Ursache in defekten Bauteilen, die ersetzt werden müssen. Eine fachgerechte Prüfung des Motormanagements ist nur mit speziellen Diagnosegeräten möglich.

Allgemeine Prüfung der Benzin-Einspritzanlage

Für eine systematische Fehlersuche beziehungsweise Fehlerbehebung sind markenspezifische Messgeräte erforderlich. Diese Messgeräte sind sehr teuer und in der Regel nur in der Fachwerkstatt vorhanden. Deshalb wird hier nur eine Grundprüfung beschrieben.

- Batterie prüfen, siehe Seite 80.
- Sicherungen prüfen, siehe Seite 74.
- Sämtliche Stecker und Steckverbindungen des betroffenen elektronischen Systems abziehen und aufstecken. Festen Sitz der Steckverbindungen und Fixierung der Kabel im Motorraum prüfen.
- Alle Masseverbindungen auf festen Sitz und einwandfreien Kontakt prüfen.
- Schläuche und Leitungen auf Undichtigkeiten prüfen. Dabei auf Porosität und Risse achten. Lockere Anschlüsse befestigen.

Achtung: Keine silikonhaltigen Dichtmittel verwenden. Vom Motor angesaugte Silikonspuren werden nicht verbrannt und schädigen die Lambdasonde.

Diesel-Einspritzanlage

Diesel-Einspritzverfahren

Beim Dieselmotor wird reine Luft in die Zylinder angesaugt und dort sehr hoch verdichtet. Dadurch steigt die Temperatur in den Zylindern über die Zündtemperatur des Dieselöls an. Wenn der Kolben kurz vor dem Oberen Totpunkt steht, wird in die hoch verdichtete und etwa +600° C heiße Luft der Kraftstoff direkt in den Brennraum eingespritzt. Das Dieselöl zündet von selbst, Zündkerzen sind also nicht erforderlich.

Der Kraftstoff wird durch eine elektrische Kraftstoffpumpe aus dem Tank zur Hochdruckpumpe gefördert. Diese baut bereits bei niedrigen Motordrehzahlen einen sehr hohen Druck von 1800 bis 2000 bar auf. Von der Hochdruckpumpe führt eine gemeinsame Kraftstoffleitung (Common Rail) zu den Einspritzventilen der einzelnen Zylinder. Die gemeinsame Kraftstoffleitung dient als Druckspeicher und verteilt den Kraftstoff mit konstantem Druck an die Einspritzventile. Die erforderliche Kraftstoff-Einspritzmenge wird vom Motor-Steuergerät über die Einspritzventile (Piezo-Injektoren) den einzelnen Zylindern exakt zugeteilt.

Bevor der Kraftstoff in die Hochdruckpumpe gelangt, durchfließt er den Kraftstofffilter. Dort werden Verunreinigungen und Wasser zurückgehalten. Es ist deshalb äußerst wichtig, den Kraftstofffilter entsprechend der Wartungsvorschrift zu entwässern beziehungsweise auszuwechseln.

Achtung: Bei Arbeiten an der Kraftstoffanlage Sicherheits- und Sauberkeitsregeln beachten, siehe Seite 232.

Diesel-Vorglühanlage

Bei sehr kaltem Motor wird die Selbstzündungstemperatur für den Diesel-Kraftstoff durch die Verdichtung allein nicht erreicht, deshalb muss vorgeglüht werden. Dazu befindet sich in jedem Brennraum eine Glühkerze, die den Brennraum aufheizt. Die Glühkerze besteht im wesentlichen aus einem Gehäuse mit eingepresstem Heizstab. Die Dauer des Vorglühens ist abhängig von der Umgebungstemperatur und wird durch das Motor-Steuergerät über ein Vorglührelais gesteuert. **Hinweis:** Aufgrund der guten Kaltstarteigenschaften des Dieseldirekteinspritzmotors ist ein Vorglühen überwiegend erst bei Temperaturen unter ca. 0° C erforderlich.

Die Vorglühanlage wird über ein Steuergerät für Glühzeitautomatik angesteuert. Dieses Steuergerät befindet sich im Relais- und Sicherungsträger in der E-Box im Wasserkasten, in Fahrtrichtung gesehen, ganz rechts außen. Bei einem Fehler in der Vorglühanlage wird durch das Vorglüh-Steuergerät ein Fehler im Fehlerspeicher des Motorsteuergeräts abgelegt. Dabei wird jede Glühkerze einzeln angesteuert und überprüft.

Glühkerzen aus- und einbauen

Es können Metall- oder Keramik-Glühkerzen eingebaut sein. Keramik-Glühkerzen sind am weißen oder silbernen Dichtring über dem Sechskant erkennbar. Metall-Glühkerzen haben einen roten Dichtring. Keramik-Glühkerzen müssen sehr vorsichtig behandelt werden, siehe Hinweise auf Seite 231.

Ausbau

- Obere Motorabdeckung ausbauen, siehe Seite 197.

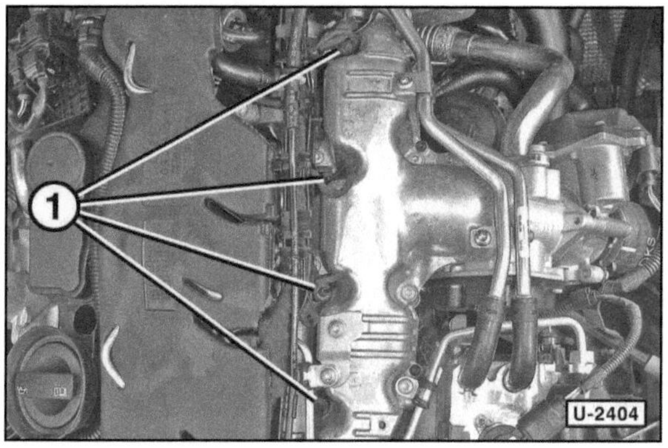

- Glühkerzenstecker –1– von den Glühkerzen abziehen.

Achtung: Beim Herausschrauben der Glühkerzen darf kein Schmutz in den Zylinder fallen.

- Glühkerzenkanal reinigen. Dazu zuerst groben Schmutz mit einem Staubsauger aussaugen. Dann Bremsenreiniger oder geeigneten Reiniger in den Glühkerzenkanal sprühen und kurze Zeit einwirken lassen. Anschließend Glühkerzenkanal mit Pressluft ausblasen. Danach Glühkerzenkanal mit einem mit Öl benetzten Lappen reinigen.
- Glühkerzen mit Gelenkschlüssel SW-10, zum Beispiel HAZET 2530 oder VW/AUDI-3220, herausschrauben.

Einbau

- Glühkerzen mit Gelenkschlüssel einschrauben und mit **17 Nm** festziehen.
- Glühkerzenstecker an den Glühkerzen aufstecken. Durch leichtes Ziehen an den Kerzensteckern festen Sitz prüfen.
- Falls erforderlich, Fehlerspeicher des Motorsteuergerätes löschen.

Diesel-Einspritzanlage – Einbauübersicht

2,0-l-Dieselmotor

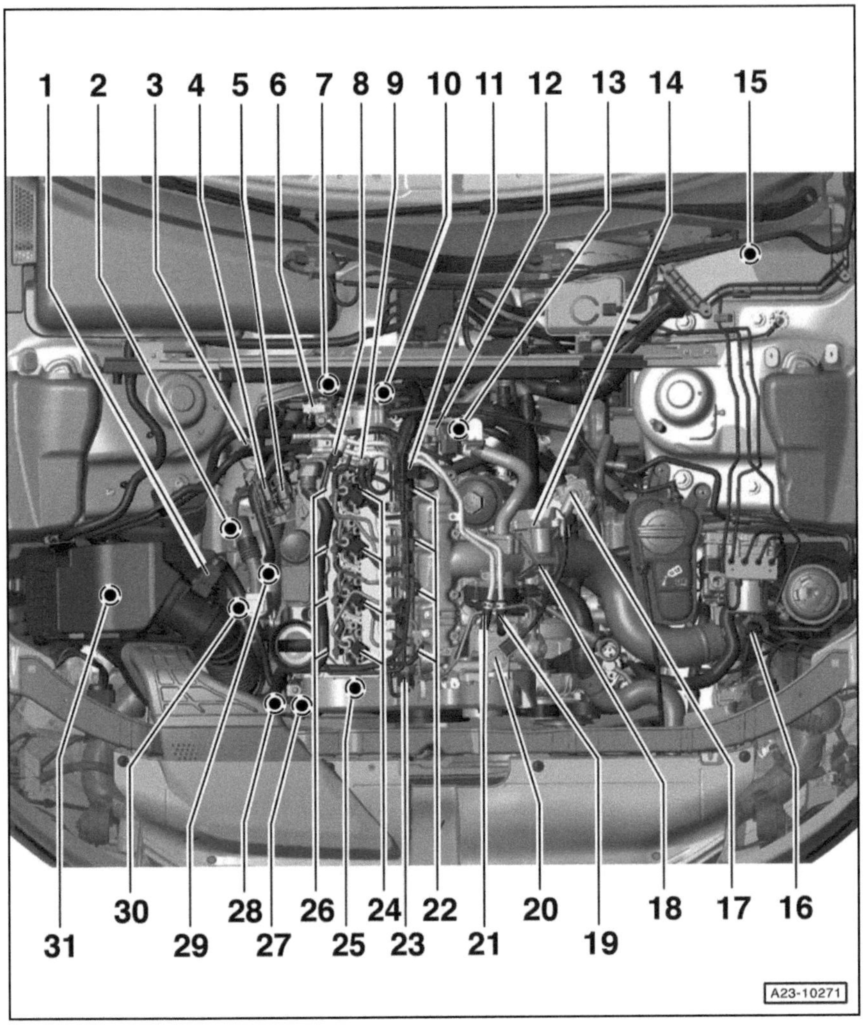

1 – **Luftmassenmesser**

2 – **Lambdasonde, 50 Nm**

3 – **Abgas-Temperaturgeber 3, 45 Nm**

4 – **Steckverbindung**
Für Abgas-Temperaturgeber 3.

5 – **Steckverbindung**
Für Lambdasonde.

6 – **Abgas-Drucksensor 1**
Nach dem Erneuern Anpassung im Motorsteuergerät vornehmen.
Der Drucksensor ist über 2 Rohrleitungen mit dem Abgasrohr vor und hinter dem Partikelfilter verbunden.
Über den Drucksensor wird der Durchgang des Partikelfilters geprüft.

7 – **Kühlmittel-Temperaturgeber**
Am Kühlerausgang.

8 – **Kraftstoff-Temperaturgeber**

9 – **Druckhalteventil**
Das Druckhalteventil hat die Aufgabe, in den Kraftsstoffrücklaufleitungen immer einen Restdruck (Steuermenge) von ca. 10 bar zu halten. Diese Steuermenge benötigen die Piezo-Injektoren (Einspritzventile) zur einwandfreien Funktion.
Das Druckhalteventil darf nur komlett mit den Krafstoffrücklaufleitungen erneuert werden.
Nach dem Austausch muss der Motor für ca. 2 Minuten im Leerlauf laufen, um das Kraftstoffsystem zu entlüften.

10 – **Kühlmittel-Temperaturgeber**

11 – **Regelventil für Kraftstoffdruck**

12 – **Motor für Schaltsaugrohr**
Mit Geber für Schaltsaugrohrposition.

13 – **Motordrehzahlgeber, 4,5 Nm**
Sitzt am Motorblock neben dem Motoröl-Filtergehäuse.

14 – **Motor für Saugrohrklappe**
Mit Drosselklappenpotentiometer.

15 – **Motorsteuergerät**
Sitzt in der linken E-Box im Motorraum.

16 – **Ladedruckgeber**
Befindet sich zusammen mit dem Ansaugluft-Temperaturgeber in einem Gehäuse.
Sitzt im Luftkanal in der Nähe des Vorratsbehälters für Servolenkung.

17 – **Pumpe**
Für Kühler der Abgasrückführung.

18 – **Abgasrückführventil**
Mit Potentiometer für Abgasrückführung.

19 – **Anschluss der Kraftstoffrücklaufleitung**

20 – **Kraftstoff-Hochdruckpumpe**
Mit Ventil für Kraftstoffdosierung.
Achtung: Das Ventil darf nicht geöffnet werden.

21 – **Anschluss der Kraftstoff-Vorlaufleitung**

22 – **Glühkerzen**

23 – **Kraftstoff-Druckgeber, 100 Nm**
Sitzt an der vorderen Stirnseite des Kraftstoffverteilerrohrs (Rail).

24 – **Einspritzventile (Piezo-Injektoren)**

25 – **Nockenwellenpositionssensor**
Hallgeber

26 – **Kraftstoffrücklaufleitungen**
Die Kraftstoffrücklaufleitungen dürfen nicht zerlegt werden. Gegebenenfalls komplett mit Druckhalteventil erneuern.
Nach dem Austausch muss der Motor für ca. 2 Minuten im Leerlauf laufen, um das Kraftstoffsystem zu entlüften. Anschließend Kraftstoffrücklaufleitungen auf Dichtheit prüfen.

27 – **Magnetventil**
Für Ladedruckbegrenzung.

28 – **Umschaltventil**
Für Kühler der Abgasrückführung.

29 – **Steckverbindung**
Für Abgas-Temperaturgeber 1.

30 – **Positionsgeber**
Für Ladedrucksteller.

31 – **Ventil**
Für Bypassklappe des Luftfilters.

Die folgenden Bauteile sind nicht abgebildet:

A – **Relais- und Sicherungsträger in der E-Box im linken Wasserkasten**

B – **Bremslichtschalter**

C – **Kupplungspositionsgeber**

D – **Gaspedalstellungsgeber**

E – **Abgas-Temperaturgeber 1, 45 Nm**
Am Turbolader eingebaut.

F – **Abgas-Temperaturgeber 4, 45 Nm**

G – **Steckverbindung**
Für Abgastemperaturgeber 4.

H – **Diesel-Partikelfilter**
Sitzt in einem Gehäuse mit dem vorgeschalteten Hauptkatalysator.
Nach dem Erneuern muss eine Anpassung am Steuergerät durchgeführt werden (Werkstattarbeit).

Diesel-Einspritzsystem

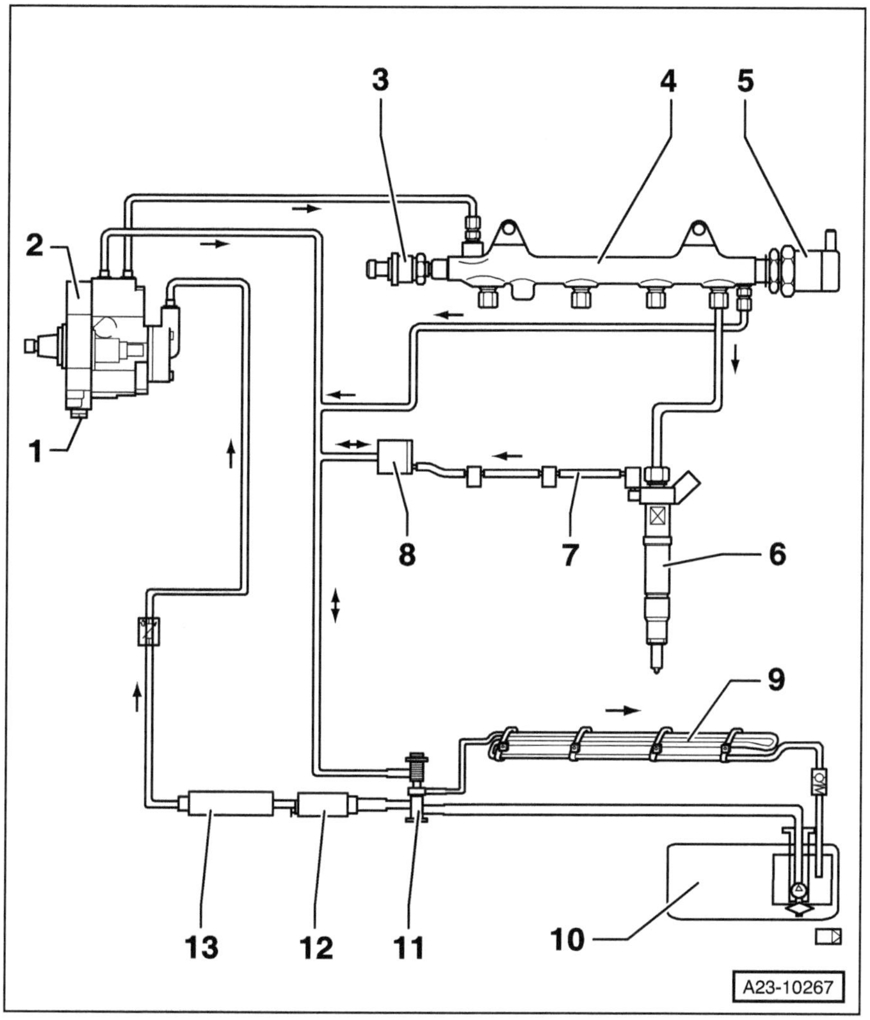

1 – Ventil für Kraftstoffdosierung
Nicht öffnen.

2 – Kraftstoff-Hochdruckpumpe
Nach dem Erneuern muss eine Kraftstoff-Erstbefüllung vorgenommen werden. Durch »Trockenlauf« wird die Pumpe beschädigt.

3 – Kraftstoff-Druckgeber, 100 Nm

4 – Rail-Element
Hochdruckspeicher, Kraftstoffverteilerrohr.

5 – Regelventil, 80 Nm
Für Kraftstoffdruck. Nicht wiederverwendbar.

6 – Piezo-Injektor
Einspritzventil.

7 – Kraftstoffrücklaufleitungen
Die Kraftstoffrücklaufleitungen dürfen nicht zerlegt werden. Gegebenenfalls komplett mit Druckhalteventil erneuern.
Nach dem Austausch muss der Motor für ca. 2 Minuten im Leerlauf laufen, um das Kraftstoffsystem zu entlüften. Anschließend Kraftstoffrücklaufleitungen auf Dichtheit prüfen.

8 – Druckhalteventil
Das Druckhalteventil hat die Aufgabe, in den Kraftstoffrücklaufleitungen immer einen Restdruck (Steuermenge) von ca. 10 bar zu halten. Diese Steuermenge benötigen die Piezo-Injektoren (Einspritzventile) zur einwandfreien Funktion.
Das Druckhalteventil darf nur komplett mit den Krafstoffrücklaufleitungen erneuert werden.
Nach dem Austausch muss der Motor für ca. 2 Minuten im Leerlauf laufen, um das Kraftstoffsystem zu entlüften.

9 – Kraftstoffkühler
Befindet sich am Fahrzeugboden.

10 – Kraftstofftank
Mit elektrischer Kraftstoff-Vorförderpumpe.

11 – Vorwärmventil

12 – Zusatzkraftstoffpumpe
Befindet sich zusammen mit dem Kraftstofffilter am Unterboden des Fahrzeuges.

13 – Kraftstofffilter
Befindet sich zusammen mit der Zusatzkraftstoffpumpe am Unterboden des Fahrzeuges.

Speziell Keramik-Glühkerzen

Achtung: Keramik-Glühkerzen sind gegen Stoß und Biegung sehr empfindlich und müssen daher besonders vorsichtig behandelt werden. Selbst bei einem Fall aus geringer Höhe (ca. 2 cm) müssen die Glühkerzen ersetzt werden. Dies gilt auch, wenn kein äußerlich sichtbarer Schaden (Haarriss) vorliegt.

- Bestehen Zweifel am einwandfreien Zustand einer Glühkerze, so ist diese immer zu ersetzen.
- Beim Wechsel muss immer die gleiche Glühkerzenart eingebaut werden.
- Vor dem Einbau Gewinde im Zylinderkopf vollständig von Ablagerungen säubern. Gewinde im Zylinderkopf oder an den Glühkerzen nicht einölen oder fetten.

Achtung: Nach dem Einbau, vor dem ersten Motorstart am kalten Motor Widerstand der Glühkerzen prüfen. Sollwert: max. 1 Ω. Gegebenenfalls defekte Glühkerze ersetzen.

Sollte eine defekte Keramik-Glühkerze gebrochen sein, unbedingt alle Bruchstücke aus dem Motor entfernen, da es sonst zu Motorschäden kommen kann.

Kraftstoffanlage

Zur Kraftstoffanlage zählen der Kraftstoffvorratsbehälter (Kraftstofftank), die Kraftstoffpumpe(n) und die Kraftstoffleitungen sowie Kraftstoff- und Luftfilter.

Der Kraftstoffvorratsbehälter des AUDI A4 ist vor der Hinterachse angeordnet. Der jeweilige Kraftstoffvorrat wird dem Fahrer im Kombiinstrument angezeigt. Über ein Entlüftungssystem wird der Tank belüftet. Die schädlichen Benzindämpfe der Tankentlüftung werden in einem Aktivkohlespeicher aufgefangen und dem Motor kontrolliert zur Verbrennung zugeführt.

Füllmenge des Kraftstoffvorratsbehälters (Tankinhalt)		
Baujahr ⇓ / Antrieb ⇒	**Front-**	**Allrad-**
12/07 – 10/11	65 l	64 l
11/11 – 8/15	63 l	61 l

Kraftstoff sparen beim Fahren

Wesentlichen Einfluss auf den Kraftstoffverbrauch hat die Fahrweise des Fahrzeuglenkers. Hier einige Tipps für den intelligenten Umgang mit dem Gaspedal:

- Nach dem Motorstart gleich losfahren, auch bei Frost.
- Motor abschalten bei voraussichtlichen Stopps über 40 Sekunden Dauer.
- Im höchstmöglichen Gang fahren.
- Möglichst gleichmäßige Geschwindigkeiten über längere Strecken fahren, hohe Geschwindigkeiten meiden. Vorausschauend fahren. Nicht unnötig bremsen.
- Keine unnötige Zuladung mitführen, Aufbauten am Fahrzeug, beispielsweise Dachgepäckträger, möglichst abbauen.
- Immer mit richtigem, nie mit zu niedrigem Reifendruck fahren.

Sicherheits- und Sauberkeitsregeln bei Arbeiten an der Kraftstoffversorgung

Bei Arbeiten an der Kraftstoffversorgung sind die folgenden Regeln zur Sicherheit und Sauberkeit sorgfältig zu beachten:

- Bei Arbeiten an der Kraftstoffanlage grundsätzlich Batterie abklemmen. **Achtung:** Hinweise im Kapitel »Batterie aus- und einbauen« beachten.
- Verbindungsstellen und deren Umgebung vor dem Lösen gründlich reinigen.
- Ausgebaute Teile auf einer sauberen Unterlage ablegen und abdecken. Folie oder Papier verwenden. Keine fasernden Lappen benutzen!
- Geöffnete Bauteile sorgfältig abdecken beziehungsweise verschließen, wenn die Reparatur nicht umgehend ausgeführt wird.
- Ersatzteile erst unmittelbar vor dem Einbau aus der Verpackung nehmen. Nur saubere Teile einbauen.

Sicherheitsmaßnahmen bei Arbeiten am Kraftstoffsystem

Das Kraftstoffsystem steht unter Druck! Vor dem Lösen der Schlauchverbindungen den Druck abbauen. Dazu Tankdeckel kurz öffnen und wieder schließen. Einen dicken Putzlappen um die Verbindungsstelle legen. Schutzbrille aufsetzen und dann durch vorsichtiges Lösen der Verbindungsstelle den Druck abbauen. **Achtung: Auf diese Weise kann nur der Druck im Niederdruckteil (bis ca. 4 – 6 bar) abgebaut werden. Zum Druckabbau im Hochdruckteil (FSI-Motor bis ca. 120 bar) werden spezielle Werkstattgeräte benötigt.** Der Hochdruckteil reicht von der hinten am Zylinderkopf angeflanschten Hochdruckpumpe bis zu den Einspritzventilen. Beim **Dieselmotor** kann die Temperatur der Kraftstoffleitungen beziehungsweise des Kraftstoffes im Extremfall bis zu +100° C betragen. Vor dem Öffnen von Leitungsverbindungen Kraftstoff abkühlen lassen, da akute Verbrühungsgefahr besteht.

- **Kein offenes Feuer, nicht rauchen, keine glühenden oder sehr heißen Teile in die Nähe des Arbeitsplatzes bringen. Unfallgefahr! Feuerlöscher bereitstellen.**
- **Unbedingt für gute Belüftung des Arbeitsplatzes sorgen. Kraftstoffdämpfe sind giftig.**
- Schutzhandschuhe tragen.
- Schutzbrille tragen.

- Bei geöffneter Kraftstoffanlage möglichst nicht mit Druckluft arbeiten. Das Fahrzeug möglichst nicht bewegen.
- Keine silikonhaltigen Dichtmittel verwenden. Vom Motor angesaugte Spuren von Silikonbestandteilen werden im Motor nicht verbrannt und schädigen die Lambdasonden.
- Kraftstoffschläuche am Motor **nur** mit **Federbandschellen** sichern. Klemm- oder Schraubschellen sind nicht zulässig.
- Leitungen aller Art beim Einbau so verlegen, dass die ursprüngliche Leitungsführung wiederhergestellt ist. Auf ausreichenden Freigang zu beweglichen oder heißen Bauteilen achten.
- Darauf achten, dass kein Dieselkraftstoff auf die Kühlmittelschläuche läuft. Gegebenenfalls Schläuche sofort reinigen. Angegriffene Schläuche umgehend ersetzen.

Kraftstoffbehälter – Detailübersicht

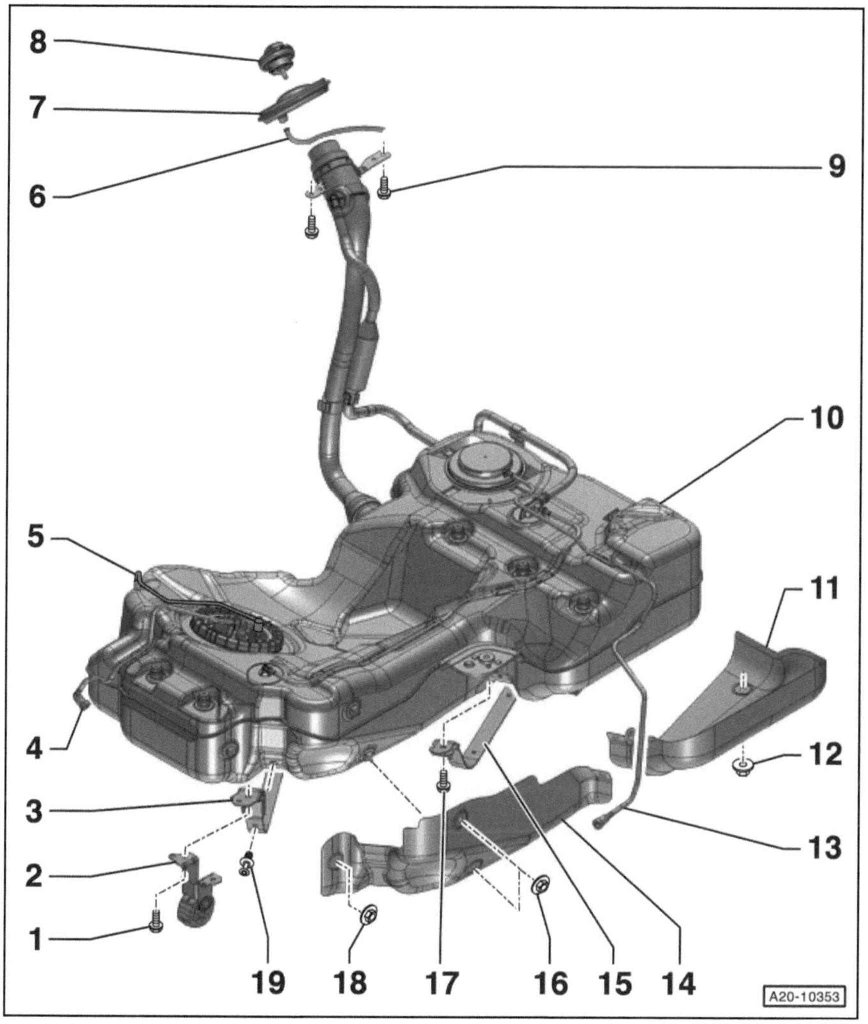

Hinweis: Die Abbildung zeigt den Kraftstoffbehälter (Tank) für den Benzinmotor.

1 – **Schraube, 23 Nm**

2 – **Aufhängung**
Für Abgasanlage.

3 – **Spannband**
Verschiedene Ausführungen.

4 – **Kraftstoffleitung**
Vom Kraftstofffilter zum Motor.
Nicht knicken.
Am Kraftstoffbehälter eingeclipst.
Zum Abziehen die Entriegelungstaste am Anschlussstück drücken.

5 – **Kraftstoffleitung**
Nur bei Fahrzeugen mit Standheizung.
Führt zur Dosierpumpe für die Standheizung.

6 – **Überlaufschlauch**
Am Stoßfänger-Halter eingehängt.

7 – **Gummitopf**

8 – **Verschlussdeckel**
Bis zum hörbaren Verrasten zudrehen.
Mit Verliersicherung an der Tankklappeneinheit eingehängt.

9 – **Schraube, 20 Nm**
Zum Befestigen des Kraftstoffeinfüllstutzens.
Zur Ableitung elektrostatischer Aufladung.

10 – **Kraftstoffbehälter**

11 – **Wärmeschutzblech für Kraftstoffbehälter**

12 – **Mutter, 2 Nm**

13 – **Entlüftungsleitung**
Zum Aktivhohlebehälter.
Nicht knicken.
Am Kraftstoffbehälter eingeclipst.
Zum Abziehen die Entriegelungstaste am Anschlussstück drücken.

14 – **Wärmeschutzblech für Kraftstoffbehälter**

15 – **Spannband**
Verschiedene Ausführungen.

16 – **Mutter, 2 Nm**

17 – **Schraube, 20 Nm**

18 – **Mutter, 2 Nm**

19 – **Spreizclip**

Kraftstoff-Fördereinheit/Tankgeber/Kraftstoffpumpe – Detailübersicht

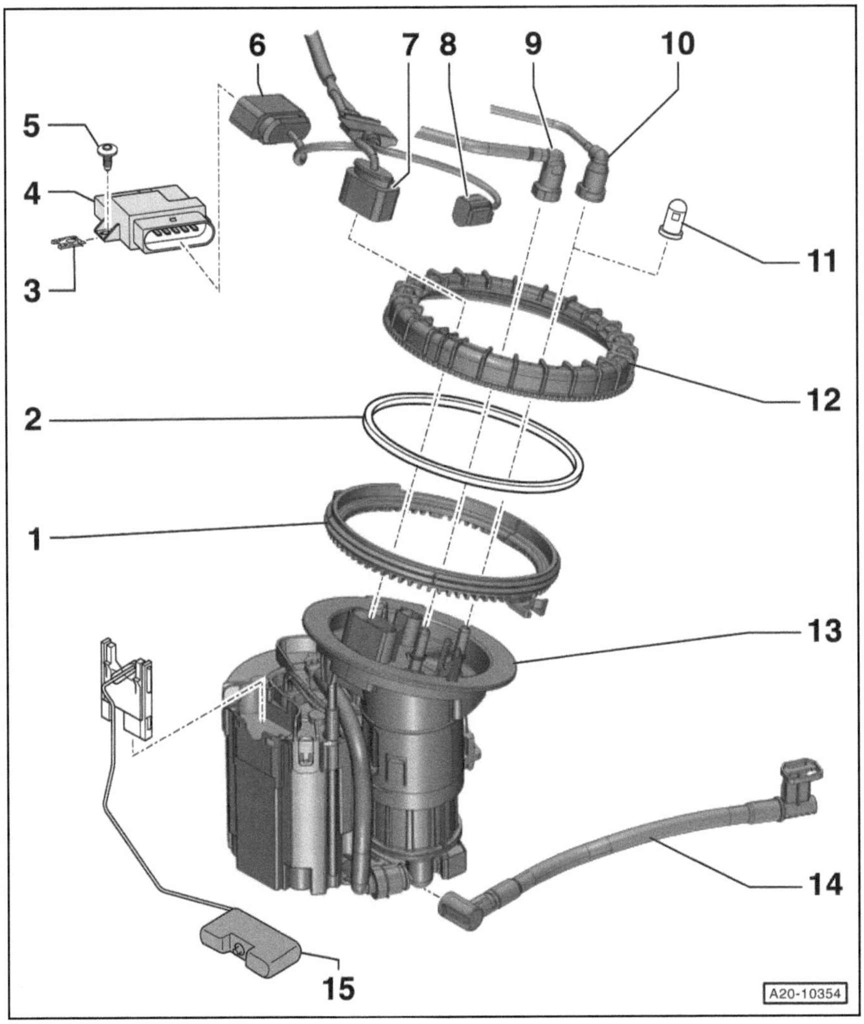

Achtung: Die **Temperatur** der Kraftstoffleitungen beziehungsweise des **Kraftstoffes** kann **bis zu +100° C** betragen. **Verbrühungsgefahr!** Vor dem Öffnen von Leitungen unbedingt Kraftstoff abkühlen lassen.

Um den **Druck** im Kraftstoffsystem **abzubauen**, **sauberen Lappen** um die Verbindungsstelle legen und Verbindungsstelle vorsichtig lösen. **Achtung:** Auf diese Weise kann nur der Druck im Niederdruckteil (bis zu 6 bar) der Einspritzanlage abgebaut werden.

1 – Gewindering

2 – Dichtring
Immer ersetzen.
Trocken einbauen.

3 – Schnappmutter

4 – Steuergerät für Kraftstoffpumpe

5 – Schraube, 2,5 Nm

6 – Elektrische Steckverbindung
Für Kraftstoffpumpen-Steuergerät.

7 – Elektrische Steckverbindung
Für elektrische Kraftstoffpumpe und Tankgeber.

8 – Elektrische Steckverbindung
Nur bei Fahrzeugen mit Standheizung: Für Dosierpumpe der Standheizung.

9 – Kraftstoffleitung
Zum Motor.
Nicht Knicken.
Am Kraftstoffbehälter eingeclipst.
Zum Abziehen vom Verschlussflansch die Entriegelungstaste am Anschlussstück drücken.

10 – Kraftstoffleitung
Nur bei Fahrzeugen mit Standheizung: Zur Dosierpumpe der Standheizung.
Nicht knicken.
Am Kraftstoffbehälter eingeclipst.
Zum Abziehen vom Verschlussflansch die Entriegelungstaste am Anschlussstück drücken.

11 – Verschlusskappe
Für Fahrzeuge ohne Standheizung.

12 – Überwurfmutter, 120 Nm
Immer ersetzen.
Zum Lösen und Festziehen wird der VW/AUDI-Schlüssel T40068-A benötigt.
Beim ersten Lösen der Überwurfmutter bricht die Kunststoffraste des Gewinderings ab. Das ist normal. Der Gewindering –1– kann dennoch wiederverwendet werden.

13 – Kraftstoff-Fördereinheit
Damit beim Ausbau kein Kraftstoff ausläuft, darf der Tank zu maximal ¼ gefüllt sein.
Zum Ausbau im Uhrzeigersinn drehen und herausschwenken.
Achtung: Beim Herausnehmen der Kraftstoff-Fördereinheit darauf achten, dass der Schwimmerarm des Tankgebers nicht verbogen wird.
Nach dem Einbau Fahrzeug mit mindestens 5 Liter Kraftstoff betanken.

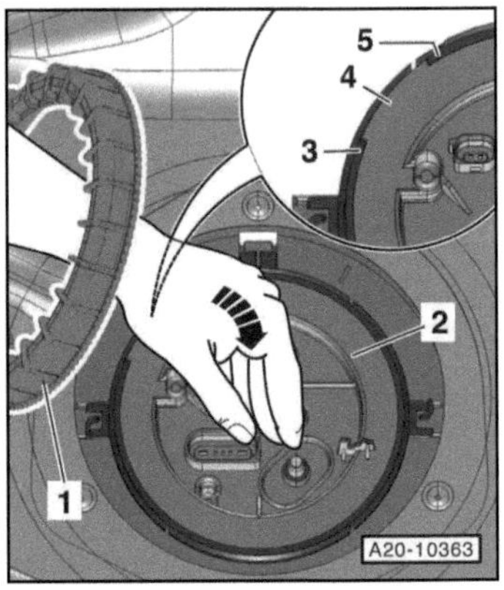

Einbau: Verschlussflansch –2– kräftig in Einbauposition drücken –Pfeil–. Die Lasche –4– am Verschlussflansch muss zwischen den Zungen –3– und –5– am Gewindering liegen.

14 – Saugleitung

15 – Tankgeber

Widerstandswerte des Tankgebers:

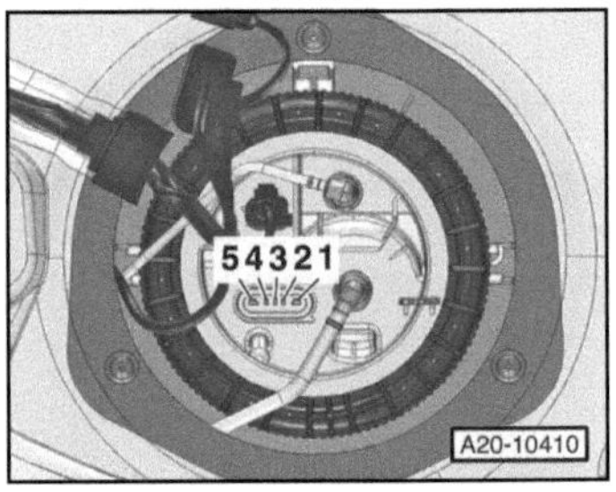

◆ Ohmmeter zwischen Kontakt –2– und –3– anschließen

Widerstandswerte bei **eingebautem** Tankgeber:
Geber am unteren Anschlag:. . . . etwa 270 Ω.
Geber am oberen Anschlag: . . . . etwa 70 Ω.
Hinweis: Bei einem Messwert von 0 Ω liegt ein Kurzschluss und bei einem Messwert von ∞ Ω liegt eine Leitungsunterbrechung vor.
Zum Überprüfen der Widerstandswerte Tankgeber ausbauen und Schwimmer zum oberen beziehungsweise unteren Anschlag schwenken. Bei **ausgebautem** Geber ergeben sich aufgrund der größeren Auslenkung des Schwimmerarms folgende Widerstandswerte:
Geber am unteren Anschlag:. . . . etwa 288 Ω.
Geber am oberen Anschlag: . . . . etwa 57 Ω.
Widerstandsmessung 2 durchführen, dazu Ohmmeter an die Kontakte –3– und –4– anschließen, die Schwimmerstellung ist dabei beliebig und der Geber kann ein- oder ausgebaut sein.
Sollwert:. . . . . ca. 340 Ω.

Kraftstofffilter – Detailübersicht

Dieselmotor

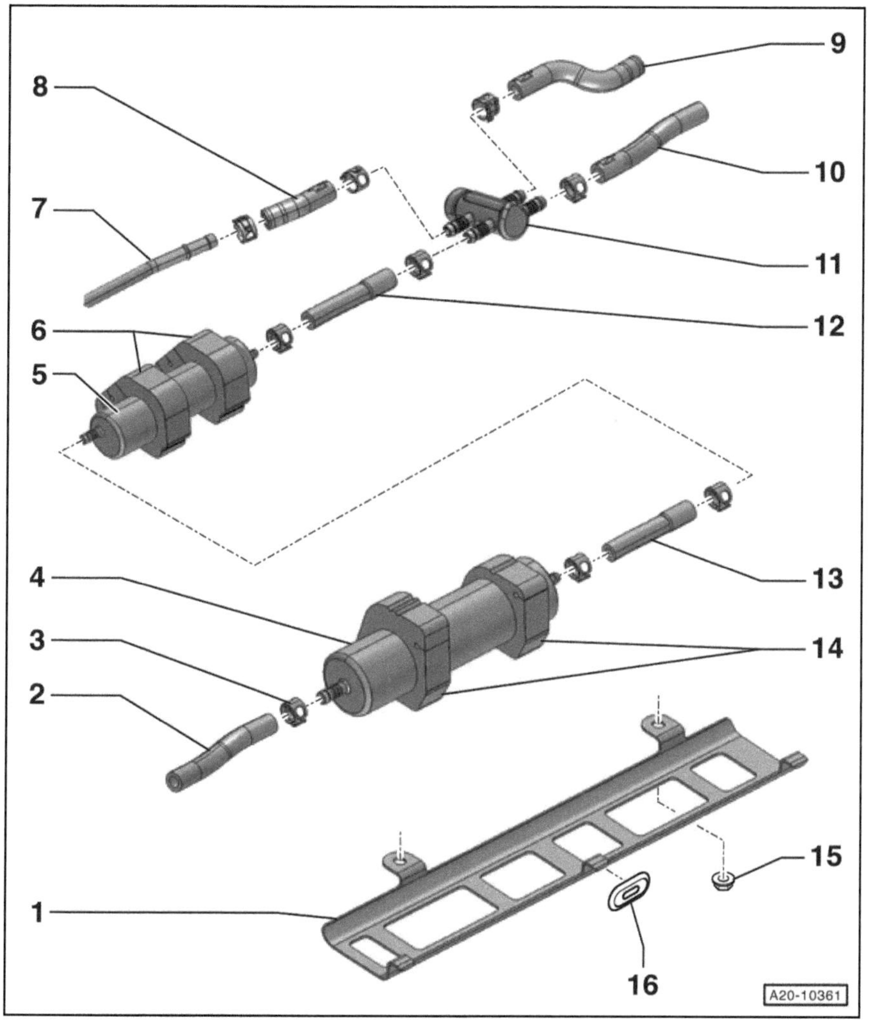

1 – **Halter**
Für Kraftstofffilter und Zusatzkraftstoffpumpe.

2 – **Verbindungsschlauch**

3 – **Federbandschelle**

4 – **Kraftstofffilter**
Durchflussrichtung ist mit Pfeilen auf dem Filter gekennzeichnet.
Beim Einbau Anschlüsse nicht vertauschen.
Hinweis: Bei Fahrzeugen ab Modelljahr 2013 und beim 3,0-l-Motor CAPA entlüftet sich die Kraftstoffanlage beim Starten des Motors automatisch.

5 – **Zusatzkraftstoffpumpe**
Ab Modelljahr 2013 und beim 3,0-l-Motor CAPA nicht vorhanden.
Durchflussrichtung ist mit Pfeilen auf dem Pumpengehäuse gekennzeichnet.
Beim Einbau Anschlüsse nicht vertauschen.

6 – **Puffer**
Für Zusatzkraftstoffpumpe.

7 – **Kraftstoffrücklaufleitung**
Zum Motor.

8 – **Verbindungsschlauch**

9 – **Verbindungsschlauch**

10 – **Verbindungsschlauch**

11 – **Regelventil**
Durchflussrichtung mit »VL« und »RL« und Pfeilen gekennzeichnet.
VL = Vorlauf.
RL = Rücklauf.
Anschlüsse nicht vertauschen.

12 – **Verbindungsschlauch**

13 – **Verbindungsschlauch**

14 – **Puffer**
Für Kraftstofffilter.

15 – **Mutter, 8 Nm**

16 – **Gummitülle**
In der Karosserie eingesetzt.

Kraftstofffilter aus- und einbauen

Benzinmotor

Hinweis: Kraftstofffilter für Dieselmotor aus- und einbauen, siehe Seite 28.

Detailübersicht

Der Kraftstofffilter befindet sich beim Benzinmotor in der Kraftstoff-Fördereinheit.

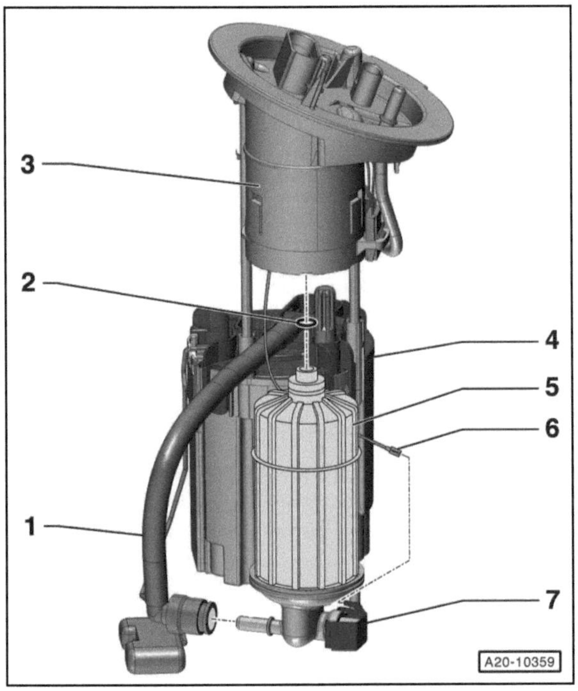

1 – **Kraftstoffleitung**
Zum Abziehen die Entriegelungstaste am Anschlussstück drücken.

2 – **O-Ring**
Immer Ersetzen.

3 – **Verschlussflansch**
Der Kraftstoff-Fördereinheit.

4 – **Kraftstoff-Fördereinheit**

5 – **Kraftstofffilter**

6 – **Masseleitung**
Am Halteblech aufgesteckt.

7 – **Halteblech für Kraftstoff-Druckregler**
Mit Masseanschluss.

Ausbau

- Kraftstoff-Fördereinheit ausbauen.
- Masse-Steckverbindung –6– abziehen.

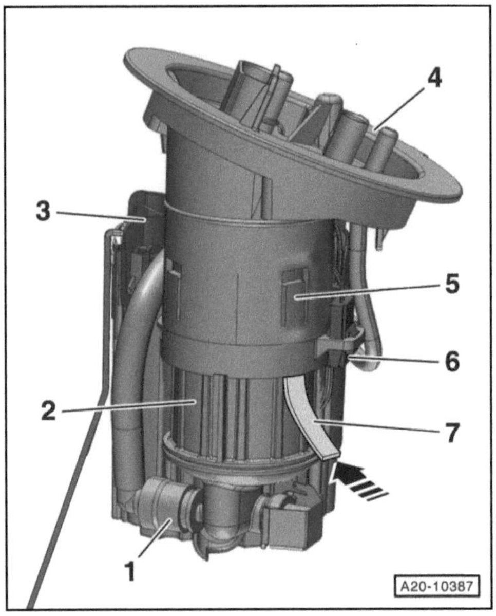

- Kraftstoffleitung –1– trennen, dazu Entriegelungstaste drücken.
- Elektrische Steckverbindung –6– für Tankgeber trennen.
- Elektrische Steckverbindung für Kraftstoffpumpe an der Kraftstoffpumpe trennen.
- Verschlussflansch –4– mit Kraftstofffilter nach oben von der Kraftstoff-Fördereinheit –3– abnehmen.
- Insgesamt 3 Rastnasen –5– entriegeln. Dazu 3 Entriegelungsstreifen –7– in Pfeilrichtung einschieben. Die Entriegelungsstreifen werden bei einem neuen Kraftstofffilter mitgeliefert.
- Kraftstofffilter –2– nach unten aus dem Verschlussflansch herausziehen.

Einbau

- Kraftstofffilter mit neuem O-Ring in die Führungen am Verschlussflansch einsetzen und bis zum Einrasten hineindrücken. **Hinweis:** Der Kraftstofffilter kann nur in einer Position eingesetzt werden.
- Der weitere Einbau erfolgt in umgekehrter Ausbaureihenfolge.

Hinweis: Das Kraftstoffsystem entlüftet sich beim Betätigen des Anlassers automatisch. Es muss nicht separat entlüftet werden. Lediglich bei Fahrzeugen mit Standheizung muss die Vorlaufleitung zur Dosierpumpe entlüftet werden (Werkstattarbeit).

Luftfilter – Detailübersicht

4-Zylinder-Motor

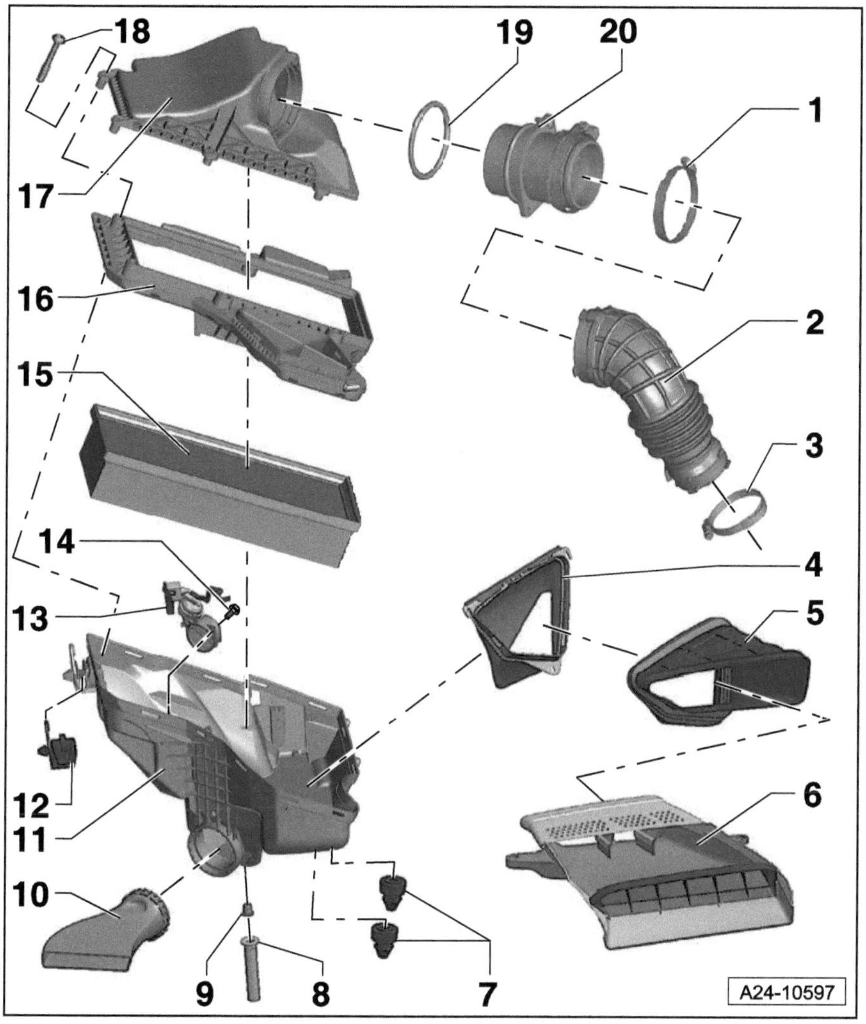

1 – **Schlauchschelle**

2 – **Luftführungsschlauch**

3 – **Schlauchschelle**

4 – **Luftführung 1**
Im Luftfiltergehäuse eingeclipst.
Luftführung von Verschmutzung und Laub reinigen.

5 – **Luftführung 2**

6 – **Luftführung 3**
Am Schlossträger angeschraubt, **2 Nm.**

7 – **Gummitülle**

8 – **Wasserablaufschlauch**
Auf freien Durchgang prüfen. Von Verschmutzung und Blättern reinigen.

9 – **Führung**
Für Wasserablaufschlauch.

10 – **Warmluftansaugstutzen**
Nur bei Fahrzeugen für Länder mit überwiegend niedrigen Außentemperaturen.
In den Luftfilter bis zum Anschlag einschieben, dann im Uhrzeigersinn drehen, bis der Stutzen spürbar einrastet.

11 – **Luftfiltergehäuse-Unterteil**
Von Salzrückständen, Schmutz und Blättern reinigen.
Wasserablauf auf freien Durchgang prüfen, gegebenenfalls reinigen.
Achtung: Luftfiltergehäuse möglichst nicht mit Pressluft ausblasen und, falls doch, Luftmassenmesser und Lufteinlassrohr mit einem sauberen Lappen abdecken.

12 – **Gummilager**
Für Befestigung des Luftfiltergehäuse-Unterteils. Müssen beim Einbau spürbar einrasten. Kein Gleitmittel verwenden.

13 – **Ventil für Ansaugluftumschaltung**
Nicht bei allen Motorvarianten eingebaut.

14 – **Schraube**
Nur vorhanden, wenn Ventil –13– eingebaut ist.

15 – **Luftfiltereinsatz**
Bei Ersatz auch das Schneesieb reinigen, falls vorhanden.
Achtung: Ist der Luftfiltereinsatz stark verschmutzt oder durchnässt, unbedingt Luftmassenmesser auf Verschmutzung und Feuchtigkeit prüfen.

16 – **Aufsatz**
Für Luftfiltergehäuse-Unterteil.

17 – **Luftfiltergehäuse-Oberteil**
Luftfilterdeckel.
Von Salzrückständen, Schmutz und Blättern reinigen.

18 – **Schraube**

19 – **O-Ring**
Bei Beschädigung ersetzen.

20 – **Luftmassenmesser**
Luftmassenmesser ebenso wie den Luftführungsschlauch –2– auf Salzrückstände, Schmutz und Blätter prüfen, gegebenenfalls reinigen.
Dies gilt insbesondere wenn der Luftfiltereinsatz stark verschmutzt oder durchnässt ist.
Bei verschmutztem Luftmassenmesser wird der Luftmassenwert verfälscht. Als Folge davon wird eine zu geringe Einspritzmenge berechnet und der Motor gibt nicht mehr die volle Leistung ab.
Benzinmotor: Im gleichen Gehäuse befindet sich auch der Ansaugluft-Temperaturgeber.

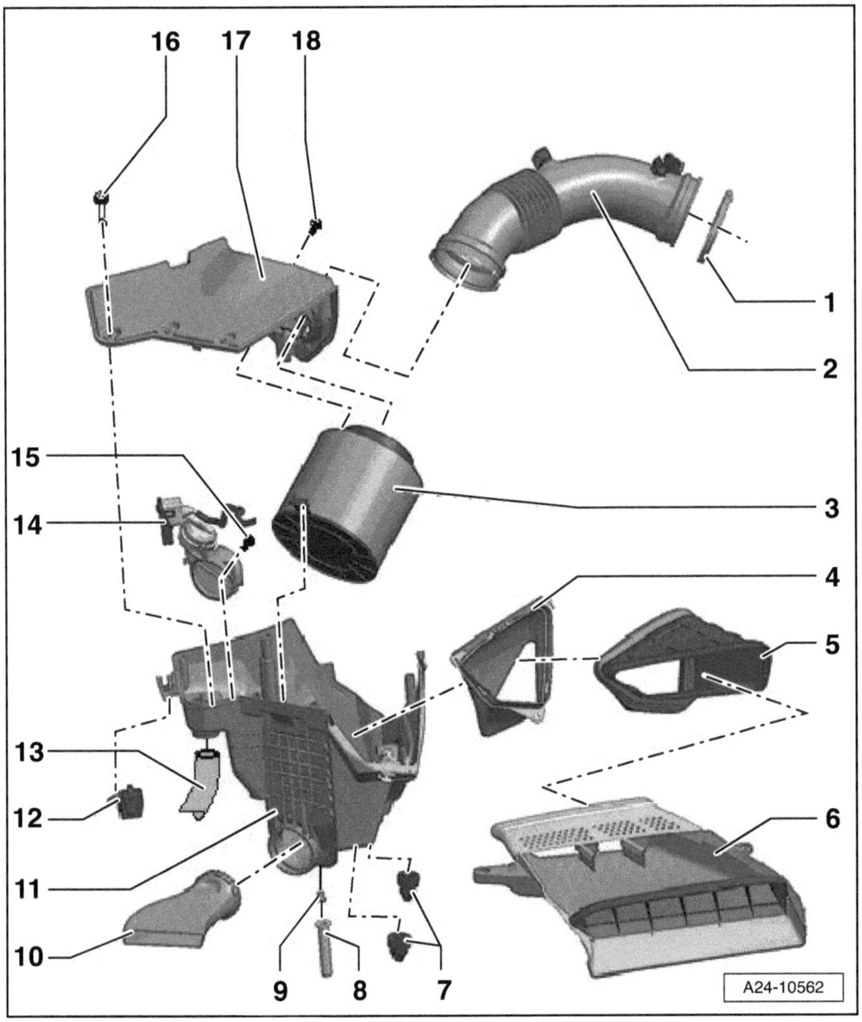

1 – **Schlauchschelle**

2 – **Luftführungsschlauch**
Zur Drosselklappensteuereinheit.
Beim Einbau auf die Markierung achten: Der Pfeil zeigt zur Schraube der Drosselklappensteuereinheit.

3 – **Luftfiltereinsatz**
Schneesieb reinigen, falls vorhanden.
Nur in Fahrzeuge für Länder mit kalten Klimazonen eingebaut.

4 – **Luftführung**
Im Luftfilteroberteil eingeclipst.
Luftführung von Verschmutzung und Blättern reinigen.

5 – **Luftführung**
Luftführung von Verschmutzung und Blättern reinigen.

6 – **Luftführung**
Zum Schlossträger.
Luftführung von Verschmutzung und Blättern reinigen.

7 – **Gummitülle**

8 – **Wasserablaufschlauch**
Von Verschmutzung und Blättern reinigen.

9 – **Führung für Wasserablaufschlauch**

10 – **Warmluftansaugung**
Nur in Fahrzeuge für Länder mit kalten Klimazonen eingebaut.
Warmluftansaugung bis zum Anschlag in den Luftfilter einschieben, dann im Uhrzeigersinn drehen, bis sie spürbar einrastet

11 – **Luftfilterunterteil**
Luftfilterunterteil von Salzrückständen, Schmutz und Blätter reinigen.
Wasserablauf auf Verschmutzung prüfen gegebenenfalls reinigen.

12 – **Befestigung für Luftfilterunterteil**

13 – **Ansaugschlauch für die Sekundärluftpumpe**
Nicht bei allen Fahrzeugen vorhanden.

14 – **Ventil für Ansaugluftumschaltung**
Nicht bei allen Fahrzeugen vorhanden.
Teilweise ist das Ventil vorhanden, aber ohne Funktion.

15 – **Schraube**
Für das Ventil für Ansaugluftumschaltung.

16 – **Schraube**

17 – **Luftfilteroberteil**
Von Salzrückständen, Schmutz und Blättern reinigen.

18 – **Schraube**
Zur Befestigung des Luftfiltereinsatzes.

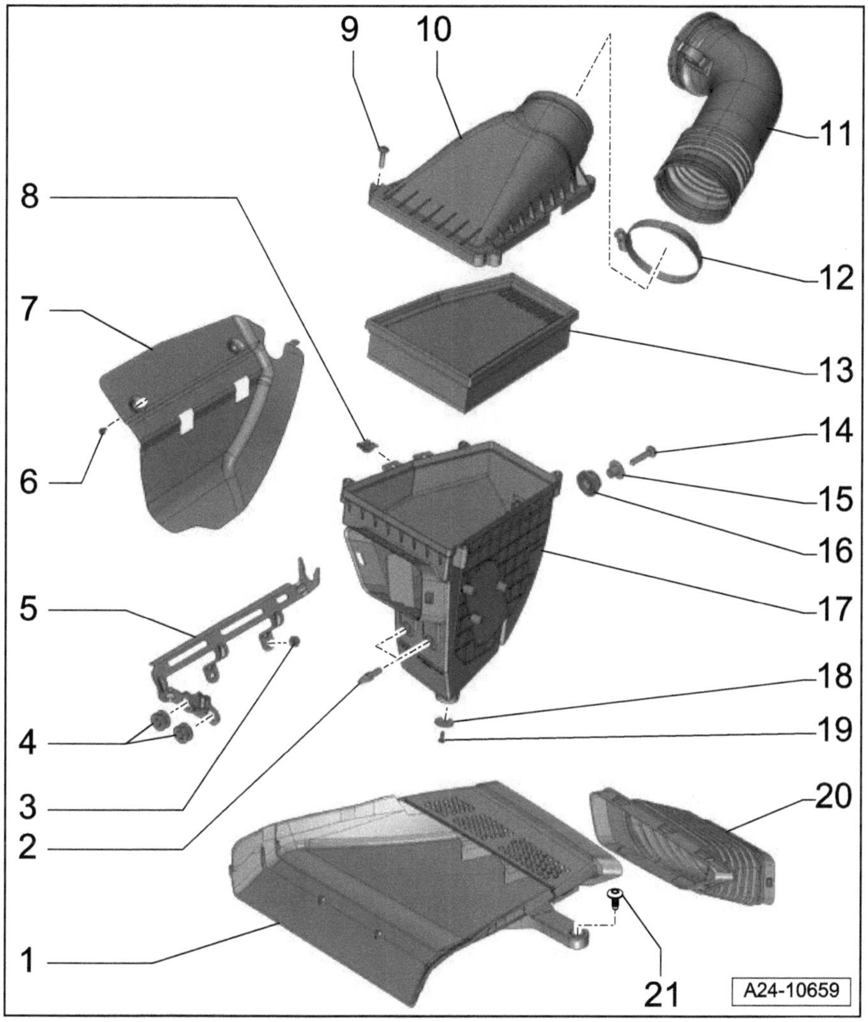

1 – **Luftführung**

2 – **Gewindestift, 9 Nm**

3 – **Mutter, 9 Nm**

4 – **Gummitüllen**
In den Halter für Luftfilter eingesetzt.

5 – **Halter**
Für Luftfilter.

6 – **Schraube, 2,5 Nm**

7 – **Wärmeschutzblech**

8 – **Schnappmutter**

9 – **Schraube, 3,5 Nm**

10 – **Luftfilteroberteil**
Von Salzrückständen, Schmutz und Blättern reinigen.

11 – **Luftführungsschlauch**
Von Salzrückständen, Schmutz und Blättern reinigen.

12 – **Schlauchschelle, 3,5 Nm**
Schraubschnecke vor dem Einbau mit Rostlöser einsprühen.

13 – **Luftfiltereinsatz**

14 – **Schraube, 9 Nm**

15 – **Distanzhülse**

16 – **Gummitülle**

17 – **Luftfilterunterteil**
Von Salzrückständen, Schmutz und Blättern reinigen.

18 – **Tülle**
Für Wasserablauf.

19 – **Wasserablauf**
Reinigen.

20 – **Luftführung**

21 – **Schraube, 2 Nm**

Abgasanlage

Aus dem Inhalt:

- **Katalysator- und Filtersysteme**
- **Abgas-Turbolader**
- **Abgasanlagen-Übersicht**
- **Abgasanlage demontieren**
- **Abgasanlage prüfen**

Die Abgasanlage besteht beim 4-Zylinder-Benzinmotor aus Abgaskrümmer, Abgas-Turbolader, vorderem Abgasrohr (je nach Ausführung mit oder ohne Vorschalldämpfer), mittlerem Abgasrohr mit Mittelschalldämpfer, Nachschalldämpfer und Endrohren. Jeweils zwei Lambdasonden, die direkt vor und hinter dem Katalysator eingeschraubt sind, dienen zur Abgasregelung. Die Abgasanlage des 4-Zylinder-Dieselmotors ist zusätzlich mit einem Partikelfilter bestückt, der sich zusammen mit dem Katalysator in einem Gehäuse befindet. Neuere Dieselmotoren sind zusätzlich mit einem SCR-Katalysator beziehungsweise mit einem Partikelfilter mit SCR-Beschichtung ausgerüstet.

Bei einer Reparatur lassen sich sämtliche Teile der Abgasanlage einzeln auswechseln.

Katalysatorschäden vermeiden

Um Beschädigungen am Katalysator zu vermeiden, sind folgende Hinweise unbedingt zu beachten:

Benzinmotor

- Grundsätzlich nur **bleifreies** Benzin tanken.
- Das Anlassen des Motors durch **Anschieben** oder Anschleppen darf nur in **einem** Versuch über eine Strecke von etwa 50 Metern erfolgen. Besser: Starthilfekabel verwenden. Unverbrannter Kraftstoff könnte bei einer Zündung zur Überhitzung des Katalysators und zu seiner Zerstörung führen. Ist der Motor **betriebswarm**, darf er **nicht** angeschoben oder angeschleppt werden.
- Treten Zündaussetzer auf, hohe Motordrehzahlen vermeiden und Fehler umgehend beheben.
- Nur die vorgeschriebenen Zündkerzen verwenden.
- Keine Funkenprüfung ohne ausreichende Masseverbindung durchführen.
- Es darf kein Zylindervergleich (Balancetest) durch Zündabschaltung eines Zylinders durchgeführt werden. Bei Zündabschaltung der einzelnen Zylinder – auch über Motortester – gelangt unverbrannter Kraftstoff in den Katalysator.

Benzin- und Dieselmotor

- Fahrzeug nicht über trockenem Laub oder Gras beziehungsweise auf einem Stoppelfeld abstellen. Die Abgasanlage wird im Bereich des Katalysators sehr heiß und strahlt die Wärme auch nach Abstellen des Motors noch ab.
- Keinen Unterbodenschutz auf Abgasrohre auftragen.
- Die Hitzeschilde der Abgasanlage nicht verändern.
- Bei Startschwierigkeiten nicht unnötig lange den Anlasser betätigen. Während des Anlassens wird permanent Kraftstoff eingespritzt. Fehlerursache ermitteln und beseitigen.
- Kraftstofftank nie ganz leer fahren.
- Beim Ein- oder Nachfüllen von Motoröl besonders darauf achten, dass auf keinen Fall die Maximum-Markierung am Ölmessstab (obere Markierung) überschritten wird. Das überschüssige Öl gelangt sonst aufgrund unvollständiger Verbrennung in den Katalysator und kann das Edelmetall beschädigen oder den Katalysator vollständig zerstören.

Aufbau des Oxidationskatalysators

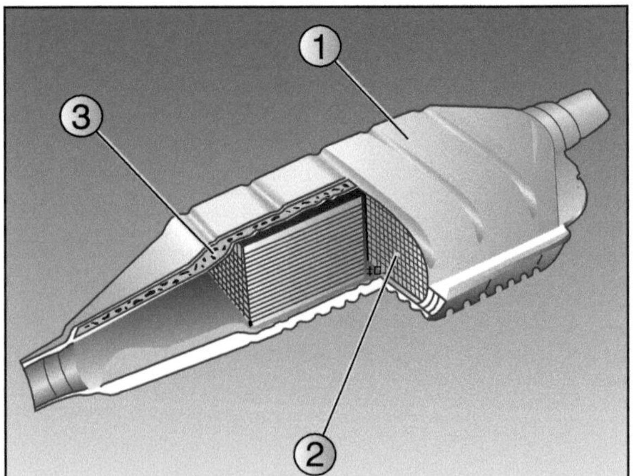

Der Katalysator dient zur Abgasumwandlung. Er besteht aus einem Keramik-Wabenkörper –2–, der mit einer Trägerschicht überzogen ist. Auf der Trägerschicht befinden sich

Edelmetallsalze, die den Umwandlungsprozess bewirken. Im Gehäuse –1– wird der Katalysator durch eine Isolations-Stützmatte –3– fixiert, die außerdem Wärmeausdehnungen ausgleicht.

In Verbindung mit der elektronischen Benzin-Einspritzanlage und der oder den Lambdasonde(n) wird die Kraftstoffmenge für die Verbrennung so dosiert, dass der Katalysator die Schadstoffe optimal reduzieren kann.

Der Diesel-Katalysator wandelt die im Abgas befindlichen giftigen Kohlenmonoxide und Kohlenwasserstoffverbindungen in Kohlendioxid (CO_2) und Wasser (H_2O) um. Außerdem vermindert sich der dieseltypische Abgasgeruch. Bei Fahrzeugen mit Diesel-Partikelfilter sind Oxidationskatalysator und Partikelfilter in einem gemeinsamen Gehäuse untergebracht.

Der höhere Anteil von Stickoxiden (NOX) im Abgas des Dieselmotors wird durch ein zusätzliches Abgas-Rückführungssystem (ARF) auf geringem Niveau gehalten. Bei neueren Motoren werden die Stickoxide durch einen nachgeschalteten SCR-Katalysator zu Wasser und Stickstoff reduziert. Je nach Motor kann der SCR-Katalysator auch in den Partikelfilter integriert sein.

Abgas-Turbolader

Alle Dieselmotoren wie auch die meisten Benzinmotoren des AUDI A4 sind mit einem Abgas-Turbolader ausgerüstet.

Beim Turbolader sitzen zwei Turbinenräder auf einer Welle, die in zwei voneinander getrennten Gehäusen untergebracht sind. Für den Antrieb der Turbinenräder sorgen die Abgase. Sie bringen die Laderwelle auf bis zu 300.000 Umdrehungen in der Minute. Und da Abgas- und Frischluftrotor auf gleicher Welle sitzen, wird mit gleicher Drehzahl Frischluft in die Zylinder gedrückt. Zur Schmierung ist der Lader an den Ölkreislauf des Motors angeschlossen, beim Benziner wird er zusätzlich durch das Kühlmittel gekühlt.

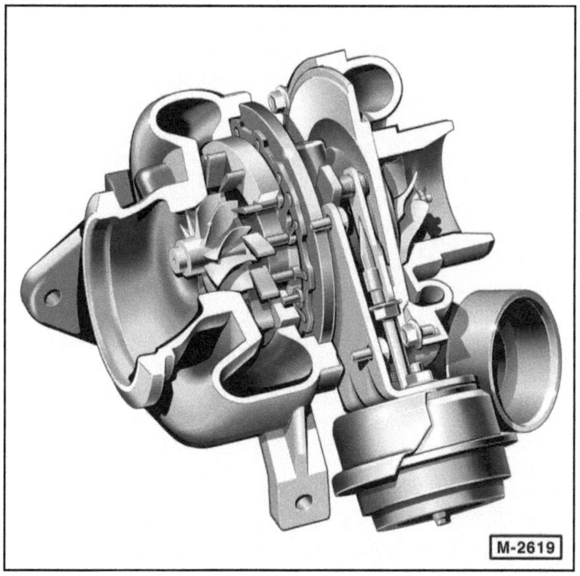

Der VTG-Turbolader (VTG = Variable Turbinen-Geometrie) besitzt verstellbare Leitschaufeln, die vom Motor-Steuergerät über ein Magnetventil und eine Unterdruckdose stufenlos geregelt werden. Dadurch kann bei allen Drehzahlen der optimale Ladedruck erzeugt werden, was zu einem höheren Drehmoment und auch zu mehr Leistung führt.

Zwischen Turbolader und Einlasskanal des Motors befindet sich ein Ladeluftkühler, der die vorverdichtete Luft abkühlt. Das erhöht die Motorleistung, weil kühle Luft durch die höhere Luftdichte einen höheren Sauerstoffanteil besitzt.

Der Lader ist ein äußerst präzise hergestelltes Bauteil. Daher wird er in der Regel bei einem Defekt komplett ausgetauscht.

Diesel-Partikelfilter

Der Diesel-Partikelfilter filtert die bei der Verbrennung im Motor entstehenden Rußpartikel aus dem Abgas heraus. Dabei werden die Rußpartikel zunächst im Wabensystem des Filters gesammelt und anschließend in einem separaten Vorgang rückstandslos verbrannt.

Achtung: Fahrzeuge mit Diesel-Partikelfilter dürfen nicht mit **Bio-Diesel** (RME nach DIN EN 14214) gefahren werden.

Für die AUDI-Motoren wird ein »katalytisches Filtersystem« verwendet, das ohne zusätzliche Kraftstoff-Additive auskommt. Damit der Diesel-Partikelfilter durch die angelagerten Rußpartikel mit der Zeit nicht verstopft und dadurch in seiner Funktion beeinträchtigt wird, muss er regelmäßig regeneriert werden. Dabei wird zwischen passiver und aktiver Regeneration unterschieden.

Passive Regeneration: Die Rußpartikel werden während des normalen Motorbetriebes kontinuierlich verbrannt. Bei Abgastemperaturen von +350° – +500° C, beispielsweise bei Autobahnfahrten, werden die Rußpartikel durch chemische Reaktion mit dem im Abgas enthaltenen Stickstoffoxid (NO_X) zu Kohlendioxid (CO_2) umgewandelt. Dieser Vorgang erfolgt langsam und kontinuierlich und wird über die innere Platin-Beschichtung des Filters in Gang gesetzt.

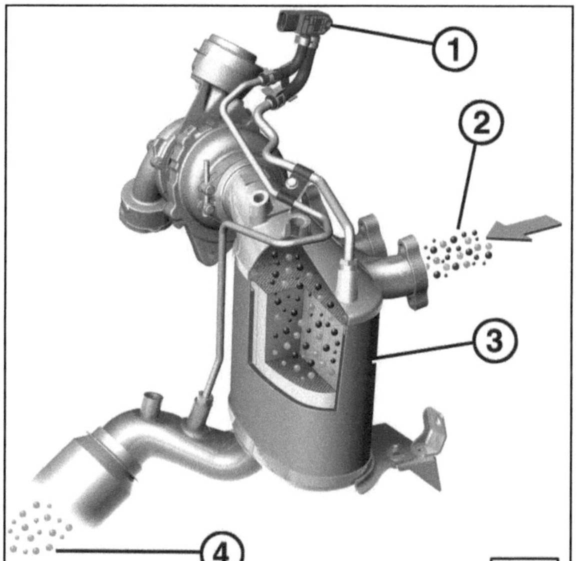

1 – Drucksensor
2 – Abgas mit Rußpartikeln
3 – Diesel-Partikelfilter
4 – Abgas ohne Rußpartikel

Aktive Regeneration: Der Drucksensor –1– vergleicht den Abgasdruck vor und nach dem Partikelfilter –3–. Hoher Druckunterschied deutet darauf hin, dass der Filter zum Verstopfen neigt. In diesem Fall wird die aktive Filter-Regeneration eingeleitet. In der Regel geschieht das dann, wenn die Abgastemperaturen für die passive Regeneration des Filters zu niedrig sind, zum Beispiel bei häufigem Stadtverkehr. Für die aktive Regeneration verändert das Motor-Steuergerät den Einspritzvorgang und erhöht dadurch die Abgastemperatur auf +600° – +650° C. Bei dieser Temperatur werden die Rußpartikel zu Kohlendioxid (CO_2) verbrannt. Der aktive Regenerationsvorgang dauert ca. 10 Minuten und wird vom Fahrer in der Regel nicht bemerkt.

SCR-System

Um die strengere Euro-6-Abgasnorm zu erfüllen kommt bei neueren Dieselmotoren das SCR-System zum Einsatz. **SCR** = **s**elective **c**atalytic **r**eduction = selektive katalytische Reduktion. Selektiv bedeutet, es werden speziell die Stickoxide aus dem Abgas entfernt.

Das SCR-System besteht aus der AdBlue-Flüssigkeit, dem Vorratsbehälter, dem Dosierventil und dem SCR-Katalysator. Der SCR-Katalysator befindet sich in der Abgasanlage hinter dem Diesel-Partikelfilter.

AdBlue ist eine wässrigen Harnstofflösung, die entsprechend der Abgasmenge durch eine Dosierpumpe in das Abgasrohr vor dem SCR-Katalysator eingespritzt wird. Dort wandelt sich die Flüssigkeit in Ammoniak und CO_2 um. Durch die Zugabe von Ammoniak (NH_3) werden im SCR-Katalysator bei eintsprechender Temperatur die Stickoxide (NO_x) im Abgas zu Stickstoff (N_2) und Wasser (H_2O) reduziert.

Das SCR-System hat zusätzlich den Vorteil, dass der Kraftstoffverbrauch je nach Fahrweise zwischen 3 und 8 % sinkt. Andrerseits wird ein zusätzlicher Tank für die AdBlue-Flüssikgkeit benötigt.

Reduktionsmitteltank

Der Vorratsbehälter für die AdBlue-Flüssigkeit (32,5-prozentige, wässrige Harnstofflösung) befindet sich rechts neben dem Kraftstofftank. Je nach Ausführung wird die AdBlue-Flüssigkeit durch eine Intank-Fördereinheit oder durch eine außenliegende Pumpe zum Dosierventil gefördert. Das Steuergerät für das SCR-System sitzt unten am Tank.

Abgasreinigungsmodul

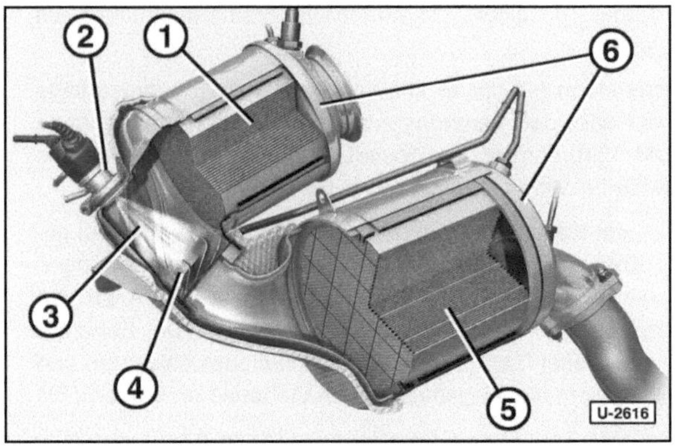

Beim AUDI A4 befindet sich der NO_X-/Oxidationskatalysator –1– und der Dieselpartikelfilter mit SCR-Beschichtung –5– in einem gemeinsamen Gehäuse, dem Abgasreinigungsmodul –6–. In das Verbindungsrohr wird je nach Betriebszustand des Motors durch das Dosierventil –2– das AdBlue-Reduktionsmittel –3– eingespritzt und im Mischer –4– mit dem Abgasstrom vermischt

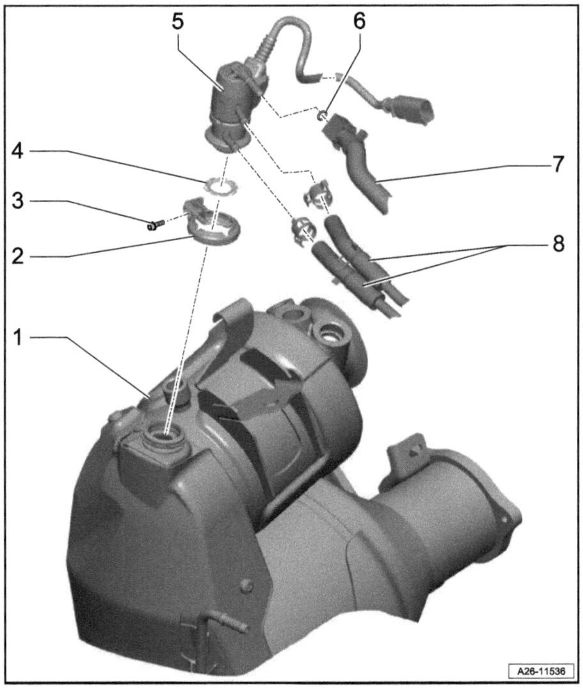

1 – Abgasreinigungsmodul

2 – Halteschelle

3 – Schraube, 5 Nm

4 – Dichtung
Immer ersetzen.

5 – Dosierventil
Kühlmittelbeheizt. Die Nasen im Ventil müssen in die entsprechenden Aufnahmen im Abgasvorrohr eingreifen.

6 – O-Ring
Immer ersetzen.

7 – Dosierleitung
Mit Heizung. Von der Förderpumpe. Zum Trennen die Entriegelungstasten drücken. Am Kraftstoffbehälter einclipsen.

8 – Kühlmittelschläuche

Abgasanlagen – Detailübersicht

1,8-/2,0-l-Benzinmotor

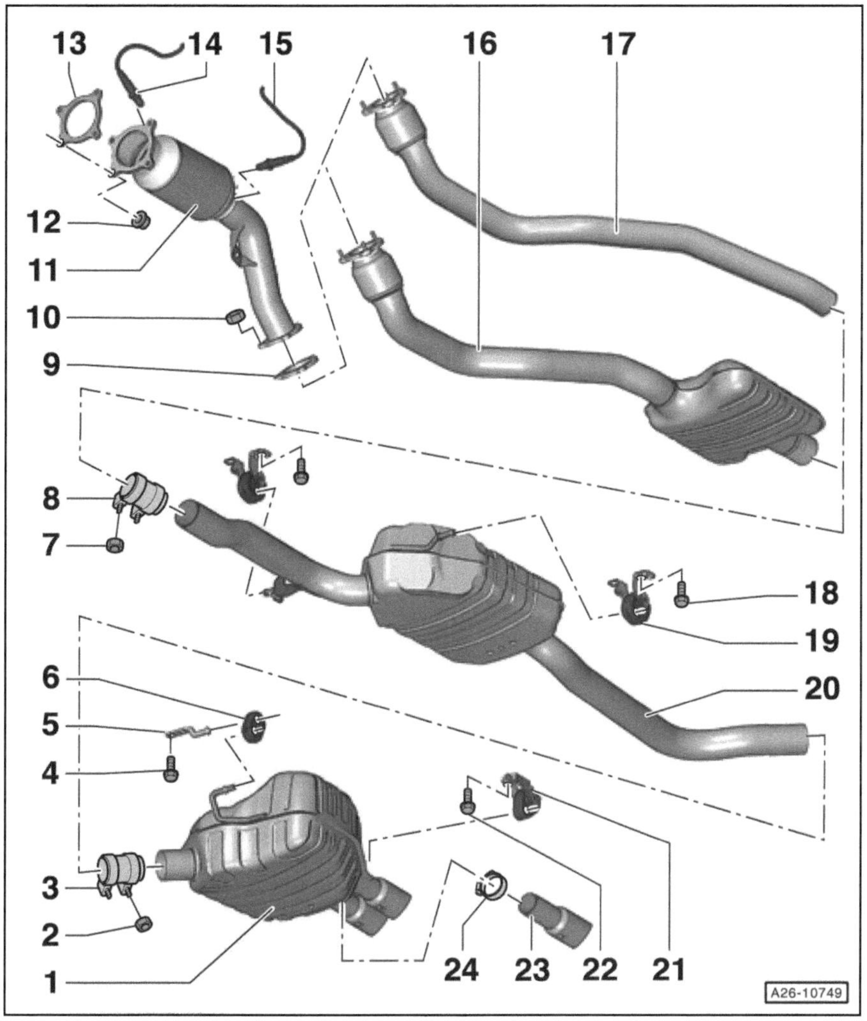

1 – Nachschalldämpfer
Bildet in der Erstausrüstung eine Baueinheit mit dem Mittelschalldämpfer, kann aber einzeln ersetzt werden.
Muss an der Trennstelle durchgesägt werden. Die Trennstelle ist durch eine Eindrückung auf dem Umfang des Abgasrohrs gekennzeichnet.

2 – Mutter, 25 Nm

3 – Klemmhülse hinten
Wird benötigt, wenn der Mittel- und/oder Nachschalldämpfer einzeln ersetzt wird.
Vor dem Anziehen Abgasanlage spannungsfrei ausrichten.

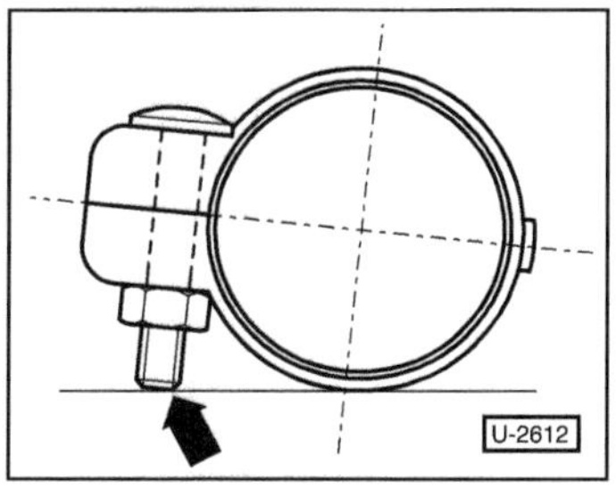

Verschraubungen gleichmäßig anziehen.
Einbaulage: Die Schraubenenden sollen nicht über die Unterkante der Klemmhülse hinausragen.
Die Verschraubungen zeigen nach unten.

4 – Schraube, 23 Nm

5 – Halter

6 – Halteschlaufe
Bei Beschädigung ersetzen.

7 – Mutter, 25 Nm

8 – Klemmhülse vorn
Einbaulage:

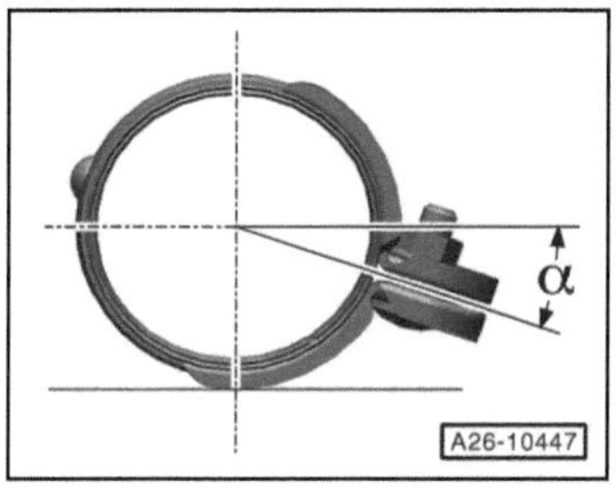

- Die Verschraubungen zeigen nach rechts.
- Die Muttern zeigen nach oben.
- Der Winkel α beträgt ca. 20°.

9 – Dichtung
Immer ersetzen.

10 – Mutter, 25 Nm

11 – Katalysator
Vor Stoß- und Schlagbeanspruchung schützen.

12 – Mutter, 40 Nm
Immer ersetzen.
Vor dem Anschrauben die Stiftschrauben des Turboladers mit Heißschraubenpaste bestreichen.

13 – Dichtung
Immer ersetzen.

14 – Lambdasonde 2
Nach dem Katalysator. Bei Wiedereinbau der Lambdasonde das Gewinde mit Heißschraubenpaste VW-G 052 112 A3 fetten. **Achtung:** Die Paste darf nicht auf die Schlitze des Sondenkörpers gelangen.
Bei einer neuen Lambdasonde ist das Gewinde bereits gefettet.

15 – Lambdasonde 1
Vor dem Katalysator.
Für die Lambdasonde 1 gelten dieselben Hinweise, wie für die Lambdasonde 2, siehe Position –14–.

16 – Vorderes Abgasrohr
Ausführung 1 **mit Vorschalldämpfer** und Flexrohr. **Achtung:** Flexrohr nicht mehr als 10° biegen, knicken oder auf Zug beanspruchen – Beschädigungsgefahr. Drahtelement am Flexrohr nicht beschädigen Vorderes Abgasrohr vor Stoß- und Schlagbeanspruchung schützen.

17 – Vorderes Abgasrohr
Ausführung 2 **ohne Vorschalldämpfer. Achtung:** Hinweise von Position –16– beachten.

18 – Schraube, 23 Nm

19 – Aufhängung
Bei Beschädigung ersetzen.

20 – Mittelschalldämpfer
Bildet in der Erstausrüstung eine Baueinheit mit dem Nachschalldämpfer, kann aber einzeln ersetzt werden.

21 – Aufhängung
Bei Beschädigung ersetzen.

22 – Schraube, 23 Nm

23 – Endrohre
Können einzeln ersetzt werden.

24 – Klemmschelle, 60 Nm

Hinweis: Abgaskrümmer und Turbolader (nicht abgebildet) sind ein Bauteil und können nur komplett ersetzt werden.

3,2-l-FSI-Benzinmotor

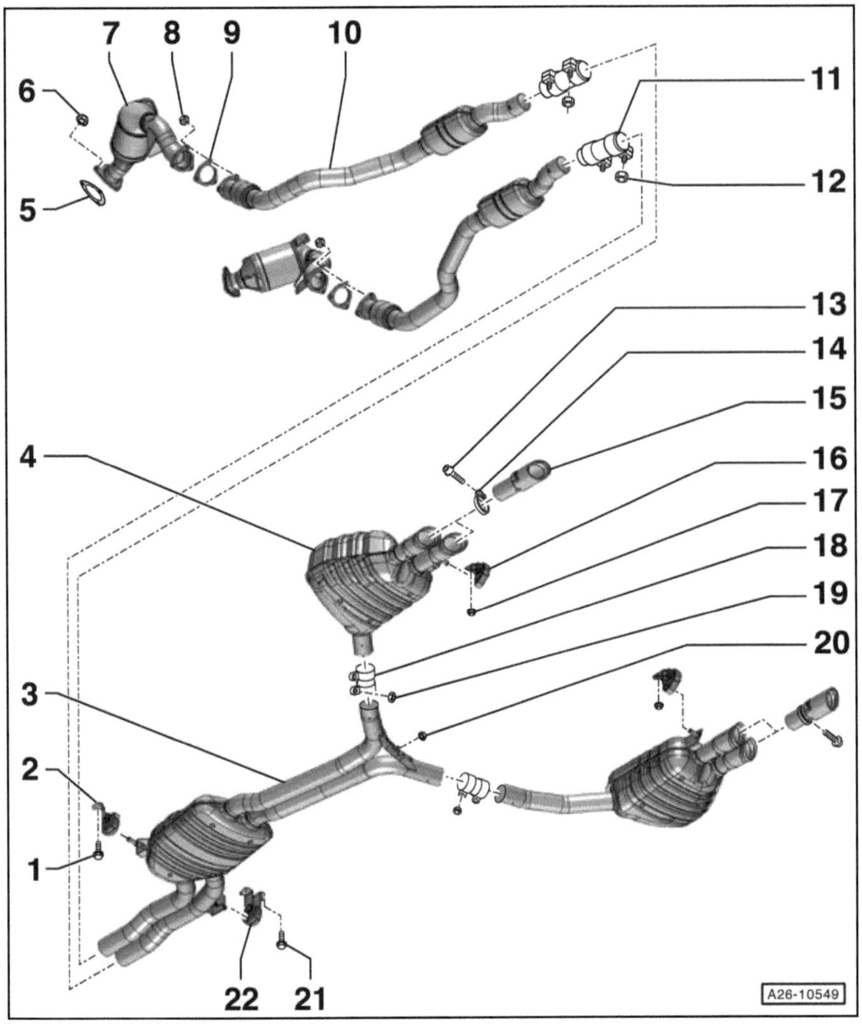

1 – **Schraube, 23 Nm**

2 – **Aufhängung**
Bei Beschädigung ersetzen.

3 – **Mittelschalldämpfer**
Bildet in der Erstausrüstung eine Baueinheit mit dem Nachschalldämpfer, kann aber einzeln ersetzt werden.

4 – **Nachschalldämpfer**
Bildet in der Erstausrüstung eine Baueinheit mit dem Mittelschalldämpfer, kann aber einzeln ersetzt werden.

5 – **Dichtung**
Immer ersetzen.

6 – **Mutter, 23 Nm**

7 – **Katalysator**
Katalysator vor Stoß- und Schlagbeanspruchung schützen.

8 – **Mutter, 23 Nm**

9 – **Dichtung**
Immer ersetzen.

10 – **Vorderes Abgasrohr**
Mit **Vorschalldämpfer** und Flexrohr. **Achtung:** Flexrohr nicht mehr als 10° biegen, knicken oder auf Zug beanspruchen – Beschädigungsgefahr. Drahtelement am Flexrohr nicht beschädigen Vorderes Abgasrohr vor Stoß- und Schlagbeanspruchung schützen.

11 – **Klemmhülse vorn**

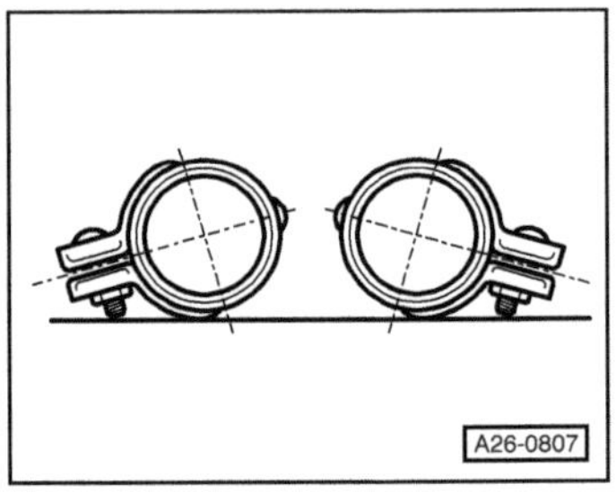

Einbaulage: Die Schraubenenden dürfen nicht über die Unterkante der Klemmhülse hinausragen. Die Verschraubungen müssen nach außen zeigen.

12 – **Mutter, 23 Nm**

13 – **Schraube, 23 Nm**

14 – **Klemmschelle**

15 – **Endrohr**
Bildet in der Erstausrüstung eine Baueinheit mit dem Nachschalldämpfer, kann aber einzeln ersetzt werden.

16 – **Aufhängung**
Bei Beschädigung ersetzen.

17 – **Mutter, 20 Nm**
Immer ersetzen.

18 – **Klemmhülse hinten**
Wird benötigt, wenn der Mittel- und/oder Nachschalldämpfer einzeln ersetzt wird.
Vor dem Anziehen Abgasanlage spannungsfrei ausrichten.
Verschraubungen gleichmäßig anziehen.
Einbaulage: Wie bei Klemmhülse vorn –11–. Verschraubungen zeigen nach vorn.

19 – **Mutter, 23 Nm**

20 – **Mutter, 23 Nm**
Immer ersetzen.

21 – **Schraube, 23 Nm**

22 – **Aufhängung**
Bei Beschädigung ersetzen.

2,0-l-Dieselmotor

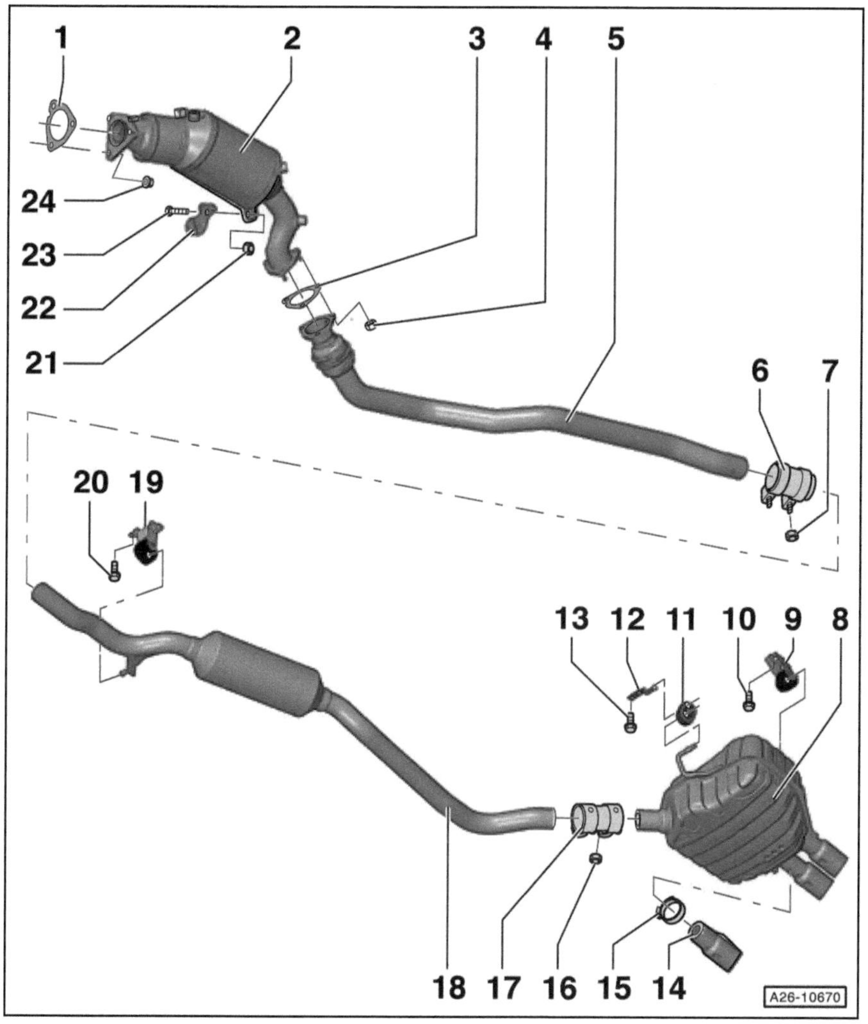

1 – Dichtung
Immer ersetzen.

2 – Diesel-Partikelfilter
Mit Katalysator.
Mit Druckleitung für Drucksensor 1.
Nach dem Ersetzen muss das Motorsteuergerät mit dem VW/AUDI-Diagnosegerät angepasst werden.

3 – Dichtung
Immer ersetzen.

4 – Mutter, 23 Nm
Immer ersetzen.

5 – Vorderes Abgasrohr
Mit Flexrohr. **Achtung:** Flexrohr nicht mehr als 10° biegen, knicken oder auf Zug beanspruchen – Beschädigungsgefahr. Drahtelement am Flexrohr nicht beschädigen.

6 – Klemmhülse vorn
Vor dem Anziehen Abgasanlage spannungsfrei ausrichten.

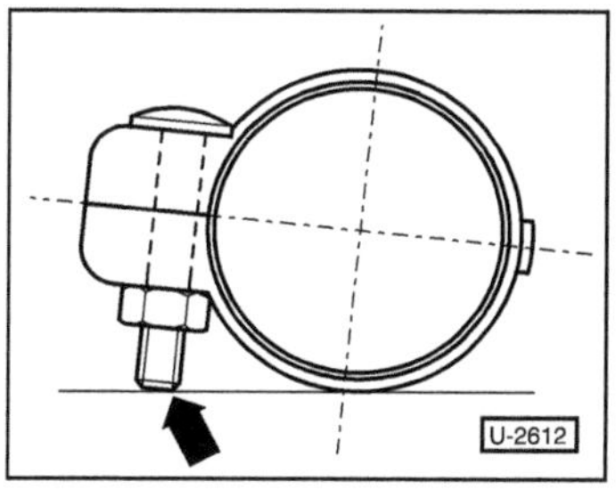

Verschraubungen gleichmäßig anziehen.
Einbaulage: Die Schraubenenden sollen nicht über die Unterkante der Klemmhülse hinausragen. Die Verschraubung zeigt nach rechts.

7 – Mutter, 23 Nm

8 – Nachschalldämpfer
Bildet in der Erstausrüstung eine Baueinheit mit dem Mittelschalldämpfer, kann aber einzeln ersetzt werden.
Muss an der Trennstelle durchgesägt werden. Die Trennstelle ist durch eine Eindrückung auf dem Umfang des Abgasrohrs gekennzeichnet.

9 – Aufhängung
Bei Beschädigung ersetzen.

10 – Schraube, 20 Nm

11 – Halteschlaufe
Bei Beschädigung ersetzen.

12 – Halter

13 – Schraube, 23 Nm

14 – Endrohr
Kann einzeln ersetzt werden.

15 – Klemmschelle

16 – Mutter, 23 Nm

17 – Klemmhülse hinten
Wird benötigt, wenn der Mittel- und/oder Nachschalldämpfer einzeln ersetzt wird.
Vor dem Anziehen Abgasanlage spannungsfrei ausrichten.

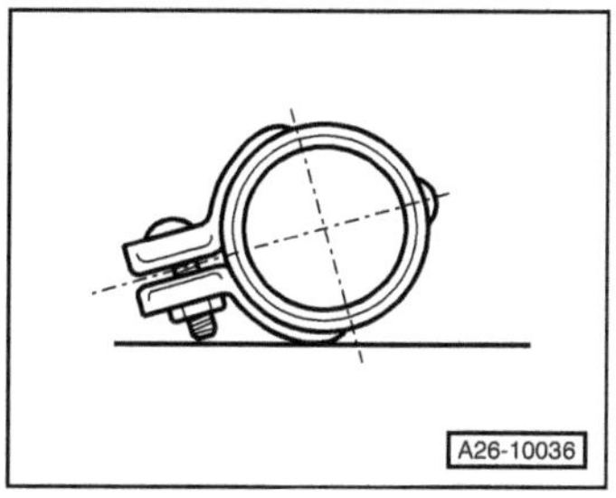

Einbaulage: Die Schraubenenden dürfen nicht über die Unterkante der Klemmhülse hinausragen. Die Verschraubung zeigt nach links.

19 – Aufhängung
Bei Beschädigung ersetzen.

20 – Schraube, 23 Nm

21 – Mutter, 23 Nm

22 – Halter

23 – Schraube

24 – Mutter, 23 Nm
Immer ersetzen.
Vor dem Einbau Gewinde mit Heißschraubenpaste einstreichen.

2,7-/3,0-l-Dieselmotor

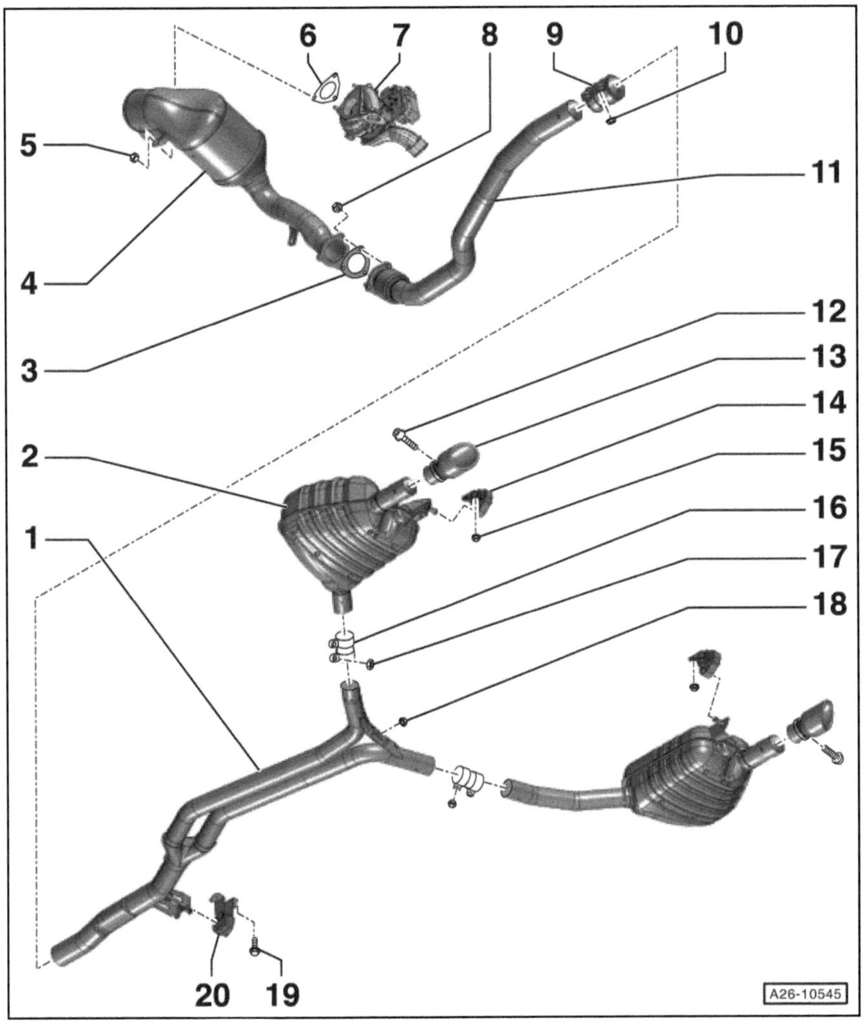

1 – Y-Rohr
Bildet in der Erstausrüstung eine Baueinheit mit dem Nachschalldämpfer, kann aber einzeln ersetzt werden.
Muss an der Trennstelle durchgesägt werden. Die Trennstelle ist durch eine Eindrückung auf dem Umfang des Abgasrohrs gekennzeichnet.

2 – Nachschalldämpfer
Bildet in der Erstausrüstung eine Baueinheit mit dem Y-Rohr, kann aber einzeln ersetzt werden.
Muss an der Trennstelle durchgesägt werden. Die Trennstelle ist durch eine Eindrückung auf dem Umfang des Abgasrohrs gekennzeichnet.

3 – Dichtung
Immer ersetzen.

4 – Diesel-Partikelfilter
Mit Katalysator.
Mit Druckleitung für Drucksensor 1.
Nach dem Ersetzen muss das Motorsteuergerät mit dem VW/AUDI-Diesgnosegerät angepasst werden.

5 – Mutter, 23 Nm
Immer ersetzen.
Vor dem Einbau Gewinde mit Heißschraubenpaste bestreichen.

6 – Dichtung
Immer ersetzen.

7 – Abgas-Turbolader

8 – Mutter, 23 Nm
Immer ersetzen.

9 – Klemmhülse vorn
Vor dem Anziehen Abgasanlage spannungsfrei ausrichten.

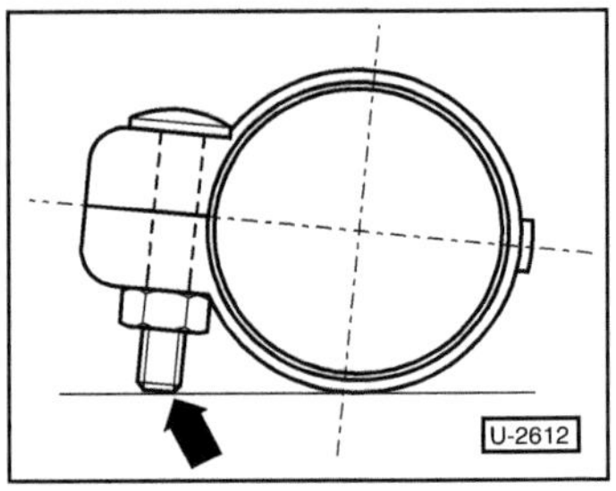

Verschraubungen gleichmäßig anziehen.
Einbaulage: Die Schraubenenden sollen nicht über die Unterkante der Klemmhülse hinausragen.
Die Verschraubung zeigt nach links.

10 – Mutter, 23 Nm

11 – Vorderes Abgasrohr
Mit Flexrohr. **Achtung:** Flexrohr nicht mehr als 10° biegen, knicken oder auf Zug beanspruchen – Beschädigungsgefahr. Drahtelement am Flexrohr nicht beschädigen

12 – Schraube, 23 Nm

13 – Endrohr
Kann einzeln ersetzt werden.

14 – Aufhängung
Bei Beschädigung ersetzen.

15 – Mutter, 20 Nm

16 – Klemmhülse hinten
Wird benötigt, wenn das Y-Rohr und/oder der Nachschalldämpfer einzeln ersetzt wird.
Vor dem Anziehen Abgasanlage spannungsfrei ausrichten.

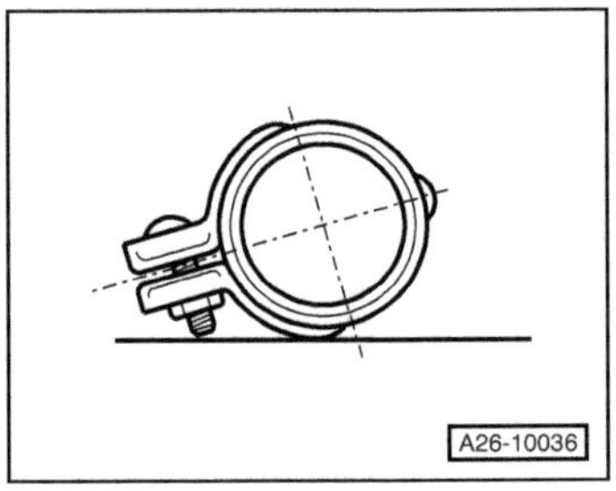

Einbaulage: Die Schraubenenden dürfen nicht über die Unterkante der Klemmhülse hinausragen. Die Verschraubung zeigt nach vorn.

17 – Mutter, 23 Nm

18 – Mutter, 23 Nm
Immer ersetzen.

19 – Schraube, 20 Nm

20 – Aufhängung
Bei Beschädigung ersetzen.

Wichtige Hinweise bei Arbeiten an der Abgasanlage

- Sämtliche Schraubverbindungen der Abgasanlage, die voraussichtlich gelöst werden müssen, mit rostlösendem Mittel einsprühen. Rostlöser einige Zeit einwirken lassen.
- Dichtungen und Befestigungsteile grundsätzlich erneuern.
- Dichtfläche an Teilen, die wieder verwendet werden, mit Drahtbürste reinigen beziehungsweise abschmirgeln.
- Um die Muttern und Schrauben der Abgasanlage später leichter lösen zu können, empfiehlt es sich, diese mit einer Heißschraubenpaste (Kupferpaste), zum Beispiel Liqui Moly-3080, einzustreichen.
- Gummi-Halteringe auf Beschädigungen sichtprüfen, gegebenenfalls erneuern.
- Werden Abgasrohre nicht erneuert, Dicht- und Klemmflächen vor dem Zusammenfügen mit Schmirgelleinen von Ruß und Dichtungsresten reinigen.

Hinweis: Wenn sich ein Schalldämpfer nicht aus der Klemmschelle ziehen lässt, gibt es zum Lösen zwei Möglichkeiten: 1. Möglichkeit: Abgasrohr etwa 5 cm hinter der Schelle durchsägen. Anschließend das Restrohr längs aufsägen und mit Hammer und Meißel abschlagen. 2. Möglichkeit: Steht ein Autogen-Schweißgerät zur Verfügung, die Klemmschelle erwärmen, dadurch dehnt sie sich aus, und das Rohr lässt sich abziehen.

Sicherheitshinweis
Vor Einsatz des Schweißgerätes den Fahrzeugunterboden mit einer Aluminiumplatte schützen, Brandgefahr. Feuerlöscher bereitstellen.

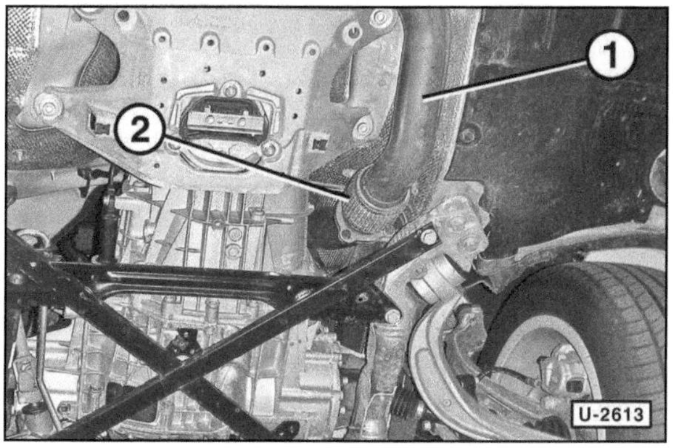

Achtung: Bei Arbeiten im Bereich der Abgasanlage ist das vordere Abgasrohr –1– mit Flexrohr –2– gegen unkontrolliertes Durchhängen zu sichern. Bereits Beugungen des Flexrohres von mehr als 10 Winkelgrad und Verdrehungen um ± 0,5° aus der vorgesehenen Montageposition können eine Schädigung mit anschließendem Totalausfall des Flexrohres zur Folge haben. Drahtelement am Flexrohr nicht beschädigen.

Aus diesem Grund ist das Abgasanlagenteil mit dem darin befindlichen Flexrohr beispielsweise mit Draht am Fahrzeugunterbau zu befestigen, dabei Abgasrohr, falls erforderlich, durch einen Helfer abstützen lassen.

Wenn das Flexrohr oder die komplette Abgasanlage ersetzt wird, Transportsicherung für Flexrohr erst nach Abschluss der Arbeiten, vor der Inbetriebnahme des Fahrzeuges, abnehmen. Es ist empfehlenswert die Transportsicherung aufzubewahren, damit sie für spätere Montagearbeiten an der Abgasanlage wieder verwendet werden kann. Dabei Montageanleitung auf der Transportsicherung beachten.

Katalysator aus- und einbauen

1,8-/2,0-l-Benzinmotor

Ausbau

Hinweis: Einbaulage der Kabelbinder vor dem Ausbau markieren und anschließend neue Kabelbinder an den gleichen Stellen anbringen.

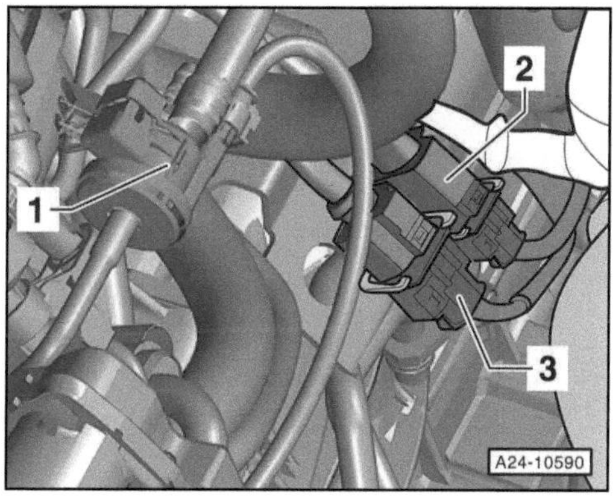

- Steckverbindungen für Lambdasonde –2/3– trennen und elektrische Leitungen freilegen. 1 – Magnetventil für Aktivkohlebehälter.

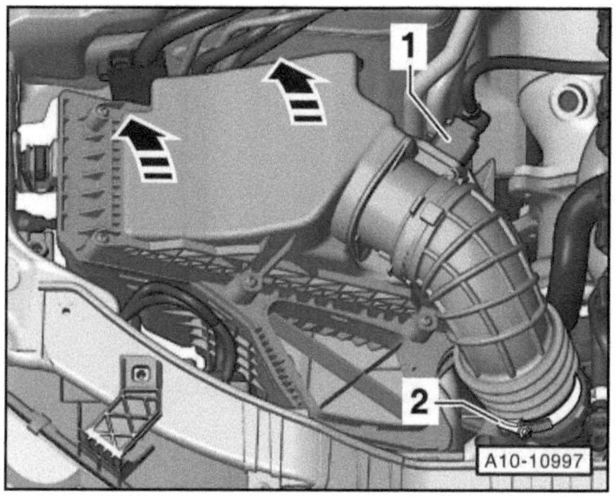

- Stecker vom Luftmassenmesser –1– abziehen.
- Schelle –2– öffnen und Luftansaugschlauch abziehen.
- Luftfiltergehäuse in Pfeilrichtung nach oben abziehen.
- Untere Motorraumabdeckung ausbauen, siehe Seite 282.

- Vorderes Abgasrohr vom Katalysator abschrauben, etwas absenken und mit Draht aufhängen.

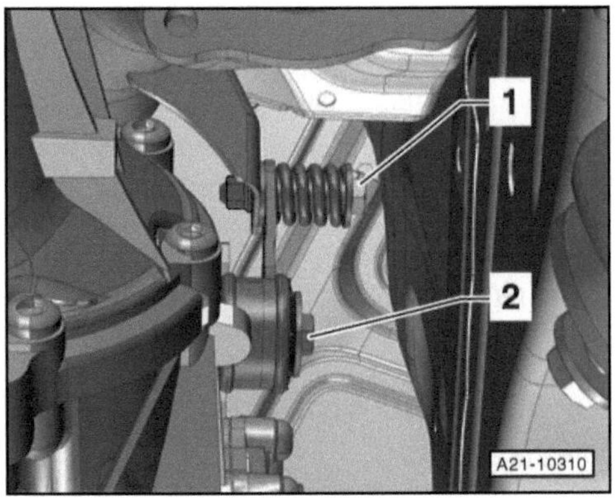

- Verschraubung –1– trennen, Schraube –2– herausdrehen und Aufhängung für Katalysator abnehmen.

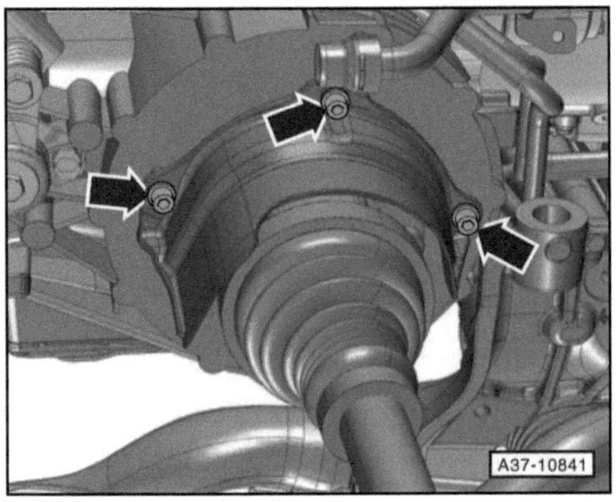

- Schrauben –Pfeile– herausdrehen und Wärmeschutzblech für rechte Gelenkwelle abnehmen.

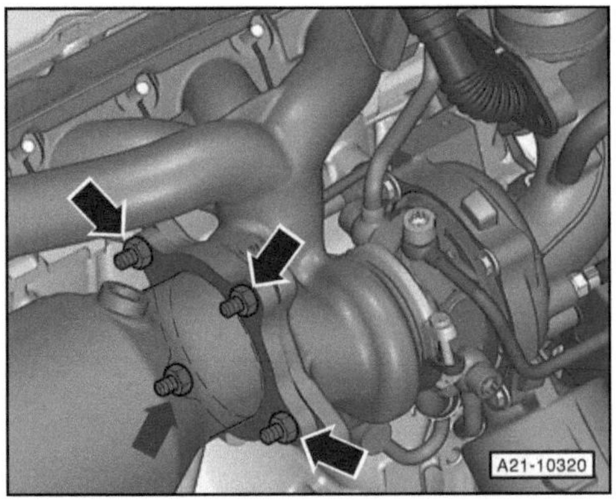

- 4 Muttern –Pfeile– abschrauben.
- Katalysator vom Turbolader abziehen und nach oben herausnehmen.

Einbau

- Der Einbau erfolgt in umgekehrter Ausbaureihenfolge. Dichtungen und selbstsichernde Muttern grundsätzlich ersetzen. Anzugsdrehmomente, siehe Detailübersicht.

Vorderes Abgasrohr aus- und einbauen

Ausbau

Hinweis: Je nach Ausstattung kann ein vorderes Abgasrohr mit oder ohne Vorschalldämpfer eingebaut sein.

- Untere Motorraumabdeckung ausbauen, siehe Seite 282.

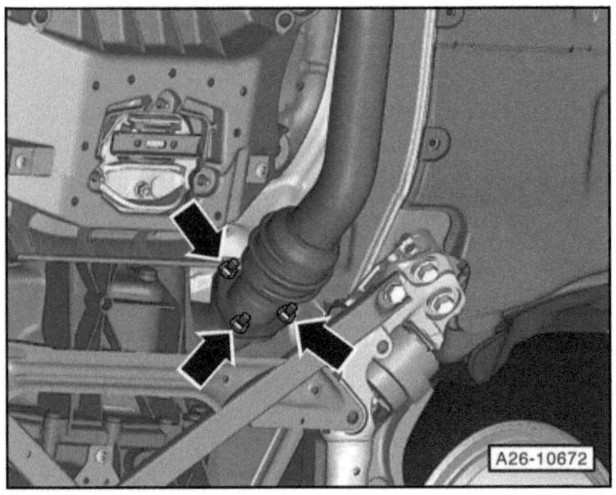

- Vorderes Abgasrohr vom Katalysator trennen, dazu Muttern –Pfeile– abschrauben.

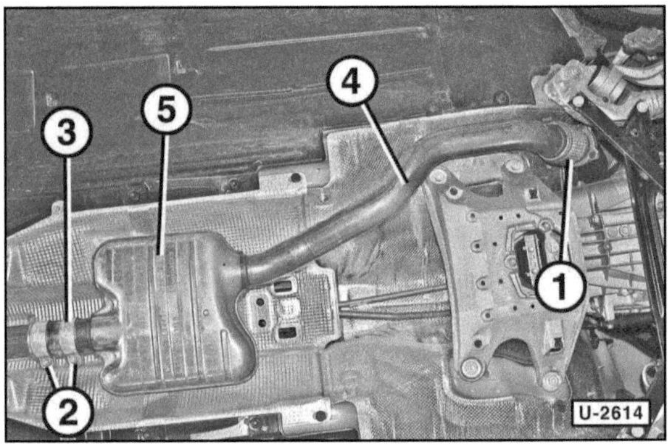

Achtung: Flexrohr –1– nicht beschädigen, siehe »Wichtige Hinweise zur Abgasanlage«.

- Schrauben –2– lösen und Klemmhülse –3– nach hinten schieben.
- Vorderes Abgasrohr –4– mit Vorschalldämpfer –5–, falls vorhanden, herausnehmen.

Einbau

- Der Einbau erfolgt in umgekehrter Ausbaureihenfolge. Dabei Hinweise im Kapitel »Wichtige Hinweise bei Arbeiten an der Abgasanlage« beachten.

Mittel- und Nachschalldämpfer trennen

Um einen Schalldämpfer einzeln ersetzen zu können, ist im Verbindungsrohr eine Trennstelle vorgesehen. Die Trennstelle ist durch eine Eindrückung auf dem Umfang des Abgasrohrs gekennzeichnet.

Ist bereits eine Klemmschelle vorhanden, diese grundsätzlich ersetzen, nicht wiederverwenden.

Wird eine neue Klemmschelle benötigt, auf unterschiedliche Rohrdurchmesser je nach Fahrzeugmodell achten.

Trennen

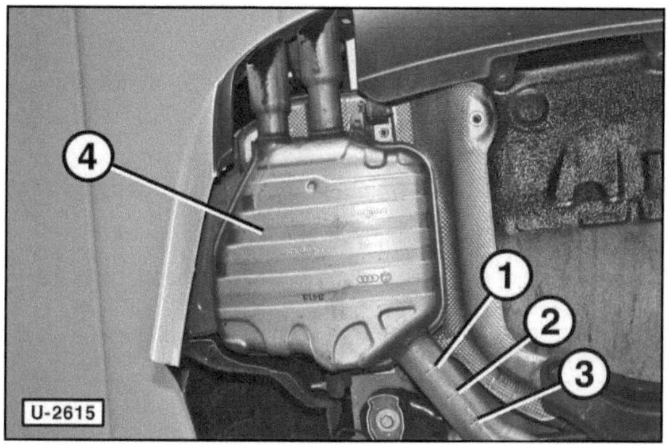

- Die Trennstelle ist durch Eindrückungen gekennzeichnet. An den mittleren Eindrückungen –2– wird das Abgasrohr getrennt. Die seitlichen Markierungen –1/3– dienen als Markierung, damit die Abgasrohre gleich weit in die Klemmhülse hineingeschoben werden. 4 – Nachschalldämpfer.
- Kette des Abgasrohrschneiders, zum Beispiel HAZET 4682, an den mittleren Eindrückungen –2– um das Rohr herumlegen und spannen. Kette hin- und herrollen und dabei nachspannen, jedoch nicht zu stark, damit das Rohr beim Schneiden nicht verformt wird.

Zusammensetzen

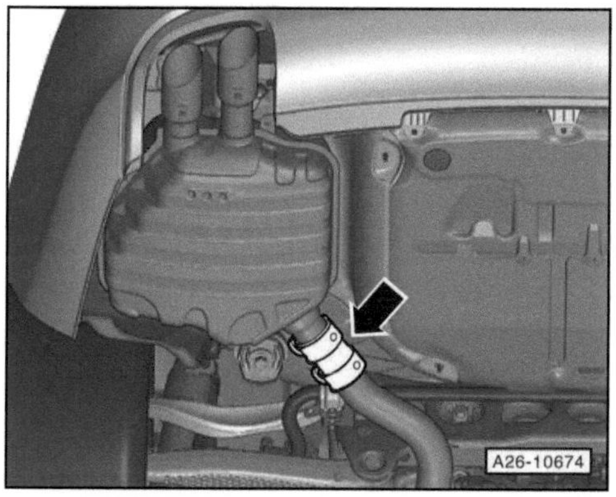

- Beie Abgasrohre so in die Klemmhülse –Pfeil– stecken, dass die Markierungen –1– und –3– mit dem Rand der Klemmhülse bündig sind. Dabei darauf achten, dass die Verschraubung der Klemmhülse nach links zeigt.
- Klemmhülse leicht anschrauben und so drehen, dass die Schraubenenden nicht über die Unterkante der Klemmhülse hinausragen.
- Abgasanlage spannungsfrei einrichten.
- Position der Klemmhülse prüfen und Muttern mit **25 Nm** festziehen.

Abgasanlage spannungsfrei ausrichten

Nach jedem Einbau von Teilen muss die Abgasanlage ausgerichtet werden, sonst treten Spannungen auf, die zu Rissen und/oder Geräuschen führen.

Einrichten

- Die Abgasanlage wird in kaltem Zustand ausgerichtet. Heiße Abgasanlage auf Umgebungstemperatur abkühlen lassen.

Sicherheitshinweis:
Beim Aufbocken des Fahrzeugs besteht Unfallgefahr! Deshalb das Kapitel »Fahrzeug aufbocken« durchlesen.

- Fahrzeug aufbocken.

Fahrzeuge ohne Klemmhüse zwischen Mittelschalldämpfer und Nachschalldämpfer

- Schrauben an der vorderen Klemmhülse lösen.

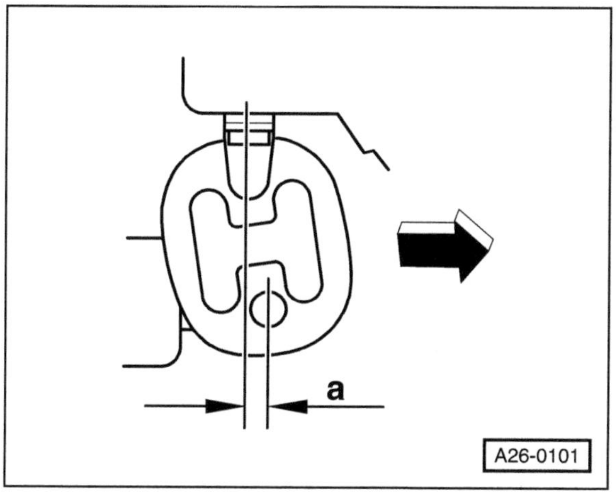

- Abgasanlage so weit nach vorn schieben –Pfeil–, bis die Vorspannung an der Halteschlaufe hinten am Nachschalldämpfer a = 11 – 15 mm beträgt. 6-Zylinder-Benzinmotor: a = 6 – 10 mm; 6-Zylinder-Dieselmotor: a = 5 – 9 mm.
- Nachschalldämpfer waagrecht ausrichten.

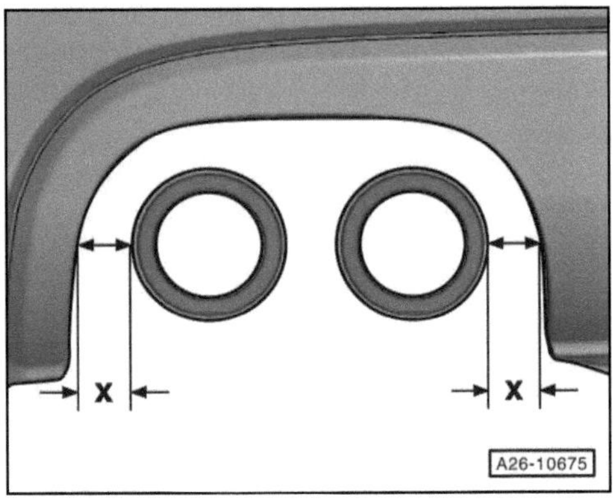

- Endrohre so ausrichten, dass der Abstand –x– links und rechts gleich groß ist.
- Schrauben an der Klemmhülse gleichmäßig mit **25 Nm** festziehen.

Fahrzeuge mit Klemmhüse zwischen Mittelschalldämpfer und Nachschalldämpfer

- Schrauben an der vorderen und hinteren Klemmhülse lösen.
- Mittelschalldämpfer so weit nach vorn drücken, bis die Vorspannung an der Halteschlaufe am Mittelschalldämpfer a = 6 – 10 mm beträgt, siehe Abbildung A26-0101.
- Nachschalldämpfer so weit nach vorn drücken, bis die Vorspannung an der Halteschlaufe am Nachschalldämpfer a = 11 – 15 mm beträgt, siehe Abbildung A26-0101.
- Nachschalldämpfer waagrecht ausrichten.
- Endrohre gleichmäßig ausrichten, siehe Abbildung A26-10675.
- Schrauben an der Klemmhülse gleichmäßig mit **25 Nm** festziehen.
- Fahrzeug ablassen.

Speziell 6-Zylinder-Benzinmotor

- Sollwert für die Vorspannung an den Halteschlaufen vor dem Mittelschalldämpfer sowie an den Nachschalldämpfern a = 6 – 10 mm.

Speziell 6-Zylinder-Dieselmotor

- Sollwert für die Vorspannung an den Halteschlaufen am Y-Rohr sowie an den Nachschalldämpfern a = 5 – 9 mm.

Endrohre ersetzen

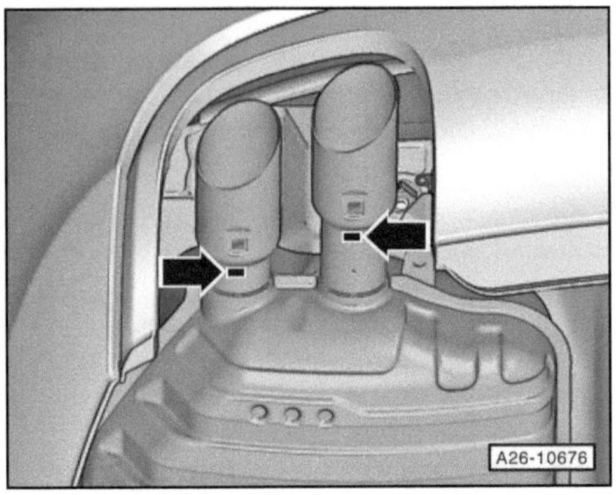

- Die Trennstelle ist jeweils durch eine Eindrückung –Pfeil– gekennzeichnet.
- Abgasrohr an der Trennstelle mit dem Abgasrohrschneiders, zum Beispiel HAZET 4682, rechtwinklig trennen.
- Neues Endrohr mit Klemmschelle aufschieben.
- Endrohre gleichmäßig ausrichten, siehe Abbildung A26-10675.
- Klemschelle mit **60 Nm** festziehen.

Speziell 6-Zylinder-Motor

- Zum Ausrichten der Endrohre gegebenenfalls die Strebe zwischen den Abgasrohren vor den Nachschalldämpfern lösen.

Abgasanlage auf Dichtigkeit prüfen

Prüfen

- Motor starten und bei laufendem Motor Abgasanlage mit einem Lappen oder Stöpsel verschließen.
- Abgasanlage auf Undichtigkeit abhören. Gegebenenfalls Verbindungsstellen Zylinderkopf/Krümmer und Krümmer/Abgasrohr vorn mit handelsüblichem »Lecksuch-Spray« einsprühen und auf Blasenbildung untersuchen.
- Undichtigkeit beseitigen.

Innenausstattung

Aus dem Inhalt:

- Konsolen demontieren
- Türverkleidung erneuern
- Innenspiegel ersetzen
- Innenverkleidungen
- Ablagefächer ausbauen
- Sitze ausbauen

Wichtige Arbeits- und Sicherheitshinweise

Werden Arbeiten an der Innenausstattung ausgeführt, sind folgende Hinweise unbedingt zu beachten:

- Zum Abhebeln von Kunststoffverkleidungen und -blenden Kunststoffkeil verwenden, zum Beispiel HAZET 1965-20.
- Bereiche, an denen ein Hebelwerkzeug, zum Beispiel ein Kunststoffkeil oder ein Schraubendreher, angesetzt wird, zum Schutz mit Klebeband abkleben.
- Clips, die beim Ausbau von Verkleidungen beschädigt werden, immer erneuern.
- Die Fenster- und Türsäulen der Karosserie werden von vorn nach hinten als A-, B-, C- und D-Säulen bezeichnet.
- Sitze, Sicherheitsgurte und Airbags sind sicherheitsrelevante Bauteile. **Aus Sicherheitsgründen nur die hier beschriebenen Arbeiten durchführen. Komplexere Arbeiten nicht in Eigenregie vornehmen, sondern von einer Fachwerkstatt durchführen lassen.**

Achtung: Airbag-Sicherheitshinweise unbedingt befolgen, insbesondere bei Arbeiten in der Nähe von Airbags und Gurtstraffern, siehe Seite 162.

Um ein Auslösen des Airbags zu verhindern, ist vor dem Trennen von Kabeln des Airbag-Systems die Zündung auszuschalten und dann das Batterie-Massekabel (–) von der Batterie abzuklemmen. Außerdem muss aus Sicherheitsgründen der Minuspol von der Batterie isoliert werden, siehe Seite 77.

Halteclips/Federklammern aus- und einbauen

Zahlreiche Abdeckungen und Verkleidungen sind mit Halteclips und Federklammern an der Fahrzeug-Karosserie befestigt.

Ausbau

- **Halteclip:** Clip mit Schraubendreher oder Lösezange HAZET 799-4 aus Verkleidung und Karosserie herausziehen. Anschließend Verkleidung abnehmen.

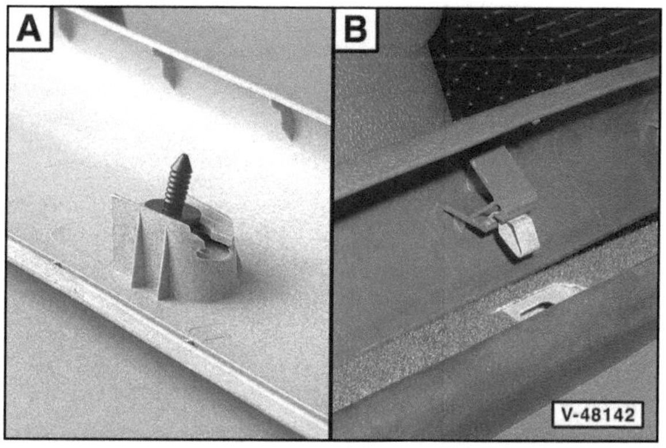

- **Clip-/Federklammerbefestigung an der Rückseite der Verkleidung:** Verkleidung im Bereich der Cliphalterungen von der Karosserie abziehen und dadurch den Clip –A– beziehungsweise die Federklammer –B– aus der Bohrung in der Karosserie herausziehen.

Einbau

- Vor dem Einbau Halteclips auf Beschädigungen überprüfen, wenn nötig, ersetzen. Gegebenenfalls richtigen Sitz an der Verkleidung überprüfen.
- **Halteclip:** Verkleidung ansetzen, Clip in die Bohrung stecken und eindrücken.
- **Clip-/Federklammerbefestigung:** Verkleidung so ansetzen, dass sich die Clips oder Federklammern über den Bohrungen befinden. Verkleidung im Bereich der Clips fest andrücken und einrasten.

Innenspiegel aus- und einbauen

Je nach Ausstattung können 3 Innenspiegel-Varianten eingebaut sein:

- Manuell abblendbarer Innenspiegel.
- Automatisch abblendbarer Innenspiegel.
- Automatisch abblendbarer Innenspiegel mit Digitalkompass.

Hier wird der Ausbau des automatisch abblendbaren Innenspiegels beschrieben. Bei den anderen Ausführungen ist der Ausbau ähnlich.

Ausbau

Fahrzeuge mit Spurhalteassistent:

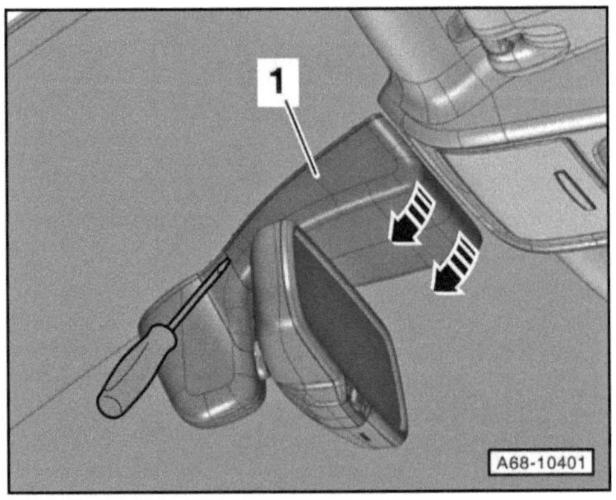

- Abdeckung –1– in Pfeilrichtung abclipsen.
- Mit einem kleinen Schraubendreher die Abdeckung unten aushängen und abnehmen.

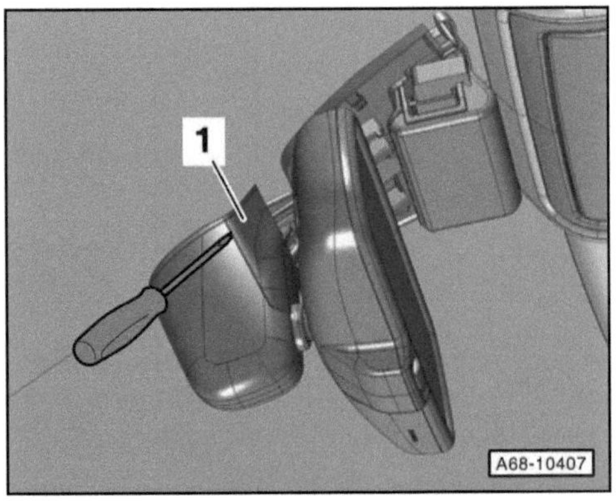

- Mit einem Schraubendreher die Abdeckung –1– am Spiegelfuß abclipsen und abnehmen.

Fahrzeuge ohne Spurhalteassistent:

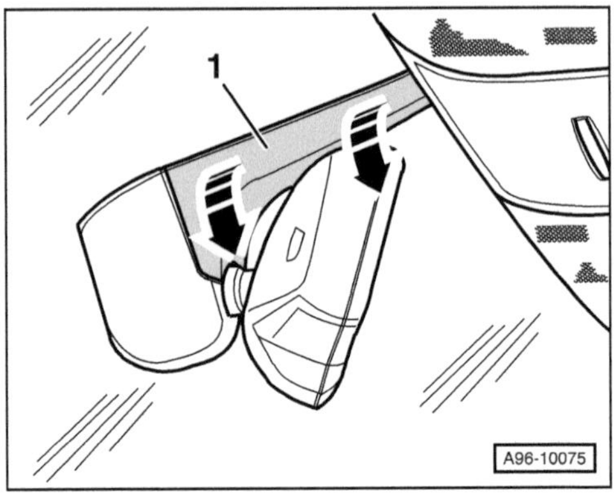

- Abdeckung –1– unten am Spiegelfuß in Pfeilrichtung abheben.

Alle Fahrzeuge

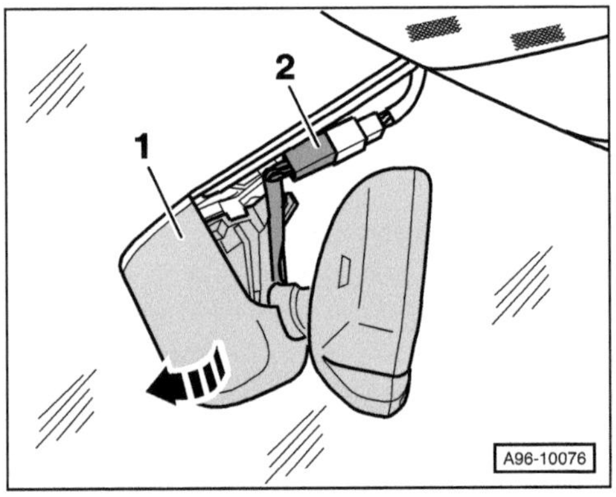

- Steckverbindung –2– aus der Halterung herausnehmen und trennen.
- Innenspiegel am Spiegelfuß –1– im Gegenuhrzeigersinn –Pfeilrichtung– bis zum Anschlag drehen und von der Halteplatte abnehmen.

Einbau

- Innenspiegel um 30° verdreht zur Einbaulage ansetzen.
- Innenspiegel im Uhrzeigersinn bis zum Anschlag drehen.
- Der weitere Einbau erfolgt in umgekehrter Ausbaureihenfolge.

Abdeckung im Fahrerfußraum aus- und einbauen

Ausbau

- Seitliche Abdeckung an der Armaturentafel abhebeln, siehe Seite 74.

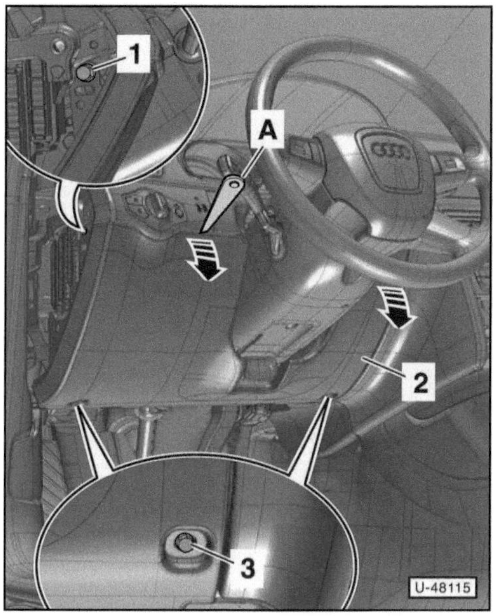

- Schraube –1– herausdrehen.
- 2 Schrauben –3– herausdrehen.
- Abdeckung –2– an der Oberkante mit einem Kunststoffkeil –A– in Pfeilrichtung abclipsen. A – HAZET-1965-20.
- Mehrfachstecker an der Diagnosesteckdose entriegeln und abziehen.
- Gegebenenfalls Steckverbindung für Fußraumleuchte trennen.
- Abdeckung herausnehmen.

Einbau

- Der Einbau erfolgt in umgekehrter Ausbaureihenfolge. Dabei ist Folgendes zu beachten:

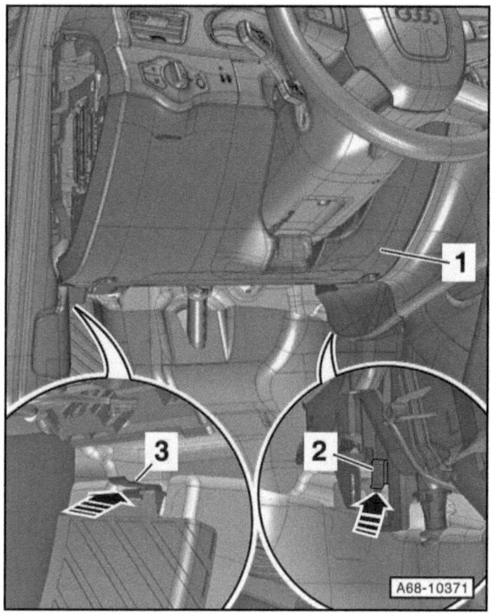

- Abdeckung –1– unten in die Klammer –3– an der Fußstütze und in die Klammer –2– am Klimagerät einsetzen –Peile–.
- Schrauben mit **3 Nm** anziehen.

Obere A-Säulen-Verkleidung aus- und einbauen

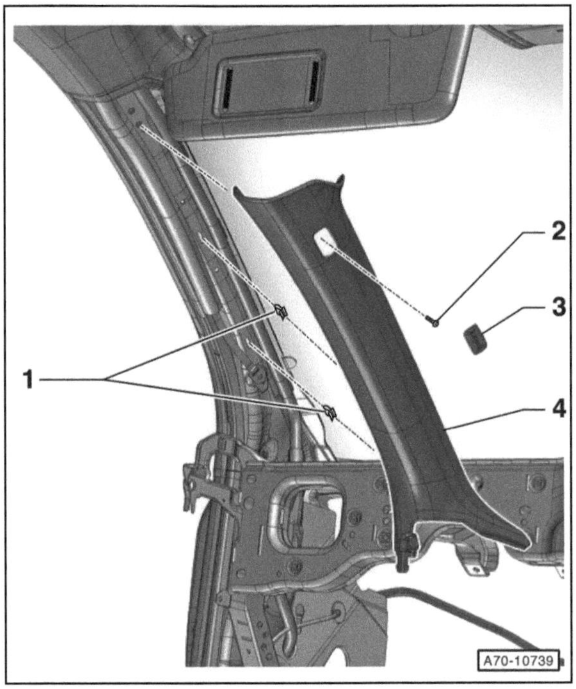

1 – Klammern
Bei Beschädigung oder Deformation ersetzen.

2 – Schraube, 3,5 Nm

3 – Abdeckkappe

4 – Obere Verkleidung A-Säule

Ausbau

Achtung: Bei Fahrzeugen mit Kopfairbag unbedingt Airbag-Sicherheitshinweise beachten, siehe Seite 162.

- Zündung einschalten.
- Massekabel (–) bei eingeschalteter Zündung vom Minuspol der Batterie abklemmen. **Minuspol der Batterie mit Isolierband abkleben**. Hinweise im Kapitel »Batterie aus- und einbauen« beachten.

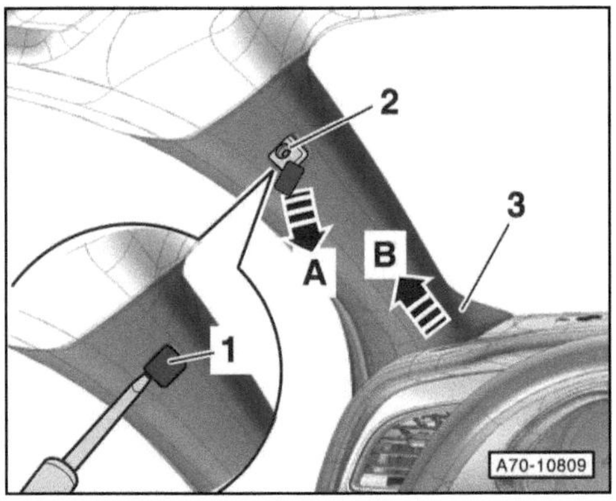

- »Airbag«-Blende –1– mit einem Schraubendreher vorsichtig aus der Verkleidung ausclipsen. **Hinweis:** Die Blende bleibt unverlierbar an der Verkleidung hängen.
- Schraube –2– herausdrehen.
- A-Säulen-Verkleidung mit einem Kunststoffkeil vorsichtig ausclipsen –Pfeil A–, dabei oben beginnen.
- A-Säulen-Verkleidung nach oben aus der Armaturentafel herausziehen –Pfeil B– und abnehmen.

Einbau

- Gegebenenfalls in der Karosserie verbliebene Klammern herausnehmen und zum Einbau in die Verkleidung einsetzen.
- Beschädigte oder verbogene Klammern ersetzen.
- Gewindebohrung der Schraube –2– mit einem Gewindeschneider vorsichtig reinigen. **Achtung:** Wird eine neue Schraube in die ungereinigte Bohrung eingesetzt, kann sie beim nächsten Ausbau abreißen.

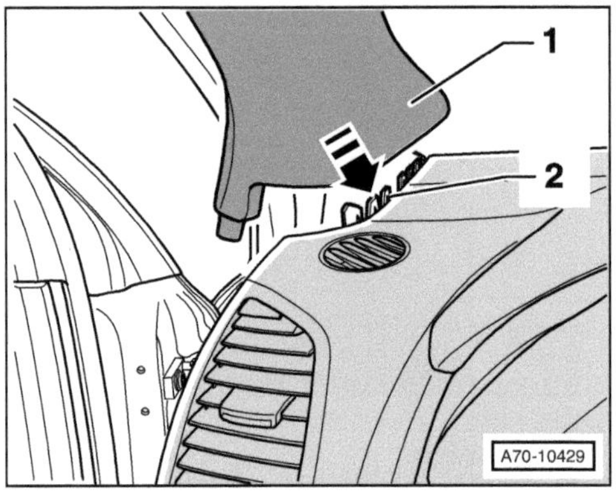

- Obere A-Säulen-Verkleidung –1– unten in die Aufnahme –2– der Armaturentafel einsetzen –Pfeil–, oben mit den Halteklammern über den Aufnahmebohrungen ausrichten und andrücken. Dabei Lippe der Türdichtung über die A-Säulenverkleidung stülpen.
- **Neue** Schraube –2– einschrauben und mit **3,5 Nm** festziehen. **Hinweis:** Die neue Schraube ist mit Schraubensicherungsmittel beschichtet.
- »Airbag«-Blende an der Aufnahmeöffnung einsetzen und einclipsen.
- Batterie anklemmen, siehe Seite 77.

Lichtschalterblende aus- und einbauen

Ausbau

- Seitliche Abdeckung von der Armaturentafel abhebeln, siehe Seite 74.
- Abdeckung im Fahrerfußraum ausbauen, siehe entsprechendes Kapitel.
- Spaltabdeckung zwischen Lenksäulenverkleidung und Armaturenbrett ausbauen, siehe entsprechendes Kapitel.
- Lichtschalter ausbauen, siehe Seite 135.
- Gegebenenfalls Einsteller für Leuchtweitenregulierung ausbauen.

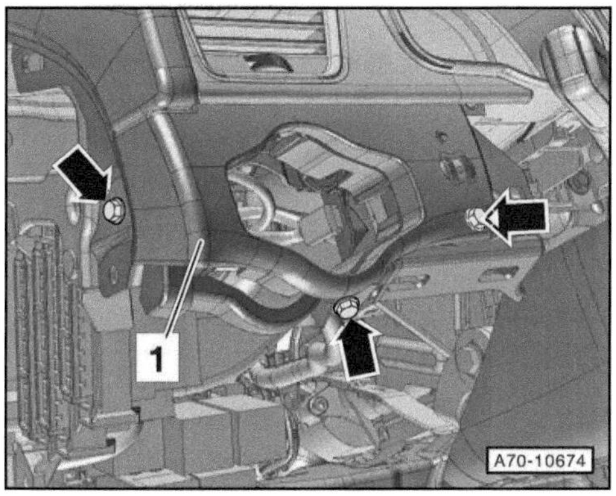

● Schrauben –Pfeile– herausdrehen und Lichtschalterblende –1– abnehmen.

Einbau

● Der Einbau erfolgt in umgekehrter Ausbaureihenfolge. Lichtschalterblende mit **1,5 Nm** anschrauben.

Lenksäulenverkleidung aus- und einbauen

Ausbau

Hinweis: In den Abbildungen ist zur besseren Darstellung das Lenkrad ausgebaut. Der Ausbau des Lenkrades ist nur dann erforderlich, wenn die Schrauben für die untere Lenksäulenverkleidung nicht zugänglich sind.

● Lenkrad so weit wie möglich nach hinten unten stellen. Dazu den vollen Verstellbereich der Lenksäulenverstellung ausnutzen.

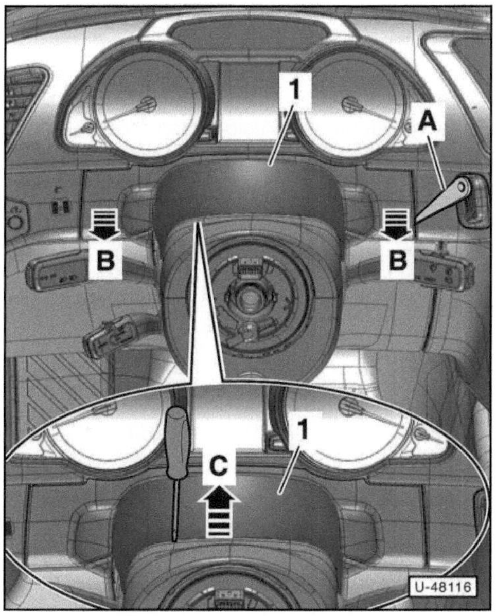

● Spaltabdeckung –1– mit einem Kunststoffkeil –A– in Pfeilrichtung –B– abclipsen.

● Mit einem kleinen Schraubendreher die Spaltabdeckung –1– vorsichtig von der oberen Lenksäulenverkleidung in Pfeilrichtung –C– abclipsen.

● Lenkrad aus der Geradeausstellung um 90° (¼ Umdrehung) zur Seite drehen.

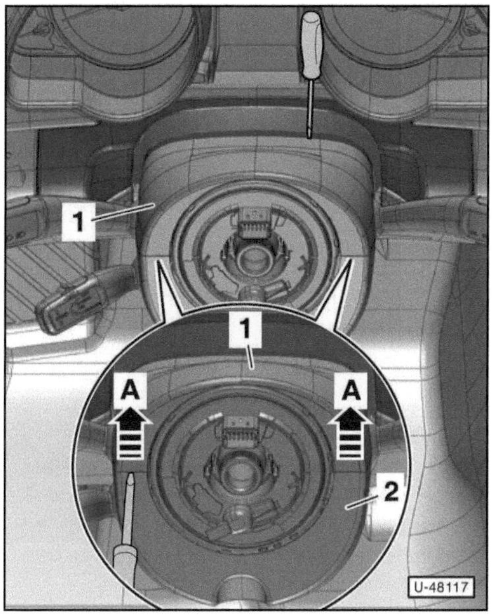

● Obere Lenksäulenverkleidung –1– mit einem kleinen Schraubendreher vorsichtig von der unteren Verkleidung –2– abhebeln –Pfeile A–.

● Obere Lenksäulenverkleidung aus der unteren Lenksäulenverkleidung aushängen und abnehmen.

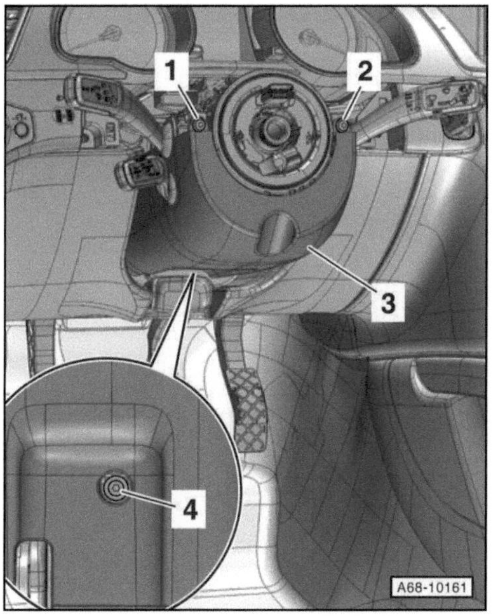

● Schrauben –1– und –2– herausdrehen. **Hinweis:** Wenn die Schrauben –1– und –2– nicht zugänglich sind, muss das Lenkrad ausgebaut werden, siehe Seite 164.

- Schraube –4– herausdrehen und untere Lenksäulenverkleidung –3– abnehmen.

Einbau

- Untere Lenksäulenverkleidung ansetzen und ganz leicht, mit **1,5 Nm**, anschrauben.

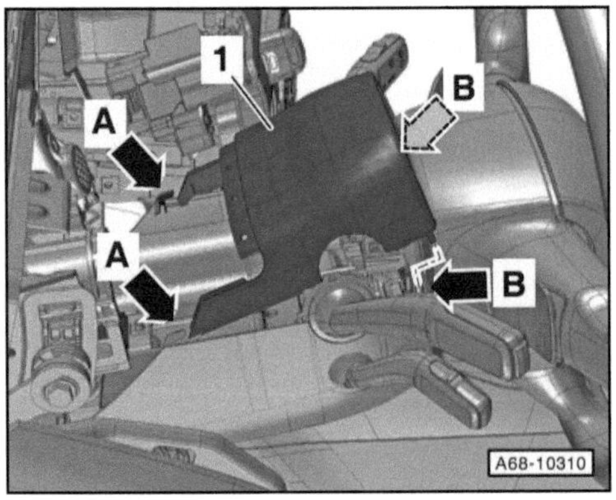

- Obere Lenksäulenverkleidung –1– in die untere Verkleidung einhaken –Pfeile A– und an der Lenkradseite einclipsen. Dabei darauf achten, dass der Zapfen der unteren Verkleidung in die Aussparung an der Haltezunge der oberen Verkleidung eingreift –Pfeile B–.
- Spaltabdeckung mit den Clips über den Aufnahmen im Armaturenbrett und in der oberen Lenksäulenverkleidung ansetzen. Abdeckung bis zum vollständigen Einrasten der Klammern in den Aufnahmepunkten andrücken.
- Falls ausgebaut, Lenkrad einbauen, siehe Seite 164.

Abdeckung für MMI-Bildschirm aus- und einbauen

Ausbau

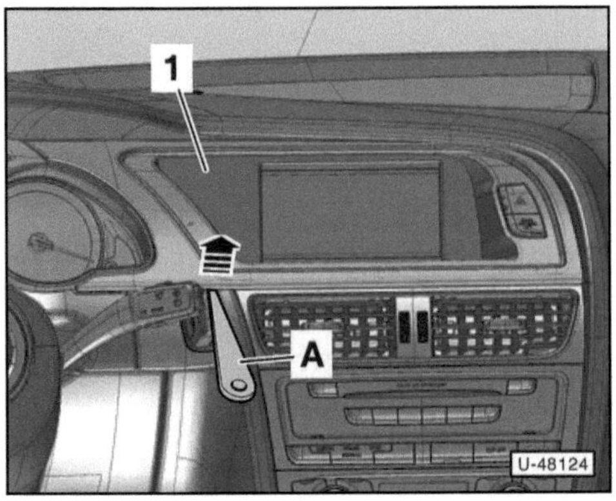

- Abdeckung –1– mit einem Kunststoffkeil –A– an den Ecken abhebeln –Pfeil–.
- Von der Rückseite die Stecker für Airbag-Kontrollleuchte und Warnblinkschalter abziehen.
- Abdeckung abnehmen.

Einbau

- Gegebenenfalls die in den Aufnahmepunkten verbliebenen Klammern herausnehmen und zum Einbau in die Verkleidung einsetzen.
- Beschädigte oder verbogene Klammern ersetzen.
- Stecker für Airbag-Konstollleuchte und Warnblinkschalter aufstecken.
- Abdeckung mit den Klammern über den Aufnahmen ansetzen und bis zum hörbaren Einrasten andrücken.

Seitliche Lautsprecherblende aus- und einbauen

Ausbau

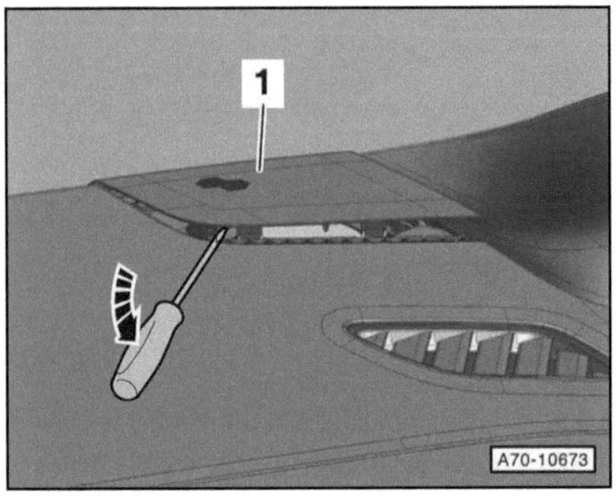

- Lautsprecherblende –1– mit einem kleinen Schraubendreher vorsichtig abhebeln. Dabei am Radius beginnen und vorsichtig vorgehen, da die Blende relativ leicht beschädigt werden kann.
- Lautsprecherblende nach oben klappen und abnehmen.

Einbau

- Lautsprecherblende zuerst vorn in die Armaturentafel einsetzen und dann bis zum hörbaren Verrasten eindrücken.

Mittlere Lautsprecherblende aus- und einbauen

Ausbau

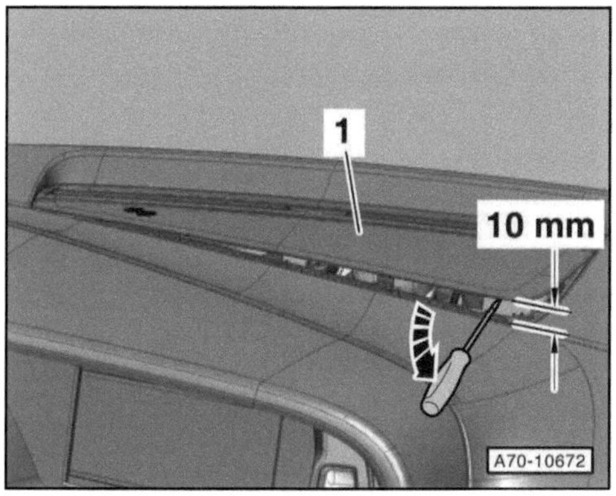

- Lautsprecherblende –1– mit einem kleinen Schraubendreher an den, in Fahrtrichtung gesehen, hinteren Haltezapfen vorsichtig ausrasten –Pfeil–. Dabei Blende nur etwa 10 mm nach oben ziehen. Beim Ausrasten am Radius beginnen und vorsichtig vorgehen, da die Blende relativ leicht beschädigt werden kann.

Achtung: Lautsprecherblende **nicht** nach oben ziehen, sonst können die vorderen Haltezapfen abbrechen.

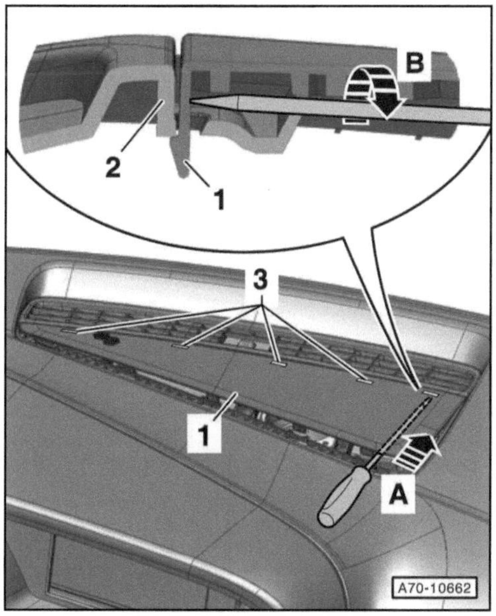

- Langen Schraubendreher unter der Lautsprecherblende nach vorn durchstecken –Pfeil A–, bis er direkt am vorderen Haltezapfen anliegt.
- Schraubendreher vorsichtig um die eigene Achse drehen –Pfeil B– und dadurch Haltezapfen –1– aus der Führung –2– aushängen.
- Restliche Haltezapfen –3– auf die gleiche Weise aushängen.
- Lautsprecherblende –1– abnehmen.

Einbau

- Lautsprecherblende zuerst vorn in die Armaturentafel einsetzen und dann bis zum hörbaren Verrasten eindrücken.

Handschuhkasten aus- und einbauen

Ausbau

Achtung: Da sich im Handschuhkasten der Schlüsselschalter zum Abschalten des Beifahrer-Airbags befindet, vor dem Ausbau die Sicherheitshinweise zum Airbag durchlesen und berücksichtigen, siehe Seite 162.

- Zündung einschalten.
- Batterie-Massekabel (–) bei eingeschalteter Zündung abklemmen, siehe Seite 77.

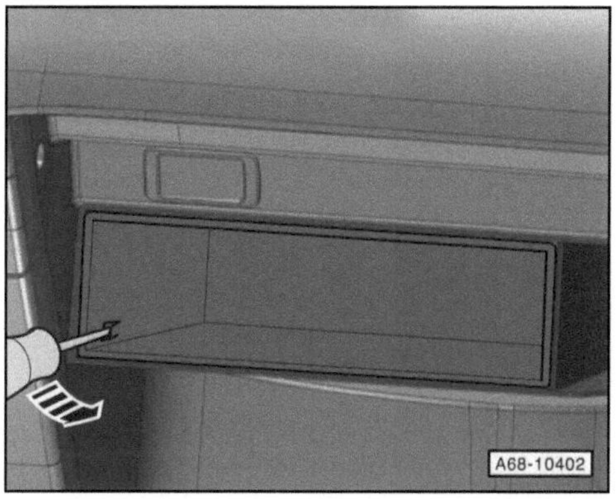

- Falls vorhanden, Ablagefach im Handschuhkasten ausbauen. Dazu Haltehaken links und rechts mit einem Schraubendreher in Pfeilrichtung entriegeln und Ablagefach aus dem Handschuhkasten herausziehen.

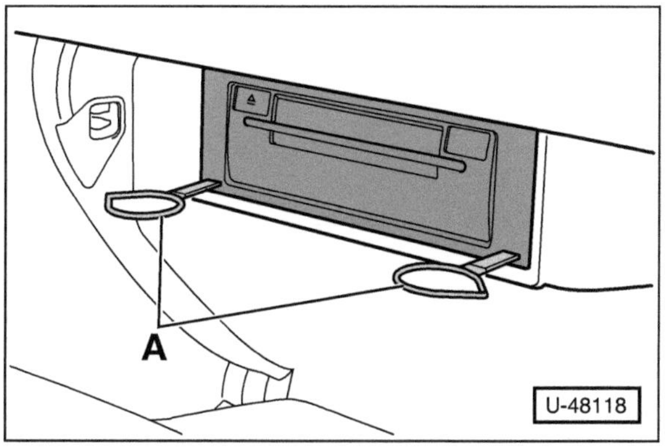

- Falls vorhanden, CD-Laufwerk im Handschuhkasten ausbauen. Dazu 2 Radio-Entriegelungsklammern –A–, zum Beispiel VW/AUDI-T10057, in die Entriegelungsschlitze stecken, bis sie einrasten.

Hinweis: Auf der Oberseite der Schlüssel ist »Top L« und »Top R« eingeprägt. Schlüssel so einsetzen, dass die Schrift nach oben zeigt. Schlüssel mit »Top L« auf der linken Seite und mit »Top R« auf der rechten Seite einsetzen.

- CD-Laufwerk an den Grifflösen der Entriegelungsschlüssel herausziehen.

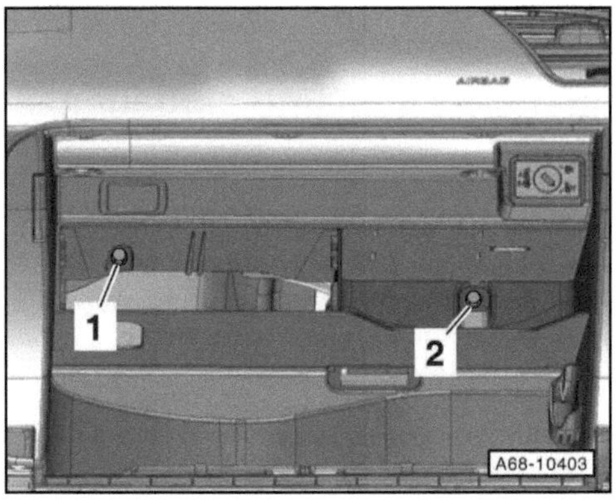

- Je nach Ausführung, Schraube –1– schräg oben oder Schraube –2– herausdrehen.
- Seitliche Abdeckung am Armaturenbrett abdrücken, siehe Seite 74.

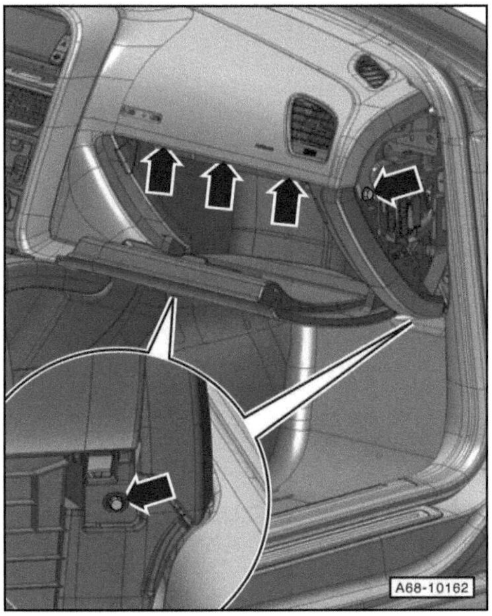

- Handschuhkastendeckel öffnen und Schrauben –Pfeile– herausdrehen. **Hinweis:** Die Anzahl der Schrauben ist ausstattungsabhängig.

Achtung: Bevor die Mehrfachsteckverbindung getrennt wird, unbedingt eventuell vorhandene **elektrostatische Aufladungen abbauen**. Dazu den Schließteil der Tür kurz anfassen.

- Handschuhkasten so weit abnehmen, bis die elektrische Steckverbindung zugänglich ist. Zentralstecker entriegeln und abziehen.

Einbau

- Der Einbau erfolgt im umgekehrter Ausbaureihenfolge. Dabei ist Folgendes zu beachten:
- Sicherheitsmaßnahmen zum Airbag beachten, siehe Seite 162.
- Elektrische Steckverbindung auf der Rückseite des Handschuhkastens bis zum hörbaren Einrasten zusammendrücken.
- Schrauben für Handschuhkasten mit **3 Nm** anziehen.
- Massekabel (–) bei eingeschalteter Zündung an den Batterie-Minuspol anklemmen. Dabei darf sich keine Person im Innenraum des Fahrzeuges aufhalten, siehe auch Seite 77.
- Falls nach Beendigung der Einbauarbeiten die Airbag-Kontrollleuchte einen Fehler anzeigt, muss der Fehlerspeicher abgefragt, gelöscht und neu abgefragt werden (Werkstattarbeit).

Handschuhkastendeckel aus- und einbauen

Ausbau

- Handschuhkasten ausbauen, siehe entsprechendes Kapitel.

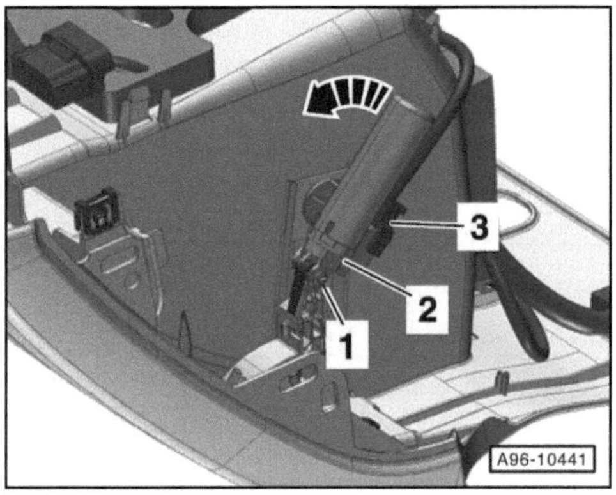

- Scharnierstift –1– an der Deckelbremse herausziehen.
  2 – Schalter, 3 – Elektrische Steckverbindung.
  Pfeil = Ausbaurichtung des Schalters.
- Handschuhkasten mit der Oberseite auf einer weichen Unterlage ablegen.

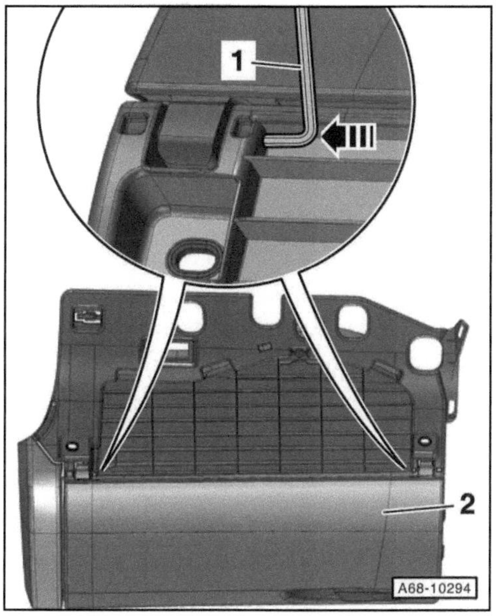

- Links und rechst die Scharnierstifte mit einem Innensechskantschlüssel –1– der Schlüsselweite 4 mm oder einem geeigneten Werkzeug herausschlagen –Pfeil–.
- Handschuhkastendeckel –2– vom Handschuhkasten abnehmen.

Einbau

- Der Einbau erfolgt in umgekehrter Ausbaureihenfolge.

Handschuhkastengriff aus- und einbauen

Ausbau

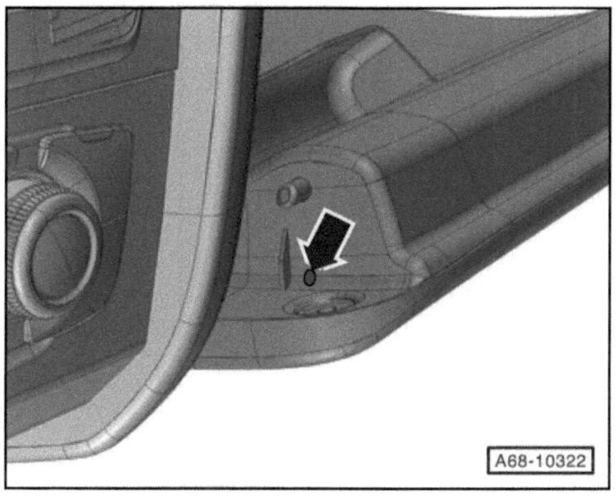

- Handschuhkastengriff entriegeln. Dazu einen geeigneten Dorn oder kleinen Schraubendreher durch die Öffnung –Pfeil– seitlich am Handschuhkastendeckel schieben und den Rasthaken des Griffs entriegeln.

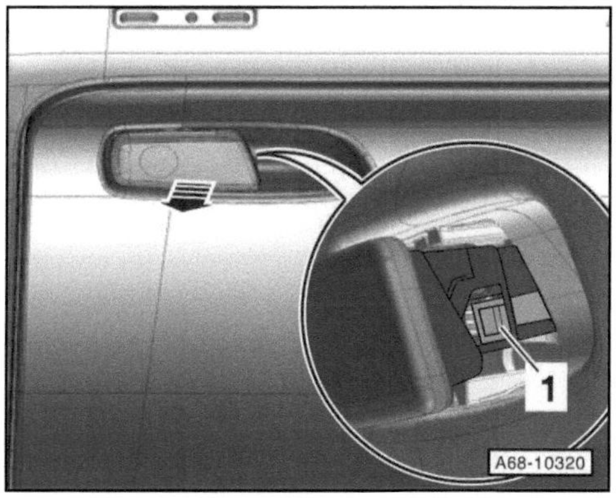

- Gleichzeitig den 2. Rashaken –1– seitlich am Handschuhkastengriff mit einem Schraubendreher entriegeln.
- Handschuhkastengriff in Pfeilrichtung vom Handschuhkastendeckel abnehmen.

Einbau

- Handschuhkastengriff ansetzen und bis zum hörbaren Verrasten eindrücken.

Abdeckung unter dem Handschuhkasten aus- und einbauen

Ausbau

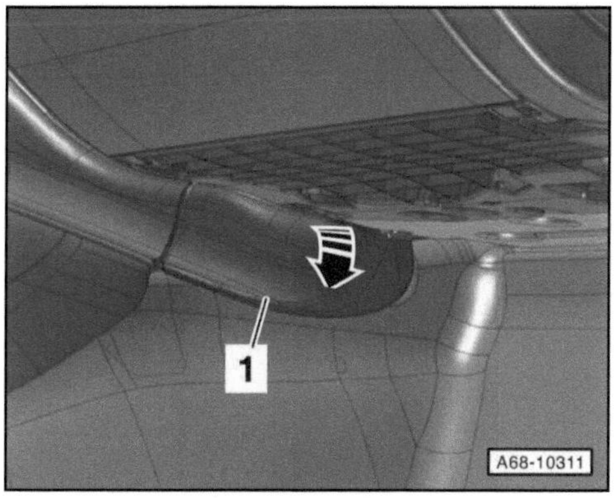

- Abdeckung –1– im Beifahrerfußraum vom Handschuhkasten in Pfeilrichtung abclipsen.

Einbau

- Abdeckung ansetzen und bis zum hörbaren Verrasten andrücken.

Mittelkonsole aus- und einbauen

Ausbau

- Einsatz für Mittelkonsole ausbauen, siehe entsprechendes Kapitel.
- Aschenbecher vorn ausbauen, siehe entsprechendes Kapitel.

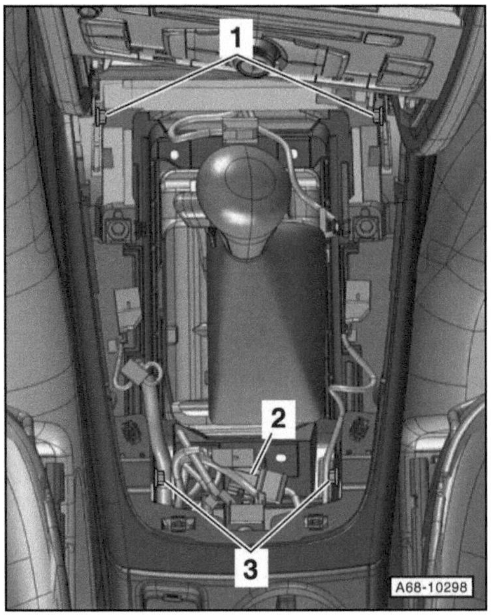

- Falls vorhanden, Stecker –2– für 12-Volt-Steckdose abziehen.
- Schrauben –1– und –3– herausdrehen.
- Mittelarmlehne, falls vorhanden, ausbauen, siehe entsprechendes Kapitel.

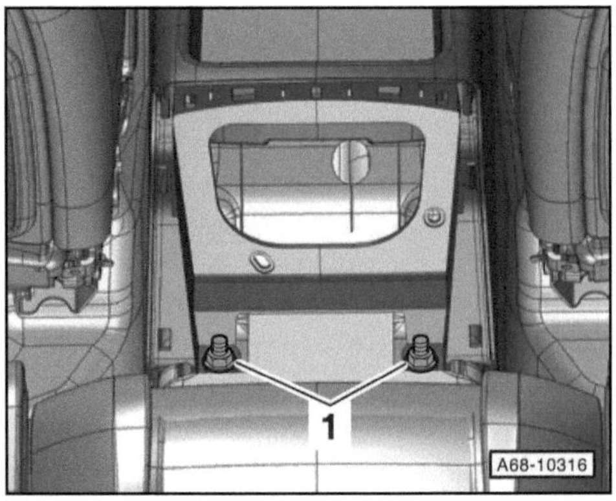

- Abdeckung hinten ausbauen und Muttern –1– abschrauben.
- Bei Telefon-/Handy-Ausrüstung: Steckverbindungen trennen.
- Mittelkonsole anheben, nach hinten aus der Armaturentafel herausziehen und über den Wählhebel/Schalthebel herausnehmen.

Einbau

- Mittelkonsole so einsetzen, dass sie bündig mit der Armaturentafel abschließt.
- Der weitere Einbau erfolgt in umgekehrter Ausbaureihenfolge. Muttern mit **8 Nm** anziehen.

Einsatz für Mittelkonsole aus- und einbauen

Ausbau

- Automatikgetriebe: Wählhebel in Stellung »S« schalten.
- Zündung ausschalten.
- Klimabedieneinheit ausbauen, siehe Seite 142.

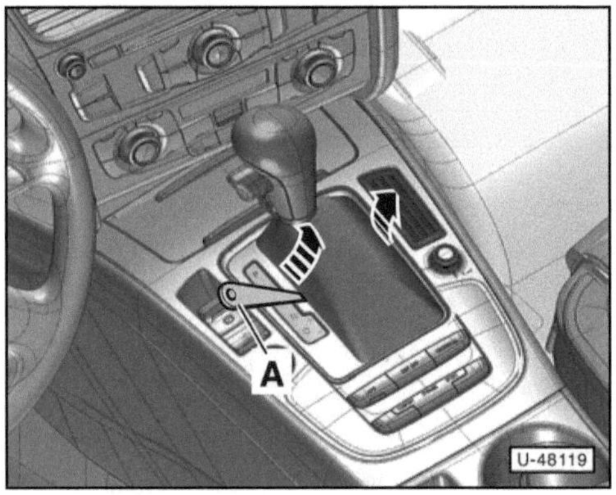

- Wählhebel-/Schalthebelmanschette mit Kunststoffkeil –A– oder kleinem Schraubendreher an der Seite vorsichtig aushebeln –Pfeile– und nach oben stülpen. Gegebenenfalls Lappen unterlegen, um Beschädigungen zu vermeiden.

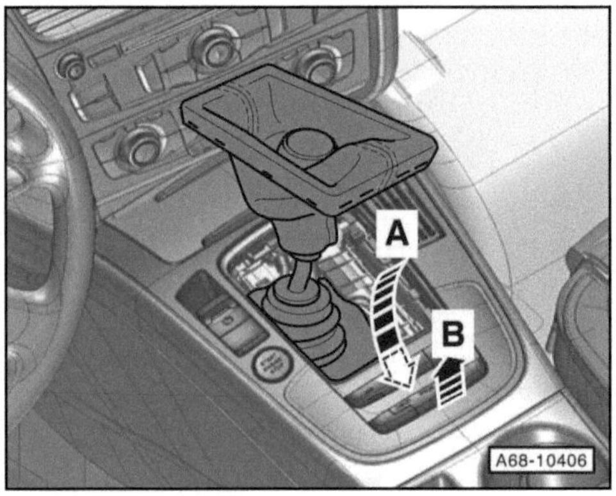

- Zierblende für Mittelkonsole rings um den Einsatz mit Klebeband abkleben, um eine Beschädigung der Oberflächen zu vermeiden.
- Mit der Hand unter den Einsatz der Mittelkonsole greifen –Pfeil A–, diesen vorsichtig lösen und langsam nach oben aus der Mittelkonsole herausziehen –Pfeil B–. **Achtung:** Bei zu heftigem Hochziehen des Einsatzes kann die Verrastung am Start-Taster beschädigt werden, weil die elektrische Leitung zum Taster sehr kurz ist.

- Elektrische Steckverbindungen trennen und Einsatz für Mittelkonsole über den Wähl-/Schalthebel herausnehmen.

Einbau

- Einsatz für Mittelkonsole ansetzen und bis zum höbaren Verrasten andrücken.
- Der weitere Einbau erfolgt in umgekehrter Ausbaureihenfolge.

Aschenbecher vorn aus- und einbauen

Ausbau

- Einsatz für Mittelkonsole ausbauen, siehe entsprechendes Kapitel.

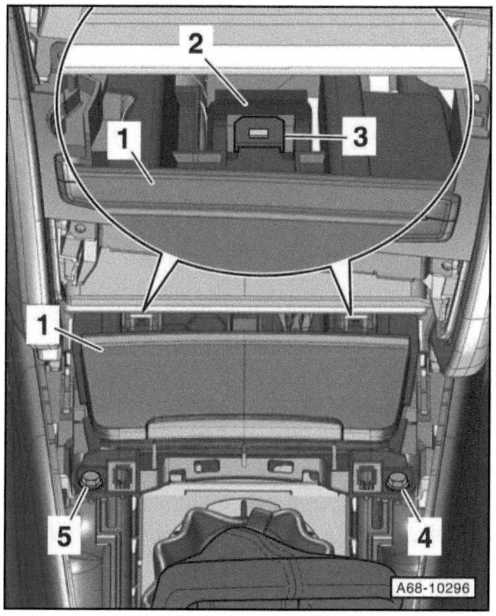

- Schrauben –4– und –5– herausdrehen.
- Aschenbecher –1– nach hinten aus der Aufnahme –2– herausnehmen.
- Elektrische Steckverbindung für den Zigarettenanzünder trennen.

Einbau

- Aschenbecher –1– vorn mit der Gummitülle –3– in die Aufnahme –2– einsetzen.
- Aschenbecher mit **3 Nm** anschrauben.
- Einsatz für Mittelkonsole einbauen, siehe entsprechendes Kapitel.

Blende für vorderen Aschenbecher aus- und einbauen

Ausbau

- Aschenbecher ausbauen, siehe entsprechendes Kapitel.
- Aschenbecher-Deckel öffnen.

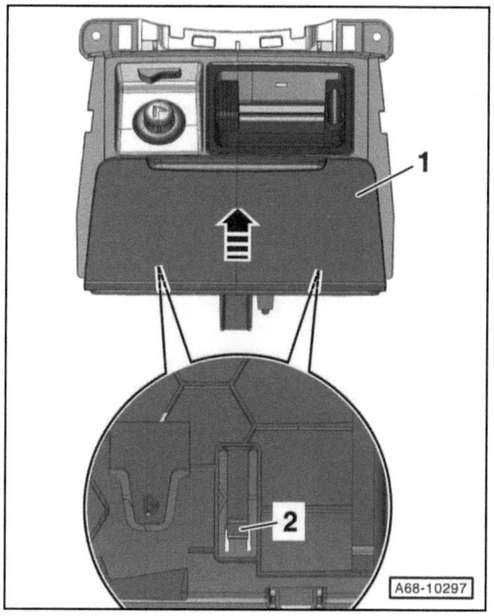

- Verrastungen –2– an der Unterseite der Blende –1– mit einem kleinen Schraubendreher anheben.
- Blende –1– vom Aschenbecher-Deckel abnehmen, dazu die Blende in Pfeilrichtung drücken.

Einbau

- Blende ansetzen und bis zum hörbaren Verrasten andrücken.
- Aschenbecher einbauen, siehe entsprechendes Kapitel.

Mittelarmlehne vorn aus- und einbauen

Ausbau

- Hintere Blende an der Mittelkonsole ausbauen, siehe entsprechendes Kapitel.
- Luftführung für Ausströmer abziehen.
- Telefon/Handy: Elektrische Steckverbindungen am Halter freilegen.

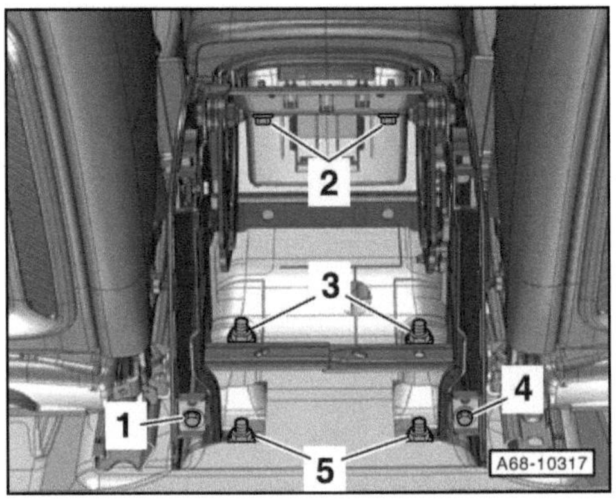

- Schrauben –1–, –2–, –4– herausdrehen .
- Muttern –3– und –5– abschrauben.
- Mittelkonsole hochdrücken und oben am Stützfuß der Armlehne aushängen.
- Stützfuß der Armlehne nach oben ziehen, über die Gewindebolzen führen und nach hinten herausnehmen.

Einbau

- Der Einbau erfolgt in umgekehrter Ausbaureihenfolge. Muttern mit **20 Nm**, Schrauben mit **3 Nm** anziehen.

Hintere Blende an der Mittelkonsole aus- und einbauen

Fahrzeuge ohne Mittelarmlehne

Ausbau

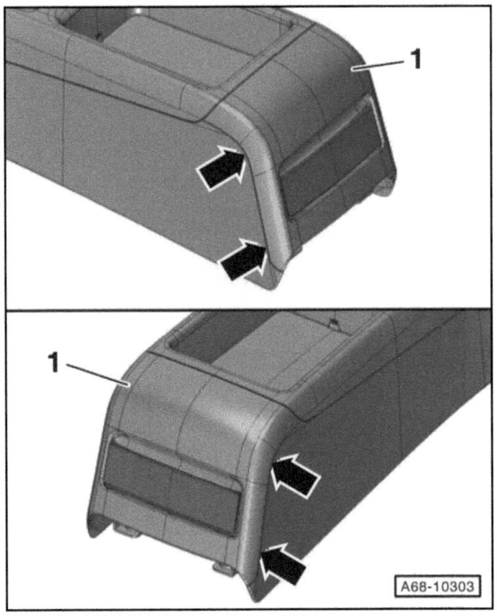

- Blende –1– an den Seiten vorsichtig mit einem kleinen Schraubendreher ausclipsen –Pfeile–. Dabei unten beginnen.
- Blende nach oben schwenken und abnehmen.

Einbau

- Blende oben ansetzen, nach unten schwenken und einclipsen. Dabei Blende bis zum hörbaren Einrasten an die Mittelkonsole andrücken.

Fahrzeuge mit Mittelarmlehne

Ausbau

- Falls vorhanden, Ablagefach ausbauen, siehe entsprechendes Kapitel.

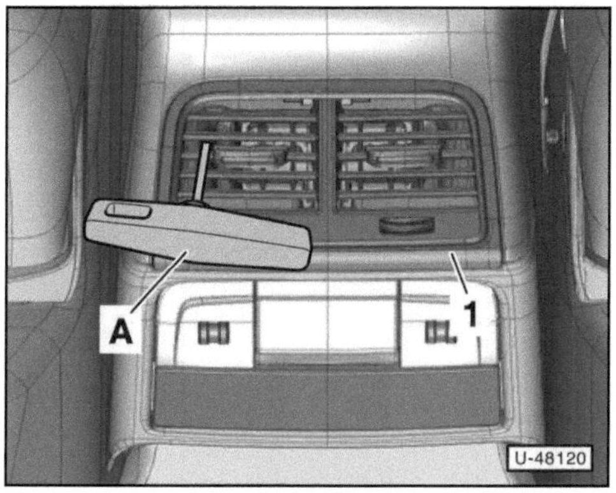

- Falls vorhanden, Luftaustrittsdüse hinten –1– aus der Mittelkonsole mit dem Ausziehhaken –A– ausbauen, siehe auch Seite 141.

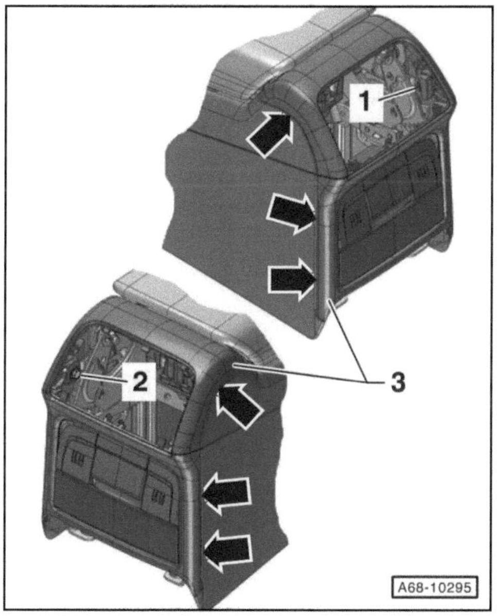

- Schraube –2– herausdrehen.
- Blende –3– an den Seiten vorsichtig mit einem kleinen Schraubendreher ausclipsen –Pfeile–. Dabei unten beginnen.
- Blende nach oben schwenken und gleichzeitig Rastnase –1– entriegeln.
- Blende von der Mittelkonsole abnehmen.
- Wo vorhanden, Steckverbindungen trennen.

Einbau

- Blende oben ansetzen, nach unten schwenken und einclipsen. Dabei Blende bis zum hörbaren Einrasten an die Mittelkonsole andrücken. Schraube mit **3 Nm** anziehen.

Ablagefach hinten in der Mittelkonsole aus- und einbauen

Ausbau

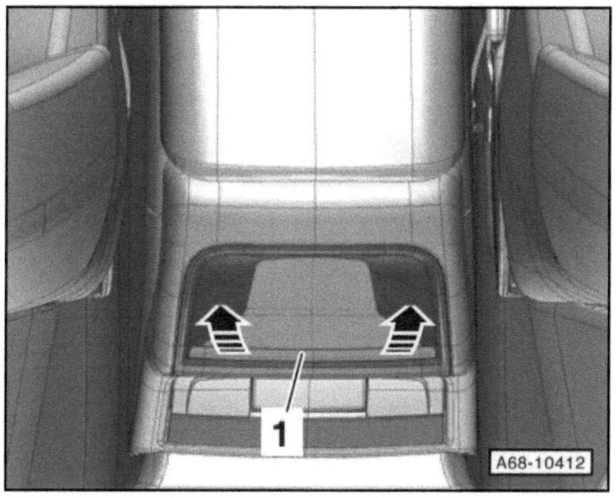

- Einlegematte –1– vorsichtig aus den Haltenoppen in Pfeilrichtung herausziehen.

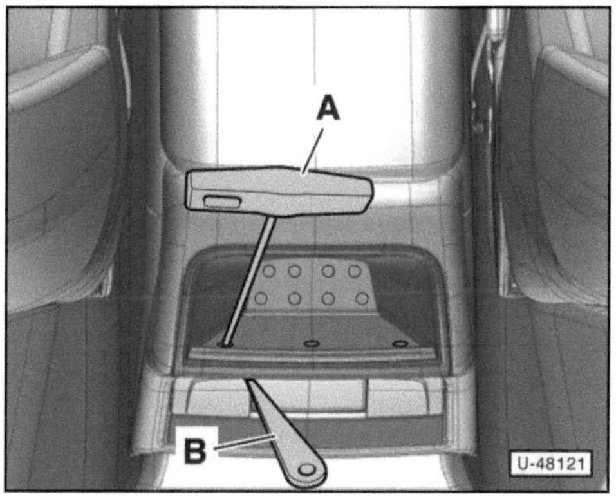

- Ausziehhaken –A–, zum Beispiel VW/AUDI-3438, an den Bohrungen unten im Ablagefach ansetzen und etwas hochziehen.
- Gleichzeitig einen Kunststoffkeil –B–, zum Beispiel HAZET 1965-20, in den Spalt zwischen Ablagefach und Mittelkonsole schieben und damit das Ablagefach ringsum ausrasten
- Ablagefach herausnehmen.

Einbau

- Ablagefach unten einsetzen, nach oben schwenken und bis zum Anschlag in die Einbauöffnung eindrücken.
- Der weitere Einbau erfolgt in umgekehrter Ausbaureihenfolge.

Zierblende für Mittelkonsole aus- und einbauen

Ausbau

- Mittelkonsole ausbauen, siehe entsprechendes Kapitel.

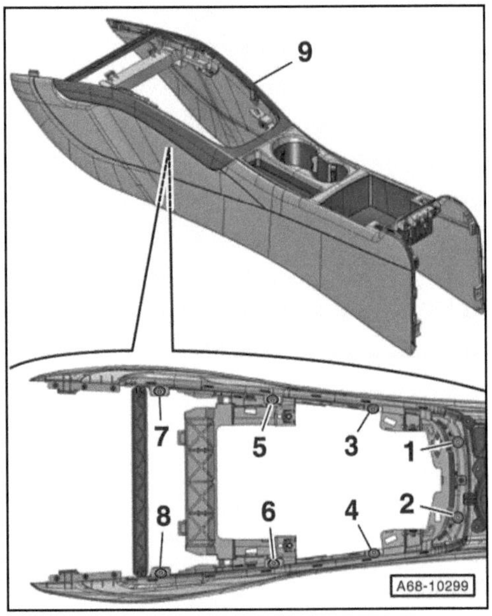

- Schrauben –1– bis –8– herausdrehen und Zierblende –9– abnehmen.

Einbau

- Blende einsetzen und mit **3 Nm** anschrauben.
- Mittelkonsole einbauen, siehe entsprechendes Kapitel.

Getränkehalter aus- und einbauen

Ausbau

- Mittelkonsole ausbauen, siehe entsprechendes Kapitel.

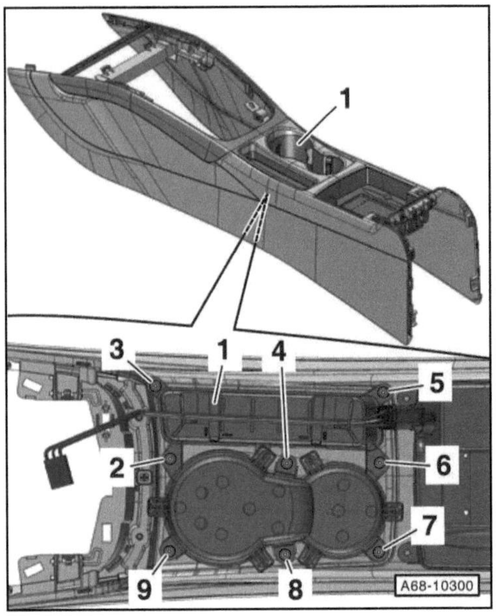

- Schrauben –2– bis –9– herausdrehen und Getränkehalter –1– abnehmen.

Einbau

- Getränkehalter einsetzen und ganz leicht mit **1,4 Nm** anschrauben.
- Mittelkonsole einbauen, siehe entsprechendes Kapitel.

Oberes Ablagefach der Mittelkonsole aus- und einbauen

Ausbau

- Mittelkonsole ausbauen, siehe entsprechendes Kapitel.

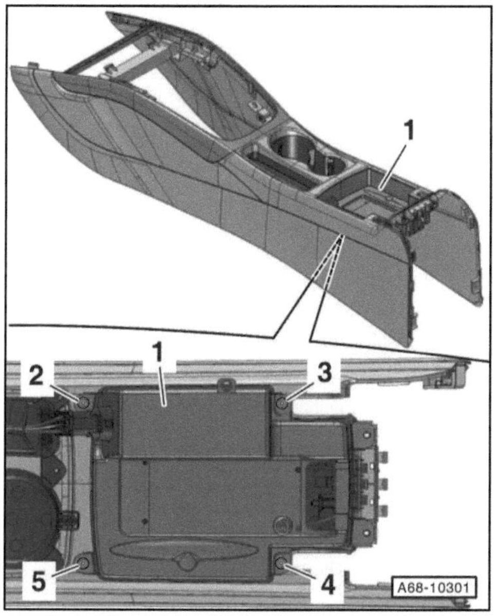

- Schrauben –2– bis –5– herausdrehen und Ablagefach –1– abnehmen.
- Falls erforderlich, Telefon/Handy-Halterung ausbauen. Dazu Telefonhörer sowie SIM-Karte aus der Halterung nehmen. Je nach Ausführung auf der Rückseite 2 oder 5 Schrauben herausdrehen und Halterung aus dem Ablagefach herausdrücken.

Einbau

- Falls ausgebaut, Halterung für Telefon/Handy einsetzen und ganz leicht mit **1 Nm** anschrauben.
- Ablagefach einsetzen und mit **1,4 Nm** anschrauben.
- Mittelkonsole einbauen, siehe entsprechendes Kapitel.

Verkleidung für Scheibenrahmen aus- und einbauen

Ausbau

- Fensterscheibe ganz herunterfahren.
- Blende für Hochtonlautsprecher abhebeln.

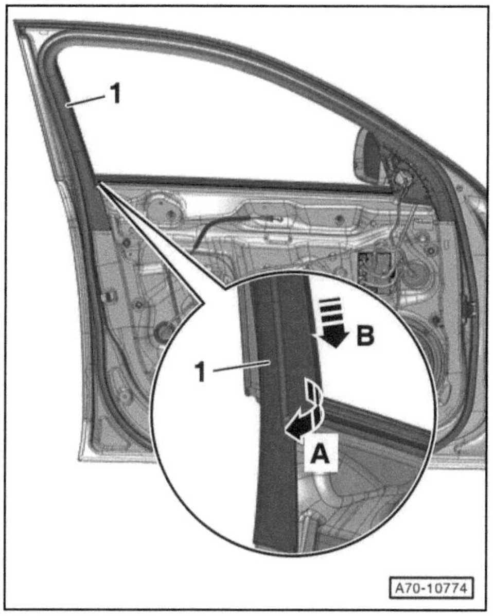

- Verkleidung –1– mit einem Kunststoffkeil in Pfeilrichtung –A– abhebeln. Dabei hinten unten beginnen –Bildausschnitt– und über die gesamte Länge fortsetzen. Gleichzeitig Verkleidung nach unten vom Scheibenrahmen abziehen –Pfeil B– und abnehmen.

Einbau

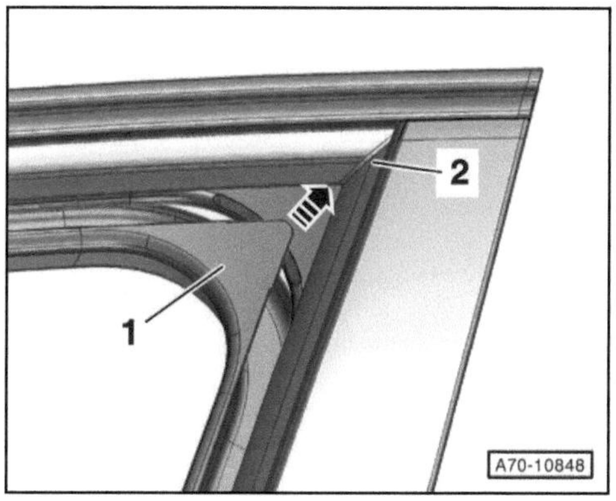

- Verkleidung –1– zuerst hinten oben in die Scheibenrahmendichtung –2– einsetzen –Pfeil–, dann ringsum eindrücken.
- Der weitere Einbau erfolgt in umgekehrter Ausbaureihenfolge.

Türverkleidung aus- und einbauen

Vordere Türverkleidung Fahrerseite

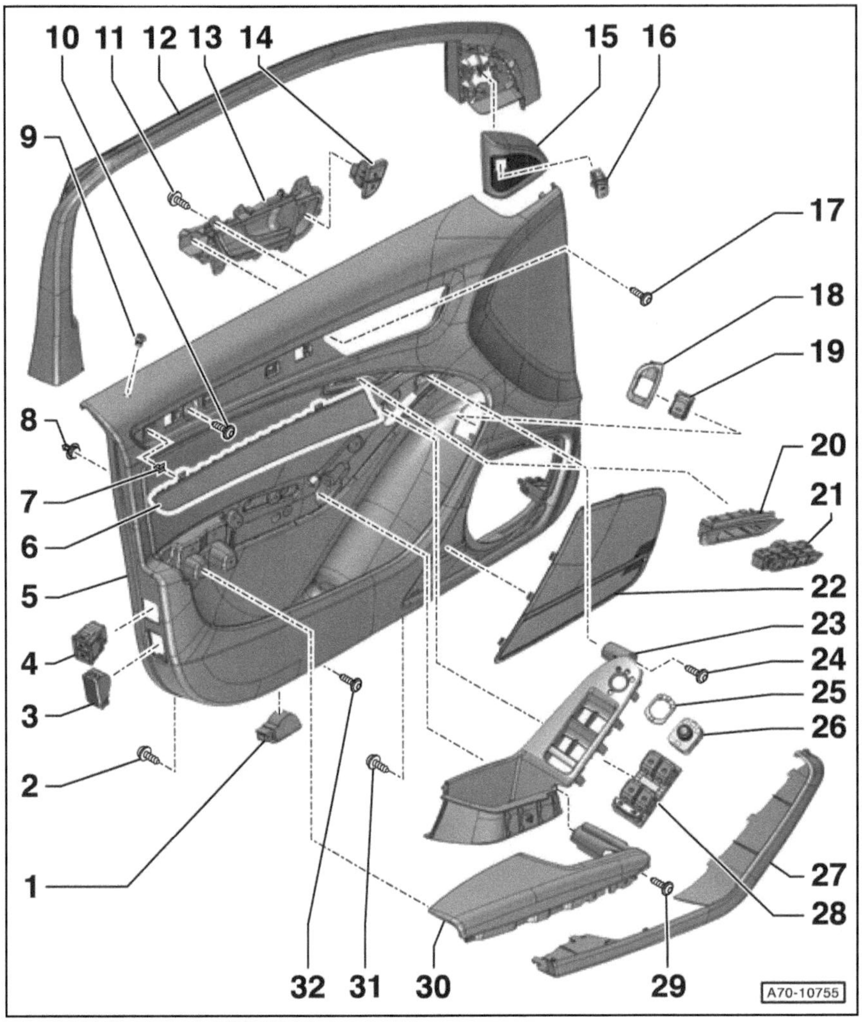

1 – **Einstiegsleuchte**

2 – **Schraube, 1,2 Nm**
6 Stück.
Für Armlehne.

3 – **Rückstrahler**
Je nach Ausstattung aktiv oder passiv.

4 – **Schalter**
Für Alarmanlage/Innenraumüberwachung.

5 – **Türverkleidung**

6 – **Zierblende**

7 – **Klammer**
3 Stück.
Zum Einbau in die Türverkleidung eindrücken.

8 – **Clips**
7 Stück.
Mit Dichtung. **Achtung:** für die einwandfreie Funktion des Crashsensensors (Drucksensor) muss die Dichtigkeit der Tür sichergestellt sein.

9 – **Hülse**
Nur bei der Fahrertür vorhanden.
Für Kontrollleuchte der SAVE-Funktion der Zentralverriegelung.

10 – **Schraube, 2,5 Nm**

11 – **Schraube, 1,2 Nm**
6 Stück.
Für Türinnenbetätigung.

12 – **Verkleidung**
Für Scheibenrahmen.

13 – **Türinnenbetätigung**

14 – **Tastschalter**
Für Innenverriegelung.

15 – **Lautsprecherblende**
Für Hochtonlautsprecher.

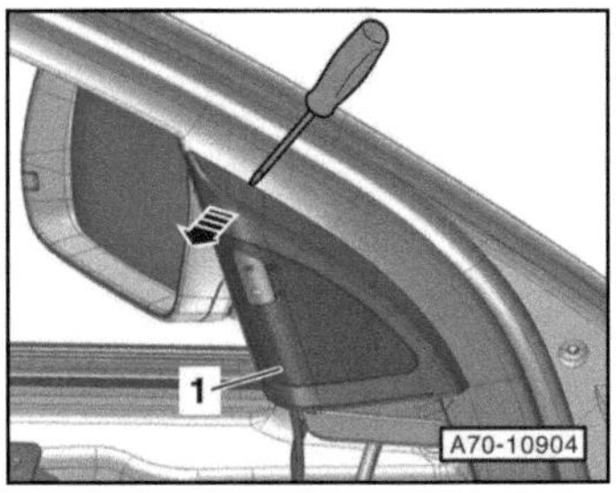

Mit kleinem Schraubendreher vorsichtig von der Tür abhebeln. Lappen oder Papierpolster unterlegen, um Beschädigungen zu vermeiden.

16 – **Tastschalter**
Für Spurwechselassistent.

17 – **Schraube, 2,5 Nm**

18 – **Blende**
Nur bei der Fahrertür vorhanden.
Für Tastschalter zur Entriegelung der Heckklappe.

19 – **Taster**
Zur Entriegelung der Heckklappe.

20 – **Schalterblende**
Für Bedieneinheit der Memoryfunktion des Fahrersitzes.

21 – **Bedieneinheit**
Für Fahrersitz mit Memoryfunktion.

22 – **Lautsprecherblende**
Für Mitteltonlautsprecher.
Mit Kunststoffkeil ringsum abhebeln.

23 – **Zuziehgriff**
Mit Schalteraufnahme.

24 – **Schraube, 2,5 Nm**

25 – **Symbolblende**

26 – **Schalter**
Für Außenspiegelverstellung und Anklappfunktion.

27 – **Blende**
Für Armlehne.

28 – **Fensterheberschalter**

29 – **Schraube, 2,5 Nm**

30 – **Armlehne**

31 – **Schraube, 1,2 Nm**
5 Stück.
Für Zuziehgriff.

32 – **Schraube, 2,5 Nm**

Ausbau

- Zündung ausschalten und Zündschlüssel abziehen.
- Zierblende ausbauen, siehe entsprechendes Kapitel.
- Blende für Armlehne ausbauen, siehe entsprechendes Kapitel.

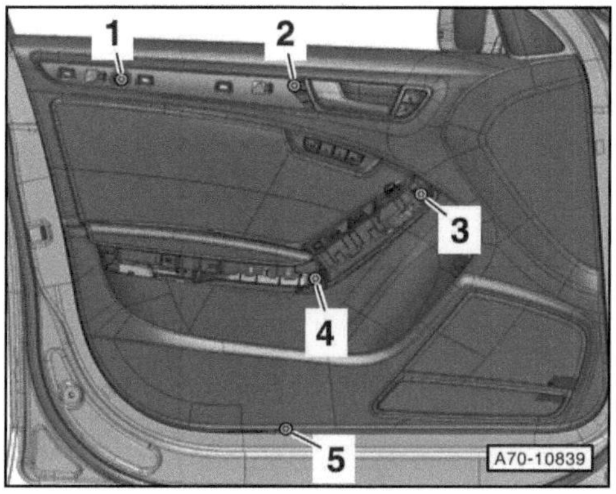

- Schrauben –1– bis –5– herausdrehen.

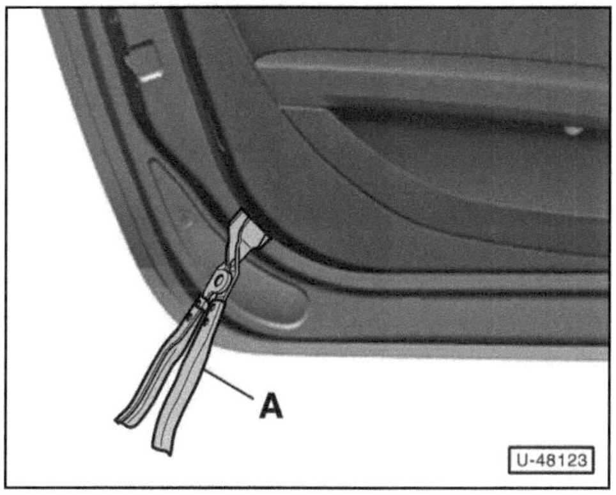

- Türverkleidung mit einer geeigneten Zange –A–, zum Beispiel HAZET 799-4, von der Tür abclipsen. Dabei am Radius hinten an der Tür beginnen, siehe Abbildung.

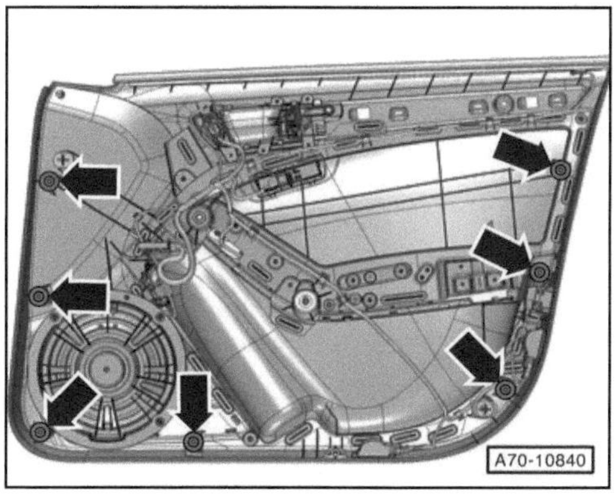

- Zange immer im Haltebereich der Clips –Pfeile– zwischen Verkleidung und Tür einschieben. **Hinweis:** In der Abbildung ist die Position der Clips bei ausgebauter Türverkleidung gezeigt.
- Türverkleidung oben am Fensterschacht aus der Tür aushängen, dazu Türverkleidung nach oben ziehen.

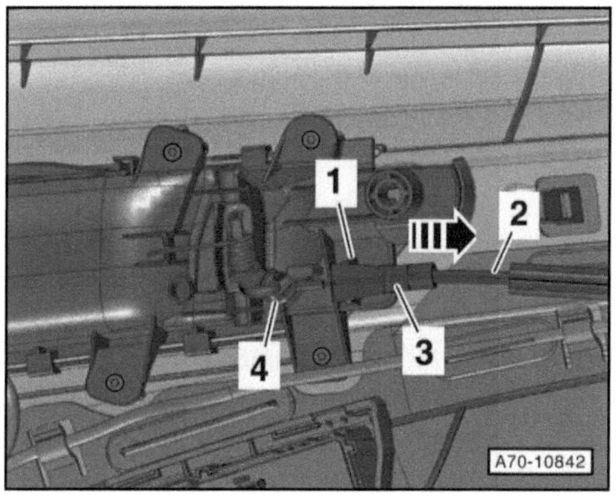

- Bügel –3– am Widerlager –1– der Türinnenbetätigung vorsichtig entriegeln.
- Bowdenzug –2– für Türinnenbetätigung in Pfeilrichtung aus dem Widerlager herausziehen.
- Haken –4– des Bowdenzugs an der Türinnenbetätigung aushängen.

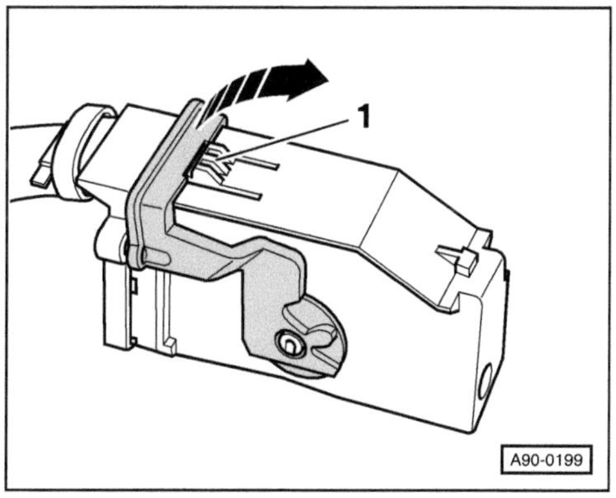

- Mehrfachstecker abziehen. Dazu Sicherungsraste –1– drücken und Haltebügel in Pfeilrichtung drehen.
- Türverkleidung abnehmen.

Einbau

- Haken des Bowdenzugs an der Türinnenbetätigung von unten einhängen. **Hinweis:** Die offene Seite des Hakens muss nach oben zeigen.
- Bowdenzug in Pfeilrichtung ziehen und in das Widerlager –1– einsetzen. Der Bügel –3– muss hörbar im Widerlager einrasten, siehe Abbildung A70-10842.
- Halteclips in der Türverkleidung auf einwandfreien Zustand und korrekten Sitz überprüfen, siehe Abbildung A70-10840.

Achtung: Die Halteclips der Türverkleidung dichten das Türsystem ab, was für die störungsfreie Funktion des Crashsensors (Drucksensor) wichtig ist. Die Dichtigkeit der Tür muss gewährleistet sein, daher beschädigte Clips unbedingt ersetzen.

- Mehrfachstecker am Türsteuergerät anschließen.
- Türverkleidung am Fensterschacht so ansetzen, dass sich die Clips oberhalb der Aufnahmen befinden. Türverkleidung nach unten in den Fensterschacht drücken.
- Türverkleidung mit den Clips in die Aufnahmen einsetzen und andrücken.
- Schrauben mit **2,5 Nm** anziehen.
- Der weitere Einbau erfolgt in umgekehrter Ausbaureihenfolge.

Zierblende aus- und einbauen

Ausbau

Achtung: Lappen unter den Schraubendreher legen, damit die Türverkleidung nicht beschädigt wird.

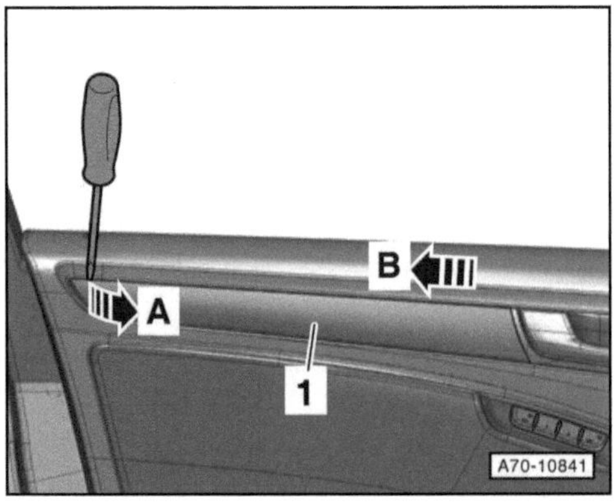

- Zierblende –1– mit einem Schraubendreher von der Türverkleidung abhebeln –Pfeil A–, dabei hinten beginnen.
- Zierblende nach hinten in Pfeilrichtung –B– von der Türinnenbetätigung abnehmen. Dabei Zierblende mit einem Schraubendreher im vorderen Bereich leicht anheben und dadurch den innenliegenden Haken der Zierblende aus der Aussparung in der Türverleidung lösen.

Einbau

- Zierblende zuerst an der Türinnenbetätigung einhängen, dann zur Türverkleidung schwenken, andrücken und hörbar einrasten.

Blende für Armlehne aus- und einbauen

Ausbau

Achtung: Lappen unter den Schraubendreher legen, damit die Armlehne nicht beschädigt wird.

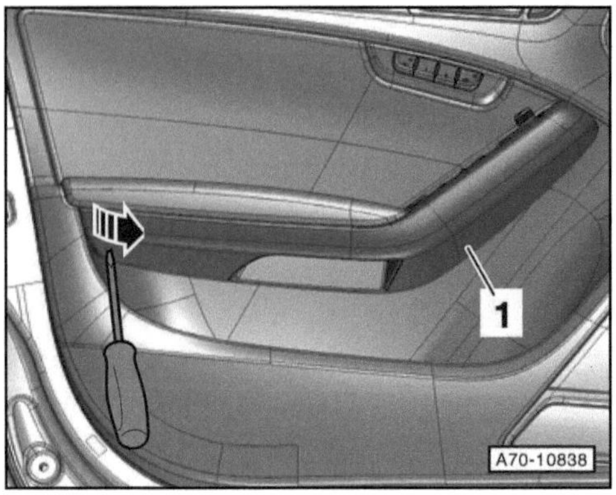

- Schraubendreher unten an der Blende –1– in die Bohrung einsetzen.
- Blende vorsichtig von der Armlehne abhebeln, dabei hinten beginnen –Pfeil–.

Einbau

- Blende zuerst vorn in die Armlehne einsetzen, dann nach hinten schwenken und hörbar einrasten.

Hintere Türverkleidung – Detailübersicht

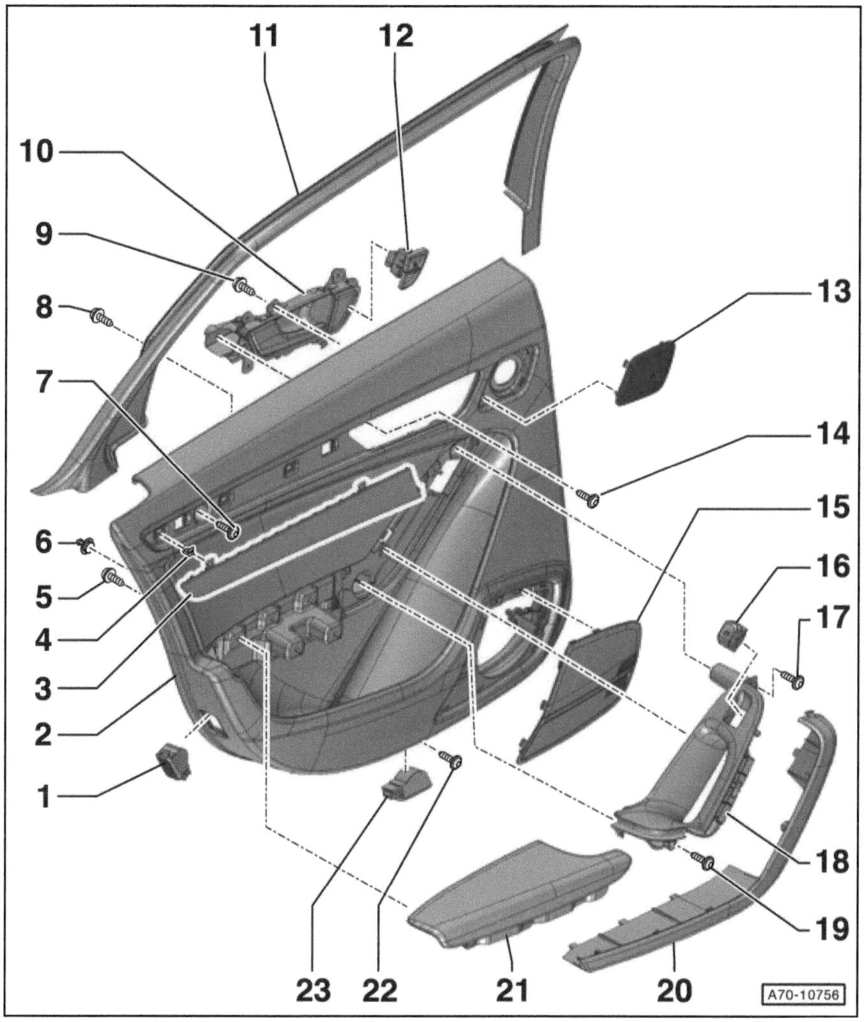

5 – **Schraube, 1,2 Nm**
Für Armlehne.
5 Stück.

6 – **Clip**
6 Stück.

7 – **Schraube, 2,5 Nm**
Für Türverkleidung.

8 – **Schraube, 1,2 Nm**
Für Zuziehgriff.
2 Stück.

9 – **Schraube, 1,2 Nm**
Für Türinnenbetätigung.
6 Stück.

10 – **Türinnenbetätigung**

11 – **Verkleidung**
Für Scheibenrahmen.

12 – **Taster**
Für Innenverriegelung hinten.

13 – **Lautsprecherblende**
Für Hochtonlautsprecher.

14 – **Schraube, 2,5 Nm**
Für Türverkleidung.

15 – **Lautsprecherblende**
Für Mitteltonlautsprecher.

16 – **Fensterheberschalter**
Für Tür hinten.

17 – **Schraube, 2,5 Nm**
Für Türverkleidung.

18 – **Zuziehgriff**

19 – **Schraube, 2,5 Nm**
Für Türverkleidung.

20 – **Blende**
Für Armlehne.

21 – **Armlehne**

22 – **Schraube, 2,5 Nm**
Für Türverkleidung.

23 – **Einstiegsleuchte**

1 – **Rückstrahler**
Je nach Ausstattung aktiv oder passiv.

2 – **Türverkleidung hinten**

3 – **Zierblende**

4 – **Klammer**
Für Zierblende.
3 Stück.

Kofferraumdeckelverkleidung aus- und einbauen

Ausbau

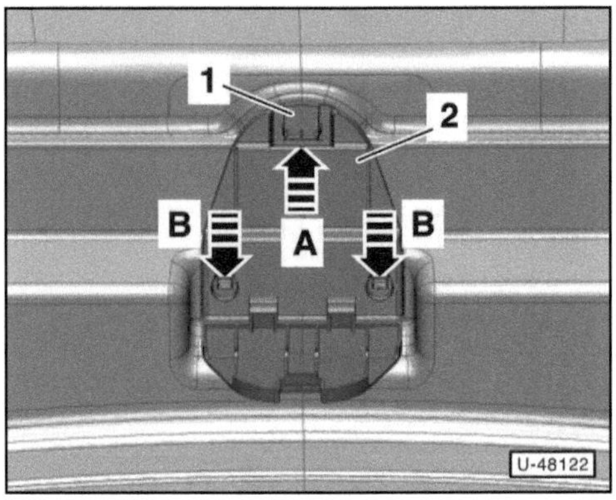

- Warndreieck herausnehmen. Dazu Arretierung –1– in Pfeilrichtung –A– drücken und Halterung für Warndreieck nach unten klappen.
- Warndreieck herausnehmen.
- Halter für Warndreieck ausbauen. Dazu Haltenasen –Pfeile B– mit einem Schraubendreher entriegeln und Halter –2– für Warndreieck abnehmen.

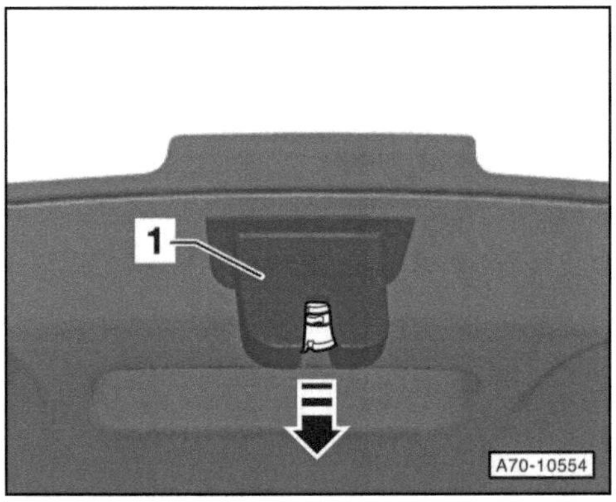

- Verkleidung für Kofferraumschloss in Pfeilrichtung abziehen.

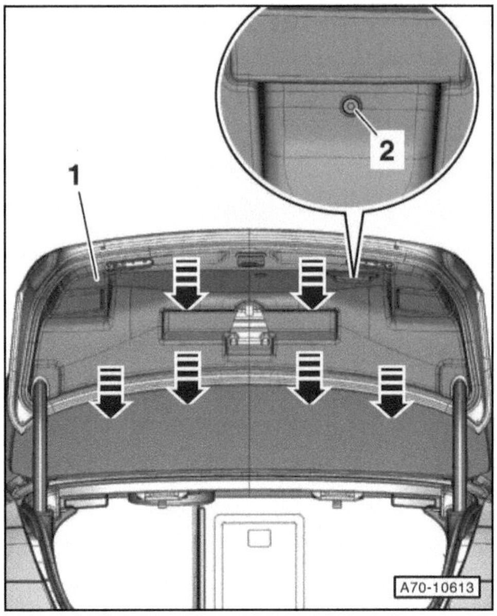

- Anschlagleisten mit einem Schraubendreher abclipsen.
- Schraube –2– herausdrehen.
- Kofferraumdeckelverkleidung –1– mit einem Kunststoffkeil, zum Beispiel HAZET 1965-21, vom Kofferraumdeckel abhebeln –Pfeile–.
- Verkleidung hinten an den Scharnieren aushängen und herausnehmen.

Einbau

- Gegebenenfalls im Kofferraumdeckel verbliebene Klammern herausnehmen und zum Einbau in die Verkleidung einsetzen.
- Beschädigte oder verbogene Klammern ersetzen.
- Kofferraumdeckelverkleidung ansetzen, mit den Klammern über den Aufnahmen im Deckel ausrichten, und mit der Hand über den jeweiligen Klammern bis zum hörbaren Verrasten andrücken.
- Schraube mit **1,8 Nm** anziehen.
- Anschlagleisten einclipsen.
- Verkleidung auf das Kofferraumschloss aufschieben.
- Halter für Warndreieck ansetzen und bis zum hörbaren Verrasten andrücken.
- Warndreieck einsetzen, Halterung zuklappen und einrasten.

Heckabschlussverkleidung aus- und einbauen

Limousine

Ausbau

- Kofferraumbodenmatte herausnehmen, dazu 2, in Fahrtrichtung gesehen, vorn links und rechts sitzende Clips herausziehen.

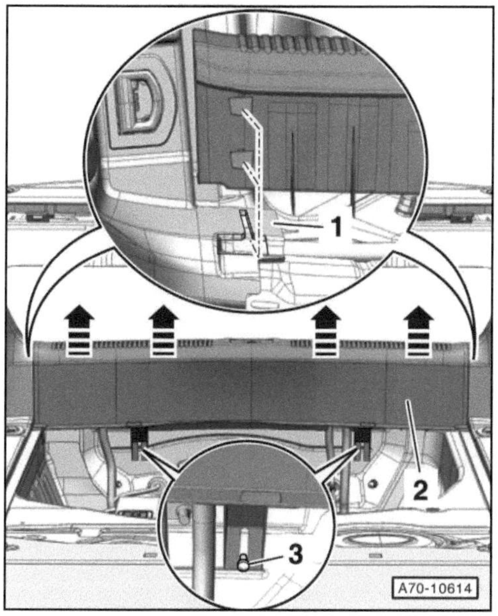

- Dichtlippe für Kofferraumdeckel hinten im Bereich der Heckabschlussverkleidung abziehen.
- Heckabschlussverkleidung –2– mit einem Kunststoffkeil senkrecht nach oben in Pfeilrichtung abdrücken.

Einbau

- Gegebenenfalls in den Aufnahmepunkten verbliebene Klammern herausnehmen und zum Einbau in die Verkleidung einsetzen.
- Beschädigte oder verbogene Klammern ersetzen.
- Heckabschlussverkleidung –2– mit den Haltelaschen links und rechts in die Aussparungen der Kofferraum-Seitenverkleidung –1– einführen.
- Heckabschlussverkleidung nach unten schieben, so dass die Haltelaschen in die Stifte –3– eingreifen und dann bis zum hörbaren Verrasten andrücken.
- Dichtlippe für Kofferraumdeckel über die Heckabschlussverkleidung schieben.

VARIANT

Ausbau

- Kofferraumboden hinten ausbauen.

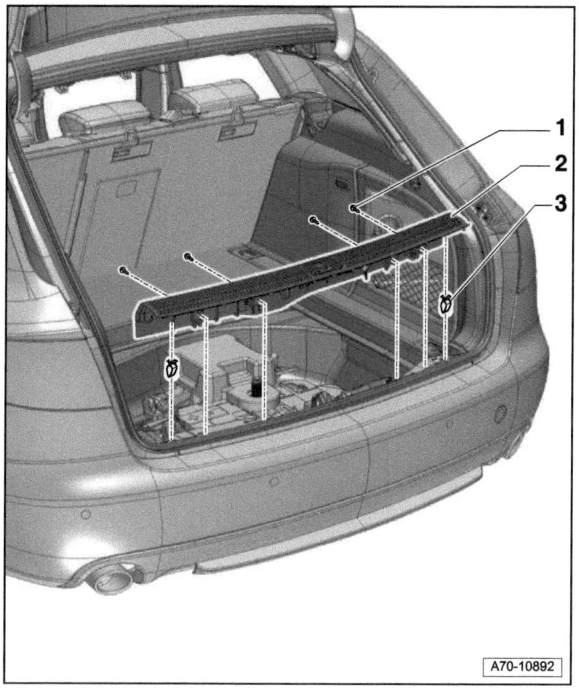

- 4 Schrauben –1– herausdrehen.
- Heckabschlussverkleidung –2– mit einem Kunststoffkeil senkrecht nach oben abclipsen.

Hinweis: Falls Klammern –3– in den Aufnahmepunkten der Karosserie verbleiben, diese ausbauen und in die Verkleidung einsetzen. Beschädigte oder deformierte Klammern ersetzen.

Einbau

- Heckabschlussverkleidung mit den Klammern über den Aufnahmepunkten ausrichten, nach unten drücken und hörbar einrasten.
- Lippe der Heckklappendichtung über die Heckabschlussverkleidung stülpen.
- Schrauben mit **1,5 Nm** anziehen.

Untere Heckklappenverkleidung aus- und einbauen

AVANT

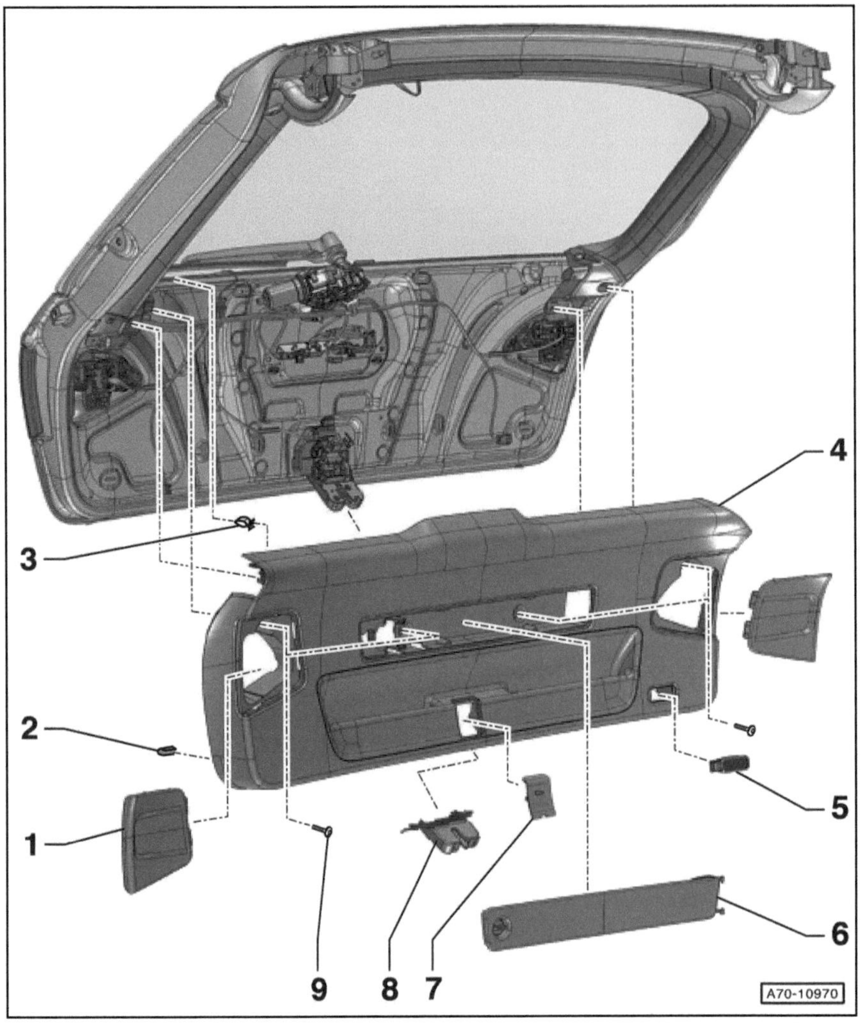

1 – **Abdeckung**
Für Heckleuchte.

2 – **Gummipuffer**
6 Stück.
In die Verkleidung einsetzen.

3 – **Klammer**
12 Stück.
In die Verkleidung einsetzen.
Beschädigte oder verbogene Klammern ersetzen.

4 – **Untere Heckklappenverkleidung**

5 – **Laderaumleuchte**

6 – **Abdeckung**
Für Warndreieck.

7 – **Abdeckung**
Für Notentriegelung.

8 – **Heckschlossverkleidung**

9 – **Schraube, 2 Nm**
4 Stück

Ausbau

- Laderaumleuchte –5– ausbauen, siehe Seite 132.
- Abdeckungen –1– für Heckleuchte ausbauen, siehe Seite 124.
- Abdeckung –6– für Warndreieck ausbauen. Dazu Schnellverschluss um 90° im Gegenuhrzeigersinn drehen und Abdeckung herausschwenken, aushängen und abnehmen. Warndreieck herausnehmen.
- 4 Schrauben –6– herausdrehen.
- Untere Heckklappenverkleidung –4– mit einem Kunststoffkeil rechtwinklig von der Heckklappe abdrücken. Dann zwischen Verkleidung und Heckklappe fassen und durch vorsichtiges Abziehen die restlichen Klammern ausrasten.
- Untere Heckklappenverkleidung abnehmen.

Einbau

- Der Einbau erfolgt in umgekehrter Ausbaureihenfolge. Dabei ist Folgendes zu beachten:
- Gegebenenfalls in den Aufnahmepunkten verbliebene Klammern herausnehmen und zum Einbau in die Verkleidung einsetzen.
- Beschädigte oder verbogene Klammern ersetzen.

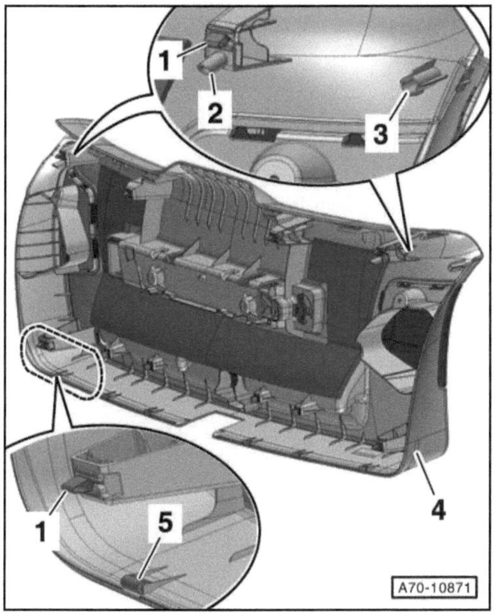

- Prüfen, ob alle Gummipuffer –5– in der Verkleidung vorhanden sind.
- Untere Heckklappenverkleidung –4– zuerst an den Zentrierzapfen –2– und –3– ansetzen und dann bis zum hörbaren Verrasten andrücken.
- Schrauben mit **2 Nm** anziehen.

Obere Heckklappenverkleidung aus- und einbauen

AVANT

Detail-Übersicht, siehe Seite 274.

Ausbau

- Untere Heckklappenverkleidung ausbauen, siehe entsprechendes Kapitel.

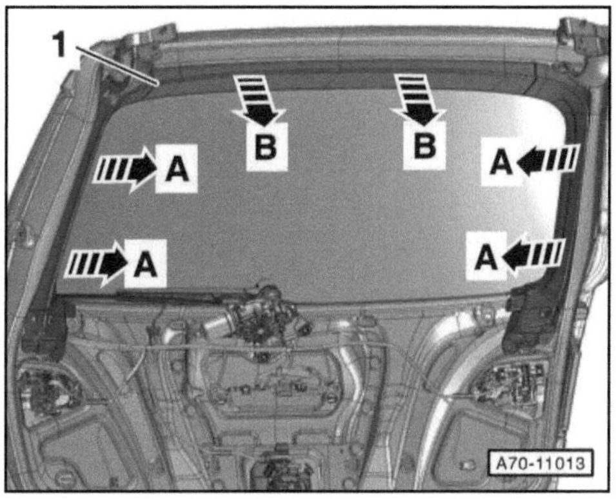

- Obere Heckklappenverkleidung –1– zuerst seitlich mit einem Kunststoffkeil, zum Beispiel HAZET 1965-21, von der Heckklappe abclipsen –Pfeile A–.
- Dann die Verkleidung oben abclipsen –Pfeile B– und abnehmen.

Einbau

- Der Einbau erfolgt in umgekehrter Ausbaureihenfolge. Dabei ist Folgendes zu beachten:
- Gegebenenfalls in den Aufnahmepunkten verbliebene Klammern herausnehmen und zum Einbau in die Verkleidung einsetzen.
- Beschädigte oder verbogene Klammern ersetzen.

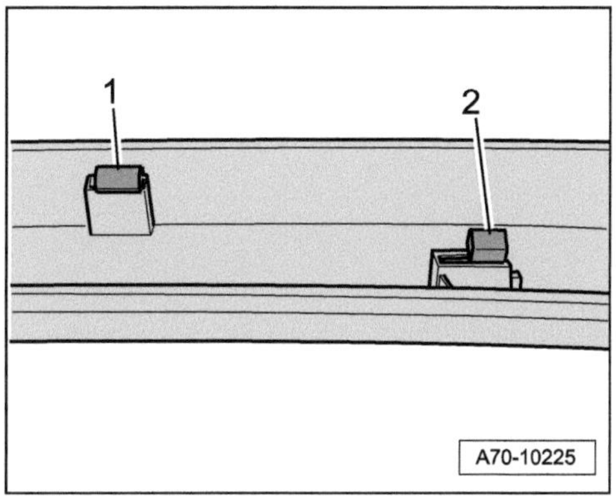

- Prüfen, ob alle Gummipuffer in der Verkleidung vorhanden sind, gegebenenfalls einsetzen.
- Verkleidung erst hinter die seitlichen Scheibenrahmen der Heckklappe einführen.
- Verkleidung erst oben (Scharnierseite) und dann seitlich einclipsen.

Obere Heckklappenverkleidung – Detailübersicht

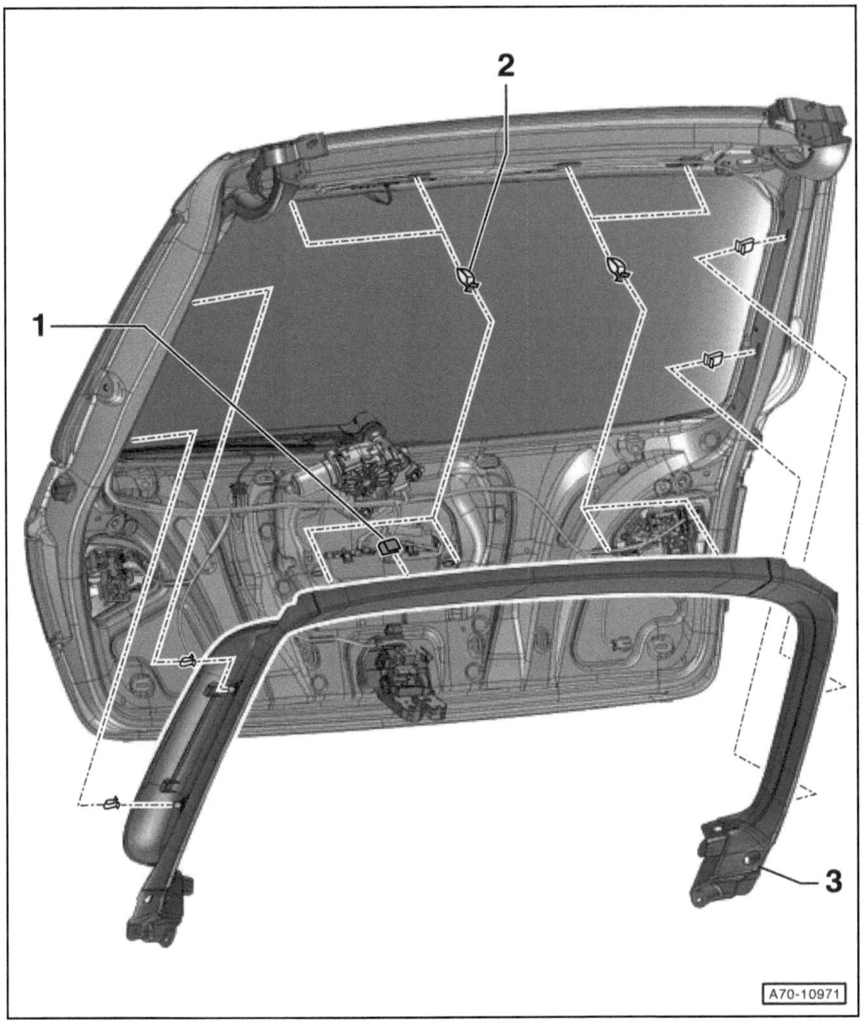

1 – Gummipuffer
11 Stück.
In die Verkleidung einsetzen.

2 – Klammer
8 Stück.
Zum Einbau der Verkleidung in die Verkleidung einsetzen. Beschädigte oder verbogene Klammern ersetzen.

3 – Obere Heckklappenverkleidung

Vordersitz aus- und einbauen

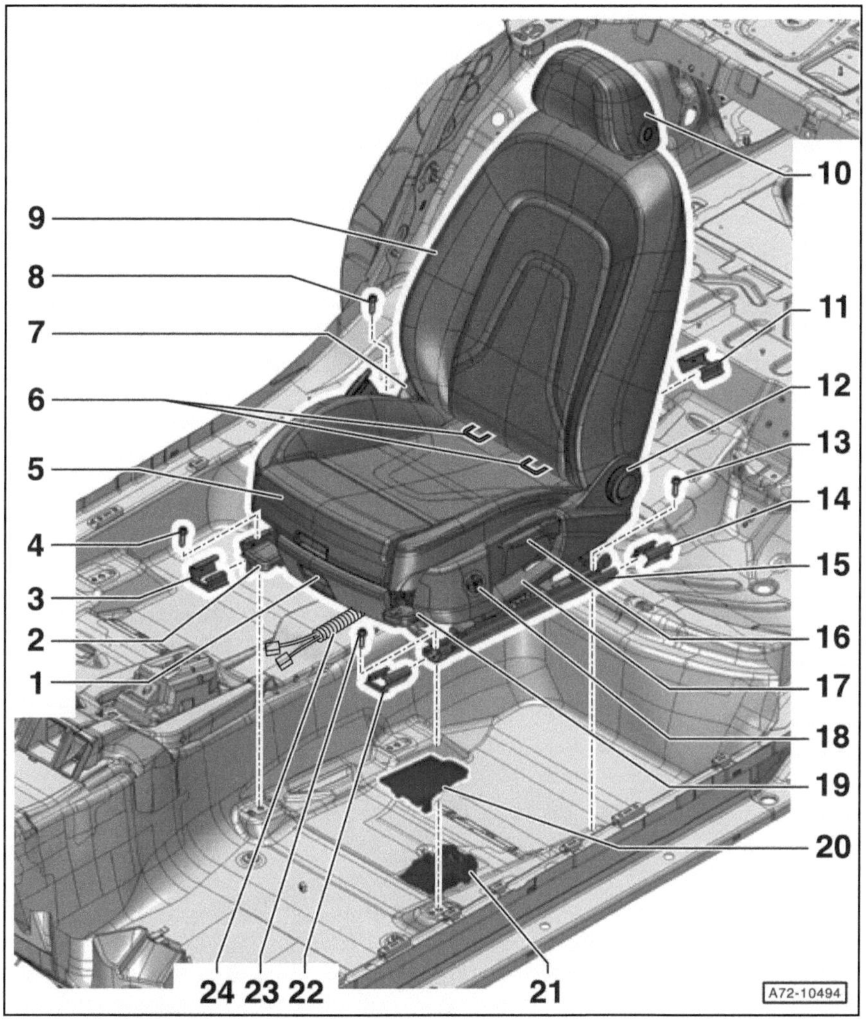

1 – **Ablagefach**
Nur bei Sitzflächenverlängerung.

2 – **Griff**
Für Sitzlängsverstellung.

3 – **Abdeckung**
Für Sitzschiene vorn rechts.

4 – **Schraube, 50 Nm**

5 – **Sitzflächen-Verlängerung**
Nur bei Sportsitz.

6 – **ISOFIX-Kindersitzverankerung**
Nur für Beifahrersitz.

7 – **Blende tunnelseitig**

8 – **Schraube, 50 Nm**

9 – **Vordersitz**

10 – **Kopfstütze**

11 – **Abdeckung**
Für Sitzschiene hinten rechts.

12 – **Lehnenverstellrad**

13 – **Schraube, 50 Nm**

14 – **Abdeckung**
Für Sitzschiene hinten links.

15 – **Sitzunterteil**
Kann beim Normalsitz nicht vom Sitzoberteil (Sitzwanne) getrennt werden.

16 – **Sitzhöhenverstellgriff**

17 – **Blende schwellerseitig**

18 – **Betätigung**
Für Lendenwirbelstütze.

19 – **Sitzneigungsverstellung**

20 – **Abdeckkappe**
Für Steckerstation.

21 – **Steckerstation**

22 – **Abdeckung**
Für Sitzschiene vorn links.

23 – **Schraube, 50 Nm**

24 – **Wellrohr**
Für Leitungsstrangverlegung; besteht aus der Wellrohr-Oberschale und der Wellrohr-Unterschale.

Ausbau

Hinweis: Zum Ausbau des Vordersitzes mit Seiten-Airbag wird der Airbag-Adapter VAS 6281 benötigt.

Beschrieben wird der Ausbau am Beispiel des manuell verstellbaren Fahrersitzes.

- Zündung einschalten.
- Massekabel (–) bei eingeschalteter Zündung vom Minuspol der Batterie abklemmen. **Minuspol der Batterie mit Isolierband abkleben**. Hinweise im Kapitel »Batterie aus- und einbauen« beachten.
- Sitz ganz nach vorn stellen.

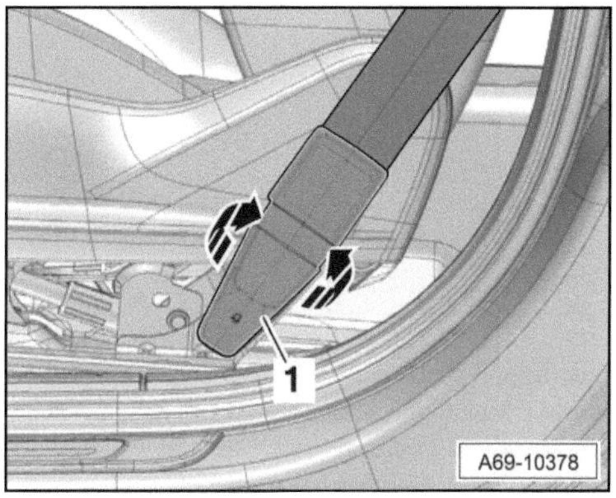

- Abdeckung –1– am Gurtendbeschlag abclipsen und in Pfeilrichtung nach oben klappen.

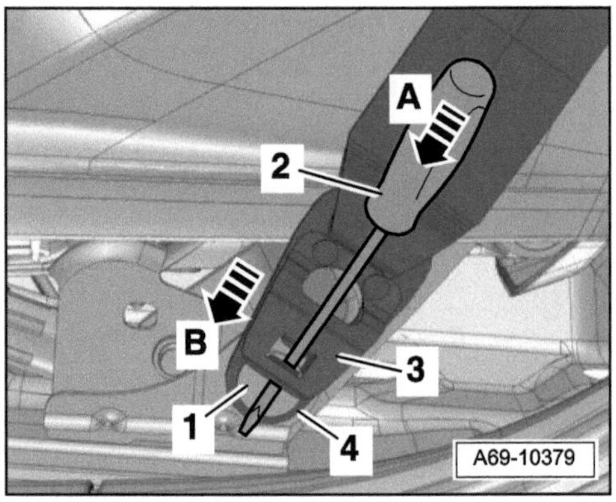

- Kleinen Schraubendreher –2– in die rechteckige Öffnung der Sicherungsfeder stecken –Pfeil A– und Rastnase der Feder –3– entriegeln.
- Gurtendbeschlag –4– nach unten schieben –Pfeil B– und aus dem Haltebolzen –1– am Sitz aushängen.
- Kopfstütze in die unterste Stellung bringen.
- Sitz ganz nach hinten oben stellen.

Achtung: Bevor die Steckverbindungen getrennt werden, eventuelle elektrostatische Aufladungen abbauen. Dazu beispielsweise kurz den Schließkeil der Tür anfassen.

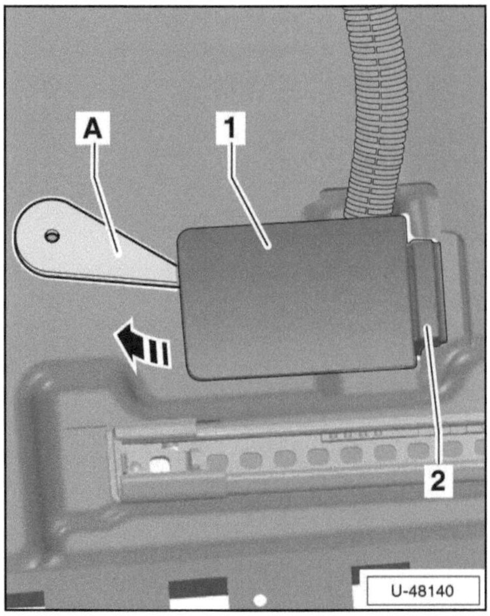

- Deckel –1– von der Steckerstation –2– am Fahrzeugboden im vorderen Bereich des Sitzes mit einem Kunststoffkeil –A– vorn abclipsen und dann nach vorn in Pfeilrichtung abziehen.

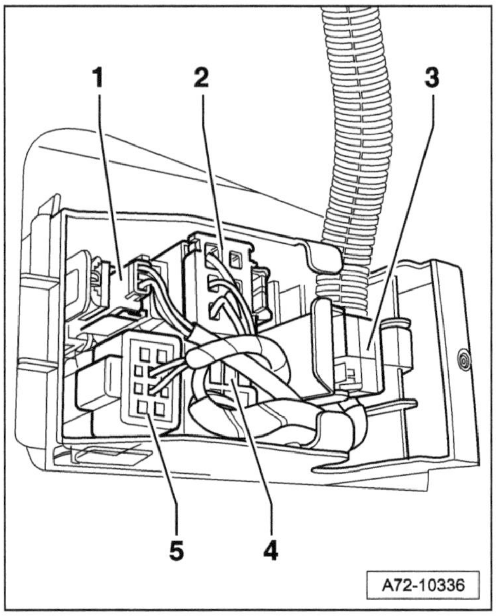

- Hinteren Leitungshalter –3– nach oben abziehen.
- Stecker –1– für Seiten-Airbag abziehen und den VW/AUDI-Adapter VAS-6281 auf den Stecker aufstecken.
- Falls vorhanden, Stecker –2– für Sitzheizung abziehen.
- Falls vorhanden, Stecker –4– für Sitzverstellung abziehen.
- Stecker für Gurtschloss –5– abziehen.

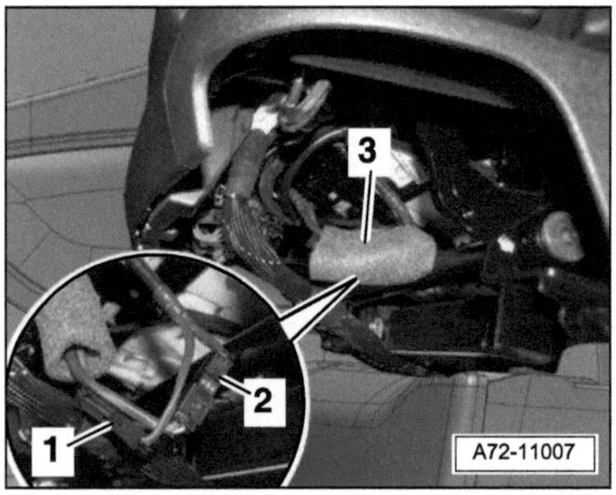

- Fahrzeuge mit DVD-Player: Schaumstoffhülle –3– über den Steckverbindungen –1– und –2– zurückschieben und Steckverbindungen trennen.

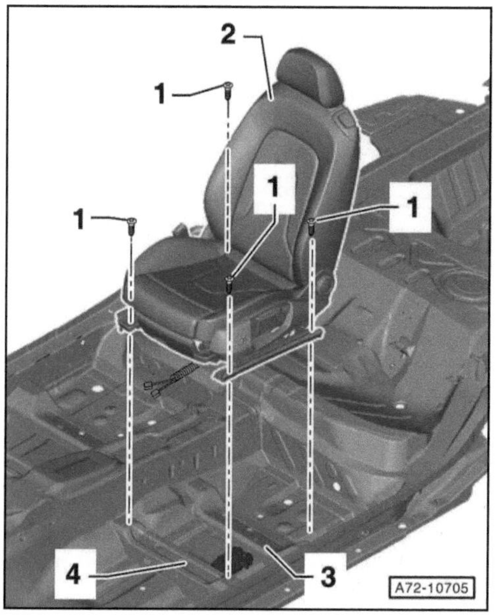

- 2 vordere Schrauben –1– herausdrehen.
- Sitz –2– ganz nach vorn fahren und die hinteren beiden Schrauben –1– herausdrehen.
- Sitz –2– zusammen mit einer Hilfsperson aus dem Fahrzeug herausheben. 3/4 – vordere/hintere Sitzkonsole.

Einbau

- Der Einbau erfolgt in umgekehrter Ausbaureihenfolge. Dabei ist Folgendes zu beachten:
- Sicherheitshinweise zum Airbag beachten, siehe Seite 162.
- Vor dem Anfassen von Steckverbindungen eventuelle elektrostatische Aufladungen abbauen. Dazu beispielsweise kurz den Schließkeil der Tür anfassen.
- Sitz mit **50 Nm** anschrauben.
- Airbag-Adapter erst nach Einbau des Sitzes entfernen.
- Elektrische Steckverbindungen bis zum Anschlag aufschieben und hörbar einrasten.
- Gurtendbeschlag mit der großen Öffnung über den Bolzen am Sitz schieben und im Langloch nach oben ziehen, bis die Rastnase der Feder hörbar am Bolzenkopf einrastet.
- Massekabel bei eingeschalteter Zündung an den Batterie-Minuspol anklemmen. Dabei darf sich keine Person im Innenraum des Fahrzeuges aufhalten, siehe auch Seite 77.
- Falls nach Beendigung der Einbauarbeiten die Airbag-Kontrollleuchte einen Fehler anzeigt, muss der Fehlerspeicher abgefragt, gelöscht und neu abgefragt werden (Werkstattarbeit).

Rücksitz aus- und einbauen

Rücksitzbank

Ausbau

- Vordersitze so weit wie möglich nach vorn stellen.

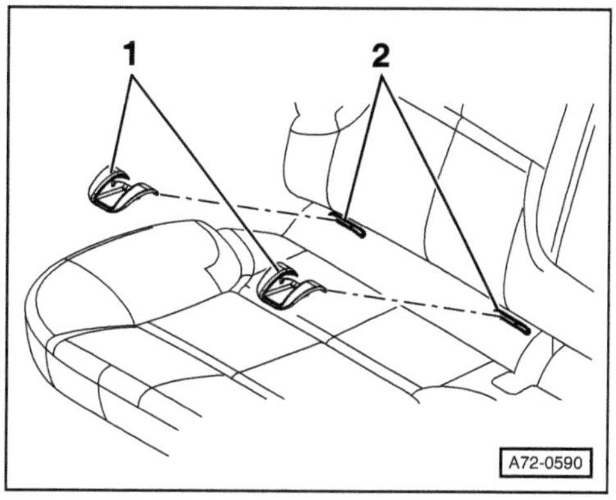

- Falls vorhanden, 4 Abdeckungen –1– von den Kindersitzverankerungen ISOFIX abclipsen.

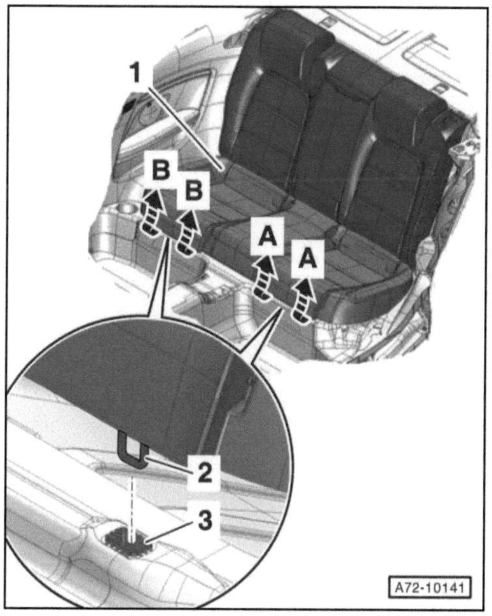

- Auf der Sitzseite mit beiden Händen unter den Sitzrahmen fassen.
- Sitzbank –1– mit beiden Händen ruckartig kräftig nach oben ziehen –Pfeile A–. Dadurch rastet der Drahthaken –2– der Sitzbank aus der Aufnahmetülle –3– aus.
- Vorgang auf der anderen Seite der Sitzbank wiederholen –Pfeile B–.
- Falls vorhanden, elektrische Steckverbindung für Sitzheizung trennen.
- Sitzbank aus dem Fahrzeug herausnehmen.

Einbau

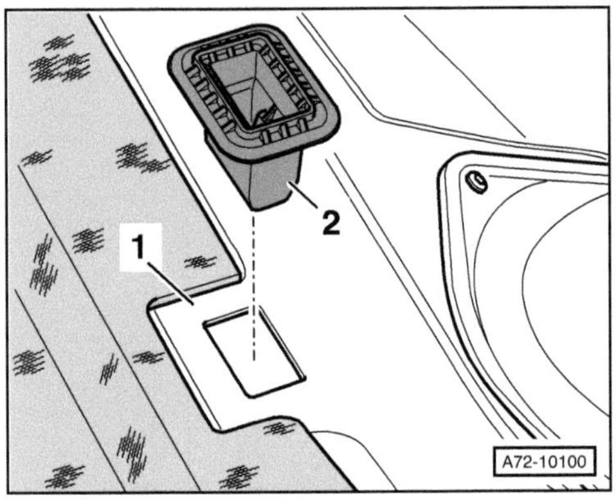

Achtung: Die Aufnahmetüllen –2– müssen nach jedem Ausbau der Sitzbank ersetzt werden.

- Bisherige Aufnahmetülle –2– aus dem Karosserieausschnitt –1– herausnehmen.
- Neue Aufnahmetülle bis zum hörbaren Einrasten in den Karosserieausschnitt eindrücken.
- Falls vorhanden, elektrische Steckverbindung für Sitzheizung bis zum Anschlag aufschieben und hörbar einrasten.
- Der weitere Einbau erfolgt in umgekehrter Ausbaureihenfolge.

Rücksitzlehne, geteilt

Ausbau

Hinweis: Beschrieben wird der Ausbau der rechten Lehne. Die linke Lehne wird auf die gleiche Weise ausgebaut.

- Rücksitzbank ausbauen.

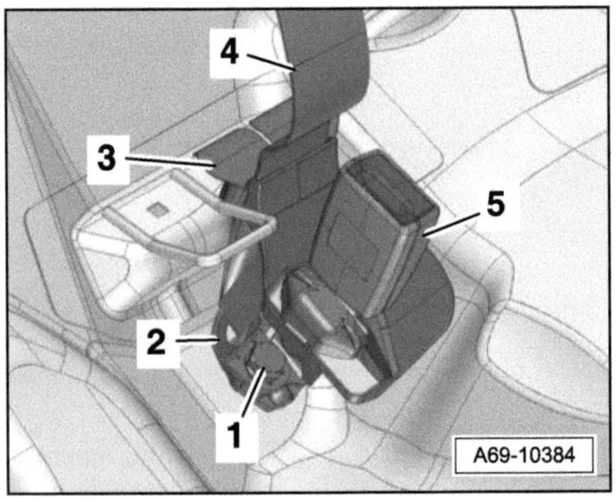

- Gurtendbeschlag –2– hinten in der Mitte abschrauben –1– und mit Gurtschloss –5– abnehmen. Dabei Gurtband –4– aus der Abdeckung –3– ausfädeln.
- Zündung einschalten.
- Massekabel (–) bei eingeschalteter Zündung vom Minuspol der Batterie abklemmen. **Minuspol der Batterie mit Isolierband abkleben**. Hinweise im Kapitel »Batterie aus- und einbauen« beachten.

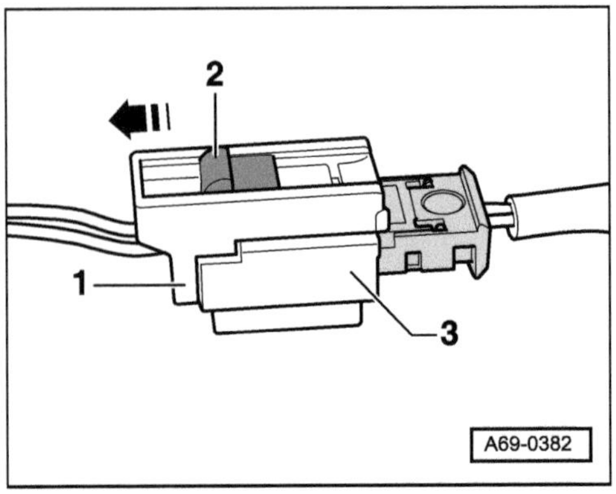

- Falls eingebaut, Steckverbindung für Lehnenheizung trennen. Dazu Steckersicherung –2– bis zum Anschlag in Pfeilrichtung ziehen, dabei wird die Steckverbindung –1– und –3– entriegelt und die Steckverbindung kann getrennt werden.

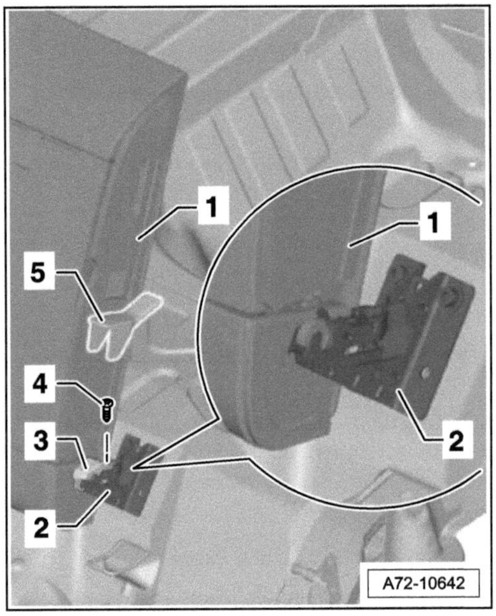

- Abdeckung für das Mittellager –5– ausbauen. Dazu seitliche Rasten der Abdeckung vom Mittellager abheben und Abdeckung nach vorn oben abziehen. Dabei den hinteren Haken aus der Öffnung am Mittellager herausziehen.
- Schraube –4– herausdrehen.
- Sicherungsbügel –3– vom Mittellager abnehmen.
- Lehne entriegeln.
- Lehne –1– aus dem Mittellager –2– herausheben.
- Lehne in Richtung Fahrzeugmitte aus der äußeren Lagerung herausziehen.
- Rücksitzlehne aus dem Fahrzeug herausnehmen.

Einbau

- Der Einbau erfolgt in umgekehrter Ausbaureihenfolge. Dabei ist Folgendes zu beachten.

- Sicherheitshinweise zum Airbag/Gurtstraffer beachten, siehe Seite 162.
- Vor dem Anfassen von Steckverbindungen eventuelle elektrostatische Aufladungen abbauen. Dazu beispielsweise kurz den Schließkeil der Tür anfassen.
- Elektrische Steckverbindungen bis zum Anschlag aufschieben und hörbar einrasten.

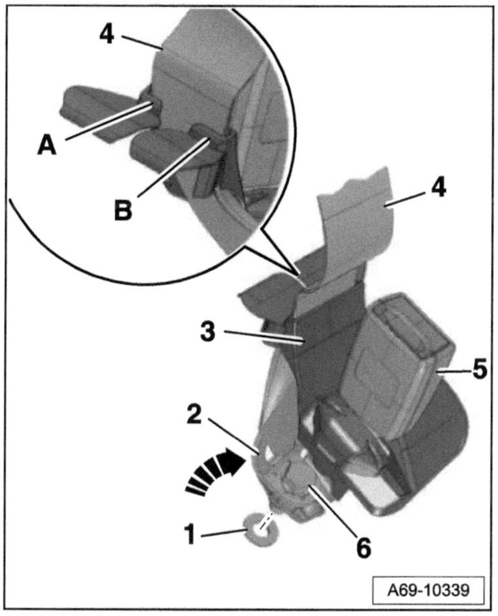

- Gurtendbeschlag hinten in der Mitte einbauen.
  - ◆ Dazu **neue** Schraube –6– in den Endbeschlag –2– und das Gurtschloss –5– einstecken.
  - ◆ Dichtring –1– unten über das Schraubengewinde schieben.
  - ◆ Beschlag im Uhrzeigersinn bis zum Anschlag eindrehen –Pfeil–.
  - ◆ Gurtband –4– zuerst in die lange Klammerführung –B–, dann in die kurze Klammerführung –A– der Abdeckung –3– einlegen.
  - ◆ Schraube gegen das Gurtschloss drücken und Gurtband zwischen Schraube und Klammer straffen.
  - ◆ Gurtschloss beim Anschrauben in Fahrtrichtung ausrichten. Die Einbuchtungen an der Anschraubfläche des Gurtschlosses müssen über den Fixiernasen am Bodenblech liegen.
  - ◆ Schraube mit **45 Nm** festziehen.
- Massekabel bei eingeschalteter Zündung an den Batterie-Minuspol anklemmen. Dabei darf sich keine Person im Innenraum des Fahrzeuges aufhalten, siehe auch Seite 77.

Rücksitzlehne, einteilig

Ausbau

- Rücksitzbank ausbauen.
- Kofferraumdeckel öffnen

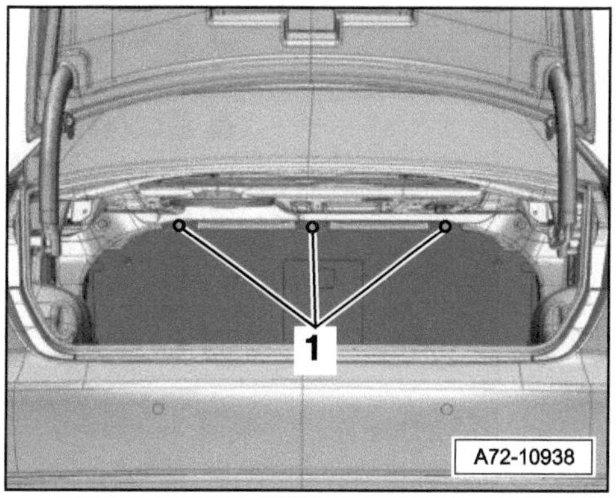

- Vom Kofferraum her die Schrauben –1– herausdrehen.
- Falls eingebaut, Steckverbindung für Lehnenheizung trennen. Dazu Steckersicherung bis zum Anschlag ziehen, dabei wird die Steckverbindung entriegelt, und die Steckverbindung kann getrennt werden.

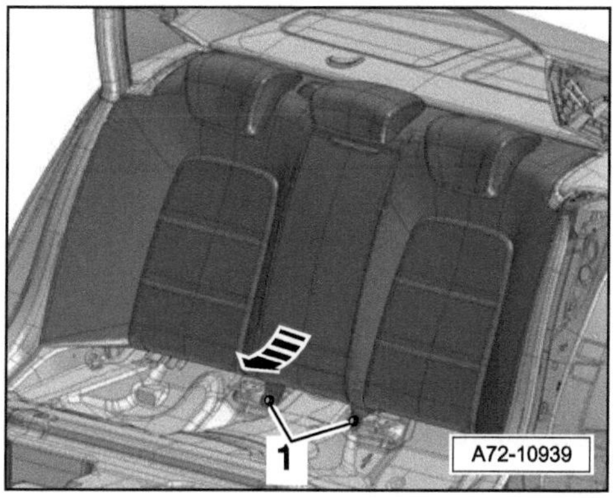

- Schrauben –1– herausdrehen.
- Lehne an der Unterkante nach vorn oben in Pfeilrichtung abziehen.

Einbau

- Der Einbau erfolgt in umgekehrter Ausbaureihenfolge. Schrauben mit **34 Nm** anziehen.

Karosserie außen

Aus dem Inhalt:

- Kühlergrill
- Stoßfänger
- Schlossträger
- Kotflügel
- Motorhaube
- Kofferraumdeckel
- Heckklappe
- Türausbau
- Außenspiegel

Bei der selbsttragenden Karosserie des AUDI A4 sind Bodengruppe, Seitenteile, Dach und die hinteren Kotflügel miteinander verschweißt. Die Reparatur größerer Karosserieschäden sowie das Auswechseln von Front- und Heckscheibe sollten von einer Fachwerkstatt durchgeführt werden. Alle Karosserieteile sind gegen Durchrostung verzinkt.

Motorhaube, Heckklappe, Türen und die vorderen Kotflügel sind angeschraubt und lassen sich leicht auswechseln. Beim Einbau ist dann unbedingt ein gleichmäßiger Luftspalt einzuhalten, sonst klappert beispielsweise die Tür, oder es können während der Fahrt erhöhte Windgeräusche auftreten. Der Luftspalt muss auf jeden Fall parallel verlaufen, das heißt, der Abstand zwischen den Karosserieteilen muss auf der gesamten Länge des Spaltes gleich groß sein. Abweichungen bis zu 1 mm sind zulässig.

Hinweis: Zum Lösen von Tür- und Heckklappenverkleidungen einen Kunststoffkeil verwenden, zum Beispiel HAZET 1965-20 oder 1965-21. Clips, die beim Ausbau von Verkleidungen beschädigt werden, immer erneuern.

Sicherheitshinweise bei Karosseriearbeiten

Sicherheitshinweis
Bei Karosseriearbeiten entstehen oft starke Erschütterungen, beispielsweise durch Hammerschläge. Daher immer Zündung ausschalten und beide Batteriekabel abklemmen, sonst kann der Airbag ausgelöst werden. Airbag-Sicherheitshinweise durchlesen, siehe Seite 162.

- Muss an der Karosserie geschweißt werden, soll dies grundsätzlich durch Widerstandspunktschweißen (RP) durchgeführt werden. Nur wenn sich die Schweißzange nicht ansetzen lässt, ist das Schutzgas-Schweißverfahren anzuwenden.
- So weit Schweißarbeiten oder andere funkenerzeugende Arbeiten durchgeführt werden, grundsätzlich die Batterie komplett abklemmen (Pluskabel und Massekabel) und beide Batteriepole (+) und (–) sorgfältig mit Klebeband isolieren.

  Bei Arbeiten in Batterienähe muss die Batterie ausgebaut werden. **Achtung:** Unbedingt Hinweise im Kapitel »Batterie aus- und einbauen« beachten.
- **Fahrzeuge mit Klimaanlage:** An Teilen der befüllten Klimaanlage darf weder geschweißt noch hart- oder weichgelötet werden. Das gilt auch für Schweiß- und Lötarbeiten am Fahrzeug, wenn die Gefahr besteht, dass sich Teile der Klimaanlage erwärmen.

Sicherheitshinweis
Der **Kältemittelkreislauf** der Klimaanlage darf **nicht geöffnet** werden, da das Kältemittel bei Hautberührung Erfrierungen hervorrufen kann.
Bei versehentlichem Hautkontakt, die Stelle sofort mindestens 15 Minuten lang mit kaltem Wasser spülen. Austretendes Kältemittel verdampft bei Umgebungstemperatur. Das Kältemittel ist farb- und geruchlos sowie schwerer als Luft. Da das Kältemittel nicht wahrnehmbar ist, besteht am Boden beziehungsweise in einer Montagegrube Erstickungsgefahr.

- **Lackierung trocknen:** Im Rahmen einer Reparatur-Lackierung darf das Fahrzeug im Trockenofen oder in der Vorwärmzone nicht über **+80° C** aufgeheizt werden. Sonst können elektronische Steuergeräte im Fahrzeug beschädigt werden. Außerdem kann dadurch in der Klimaanlage ein starker Überdruck entstehen, der möglicherweise zum Platzen der Anlage führt.

Steinschlagschäden an der Frontscheibe

Hinweis: Kleinere Schäden an der Frontscheibe, zum Beispiel durch Steinschlag verursacht oder Scheibenwischerstreifen, beeinträchtigen die Sicht und können zu Folgeschäden an der Scheibe (Risse) führen. Diese Schäden sollten so bald wie möglich behoben werden. Verschiedene Glas-Unternehmen sind auf Reparaturen an Auto-Scheiben spezialisiert. Der Austausch der Scheibe kann auf diese Weise vermieden werden. Überdies werden die Kosten für die Scheibenreparatur von der Kaskoversicherung übernommen.

Spreiznieten aus- und einbauen

Viele Abdeckungen und Verkleidungen sind mit Spreiznieten befestigt. Aus- und Einbau weiterer Halteclips, siehe Seite 251.

Ausbau

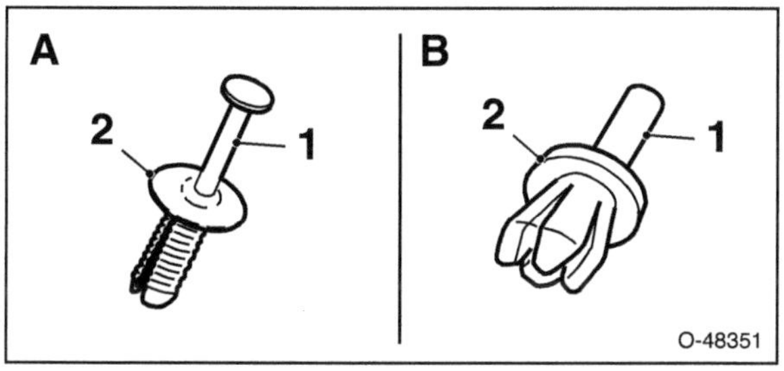

- A – Spreizniete mit Kappe: Bolzen –1– mit einem Schraubendreher heraushebeln.
- B – Spreizniete ohne Kappe: Bolzen –1– mit einem geeigneten Dorn durchdrücken. **Hinweis:** Der Bolzen geht dabei unter Umständen verloren und muss ersetzt werden.
- Spreizniete –2– aus der Bohrung herausziehen.

Einbau

- Beschädigte oder fehlende Spreiznieten durch Neuteile ersetzen.
- Spreizniete –2– in die Bohrung setzen und Bolzen –1– eindrücken. **Hinweis:** Dadurch werden die Clipnasen gespreizt und die Spreizniete sitzt sicher in der Bohrung.

Blindnieten aus- und einbauen

Zum Entfernen von Blindnieten (Popnieten) zunächst nur den Nietkopf vorsichtig ausbohren und dann die Niete mit einem Dorn aus der Bohrung heraustreiben. Dadurch wird verhindert, dass die Bohrung ausgeweitet wird.

Neue Niete in die Bohrung einsetzen und mit einer Blindniet-Zange festquetschen, die Niethülse hat dabei denselben Durchmesser wie die Bohrung.

Häufig verwendete Nieten-Durchmesser: 2,4 mm, 3,2 mm, 4,0 mm und 4,8 mm.

Seitliche Unterbodenverkleidungen aus- und einbauen

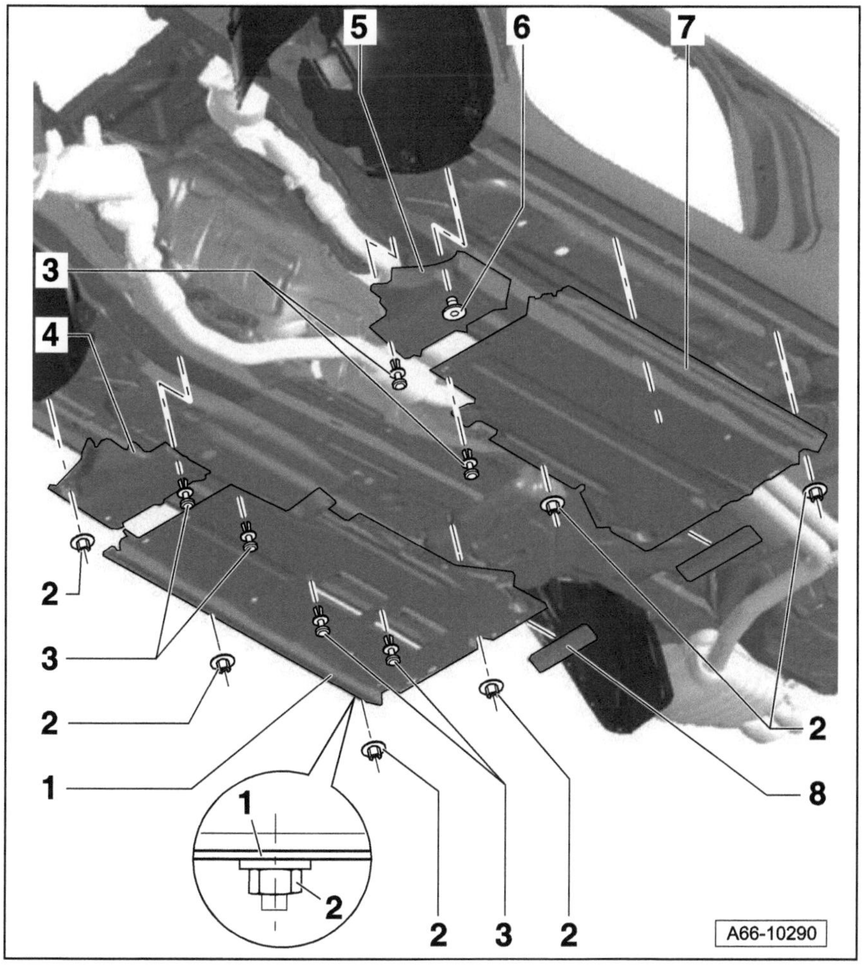

1 – Unterbodenverkleidung rechts hinten

2 – Mutter, 2 Nm
7 Stück

3 – Spreizclip

4 – Unterbodenverkleidung rechts vorn

5 – Unterbodenverkleidung links vorn

6 – Mutter, 2 Nm
8 Stück.

7 – Unterbodenverkleidung links hinten

8 – Spoiler

Motorraumabdeckung unten aus- und einbauen

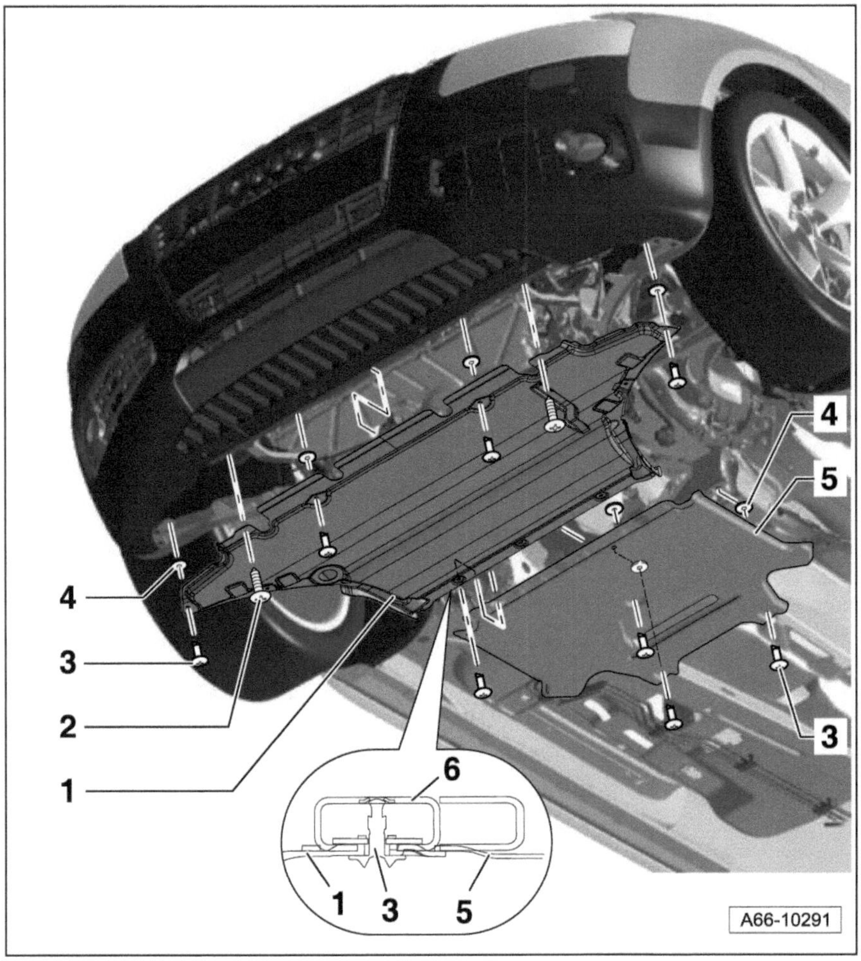

1 – **Vordere Abdeckung**
Hinweis: Bei Fahrzeugen mit Zusatzheizung muss die Mündung des Abgasrohres senkrecht durch die Tülle in der Geräuschdämpfung verlaufen.

2 – **Schraube, 5 Nm**
2 Stück.

3 – **Drehclip**

4 – **Scheibe**

5 – **Hintere Abdeckung**

6 – **Schlossträger**

Hinweis: Je nach Motorausstattung ist die untere Motorraumabdeckung unterschiedlich gestaltet und die Anzahl von Schrauben und Clips kann von der Darstellung abweichen.

Ausbau

- Fahrzeug vorn aufbocken. **Achtung:** Sicherheitshinweise beachten, siehe Seite 71.
- 2 Schrauben –2– herausdrehen.

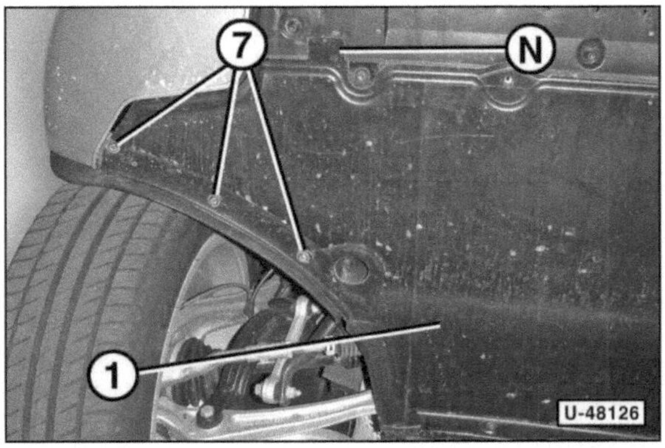

- Auf jeder Seite 3 Schrauben –7– unten am Innenkotflügel herausdrehen.
- Drehclips –3– lösen. Dazu jeweiligen Clip mit einem Kreuzschlitzschraubendreher um 180° nach links drehen.
- Vordere Abdeckung –1– hinten absenken und vorn aus der unteren Kühlerverkleidung herausziehen. N – Führungsnase.

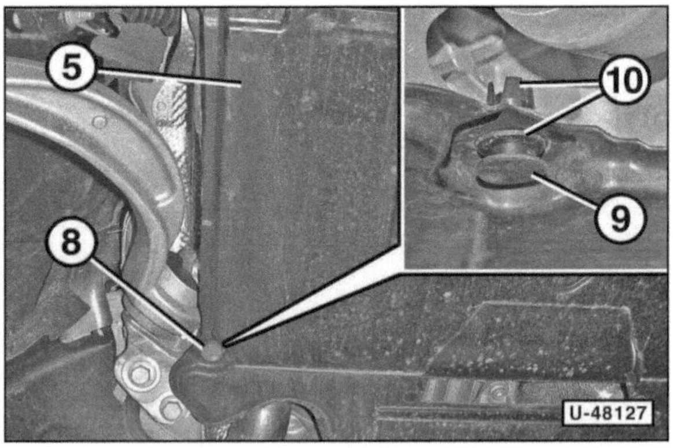

- Falls vorhanden, links und rechts je einen Spreizclip –8– ausbauen. Dazu mit einem flachen Schraubendreher den Stift –9– heraushebeln, dann den Clip –10– durch die Öffnung herausdrücken.
- Hintere Abdeckung –5– abnehmen.

Einbau

- Der Einbau erfolgt in umgekehrter Ausbaureihenfolge, dabei vordere Abdeckung unter die untere Kühlerverkleidung schieben und Position der Führungsnasen –N– beachten, siehe Abbildung U-48126.

Speziell RS4

Ausbau vordere Abdeckung

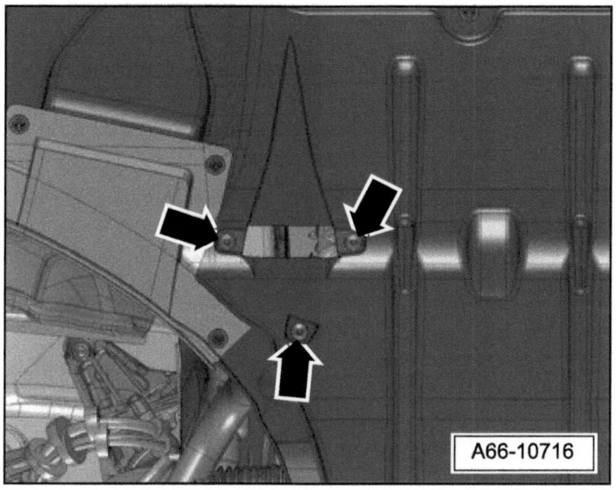

- Schrauben –Pfeile– herausdrehen.

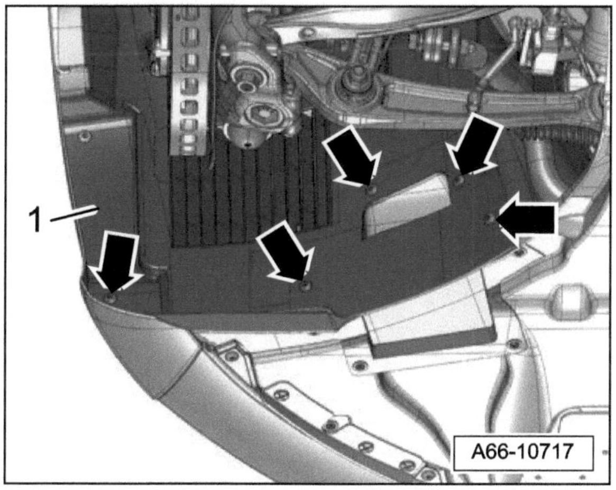

- Schrauben –Pfeile– an der Verbindung des vorderen Innenkotflügels –1– mit dem vorderen Radspoiler herausdrehen.

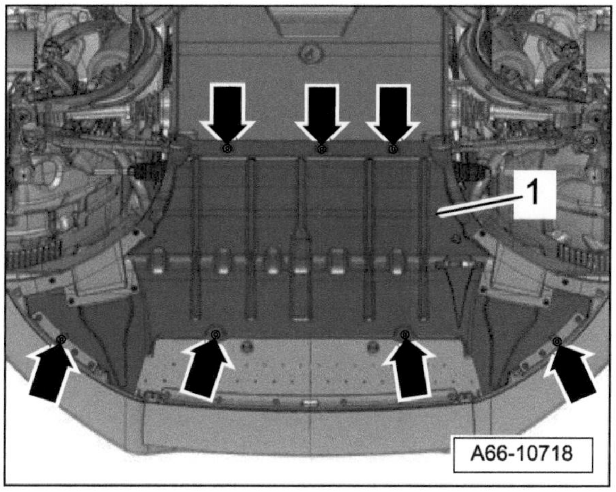

- Schnellverschlüsse –Pfeile– herausdrehen.
- Vordere Abdeckung –1– nach hinten aus dem Unterteil der Stoßfängerabdeckung herausziehen und abnehmen.

Einbau

- Der Einbau erfolgt in umgekehrter Ausbaureihenfolge. Darauf achten, dass die Schnellverschlüsse beim Einbau einrasten. Schrauben mit **5 Nm** anziehen.

Ausbau hintere Abdeckung

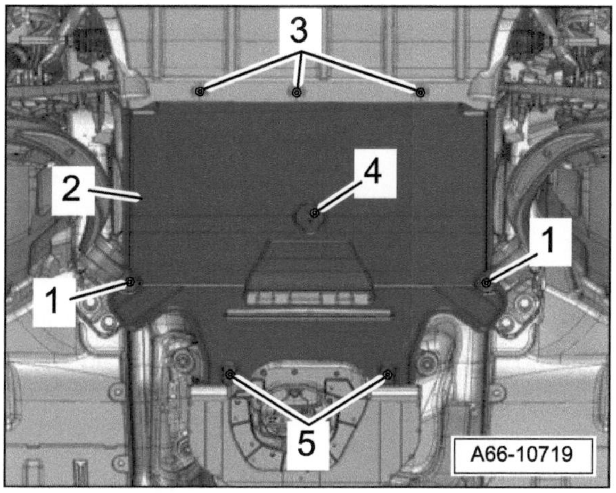

- Schrauben –4– und –5– herausdrehen.
- Spreizstift –1– herausziehen und mit dem Spreizclip abnehmen.
- Schnellverschluss –3– an der vorderen Abdeckung herausdrehen.
- Hintere Abdeckung –2– abnehmen.

Einbau

- Der Einbau erfolgt in umgekehrter Ausbaureihenfolge. Darauf achten, dass die Schnellverschlüsse beim Einbau einrasten. Schrauben mit **2,1 Nm** anziehen.

Schlossträger in Servicestellung bringen

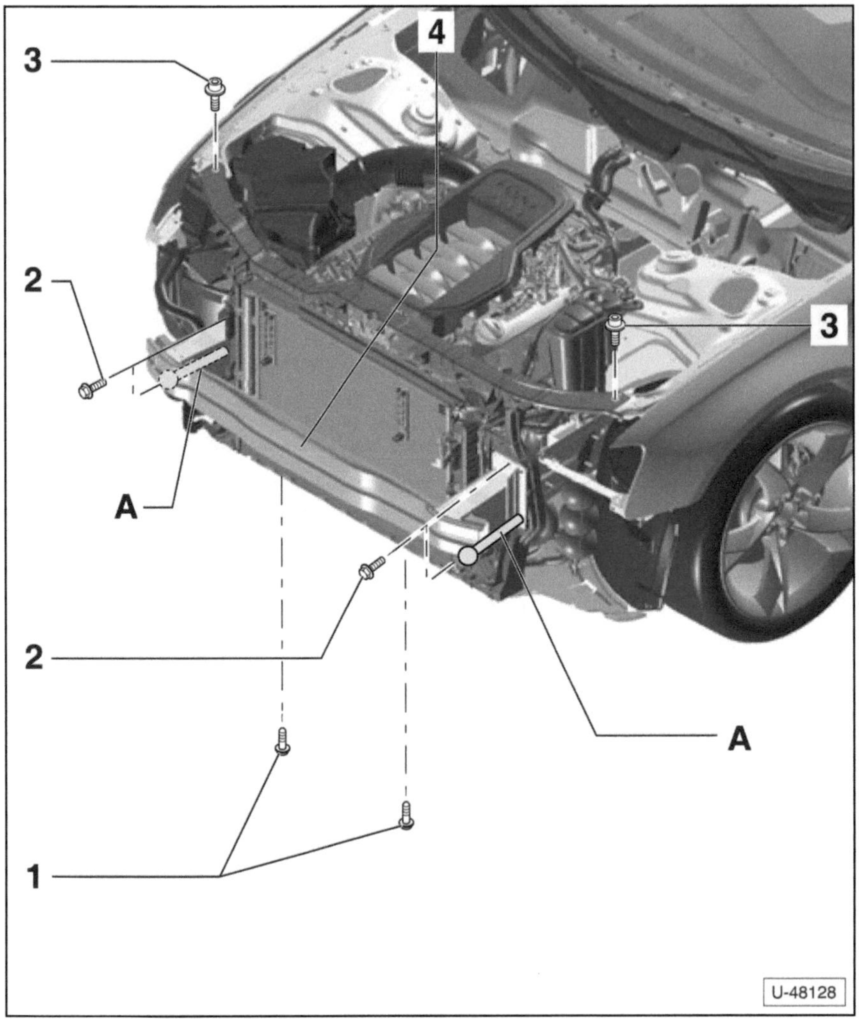

1 – Schraube

2 – Schraube, 6 Nm
Für Servicestellung nicht herausschrauben.

3 – Schraube, 30 Nm

4 – Schlossträger

A – Führungsstange
Spezialwerkzeug VW/AUDI-T10093.

Servicestellung

Achtung: Bei Fahrzeugen mit Abstandsregelung muss diese nach dem Einbau des Schlossträgers neu justiert werden (Werkstattarbeit).

- Zündung ausschalten. Batterie abklemmen, siehe Seite 77.
- Vorderen Stoßfänger ausbauen, siehe entsprechendes Kapitel.
- Obere Schlossträger-Abdeckung ausbauen, siehe entsprechendes Kapitel.

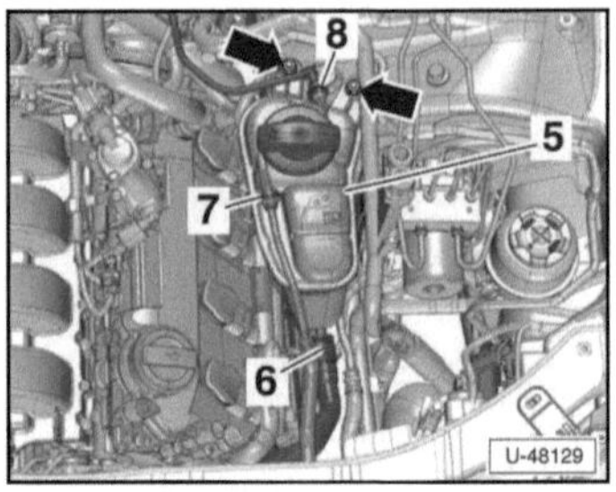

- Kühlmittel-Ausgleichbehälter –5– abschrauben –Pfeile– und mit angeschlossenen Schläuchen –6–, –7– und –8– nach oben aus der Halterung herausziehen.
- Stecker von den Scheinwerfern abziehen.
- Falls vorhanden, Druckschläuche vom Ladeluftkühler abziehen.
- Schrauben –2– rechts und links unten am Längsträger herausdrehen.

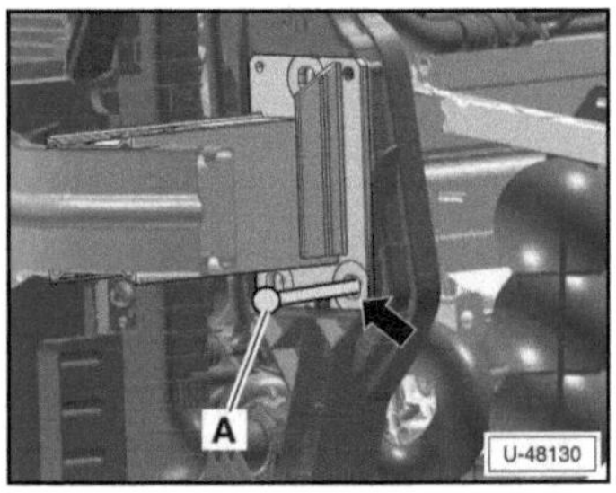

- Führungsstangen –A– anstelle der beiden unteren Schrauben in den Längsträger einschrauben –Pfeil–.
- Restliche Schrauben herausdrehen.
- Schlossträger mit Kühlmittel-Ausgleichbehälter auf den Führungsstangen –A– nach vorn ziehen. **Achtung:** Kühlmittelschläuche und Leitungen nicht überdehnen.

Einbau

- Der Einbau erfolgt in umgekehrter Ausbaureihenfolge. **Achtung:** Beim Zurücksetzen des Schlossträgers darauf achten, dass keine Leitungen gequetscht oder eingeklemmt werden.
- Schrauben für Ausgleichbehälter mit **5 Nm** festziehen.
- Scheinwerfereinstellung prüfen lassen (Werkstattarbeit).

Schlossträgerabdeckung aus- und einbauen

Ausführung 1

Ausbau

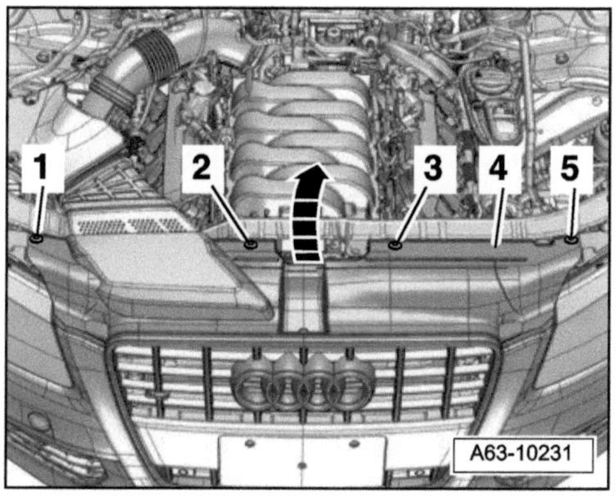

- Klemmstifte –1–, –2–, –3– und –5– für Spreizclips herausdrehen und Spreizclips ausheben.
- Abdeckung –4– in Pfeilrichtung anheben und am Kühlergrill aushängen.

Einbau

- Abdeckung mit den Führungen in die Aufnahmen am Kühlergrill und an der Stoßfängerabdeckung einführen.
- Spreizclips einsetzen und Klemmstifte bis zum Anschlag eindrücken.

Ausführung 2

Ausbau

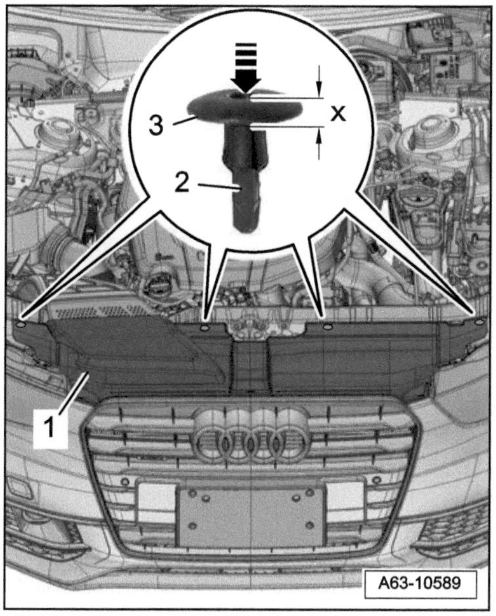

- 4 Spreizclips ausbauen. Dazu jeweils den Klemmstift –2– vorsichtig etwa x = 5 mm in den Spreizclip –3– hineindrücken, bis er hörbar einrastet.
- Entriegelten Spreizclip zusammen mit dem Klemmstift nach oben heraushebeln.
- Klemmstifte aus den Spreizclips herausnehmen.

Einbau

- Abdeckung mit den Führungen in die Aufnahmen am Kühlergrill und an der Stoßfängerabdeckung einführen.
- Spreizclips einsetzen und Klemmstifte eindrücken, bis sie bündig mit dem Clip sind.

Motorhaubenzug im Motorraum trennen

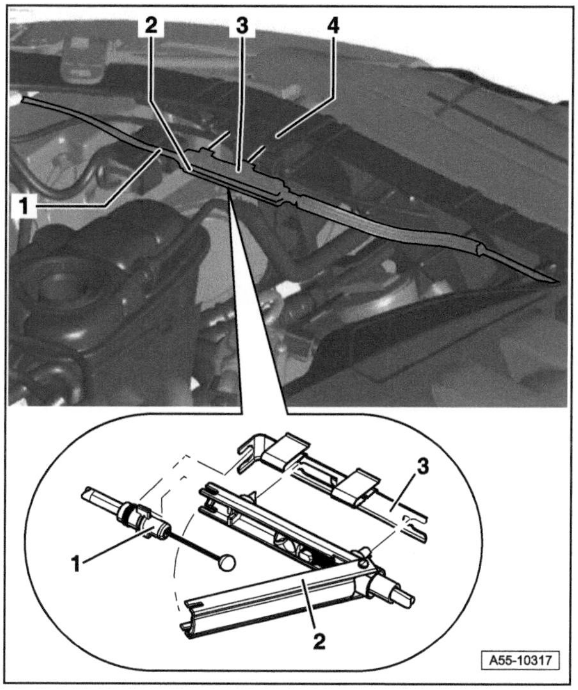

1 – Seilzug hinten
2 – Kupplung
3 – Klammer
4 – Seilzug vorn

Trennen

- Klammer vom Schlossträger abziehen.
- Hinteren Seilzug aus der Klammer etwas herausziehen.
- Kupplung –2– aufklappen, und Seilzug mit dem Nippel aus der Kupplung herausheben.

Zusammensetzen

- Hinteren Seilzug in die aufgeklappte Kupplung einsetzen.
- Kupplung mit der Klammer –3– seitlich auf den Schlossträger aufschieben.

Wasserkastenabdeckung aus- und einbauen

Unterschiedliche Ausführungen können von den Darstellungen in diesem Kapitel abweichen. Unter Umständen müssen zusätzliche Abdeckungen vorher ausgebaut werden.

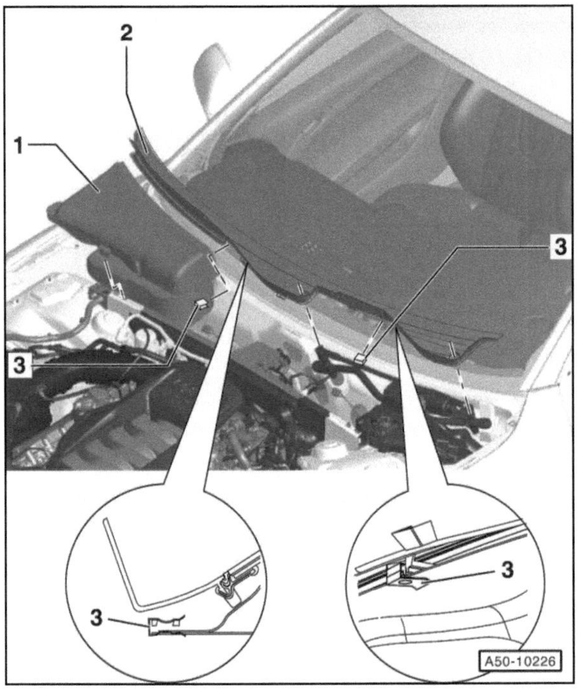

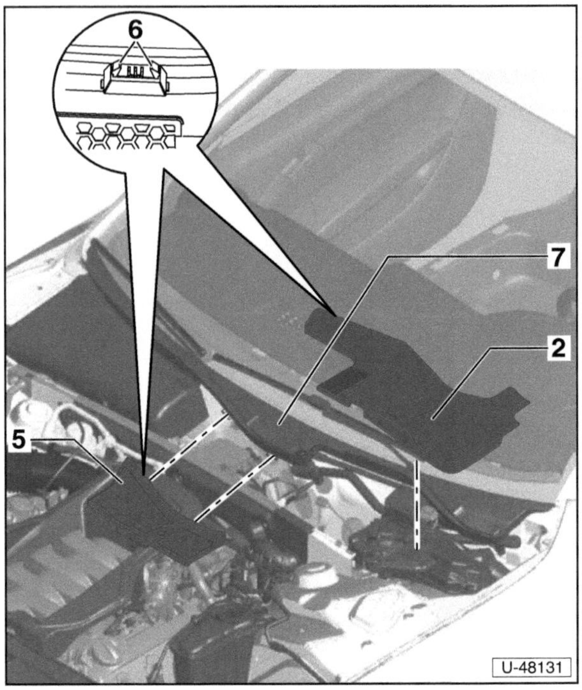

1 – Zusatzabdeckung rechts
2 – Wasserkastenabdeckung
3 – Klammer
4 – Frontscheibe

5 – Zusatzabdeckung Mitte
6 – Verrastung
7 – Zusatzabdeckung links

Ausbau

- Rechte Zusatzabdeckung –1– ausbauen. Dabei zuerst vorn die Halteklammer abziehen, dann die Abdeckung vorn anheben und aus der Wasserkastenabdeckung –2– herausziehen.
- Mittlere Zusatzabdeckung –5– ausbauen. Dabei Abdeckung erst vorn unten ausclipsen, dann Verrastungen –6– hinten leicht von unten zusammendrücken und nach oben aus der Wasserkastenabdeckung –2– herausziehen.
- Linke Zusatzabdeckung –7– ausbauen. Dabei Abdeckung erst vorn unten ausclipsen, dann Verrastungen –6– hinten leicht von unten zusammendrücken und nach oben aus der Wasserkastenabdeckung –2– herausziehen.
- Scheibenwischerarme ausbauen, siehe Seite 103.
- Klammern –3– abziehen.

Hinweis: Zum leichteren Ausbau Frontscheibe mit etwas Seifenlauge besprühen.

- Wasserkastenabdeckung aus der Einfassleiste senkrecht nach oben herausziehen, dabei am Scheibenrand beginnen.

Einbau

- Frontscheibe mit etwas Seifenlauge besprühen.
- Wasserkastenabdeckung vorsichtig in die Einfassleiste eindrücken. Dabei seitlich beginnen. **Achtung:** Abdeckung nicht aufschlagen, Gefahr von Scheibenbruch!
- Klammern –3– wie in der Abbildung gezeigt aufschieben.
- Der weitere Einbau erfolgt in umgekehrter Ausbaureihenfolge.

Stoßfängerabdeckung vorn aus- und einbauen

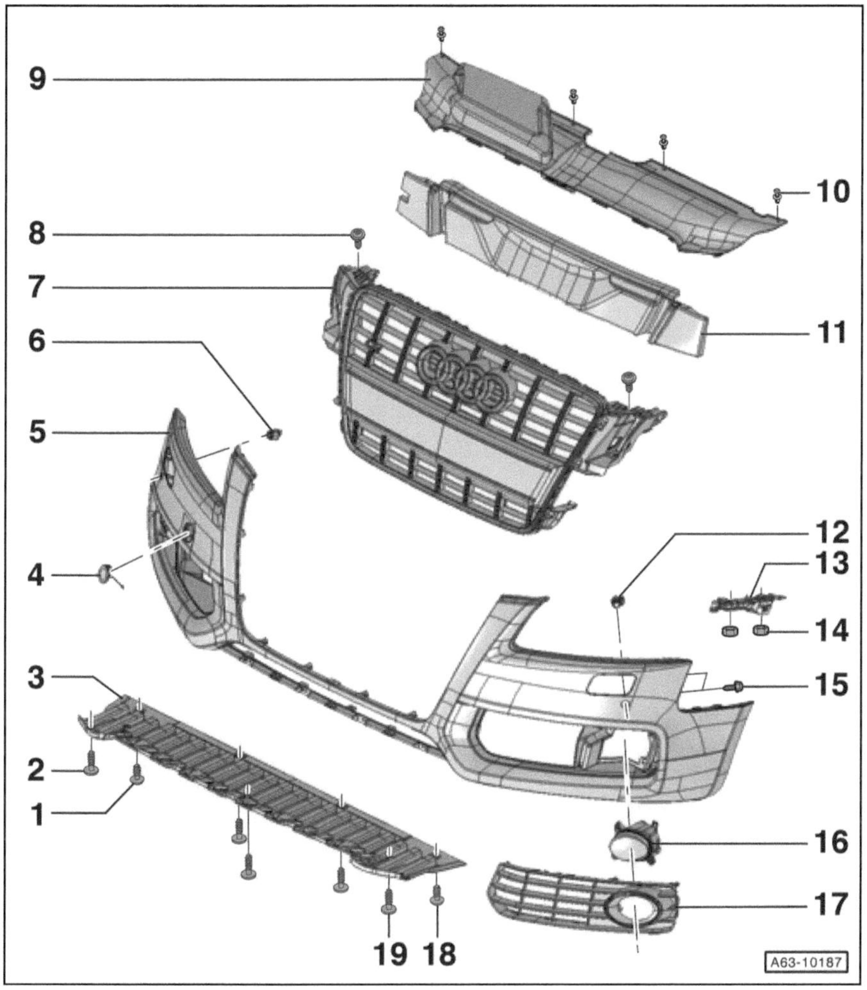

1 – **Schraube, 3 Nm**

2 – **Schraube, 1,5 Nm**

3 – **Schließteil**
Für Stoßfängerabdeckung.

4 – **Abdeckung**
Für Abschlepphaken.

5 – **Stoßfängerabdeckung**

6 – **Geber**
Für Einparkhilfe vorn rechts.

7 – **Kühlergrill**

8 – **Schraube, 1,5 Nm**

9 – **Schlossträgerabdeckung**

10 – **Spreizniet**
Ausbau: Klemmstift herausdrehen.
Einbau: Klemmstift nur hineindrücken.

11 – **Stoßabsorber**

12 – **Geber**
Für Einparkhilfe vorn links.

13 – **Aufnahme**
Für Stoßfängerabdeckung vorn.

14 – **Schraube, 4 Nm**

15 – **Mutter, 4 Nm**

16 – **Nebelscheinwerfer**

17 – **Lufteinlassgitter**

18 – **Schraube, 3 Nm**

19 – **Schraube, 1,5 Nm**

Ausbau

- Abdeckung Schlossträger ausbauen, siehe entsprechendes Kapitel.

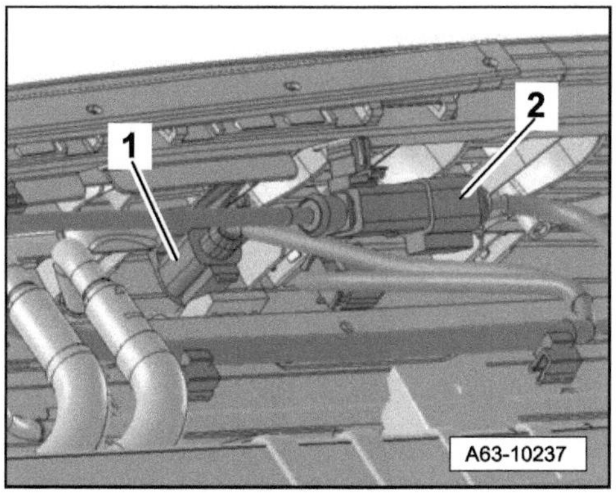

- Stecker –2– für Außentemperaturfühler und Stecker –1– für Geber Einparkhilfe vorn abziehen.

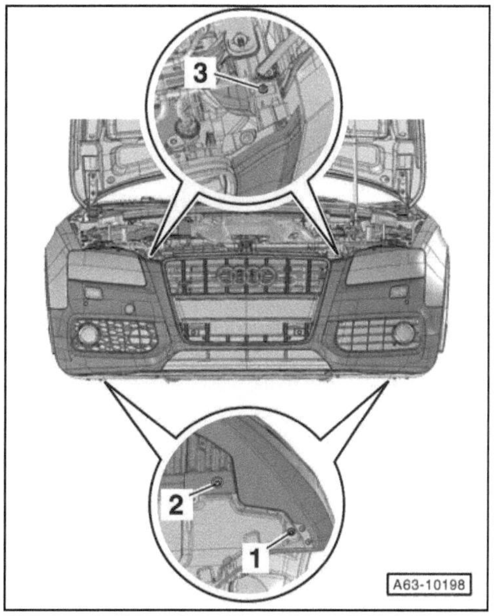

- Schraube –3– herausdrehen.

- Schraube –2– und Schnellverschluss –1– vorn an der unteren Motorabdeckung herausdrehen.
- Innenkotflügel vorn ausbauen, siehe entsprechendes Kapitel.

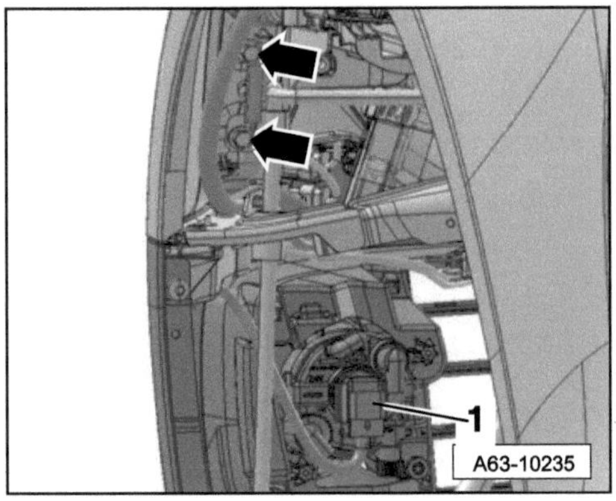

- Stecker –1– am Nebelscheinwerfer abziehen.
- Schrauben –Pfeile– herausdrehen.
- Seitenwangen am Seitenteil vorn aushängen und Stoßfängerabdeckung nach vorn abziehen.

Einbau

- Der Einbau erfolgt in umgekehrter Ausbaurehenfolge. Anzugsdrehmomente in der Legende zu Abbildung A63-10187 beachten.

Stoßfängerabdeckung einstellen

- Abdeckung Schlossträger ausbauen.

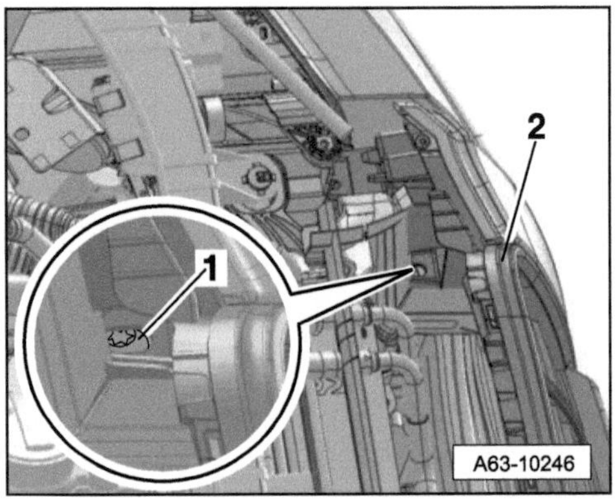

- Das Spaltmaß zu den angrenzenden Bauteilen muss gleich groß sein, andernfalls Schraube –1– lösen und Spaltmaß für Stoßfängerabdeckung –2– einstellen.

Stoßfängerabdeckung hinten aus- und einbauen

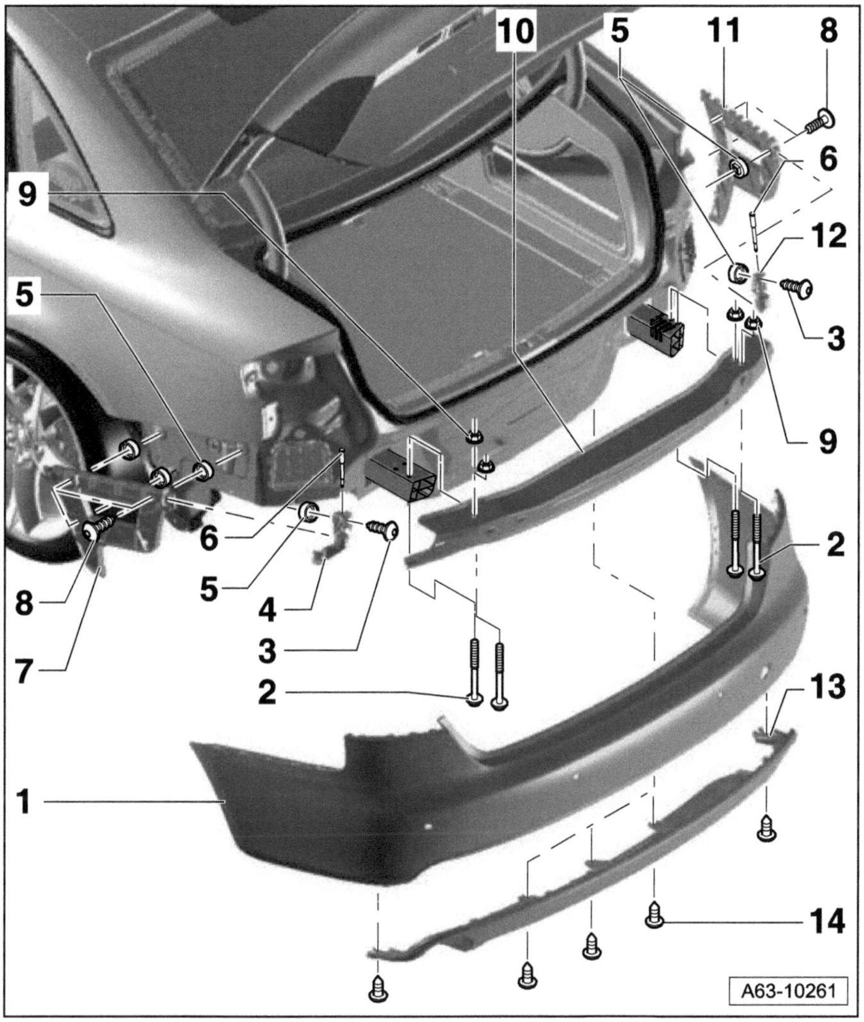

1 – Stoßfängerabdeckung hinten

2 – Schraube, 17 Nm

3 – Schraube, 1,5 Nm

4 – Führungsteil oben

In das Führungsteil einschieben und einrasten.

5 – Clip

6 – Bolzen

7 – Führungsteil links

8 – Schraube, 1,5 Nm

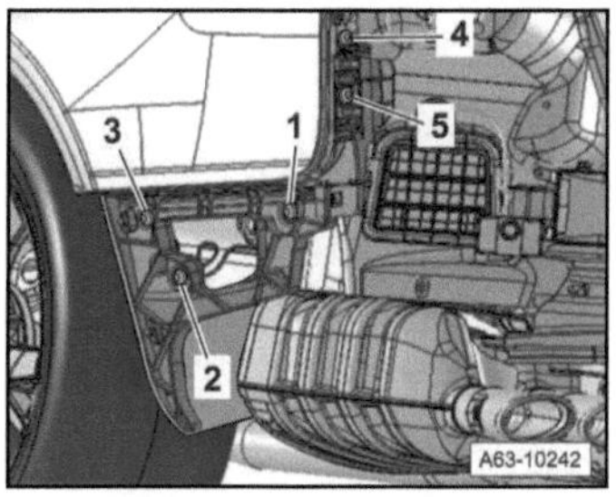

Schrauben in der Reihenfolge von –1– bis –5– anziehen, siehe Abbildung A63-10242.

9 – Mutter, 17 Nm

10 – Stroßfängerträger

11 – Führungsteil links

12 – Führungsteil oben

13 – Spoiler

14 – Schraube, 1,5 Nm

Ausbau

- Heckleuchten ausbauen, siehe Seite 126.

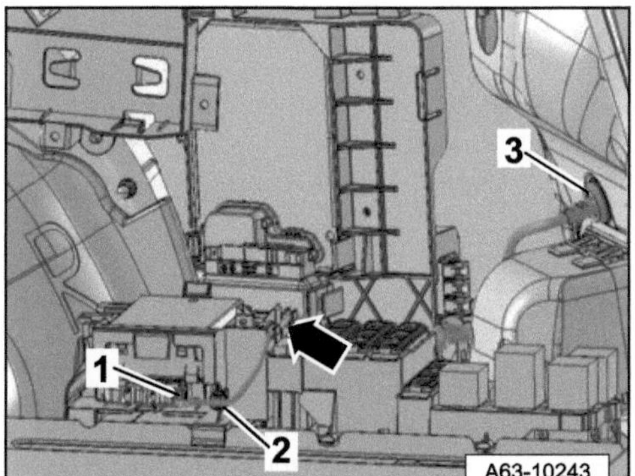

- Wo vorhanden, Stecker –1– am Steuergerät für Einparkhilfe abziehen.
- Leitungsstrang am Halter für Steuergeräte freilegen –Pfeil–, dazu Kabelbinder –2– aufschneiden.
- Tülle –3– nach außen durchdrücken.

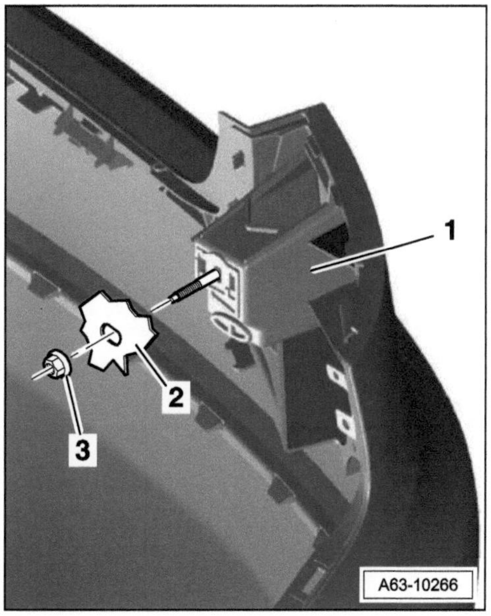

- Mutter –3– vom Gewindebolzen der Abdeckkung –1– abschrauben.

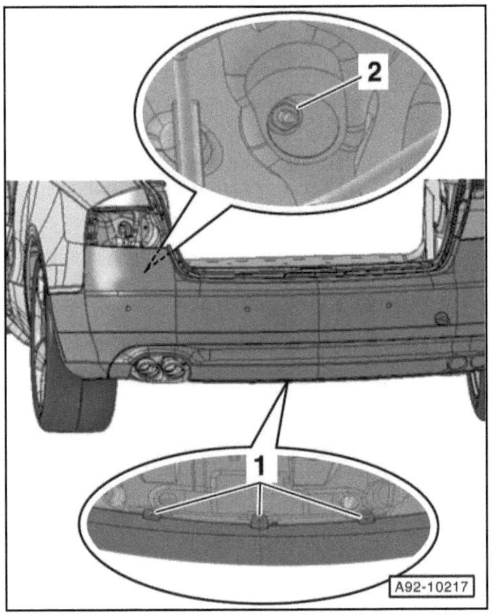

- Schrauben –1– am Unterteil der Stoßfängerabdeckung herausdrehen.

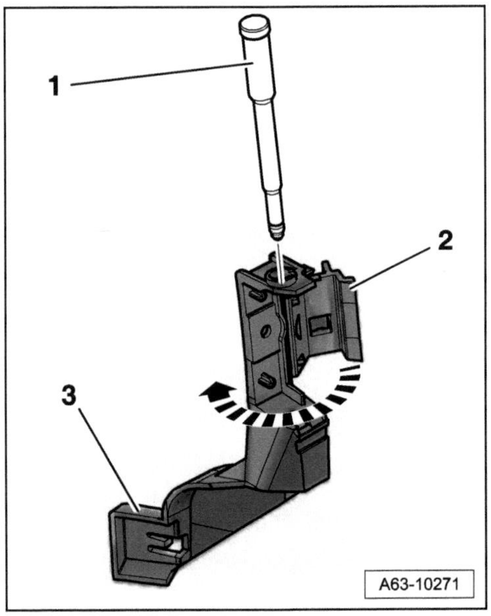

- Bolzen –1– nach oben aus dem Führungsteil –3– links und rechts herausziehen.

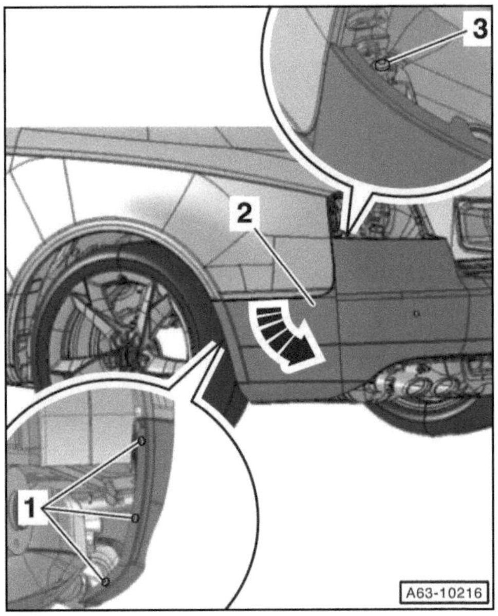

- Links und rechts die Schrauben –1– an der Stoßfängervorderseite herausdrehen.
- Verriegelung für Stoßfängerabdeckung lösen, dazu Bolzen –3– aus dem oberen Führungsteil herausziehen.
- Links und rechts die Stoßfängerabdeckung am Seitenteil aushängen –Pfeil–.
- Stoßfängerabdeckung –2– abnehmen, dabei muss der elektrische Leitungsstsrang für Geber der Einparkhilfe an der Karosseriedurchführung herausgeführt werden.

Einbau

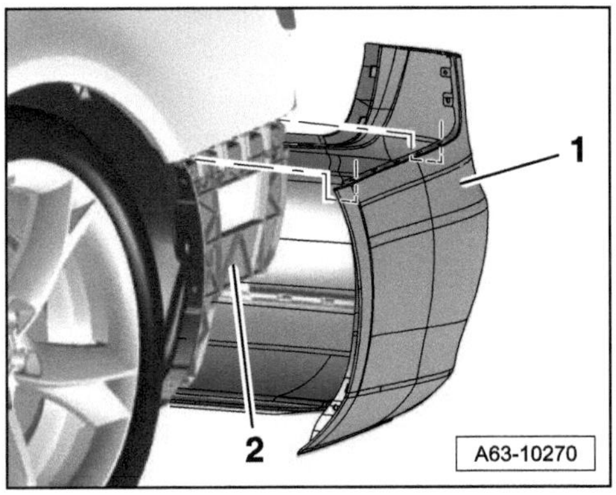

- Stoßfängerabdeckung mit Helfer ansetzen und seitliche Verrastungen vom Führungsteil –2– vollständig in der Stoßfängerabdeckung –1– einrasten.
- Scharnier –2– am Führungsteil oben nach vorn in Pfeilrichtung klappen und anschließend Bolzen –1– einschieben, siehe Abbildung A63-10271.
- Der weitere Einbau erfolgt in umgekehrter Ausbaureihenfolge, dabei Anzugsdrehmomente in der Legende zu Abbildung A63-10261 beachten.

Innenkotflügel aus- und einbauen

Vorderer Innenkotflügel

Hinweis: Der vordere Innenkotflügel besteht aus Vorder- und Hinterteil, die einzeln ausgebaut werden können.

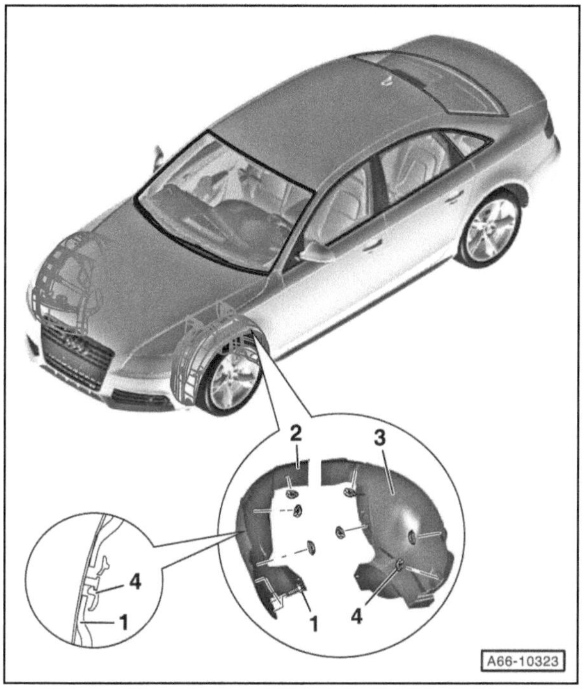

1 – **Schraube, 2 Nm**
2 – **Innenkotflügel-Vorderteil**
3 – **Innenkotflügel-Hinterteil**
4 – **Clip**
7 Stück.
Nach dem Ausbau grundsätzlich ersetzen.

Ausbau

Hinweis: Der Innenkotflügel kann bei eingebautem Rad ausgebaut werden. Zur Erleichterung empfiehlt es sich, das Fahrzeug vorn aufzubocken und das Vorderrad abzunehmen.

Sicherheitshinweis
Beim Aufbocken des Fahrzeugs besteht Unfallgefahr! Hinweise im Kapitel »Fahrzeug aufbocken« beachten.

- Radschrauben lösen.
- Fahrzeug vorn aufbocken.
- Radschrauben herausdrehen und Vorderrad abnehmen.

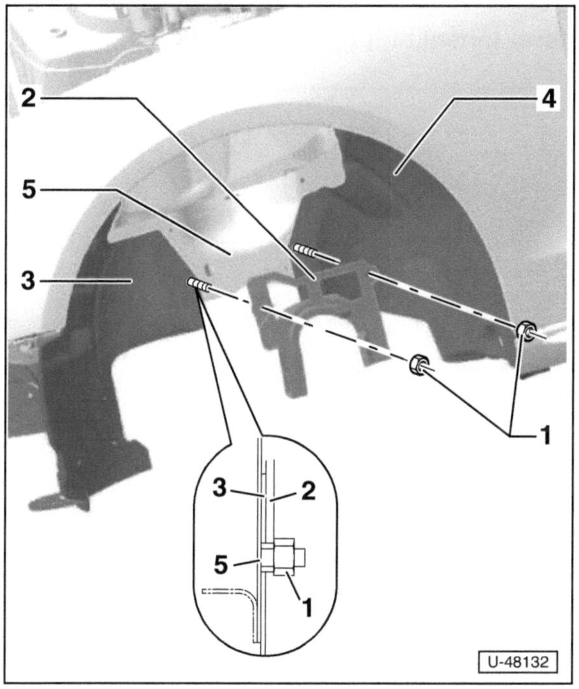

- Muttern –1– abschrauben und Abdeckung –2– für Gelenkwelle abnehmen. 3 – Innenkotflügel-Vorderteil, 4 – Innenkotflügel-Hinterteil, 5 – Längsträger..
- Untere Schrauben am Innenkotflügel herausdrehen. Dabei Vorderrad entsprechend einschlagen.

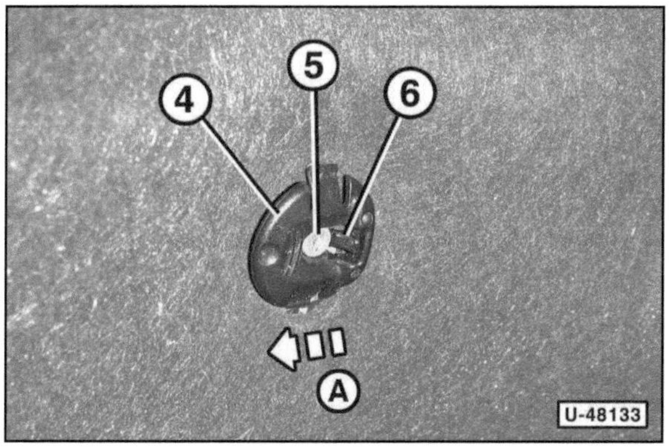

- Halteclips –4– ausbauen. Dazu Rastnase –6– vom Haltebolzen –5– wegdrücken. Gleichzeitig Clip –4– über das Ende des Haltebolzens heben und dann in Pfeilrichtung –A– schieben.
- Innenkotflügel aus dem Kotflügel ausrasten und nach unten herausziehen.

Einbau

- Der Einbau erfolgt in umgekehrter Ausbaureihenfolge.
- Clips grundsätzlich ersetzen, sonst ist beim Wiedereinbau kein fest Halt mehr gewährleistet.
- Neuen Clip –4– mit der Rastnase –6– über dem Haltebolzen –5– ansetzen, dann mit seinen Führungen seitlich in die Nut des Haltebolzens schieben, bis die Rastnase des Clips in die Nut des Haltebolzens einrastet.

Hinterer Innenkotflügel

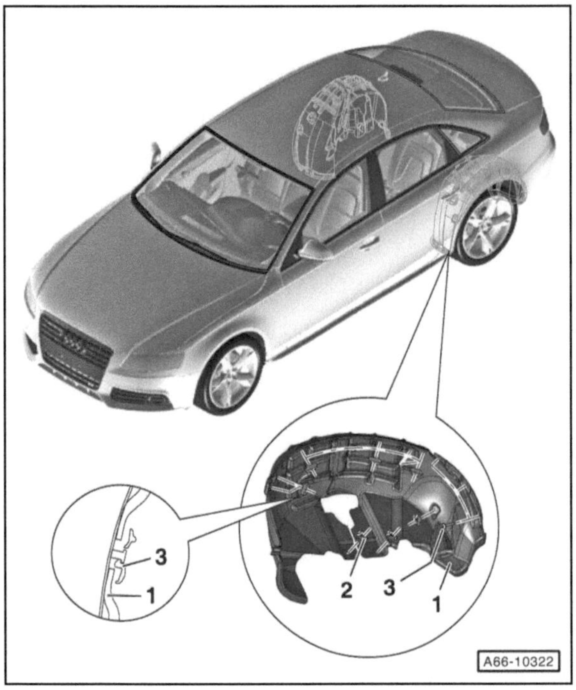

1 – **Innenkotflügel hinten**
2 – **Schraube, 2 Nm**
3 – **Clip**
7 Stück.
Nach dem Ausbau grundsätzlich ersetzen.

Ausbau

Sicherheitshinweis
Beim Aufbocken des Fahrzeugs besteht Unfallgefahr! Hinweise im Kapitel »Fahrzeug aufbocken« beachten.

- Fahrzeug aufbocken.
- 7 Clips auf die gleiche Weise wie beim vorderen Innenkotflüge ausbauen.
- Innenkotflügel abnehmen.

Einbau

- Der Einbau erfolgt in umgekehrter Ausbaureihenfolge.

Kotflügel vorn aus- und einbauen

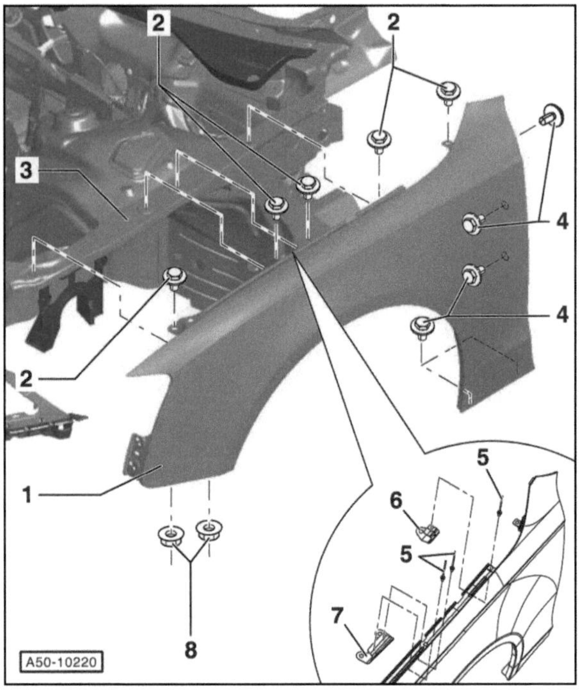

1 – **Kotflügel**
2 – **Schraube, 10 Nm**
3 – **Kotflügelbank**
4 – **Schraube, 8 Nm**
5 – **Blindniet**
6 – **Halter hinten**
Mit Kotflügel vernietet.
7 – **Halter vorn**
Mit Kotflügel vernietet.
8 – **Muttern, 4 Nm**

Ausbau

- Vorderen Stoßfänger ausbauen, siehe entsprechendes Kapitel.
- Innenkotflügel ausbauen, siehe entsprechendes Kapitel.
- Kotflügel links: Waschwasserbehälter lösen.

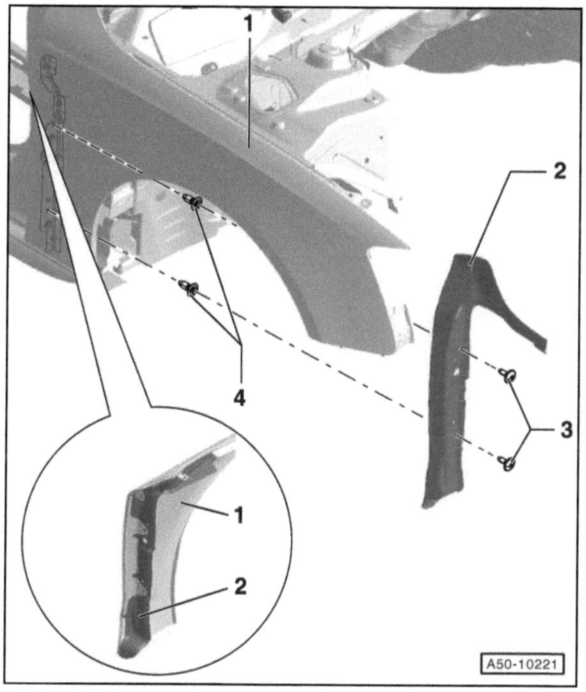

1 – Kotflügel

2 – Schließteil

3 – Schrauben, 1,5 Nm

4 – Clip
2 Stück.

- Schrauben –3– herausdrehen und Schließteil –2– aus dem hinteren Halter vom Kotflügel abclipsen.

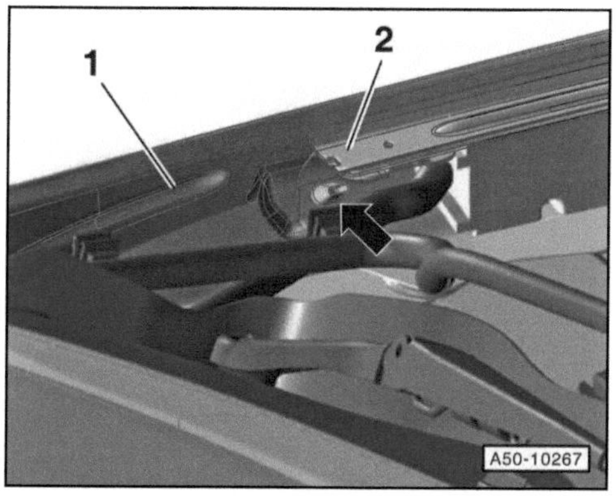

- Schließteil –1– aus dem Kotflügel-Halter –Pfeil– ausclipsen und dann nach unten herausschieben.
- Schrauben –2– und –4– sowie Muttern –7– abschrauben und Kotflügel abnehmen.
- Gegebenenfalls Kotflügel-Dichtung abziehen.

Einbau

- Der Einbau erfolgt in umgekehrter Ausbaureihenfolge. Dabei ist Folgendes zu beachten:
- Falls ausgebaut, Kotflügel-Dichtung einbauen.

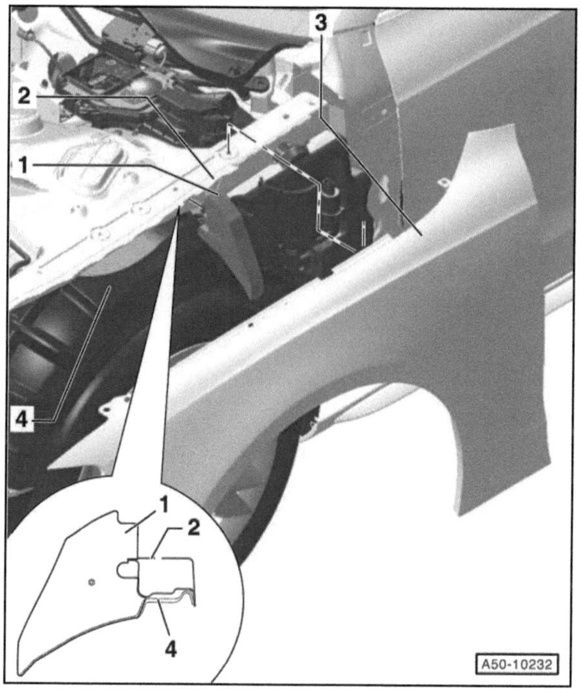

- Klebeflächen reinigen.
- Schutzfolie von der selbstklebenden Dichtung –1– abziehen.
- Dichtung –1– wie in der Abbildung dargestellt zwischen Innenkotflügel –4– und Innenseite des Kotflügels –3– auf die Kotflügelbank –2– aufschieben und ankleben.

Kotflügel-Strebe aus- und einbauen

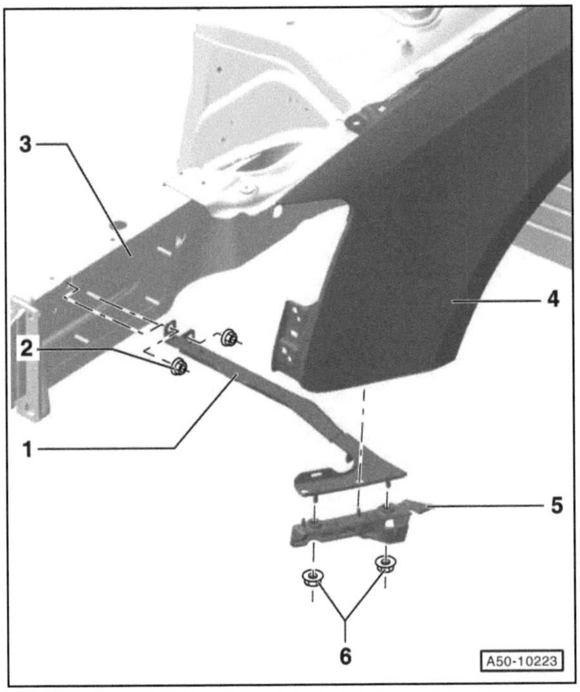

1 – **Kotflügel-Strebe**

2 – **Mutter, 8 Nm**
Hinweis: Auf der rechten Seite sind anstelle der Muttern Schrauben eingebaut. Anzugsdrehmoment: **10 Nm.**

3 – **Längsträger**

4 – **Kotflügel**

5 – **Aufnahme**
Für Stoßfängerabdeckung.

6 – **Mutter, 4 Nm**

Ausbau

- Vorderen Stoßfänger ausbauen, siehe entsprechendes Kapitel.
- Innenkotflügel lösen und im Bereich der Strebe zur Seite drücken.
- Muttern –2– herausdrehen. **Hinweis:** Auf der rechten Seite ist die Strebe mit Schrauben befestigt.

Einbau

- Der Einbau erfolgt in umgekehrter Ausbaureihenfolge.

Kühlergrill aus- und einbauen

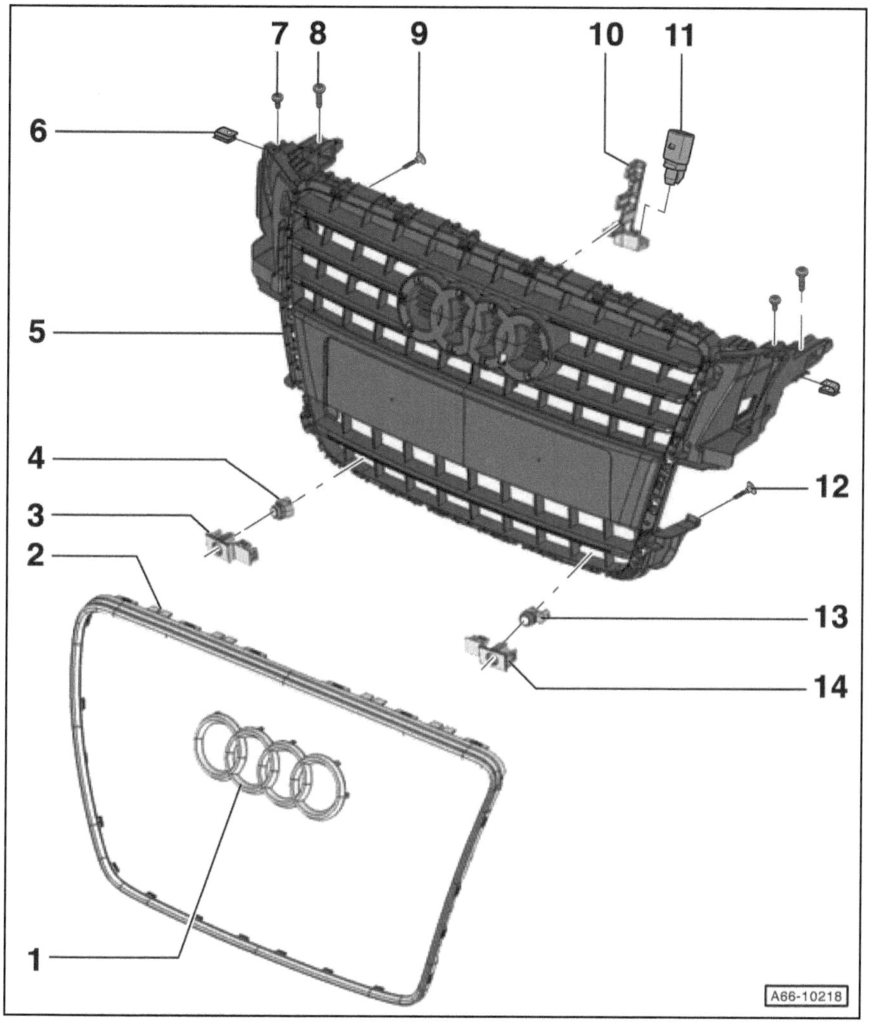

1 – AUDI-Zeichen
Wird beim Ausbau zerstört.

2 – Zierleiste
Für Kühlergrill.

3 – Aufnahme rechts
Für Geber Einparkhilfe.

4 – Geber Einparkhilfe
Vorn Mitte rechts.

5 – Kühlergrill

6 – Schnappmutter

7 – Schraube, 1,5 Nm

8 – Schraube, 4 Nm

9 – Schraube, 1,5 Nm

10 – Halter
Für Außen-Temperaturfühler.

11 – Außen-Temperaturfühler

12 – Schraube, 1,5 Nm

13 – Geber für Einparkhilfe

14 – Aufnahme links
Für Geber Einparkhilfe.

Ausbau

- Stoßfängerabdeckung ausbauen, siehe entsprechendes Kapitel.

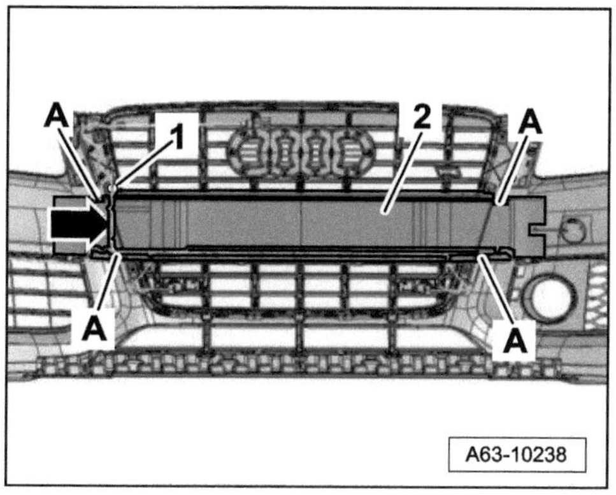

- Wo vorhanden, Leitungsstrang –1– für Geber Einparkhilfe vorn freilegen –Pfeil–.
- Stoßabsorber –2– aus den Haltern –A– ausfädeln und abnehmen.

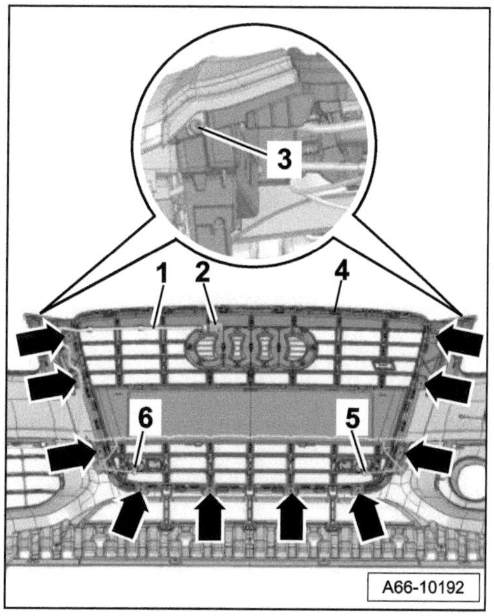

- Schrauben –3– herausdrehen.

- Wo vorhanden, Leitungsstrang für Geber Einparkhilfe am Kühlergrill, dazu Kabelbinder –1– aufkneifen.
- Steckverbindung –2– aus dem Halter herausnehmen.

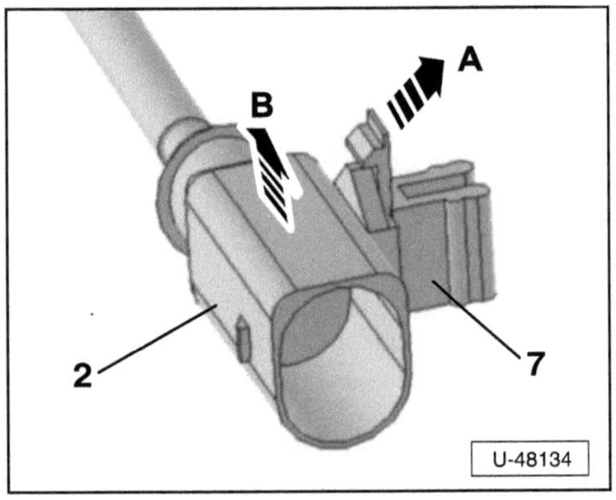

- Dazu Sicherungsraste in Pfeilrichtung –A– drücken und Steckverbindung –2– in Pfeilrichtung –B– aus dem Halter –7– herausziehen.
- Versteifungsstreben abnehmen.
- Stecker von den Gebern Einparkhilfe –5– und –6– abziehen, siehe Abbildung A66-10192.
- Schrauben –Pfeile– herausdrehen und Kühlergrill –4– von der Stoßfängerabdeckung abnehmen, siehe Abbildung A66-10192.
- Falls erforderlich, Geber Einparkhilfe ausbauen. Dazu die Halteklammern entriegeln und Aufnahme mit Geber abnehmen.

Einbau

- Der Einbau erfolgt in umgekehrter Ausbaureihenfolge.

Halter für Außen-Temperaturgeber aus- und einbauen

Ausbau

- Temperaturgeber ausbauen. Dazu Stecker am Geber abziehen. Halteklammern unten am Geber zusammendrücken und Geber nach oben aus dem Halter herausziehen.

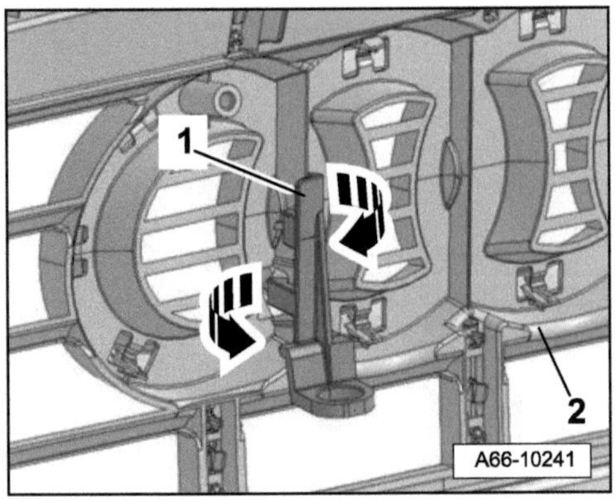

- Halteklammern in Pfeilrichtung entriegeln und Halter –1– vom Kühlergrill –2– abziehen.

Einbau

- Der Einbau erfolgt in umgekehrter Ausbaureihenfolge.

Motorhaube aus- und einbauen

Ausbau

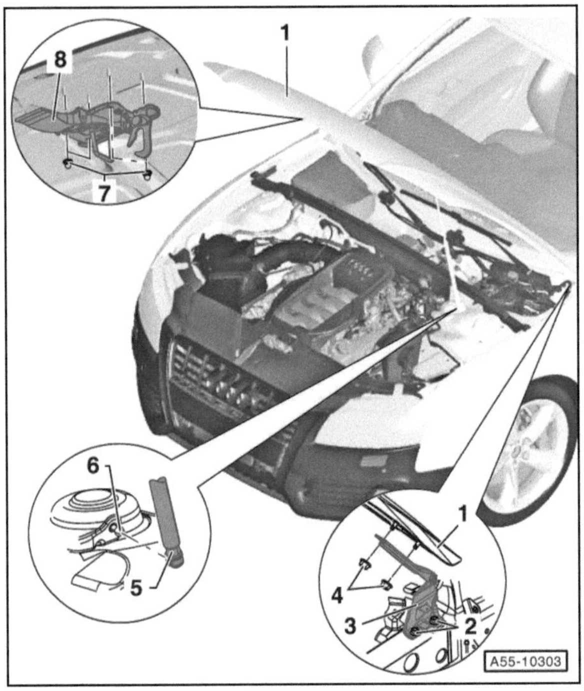

1 – **Motorhaube**
Ausbau
Achtung: Zum Abstützen und Halten der Motorhaube ist ein Helfer erforderlich.
◆ Gasdruckdämpfer von der Motorhaube abbauen.
◆ Muttern –4– am Scharnier oben herausdrehen.
◆ Motorhaube mit Helfer abnehmen.
Einbau
◆ Der Einbau erfolgt in umgekehrter Ausbaureihenfolge.
◆ Motorhaube einstellen, siehe entsprechendes Kapitel.

2 – **Schraube, 21 Nm**

3 – **Scharnier**

4 – **Muttern, 21 Nm**

5 – **Gasdruckdämpfer**

6 – **Kugelbolzen, 21 Nm**

7 – **Muttern, 8 Nm**

8 – **Fankhaken**

Gasdruckdämpfer aus- und einbauen

Ausbau

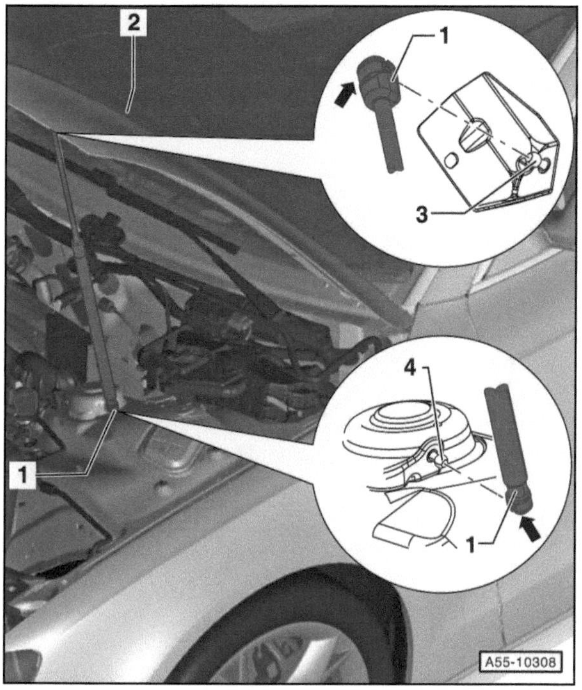

- Motorhaube abstützen und gegen Herunterfallen sichern.
- Sicherungsfeder –Pfeil– mit einem Schraubendreher leicht anheben und Dämpfer vom Kugelbolzen –3– an der Motorhaube abziehen.
- Anschließend Dämpfer auf die gleiche Weise vom unteren Kugelbolzen –4– abbauen.

Einbau

- Gasdruckdämpfer auf den jeweiligen Kugelbolzen aufdrücken und einrasten. **Achtung:** Das Gasdruckfederrohr muss immer am unteren und die Kolbenstange immer am oberen Kugelbolzen (Motorhaube) angebaut werden.

Motorhaubeschloss aus- und einbauen

Ausbau

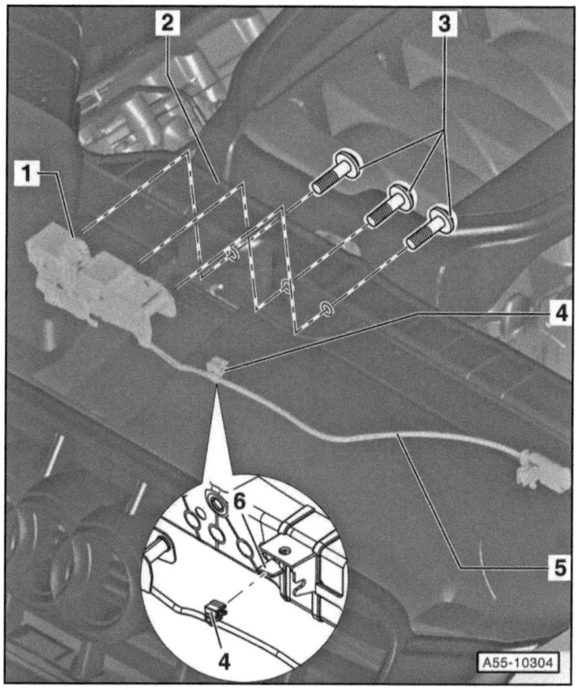

1 – Motorhaubenschloss
2 – Schlossträger
3 – Schraube, 11 Nm
4 – Klammer
5 – Elektrische Leitung für Klappenschloss
6 – Lasche

- Abdeckung für Stoßfänger oben lösen und zur Seite drücken.
- Motorhaubenzug an der Kupplung trennen, siehe entsprechendes Kapitel.
- Klammer –4– abnehmen und elektrische Steckverbindung trennen.
- Einbaulage des Motorhaubenschlosses und der Schrauben –3– markieren. Anschließend Schrauben herausdrehen.
- Motorhaubenschloss herausnehmen.

Einbau

- Der Einbau erfolgt in umgekehrter Ausbaureihenfolge. Dabei ist Folgendes zu beachten:
- Motorhaubenschloss einsetzen und Schrauben eindrehen. Schlosss entsprechned der angebrachten Markierungen ausrichten und Schrauben mit **11 Nm** festziehen.

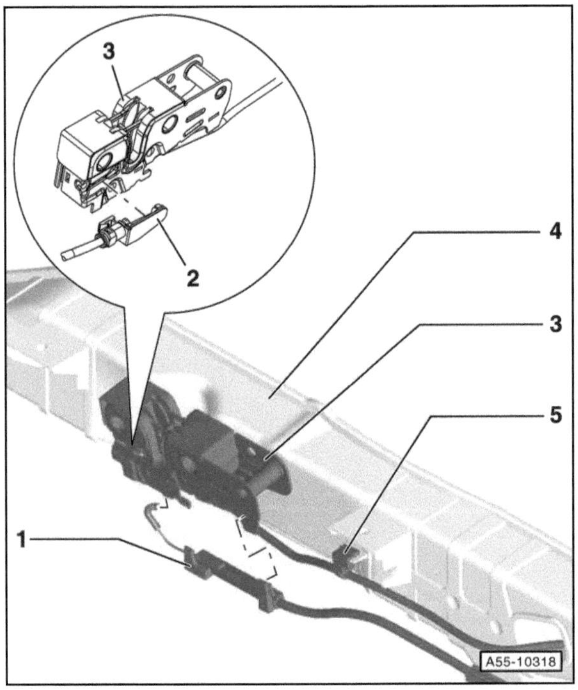

● Bowdenzug vorn mit dem Nippel in den Betätigungshebel des Motorhaubenschlosses –3– einlegen. Führung –1– des Bowdenzugs mit dem Schloss-Unterteil verrasten. Klammer –5– mit elektrischer Leitung auf die Lasche am Schlossträger –4– aufschieben. 2 – Bowdenzug für Rechtslenker-Fahrzeuge.

Motorhaube einstellen

Einstellmaße

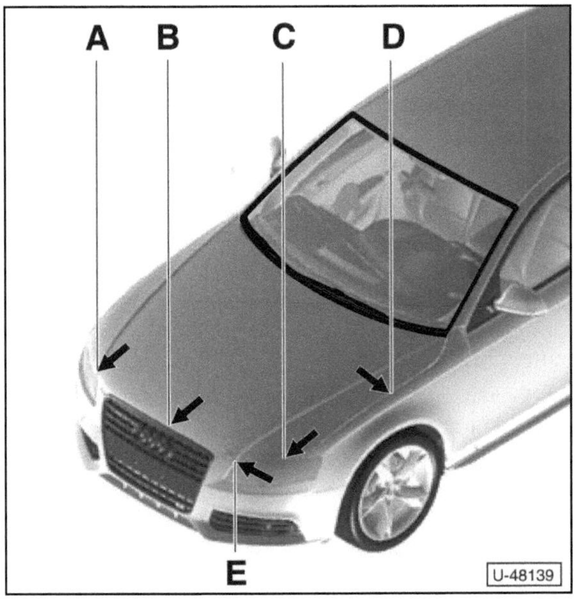

A = 5,0 mm
B = 4,5 mm
C = 5,0 mm
D = 3,0 mm
E = 4,5 mm

● Motorhaube vorn zwischen den Kotflügeln ausmitteln.

● Motorhaube vorn über das Motorhaubenschloss in der Höhe einstellen. Dazu Befestigungsschrauben lösen und Schloss entsprechend nach oben oder unten verschieben. Anschließend Schrauben mit **11 Nm** festziehen.

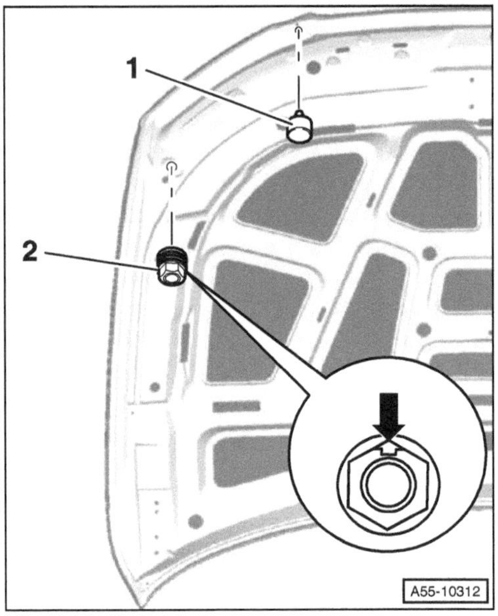

● Einstellpuffer –2– durch Verdrehen so einstellen, dass sie bei geschlossener Motorhaube auf dem Schlossträger aufliegen. Gleichzeitig muss die Motorhaube vorn bündig zu den Kotflügeln sein.

Hinweis: Als Einstellhilfe etwas Knetmasse am Anschlagpuffer aufdrücken. Nach dem Schließen der Motorhaube ist am Abdruck in der Knetmasse zu erkennen, ob die Motorhaube aufliegt.

Hinweis: Die Gummipuffer –1– dienen als Durchschlagschutz.

Kofferraumdeckel aus- und einbauen

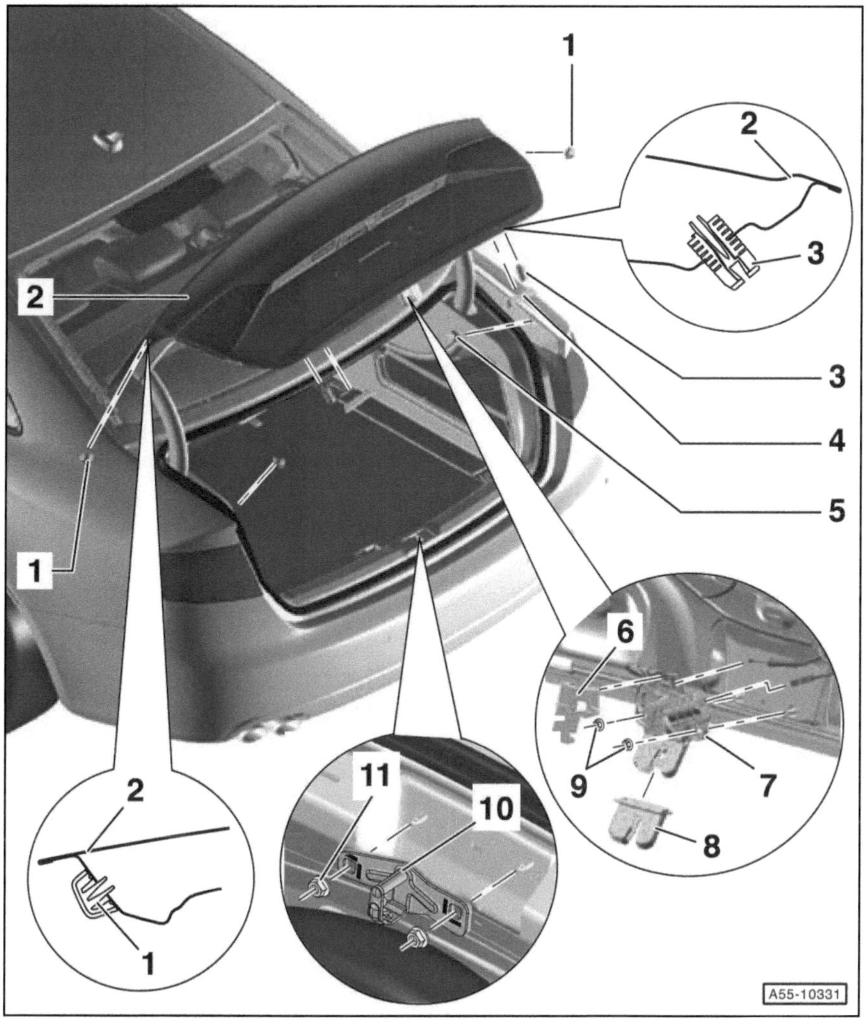

1 – Anschlag

2 – Kofferraumdeckel

3 – Einstellpuffer
Einstellen

4 – Anschlag

5 – Anschlag

6 – Abdeckung
Auf Deckelschloss aufgesteckt.

7 – Schloss
Für Kofferraumdeckel.
Ausbau
- ◆ Kombischrauben herausdrehen.
- ◆ Seilzug aushängen.

Einbau
- ◆ Der Einbau erfolgt in umgekehrter Ausbaureihenfolge.

8 – Schloss-Abdeckung
Ausbau
- ◆ Abdeckung von der Verkleidung des Kofferraumdeckels abziehen.

Einbau
- ◆ Abdeckung im Schloss verrasten.

9 – Muttern, 21 Nm

10 – Schließkeil
Einstellen
- ◆ Muttern –9– handfest anziehen, so dass der Schließkeil gerade noch verschoben werden kann.
- ◆ Kofferraumdeckel vorsichtig schließen, bis er mit den Seitenteilen bündig ist.
- ◆ Kofferraumdeckel vorsichtig öffnen und die Muttern –9– mit **21 Nm** festziehen.

11 – Muttern, 21 Nm

Ausbau

Achtung: Bei Fahrzeugen mit starrer Rückwand (starrer Rücksitzlehne) muss vor dem Ausbau zuerst der Bowdenzug für die Notentriegelung am Schloss des Kofferraumdeckels ausgehängt und herausgezogen werden.

Achtung: Zum Ausbau, Abstützen und Halten des Kofferraumdeckels ist ein Helfer erforderlich.

- Verkleidung für Kofferraumdeckel ausbauen, siehe Seite 270.
- Elektrische Leitungen trennen und aus dem Deckel herausziehen.
- An der Scharnierbefestigung am Kofferraumdeckel die hintere Mutter lösen (nicht abschrauben), die beiden seitlichen Muttern abschrauben.
- Kofferraumdeckel abnehmen.

Einbau

- Der Einbau erfolgt in umgekehrter Ausbaureihenfolge.

Einstellmaße

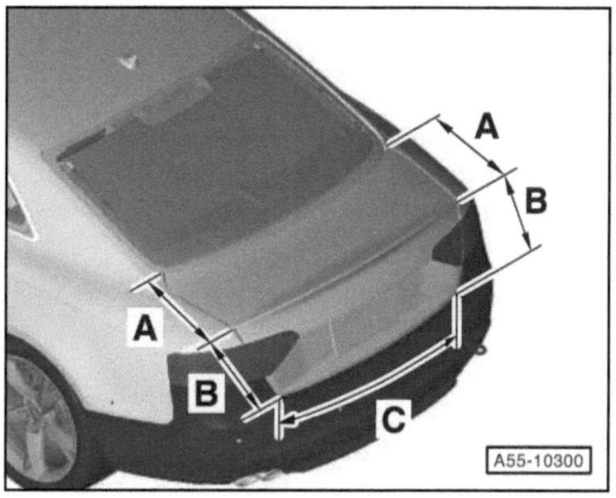

A = 3,5 mm ± 0,5 mm
B = 3,7 mm ± 0,5 mm
C = 5,0 mm ± 0,5 mm

Einstellen

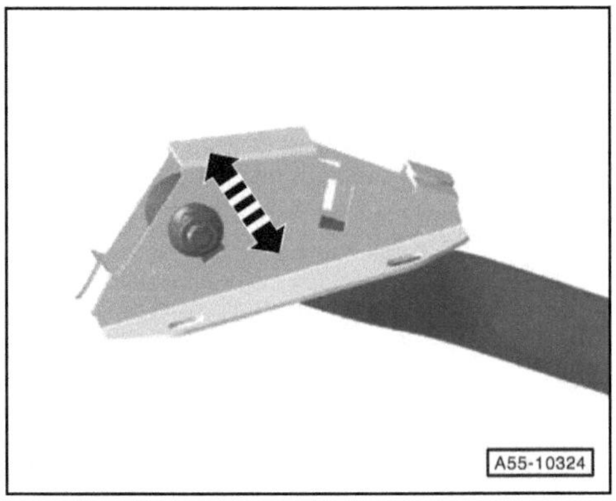

- Höheneinstellung vorn und Längseinstellung über das Klappenscharnier vornehmen, dazu Muttern lösen und in Pfeilrichtung verschieben. Bei eingebautem Scharnier muss dazu die Hutablage ausgebaut werden. Bei eingebauter Hutablage die Feder am Scharnier aushängen, Scharnier unter der Hutablage abschrauben und Mutter am Scharnier lösen und entsprechend einstellen. Nach der Einstellung Mutter mit **20 Nm** festziehen. Scharnier einbauen und Feder einhängen. Gegebenenfalls Gasdruckdämpfer ebenfalls einhängen.
- Höheneinstellung hinten durch Verschieben des Schlosses vornehmen.

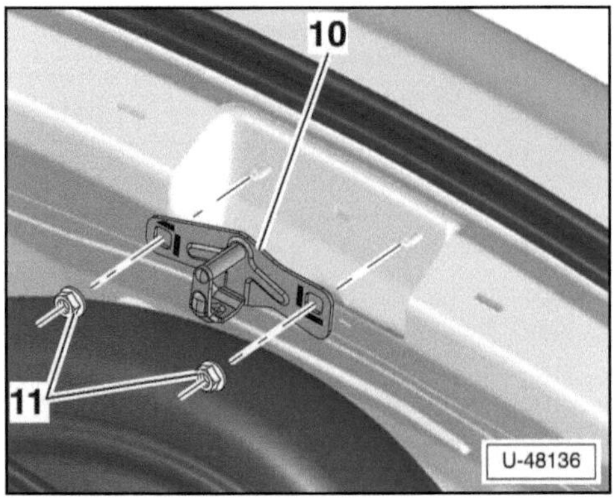

- Die Höheneinstellung hinten gegebenenfalls durch Verschieben des Schließbügels vornehmen. Dazu Muttern –11– lösen und Schließbügel –10– entsprechend verschieben.
- Kofferraumdeckel seitlich auf gleiches, paralleles Spaltmaß ausrichten.

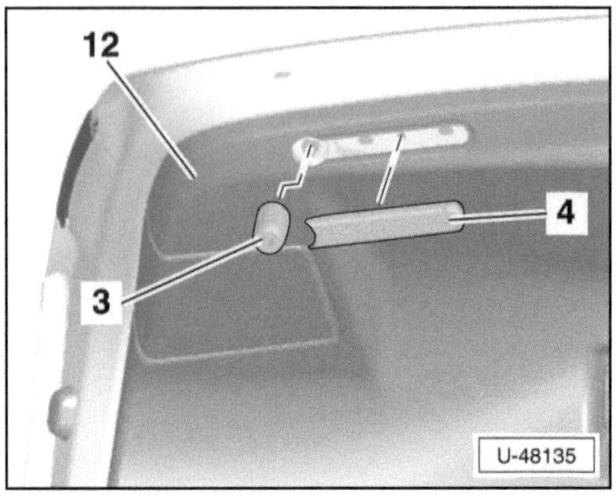

- Anschlagpuffer einstellen. Die Einstellpuffer–3– müssen bei korrekt eingestellter und geschlossenem Kofferraumdeckel leicht auf der Karosserie aufliegen.
- Einstellpuffer –2– je nach Bedarf heraus- oder hineindrehen.
- Die Anschläge –4– müssen beim Eindücken hörbar einrasten.
- Die Kofferraumdeckel-Verkleidung muss eingebaut sein.

Schloss für Kofferraumdeckel aus- und einbauen

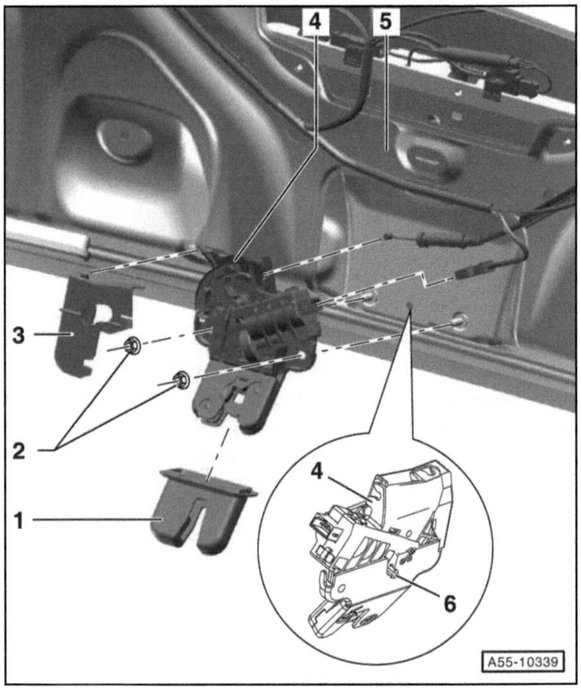

1 – Abdeckung

2 – Mutter, 21 Nm

3 – Schloss-Abdeckung

4 – Schloss
Für Kofferraumdeckel.

5 – Zentrierbohrung

6 – Zentrierclip

Ausbau

- Abdeckung –1– abziehen.
- Verkleidung für Kofferraumdeckel ausbauen, siehe entsprechendes Kapitel.
- Elektrische Steckverbindung abziehen.
- Fahrzeugen mit starrer Rückenlehne: Seilzug für Notentriegelung aushängen.
- Muttern –2– herausdrehen.
- Schloss –4– mit Clip –6– aus der Zentrierbohrung herausziehen.

Einbau

- Schloss mit Zentrierclip –6– in die Zentrierbohrung –5– eindrücken.
- Der weitere Einbau erfolgt in umgekehrter Ausbaureihenfolge.

Verlegung des Seilzugs für Notentriegelung des Kofferraumdeckels

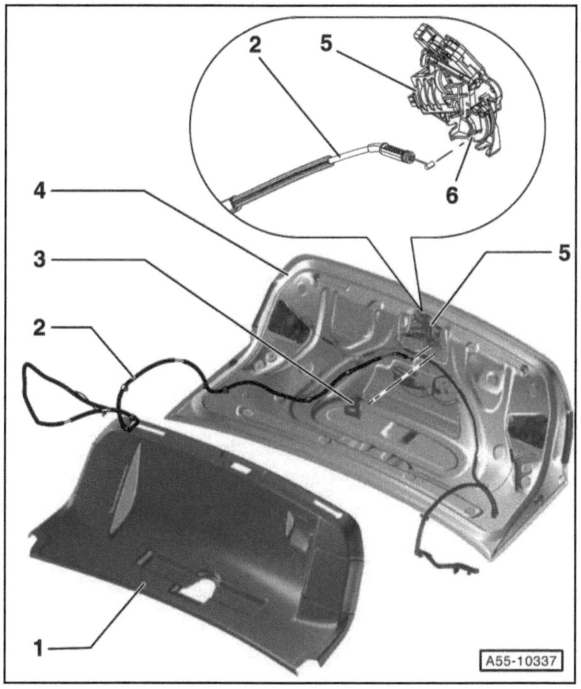

1 – **Verkleidung Kofferraumdeckel**

2 – **Bowdenzug**
Erst aus dem Widerlager am Schloss ausclipsen, dann aus dem Betätigungshebel aushängen.

3 – **Abdeckung**
Eingeclipst.

4 – **Kofferraumdeckel**

5 – **Schloss Kofferraumdeckel**

6 – **Betätigungshebel**
Für Notentriegelung.
Bowdenzug beim Einbau erst am Betätigungshebel einhängen, dann am Widerlager des Schlosses eindrücken.

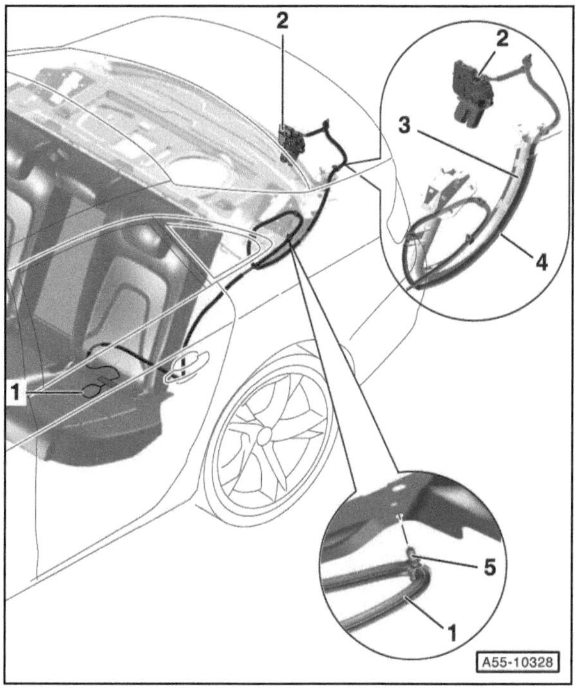

1 – **Bowdenzug**
Über das Scharnier in den Innenraum verlegen.

2 – **Schloss Kofferraumdeckel**

3 – **Schanier**

4 – **Abdeckung**
Auf das Scharnier aufgesteckt und auf der Rückseite mit Laschen verriegelt.

5 – **Clip**
Die Clips am neuen Zug sind vorpositioniert und werden in die entsprechenden Löcher eingeclipst.

Heckklappe aus- und einbauen

AVANT

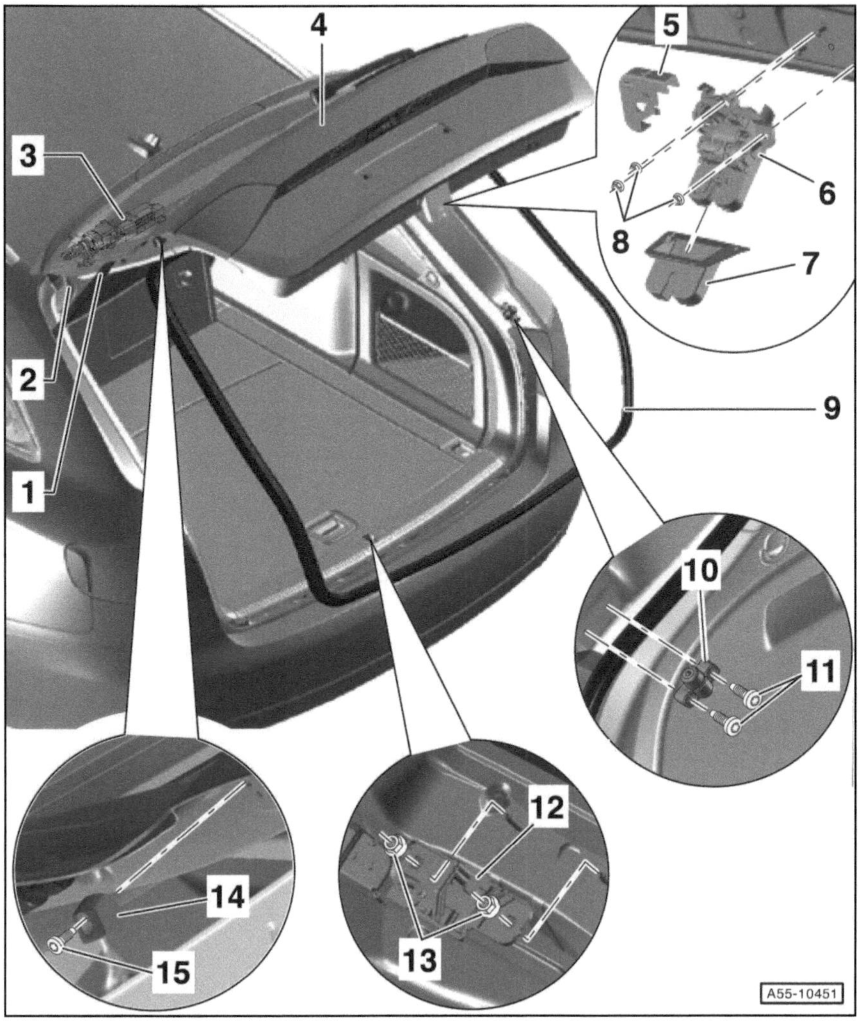

1 – **Gasdruckdämpfer**
Das Dämpferrohr wird an der Karosserie und die Kolbenstange an der Heckklappe angebaut. Der Aus- und Einbau erfolgt wie bei der Motorhaube.

2 – **Scharnier**

3 – **Motor**
Im Steuergerät der Heckklappe.

4 – **Heckklappe**
Ausbau

◆ Verkleidung für Heckklappe ausbauen, siehe Seite 272.
◆ Elektrische Steckverbindungen trennen.
◆ Schlauch für Heckwischanlage abziehen und mit einem geeigneten Stopfen verschließen.
◆ Falls vorhanden, Motoren für elektrische Heckklappenbetätigung ausbauen.
◆ Heckklappe durch Helfer abstützen und halten lassen.
◆ Gasdruckdämpfer –1– von der Heckklappe abbauen.
◆ Position der Scharniere und Schrauben an der Heckklappe markieren.
◆ Schrauben für Scharnier an Heckklappe herausdrehen.
◆ Heckklappe mit Helfer abnehmen.

Einbau

◆ Der Einbau erfolgt in umgekehrter Ausbaureihenfolge.

5 – **Abdeckung**

6 – **Heckklappenschloss**

7 – **Abdeckung**

8 – **Muttern, 21 Nm**

9 – **Dichtung**

10 – **Einstellpuffer**

11 – **Schrauben, 8 Nm**

12 – **Schließbügel**

13 – **Mutter, 21 Nm**

14 – **Anschlag**

15 – **Schraube, 8 Nm**

Heckklappe einstellen

AVANT

Einstellmaße

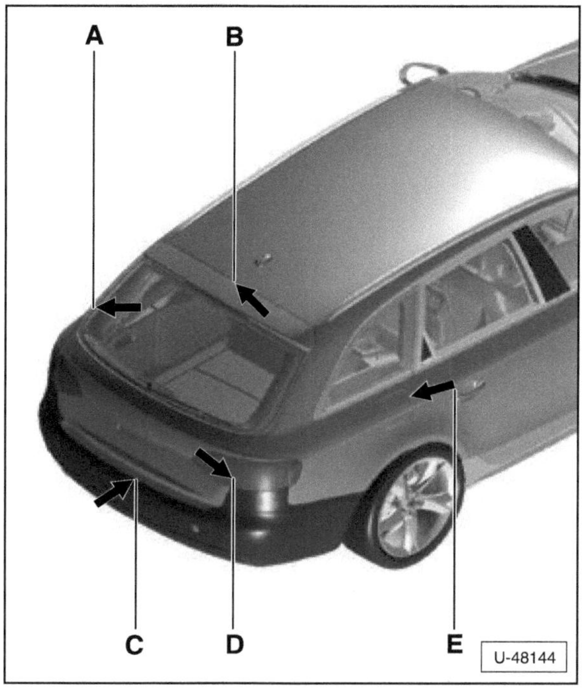

A = 3,5 mm
B = 4,5 mm
C = 5,0 mm
D = 3,5 mm
E = 2,2 mm umlaufend

Achtung: Die Karosseriespalte müssen immer parallel verlaufen.

Hinweis: Zur Einstellung einer neuen Heckklappe müssen die Gasdruckfedern montiert sein.

Einstellung über Schließbügel

Hinweis: Vor der Einstellung die Einstellpuffer an der Heckklappe vollständig hineindrehen.

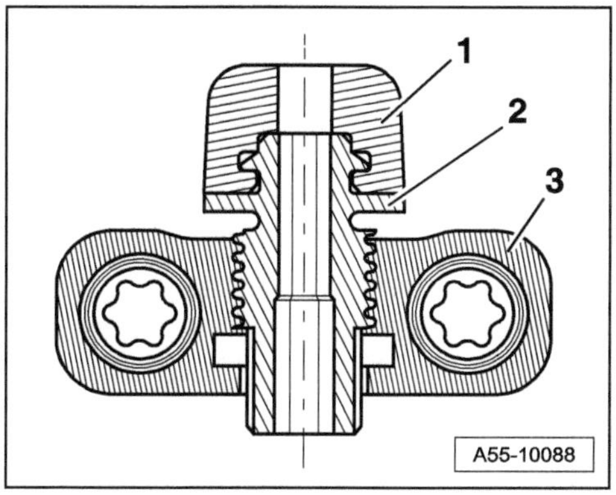

- Dazu die Einstellschraube –2– mit der Schutzkappe –1– vollständig in den Einstellpuffer hineindrehen.

Fahrzeug mit starrem Schließbügel

- Heckabschlussverkleidung ausbauen, siehe Seite 271.

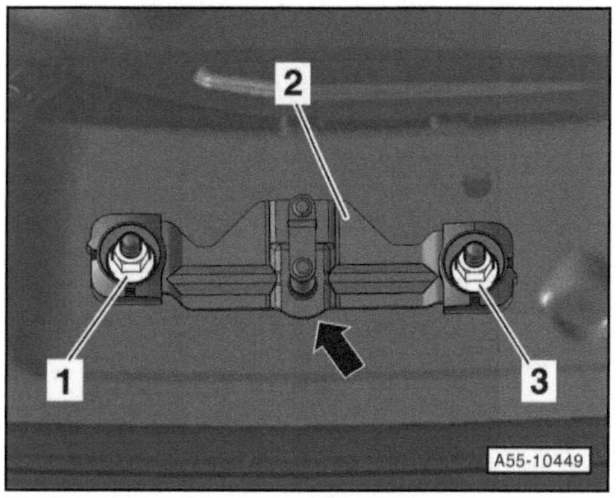

- Muttern –1– und –3– so weit lösen, dass der Schließbügel –2– gerade verschiebbar ist.
- Heckklappe vorsichtig schließen, bis sie bündig mit den umliegenden Bauteilen ist.
- Das Heckklappenschloss muss dabei in der Hauptraste, also in der 2. Verrastung, eingerastet sein.
- Heckklappe vorsichtig öffnen und Muttern am Schließbügel mit **21 Nm** festziehen.

Fahrzeug mit Zuziehhilfe

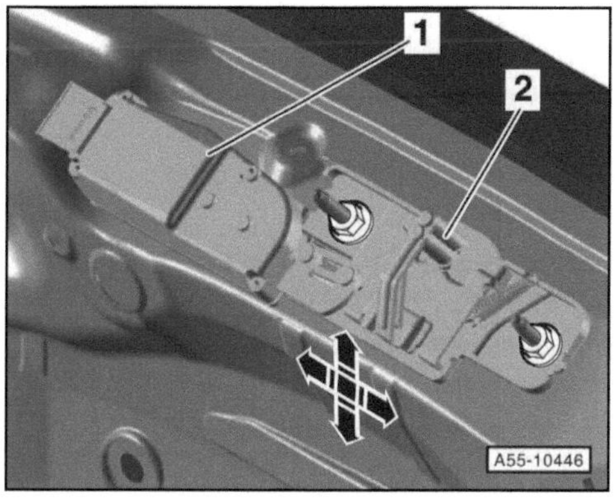

- Muttern für Schließbügel –2– so weit lösen, dass der Schließbügel mit dem Motor –1– gerade verschiebbar ist.

Hinweis: Zur leichteren Einstellung befinden sich Markierungen im Heckabschlussteil nach denen der Schließbügel eingerichtet werden kann.

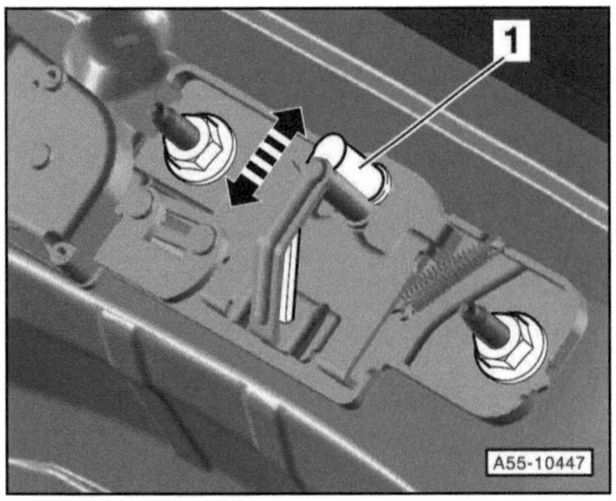

Achtung: Zur Einstellung der Heckklappe muss sich der Motor der Zuziehhilfe in der unteren Endlage befinden (untere Endlage = Klappe geschlossen). Wenn der Motor in der oberen Endlage –1– (weiß eingezeichnet) befindet, wird die Klappe beim anschließenden Schließvorgang auf Block gezogen und unter Umständen beschädigt. Bei der Einstellung der Heckklappe muss der Stecker vom Motor abgezogen sein. **Hinweis:** Ein neuer Schließbügel wird in der Stellung »Heckklappe geschlossen« geliefert.

- Falls erforderlich, Schließbügel in die untere Endlage »Heckklappe geschlossen« bringen. Dazu bei geöffneter Heckklappe und angeschlossener Spannungsversorgung das Heckklappenschloss beziehungsweise die Schlossfalle verschließen, zum Beispiel mit einem Schraubendreher. Dadurch läuft der Motor für die Zuziehhilfe in die untere Endstellung »Heckklappe geschlossen«. In dieser Stellung Stecker vom Motor für Zuziehhilfe abziehen. Das Schloss kann jetzt über die Griffleisten-Betätigung wieder geöffnet werden.
- Heckklappe vorsichtig schließen, bis sie bündig mit den umliegenden Bauteilen ist.
- Das Heckklappenschloss muss dabei in der Hauptraste, also in der 2. Verrastung, eingerastet sein.
- Heckklappe vorsichtig öffnen und Muttern am Schließbügel mit **21 Nm** festziehen.
- Stecker am Motor der Zuziehhilfe aufstecken.

Alle Fahrzeuge

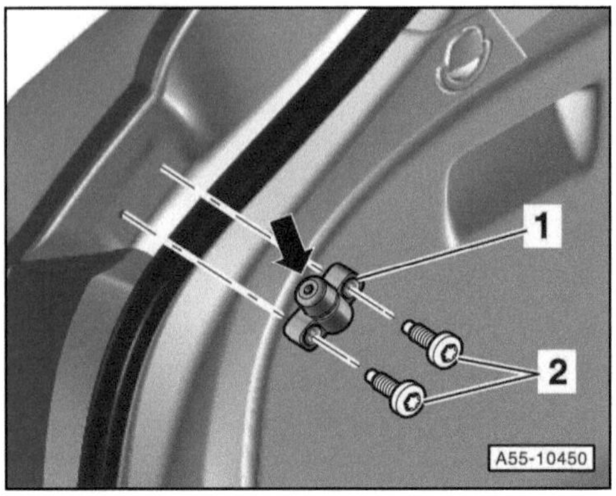

- Schrauben –2– am Anschlag an der Karosserie mit **8 Nm** festziehen.
- Einstellpuffer –Pfeil– so weit herausdrehen, bis die geschlossene Heckklappe mit den Anschlagpuffern an der Heckklappe zur Anlage mit dem Einstellpuffer –Pfeil– kommt, siehe auch Abbildung A55-10088.
- Prüfen, ob die Heckklappe noch leicht schließt und bündig sitzt. Gegebenenfalls Einstellung am Einstellpuffer wiederholen. Schließt die Heckklappe schwer, Einstellpuffer etwas hineindrehen.
- Prüfen, ob die Heckklappe spielfrei schließt. Dazu die geschlossene Heckklappe an den seitlichen Kanten unterhalb der Heckscheibe nach oben ziehen. Gegebenenfalls Einstellpuffer etwas herausdrehen.

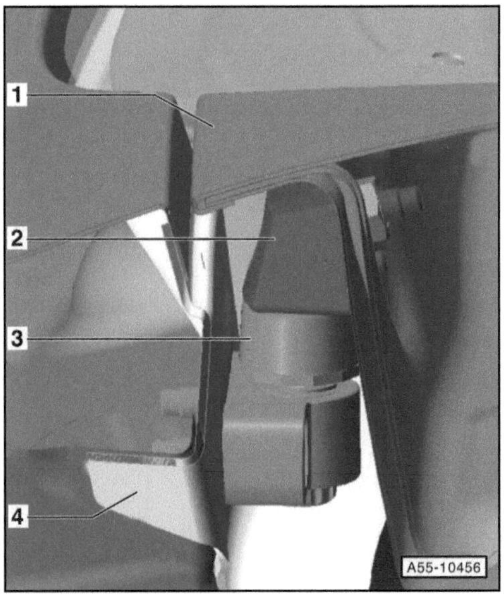

Hinweis: Bei korrekter Einstellung muss der Einstellpuffer –3– bei geschlossener Heckklappe mit leichter Vorspannung am Anschlagpuffer –2– anliegen.

Schloss für Heckklappe aus- und einbauen

Ausbau

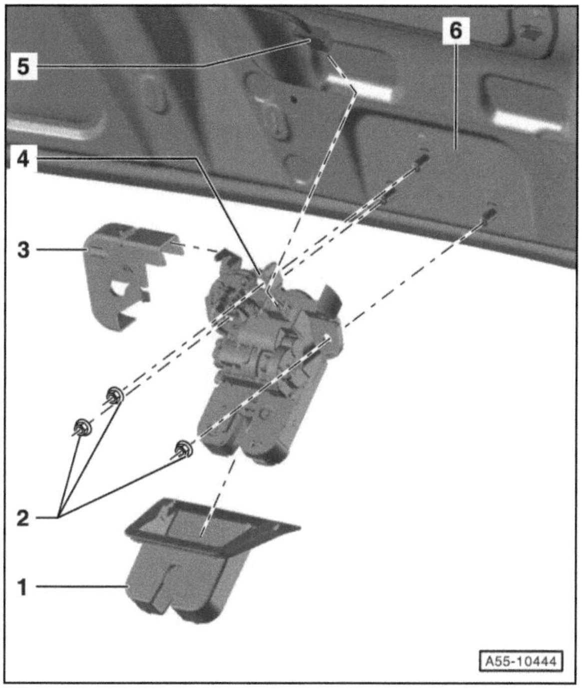

1 – **Abdeckung für Schloss**
2 – **Muttern, 21 Nm**
3 – **Abdeckung**
4 – **Schloss**
5 – **Elektrische Steckverbindung**
6 – **Heckklappe**

- Abdeckung –1– abziehen.
- Heckklappen-Verkleidung ausbauen, siehe Seite 272.
- Abdeckung –3– abziehen.
- Stecker vom Schloss abziehen.
- Muttern –2– herausdrehen und Schloss abnehmen.

Einbau

- Der Einbau erfolgt in umgekehrter Ausbaureihenfolge. Dabei ist Folgendes zu beachten:
- Abdeckung –3– und Abdeckung –1– auf das Schloss aufstecken bis der Clip hörbar einrastet.

Tür aus- und einbauen

Ausbau

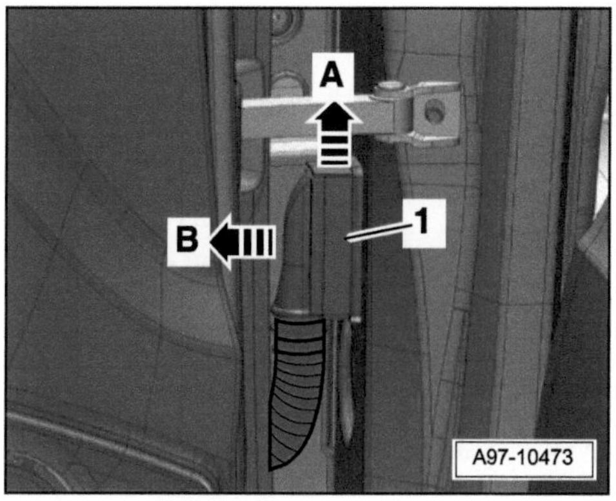

- Mehrfachsteckverbindung zur Tür trennen. Dazu Sicherung in Pfeilrichtung –A– schieben und Stecker –1– nach außen in Pfeilrichtung –B– abziehen.

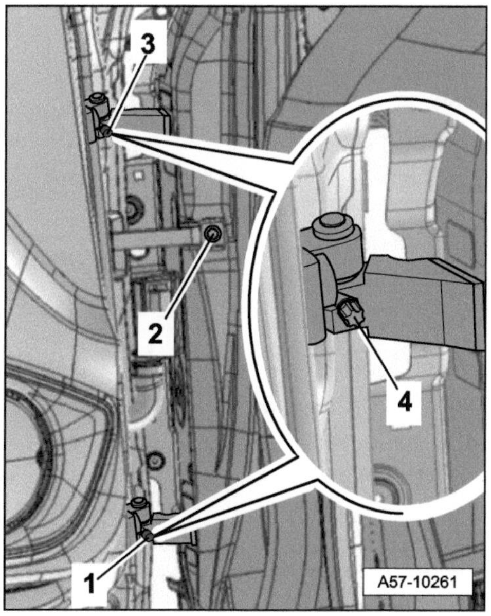

- Schraube –2– für Türfeststeller herausdrehen.
- Abdeckkappen –1– und –3– von den Stiftschrauben abziehen.
- Stiftschrauben –4– am Türscharnier oben und unten herausdrehen.
- Tür zusammen mit Helfer vorsichtig nach oben aus den Türscharnieren herausheben. **Achtung:** Darauf achten, dass der Lack von Tür oder Seitenteil nicht beschädigt wird.

Einbau

- Der Einbau erfolgt in umgekehrter Ausbaureihenfolge. Eine Einstellung der Tür muss nicht vorgenommen werden.

Fensterhebermotor aus- und einbauen

Ausbau

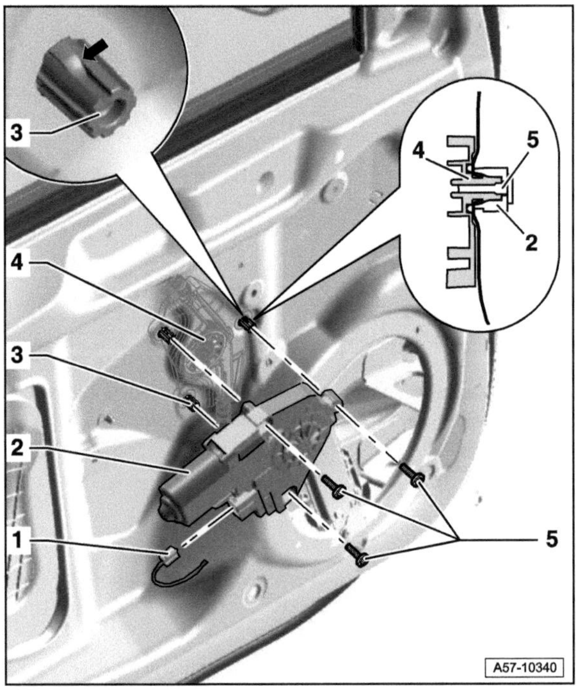

1 – Elektrische Steckverbindung
2 – Fensterhebermotor
3 – Gewindezapfen
4 – Fensterheber
5 – Schraube, 3,5 Nm

- Türverkleidung ausbauen, siehe Seite 266.
- Schrauben –5– herausdrehen und Fensterhebermotor vom Fensterheber abziehen.

Einbau

- Der Einbau erfolgt in umgekehrter Ausbaureihenfolge. Dabei ist Folgendes zu beachten:
- Die Halteklammern –Pfeil– der Gewindezapfen des Fensterhebers müssen im Türinnenblech verrastet sein.
- Fensterhebermotor auf die Gewindezapfen aufschieben und die Schrauben –5– mit **3,5 Nm** festziehen. **Hinweis:** Der Fensterhebermotor kann in jeder Motorstellung oder Fensterstellung eingebaut werden.
- Nach dem vollständigen Einbau den Fensterhebermotor justieren. Dazu Zündung einschalten und Türscheibe durch Betätigen des Fensterheberschalters ganz nach oben fahren. Schalter für Fensterheber weiterhin etwa 2 Sekunden gedrückt halten. Damit ist die Hoch- und Tieflauffunktion aktiviert.

Türscheibe aus- und einbauen

Ausbau

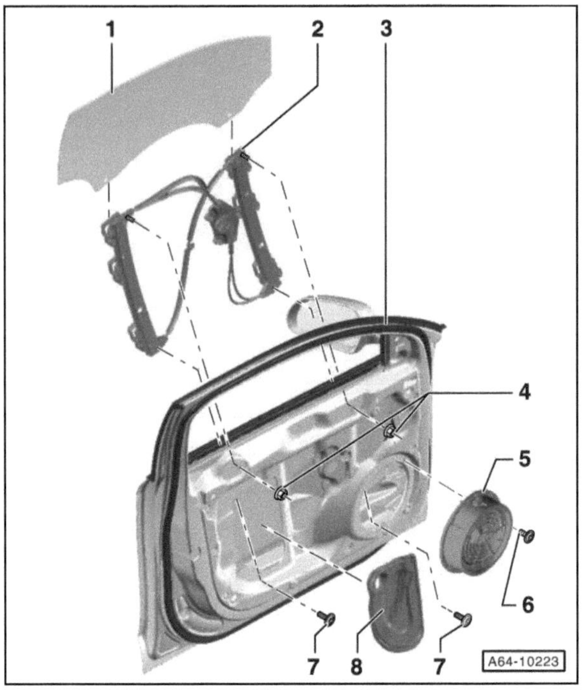

1 – Türscheibe	**5 – Lautsprecher**
2 – Fensterheber	**6 – Schraube, 1,5 Nm**
3 – Tür	**7 – Schraube, 6 Nm**
4 – Muttern, 6 Nm	**8 – Abdeckung**

- Türverkleidung ausbauen, siehe Seite 266.
- Lautsprecher ausbauen.

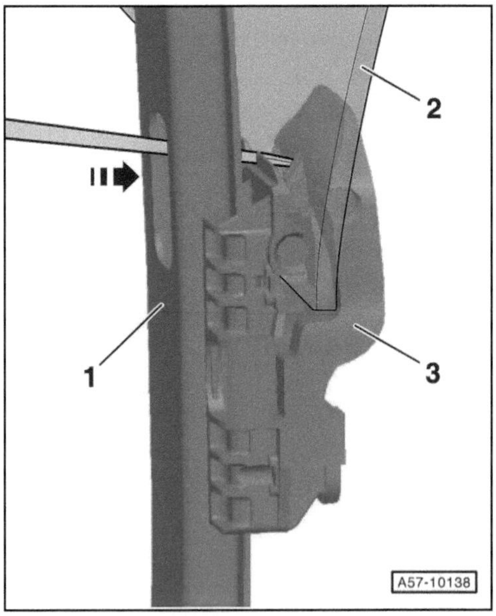

- Türscheibe nach unten fahren.

- Türscheibe entriegeln. Dazu mit einem Schraubendreher durch die Aussparung in der Fensterführung –1– und durch die Bohrung in der Türscheibe –2– den Mitnehmer –3– nach außen drücken und dadurch entriegeln.
- Scheibe nach oben aus dem Mitnehmer herausziehen.

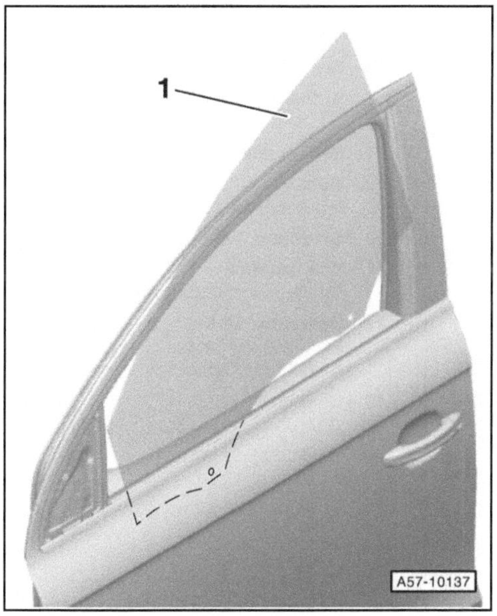

- Scheibe –1– nach vorn kippen und aus der Tür herausziehen.

Einbau

- Türscheibe –1– schräg nach vorn gekippt in die Fensterführung der Tür einsetzen.
- Scheibe in den Fensterführungen vorn und hinten ausrichten und nach unten schieben.
- Scheibe nach unten in den Mitnehmer eindrücken. Dabei verrasten die Mitnehmer in der Scheibe.

Außenspiegel aus- und einbauen

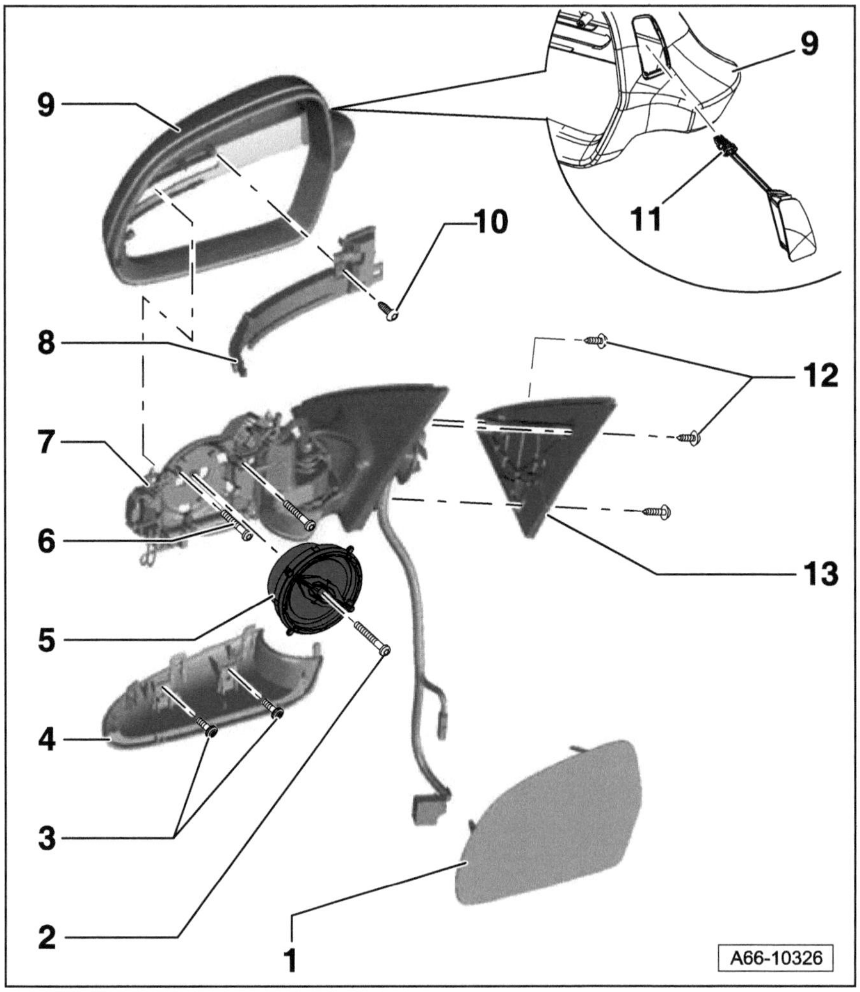

1 – **Spiegelglas**

2 – **Schraube, 1,5 Nm**

3 – **Schraube, 1 Nm**

4 – **Abdeckung**
Für Aufnahme –7–.

5 – **Spiegelverstelleinheit**

6 – **Schraube, 1 Nm**

7 – **Aufnahme**
Für Spiegelverstelleinheit.

8 – **Seitenblinker**

9 – **Gehäuse**
Für Außenspiegel.

10 – **Schraube, 1 Nm**

11 – **Warnleuchte**
Für Spurwechselassistent.

12 – **Schraube, 10 Nm**
Bis 5/2009: 3 Stück.
Ab 6/2009: 1 Stück.

13 – **Dichtung**

Hinweis: In der Abbilung ist die Ausführung bis 5/2009 dargestellt.

Ausbau

- Türverkleidung ausbauen, siehe Seite 266.
- Lautsprecherblende und Lautsprecherhalter für Hochtonlautsprecher ausbauen, siehe Seite 266.

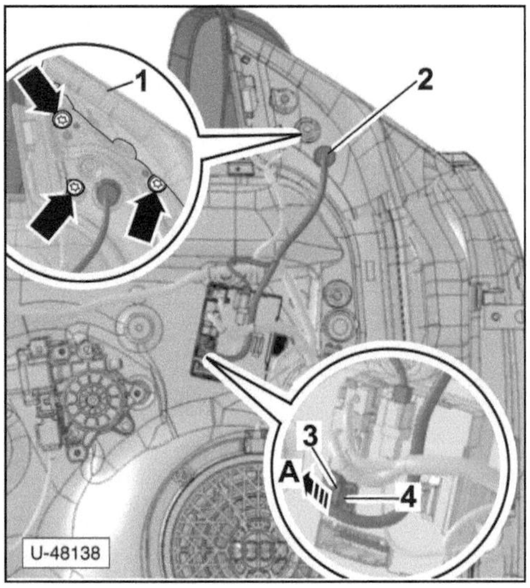

- Elektrische Steckverbindung trennen, dazu Sicherung –3– nach hinten in Pfeilrichtung –A– ziehen und Entriegelung –4– nach unten drücken.
- Tülle –2– aus der Spiegelabdichtung heraushebeln.
- Im Bereich des Spiegels die Haltenoppen von der Tür abziehen.
- Spiegelabdichtung –1– von der Tür abheben und gleichzeitig 3 Schrauben –Pfeile– herausdrehen.
- Aufnahme für Spiegelverstelleinheit abnehmen und gleichzeitig den Leitungsstrang durch die Karosserieöffnung nach außen herausführen.

Einbau

- Der Einbau erfolgt in umgekehrter Ausbaureihenfolge.

Spiegelglas aus- und einbauen

Ausbau

- Gehäusekanten des Außenspiegels mit Klebeband abkleben, um Beschädigungen beim Ausbau zu vermeiden.

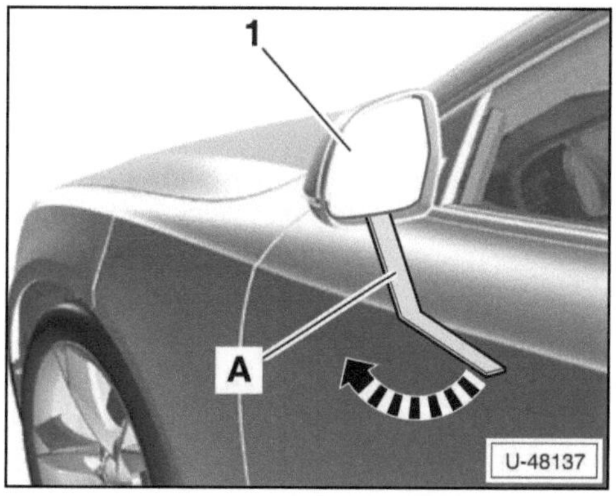

- Spiegelglas –1– mit einem Kunststoffkeil –A–, zum Beispiel HAZET 1965-21 oben und unten von der Spiegelverstelleinheit abdrücken –Pfeil–.

Achtung: Dabei kann das Spiegelglas auch brechen, deshalb Schutzhandschuhe tragen.

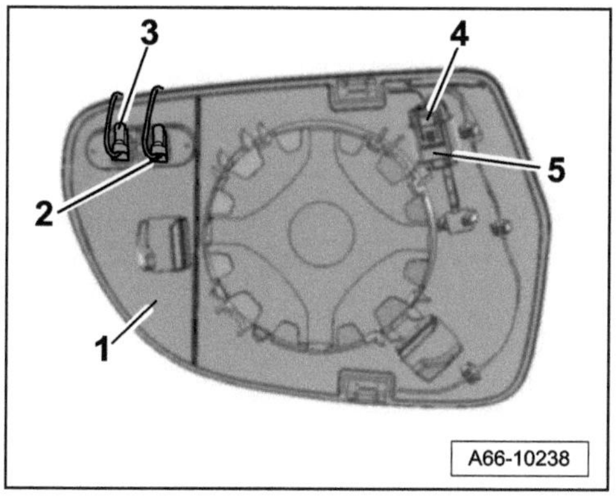

- Von der Rückseite des Spiegelglases –1– die Stecker –2– und –3– abziehen.
- Wo vorhanden, Steckverbindung –4– aus dem Halter –5– ausclipsen und trennen.

Einbau

- Stecker auf der Rückseite des Spiegelglases aufstecken und einclipsen.
- Spiegelglas an der Spiegelverstelleinheit ansetzen, aufdrücken und einrasten. **Achtung:** Beim Aufdrücken nur in der Mitte drücken. Schutzhandschuhe verwenden.

Spiegelgehäuse aus- und einbauen

Bis 5/2009

Ausbau Gehäuse-Oberteil

- Bereich um das Spiegelgehäuse mit einem weichen Tuch abkleben, um Lackbeschädigungen zu vermeiden.
- Spiegelglas ausbauen, siehe entsprechendes Kapitel.

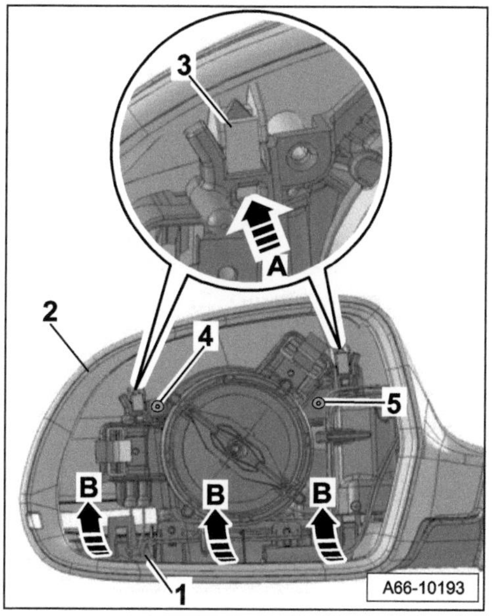

- Schrauben –4– und –5– herausdrehen.
- Haltenasen –3– in Pfeilrichtung –A– entriegeln.
- Halteklammer –1– entriegeln und Spiegelgehäuse von der Abdeckung –2– in Pfeilrichtung –B– abziehen.
- Spiegelverstelleinheit nach unten drücken und Spiegelgehäuse nach oben abziehen.
- Elektrische Steckverbindung für Seitenblinker trennen. Blinkleuchte abschrauben und herausschwenken, siehe Seite 129.

Gehäuse-Unterteil

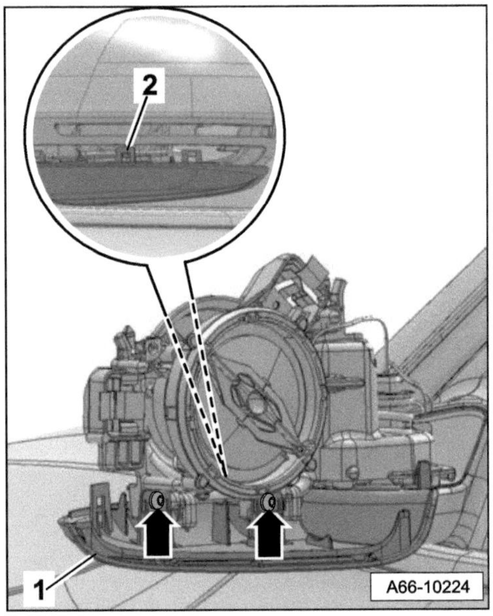

- 2 Schrauben –Pfeile– herausdrehen.
- Haltelasche –2– aushängen und Abdeckung –1– von der Aufnahme für Spiegelverstelleinheit abnehmen.

Einbau

- Der Einbau erfolgt in umgekehrter Ausbaureihenfolge.

Seit 6/2009

Ausbau Gehäuse-Oberteil

- Bereich um das Spiegelgehäuse mit einem weichen Tuch abkleben, um Lackbeschädigungen zu vermeiden.
- Spiegelverstelleinheit ausbauen, siehe entsprechendes Kapitel.

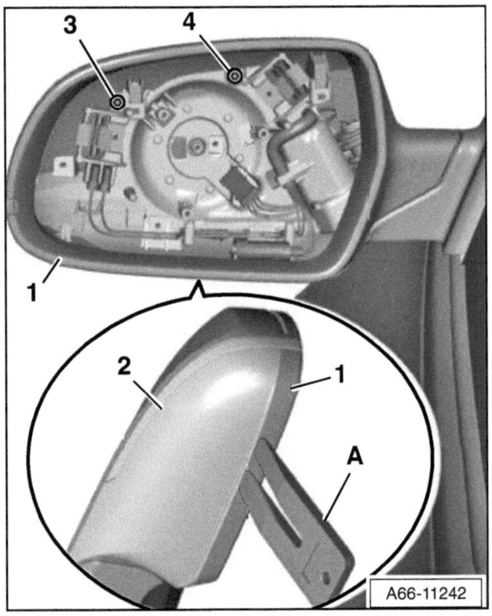

- Schraube –4– herausdrehen.
- Falls vorhanden, Schraube –3– herausdrehen.
- Abdeckung –2– mit dem Kunststoffkeil –A–, zum Beispiel VW-T10383/1, vorsichtig vom Gehäuse –1– abdrücken.

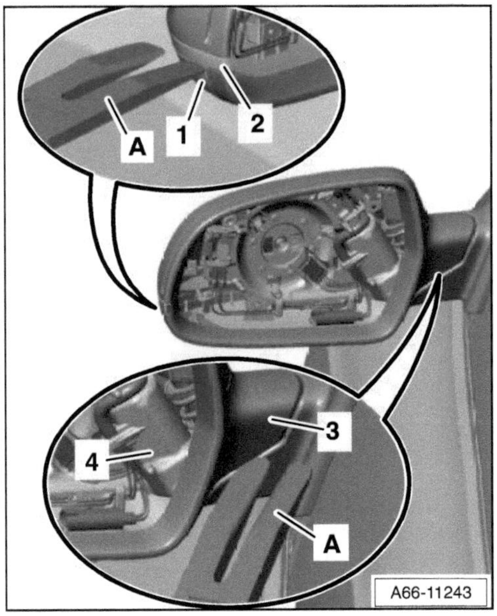

- Abdeckung –1– an der Blinkleuchte –2–, wie in der Abbildung gezeigt, mit dem Kunststoffkeil –A– entriegeln.
- Gehäuse –3– an der Aufnahme für die Spiegelverstelleinheit –4– mit dem Keil –A– entriegeln.

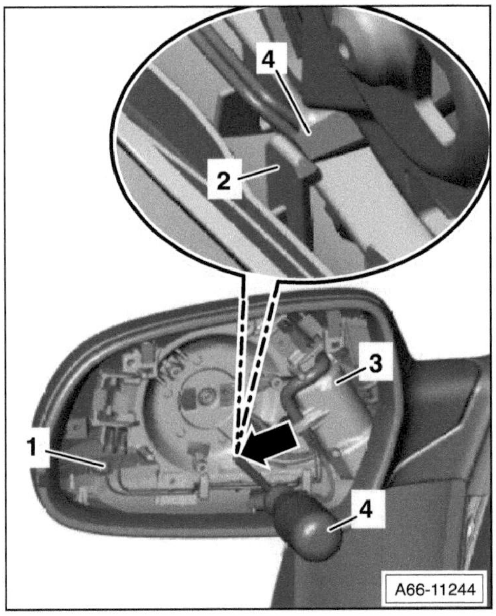

- Halteklammer –1– entriegeln.
- Mit einem Schraubendreher –4– die Halteklammer –2– durch die Öffnung –Pfeil– in der Aufnahme für die Spiegelverstelleinheit –3– entriegeln.

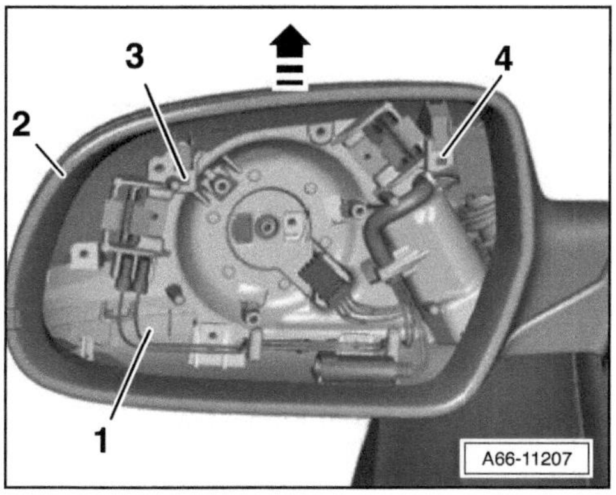

- Gehäuse –2– des Außenspiegels von der Abdeckung –1– abziehen –Pfeil–, dabei die Halterasten –3– und –4– vorsichtig entriegeln.

Hinweis: Fahrzeug mit Spurwechselassistent: Spiegelgehäuse nur so weit abziehen, bis die elektrische Steckverbindung sichtbar ist. Anschließend elektrische Steckverbindung für die Warnleuchte des Spurwechselassistenten an der Vorderseite der Aufnahme für die Spiegelverstelleinheit trennen.

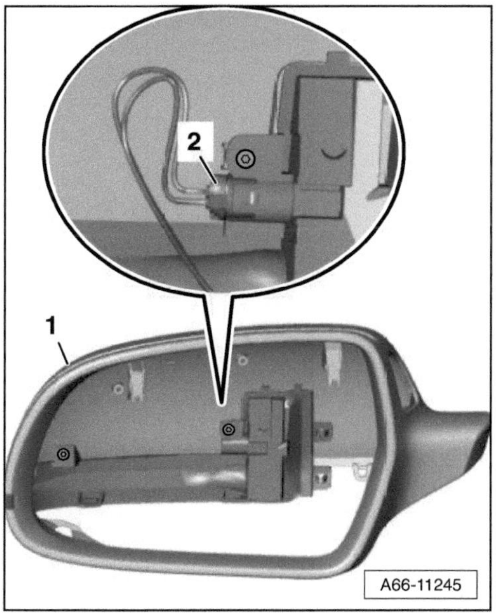

- Gehäuse –1– für Außenspiegel nach oben abziehen und elektrische Steckverbindung –2– trennen.

Hinweis: Falls das Gehäuse ersetzt wird, Lampe für Blinkleuchte ausbauen, siehe Seite 129.

Einbau

- Der Einbau erfolgt in umgekehrter Ausbaureihenfolge. Anzugsdrehmomente, siehe Legende zu Abbildung A66-10326.

Ausbau Gehäuse-Unterteil

- Gehäuse-Oberteil ausbauen, siehe vorderen Abschnitt.

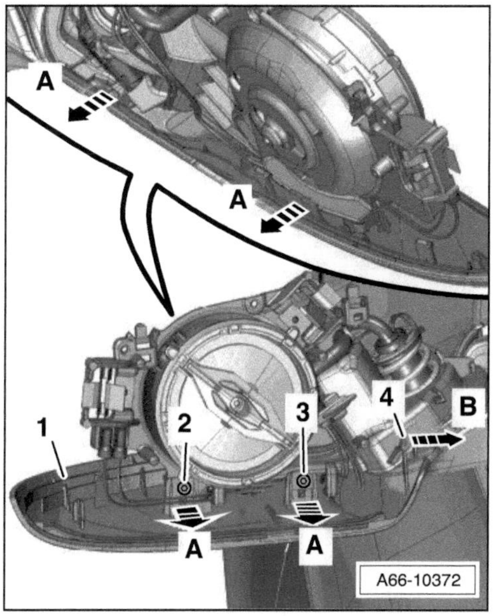

- Schrauben –2– und –3– herausdrehen.
- Haltelaschen und Haltehaken aushängen –Pfeile A–.
- Abdeckung –1– so weit nach unten drücken, dass die Haltelaschen sich nicht mehr einhängen und anschließend den Haltehaken –4– aushängen –Pfeil B–.
- Abdeckung an der Aufnahme für Spiegelverstelleinheit abnehmen.

Einbau

- Der Einbau erfolgt in umgekehrter Ausbaureihenfolge. Anzugsdrehmomente, siehe Legende zu Abbildung A66-10326.

Spiegelverstelleinheit aus- und einbauen

Ausbau

- Spiegelglas ausbauen, siehe entsprechendes Kapitel.

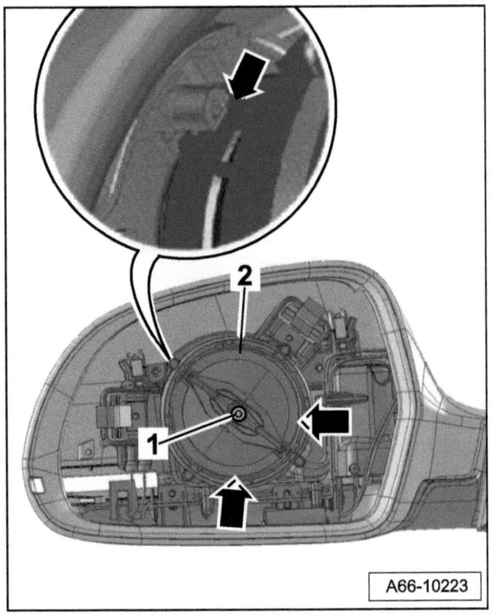

- Schraube –1– der Spiegelverstelleinheit –2– herausdrehen.
- Haltelaschen –Pfeile– entriegeln und Spiegelverstelleinheit abnehmen.

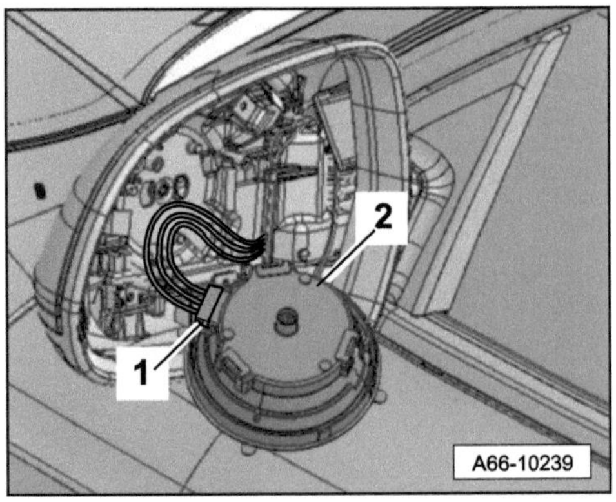

- Stecker –1– von der Spiegelverstelleinheit –2– abziehen.

Einbau

- Spiegelverstelleinheit über den Haltelaschen ansetzen, andrücken und hörbar einrasten.
- Der weitere Einbau erfolgt in umgekehrter Ausbaureihenfolge.

Stromlaufpläne

Aus dem Inhalt:

- **Zeichenerklärung**
- **Stromlaufplan-Übersicht**
- **Einzelpläne**

Der Umgang mit dem Stromlaufplan

In einem Personenwagen werden je nach Ausstattung bis über 1.000 Meter Leitungen verlegt, um alle elektrischen Verbraucher (Scheinwerfer, Radio usw.) mit Strom zu versorgen. Will man einen Fehler in der elektrischen Anlage aufspüren oder nachträglich ein elektrisches Zubehör montieren, kommt man nicht ohne Stromlaufplan aus; anhand dessen der Stromverlauf und damit die Kabelverbindungen aufgezeigt werden.

Die Kennbuchstaben der wichtigsten Bauteile sind:

Kennbuchstabe	Bauteil
A	Batterie
B	Anlasser
C	Drehstromgenerator
D	Zündanlassschalter
E	Schalter für Handbedienung
F	Mechanische Schalter
G	Geber, Kontrollgeräte
H	Horn, Doppeltonhorn, Fanfare
J	Relais, Steuergerät
K, L, M, W, X	Kontrolllampen, Lampen, Leuchten
N	Elektroventile, Widerstände, Schaltgeräte
O	Zündverteiler
P, Q	Zündkerzenstecker, Zündkerzen
R	Radio
S	Sicherungen
T	Steckverbindungen
V	Elektromotoren

Zur genaueren Unterscheidung werden den Kennbuchstaben noch Zahlen angefügt.

Relais und elektronische Steuergeräte sind in der Regel grau unterlegt. Die darin eingezeichneten Linien sind interne Verdrahtungen. Sie zeigen, wie Relais und andere elektrische/elektronische Bauteile sowohl zueinander als auch auf der Relaisplatte verschaltet sind.

Die Bezeichnung der Klemmen ist nach DIN genormt. **Die wichtigsten Klemmenbezeichnungen sind:**

Klemme 30. An dieser Klemme liegt immer die Batteriespannung an. Die Kabel sind meist rot oder rot mit Farbstreifen.

Klemme 31 führt zur Masse. Die Masse-Leitungen sind in der Regel braun.

Klemme 15 wird über das Zündschloss gespeist. Die Leitungen führen nur bei eingeschalteter Zündung Strom. Die Kabel sind meist grün oder grün mit farbigem Streifen.

Klemme X führt ebenfalls nur bei eingeschalteter Zündung Strom, dieser wird jedoch unterbrochen, wenn der Anlasser betätigt wird. Dadurch ist sichergestellt, dass während des Startvorganges der Zündanlage die volle Batterieleistung zur Verfügung steht. Alle größeren Stromaufnehmer liegen in diesem Stromkreis. Das Fernlicht wird ebenfalls über diese Klemme mit Strom versorgt. So wird bei eingeschaltetem Fernlicht und ausgeschalteter Zündung automatisch auf Standlicht umgeschaltet.

Im Stromlaufplan sind in den einzelnen Leitungen Ziffern und darunter Buchstabenkombinationen eingefügt.

Beispiel: **1,5**
ws/ge

Die Ziffern geben den Leitungsquerschnitt an; hier: 1,5 mm^2. Die Buchstaben weisen auf die Leitungsfarben hin. Besteht die Kennzeichnung aus zwei Buchstabengruppen, die durch einen Schrägstrich getrennt sind, dann wird zuerst die Leitungsgrundfarbe genannt; hier: ws = weiß. Die zweite Buchstabenfolge gibt die Zusatzfarbe an; hier: ge = gelb.

Zuordnung der Stromlaufpläne

AUDI A4 ab November 2011, Stand November 2013

Wegen des großen Umfangs können nicht alle Stromlaufpläne aus jedem Modelljahr berücksichtigt werden. Jedoch kann man sich auch an den vorliegenden Stromlaufplänen orientieren, wenn das eigene Fahrzeug einem anderen Modelljahr angehört, da die Änderungen in der Regel nur Teilbereiche betreffen.

Gebrauchsanleitung für Stromlaufpläne

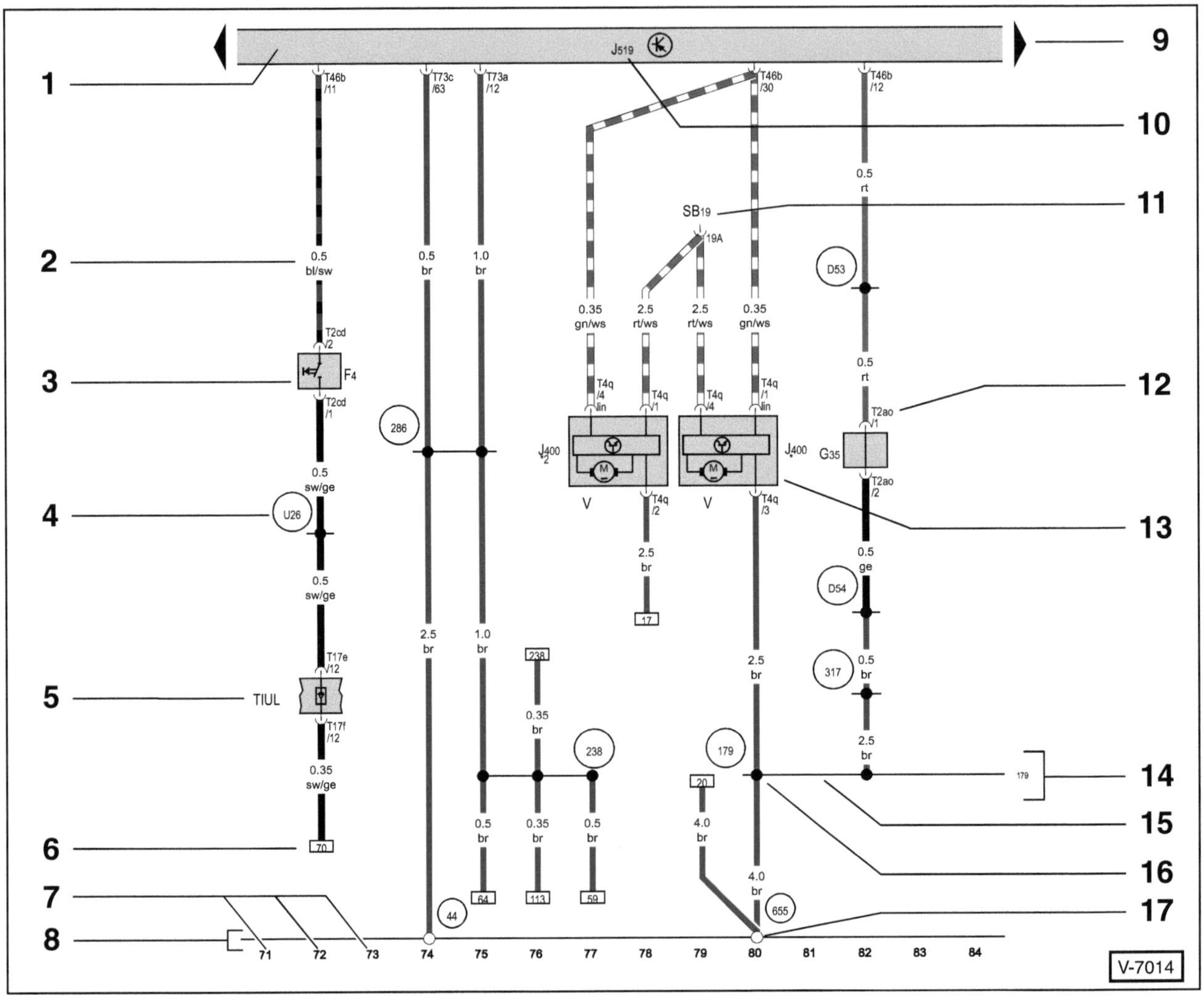

1 – Hauptsteuergerät
J519 = Bordnetz-Steuergerät. Durch ein graues Feld gekennzeichnet. Stellt die plusseitigen Anschlüsse dar.

2 – Leitungsquerschnitt in mm² und Leitungsfarbe
0,5 = 0,5 mm², bl/sw = blau/schwarz. Abkürzungen für die Leitungsfarben stehen neben jedem Stromlaufplan.

3 – Schaltzeichen für Bauteil
F4 = Schalter für Rückfahrleuchten.

4 – Verbindung im Leitungsstrang
Nicht lösbare Verbindung.

5 – Teile-Bezeichnung
TIUL = Koppelstelle im Innenraum unten links. Die gezackten seitlichen Linien weisen darauf hin, dass nur ein Teil des Bauteils dargestellt ist.

6 – Verweis auf Weiterführung der Leitung zu einem anderen Bauteil
Die Zahl im Rechteck kennzeichnet, in welchem Strompfad die Leitung weitergeführt wird; hier in Strompfad 70.

7 – Strompfad-Nummer

8 – Fahrzeugmasse

9 – Pfeil
Weist auf die Fortsetzung des Stromlaufplans auf der anschließenden Seite hin.

10 – Bezeichnung Hauptsteuergerät
J519 = Bordnetz-Steuergerät.

11 – Sicherung
SB19 = Sicherung Nr. 19, im Sicherungshalter B, im Motorraum.

12 – Steckverbindung T2ao/1
T2 = 2-fach-Steckverbindung, »/1« = Kontakt 1.

13 – Schaltzeichen für Bauteil
J400 = Wischermotor mit Steuereinheit.

14 – Verweis auf Weiterführung der Leitung im anschließenden Stromlaufplanteil
Die Zahl kennzeichnet, wo im nächsten Stromlaufplanteil die Leitung weitergeführt wird.

15 – Interne Verbindung (dünner Strich)
Diese Verbindung ist nicht als Leitung vorhanden.

16 – Massepunkt oder Masseverbindung im Leitungsstrang
In der Legende stehen Angaben zur Lage des Massepunktes im Fahrzeug.
Hier: 179 = Masseverbindung im Leitungsstrang des linken Scheinwerfers.

17 – Massepunkt
Der weiße Kreis zeigt an, dass es sich hier um eine lösbare Verbindung handelt.

Schalter für Zugang und Startberechtigung, Sicherung 6 auf Sicherungshalter D

112/2

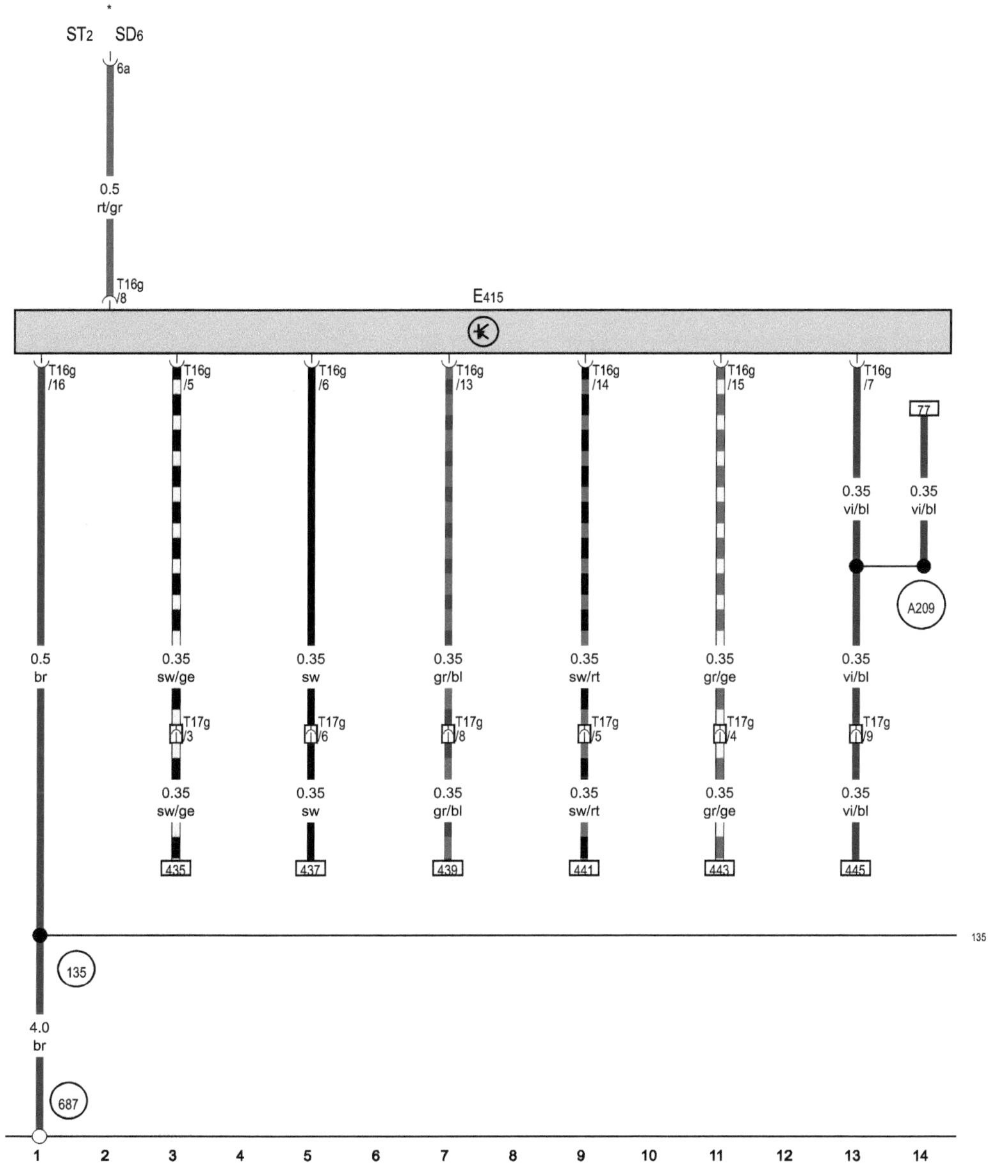

ws = weiss
sw = schwarz
ro = rot
rt = rot
br = braun
gn = grün
bl = blau
gr = grau
li = lila
vi = lila
ge = gelb
or = orange
rs = rosa

E415 - Schalter für Zugang und Startberechtigung
ST2 - Sicherungsträger 2
SD6 - Sicherung 6 auf Sicherungshalter D
T16g - Steckverbindung, 16fach
T17g - Steckverbindung, 17fach, in der Kupplungsstation, A-Säule rechts

135 - Masseverbindung 2 im Schalttafelleitungsstrang
687 - Massepunkt 1 auf dem Mitteltunnel
A209 - Verbindung 1 (LIN-Bus) im Schalttafelleitungsstrang
* - siehe Stromlaufplan für Sicherungsbelegung (in diesem Band nicht vorhanden)

Steuergerät im Kombiinstrument, Empfänger für Funkuhr, Funkuhr

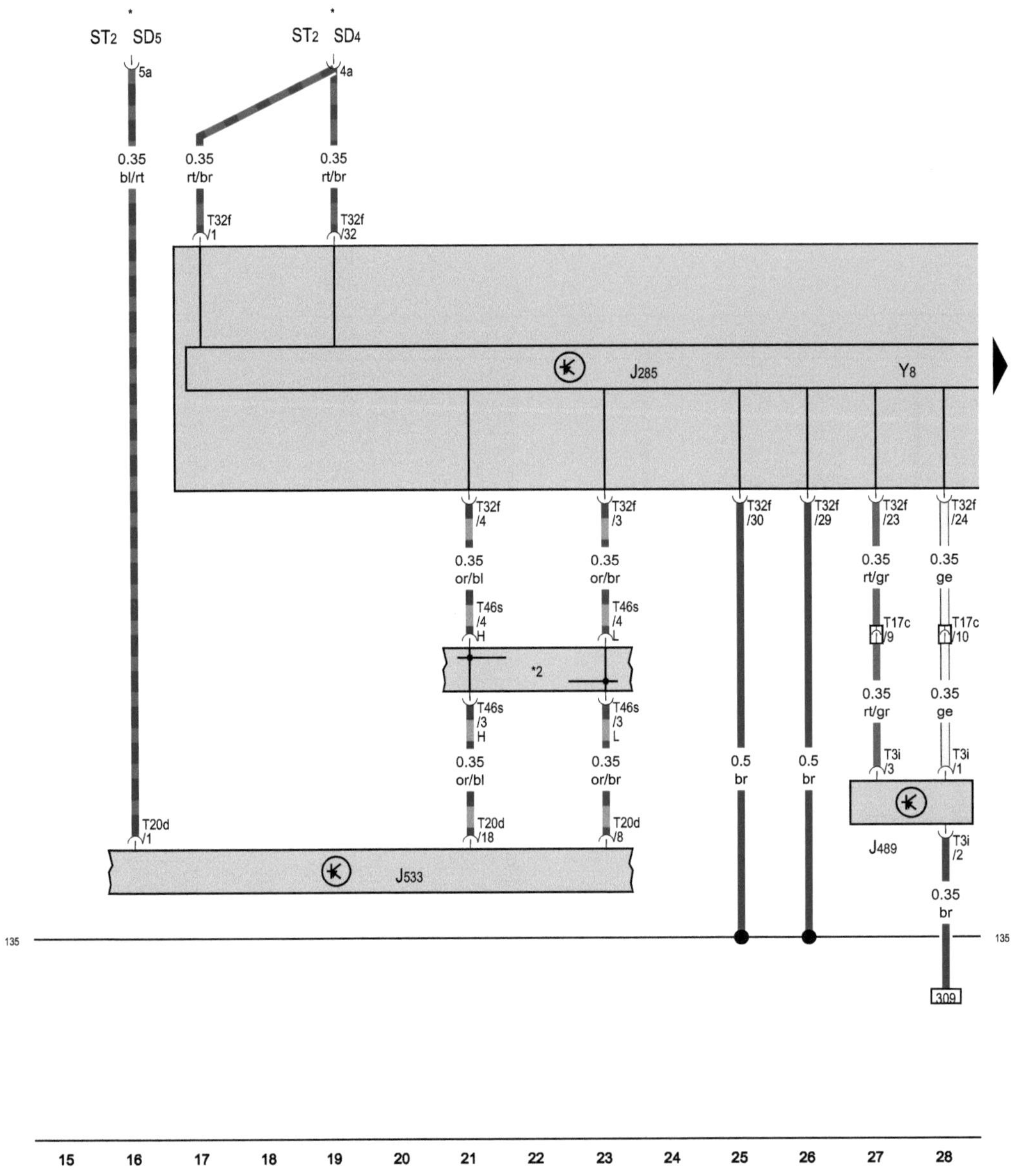

ws = weiss
sw = schwarz
ro = rot
rt = rot
br = braun
gn = grün
bl = blau
gr = grau
li = lila
vi = lila
ge = gelb
or = orange
rs = rosa

J285 - Steuergerät im Kombiinstrument
J489 - Empfänger für Funkuhr
J533 - Diagnose-Interface für Datenbus
ST2 - Sicherungsträger 2
SD4 - Sicherung 4 auf Sicherungshalter D
SD5 - Sicherung 5 auf Sicherungshalter D
T3i - Steckverbindung, 3fach
T17c - Steckverbindung, 17fach, schwarz
T20d - Steckverbindung, 20fach
T32f - Steckverbindung, 32fach
T46s - Steckverbindung, 46fach
Y8 - Funkuhr

(135) - Masseverbindung 2 im Schalttafelleitungsstrang

* - siehe Stromlaufplan für Sicherungsbelegung (in diesem Band nicht vorhanden)

*2 - siehe Stromlaufplan für CAN-Trennstecker (in diesem Band nicht vorhanden)

Steuergerät im Kombiinstrument

112/4

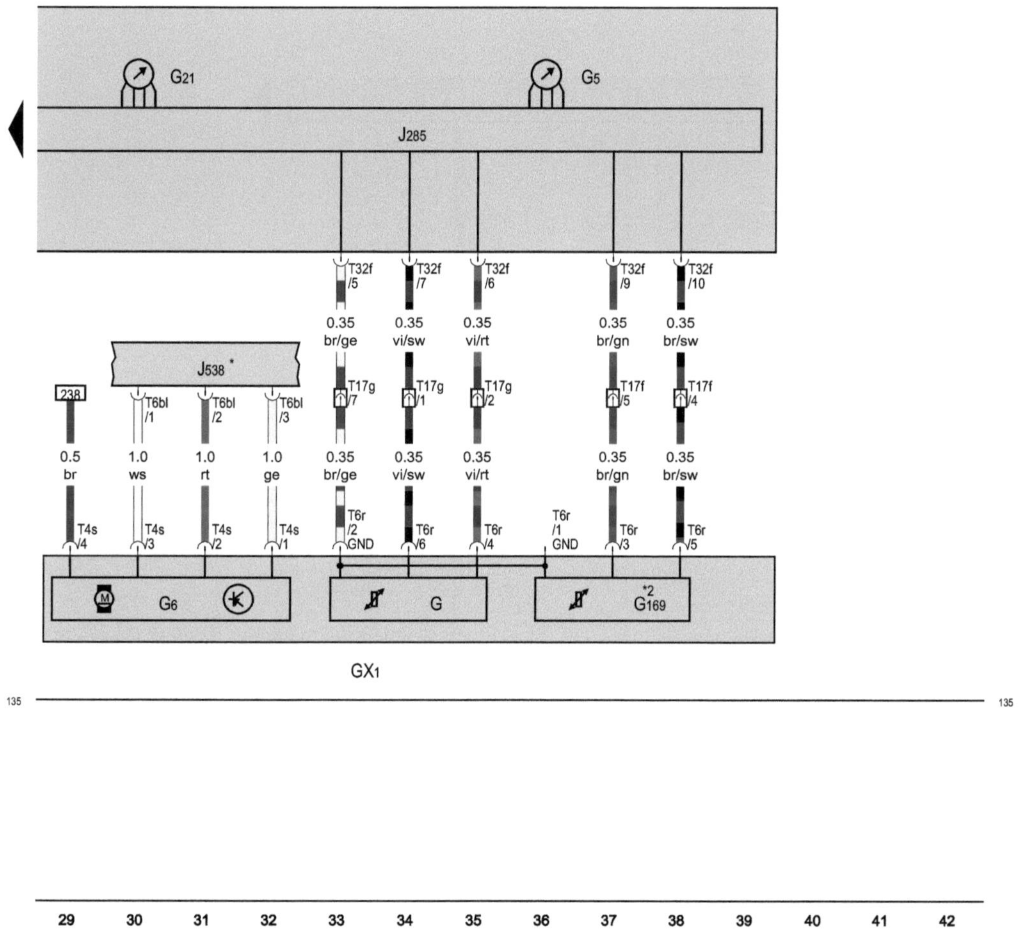

ws = weiss
sw = schwarz
ro = rot
rt = rot
br = braun
gn = grün
bl = blau
gr = grau
li = lila
vi = lila
ge = gelb
or = orange
rs = rosa

G - Geber für Kraftstoffvorratsanzeige
GX1 - Kraftstofffördereinheit
G5 - Drehzahlmesser
G6 - Kraftstoffpumpe für Vorförderung
G21 - Geschwindigkeitsmesser
G169 - Kraftstoffvorratsgeber 2
J285 - Steuergerät im Kombiinstrument
J538 - Steuergerät für Kraftstoffpumpe
T4s - Steckverbindung, 4fach
T6bl - Steckverbindung, 6fach
T6r - Steckverbindung, 6fach
T17f - Steckverbindung, 17fach, braun
T17g - Steckverbindung, 17fach, schwarz
T32f - Steckverbindung, 32fach

(135) - Masseverbindung 2 im Schalttafelleitungsstrang

* - siehe Stromlaufplan für Motor (in diesem Band nicht vorhanden)

*2 - nur für Fahrzeuge mit Allradantrieb

Steuergerät für Lenksäulenelektronik

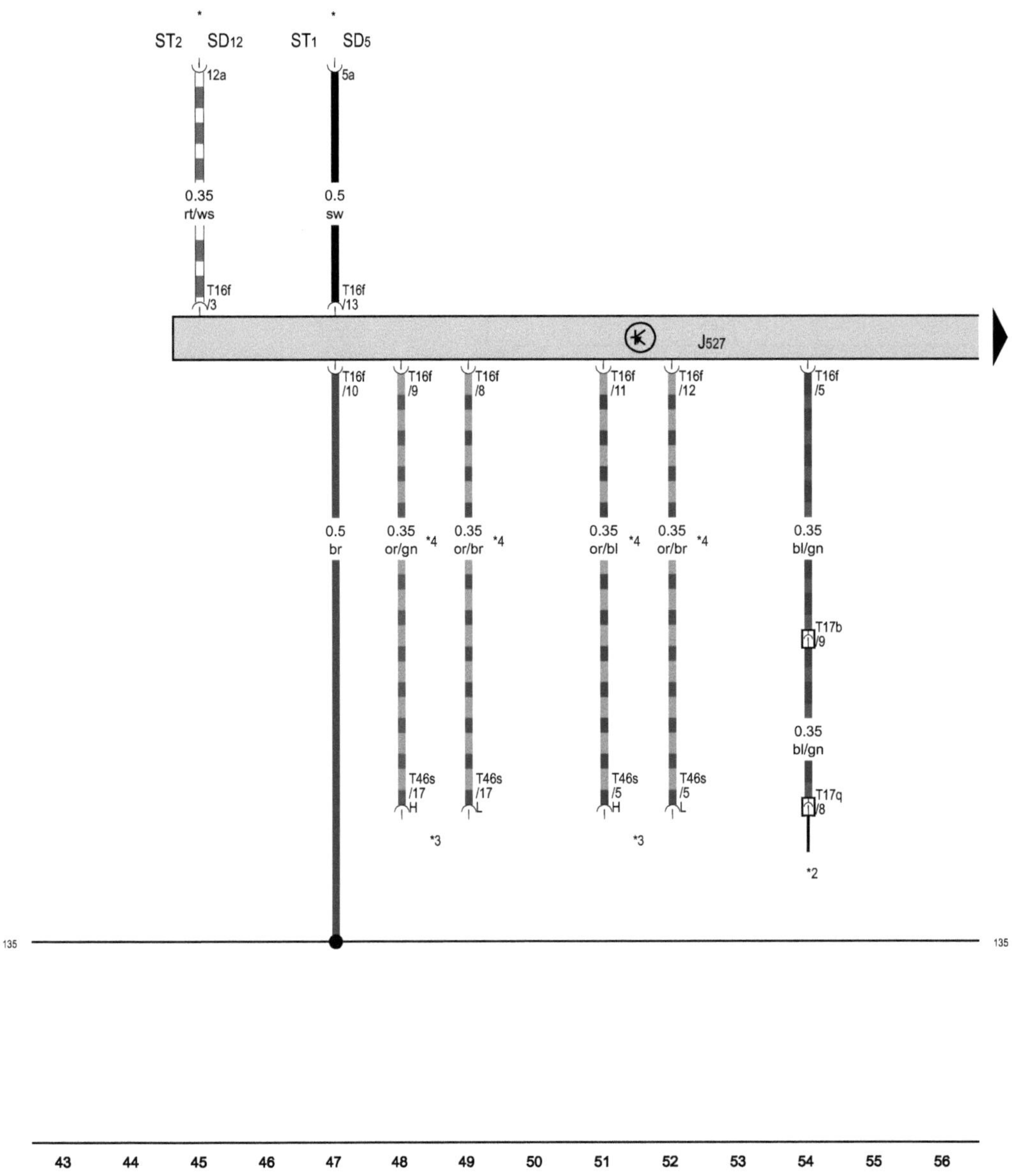

ws = weiss
sw = schwarz
ro = rot
rt = rot
br = braun
gn = grün
bl = blau
gr = grau
li = lila
vi = lila
ge = gelb
or = orange
rs = rosa

J527 - Steuergerät für Lenksäulenelektronik
ST1 - Sicherungsträger 1
ST2 - Sicherungsträger 2
SD5 - Sicherung 5 auf Sicherungshalter D
SD12 - Sicherung 12 auf Sicherungshalter D
T16f - Steckverbindung, 16fach
T17b - Steckverbindung, 17fach, in der Kupplungsstation, A-Säule links
T17q - Steckverbindung, 17fach, in der E-Box
T46s - Steckverbindung, 46fach

(135) - Masseverbindung 2 im Schalttafelleitungsstrang
* - siehe Stromlaufplan für Sicherungsbelegung (in diesem Band nicht vorhanden)
*2 - siehe Stromlaufplan für Motor (in diesem Band nicht vorhanden)
*3 - Steckbrücke Beifahrerseite, braun
*4 - Datenbusleitung (CAN-Bus)

Blinklichtschalter, Schalter für GRA (Geschwindigkeitsregelanlage), Steuergerät für Lenksäulen-elektronik

112/6

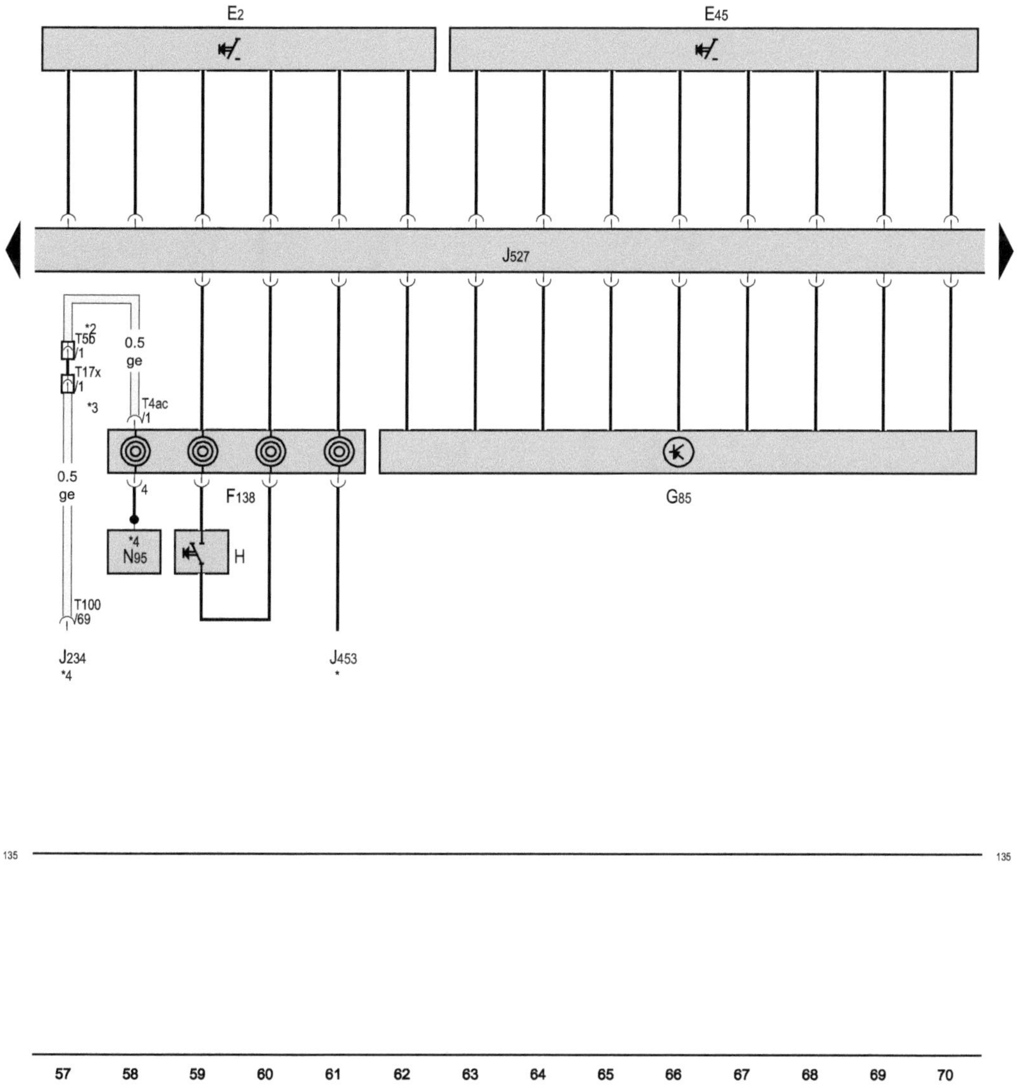

ws = weiss
sw = schwarz
ro = rot
rt = rot
br = braun
gn = grün
bl = blau
gr = grau
li = lila
vi = lila
ge = gelb
or = orange
rs = rosa

E2 - Blinklichtschalter
E45 - Schalter für GRA
F138 - Wickelfeder für Airbag und Rückstellring mit Schleifring
G85 - Lenkwinkelgeber
H - Signalhornbetätigung
J234 - Steuergerät für Airbag
J453 - Steuergerät für Multifunktionslenkrad
J527 - Steuergerät für Lenksäulenelektronik
N95 - Zünder für Airbag Fahrerseite
T4ac - Steckverbindung, 4fach
T5b - Steckverbindung, 5fach
T17x - Steckverbindung, 17fach
T100 - Steckverbindung, 100fach

(135) - Masseverbindung 2 im Schalttafelleitungsstrang

* - siehe Stromlaufplan für Multifunktionslenkrad (in diesem Band nicht vorhanden)
*2 - bis April 2009
*3 - ab Mai 2009
*4 - siehe Stromlaufplan für Airbag (in diesem Band nicht vorhanden)

Scheibenwischerschalter Intervallbetrieb, Schalter Fahrprofilauswahl, Taster für Start-Stopp-Betrieb, Steuergerät Lenksäulenelektronik, Steuergerät elektronische Lenksäulenverriegelung

112/7

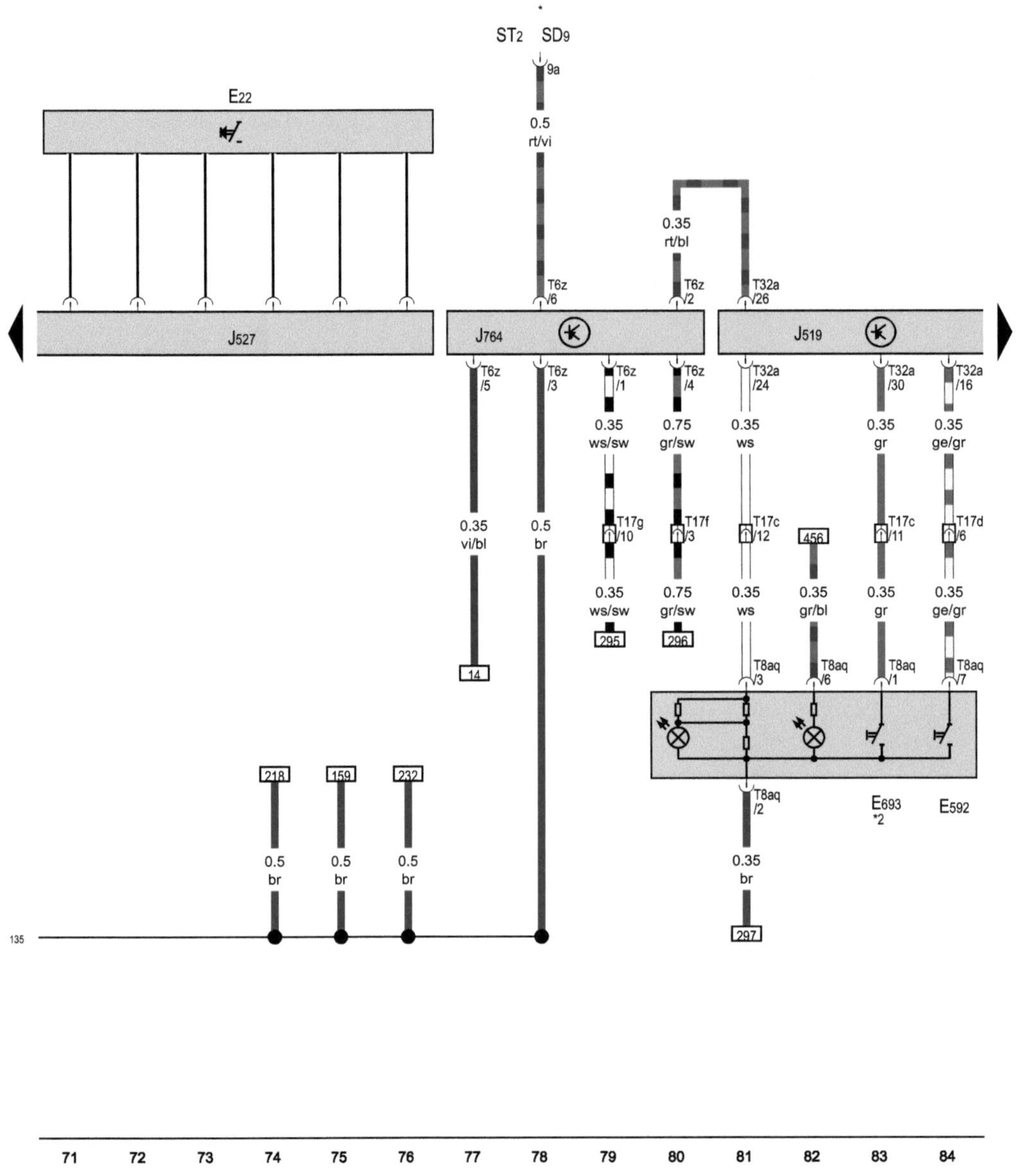

ws = weiss
sw = schwarz
ro = rot
rt = rot
br = braun
gn = grün
bl = blau
gr = grau
li = lila
vi = lila
ge = gelb
or = orange
rs = rosa

E22 - Scheibenwischerschalter für Intervallbetrieb
E592 - Schaltermodul für Fahrprofilauswahl
E693 - Taster für Start-Stopp-Betrieb
J519 - Bordnetzsteuergerät
J527 - Steuergerät für Lenksäulenelektronik
J764 - Steuergerät für elektronische Lenksäulenverriegelung
ST2 - Sicherungsträger 2
SD9 - Sicherung 9 auf Sicherungshalter D
T6z - Steckverbindung, 6fach
T8aq - Steckverbindung, 8fach
T17c - Steckverbindung, 17fach, schwarz
T17d - Steckverbindung, 17fach, braun
T17f - Steckverbindung, 17fach, braun
T17g - Steckverbindung, 17fach, in der Kupplungsstation, A-Säule rechts
T32a - Steckverbindung, 32fach
(135) - Masseverbindung 2 im Schalttafelleitungsstrang
* - siehe Stromlaufplan für Sicherungsbelegung (in diesem Band nicht vorhanden)
*2 - nur für Fahrzeuge mit Stopp-Start-Anlage

Kontaktschalter für Motorhaube, Hochtonhorn, Tieftonhorn, Relais für Signalhorn

112/8

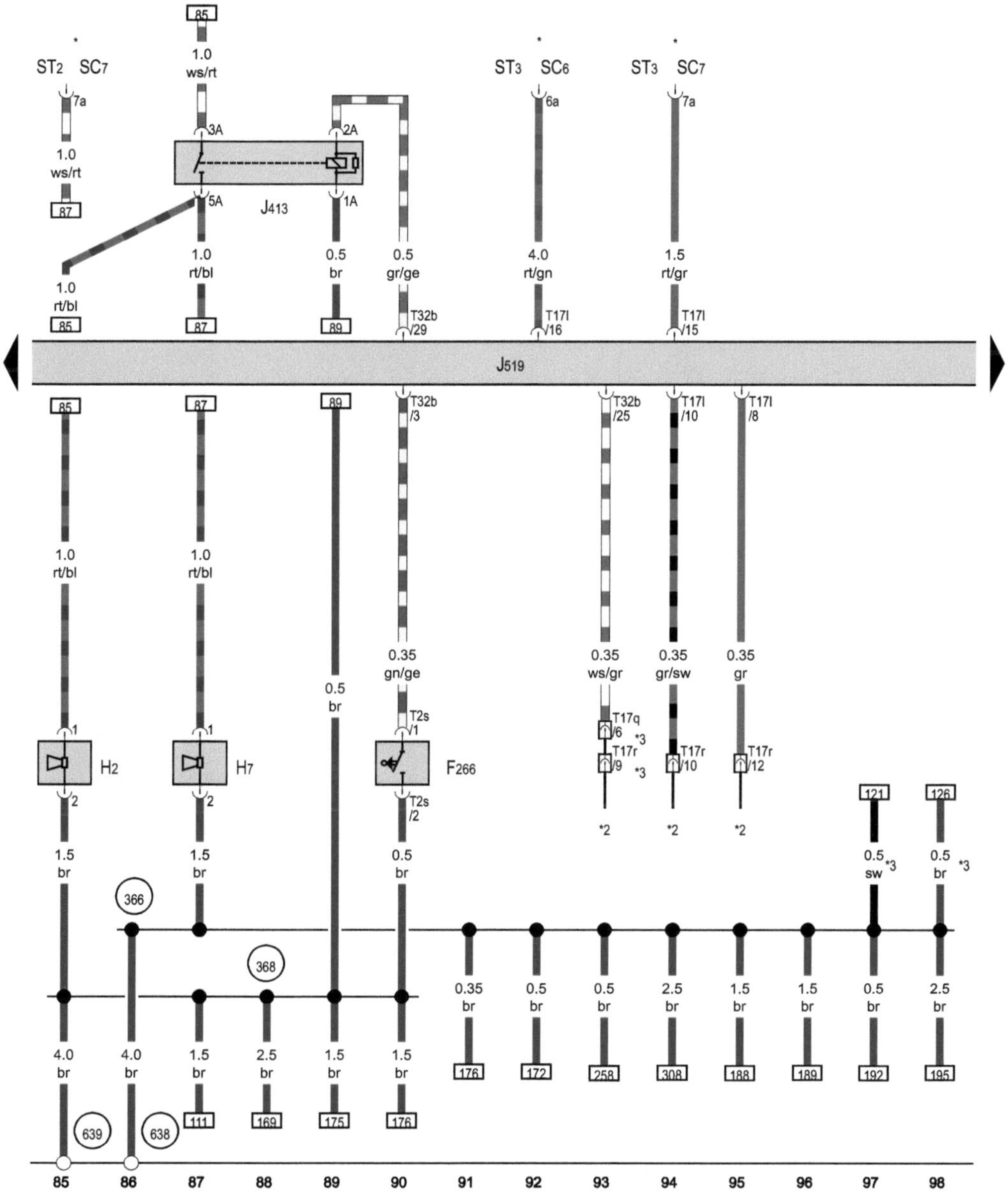

ws = weiss
sw = schwarz
ro = rot
rt = rot
br = braun
gn = grün
bl = blau
gr = grau
li = lila
vi = lila
ge = gelb
or = orange
rs = rosa

F266 - Kontaktschalter für Motorhaube
H2 - Hochtonhorn
H7 - Tieftonhorn
J413 - Relais für Signalhorn
J519 - Bordnetzsteuergerät
ST2 - Sicherungsträger 2
ST3 - Sicherungsträger 3
SC6 - Sicherung 6 auf Sicherungshalter C
SC7 - Sicherung 7 auf Sicherungshalter C
T2s - Steckverbindung, 2fach
T17l - Steckverbindung, 17fach
T17q - Steckverbindung, 17fach, rot
T17r - Steckverbindung, 17fach, in der E-Box
T32b - Steckverbindung, 32fach

(366) - Masseverbindung 1 im Hauptleitungsstrang
(368) - Masseverbindung 3 im Hauptleitungsstrang
(638) - Massepunkt an der A-Säule rechts
(639) - Massepunkt an der A-Säule links

* - siehe Stromlaufplan für Sicherungsbelegung (in diesem Band nicht vorhanden)
*2 - siehe Stromlaufplan für Motor (in diesem Band nicht vorhanden)
*3 - je nach Ausstattung

Sensor für Regen- und Lichterkennung, Steuergerät für Wischermotor, Pumpe für Scheinwerferreinigungsanlage

112/9

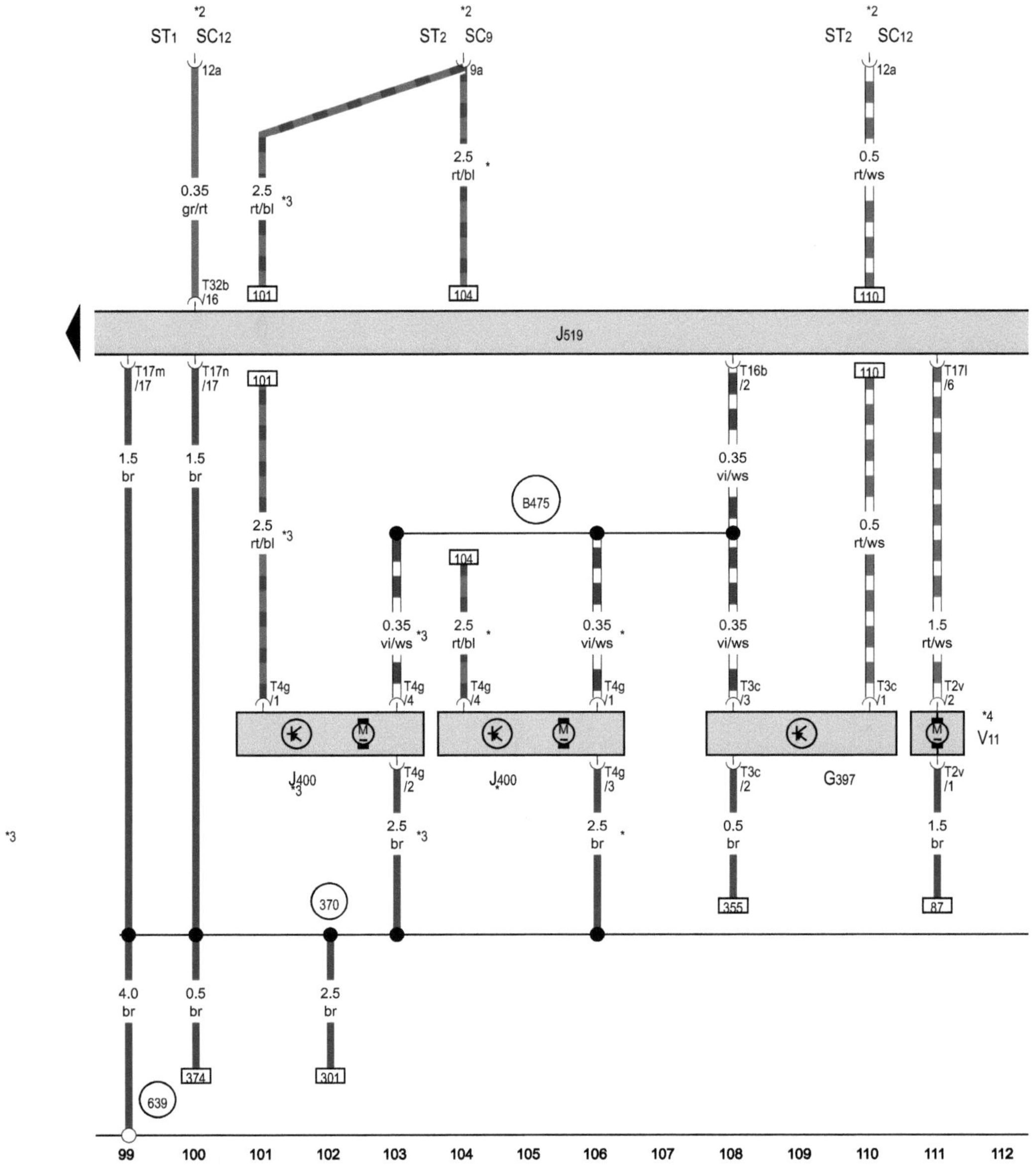

ws = weiss
sw = schwarz
ro = rot
rt = rot
br = braun
gn = grün
bl = blau
gr = grau
li = lila
vi = lila
ge = gelb
or = orange
rs = rosa

G397 - Sensor für Regen- und Lichterkennung
J400 - Steuergerät für Wischermotor
J519 - Bordnetzsteuergerät
ST1 - Sicherungsträger 1
ST2 - Sicherungsträger 2
SC9 - Sicherung 9 auf Sicherungshalter C
SC12 - Sicherung 12 auf Sicherungshalter C
T2v - Steckverbindung, 2fach
T3c - Steckverbindung, 3fach
T4g - Steckverbindung, 4fach
T16b - Steckverbindung, 16fach
T17l - Steckverbindung, 17fach
T17m - Steckverbindung, 17fach
T17n - Steckverbindung, 17fach
T32b - Steckverbindung, 32fach
V11 - Pumpe für Scheinwerferreinigungsanlage

(370) - Masseverbindung 5 im Hauptleitungsstrang
(639) - Massepunkt an der A-Säule links
(B475) - Verbindung 11 im Hauptleitungsstrang

* - nur für Fahrzeuge mit Rechtslenker
*2 - siehe Stromlaufplan für Sicherungsbelegung (in diesem Band nicht vorhanden)
*3 - Fahrzeuge mit Linkslenkung
*4 - nur für Fahrzeuge mit Scheinwerferreinigungsanlage

Geber für Bremsbelagverschleiß vorn links, – vorn rechts, – hinten rechts, Heizwiderstand für Spritzdüse links, Heizwiderstand für Spritzdüse rechts

112/10

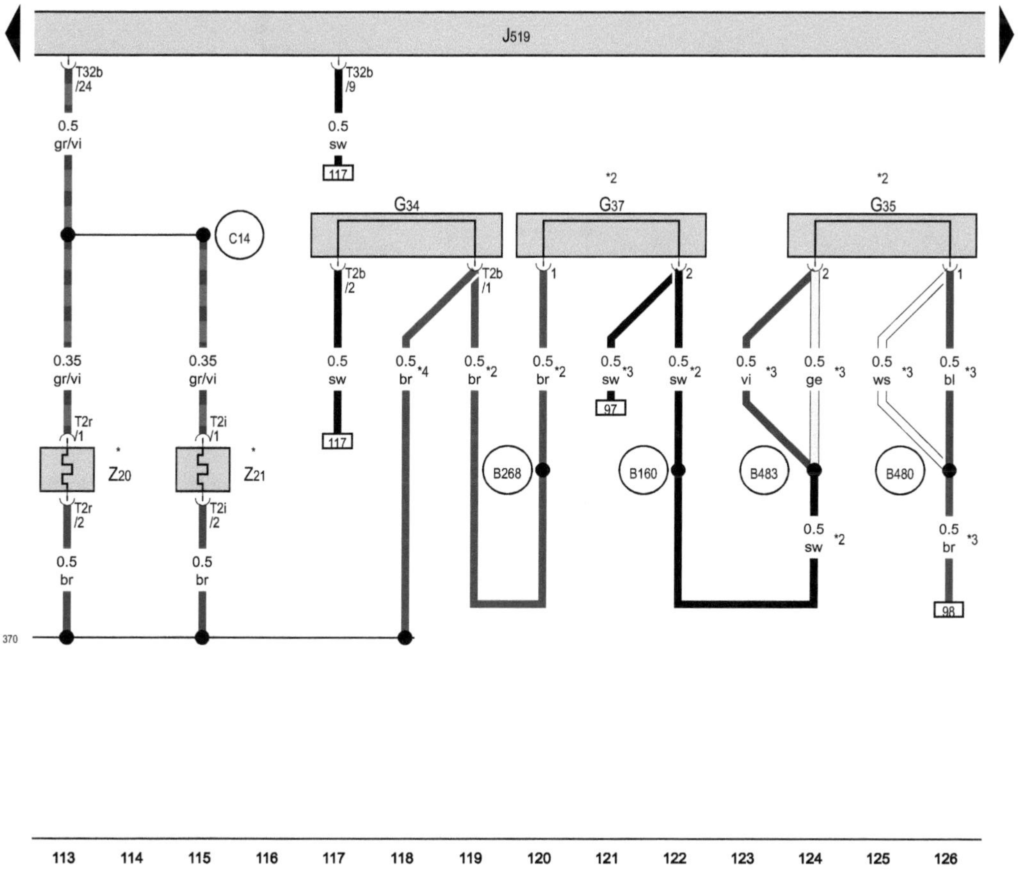

ws = weiss
sw = schwarz
ro = rot
rt = rot
br = braun
gn = grün
bl = blau
gr = grau
li = lila
vi = lila
ge = gelb
or = orange
rs = rosa

G34 - Geber für Bremsbelagverschleiß vorn links
G35 - Geber für Bremsbelagverschleiß vorn rechts
G37 - Geber für Bremsbelagverschleiß hinten rechts
J519 - Bordnetzsteuergerät
T2b - Steckverbindung, 2fach
T2i - Steckverbindung, 2fach
T2r - Steckverbindung, 2fach
T32b - Steckverbindung, 32fach
Z20 - Heizwiderstand für Spritzdüse links
Z21 - Heizwiderstand für Spritzdüse rechts

(370) - Masseverbindung 5 im Hauptleitungsstrang

(B160) - Verbindung (Bremsanlagenüberwachung) im Leitungsstrang Innenraum

(B268) - Verbindung 1 (Bremsbelagverschleißanzeige) im Leitungsstrang Innenraum

(B480) - Verbindung 16 im Hauptleitungsstrang

(B483) - Verbindung 19 im Hauptleitungsstrang

(C14) - Plusverbindung (15) im Leitungsstrang beheizbare Waschdüsen

* - nur für Fahrzeuge mit Heizwiderstand für Spritzdüsen
*2 - Mehrausstattung
*3 - je nach Ausstattung
*4 - nur für Fahrzeuge mit Grundausstattung

Warnkontakt für Bremsflüssigkeitsstand, Temperaturfühler für Außentemperatur, Geber für Kühlmittelmangelanzeige, Scheiben-Waschwasserstandsgeber, Motor für Heckscheibenwischer

112/11

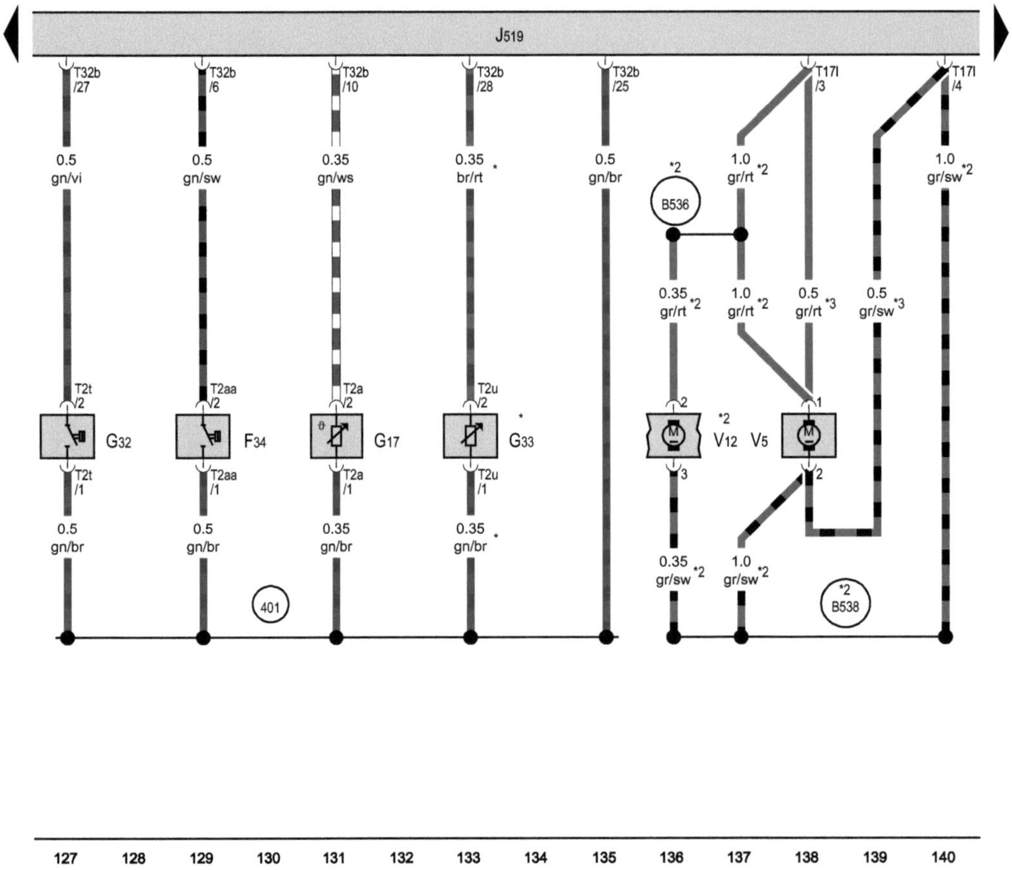

ws = weiss
sw = schwarz
ro = rot
rt = rot
br = braun
gn = grün
bl = blau
gr = grau
li = lila
vi = lila
ge = gelb
or = orange
rs = rosa

F34 - Warnkontakt für Bremsflüssigkeitsstand
G17 - Temperaturfühler für Außentemperatur
G32 - Geber für Kühlmittelmangelanzeige
G33 - Scheiben-Waschwasserstandsgeber
J519 - Bordnetzsteuergerät
T2a - Steckverbindung, 2fach
T2aa - Steckverbindung, 2fach
T2t - Steckverbindung, 2fach
T2u - Steckverbindung, 2fach
T17l - Steckverbindung, 17fach
T32b - Steckverbindung, 32fach
V5 - Scheibenwaschpumpe
V12 - Motor für Heckscheibenwischer

(401) - Masseverbindung (Gebermasse) im Leitungsstrang Innenraum

(B536) - Verbindung 27 im Hauptleitungsstrang

(B538) - Verbindung 29 im Hauptleitungsstrang

* - je nach Ausstattung
*2 - AVANT
*3 - Limousine

Sensor für Luftgüte, Geber für Kältemitteldruck und Kältemitteltemperatur, Steuergerät für Garagentoröffnung

112/12

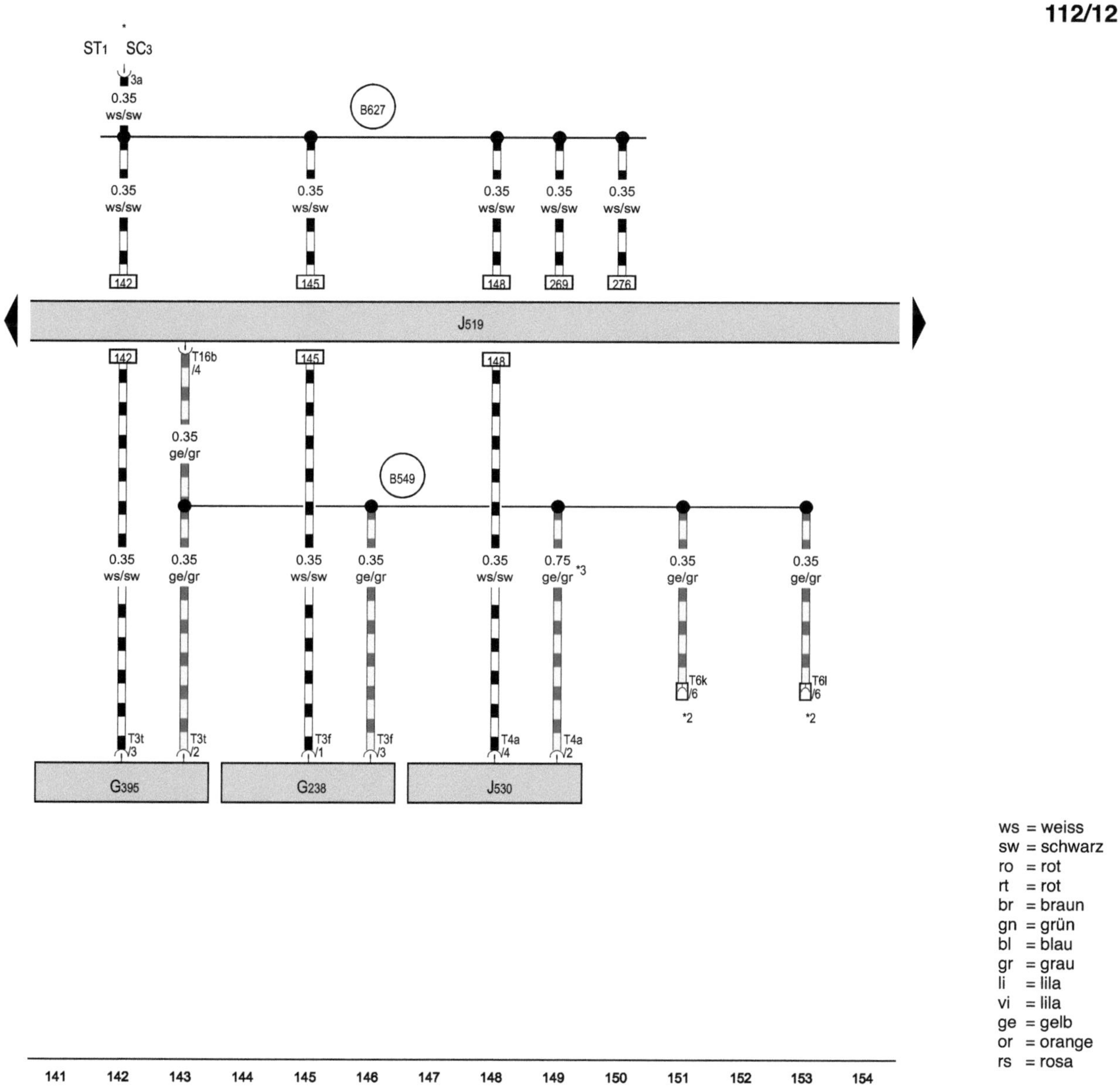

G238 - Sensor für Luftgüte
G395 - Geber für Kältemitteldruck und Kältemitteltemperatur
J519 - Bordnetzsteuergerät
J530 - Steuergerät für Garagentoröffnung
ST1 - Sicherungsträger 1
SC3 - Sicherung 3 auf Sicherungshalter C
T3f - Steckverbindung, 3fach
T3t - Steckverbindung, 3fach
T4a - Steckverbindung, 4fach
T6k - Steckverbindung, 6fach, grün
T6l - Steckverbindung, 6fach, grün
T16b - Steckverbindung, 16fach

(B549) - Verbindung 2 (LIN-Bus) im Hauptleitungsstrang

(B627) - Plusverbindung 3 (15) im Hauptleitungsstrang

* - siehe Stromlaufplan für Sicherungsbelegung (in diesem Band nicht vorhanden)

*2 - siehe Stromlaufplan für Sitzverstellung (in diesem Band nicht vorhanden)

*3 - Querschnitt ist ausstattungsabhängig

Lichtschalter, Taster für Warnlicht

112/13

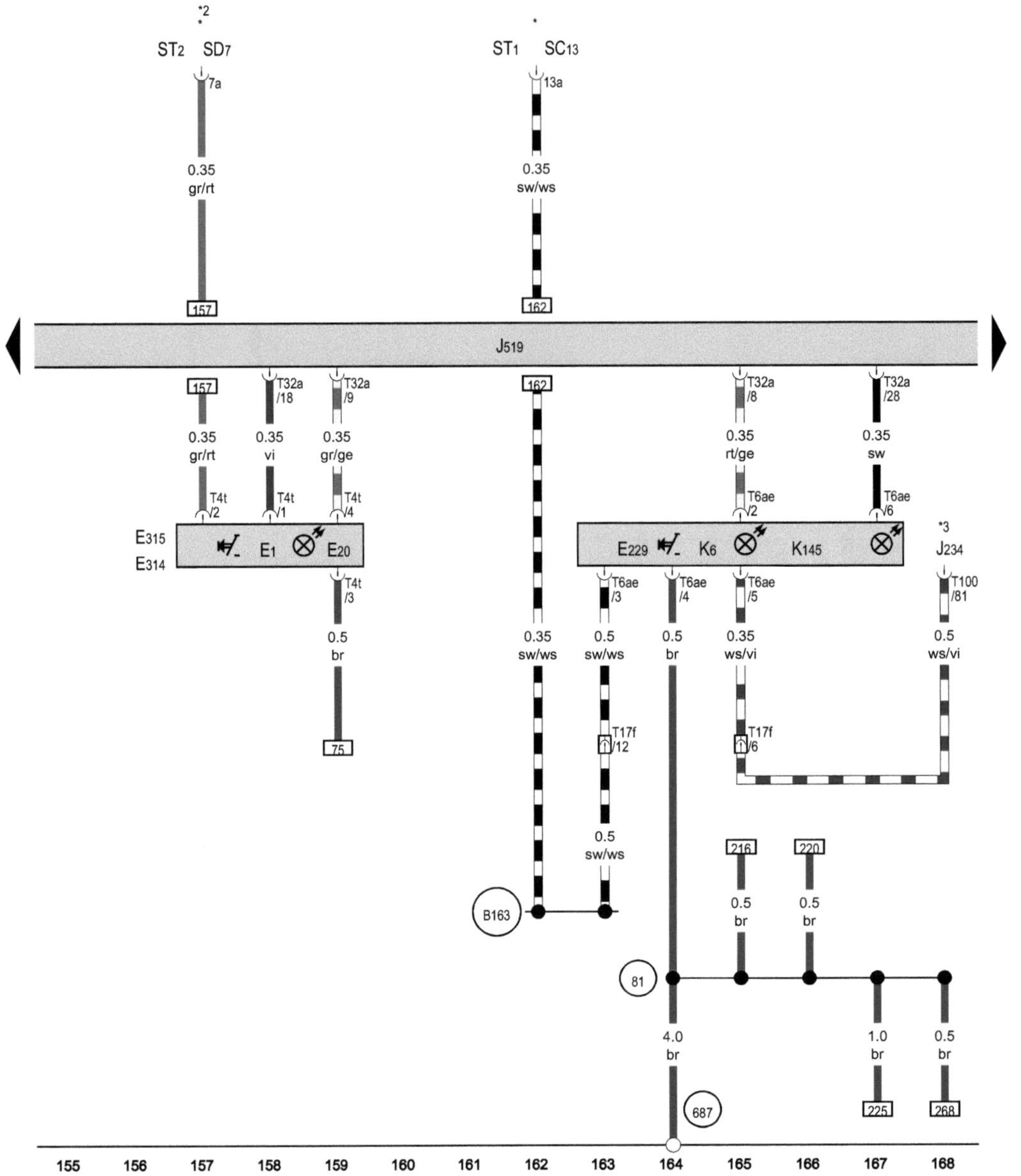

ws = weiss
sw = schwarz
ro = rot
rt = rot
br = braun
gn = grün
bl = blau
gr = grau
li = lila
vi = lila
ge = gelb
or = orange
rs = rosa

E1 - Lichtschalter
E20 - Regler für Schalter- und Instrumentenbeleuchtung
E229 - Taster für Warnlicht
E314 - Taster für Nebelschlussleuchten
E315 - Taster für Nebelscheinwerfer
J234 - Steuergerät für Airbag
J519 - Bordnetzsteuergerät
K6 - Kontrollleuchte für Warnblinkanlage
K145 - Kontrollleuchte für Airbag Beifahrerseite aus
ST1 - Sicherungsträger 1
ST2 - Sicherungsträger 2
SD7 - Sicherung 7 auf Sicherungshalter D
SC13 - Sicherung 13 auf Sicherungshalter C
T4t - Steckverbindung, 4fach
T6ae - Steckverbindung, 6fach
T17f - Steckverbindung, 17fach, in der Kupplungsstation, A-Säule rechts
T32a - Steckverbindung, 32fach
T100 - Steckverbindung, 100fach

(81) - Masseverbindung 1 im Schalttafelleitungsstrang

(687) - Massepunkt 1 auf dem Mitteltunnel

(B163) - Plusverbindung 1 (15) im Leitungsstrang Innenraum

* - siehe Stromlaufplan für Sicherungsbelegung (in diesem Band nicht vorhanden)

*2 - ab Mai 2009

*3 - siehe gültigen Stromlaufplan für Airbag

Einsteller für Leuchtweitenregelung, Scheinwerfer vorn links

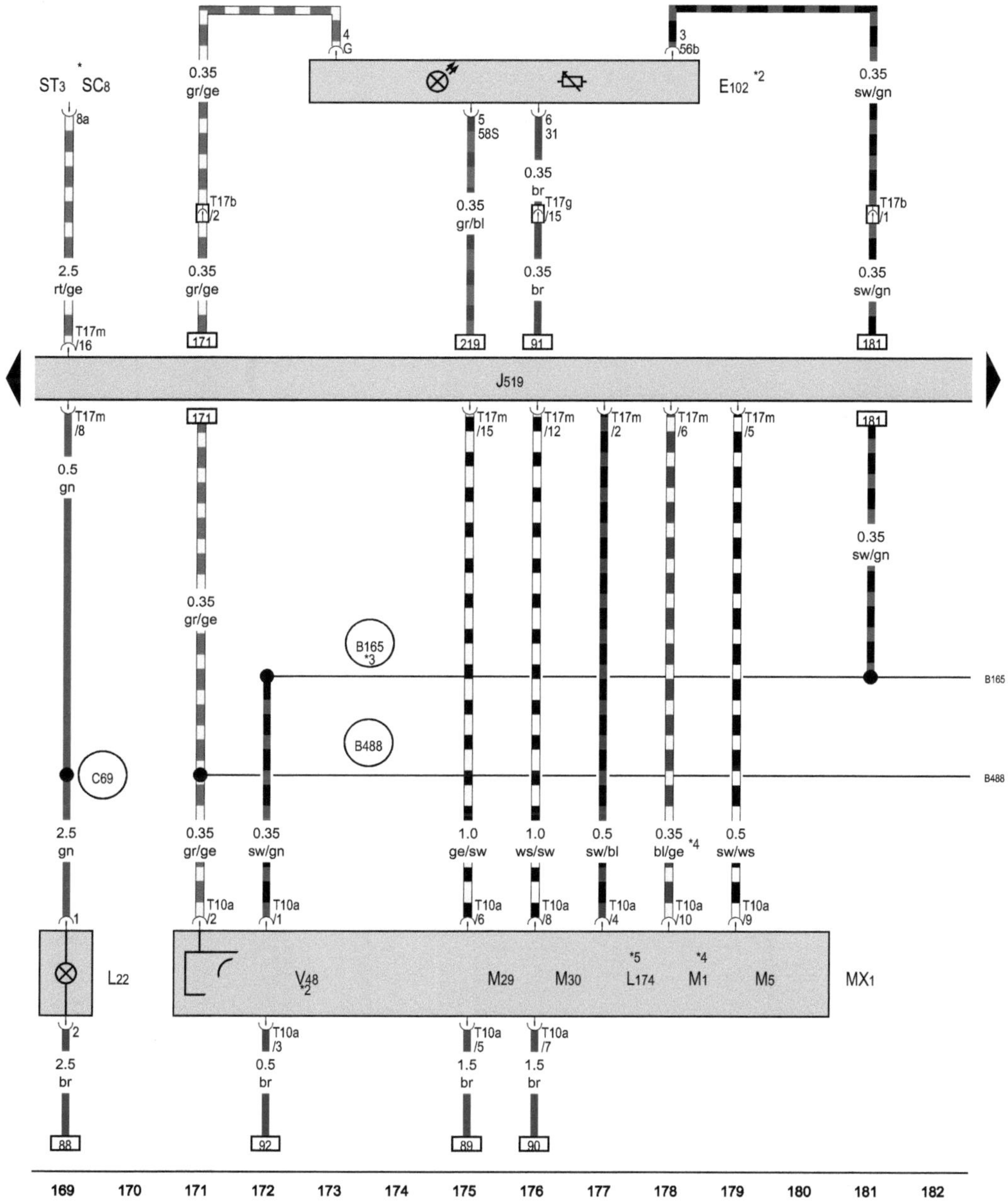

ws = weiss
sw = schwarz
ro = rot
rt = rot
br = braun
gn = grün
bl = blau
gr = grau
li = lila
vi = lila
ge = gelb
or = orange
rs = rosa

E102 - Einsteller für Leuchtweitenregelung
J519 - Bordnetzsteuergerät
L22 - Lampe für Nebelscheinwerfer links
L174 - Lampe für Tagesfahrlicht links
M1 - Lampe für Standlicht links
MX1 - Scheinwerfer vorn links
M5 - Lampe für Blinklicht vorn links
M29 - Lampe für Abblendlichtscheinwerfer links
M30 - Lampe für Fernlichtscheinwerfer links
ST3 - Sicherungsträger 3
SC8 - Sicherung 8 auf Sicherungshalter C
T10a - Steckverbindung, 10fach
T17b - Steckverbindung, 17fach, in der Kupplungsstation, A-Säule links
T17g - Steckverbindung, 17fach, in der Kupplungsstation, A-Säule rechts
T17m - Steckverbindung, 17fach
V48 - Stellmotor links für Leuchtweitenregelung

B165 - Plusverbindung 2 (15) im Leitungsstrang Innenraum

B488 - Verbindung 24 im Hauptleitungsstrang

C69 - Verbindung (Nebelscheinwerfer) im Leitungsstrang vorn links

* - siehe Stromlaufplan für Sicherungsbelegung (in diesem Band nicht vorhanden)
*2 - nur für Fahrzeuge ohne US-Ausstattung
*3 - nur für Fahrzeuge mit mechanischer Leuchtweitenregelung
*4 - nur für Fahrzeuge mit US-Ausstattung
*5 - nur für Fahrzeuge mit Tagesfahrlicht

Scheinwerfer vorn rechts

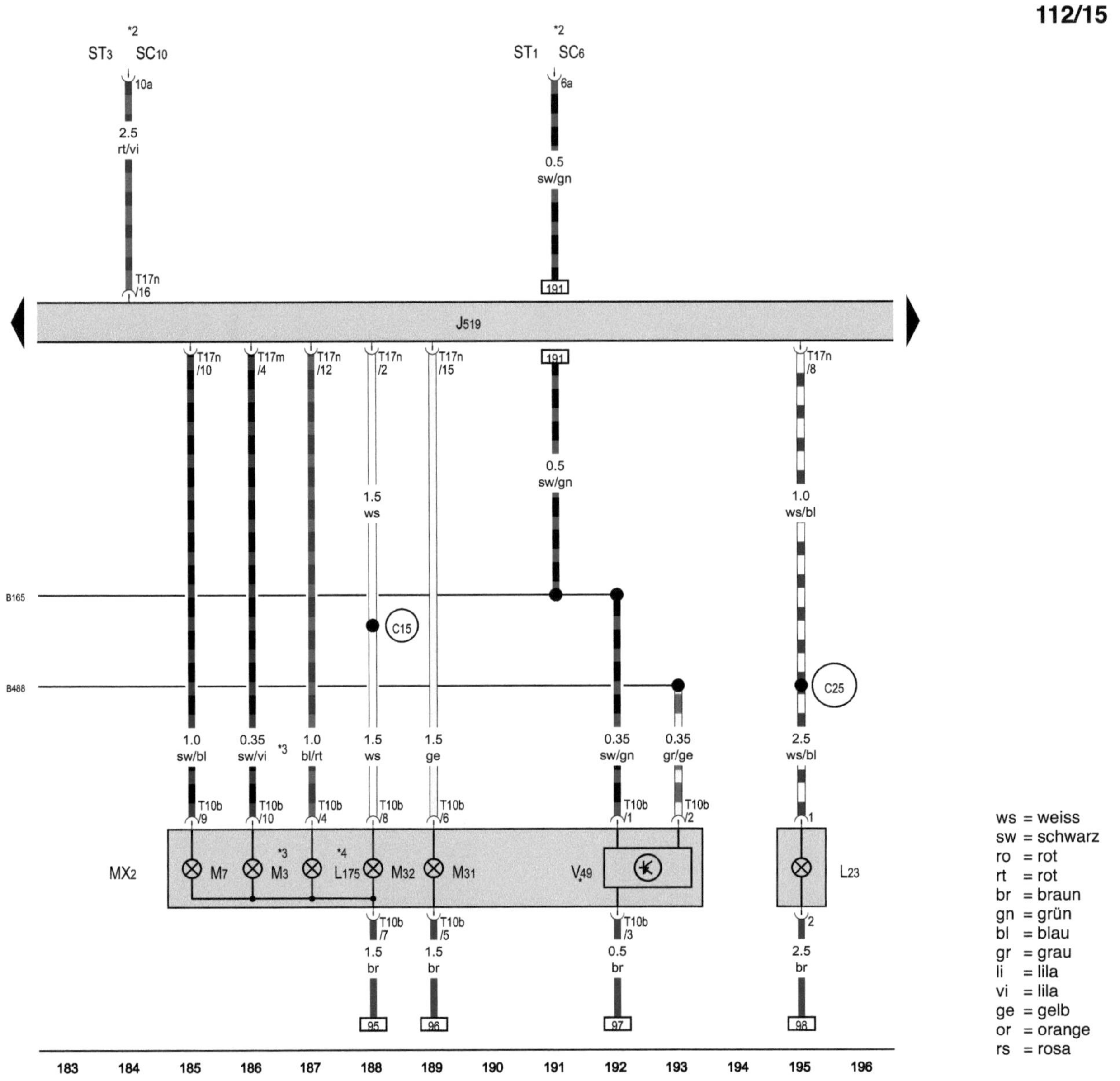

ws = weiss
sw = schwarz
ro = rot
rt = rot
br = braun
gn = grün
bl = blau
gr = grau
li = lila
vi = lila
ge = gelb
or = orange
rs = rosa

J519 - Bordnetzsteuergerät
L23 - Lampe für Nebelscheinwerfer rechts
L175 - Lampe für Tagesfahrlicht rechts
MX2 - Scheinwerfer vorn rechts
M3 - Lampe für Standlicht rechts
M7 - Lampe für Blinklicht vorn rechts
M31 - Lampe für Abblendlichtscheinwerfer rechts
M32 - Lampe für Fernlichtscheinwerfer rechts
ST1 - Sicherungsträger 1
ST3 - Sicherungsträger 3
SC6 - Sicherung 6 auf Sicherungshalter C
SC10 - Sicherung 10 auf Sicherungshalter C
T10b - Steckverbindung, 10fach
T17m - Steckverbindung, 17fach
T17n - Steckverbindung, 17fach
V49 - Stellmotor rechts für Leuchtweitenregelung

B165 - Plusverbindung 2 (15) im Leitungsstrang Innenraum
B488 - Verbindung 24 im Hauptleitungsstrang
C15 - Verbindung 1 im Leitungsstrang Scheinwerfer
C25 - Verbindung (Nebelscheinwerfer) im Leitungsstrang Beleuchtung vorn

* - nur für Fahrzeuge ohne US-Ausstattung
*2 - siehe Stromlaufplan für Sicherungsbelegung (in diesem Band nicht vorhanden)
*3 - nur für Fahrzeuge mit US-Ausstattung
*4 - nur für Fahrzeuge mit Tagesfahrlicht

Taster für Leselicht hinten links, Lampe für Make-up-Spiegel-Beleuchtung, Innenleuchte vorn, Innenleuchte hinten rechts

112/16

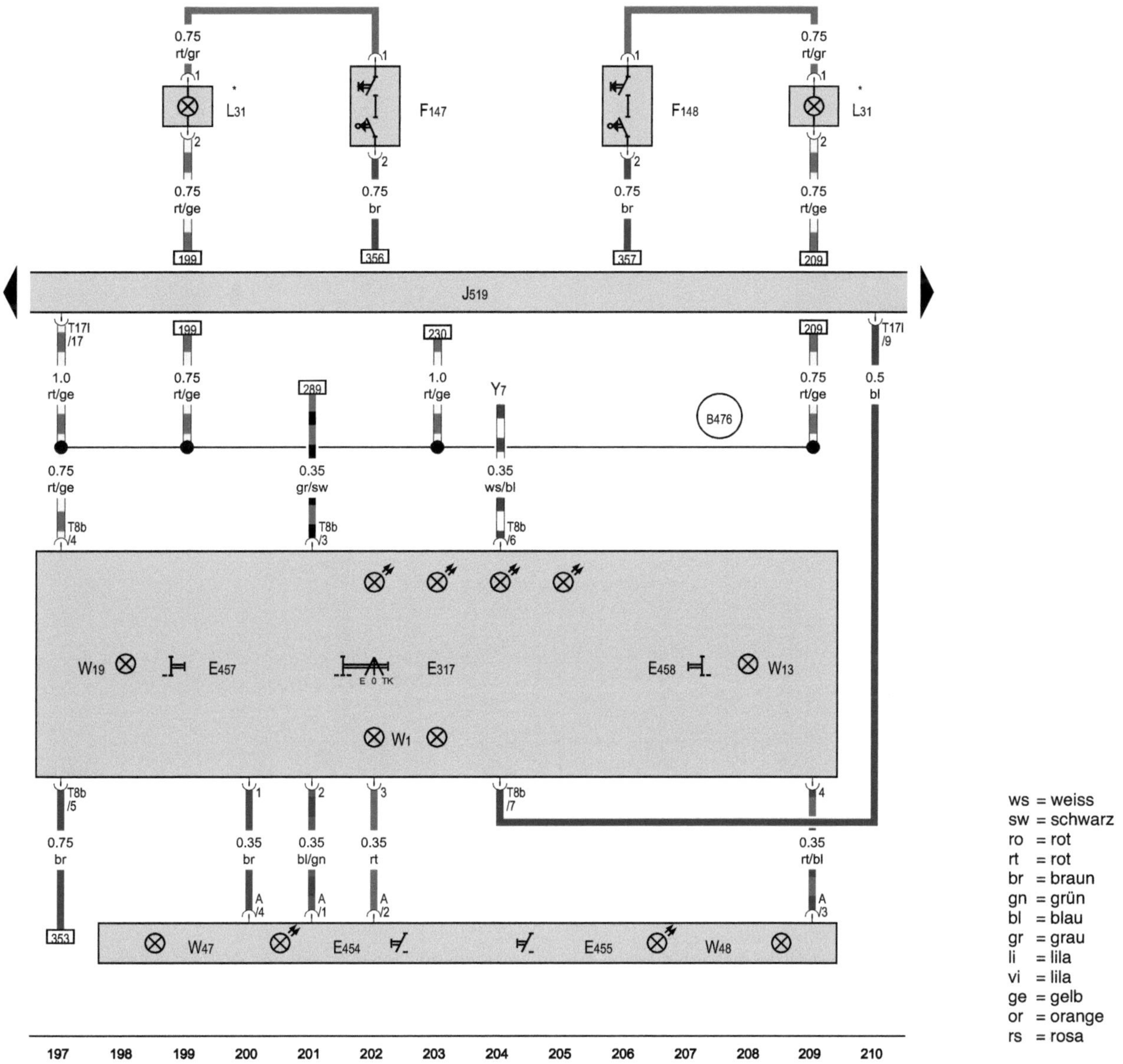

E317 - Schalter für Innenbeleuchtung
E454 - Taster für Leselicht hinten links
E455 - Taster für Leselicht hinten rechts
E457 - Taster für Leselicht Fahrerseite
E458 - Taster für Leselicht Beifahrerseite
F147 - Kontaktschalter für Make-up-Spiegel Fahrerseite
F148 - Kontaktschalter für Make-up-Spiegel Beifahrerseite
J519 - Bordnetzsteuergerät
L31 - Lampe für Make-up-Spiegel-Beleuchtung
T8b - Steckverbindung, 8fach
T17l - Steckverbindung, 17fach
W1 - Innenleuchte vorn
W13 - Leseleuchte Beifahrerseite
W19 - Leseleuchte Fahrerseite
W47 - Innenleuchte hinten links
W48 - Innenleuchte hinten rechts

Y7 - automatisch abblendbarer Innenspiegel
B476 - Verbindung 12 im Hauptleitungsstrang
* - je nach Ausstattung

Schlüsselschalter für Abschaltung des Airbags Beifahrerseite, Taster für Einparkservice, Kontrollleuchte für Einparkservice

112/17

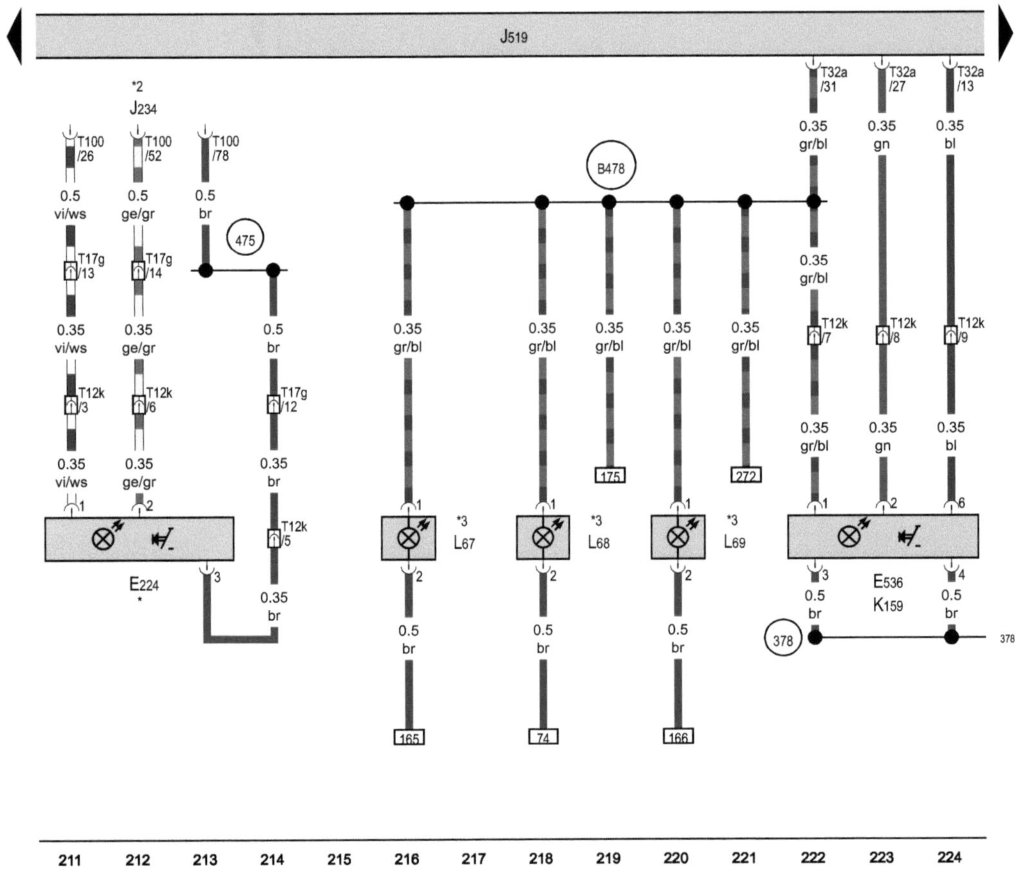

ws = weiss
sw = schwarz
ro = rot
rt = rot
br = braun
gn = grün
bl = blau
gr = grau
li = lila
vi = lila
ge = gelb
or = orange
rs = rosa

E224 - Schlüsselschalter für Abschaltung des Airbags Beifahrerseite
E536 - Taster für Einparkservice
J234 - Steuergerät für Airbag
J519 - Bordnetzsteuergerät
K159 - Kontrollleuchte für Einparkservice
L67 - Lampe für Beleuchtung des Schalttafelausströmers links
L68 - Lampe für Beleuchtung des Schalttafelausströmers Mitte
L69 - Lampe für Beleuchtung des Schalttafelausströmers rechts
T12k - Steckverbindung, 12fach
T17g - Steckverbindung, 17fach, in der Kupplungsstation, A-Säule rechts
T32a - Steckverbindung, 32fach

T100 - Steckverbindung, 100fach
(378) - Masseverbindung 13 im Hauptleitungsstrang
(475) - Masseverbindung (Airbag) im Hauptleitungsstrang
(B478) - Verbindung 14 im Hauptleitungsstrang
* - nur bei Fahrzeugen mit Schlüsselschalter für Abschaltung des Beifahrerairbags
*2 - siehe Stromlaufplan für Airbag (in diesem Band nicht vorhanden)
*3 - je nach Ausstattung

Schalter für Handschuhfachleuchte, Lampe für Fußraumbeleuchtung vorn links, Lampe für Fußraumbeleuchtung vorn rechts, Handschuhfachleuchte

112/18

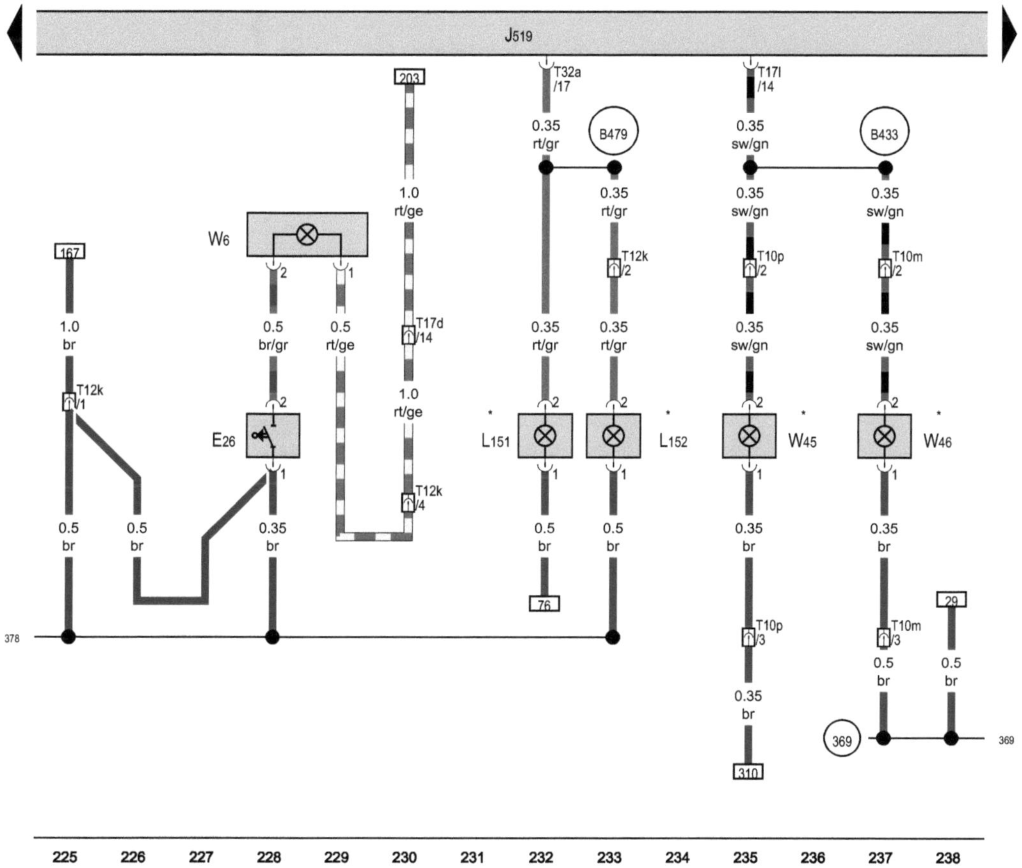

ws = weiss
sw = schwarz
ro = rot
rt = rot
br = braun
gn = grün
bl = blau
gr = grau
li = lila
vi = lila
ge = gelb
or = orange
rs = rosa

E26 - Schalter für Handschuhfachleuchte
J519 - Bordnetzsteuergerät
L151 - Lampe für Fußraumbeleuchtung vorn links
L152 - Lampe für Fußraumbeleuchtung vorn rechts
T10m - Steckverbindung, 10fach, Koppelstelle unter dem Beifahrersitz
T10p - Steckverbindung, 10fach, Nähe Fahrersitz
T12k - Steckverbindung, 12fach
T17d - Steckverbindung, 17fach, braun
T17l - Steckverbindung, 17fach
T32a - Steckverbindung, 32fach
W6 - Handschuhfachleuchte
W45 - Fußraumleuchte hinten links
W46 - Fußraumleuchte hinten rechts
369 - Masseverbindung 4 im Hauptleitungsstrang
378 - Masseverbindung 13 im Hauptleitungsstrang

B433 - Verbindung (Fußraumleuchte) im Hauptleitungsstrang
B479 - Verbindung 15 im Hauptleitungsstrang
* - je nach Ausstattung

Taster für elektromechanische Feststellbremse, Potenziometer für Temperaturwahl hinten

112/19

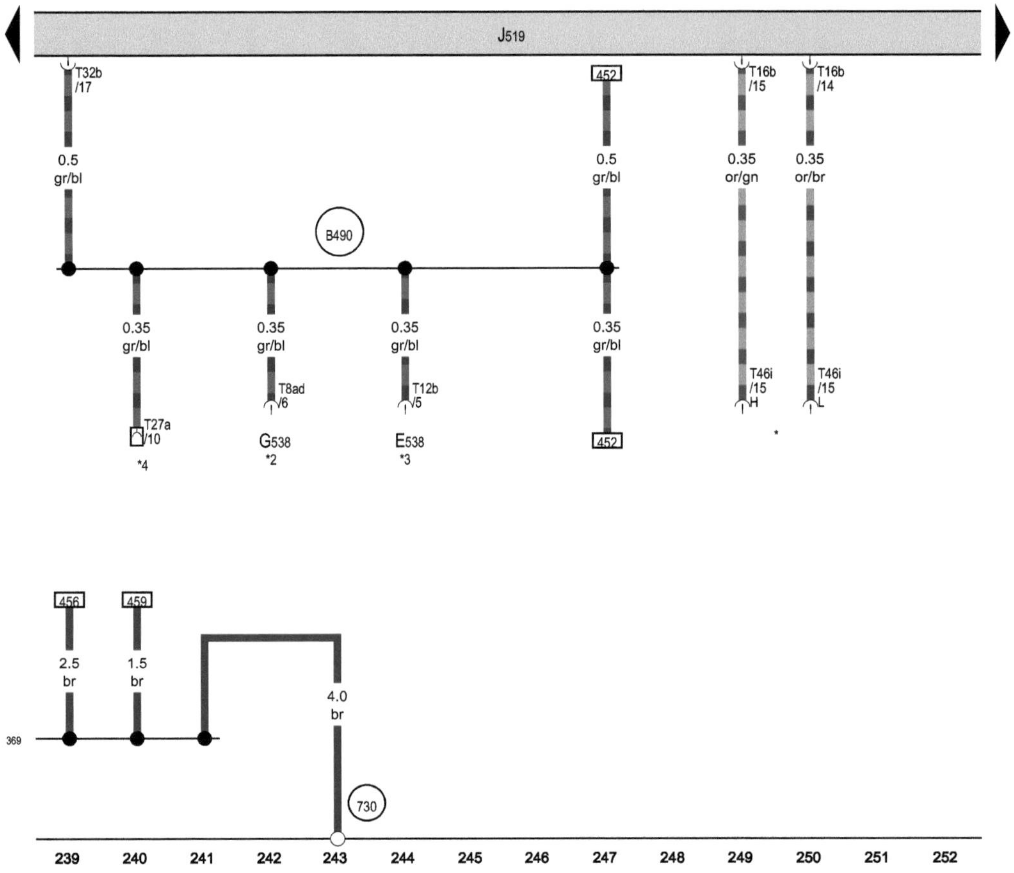

ws = weiss
sw = schwarz
ro = rot
rt = rot
br = braun
gn = grün
bl = blau
gr = grau
li = lila
vi = lila
ge = gelb
or = orange
rs = rosa

E538 - Taster für elektromechanische Feststellbremse
G538 - Potenziometer für Temperaturwahl hinten
J519 - Bordnetzsteuergerät
T8ad - Steckverbindung, 8fach
T12b - Steckverbindung, 12fach
T16b - Steckverbindung, 16fach
T27a - Steckverbindung, 27fach, A-Säule unten, Fahrerseite
T32b - Steckverbindung, 32fach
T46i - Steckverbindung, 46fach
369 - Masseverbindung 4 im Hauptleitungsstrang
730 - Massepunkt 1 am Radhaus hinten rechts

(B490) - Verbindung 26 im Hauptleitungsstrang

* - Steckbrücke Fahrerseite, braun
*2 - siehe Stromlaufplan für Klimaanlage (in diesem Band nicht vorhanden)
*3 - je nach Ausstattung
*4 - siehe Stromlaufplan für Komfortsystem (in diesem Band nicht vorhanden)

Steuergerät für Abstandsregelung

112/20

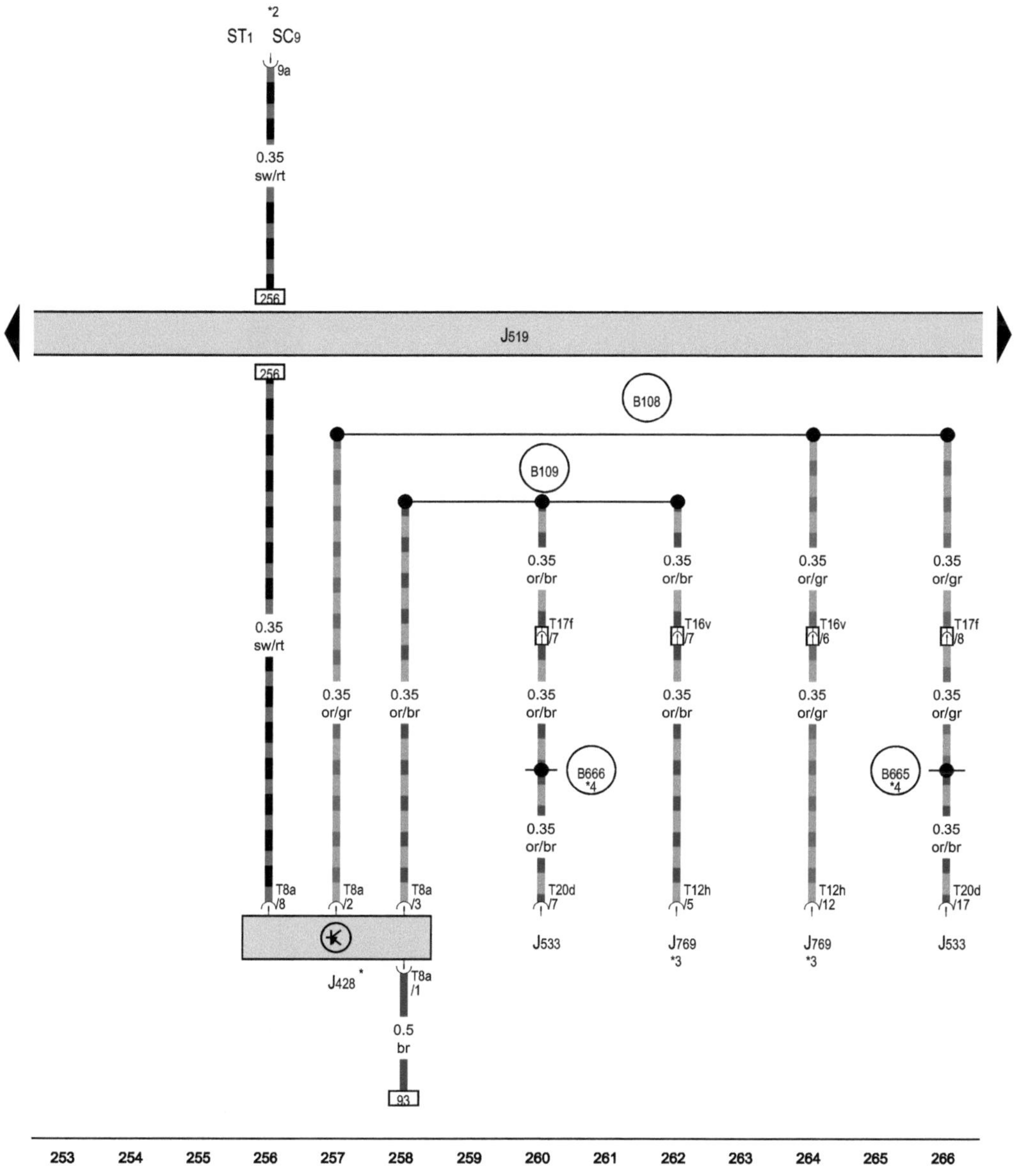

ws = weiss
sw = schwarz
ro = rot
rt = rot
br = braun
gn = grün
bl = blau
gr = grau
li = lila
vi = lila
ge = gelb
or = orange
rs = rosa

J428 - Steuergerät für Abstandsregelung
J519 - Bordnetzsteuergerät
J533 - Diagnose-Interface für Datenbus
J769 - Steuergerät für Spurwechselassistent
ST1 - Sicherungsträger 1
SC9 - Sicherung 9 auf Sicherungshalter C
T8a - Steckverbindung, 8fach
T12h - Steckverbindung, 12fach
T16v - Steckverbindung, 16fach
T17f - Steckverbindung, 17fach, in der Kupplungsstation, A-Säule rechts
T20d - Steckverbindung, 20fach

(B108) - Verbindung 1 (CAN-Bus Extended High) im Hauptleitungsstrang

(B109) - Verbindung 1 (CAN-Bus Extended Low) im Hauptleitungsstrang

(B665) - Verbindung 1 (CAN-Bus Extended High) im Schalttafelleitungsstrang

(B666) - Verbindung 1 (CAN-Bus Extended Low) im Schalttafelleitungsstrang

* - nur für Fahrzeuge mit automatischer Distanzregelung (ADR)
*2 - ab Mai 2009
*3 - nur für Fahrzeuge mit Spurhalteassistent
*4 - je nach Ausstattung

Heckrolloschalter, Taster für ASR und ESP, Taster für Einparkhilfe

112/21

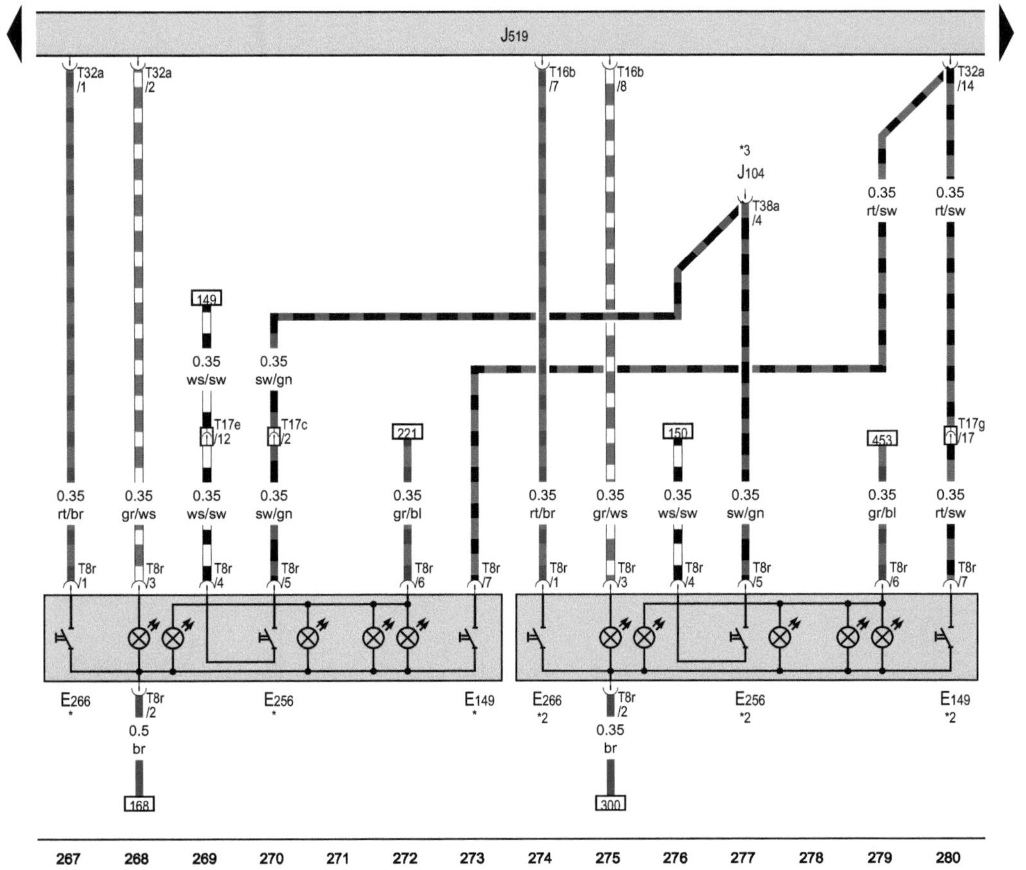

ws = weiss
sw = schwarz
ro = rot
rt = rot
br = braun
gn = grün
bl = blau
gr = grau
li = lila
vi = lila
ge = gelb
or = orange
rs = rosa

E149 - Heckrolloschalter
E256 - Taster für ASR und ESP
E266 - Taster für Einparkhilfe
J104 - Steuergerät für ABS
J519 - Bordnetzsteuergerät
T8r - Steckverbindung, 8fach
T16b - Steckverbindung, 16fach
T17c - Steckverbindung, 17fach, in der Kupplungsstation, A-Säule links
T17e - Steckverbindung, 17fach, rot
T17g - Steckverbindung, 17fach, in der Kupplungsstation, A-Säule rechts
T32a - Steckverbindung, 32fach
T38a - Steckverbindung, 38fach

* - nur für Fahrzeuge mit Navigationssystem
*2 - nur für Fahrzeuge ohne Navigationssystem
*3 - siehe Stromlaufplan für ABS (in diesem Band nicht vorhanden)

Taster für Zugang und Startberechtigung

112/22

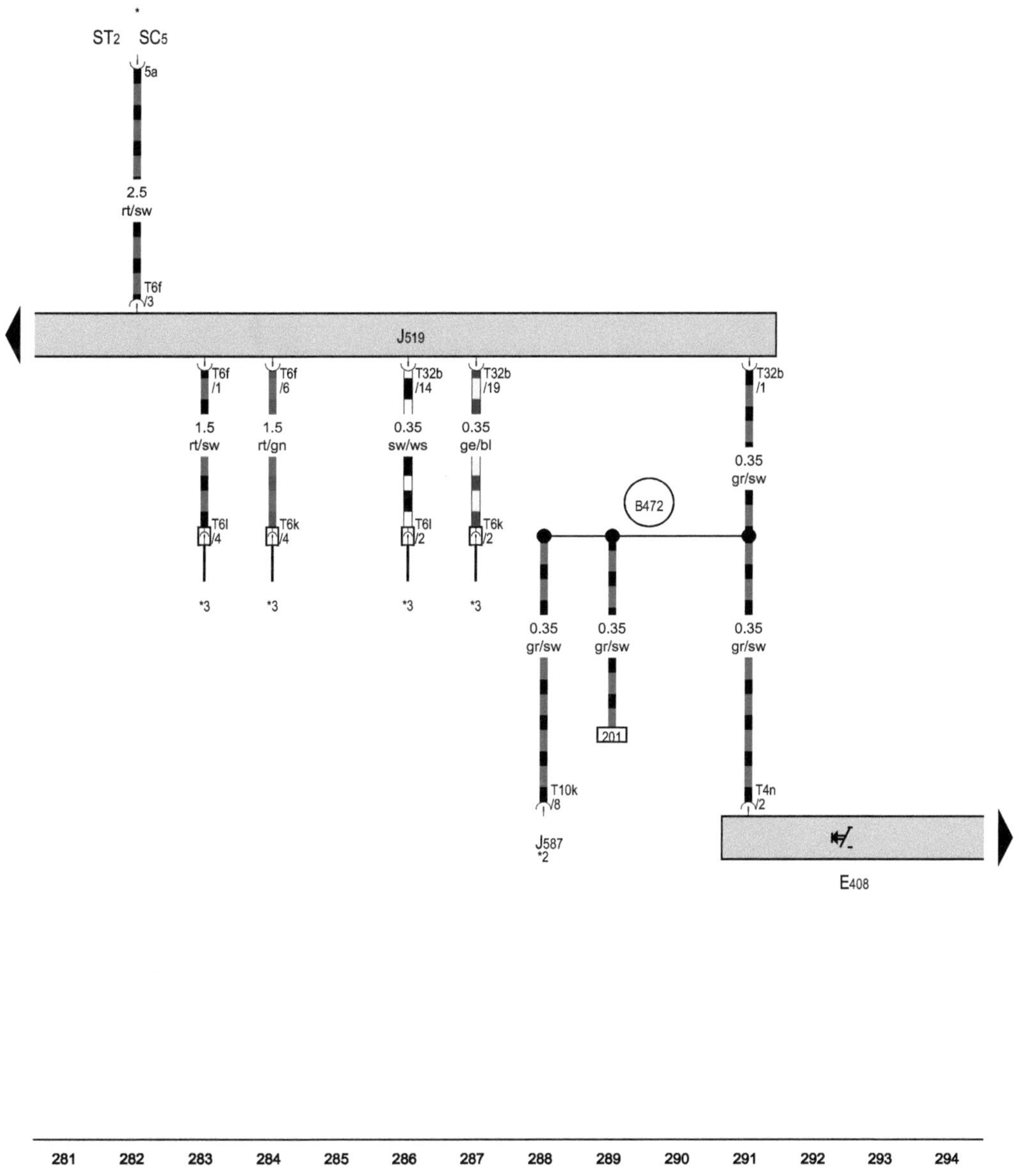

ws = weiss
sw = schwarz
ro = rot
rt = rot
br = braun
gn = grün
bl = blau
gr = grau
li = lila
vi = lila
ge = gelb
or = orange
rs = rosa

E408 - Taster für Zugang und Startberechtigung
J519 - Bordnetzsteuergerät
J587 - Steuergerät für Wählhebelsensorik
ST2 - Sicherungsträger 2
SC5 - Sicherung 5 auf Sicherungshalter C
T4n - Steckverbindung, 4fach
T6f - Steckverbindung, 6fach
T6k - Steckverbindung, 6fach, Koppelstelle unter dem Beifahrersitz
T6l - Steckverbindung, 6fach, Nähe Fahrersitz
T10k - Steckverbindung, 10fach
T32b - Steckverbindung, 32fach

(B472) - Verbindung 8 im Hauptleitungsstrang

* - siehe Stromlaufplan für Sicherungsbelegung (in diesem Band nicht vorhanden)

*2 - siehe Stromlaufplan für Automatikgetriebe (in diesem Band nicht vorhanden)

*3 - siehe Stromlaufplan für Sitzheizung (in diesem Band nicht vorhanden)

Taster für Zugang und Startberechtigung, Sensor für Türaußengriffberührung vorn links, – vorn rechts, Zentralsteuergerät für Komfortsystem, Antenne für Zugang und Startberechtigung links

112/23

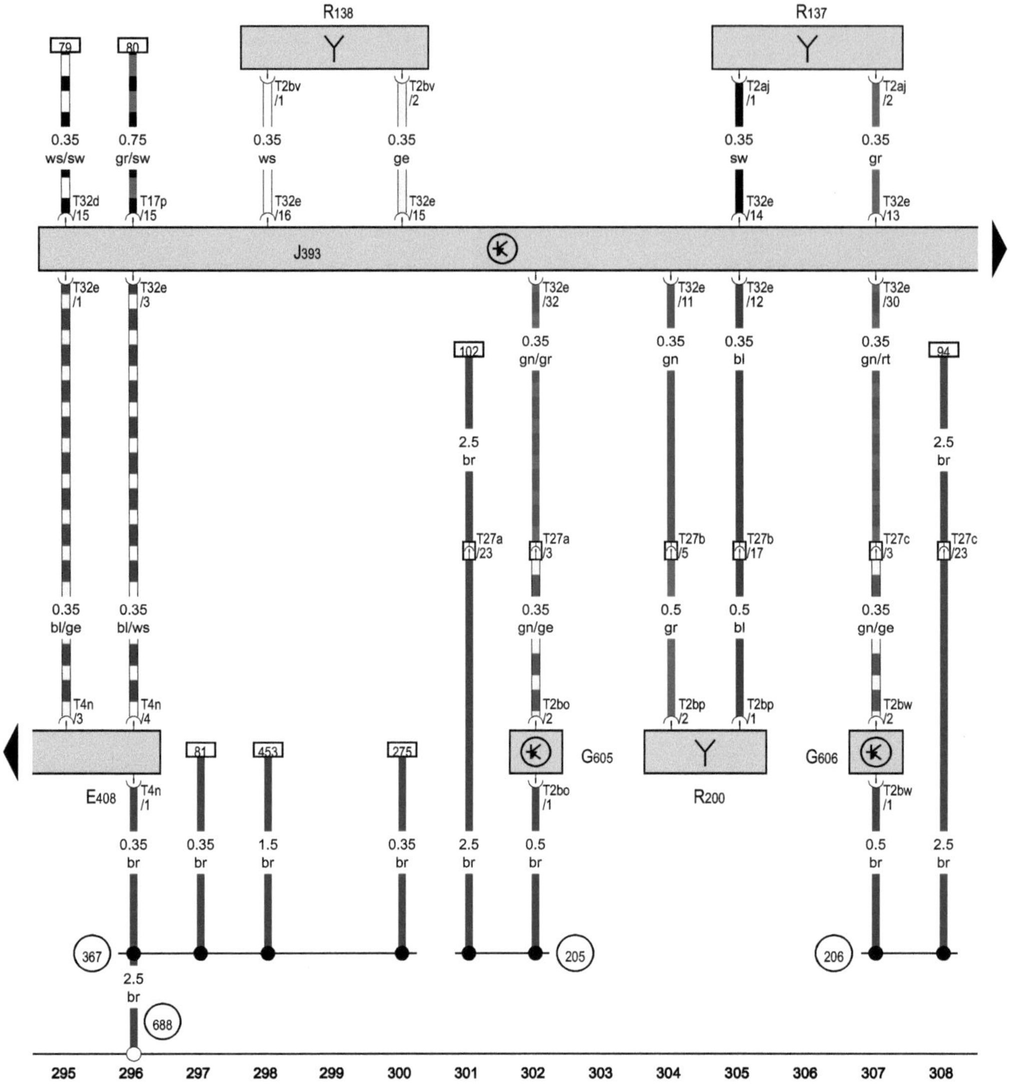

ws = weiss
sw = schwarz
ro = rot
rt = rot
br = braun
gn = grün
bl = blau
gr = grau
li = lila
vi = lila
ge = gelb
or = orange
rs = rosa

E408 - Taster für Zugang und Startberechtigung
G605 - Sensor für Türaußengriffberührung vorn links
G606 - Sensor für Türaußengriffberührung vorn rechts
J393 - Zentralsteuergerät für Komfortsystem
R137 - Antenne im Kofferraum für Zugang und Startsystem
R138 - Antenne 1 im Innenraum für Zugang und Startsystem
R200 - Antenne für Zugang und Startberechtigung links
T2aj - Steckverbindung, 2fach
T2bo - Steckverbindung, 2fach
T2bp - Steckverbindung, 2fach
T2bv - Steckverbindung, 2fach
T2bw - Steckverbindung, 2fach
T4n - Steckverbindung, 4fach
T17p - Steckverbindung, 17fach
T27a - Steckverbindung, 27fach, in der A-Säule links
T27b - Steckverbindung, 27fach, in der A-Säule links
T27c - Steckverbindung, 27fach, in der A-Säule rechts
T32d - Steckverbindung, 32fach
T32e - Steckverbindung, 32fach

(205) - Masseverbindung im Leitungsstrang Türverkabelung Fahrerseite

(206) - Masseverbindung im Leitungsstrang Türverkabelung Beifahrerseite

(367) - Masseverbindung 2 im Hauptleitungsstrang

(688) - Massepunkt 2 auf dem Mitteltunnel

Zentralsteuergerät für Komfortsystem, Schlussleuchte links, Schlussleuchte 2 links, Kofferraumleuchte

112/24

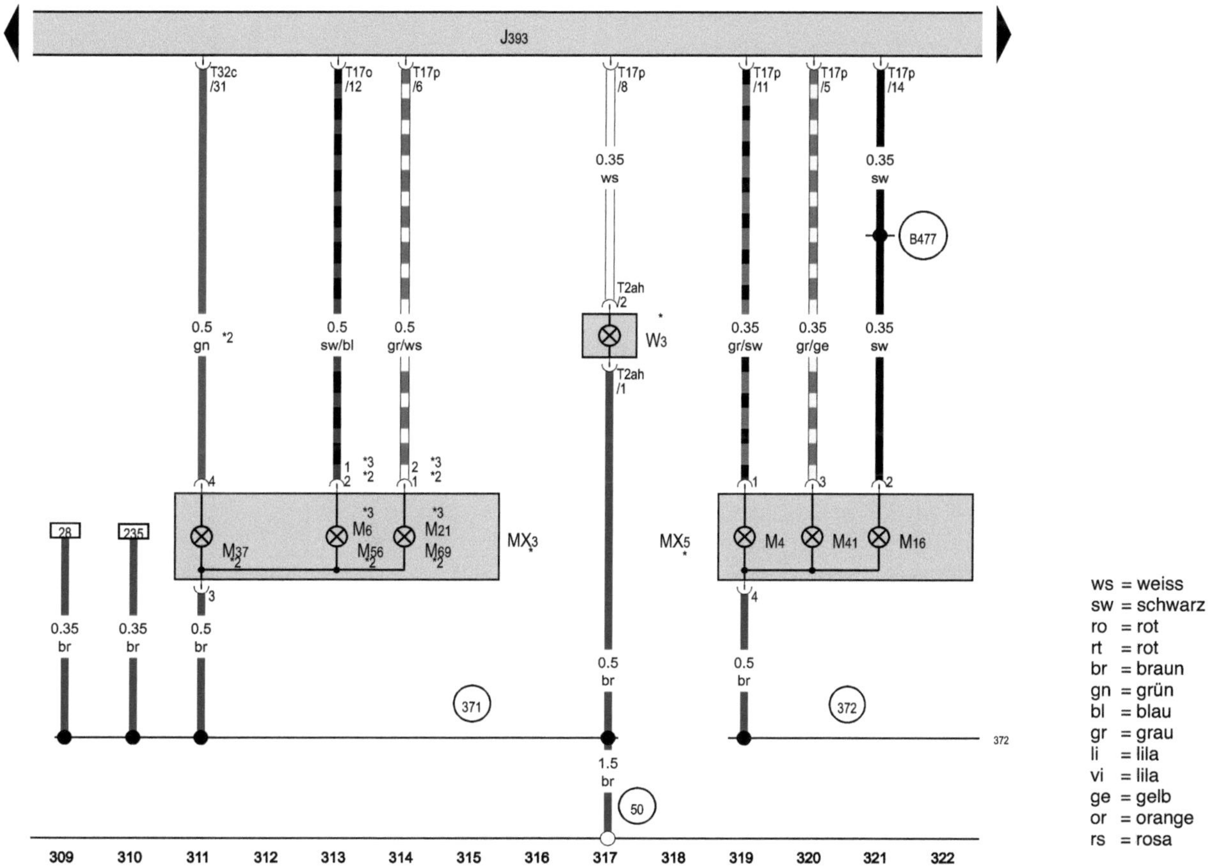

J393 - Zentralsteuergerät für Komfortsystem
MX3 - Schlussleuchte links
M4 - Lampe für Schlusslicht links
MX5 - Schlussleuchte 2 links
M6 - Lampe für Blinklicht hinten links
M16 - Lampe für Rückfahrlicht links
M21 - Lampe für Brems- und Schlusslicht links
M37 - Lampe für Seitenmarkierungsleuchte hinten links
M41 - Lampe für Schlusslicht und Nebelschlussleuchte links
M56 - Lampe für Brems- und Blinklicht links
M69 - Lampe für Brems-, Blink- und Schlusslicht links
T2ah - Steckverbindung, 2fach
T17o - Steckverbindung, 17fach
T17p - Steckverbindung, 17fach
T32c - Steckverbindung, 32fach

W3 - Kofferraumleuchte
(50) - Massepunkt im Kofferraum links
(371) - Masseverbindung 6 im Hauptleitungsstrang
(372) - Masseverbindung 7 im Hauptleitungsstrang
(B477) - Verbindung 13 im Hauptleitungsstrang
* - Limousine
*2 - nur für Fahrzeuge mit US-Ausstattung
*3 - nur für Fahrzeuge ohne US-Ausstattung

Zentralsteuergerät für Komfortsystem, Motor für Zentralverriegelung in Heckklappe

112/25

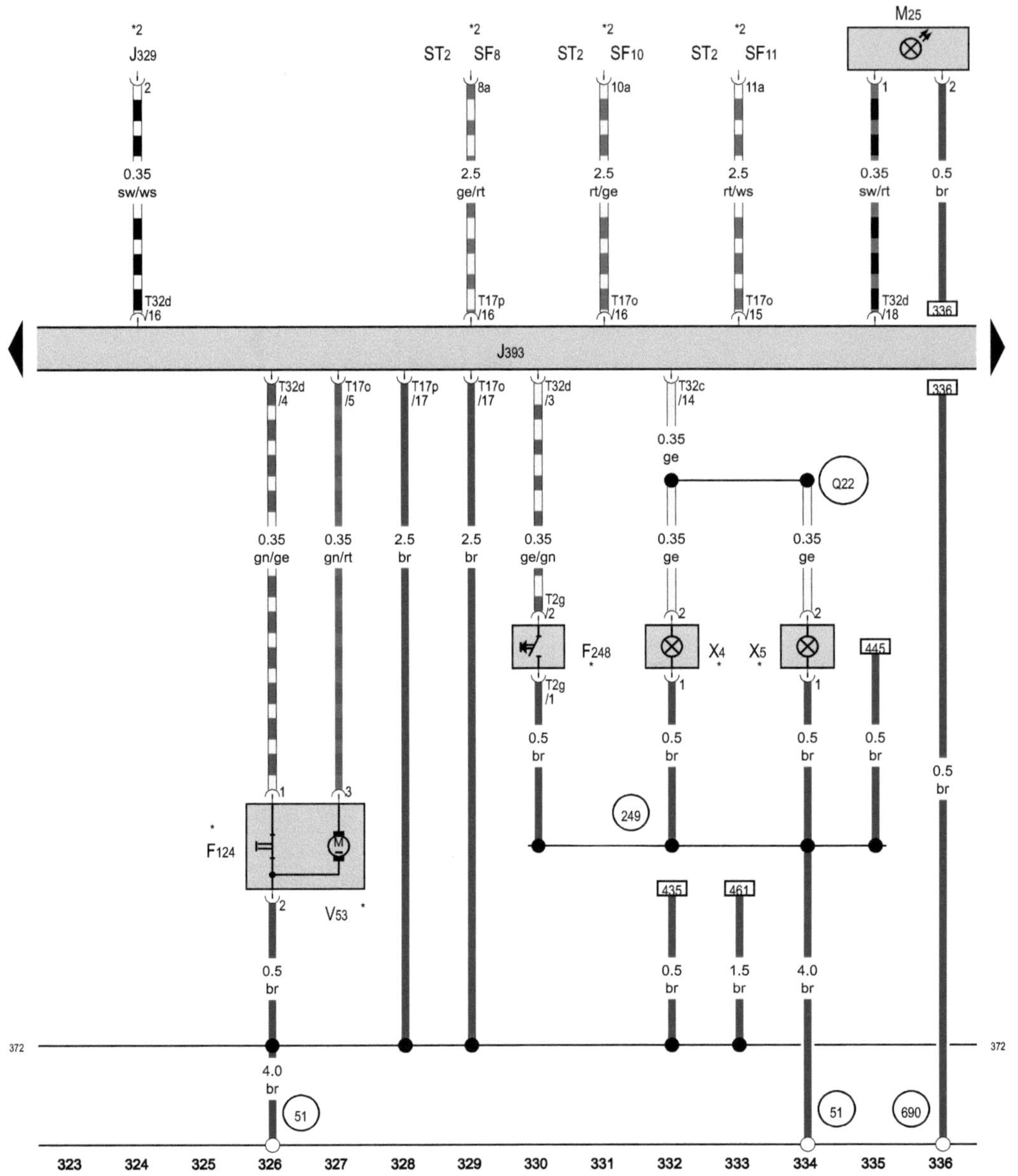

ws = weiss
sw = schwarz
ro = rot
rt = rot
br = braun
gn = grün
bl = blau
gr = grau
li = lila
vi = lila
ge = gelb
or = orange
rs = rosa

F124 - Kontaktschalter im Schließzylinder für Heckklappe, Diebstahlwarnanlage, Zentralverriegelung
F248 - Taster für Entriegelung des Heckklappen-Schließzylinders
J329 - Relais für Spannungsversorgung der Kl. 15
J393 - Zentralsteuergerät für Komfortsystem
M25 - Lampe für hochgesetzte Bremsleuchte
ST2 - Sicherungsträger 2
SF8 - Sicherung 8 auf Sicherungshalter F
SF10 - Sicherung 10 auf Sicherungshalter F
SF11 - Sicherung 11 auf Sicherungshalter F
T2g - Steckverbindung, 2fach
T17o - Steckverbindung, 17fach
T17p - Steckverbindung, 17fach
T32c - Steckverbindung, 32fach
T32d - Steckverbindung, 32fach

V53 - Motor für Zentralverriegelung in Heckklappe
X4 - Kennzeichenleuchte links
X5 - Kennzeichenleuchte rechts

(51) - Massepunkt im Kofferraum rechts
(249) - Masseverbindung 2 im Leitungsstrang Innenraum
(372) - Masseverbindung 7 im Hauptleitungsstrang
(690) - Massepunkt am Dachrahmen hinten Mitte
(Q22) - Verbindung 1 im Leitungsstrang Heckklappe
* - Limousine
*2 - siehe Stromlaufplan für Sicherungsbelegung (in diesem Band nicht vorhanden)

Zentralsteuergerät für Komfortsystem, Schlussleuchte rechts, Schlussleuchte 2 rechts

112/26

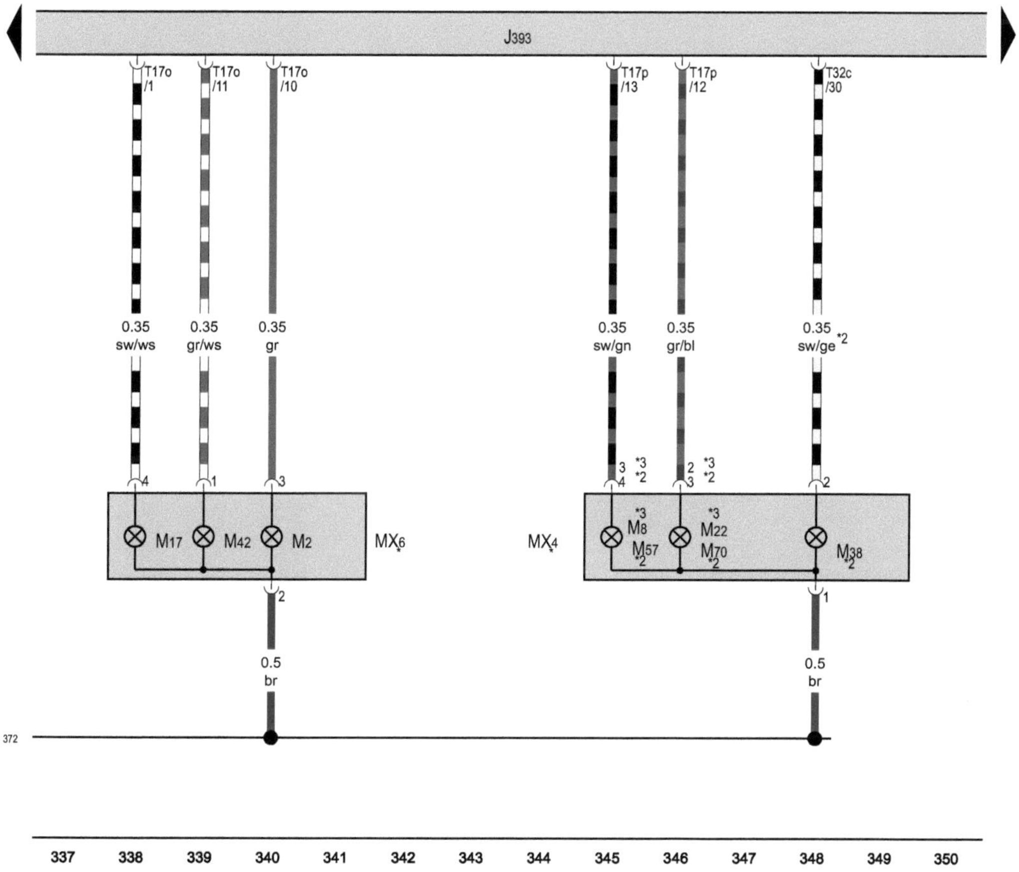

ws = weiss
sw = schwarz
ro = rot
rt = rot
br = braun
gn = grün
bl = blau
gr = grau
li = lila
vi = lila
ge = gelb
or = orange
rs = rosa

J393 - Zentralsteuergerät für Komfortsystem
M2 - Lampe für Schlusslicht rechts
MX4 - Schlussleuchte rechts
MX6 - Schlussleuchte 2 rechts
M8 - Lampe für Blinklicht hinten rechts
M17 - Lampe für Rückfahrlicht rechts
M22 - Lampe für Brems- und Schlusslicht rechts
M38 - Lampe für Seitenmarkierungsleuchte hinten rechts
M42 - Lampe für Schlusslicht und Nebelschlussleuchte rechts
M57 - Lampe für Brems- und Blinklicht rechts
M70 - Lampe für Brems-, Blink- und Schlusslicht rechts
T17o - Steckverbindung, 17fach
T17p - Steckverbindung, 17fach
T32c - Steckverbindung, 32fach

(372) - Masseverbindung 7 im Hauptleitungsstrang

* - Limousine
*2 - nur für Fahrzeuge mit US-Ausstattung
*3 - nur für Fahrzeuge ohne US-Ausstattung

Regler für Schiebedachverstellung, Steuergerät für Schiebedach, Zentralsteuergerät für Komfortsystem, Schiebedachmotor

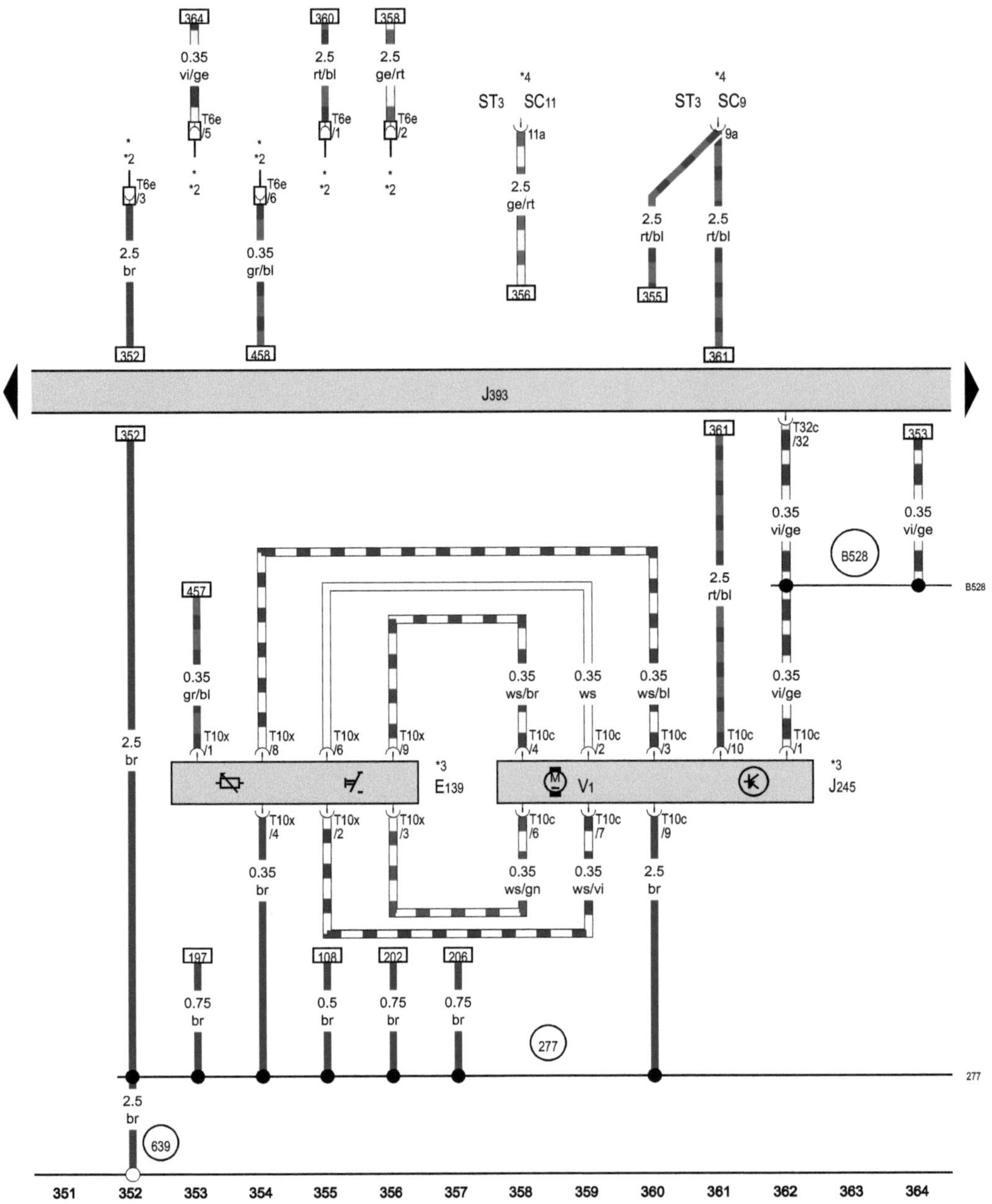

ws = weiss
sw = schwarz
ro = rot
rt = rot
br = braun
gn = grün
bl = blau
gr = grau
li = lila
vi = lila
ge = gelb
or = orange
rs = rosa

E139 - Regler für Schiebedachverstellung
J245 - Steuergerät für Schiebedach
J393 - Zentralsteuergerät für Komfortsystem
ST3 - Sicherungsträger 3
SC9 - Sicherung 9 auf Sicherungshalter C
SC11 - Sicherung 11 auf Sicherungshalter C
T6e - Steckverbindung, 6fach, schwarz
T10c - Steckverbindung, 10fach
T10x - Steckverbindung, 10fach
T32c - Steckverbindung, 32fach
V1 - Schiebedachmotor

(277) - Masseverbindung 3 im Leitungsstrang Innenraum

(639) - Massepunkt an der A-Säule links

(B528) - Verbindung 1 (LIN-Bus) im Hauptleitungsstrang

* - AVANT
*2 - siehe aktuellen Stromlaufplan
*3 - Limousine
*4 - siehe Stromlaufplan für Sicherungsbelegung (in diesem Band nicht vorhanden)

Sensor für Diebstahlwarnanlage, Alarmhorn, Zentralsteuergerät für Komfortsystem

112/28

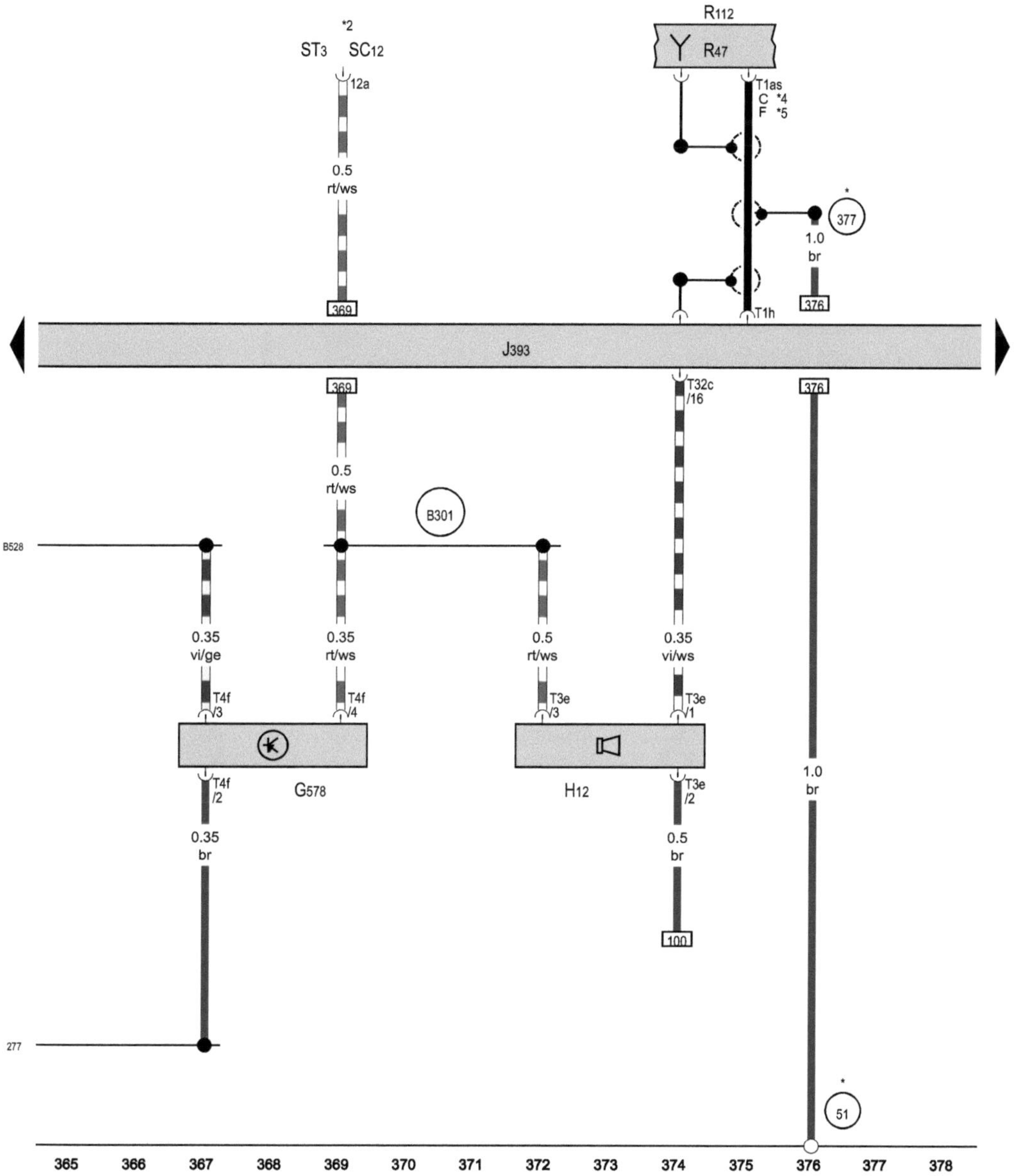

ws = weiss
sw = schwarz
ro = rot
rt = rot
br = braun
gn = grün
bl = blau
gr = grau
li = lila
vi = lila
ge = gelb
or = orange
rs = rosa

G578 - Sensor für Diebstahlwarnanlage
H12 - Alarmhorn
J393 - Zentralsteuergerät für Komfortsystem
R47 - Antenne für Zentralverriegelung und Diebstahlwarnanlage
R112 - Antennenverstärker 3
ST3 - Sicherungsträger 3
SC12 - Sicherung 12 auf Sicherungshalter C
T1as - Steckverbindung, 1fach
T1h - Steckverbindung, 1fach
T3e - Steckverbindung, 3fach
T4f - Steckverbindung, 4fach
T32c - Steckverbindung, 32fach
51 - Massepunkt im Kofferraum rechts
277 - Masseverbindung 3 im Leitungsstrang Innenraum
377 - Masseverbindung 12 im Hauptleitungsstrang

B301 - Plusverbindung 5 (30) im Hauptleitungsstrang
B528 - Verbindung 1 (LIN-Bus) im Hauptleitungsstrang

* - Limousine
*2 - siehe Stromlaufplan für Sicherungsbelegung (in diesem Band nicht vorhanden)
*3 - siehe Stromlaufplan
*4 - je nach Ausstattung
*5 - siehe Stromlaufplan für MMI (Informationselektronik) (in diesem Band nicht vorhanden)

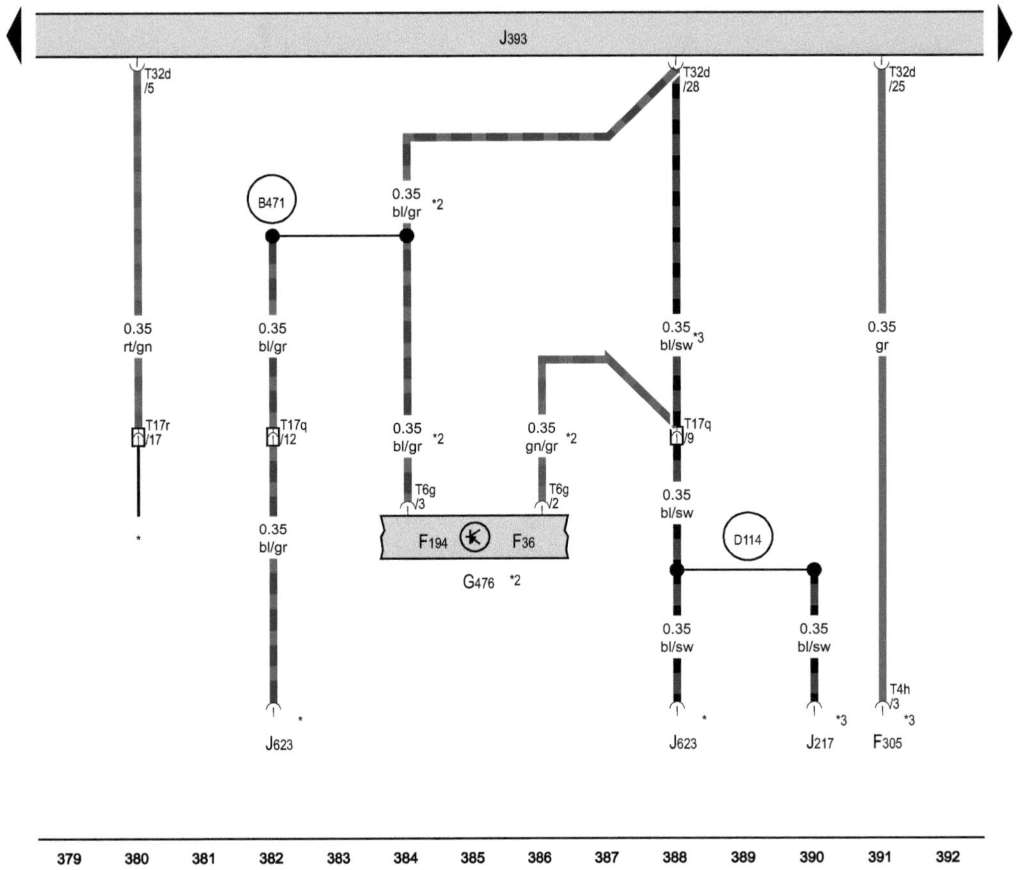

ws = weiss
sw = schwarz
ro = rot
rt = rot
br = braun
gn = grün
bl = blau
gr = grau
li = lila
vi = lila
ge = gelb
or = orange
rs = rosa

F36 - Kupplungspedalschalter
F194 - Kupplungspedalschalter für Motorstart
F305 - Schalter für Getriebestellung P
G476 - Kupplungspositionsgeber
J217 - Steuergerät für automatisches Getriebe
J393 - Zentralsteuergerät für Komfortsystem
J623 - Motorsteuergerät
T4h - Steckverbindung, 4fach
T6g - Steckverbindung, 6fach
T17q - Steckverbindung, 17fach, in der E-Box
T17r - Steckverbindung, 17fach, in der E-Box
T32d - Steckverbindung, 32fach

B471 - Verbindung 7 im Hauptleitungsstrang
D114 - Verbindung 12 im Leitungsstrang Motorraum
* - siehe Stromlaufplan für Motor (in diesem Band nicht vorhanden)
*2 - nur für Fahrzeuge mit Schaltgetriebe
*3 - siehe Stromlaufplan für Automatikgetriebe (in diesem Band nicht vorhanden)

Bremslichtschalter, Zentralsteuergerät für Komfortsystem

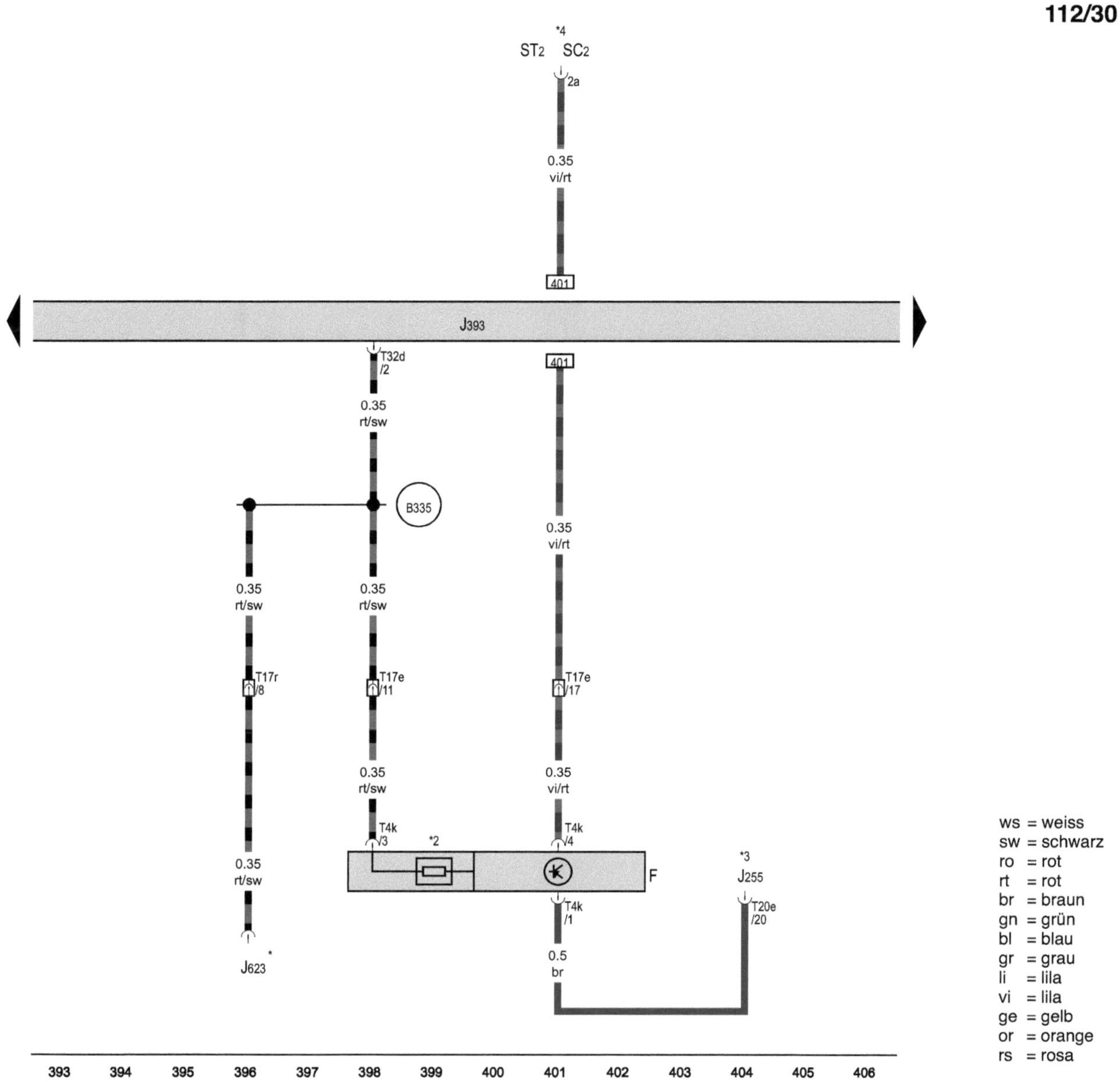

F - Bremslichtschalter
J255 - Steuergerät für Climatronic
J393 - Zentralsteuergerät für Komfortsystem
J623 - Motorsteuergerät
SC2 - Sicherung 2 auf Sicherungshalter C
ST2 - Sicherungsträger 2
T4k - Steckverbindung, 4fach
T17e - Steckverbindung, 17fach, in der Kupplungsstation, A-Säule links
T17r - Steckverbindung, 17fach, in der E-Box
T20e - Steckverbindung, 20fach
T32d - Steckverbindung, 32fach

B335 - Verbindung 1 (54) im Hauptleitungsstrang

* - siehe Stromlaufplan für Motor (in diesem Band nicht vorhanden)
*2 - Spule für Bremslichtsensorik
*3 - siehe Stromlaufplan für Klimaanlage (in diesem Band nicht vorhanden)
*4 - siehe Stromlaufplan für Sicherungsbelegung (in diesem Band nicht vorhanden)

Zentralsteuergerät für Komfortsystem

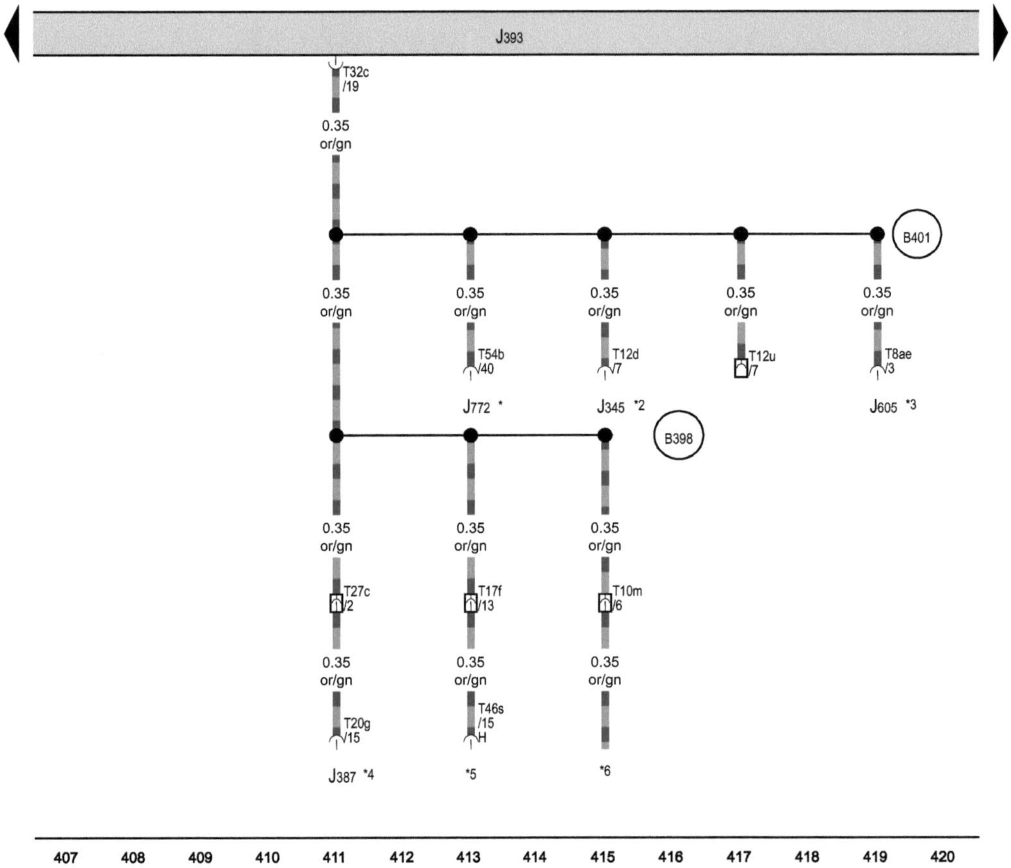

ws = weiss
sw = schwarz
ro = rot
rt = rot
br = braun
gn = grün
bl = blau
gr = grau
li = lila
vi = lila
ge = gelb
or = orange
rs = rosa

J345 - Steuergerät für Anhängererkennung
J387 - Türsteuergerät Beifahrerseite
J393 - Zentralsteuergerät für Komfortsystem
J605 - Steuergerät für Heckklappe
J772 - Steuergerät für Rückfahrkamerasystem
T8ae - Steckverbindung, 8fach
T10m - Steckverbindung, 10fach, rot
T12d - Steckverbindung, 12fach
T12u - Steckverbindung, 12fach, braun
T17f - Steckverbindung, 17fach, in der Kupplungsstation, A-Säule rechts
T20g - Steckverbindung, 20fach
T27c - Steckverbindung, 27fach, in der A-Säule rechts
T32c - Steckverbindung, 32fach
T46s - Steckverbindung, 46fach
T54b - Steckverbindung, 54fach

B398 - Verbindung 2 (CAN-Bus Komfort High) im Hauptleitungsstrang

B401 - Verbindung 5 (CAN-Bus Komfort High) im Hauptleitungsstrang

* - nur für Fahrzeuge mit Rückfahrkamerasystem
*2 - nur für Fahrzeuge mit Steckdose für Anhängerbetrieb
*3 - AVANT
*4 - siehe Stromlaufplan für Komfortsystem (in diesem Band nicht vorhanden)
*5 - Steckbrücke Beifahrerseite, braun
*6 - siehe Stromlaufplan für Sitzverstellung (in diesem Band nicht vorhanden)

Zentralsteuergerät für Komfortsystem

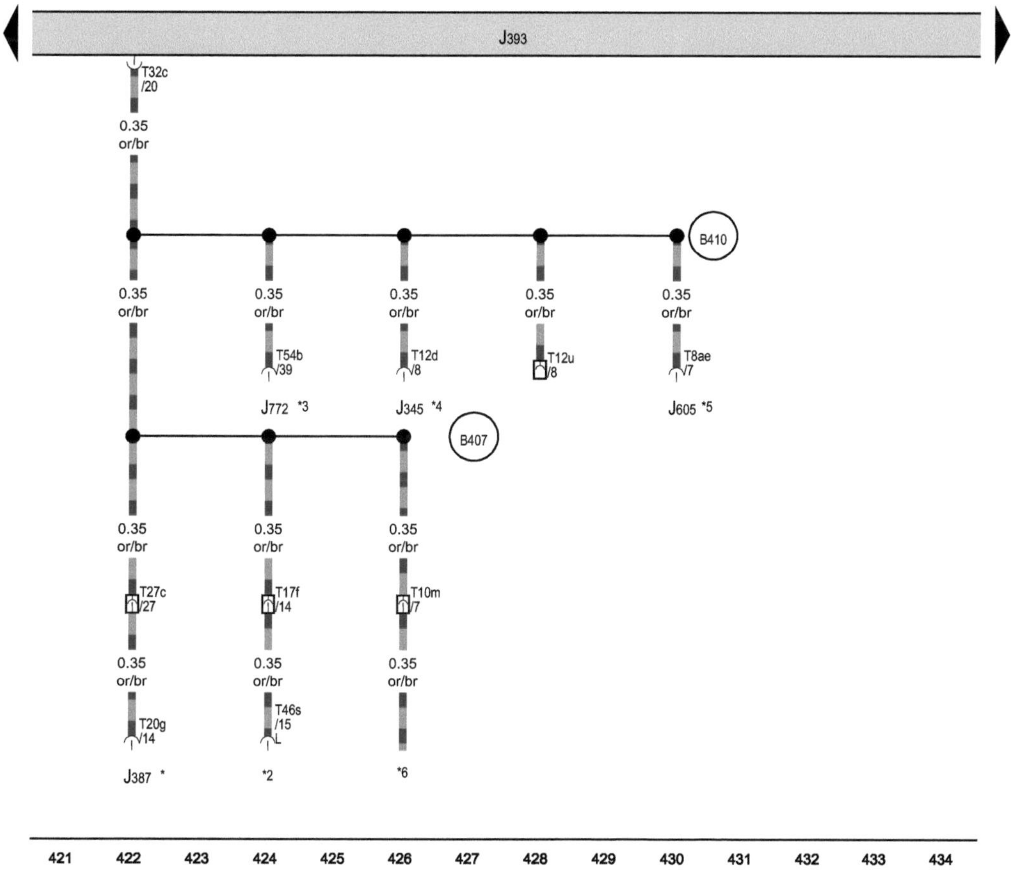

ws = weiss
sw = schwarz
ro = rot
rt = rot
br = braun
gn = grün
bl = blau
gr = grau
li = lila
vi = lila
ge = gelb
or = orange
rs = rosa

J345 - Steuergerät für Anhängererkennung
J387 - Türsteuergerät Beifahrerseite
J393 - Zentralsteuergerät für Komfortsystem
J605 - Steuergerät für Heckklappe
J772 - Steuergerät für Rückfahrkamerasystem
T8ae - Steckverbindung, 8fach
T10m - Steckverbindung, 10fach, rot
T12d - Steckverbindung, 12fach
T12u - Steckverbindung, 12fach, braun
T17f - Steckverbindung, 17fach, in der Kupplungsstation, A-Säule rechts
T20g - Steckverbindung, 20fach
T27c - Steckverbindung, 27fach, in der A-Säule rechts
T32c - Steckverbindung, 32fach
T46s - Steckverbindung, 46fach
T54b - Steckverbindung, 54fach

(B407) - Verbindung 2 (CAN-Bus Komfort Low) im Hauptleitungsstrang

(B410) - Verbindung 5 (CAN-Bus Komfort Low) im Hauptleitungsstrang

* - siehe Stromlaufplan für Komfortsystem (in diesem Band nicht vorhanden)
*2 - Steckbrücke Beifahrerseite, braun
*3 - nur für Fahrzeuge mit Rückfahrkamerasystem
*4 - nur für Fahrzeuge mit Steckdose für Anhängerbetrieb
*5 - AVANT
*6 - siehe Stromlaufplan für Sitzverstellung (in diesem Band nicht vorhanden)

Zentralsteuergerät für Komfortsystem, Motor für Heckrollo, Motor für Tankdeckelverriegelung, beheizbare Heckscheibe

112/33

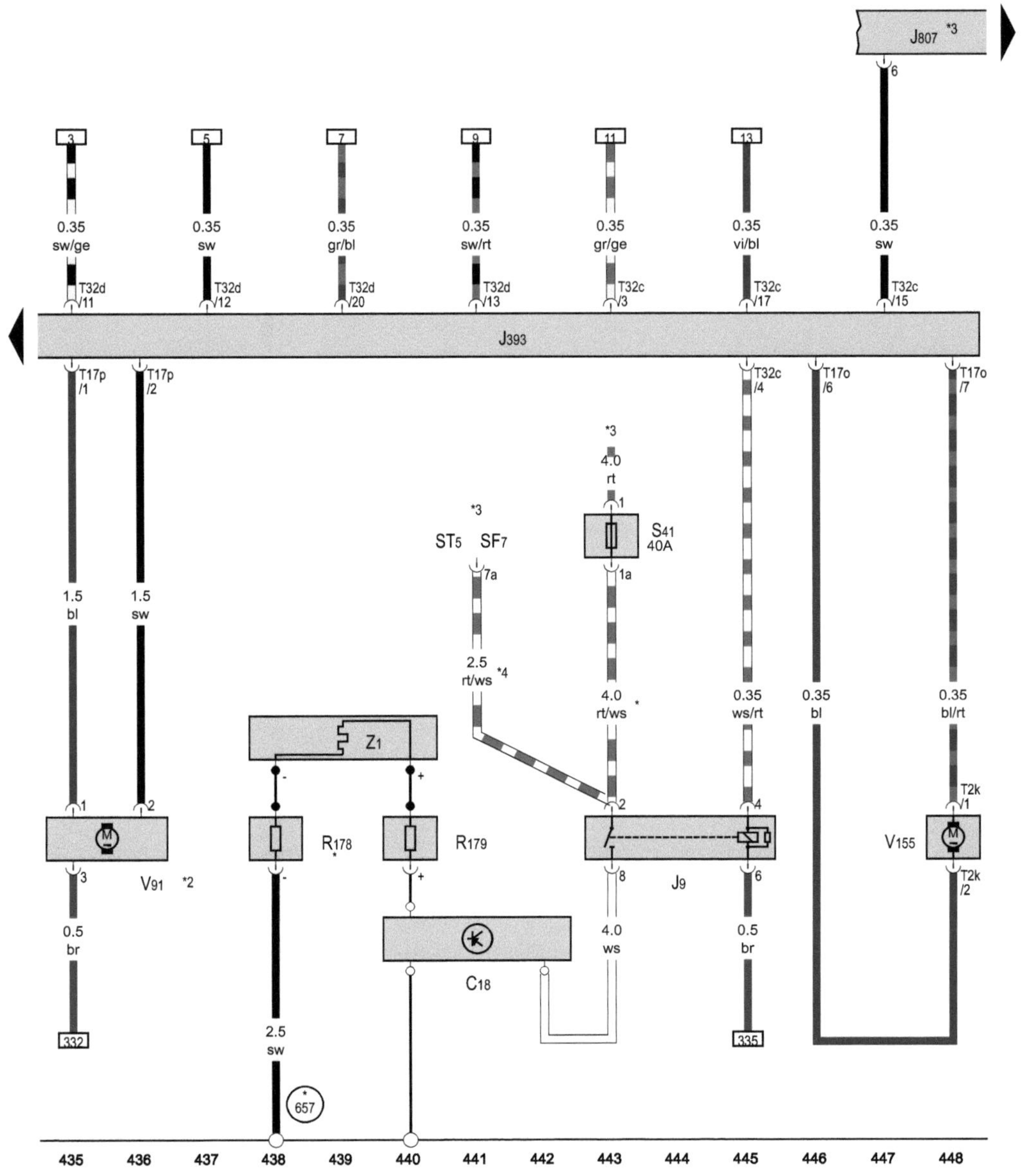

ws = weiss
sw = schwarz
ro = rot
rt = rot
br = braun
gn = grün
bl = blau
gr = grau
li = lila
vi = lila
ge = gelb
or = orange
rs = rosa

C18 - Entstörfilter für Scheibenantenne
J9 - Relais für beheizbare Heckscheibe
J393 - Zentralsteuergerät für Komfortsystem
J807 - Relais für Steckdosen
R178 - Frequenzfilter für Frequenzmodulation (FM) in der Minusleitung
R179 - Frequenzfilter für Frequenzmodulation (FM) in der Plusleitung
ST5 - Sicherungsträger 5
SF7 - Sicherung 7 auf Sicherungshalter F
S41 - Sicherung für beheizbare Heckscheibe
T2k - Steckverbindung, 2fach
T17o - Steckverbindung, 17fach
T17p - Steckverbindung, 17fach
T32c - Steckverbindung, 32fach
T32d - Steckverbindung, 32fach

V91 - Motor für Heckrollo
V155 - Motor für Tankdeckelverriegelung
Z1 - beheizbare Heckscheibe

(657) - Massepunkt 1 Nähe Heckscheibe links

* - Limousine
*2 - nur für Fahrzeuge mit elektrischem Heckrollo
*3 - siehe Stromlaufplan für Sicherungsbelegung (in diesem Band nicht vorhanden)
*4 - AVANT

Zigarettenanzünder, 12-V-Steckdose, 12-V-Steckdose 2, 12-V-Steckdose 3

112/34

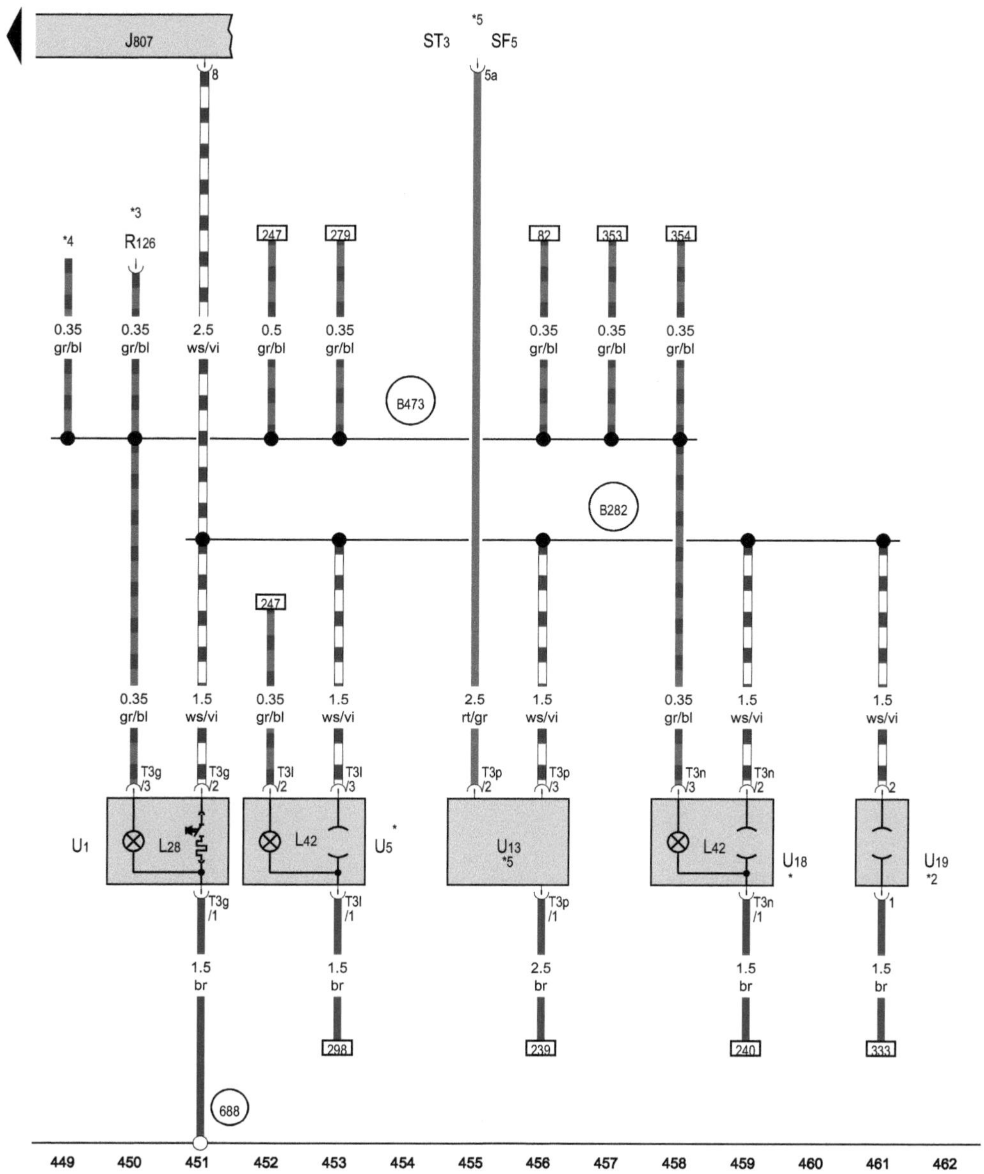

ws = weiss
sw = schwarz
ro = rot
rt = rot
br = braun
gn = grün
bl = blau
gr = grau
li = lila
vi = lila
ge = gelb
or = orange
rs = rosa

J807 - Relais für Steckdosen
L28 - Lampe für Zigarettenanzünderbeleuchtung
L42 - Lampe für Steckdosenbeleuchtung
R126 - Halterung für Telefon
ST3 - Sicherungsträger 3
SF5 - Sicherung 5 auf Sicherungshalter F
T3g - Steckverbindung, 3fach
T3l - Steckverbindung, 3fach
T3n - Steckverbindung, 3fach
T3p - Steckverbindung, 3fach
U1 - Zigarettenanzünder
U5 - 12-V-Steckdose, in der Mittelkonsole vorn
U13 - Wechselrichter mit Steckdose, 12 V-230 V
U18 - 12-V-Steckdose 2
U19 - 12-V-Steckdose 3

(688) - Massepunkt 2 auf dem Mitteltunnel
(B282) - Plusverbindung 6 (15a) im Hauptleitungsstrang
(B473) - Verbindung 9 im Hauptleitungsstrang

* - je nach Ausstattung
*2 - nur für Fahrzeuge mit 12-V-Steckdose im Kofferraum
*3 - siehe Stromlaufplan für Telefonanlagen (in diesem Band nicht vorhanden)
*4 - siehe Stromlaufplan für Sitzheizung (in diesem Band nicht vorhanden)
*5 - siehe Stromlaufplan für Sicherungsbelegung (in diesem Band nicht vorhanden)